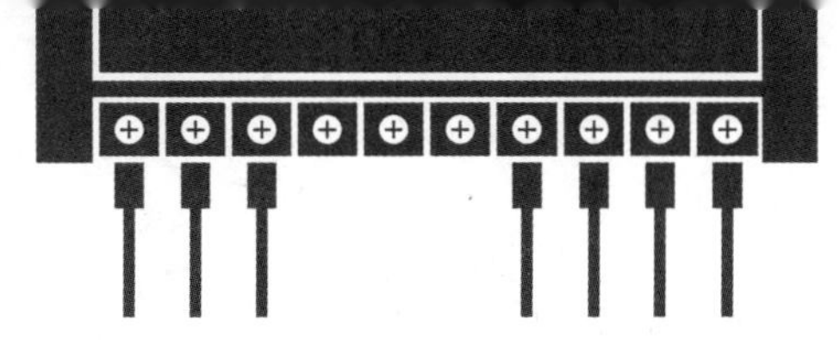

西门子S7-1200 PLC从入门到精通

赵春生◎主编

化学工业出版社
·北京·

内容简介

本书采用双色图解 + 视频教学的形式，以西门子 S7-1200 PLC 为平台，应用 TIA Portal（博途）V16 和西门子组态软件 WinCC V7.5 进行组态，由浅入深地介绍了 S7-1200 PLC 基础、TIA 博途软件入门、基本指令和顺序控制编程、程序块及扩展指令、通信的组态与编程、MM420 变频器的应用、触摸屏的应用、WinCC 组态软件的应用以及综合应用等。

本书通过大量实例讲解指令的应用，每个实例均按照控制要求、控制线路、相关知识、控制程序的结构进行编写，且均通过仿真和上机验证；相关指令均采用梯形图编程，适合初学者快速入门与提高。

本书适合电气工程师、自动化工程师等自学使用，也可以作为职业院校、培训学校相关专业的参考书。

图书在版编目（CIP）数据

西门子S7-1200 PLC从入门到精通/赵春生主编.一北京：化学工业出版社，2021.3 （2023.4重印）

ISBN 978-7-122-38442-3

Ⅰ.①西… Ⅱ.①赵… Ⅲ.①PLC技术 Ⅳ.①TM571.61

中国版本图书馆CIP数据核字（2021）第017646号

责任编辑：要利娜　　文字编辑：师明远

责任校对：王鹏飞　　装帧设计：刘丽华

出版发行：化学工业出版社（北京市东城区青年湖南街 13 号　邮政编码 100011）

印　　装：三河市延风印装有限公司

787mm×1092mm　1/16　印张 24¼　字数 608 千字　2023 年 4 月北京第 1 版第 4 次印刷

购书咨询：010-64518888　　售后服务：010-64518899

网　　址：http: //www.cip.com.cn

凡购买本书，如有缺损质量问题，本社销售中心负责调换。

定　　价：89.00 元

前言

S7-1200 PLC 作为西门子公司的新一代小型 PLC，其指令和编程软件与大中型 PLC 兼容，具有逐渐取代 S7-200 PLC 的趋势。它集成了以太网接口，同时具有很强的通信和工艺功能，使用西门子全集成自动化软件平台 TIA Portal（博途）V16 进行组态和编程。

本书以 S7-1200 CPU 1214C AC/DC/Rly 为核心，使用 TIA Portal V16 和西门子 WinCC V7.5 进行组态和编程。书中对 S7-1200 的硬件结构和硬件组态、编程软件和仿真软件的使用方法、指令、顺序控制、各种通信的组态与编程、变频器的使用、触摸屏的使用和组态软件 WinCC 的应用等都做了深入的介绍。编程语言使用梯形图，将编程指令融入实例程序中，可以快速学习编程指令的应用，适合初学者入门与提高。

本书分为三个部分，第一部分为入门篇，第 1 章简单介绍了 S7-1200 的硬件基础、存储器和数据类型；第 2 章通过一个实例介绍了博途软件的应用；第 3 章在介绍了基本指令的基础上，通过实例讲解指令的应用；第 4 章为顺序控制编程。第二部分为提高篇，第 5 章讲解了组织块与中断、函数 FC 和函数块 FB、日期和时间、高速计数器和高速脉冲输出、配方管理、PID 控制等；第 6 章介绍了各种通信的组态及实现方法。第三部分为精通篇，第 7 章介绍了变频器的应用；第 8 章以精简面板 TP700 Comfort 为例，介绍触摸屏的组态和通信过程；第 9 章通过组态软件 WinCC V7.5 对计算机监控进行组态，由于博途软件集成的 WinCC 功能有限，因此使用了 WinCC V7.5，博途软件集成的 WinCC 组态过程与触摸屏组态类似，本章最后一个实例给出了用博途软件组态 WinCC 的过程，读者可以根据 WinCC 组态实例程序，快速学习如何用博途软件进行组态；第 10 章以两个实例介绍了 PLC、变频器、触摸屏和 WinCC 的综合应用。

本书所有实例都使用仿真软件进行了调试，并且都经过了上机调试。读者可以通过书中的程序对 PLC、PLC 与触摸屏和 WinCC 通信进行仿真，学习 PLC 的编程方法、PLC 与触摸屏和 WinCC 的通信。每一章都配有视频讲解，也可以通过视频进行学习，提高学习效率。同时，附赠所有实例源程序，方便读者实践。

本书第 1、2、4 章由陈莉娜编写，第 3 章由瓮嘉民编写，第 5 ~ 10 章由赵春生编写。

由于编者水平有限，且时间仓促，书中疏漏和不妥之处在所难免，恳请广大读者批评指正，衷心感谢！

编者

扫码下载源程序

扫码下载参考资料

目录

入门篇

第1章 S7-1200 PLC 基础 / 002

第2章 TIA 博途软件入门 / 020

第3章 S7-1200 PLC 的基本指令 / 041

第 4 章 顺序控制编程 / 094

提高篇

第 5 章 S7-1200 PLC 的程序块及扩展指令 / 106

第 6 章 S7-1200 PLC 的通信 / 185

精通篇

第 7 章 S7-1200 PLC 与变频器的应用 / 240

第 8 章 S7-1200 PLC 与触摸屏的应用 / 265

第 9 章 S7-1200 PLC 与组态软件 WinCC 的应用 / 303

第10章 综合应用 / 354

参考文献 / 380

入门篇

第1章 S7-1200 PLC基础

1.1 S7-1200 PLC概述

1.1.1 S7-1200系列CPU

可编程逻辑控制器（Programmable Logic Controller，PLC）应用领域非常广泛，具有容易使用、性能稳定、开发周期短、维护方便等特点。西门子S7-1200系列控制器属于紧凑型的PLC，CPU模块将微处理器、集成电源、数字量输入和输出电路、内置PROFINET、高速运动控制以及模拟量输入组合到一个设计紧凑的外壳中，形成功能强大的控制器。每块CPU上可以安装一块扩展板，安装后不会改变CPU的外形和体积。目前主要有CPU1211C、CPU1212C、CPU1214C、CPU1215C和CPU1217C。其外部结构大体相同，如图1-1所示。①是电源接口；②是三个指示CPU运行状态的LED灯；③是可插入扩展板；④是PROFINET以太网接口的RJ45连接器；⑤是可拆卸用户接线连接器；⑥是集成I/O的状态LED灯；⑦是存储卡插槽（上部保护盖下面）。

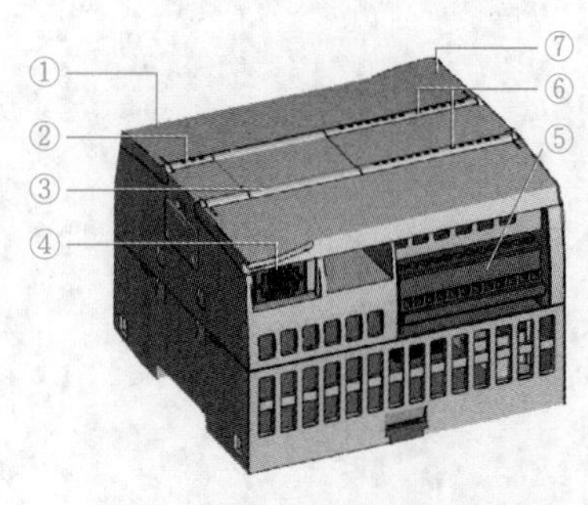

图1-1 S7-1200 CPU模块

其中CPU状态指示灯②分别为RUN/STOP（运行/停止，绿灯/黄灯）、ERROR（错误，红灯）和MAINT（维护，黄灯）。当运行时，RUN/STOP的绿灯亮；当停止时，RUN/STOP的黄灯亮；当启动时，RUN/STOP的绿灯和黄灯交替闪烁。当发生错误时，ERROR的红灯亮。当请求维护时，MAINT的黄灯亮。

1.1.1.1 S7-1200的技术规范

S7-1200有5种型号CPU模块，此外还有故障安全型的CPU模块。S7-1200系列各CPU的主要技术规范见表1-1。

表 1-1 S7-1200 CPU 技术规范

型号		CPU1211C	CPU1212C	CPU1214C	CPU1215C	CPU1217C
用户存储器	工作	50kB	75kB	100kB	125kB	150kB
	装载	1MB	1MB	4MB	4MB	4MB
	保持性	10kB	10kB	10kB	10kB	10kB
集成 I/O	数字量	6 输入 /4 输出	8 输入 /6 输出	14 输入 /10 输出	14 输入 /10 输出	14 输入 /10 输出
	模拟量	2 路输入	2 路输入	2 路输入	2 路输入 /2 路输出	2 路输入 /2 路输出
过程映像大小		1024B 输入（I）和 1024B 输出（Q）				
位存储器（M）		4096B		8192B		
信号模块扩展个数		0	2	8		
信号板个数		1				
最大本地数字量 I/O		14	82	284		
最大本地模拟量 I/O		13	19	67	69	
通信模块		3（左侧扩展）				
高速计数器	单相	3 个 100kHz	3 个 100kHz 1 个 30kHz	3 个 100kHz 3 个 30kHz	3 个 100kHz 3 个 30kHz	4 个 1MHz 2 个 100kHz
	正交	3 个 80kHz	3 个 80kHz 1 个 20kHz	3 个 80kHz 3 个 20kHz	3 个 80kHz 3 个 20kHz	3 个 1MHz 3 个 100kHz
脉冲输出（最多 4 点）		100kHz	100kHz/30kHz	100kHz/30kHz	100kHz/30kHz	1MHz/100kHz
脉冲捕捉输入点数		6	8	14		
上升沿 / 下降沿中断点数		6/6	8/8	12/12		
传感器电源可用电流（24VDC）		最大 300mA		最大 400mA		
SM 和 CM 总线可用电流（5VDC）		最大 750mA	最大 1000mA	最大 1600mA		
数字量输入电流消耗		每点 4mA				
PROFINET		1 个以太网接口			2 个以太网接口	
执行速度	布尔运算	0.08μs/ 指令				
	移动字	0.12μs/ 指令				
	实数运算	2.3μs/ 指令				

1.1.1.2 PLC 的外部接线

S7-1200 系列的 CPU1211C ～ CPU1215C 都有 DC/DC/DC、DC/DC/Rly 和 AC/DC/Rly 三种类型，CPU1217C 只有 DC/DC/DC，在 CPU 型号下标出。每种类型用斜线分割成三部分，分别表示 CPU 电源电压、输入端口的电压及输出端口器件的类型。电源电压的 DC 表示直流 24V 供电，AC 表示交流 120 ～ 240V 供电；输入端口电压的 DC 表示输入使用直流电压，一般为直流 24V；输出端口类型中，DC 为晶体管输出，Rly 为继电器输出。CPU1214C AC/DC/Rly 型的外部接线图如图 1-2 所示。

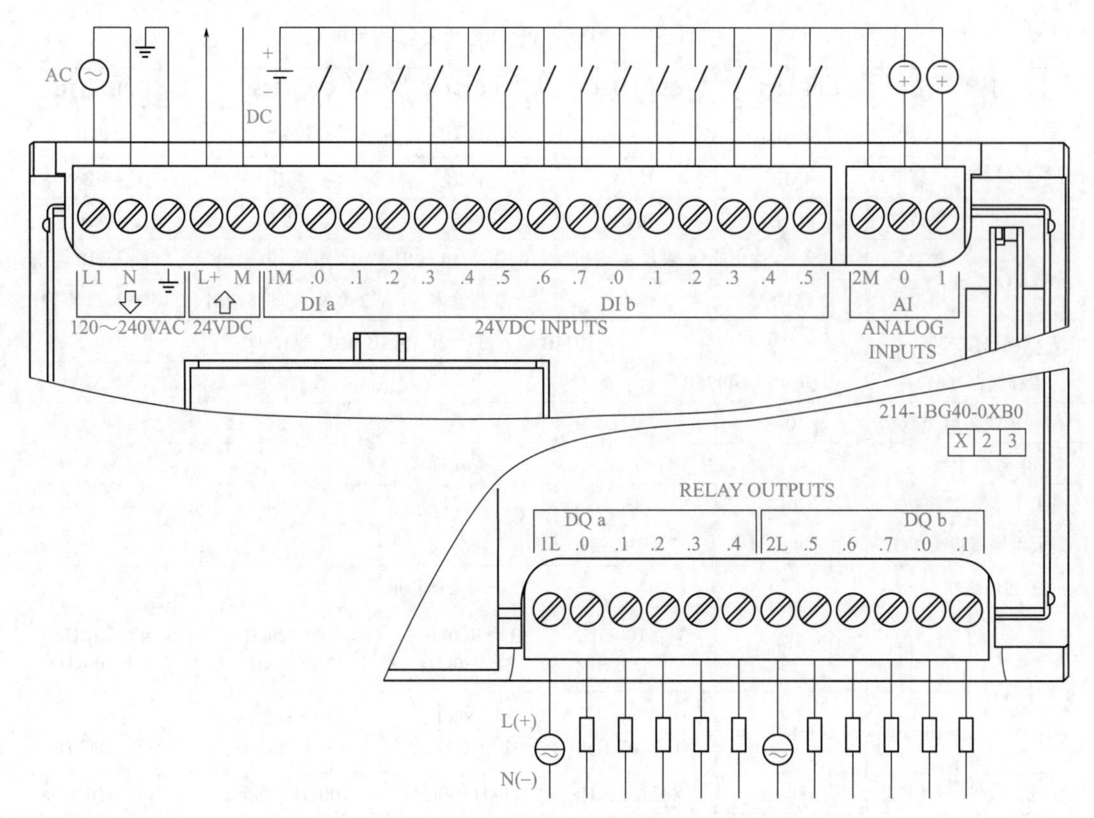

图 1-2　CPU1214C AC/DC/Rly 型外部接线图

（1）上部端子

L1、N、⏚：120 ～ 240VAC 电源供电的相线、中线和接地线。

L+、M：24VDC 电源输出的正极、负极，为外部传感器供电。

1M：输入信号的公共端。

DI a、DI b：数字量输入，默认为 DI0、DI1（可由编程软件修改），则 DI a.0 ～ DI a.7 为 I0.0 ～ I0.7，DI b.0 ～ DI b.5 为 I1.0 ～ I1.5，输入电压为 24VDC。

2M、0、1：分别为模拟量输入的公共端、0 路模拟量输入、1 路模拟量输入。

（2）下部端子

1L、2L：输出信号的公共端。

DQ a、DQ b：数字量输出，默认为 DQ0、DQ1（可由编程软件修改），则 DQ a 的 .0 ～ .7 为 Q0.0 ～ Q0.7，DI b 的 .0 ～ .1 为 Q1.0 ～ Q1.1，PLC 的输出分为两组，1L 作为 Q0.0 ～ Q0.4 的公共端，2L 作为 Q0.5 ～ Q0.7、Q1.0、Q1.1 的公共端，这样，不同组的负载可以使用不同的电压系列（如 1L 组使用 220VAC、2L 组使用 24VDC 等）。

1.1.1.3　PLC 的结构

学习 PLC 无须深入研究其内部结构，只需了解 PLC 大致结构即可。PLC 主要由 CPU、存储器、输入 / 输出单元、电源等几部分组成。

（1）中央处理器 CPU

CPU 进行逻辑运算和数学运算，并协调系统工作。

（2）存储器

用于存放系统程序及监控运行程序、用户程序、逻辑及数学运算的过程变量和其他所有信息。

（3）电源

包括系统电源、备用电源和记忆电源。

（4）输入接口

输入接口用来完成输入信号的引入、滤波及电平转换。输入接口电路如图 1-3 所示。输入接口电路的主要器件是光电耦合器。光电耦合器可以提高 PLC 的抗干扰能力和安全性能，进行高低电压（24V/5V）转换。输入接口电路的工作原理如下：当输入端常开触点未闭合时，光电耦合器中发光二极管不导通，光敏三极管截止，放大器输出高电平信号到内部数据处理电路，输入端口 LED 指示灯灭；当输入端常开触点闭合时，光电耦合器中发光二极管导通，光敏三极管导通，放大器输出低电平信号到内部数据处理电路，输入端口 LED 指示灯亮。对于 S7-1200 直流输入系列的 PLC，输入端直流电源额定电压为 24V，既可以漏型接线（电流从输入端流入，图 1-3 的 24VDC 的实线连接），也可以源型接线（电流从输入端流出，图 1-3 的 24VDC 的虚线连接）。西门子的源型和漏型概念与我们正常理解恰好相反，本书中使用的是西门子的概念。

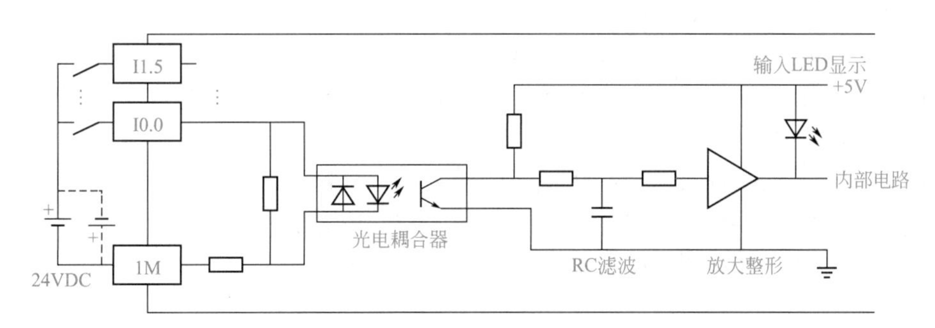

图 1-3　输入接口电路

（5）输出接口

PLC 的输出接口有晶体管（MOSFET）输出和继电器输出，如图 1-4 所示。

继电器输出可以接交 / 直流负载，负载电流允许大于 2A，但受继电器触点开关速度低的限制，只能满足一般的低速控制需要。内部参考电路如图 1-4（a）所示。

晶体管输出只能接 36V 以下的直流负载，开关速度高，适合高速控制的场合，负载电流约为 0.5A。内部参考电路如图 1-4（b）所示。

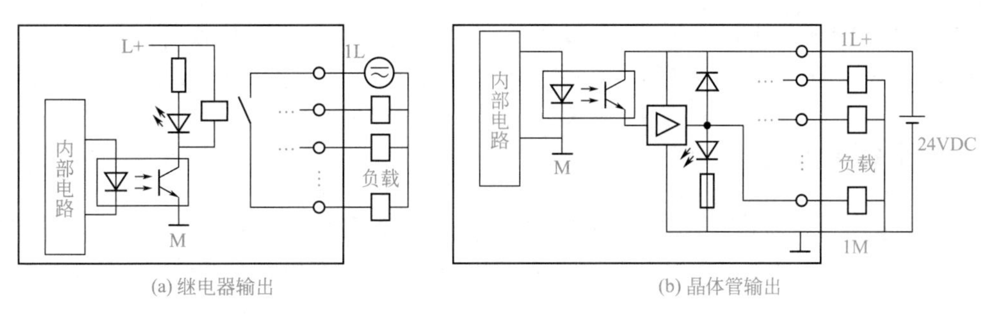

(a) 继电器输出　　(b) 晶体管输出

图 1-4　输出接口电路

1.1.2 S7-1200 PLC 的工作过程

CPU 有三种工作模式：STOP（停止）模式、STARTUP（启动）模式和 RUN（运行）模式。可以通过 CPU 面板上的状态 LED 指示当前的操作模式，可以用编程软件改变 CPU 的运行模式。

在 STOP 模式，CPU 仅处理通信请求和自诊断，不执行用户程序，不会自动更新过程映像。CPU 通电后进入 STARTUP 模式，进行上电诊断和系统初始化，如果检测到错误时，CPU 保持在 STOP 模式，否则进入 RUN 模式。启动与运行过程如图 1-5 所示。

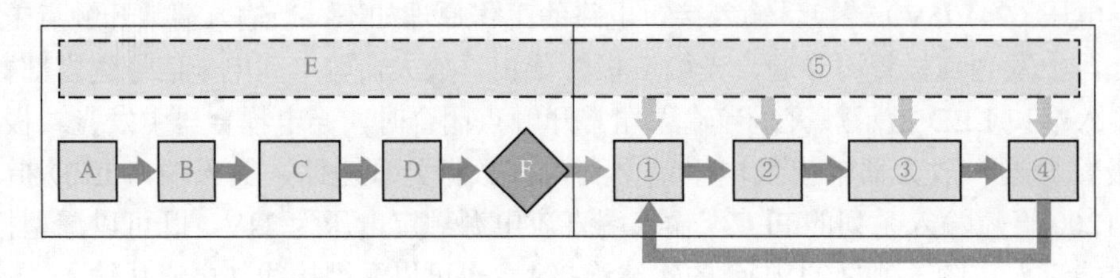

图 1-5　启动与运行过程示意图

（1）启动过程

阶段 A：清除过程映像输入区（I 区）。

阶段 B：使用组态的零、最后一个值或替换值初始化过程映像输出区（Q 区）。

阶段 C：将非保持性 M 存储器和数据块初始化为初始值，并启用组态的循环中断和时间事件。执行启动 OB。

阶段 D：将物理输入的状态复制到过程映像输入区（I 区）。

阶段 E：将所有中断事件存储到要在进入 RUN 模式后处理的队列中。

阶段 F：将过程映像输出区（Q 区）的值写入到外设输出。

（2）运行过程

启动阶段结束后，进入 RUN 模式。PLC 是在 RUN 模式进行循环扫描工作的，每个扫描周期都包括写入输出、读取输入、执行用户程序指令以及执行系统维护或后台处理。

阶段①：将 Q 存储器写入物理输出。

阶段②：将物理输入的状态复制到过程映像输入区（I 区）。

阶段③：执行程序循环 OB。

阶段④：执行自检诊断。

阶段⑤：在扫描周期的任何阶段处理中断和通信。

（3）操作模式切换

S7-1200 CPU 模块上没有模式选择开关，可以通过在线的“CPU 操作面板”的 RUN 按钮和 STOP 按钮，或工具栏上的按钮和按钮来切换 RUN 模式或 STOP 模式。

1.1.3 PLC 的分类

PLC 按结构可分为整体式和模块式。整体式的 PLC 具有结构紧凑、体积小、价格低的优势，适合常规电气控制。整体式的 PLC 也称为 PLC 的基本单元，在基本单元的基础上可以加装扩展模块以扩大其使用范围。模块式的 PLC 是把 CPU、输入接口、输出接口等作成独立的单元模块，具有配置灵活、组装方便的优势，适合输入 / 输出点数差异较大或有特殊功能要求的控制系统。

PLC 按输入 / 输出接口（I/O 接口）总数的多少可分为小型机、中型机和大型机。I/O 点数小于 128 点为小型机；I/O 点数在 129 ～ 512 点为中型机；I/O 点数在 512 点以上为大型机。PLC 的 I/O 接口数越多，其存储容量也越大，价格也越贵，因此，在设计电气控制系统时应尽量减少使用 I/O 接口的数量。

西门子 S7-1200 系列属于整体式的小型 PLC，S7-300 系列属于模块式的中小型 PLC，S7-400 系列属于模块式的大型 PLC。

1.2 S7-1200 系列 PLC 的扩展

当 CPU 集成的数字量不够用、需要模拟量输入 / 输出或有其他特殊需求时，要考虑 PLC 的扩展。各种 CPU 的正面都可以添加一块信号板。信号模块连接到 CPU 的右侧，CPU1211C 不能扩展信号模块，CPU1212C 最多扩展两个信号模块，其他 CPU 最多可以扩展 8 个信号模块。所有的 CPU 左侧最多可以安装 3 个通信模块。

1.2.1 信号模块（SM）

数字量输入 / 输出（DI/DQ）模块和模拟量输入 / 输出（AI/AQ）模块统称为信号模块。S7-1200 PLC 的信号模块有 SM1221 数字量输入模块、SM1222 数字量输出模块、SM1223 数字量输入 / 输出模块、SM1231 模拟量输入模块、SM1232 模拟量输出模块、SM1231 热电偶和热电阻模拟量输入模块、SM1234 模拟量输入 / 输出模块。

1.2.1.1 数字量信号模块

数字量信号模块见表 1-2，可以选用 8 点或 16 点的数字量输入 / 输出模块来满足不同的控制需要。表中 DI8×24VDC 表示 8 点输入，输入电压为 24VDC；DQ8×24VDC 表示 8 点晶体管输出；DQ8× 继电器表示 8 点继电器输出；DQ8× 继电器切换表示用公共端子、一个常开触点和一个常闭触点分别控制两个负载，例如用 0L（公共端）、DIa.0（常开触点）、DIa.X（常闭触点）端子控制两个负载。

表 1-2 数字量信号模块

型号	输入 / 输出点数	总线电流消耗（5VDC）/mA	电流消耗（24VDC）/mA
SM1221	DI8×24VDC	105	4/ 点
	DI16×24VDC	130	4/ 点
SM1222	DQ8×24VDC	120	50
	DQ8× 继电器	120	11/ 点
	DQ8× 继电器切换	140	16.7/ 点
	DQ16×24VDC	140	100
	DQ16× 继电器	135	11/ 点

续表

型号	输入 / 输出点数	总线电流消耗（5VDC）/mA	电流消耗（24VDC）/mA
SM1223	DI8×24VDC/DQ8× 继电器	145	输入 4/ 点，输出 11/ 点
	DI16×24VDC/DQ16× 继电器	180	输入 4/ 点，输出 11/ 点
	DI8×24VDC/DQ8×24VDC	145	150
	DI16×24VDC/ DQ16×24VDC	185	200
	DI8×120/230VAC/DQ8× 继电器	120	输出 11/ 点

1.2.1.2 模拟量信号模块

在工业控制中，需要对某些模拟量输入（如压力、温度等）进行测量，又需要输出一些模拟量进行控制（如通过变频器对电动机调速）。可以通过模拟量输入模块将标准信号（如 4 ～ 20mA、0 ～ 10V）转换为数字量，即 A/D 转换；也可以将数字量转换为模拟量（如 0 ～ 10V）对执行机构进行控制，即 D/A 转换。模拟量信号模块见表 1-3。

表 1-3　模拟量信号模块

型号	输入 / 输出点数	总线电流消耗（5VDC）/mA	电流消耗（24VDC）/mA
SM1231	AI4×13 位	80	45
	AI8×13 位	90	45
	AI4×16 位	80	65
SM1231 热电偶	AI4×16 位 TC	80	40
	AI8×16 位 TC	80	40
SM1231 热电阻	AI4×16 位 RTD	80	40
	AI8×16 位 RTD	90	40
SM1232	AQ2×14 位	80	45
	AQ4×14 位	80	45
SM1234	AI4×13 位 /AQ2×14 位	80	60

（1）SM1231 模拟量输入模块

具有 4 路、8 路 13 位和 4 路 16 位模拟量输入，输入信号可以是电压或电流，有 ±10V、±5V、±2.5V、±1.25V、0 ～ 20mA、4 ～ 20mA 等多种量程可选，双极性的模拟量满量程转换后对应的数据字为 –27648 ～ +27648，单极性的模拟量满量程转换后对应的数据字为 0 ～ +27648。

（2）SM1231 热电偶（TC）和热电阻（RTD）模块

热电偶和热电阻模块都具有 4 路、8 路 16 位（15+ 符号位）输入，可选多种传感器，分辨率为 0.1℃或 0.1℉。

（3）SM1232 模拟量输出模块

具有 2 路、4 路模拟量输出，可以输出 –10V ～ +10V 的模拟量电压，对应的满量程范围 –27648 ～ +27648，负载阻抗应大于或等于 1000Ω；也可以输出 0 ～ 20mA 或 4 ～ 20mA 电流，对应的满量程范围 0 ～ +27648，负载阻抗应小于或等于 600Ω。

（4）SM1234 模拟量输入输出模块

具有 4 路 13 位模拟量输入和 2 路 14 位模拟量输出，其模拟量输入性能指标与 SM1231

相同，模拟量输出性能指标与 SM1232 相同，相当于这两种模块的组合。

1.2.2 信号板（SB）

所有 S7-1200 CPU 的正面都可以安装一块信号板，不会增加安装空间。添加一块信号板，不但扩展了 PLC 点数，也可以增加需要的功能，例如继电器输出的 CPU 添加一块数字量输出信号板具有 200kHz 高速脉冲输出的功能。

（1）数字量信号板

数字量信号板见表 1-4，SB1221 为数字量 4 点输入，最高计数频率为 200kHz；SB1222 为数字量 4 点固态 MOSFET 输出，最高输出频率为 200kHz；SB1223 为数字量 2 点输入和 2 点输出，最高频率均为 200kHz。数字量输入和数字量输出均有额定电压 24VDC 和 5VDC 两种。

表 1-4 数字量信号板

型号	输入 / 输出点数	总线电流消耗（5VDC）/mA	电流消耗（24VDC）/mA
SB1221	DI4×24VDC，200kHz	40	7/ 点 +20
	DI4×5VDC，200kHz	40	15/ 点 +15
SB1222	DQ4×24VDC，200kHz	35	15
	DQ4×5VDC，200kHz	35	15
SB1223	DI2×24VDC/DQ2×24VDC，200kHz	35	7/ 输入 +30
	DI2×5VDC/DQ2×5VDC，200kHz	35	15/ 输入 +15
	DI2×24VDC/DQ2×24VDC	50	4/ 输入

（2）模拟量信号板

模拟量信号板见表 1-5，SB1231 有一路 12 位（11 位 + 符号位）模拟量输入，可用于测量电压或电流；SB1231 热电偶和热电阻均有 1 路 16 位（15 位 + 符号位）输入，可选多种热电偶和热电阻传感器，分辨率为 0.1℃或 0.1℉；SB1232 有 1 路 12 位模拟量输出，可用于输出 ±10V 电压（分辨率 12 位）或 0 ～ 20mA 电流（分辨率 11 位）。

表 1-5 模拟量信号板

型号	输入 / 输出点数	总线电流消耗（5VDC）/mA	电流消耗（24VDC）/mA
SB1231	AI1×12 位	55	无
SB1231 热电偶	AI1×16 位 TC	5	20
SB1231 热电阻	AI1×16 位 RTD	5	25
SB1232	AQ1×12 位	15	40

（3）RS485 信号板

CB1241 为 RS485 信号板，提供一个 RS485 接口。5VDC 消耗电流 50mA，24VDC 消耗电流 80mA。

（4）电池板

BB1297 为电池板，适用于实时时钟的长期备份。

1.2.3 通信模块（CM）

（1）CM1241通信模块

CM1241是用于执行强大的点对点高速串行通信的模块，可执行的协议有ASCII、USS驱动协议、Modbus RTU主站和从站协议，常用于SIMATIC S7自动化系统及其他制造商的系统、打印机、机械手控制、调制解调器、扫描仪、条形码扫描器等。CM1241 RS232模块提供一个RS232接口，消耗+5VDC总线电流200mA；CM1241 RS422/RS485模块提供一个RS422或RS485接口，消耗+5VDC总线电流220mA。两种模块的最高通信波特率均为115.2Kbit/s。

（2）CSM1277交换机模块

CSM1277是一款应用于SIMATIC S7-1200的结构紧凑和模块化设计的工业以太网交换机，能够被用来增加SIMATIC以太网接口，以便实现与操作员面板、编程设备、其他控制器或者办公环境的同步通信。它具有4个自检测和交叉自适应功能的RJ45连接器，通信速率为10/100Mbit/s，可以与S7-1200共同安装在导轨上，不需要组态。

（3）CM1242-5 DP从站模块和CM1243-5 DP主站模块

通过使用PROFIBUS DP主站通信模块CM1243-5，S7-1200可以和其他CPU、编程设备、人机界面、PROFIBUS DP从站设备（例如ET200和SINAMICS）进行通信。消耗外部24VDC电源电流100mA。

通过使用PROFIBUS DP从站通信模块CM1242-5，S7-1200可以作为一个智能DP从站设备与任何PROFIBUS DP主站设备通信。需要消耗总线电流150mA。

（4）CP1242-7 GPRS模块

通过使用GPRS通信处理器CP1242-7，S7-1200可以与下列设备远程通信：中央控制站、其他的远程站、移动设备（SMS短消息）、编程设备（远程服务）、使用开放用户通信（UDP）的其他通信设备。消耗外部24VDC电源电流100mA。

1.2.4 电源计算

S7-1200 CPU通过背板总线提供5VDC电源，同时提供一个24VDC电源作为传感器电源。当有扩展模块时，所有扩展模块消耗的5VDC电源电流之和不能超过该CPU提供的电流额定值。如果不够用，不能外接5VDC电源；CPU的24VDC电源可以为本机输入点和扩展模块提供电源，如果消耗的电流之和超过了该电源的额定值，可以通过外接一个24VDC电源供电。

例如，某系统使用CPU1214C AC/DC/Rly的PLC，扩展了1个SM1231 AI4×13位、3个SM1223 DI8×24VDC/DQ8×继电器和1个SM1221 DI8×24VDC。CPU提供的背板总线5VDC电流为1600mA，24VDC传感器电源提供的电流为400mA。

消耗的5VDC电流为1×80+3×145+1×105=620（mA），CPU提供了足够的5VDC电源电流。

CPU的数字量输入为14点，则消耗的24VDC电源电流为14×4+1×45+3×8×4+3×8×11+8×4=493(mA)，大于传感器电源所提供的电流（400mA），故需要外接一个24VDC电源。

1.3 S7-1200 PLC的存储器及数据类型

1.3.1 S7-1200 PLC的存储器

CPU提供了全局储存器、数据块（Data Block，DB）、临时存储器（L）用于在执行用户程序期间存储数据。

全局储存器：包括输入（I）、输出（Q）和位存储器（M），所有代码块可以无限制地访问该储存器。

数据块：可在用户程序中加入DB，以存储代码块的数据。从相关代码块开始执行一直到结束，存储的数据始终存在。“全局”DB存储所有代码块均可使用的数据，而“背景”DB存储特定函数块FB（Function Block）的数据并且由FB的参数进行构造。

临时存储器：只要调用代码块，CPU的操作系统就会分配要在执行块期间使用的临时或本地存储器（L）。代码块执行完成后，CPU将重新分配本地存储器，以用于执行其他代码块。

（1）过程映像输入（I）

在扫描周期开始时，CPU读取数字量物理输入信号的状态，并将它们存入过程映像输入区。每个存储单元都有唯一的地址，用户程序利用这些地址访问存储单元中的信息，对输入存储区（例如I0.3）的引用会访问过程映像。可以按位、字节、字或双字访问输入过程映像，允许对过程映像输入进行只读访问。绝对地址由存储区标识符、要访问的数据的大小和数据的起始地址组成，位的格式为：I[字节地址].[位地址]，例如I0.2。字节、字和双字的格式为：I[大小][起始字节地址]，例如IB0、IW0和ID0，其中I表示存储区标识符，访问的数据的大小为B（字节，Byte）、W（字，Word）或D（双字，DWord），数据起始地址为0。

程序编辑器自动地在绝对地址前面插入“%”，表示该地址为绝对地址，例如%I0.0。过程映像I的状态有常开触点和常闭触点，常开触点与外部输入状态一致，常闭触点与外部输入状态相反。常开触点和常闭触点在编程时可以无限次使用。

（2）外设（物理）输入

用户对外部输入点进行访问时，除通过映像区访问外，还可以通过外设地址输入区直接进行访问。与过程映像区功能相反，不经过过程映像区的扫描，程序访问外设地址区时直接将输入模块当前的信息读入并作为逻辑运算的条件，例如在程序中直接读取模拟量输入的信息等。通过在地址后面添加“:P”可以立即读取CPU、SB、SM或分布式模块的数字量和模拟量输入。使用I_:P访问与使用I访问的区别是，前者直接从被访问点而非输入过程映像获得数据。这种I_:P访问称为“立即读”访问，因为数据是直接从源而非上次更新输入过程映像获取的。例如访问外设输入1个位I0.1可以表示位I0.1:P（IB0的第1位），访问1个字节表示方法为IB4:P（B为字节Byte的首字母，4为外设字节地址），访问1个字表示方法为IW5:P（W为字Word的首字母，5为外设起始字节地址），访问1个双字表示方法为ID2:P（D为双字Double Word的首字母，2为外设起始字节地址）。

（3）过程映像输出（Q）

在扫描周期开始时，CPU将存储在输出过程映像中的值复制到物理输出点。可以按位、字节、字或双字访问输出过程映像，允许对过程映像输出进行读写访问。绝对地址由存储区标识符、要访问的数据的大小和数据的起始地址组成。位的格式为：Q[字节地址].[位地址]，例如 Q0.2；字节、字和双字的格式为：Q[大小][起始字节地址]，例如 QB0、QW0 和 QD0，其中 Q 表示存储区标识符，访问的数据的大小为 B、W 或 D，数据起始地址为 0。

程序编辑器自动地在绝对地址前面插入“%”，表示该地址为绝对地址，例如 %Q0.0。过程映像 Q 的状态有常开触点和常闭触点，常开触点与外部输出状态一致，常闭触点与外部输出状态相反。常开触点和常闭触点在编程时可以无限次使用。

（4）外设（物理）输出

通过在地址后面添加“:P”，可以立即写入 CPU、SB、SM 或分布式模块的物理数字量和模拟量输出。使用 Q_:P 访问与使用 Q 访问的区别是，前者除了将数据写入输出过程映像外，还直接将数据写入被访问点（写入两个位置）。这种 Q_：P 访问有时称为“立即写”访问，数据是被直接发送到目标点，不必等待输出过程映像的下一次更新。与外设地址输入区的访问方式相同，访问位、字节、字、双字的表示方法为 Q0.1:P、QB0:P、QW1:P、QD0:P。

（5）位存储器（M）

位存储器用于存储操作的中间状态或其他控制信息。CPU1211C 和 CPU1212C 的位存储器有 4096 个字节，其他 CPU 有 8192 个字节。位存储器分为保持型和普通型，所谓保持型，其性质是即使在“STOP”或断电情况下，其保持之前的状态不变；而普通型会全部自动复位。默认都是普通型的，在变量表或分配列表中可以定义位存储器的保持型存储器的大小。保持型位存储器总是从 MB0 开始向上连续贯穿指定的字节数。通过 PLC 变量表或在分配列表中通过单击“保持”工具栏图标指定该值，输入从 MB0 开始保持的字节个数。

M 存储器允许按位、字节、字和双字来存取，可以直接或间接访问。位的格式为 M[字节地址].[位地址]，例如 M0.2；字节、字和双字的格式为 M[大小][起始字节地址]，例如 MB0、MW0 和 MD0，其中 M 表示存储区标识符，访问的数据的大小为 B、W 或 D，数据起始地址为 0。

（6）临时存储器

CPU 根据需要分配临时存储器。启动代码块（对于组织块 OB）或调用代码块（对于函数 FC 或函数块 FB）时，CPU 将为代码块分配临时存储器并将存储单元初始化为 0。

（7）数据块（DB）存储器

DB 存储器用于存储各种类型的数据，其中包括操作的中间状态、FB 的其他控制信息参数以及许多指令（如定时器和计数器）所需的数据结构。

数据块可以分为全局数据块和背景数据块。全局数据块不能分配给任何一个函数块或系统函数块，可以在程序的任意一个位置直接调用。背景数据块是分配给函数块或系统函数块的数据块，包含存储在变量声明表中的函数块数据。

可以使用优化的数据块或标准的数据块。优化的数据块可以节省存储空间，按变量字符访问。标准数据块可以按位、字节、字和双字存取。按位访问 DB 区的格式为：DB[数据块编号].DBX[字节地址].[位地址]，例如 DB1.DBX20.0（在数据块 DB1 中字节地址为 20 的第 0 位，X 表示位信号）；按字节、字和双字访问 DB 区的格式为：DB[数据块编号].DB[大小][起始字节地址]，例如 DB1.DBB20、DB1.DBW8、DB1.DBD30（在数据块 DB1 中，分别为地址为 20 的字节、地址为 8 的字和地址为 30 的双字）。

1.3.2 数制与编码

1.3.2.1 数制

（1）二进制数

二进制数的1位（bit）只能取“1”或“0”，可以用来表示开关量（或称为数字量）的两种不同的状态，例如触点的接通与断开、线圈的通电与断电等。如果该位为“1”，则表示梯形图中对应的位元件（例如位存储器M或过程映像输出位Q）线圈“通电”，其常开触点接通，常闭触点断开；如果该位为“0”，则对应位元件线圈“断电”，其常开触点断开，常闭触点接通。

（2）多位二进制数

PLC用多位二进制表示数字，二进制数遵循逢二进一的运算规则，从右往左的第n位（最低位为第0位）的权值为2^{n-1}。二进制常数以2#开始，2#1100对应的十进制数为$1\times2^3+1\times2^2+0\times2^1+0\times2^0=8+4=12$。

（3）十六进制数

多位二进制书写和阅读都不方便，可以用十六进制数来表示。每个十六进制数对应4位二进制数，十六进制数的16个数字是0～9和A～F（对应十进制的10～15）。B#16#、W#16#、DW#16#分别用来表示十六进制的字节、字、双字数，如W#16#45AF表示十六进制的一个字。或者直接用16#表示十六进制。不同进制的数和BCD码表示方法见表1-6。

表1-6 不同进制的数和BCD码的表示方法

十进制	二进制	十六进制	BCD码	十进制	二进制	十六进制	BCD码
0	0000	0	0000	9	1001	9	1001
1	0001	1	0001	10	1010	A	0001_0000
2	0010	2	0010	11	1011	B	0001_0001
3	0011	3	0011	12	1100	C	0001_0010
4	0100	4	0100	13	1101	D	0001_0011
5	0101	5	0101	14	1110	E	0001_0100
6	0110	6	0110	15	1111	F	0001_0101
7	0111	7	0111	16	1_0000	10	0001_0110
8	1000	8	1000	17	1_0001	11	0001_0111

1.3.2.2 编码

（1）补码

有符号的二进制整数用补码表示，其最高位为符号位，最高位为0时为正数，为1时为负数。正数的补码是其本身，最大的16位二进制正数为2#0111_1111_1111_1111，对应的十进制数为32767。

负数的补码是将该负数的绝对值的二进制编码逐位取反后加1。如负数−3200，将3200的二进制编码2#0000_1100_1000_0000逐位取反后加1，得到补码为2#1111_0011_1000_0000。

（2）BCD码

BCD（Binary-Coded Decimal）是二进制编码的十进制数的缩写，BCD码是用4位二进制数表示一位十进制数，每一位BCD码允许的数值范围为2#0000～2#1001，对应十进制的0～9。如十进制的2345的BCD码十六进制表示为16#2345。BCD码的最高位二进制数用来表示符号，负数为1，正数为0。一般令负数和正数的最高4位二进制数分别为1111或0000。如−729的BCD码二进制表示为2#1111_0111_0010_1001。

（3）ASCII码

ASCII码（American Standard Code for Information Interchange，美国信息交换标准代码）已被国际标准化组织（ISO）定为国际标准。ASCII用来表示所有的英语大小写字母、数字0～9、标点符号和特殊字符。数字0～9的ASCII码为十六进制数30H～39H（H表示十六进制），英语大写字母A～Z的ASCII码为41H～5AH，英语小写字母a～z的ASCII码为61H～7AH。

1.3.3 数据类型

数据类型用于指定数据元素的大小（即二进制的位数）和属性。每个指令参数至少支持一种数据类型，而有些参数支持多种数据类型。将光标停在指令的参数域上方，在出现的黄色背景的方框中便可看到给定参数所支持的数据类型。

1.3.3.1 基本数据类型

基本数据类型有位、字节、字、双字、整数和浮点数等。基本数据类型见表1-7。

表1-7 基本数据类型

变量类型	数据类型	位数	数值范围	常数举例	地址举例
位	Bool	1	1、0	2#1、1	I1.0、Q0.1、M0.7、DB1.DBX2.3
字节	Byte	8	B#16#0～B#16#FF或16#0～16#FF	B#16#BF 16#E8	IB2、MB10、DB1.DBB4
字	Word	16	W#16#0～W#16#FFFF或16#0～16#FFFF	W#16#BF12 16#E812	MW10、DB1.DBW2
双字	DWord	32	DW#16#0～DW#16#FFFF_FFFF 16#0～16#FFFF_FFFF	DW#16#BF12_EF23 16#E812_2323	MD10、DB1.DBD8
无符号短整数	USInt	8	0～255	12	MB0、DB1.DBB4
有符号短整数	SInt	8	−128～127	−13	
无符号整数	UInt	16	0～65535	234	MW2、DB1.DBW2
有符号整数	Int	16	−32768～32767	−320	
无符号双整数	UDInt	32	0～4294967295	345	MD6、DB1.DBD8
有符号双整数	DInt	32	−2147483648～2147483647	123456、−123456	
浮点数（实数）	Real	32	$\pm1.175495e^{-38}$～$\pm3.402823e^{+38}$	−3.14、$1.0e^{-5}$	MD100、DB1.DBD8
长浮点数	LReal	64	$\pm2.2250738585072014e^{-308}$～$\pm1.7976931348623158e^{+308}$	$1.123456789e^{40}$、$1.2e^{+40}$	数据块.变量名

（1）位和位序列

① 位（bit） 位的类型为 Bool（布尔），一个位的值只能取 0 或 1。如 I0.1、Q2.0、M10.1、DB1.DBX3.1 等。I3.4 的表示如图 1-6（a）所示，"I" 是区域符，"3" 是字节地址，"4" 是位地址。

② 字节（Byte） 一个字节包含 8 个位（0 ～ 7），其中 0 为最低位，7 为最高位。如 IB0（I0.0 ～ I0.7）、QB2、MB10、DB1.DBB3 等。字节的范围是 B#16#00 ～ B#16#FF 对应十进制的 0 ～ 255。在字节 MB100 中，"M" 是区域符，"B" 表示字节，"100" 是字节地址，如图 1-6（b）所示，其中 MSB 表示最高位，LSB 表示最低位。

③ 字（Word） 一个字包含两个连续的字节，共 16 位（0 ～ 15），其中 0 为最低位，15 为最高位。如 IW0（包含 IB0 和 IB1，IB0 是高字节，IB1 是低字节）、QW2、MW10、DB1.DBW3 等。在字 MW100 中，"M" 是区域符，"W" 表示字，"100" 表示起始字节地址，如图 1-6（c）所示。

④ 双字（Double Word） 一个双字包含两个连续的字或 4 个连续的字节，共 32 位（0 ～ 31），其中 0 为最低位，31 为最高位。如 ID0（包含两个字 IW0 和 IW2 或 4 个字节 IB0 ～ IB3，IW0 是高字，IW2 是低字）、QD2、MD10、DB1.DBD3 等。在双字 MD100 中，"M" 是区域符，"D" 表示双字，"100" 表示起始字节地址，如图 1-6（d）所示。

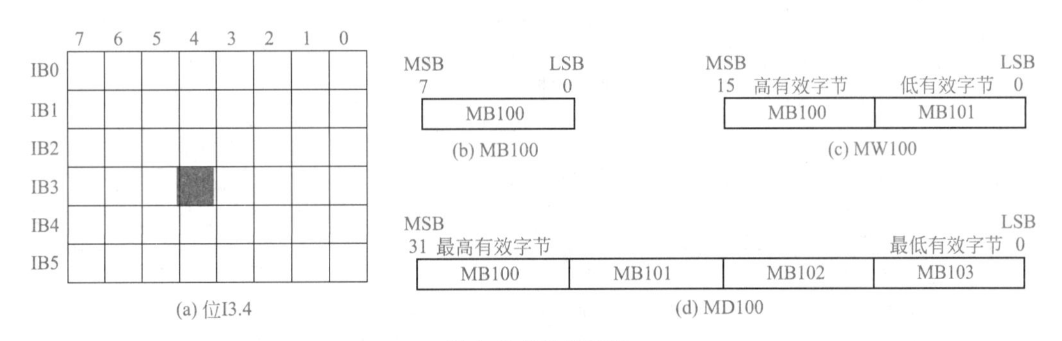

图 1-6 位序列结构

（2）整数（Int）

S7-1200 有 6 种整数，所有整数的符号中都有 Int。符号中带 U 的均为无符号整数，不带 U 的均为有符号整数；带 S 的为短整数（8 位整数），带 D 的为 32 位整数，不带 S、D 的为 16 位整数。有符号整数的最高位为符号位，如一个 16 位（0 ～ 15）的 Int 整数，0 为最低位，15 为最高位。最高位为符号位，1 为负数，0 为正数。短整数的变量地址如 MB0、DB1.DBB3 等；16 位整数的变量地址如 MW2、DB1.DBW2 等；32 位双整数的变量地址如 MD4、DB1.DBD4 等。

（3）浮点数（Real）

浮点数又称为实数（Real），具有 32 位，可以表示为 $1.m\times2^{e}$，其存储结构如图 1-7 所示。最高位（第 31 位）为浮点数的符号位，正数时为 0，负数时为 1，有效数字为 6 位。长浮点数 LReal 具有 64 位，不支持直接寻址，可在 OB、FB 或 FC 块接口中进行分配，有效数字为 15 位。

1.3.3.2 复杂数据类型

常用的复杂数据类型有日期、时间、字符串、数组、结构、指针及用户自定义的数据类型，可以在数据块DB和变量声明中定义复杂数据类型，部分复杂数据类型见表1-8，表中位数列中的B表示字节，W表示字。

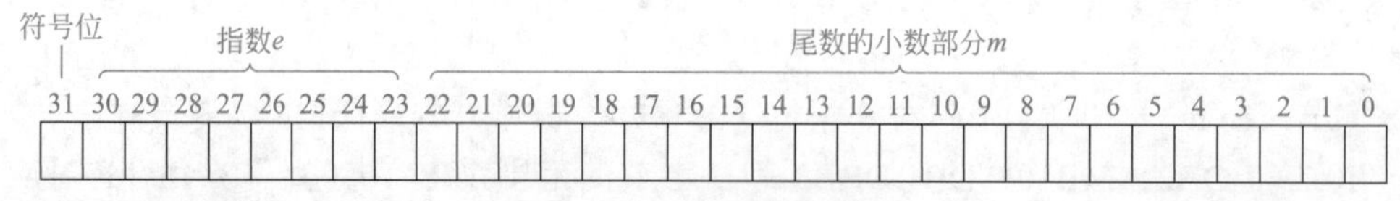

图1-7　浮点数的存储结构

表1-8　部分复杂数据类型

变量类型	数据类型	位数	数值范围	常数举例
IEC时间	Time	32	T#-24d_20h_31m_23s_648ms～T#24d_20h_31m_23s_647ms	T#2h10m25s30ms TIME#10d20h30m20s630ms 500h10000ms
IEC日期	Date	16	D#1990-1-1～D#2168-12-31	D#2009-12-31 Date#2019-12-31 2009-12-31
实时时间	Time_Of_Day	32	TOD#0:0:0.0～TOD#23:59:59.999	TOD#10:20:30.400 TIME_OF_DAY#10:20:30.40 23:10:1
长格式日期和时间	DTL	12B	DTL#1970-01-01-00:00:00.0～DTL#2262-04-11:23:47:16.854775807	DTL#2008-12-16-20:30:20.250
字符	Char	8	16#00～16#FF	‘A’，‘t’，‘@’，‘ä’，‘Σ’
宽字符	WChar	16	16#0000～16#FFFF	‘A’，‘t’，‘@’，‘ä’，‘Σ’以及其他字符
字符串	String	*n*+2B	*n*=0～254字节	“ABC”
宽字符串	WString	*n*+2W	*n*=0～65534个字	“ä123@XYZ.COM”
数组	Array	索引： −32768～32767	Name[index1_min..index1_max, index2_min..index2_max] of <数据类型>	Array[1..100] of Int

（1）日期和时间数据类型

① IEC时间（Time）　Time（IEC时间）按有符号双整数进行存储，占用32位，被解释为毫秒。编辑器格式可以使用日（d）、小时（h）、分钟（m）、秒（s）和毫秒（ms）信息，不需要指定全部时间单位，例如T#5h10s、Time#2m3s和500h均有效。所有指定单位值的组合值不能超过以毫秒表示的时间日期类型的上限或下限（−2147483648～+2147483647ms）。

② IEC日期（Date）　Date（IEC日期）按无符号整数进行存储，占用16位，被解释为自1990年1月1日（16#0000）以来的天数，用以获取指定日期，编辑器格式必须指定年、月和日，例如D#2020-1-3、Date#2020-1-3和2020-1-3均有效。

③ 实时时间（TOD）　Time_Of_Day（TOD）数据按无符号双整数值进行存储，占用32位，被解释为自指定日期的凌晨算起的毫秒数（凌晨为0ms），必须指定小时（24小时/天）、分钟和秒，可以选择指定小数秒格式。例如16小时45分58秒321毫秒的表示格式为TOD#16:45:58.321。

④ 长格式日期和时间（DTL）　DTL数据类型使用12个字节的结构保存日期和时间信息，可以在块的临时存储器或者DB中定义DTL数据，不能在变量表编辑器中定义该数据。

DTL 按年（2 字节）、月、日、星期、小时、分钟、秒、纳秒（4 字节）进行保存，格式为：年 - 月 - 日 : 时 : 分 : 秒 . 纳秒，不包括星期。星期日、星期一～星期六的代码分别为 1 ～ 7。

（2）字符（Char）和字符串（String）

① 字符（Char）和宽字符（WChar） Char 在存储器中占一个字节，可以存储以 ASCII 格式编码的单个字符。WChar 在存储器中占一个字的空间，可包含任意双字节字符。编辑器语法在字符的前面和后面各使用一个单引号字符，例如字符 'A'、宽字符 WChar#' 中 '。

② 字符串（String）和宽字符串（WString） CPU 支持使用 String 数据类型存储一串单字节字符。字符串最大长度为 256 个字节，前两个字节用来存储字符串长度信息，所以最多包含 254 个字符。其常数表达式为由两个单引号包括的字符串，例如 'STEP 7'。字符串第 1 个字节表示字符串中定义的最大字符长度，第 2 个字节表示当前字符串中有效字符的个数，第 3 个字节为字符串中第 1 个有效字符。

宽字符串最大长度为 65536 个字，前两个字是用来存储字符串长度信息，所以最多包含 65534 个字。其常数表达式为由两个单引号包括的字符串，例如 WString# ' 西门子中国 '。字符串第 1 个字表示字符串中定义的最大字符长度，第 2 个字表示当前字符串中有效字符的个数，第 3 个字为字符串中第 1 个有效字。

可以对 IN 类型的指令参数使用带单引号的字符串（常量），还可通过在 OB、FC、FB 和 DB 的块接口编辑器中选择“String”或“WString”数据类型来创建字符串变量，无法在 PLC 变量表中创建字符串。

在数据块 DB1 中定义字符串如图 1-8（a）所示，可从数据类型下拉列表中选择一种数据类型，输入关键字“String”或“WString”，然后在后面方括号中指定最大字符串大小。例如，“字符串” String[10] 指定最大长度为 10 个字节，值为 'abc'。在该数据块上单击右键，取消“优化的块访问”，可以显示偏移量。第一个字节为指定的最大长度，第二个字节为实际的字符个数，后面 10 个字节为字符，故偏移量为 12。其运行监视如图 1-8（b）所示，DB1.DBB0 为最大长度 10，DB1.DBB1 为实际长度 3，DB1.DBB2 ～ DB1.DBB4 为存储的字符。宽字符串中每个宽字符占一个字，定义一个变量“宽字符串”，长度为 10，则总共占用 12 个字（24 个字节）。如果不包含带有最大长度的方括号，则假定字符串 Char 的最大长度为 254，宽字符串 WString 的最大长度为 65534。

数据块_1

	名称	数据类型	偏移量	起始值
1	▼ Static			
2	字符串	String[10]	0.0	'abc'
3	宽字符串	WString[10]	12.0	WSTRING#'西门子中国'
4	字符	Char	36.0	'z'
5	宽字符	WChar	38.0	WCHAR#'中'

(a) 数据块DB1中变量定义

名称	地址	显示格式	监视/修改值
----	%DB1.DBB0	DEC	10
----	%DB1.DBB1	DEC	3
"数据块_1".字符串[1]	%DB1.DBB2	字符	'a'
"数据块_1".字符串[2]	%DB1.DBB3	字符	'b'
"数据块_1".字符串[3]	%DB1.DBB4	字符	'c'
----	%DB1.DBW12	DEC	10
----	%DB1.DBW14	DEC	5
"数据块_1".宽字符串[1]	%DB1.DBW16	Unicode 字符	'西'
"数据块_1".宽字符串[2]	%DB1.DBW18	Unicode 字符	'门'
"数据块_1".宽字符串[3]	%DB1.DBW20	Unicode 字符	'子'
"数据块_1".宽字符串[4]	%DB1.DBW22	Unicode 字符	'中'
"数据块_1".宽字符串[5]	%DB1.DBW24	Unicode 字符	'国'
"数据块_1".字符	%DB1.DBB36	字符	'z'
"数据块_1".宽字符	%DB1.DBW38	Unicode 字符	'中'

(b) 运行监视

图 1-8　字符和字符串

（3）数组（Array）

将同一类型的数据组合在一起就是数组。数组的维数最大到六维，数组中的元素可以是基本数据类型或复合数据类型（Array 类型除外），例如，在数据块 DB1 中定义了一个变量 temp，如图 1-9（a）所示，数据类型为 Array[0..3, 0..5, 0..6] of Int，则定义了元素为整数，大小为 4×6×7 的三维数组，可以用符号加索引访问数组中的某一个元素，例如 DB1.temp[1,3,2]。定义一个数组需要指明数组中元素的数据类型、维数和每维的索引范围。

在使用数组时必须注意：全部数组元素必须是同一数据类型，索引范围 −32768 ～ 32767，下限必须小于或等于上限，可以使用常量和变量混合、常量表达式，不能使用变量表达式；数组可以是一维到六维；用逗点字符分隔多维索引的最小最大值声明；不允许使用嵌套数组或数组的数组。

（4）结构（Struct）

结构体是将不同数据类型的数据组合成的复合型数据，通常用来定义一组相关的数据，例如在数据块 DB1 中定义“电动机”的“启动”“停止”“设定速度”“测量速度”，如图 1-9（a）所示。可以直接引用整个结构体变量，例如“DB1. 电动机”；如果引用结构体变量中的一个单元，可以使用符号名访问，例如“DB1. 电动机 . 设定速度”，也可以直接访问绝对地址，例如“DB1.DBW338”。

（5）用户定义的数据类型（UDT，User-Defined Data Types）

用户定义的数据类型与结构体类似，可以由不同的数据类型组成，如基本数据类型和复杂数据类型。与结构体不同的是，用于定义的数据类型是一个用户自定义的数据类型模板，作为一个整体可以多次使用。在项目树下，展开“PLC 数据类型”，双击“添加新数据类型”新建一个用户数据类型，命名为“motor”，如图 1-9（b）所示，然后添加元素“启动”“停止”“设定速度”。在数据块或程序块的形参中插入已定义的用户数据类型，可以定义不同电动机的变量，比如在数据块 DB1 中定义变量“电动机 1”，数据类型为“motor”，如图 1-9（a）所示。

数据块_1

名称	数据类型	偏移量
▼ Static		
▸ temp	Array[0..3, 0..5, 0..6] of Int	0.0
▼ 电动机	Struct	336.0
启动	Bool	336.0
停止	Bool	336.1
设定速度	Int	338.0
测量速度	Int	340.0
▼ 电动机1	"motor"	342.0
启动	Bool	342.0
停止	Bool	342.1
设定速度	Int	344.0

(a) DB1中变量定义

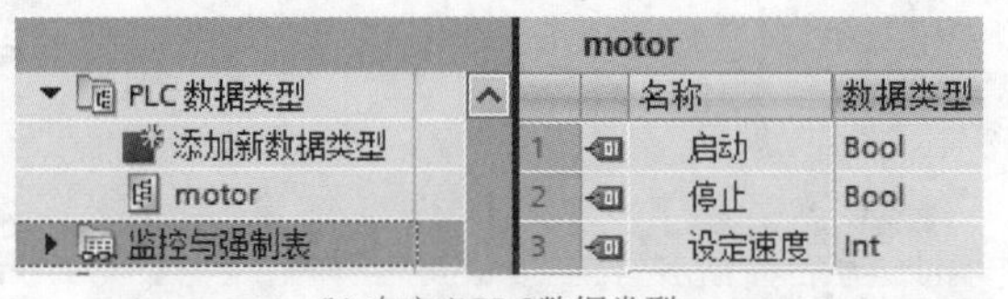

(b) 自定义PLC数据类型

图 1-9　数组、结构体和用户数据类型

（6）指针（Variant）

指针既可以指向不同数据类型的变量或参数，也可以指向结构和单独的结构元素。Variant 指针不会占用存储器的空间。指针可以使用符号地址表示，如 MyDB.Struct1.pressure1，MyDB、Struct1、pressure1 分别是用小数点隔开的数据块、结构和结构元素；指针也可以使用绝对地址表示，如 P#DB10.DBX10.0 INT 12 和 %MW5，前者用来表示一个地址区，是起始地址位 DB10.DBW10 开始的连续 12 个整型变量。

1.3.3.3 其他数据类型

（1）系统数据类型

系统数据类型（SDT）由系统提供并具有预定义的结构。系统数据类型的结构由固定数目的具有各种数据类型的元素构成。不能更改系统数据类型的结构。仅当系统数据的类型相同且名称匹配时，才可相互分配，如 IEC_TIMER 等。系统数据类型只能用于特定指令，可用的系统数据类型及其用途见表 1-9。可以在 TIA 博途软件的“帮助”菜单下打开“显示帮助”，搜索“系统数据类型”进行查看。

表 1-9 系统数据类型及用途

系统数据类型	字节数	说明
IEC_TIMER	16	时间值为 Time 数据类型的定时器结构，用于 TP、TOF、TON、TONR 等指令
IEC_SCOUNTER	3	计数值为 SInt 数据类型的计数器结构，用于 CTU、CTD 和 CTUD 指令
IEC_USCOUNTER	3	计数值为 USInt 数据类型的计数器结构，用于 CTU、CTD 和 CTUD 指令
IEC_COUNTER	6	计数值为 Int 数据类型的计数器结构，用于 CTU、CTD 和 CTUD 指令
IEC_UCOUNTER	6	计数值为 UInt 数据类型的计数器结构，用于 CTU、CTD 和 CTUD 指令
IEC_DCOUNTER	12	计数值为 DInt 数据类型的计数器结构，用于 CTU、CTD 和 CTUD 指令
IEC_UDCOUNTER	12	计数值为 UDInt 数据类型的计数器结构，用于 CTU、CTD 和 CTUD 指令
ERROR_STRUCT	28	编程错误信息或 I/O 访问错误信息的结构，例如用于 GET_ERROR 指令
CREF	8	数据类型 ERROR_STRUCT 的组成，在其中保存有关块地址的信息
NREF	8	数据类型 ERROR_STRUCT 的组成，在其中保存有关操作数的信息
VREF	12	用于存储 VARIANT 指针，用于 S7-1200 Motion Control 指令中
CONDITIONS	52	用户自定义的数据结构，定义数据接收的开始和结束条件，用于 RCV_CFG 指令
TADDR_Param	8	用来存储通过 UDP 通信的连接说明的数据块结构，用于 TUSEND 和 TURSV 指令
TCON_Param	64	存储实现开放用户通信的连接说明的数据块结构，例如用于 TSEND 和 TRSV 指令
HSC_Period	12	使用扩展的高速计数器，指定时间段测量的数据块结构，用于 CTRL_HSC_EXT 指令

（2）硬件数据类型

硬件数据类型由 CPU 提供，可用硬件数据类型的数目取决于 CPU。TIA 博途根据硬件配置中设置的模块存储特定硬件数据类型的常量，用于识别硬件组件、事件和中断 OB 等与硬件有关的对象。在用户程序中插入用于控制或激活已组态模块的指令时，可将这些可用常量用作参数。

可以在 TIA 博途软件的“帮助”菜单下打开“显示帮助”，搜索“硬件数据类型”，查看其详细情况。

第2章 TIA 博途软件入门

2.1 TIA 博途软件的安装与卸载

全集成自动化软件 TIA Portal（Totally Integrated Automation Portal）是西门子工业自动化集团发布的新一代自动化软件，中文名为博途。借助于这个软件平台，用户能够快速、直观地开发和调试自动化控制系统。与传统方法相比，无需花费大量时间集成各个软件包，显著地节省了时间，提高了设计效率。目前最新版本为 V16，有 Basic、Comfort、Advanced、Professional 等 4 个级别的版本。

TIA 博途中的 STEP 7 用于 S7-1200/1500、S7-300/400 的组态和编程，PLCSIM 用于 S7-1200/1500、S7-300/400 的仿真运行，WinCC 用于西门子 HMI、工业 PC 和标准 PC 的组态。

2.1.1 TIA 博途软件的安装

（1）安装 TIA 博途 V16 对计算机的要求

安装 TIA 博途 V16 推荐的计算机硬件配置如下：处理器主频 3.4GHz 或更高，内存 16GB（最小 8GB），固态硬盘 SSD（最小 50GB 的自由空间），15.6in（1in=25.4mm）宽屏显示器（分辨率 1920×1080 或更高）。

TIA 博途 V16 要求的计算机操作系统为非家用版的 64 位的 Windows 7 SP1、64 位的 Windows 10 以及 64 位的 Windows Server 2012 版本以上。

（2）STEP 7 和 WinCC 的安装

安装时应具有计算机的管理员权限，关闭所有正在运行的程序，建议安装前暂时关闭杀毒软件和 360 安全卫士之类的软件。以硬盘安装为例，从西门子自动化与驱动集团官网下载 TIA 博途 V16 版本的 STEP 7 Basic/Professional incl. Safety and WinCC Basic/Comfort/Advanced and WinCC Unified 的 DVD1，该安装包包含了 STEP 7 Basic/Professional、STEP 7 Safety Basic/Advanced、WinCC Basic/Comfort/Advanced/Unified。双击 TIA Portal STEP7 Prof Safety WinCC Adv Unified V16，将其解压到自己指定的文件夹中，开始安装。

如果要求计算机重启，则重启计算机；如果反复要求计算机重启，则打开计算机的注册表，删除 \HKEY_LOCAL_MACHINE\SYSTEM\CurrentControlSet\Control\Session Manager 下的 PendingFileRenameOperations，然后双击所解压的文件夹“TIA Portal STEP7 Prof Safety WinCC Adv Unified V16.0”中的“Start.exe”，重新进行安装。

在“安装语言”对话框中，选择默认的“安装语言：中文”，单击对话框中的“下一步（N）>”按钮，进入下一个对话框。在“产品语言”对话框中，采用默认的“英语”和“简体中文”，点击“下一步（N）>”。

在选择要安装的产品配置对话框中，建议选择“典型”配置和 C 盘默认的安装路径。单击“浏览”按钮可以修改安装路径。

在许可证条款对话框中，勾选窗口下面的两个复选框，接受列出的许可证条款，如图 2-1 所示。

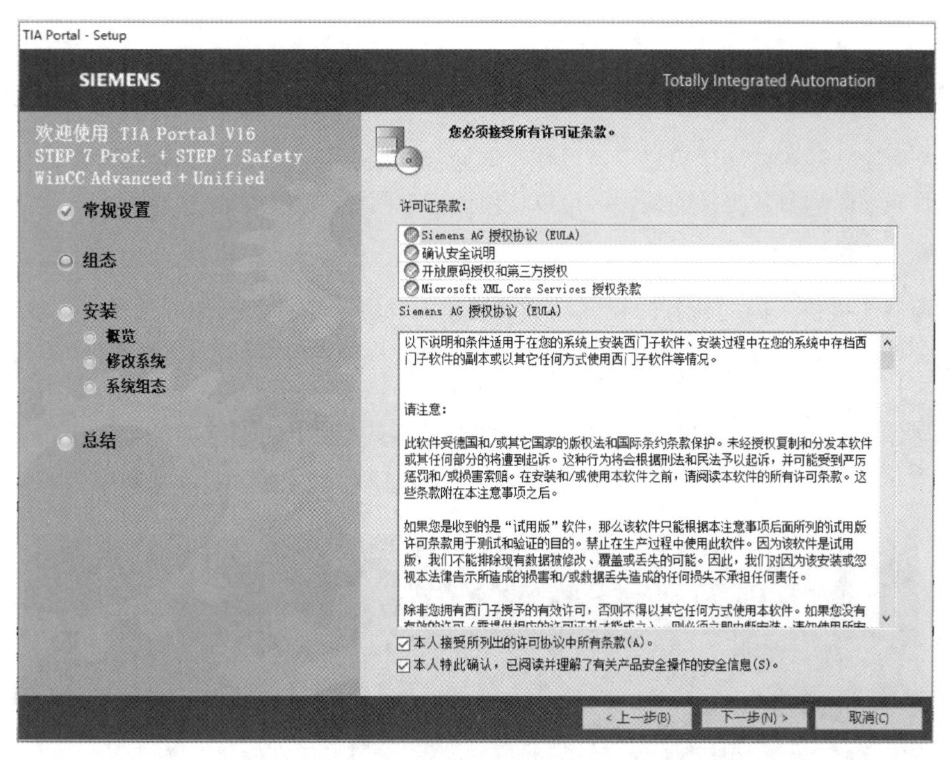

图 2-1 “许可证条款”对话框

在“安全控制”对话框中，勾选复选框“我接受此计算机上的安全和权限设置”。

在“概览”对话框中，列出了前面设置的产品配置、产品语言和安装路径，单击“安装”按钮，开始安装软件。

最后单击“安装已成功完成”对话框中的“重新启动”按钮，立即重启计算机。

（3）安装 SIMATIC_S7-PLCSIM_V16

从西门子自动化与驱动集团官网下载 SIMATIC_S7-PLCSIM_V16.exe 进行安装，其安装过程与 STEP 7 几乎完全相同。

（4）授权管理

在安装结束后使用授权管理器进行授权操作。如果有授权盘，双击桌面上的“Automation License Manager”打开授权管理器，可以通过拖拽的方式将授权从授权盘中转换到目标硬盘中。如果没有授权，可以获得 21 天的试用期。

2.1.2 TIA 博途软件的卸载

软件的卸载方法有两种，一种是通过控制面板删除所选组件；另一种是使用源安装软件删除产品。以通过控制面板删除所选组件为例，使用“开始”→“控制面板”，打开控制面板，双击“程序和功能”，打开“程序和功能”对话框，选择要删除的软件包，然后单击“卸载”。使用源安装软件删除产品与安装过程类似，不再详述。

2.2 TIA 博途入门

扫一扫 看视频

2.2.1 博途视图和项目视图

TIA 博途软件在自动化项目中可以使用博途视图或项目视图。博途视图是面向任务的视图，项目视图是项目各组件的视图，可以使用链接在两种视图之间进行切换。

2.2.1.1 博途视图

博途视图提供了面向任务的视图，可以快速地确定要执行的操作或任务，有些情况下，该界面会针对所选任务自动切换为项目视图。

为了使用方便，可以创建一个文件夹，以后所有的项目都保存在这个文件夹中，比如在 G 盘新建了一个“S7-1200”的文件夹。双击 Windows 桌面上的图标，打开启动画面，进入博途视图，如图 2-2 所示。在博途视图中，可以打开设备与网络、PLC 编程、运动控制 &

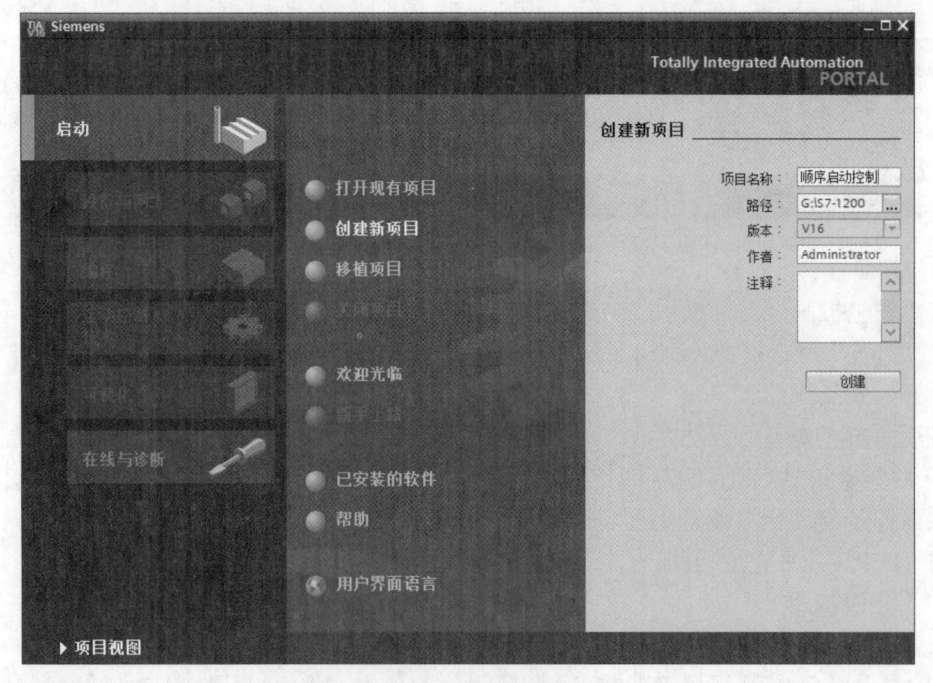

图 2-2 创建新项目

技术、可视化和在线与诊断任务。每一个任务都提供了可使用的操作，比如在启动任务中，可以打开现有项目、创建新项目、移植项目、关闭项目等。点击左下角的“项目视图”链接可以进入项目视图。选择“创建新项目”，更改项目名称，点击“…”修改保存路径，最后点击“创建”按钮，可以进入“新手上路”页面。

在“启动”页面点击“设备与网络”，进入设备与网络组态页面，如图2-3所示。选择“添加新设备”→“控制器”→“SIMATIC S7-1200”→“CPU”→“CPU 1214C AC/DC/Rly”→“6ES7 214-1BG40-0XB0”，版本号V4.2（版本号一定要与实际设备一致）。勾选“打开设备视图”，单击“添加”，则会打开项目视图中的设备视图。

图2-3　添加新设备

2.2.1.2　项目视图

点击“添加”后，自动打开了该项目的项目视图，如图2-4所示。标有①的区域为菜单栏，标有②的区域为工具栏。

（1）项目树

区域③为项目树，可以通过它访问所有的设备和项目数据、添加新设备、报警已有的设备、打开处理项目数据的编辑器。

项目的各组成部分在项目树中以树状结构显示，分为项目、设备、文件夹和对象4个层次。项目树的使用方式与Windows资源管理器相似。

点击项目树右上角的◀按钮，项目树和下面标有④的详细视图隐藏，同时最左边的垂直条上出现 按钮，单击它可以再次展开项目树和详细视图。可以用类似的方法隐藏和显示右边标有⑦的任务卡（图2-4为硬件目录）。

图 2-4 项目硬件视图

将鼠标的光标放到相邻的两个窗口的垂直分界线上，出现带有双向箭头的光标时，按住鼠标的左键可以移动分界线，调节分界线两边窗口的大小。可以用同样的方法调节水平分界线。

单击项目树右上角的“自动折叠”按钮，该按钮变为（永久展开）。单击项目树之外的区域，项目树自动消失。单击最左边垂直条上的按钮，项目树立即展开。单击按钮，该按钮变为，自动折叠功能被取消。

可以用类似的方法启动或关闭区域⑥（巡视窗口）和区域⑦（任务卡）的自动折叠功能。

（2）详细视图

项目树下面的区域④为详细视图，打开项目树中的“PLC 变量”→“默认变量表”，详细视图窗口显示该变量表中的变量。在编写程序时，用鼠标左键按住某个变量并移动光标，开始时光标的形状为（禁止放置）。当光标进入到用红色问号表示的地址域时，光标变为（允许放置），松开左键，该变量地址被放在了地址域，这个操作称为“拖拽”。拖拽到已设置的地址上时，将替换原来的地址。

单击详细视图上的按钮或“详细视图”标题，详细视图关闭，只剩下紧靠左下角的“详细视图”标题，标题左边的按钮变为。单击该按钮或标题，重新显示详细视图。

（3）工作区

区域⑤为工作区，可以同时打开几个编辑器，但在工作区一般只能显示当前打开的编辑器。在最下面标有⑨的选项卡中显示当前被打开的编辑器，点击另外的选项卡可以更换工作区显示的编辑器。

单击工具栏上的、按钮，可以垂直或水平拆分工作区，同时显示两个编辑器。在工作区同时显示程序编辑器和设备视图时，将设备视图放大到200%或以上，可以将模块上的

I/O点拖拽到程序编辑器中的地址域，这样不仅能快速设置指令的地址，还能在PLC变量表中创建相应的条目。使用同样的方法，也可以将模块上的I/O点拖拽到PLC变量表中。

单击工作区右上角的“最大化”按钮，将会关闭其他所有的窗口，工作区被最大化。单击工作区右上角的“浮动”按钮，工作区浮动，可以用鼠标左键拖动工作区到任意位置。工作区被最大化或浮动时，单击工作区右上角的“嵌入”按钮，工作区将恢复原状。

在“设备视图”选项卡中可以组态硬件，点击“网络视图”选项卡，打开网络视图，可以组态网络。可以将区域⑦中需要的设备或模块拖拽到设备视图或网络视图中。

（4）巡视窗口

区域⑥为巡视窗口，用来显示工作区中选中对象的信息，设置选中对象的属性。

“属性”选项卡显示和修改工作区中所选中对象的属性。巡视窗口左边为浏览窗口，选中某个参数组，在右边窗口中显示和编辑对应的信息或参数。

“信息”选项卡显示所选对象和操作的详细信息，以及编译后的结果。

“诊断”选项卡显示系统诊断事件和组态的报警事件。

巡视窗口有两级选项卡，图2-4选中了第一级的“属性”选项卡和第二级的“常规”选项卡左边浏览窗口中的“以太网地址”，将它简记为选中了“属性”→“常规”→“以太网地址”。单击巡视窗口右上角的按钮或按钮，可以隐藏或显示巡视窗口。

（5）任务卡

区域⑦为任务卡，任务卡的功能与编辑器有关。通过任务卡可以进一步或附加操作。例如从库或硬件目录中选择对象，搜索与替代项目中的对象，将预定义的对象拖拽到工作区。

通过最右边竖条上的按钮可以切换任务卡显示的内容。图2-4中的任务卡显示的是硬件目录，任务卡下面标有⑧的“信息”窗口是显示硬件目录中所选对象的图形、版本号和对它的简单描述。

（6）设置项目参数

执行菜单命令“选项”→“设置”，选中左边浏览窗口的“常规”，用户界面语言为默认的“中文”，助记符为默认的“国际”。

选中“起始视图”区的“项目视图”或“最近的视图”，以后打开博途时将会自动打开项目视图或上一次关闭时的视图。

在“设备视图”中，可以点击工作区最右边的向左箭头按钮，查看设备数据，如图2-5所示。从图中可以看出默认地址，数字量输入地址为DI0～DI1（即IB0～IB1），数字量输出地址为DQ0～DQ1（即QB0～QB1），模拟量输入地址为AI64～AI67（即IW64和IW66）等。点击向右箭头按钮，可以隐藏设备数据。

2.2.2 使用项目视图组态设备

如果在“起始视图”区选择了“项目视图”，打开博途时将会自动打开项目视图。可以点击工具栏中的按钮新建一个项目，输入项目名称，点击“…”修改保存路径，最后点击“创建”按钮，创建一个新项目。

2.2.2.1 添加新设备

在项目树的设备栏中双击“添加新设备”，弹出“添加新设备”对话框。根据实际需要，选择相应的设备，设备包括“控制器”“HMI”和“PC系统”等。在本书中，使用的硬件为

CPU 1214C AC/DC/Rly（版本号 V4.2）。选择“控制器”，依次展开“控制器”→“SIMATIC S7-1200”→“CPU”→“CPU 1214C AC/DC/Rly”→“6ES7 214-1BG40-0XB0”，选择版本号为“V4.2”（CPU 的固件版本根据实际 PLC 版本号进行选择），勾选“打开设备视图”，单击“确定”，则打开设备视图。设备名称默认为“PLC_1”，也可以进行修改。

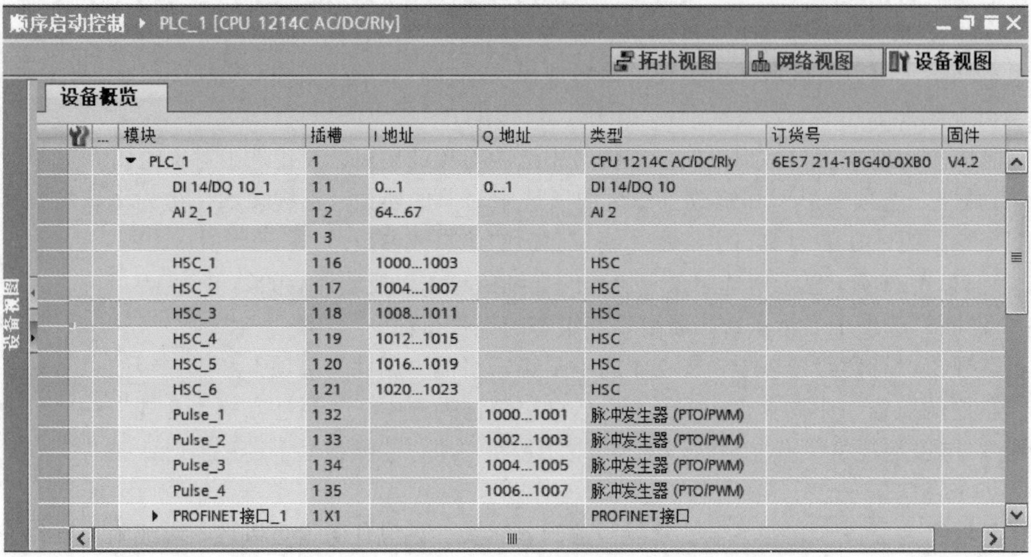

顺序启动控制 ▸ PLC_1 [CPU 1214C AC/DC/Rly]

拓扑视图 | 网络视图 | 设备视图

设备概览

模块	插槽	I 地址	Q 地址	类型	订货号	固件
▾ PLC_1	1			CPU 1214C AC/DC/Rly	6ES7 214-1BG40-0XB0	V4.2
DI 14/DQ 10_1	1 1	0...1	0...1	DI 14/DQ 10		
AI 2_1	1 2	64...67		AI 2		
	1 3					
HSC_1	1 16	1000...1003		HSC		
HSC_2	1 17	1004...1007		HSC		
HSC_3	1 18	1008...1011		HSC		
HSC_4	1 19	1012...1015		HSC		
HSC_5	1 20	1016...1019		HSC		
HSC_6	1 21	1020...1023		HSC		
Pulse_1	1 32		1000...1001	脉冲发生器 (PTO/PWM)		
Pulse_2	1 33		1002...1003	脉冲发生器 (PTO/PWM)		
Pulse_3	1 34		1004...1005	脉冲发生器 (PTO/PWM)		
Pulse_4	1 35		1006...1007	脉冲发生器 (PTO/PWM)		
▸ PROFINET接口_1	1 X1			PROFINET接口		

图 2-5　项目设备概览

2.2.2.2　添加模块

配置 S7-1200 PLC 必须遵循 1 号槽只能放置 CPU 模块，101 ～ 103 号槽只能放置通信模块，2 ～ 9 号槽只能放置信号模块，CPU 模块上的方形区域添加信号板和通信板。

使用 TIA 博途软件进行硬件配置的过程与硬件实际安装过程相同。前面通过“添加新设备”，进入设备视图，此时，1 号槽中的 CPU 和导轨已经出现在设备视图中。在硬件组态时，可以使用鼠标双击或拖拽的方法将通信模块或信号模块添加到导轨上。

（1）使用“拖拽”的方法放置硬件对象

在图 2-6 最右边的“硬件目录”下，依次展开“通信模块”→“PROFIBUS”→“CM1243-5”，单击选中订货号 6GK7 243-5DX30-0XE0，下面的“信息”栏显示订货号、版本及该硬件的相关用途。同时工作区 CPU 模块左边的 3 个槽位四周出现蓝色的方框，表示只能将该模块插入到这些槽中。用鼠标左键按住该模块不放，将该模块拖到导轨中 CPU 模块左边的 101 号槽，没有移动到允许放置该模块的工作区时，光标形状为🚫（禁止放置）；当移动到 101 槽位时，光标形状为▯，松开鼠标左键，该模块被放置在 101 槽位中。可以用同样方法放置其他模块或在“网络视图”中放置 CPU、HMI 及 PC 系统。

（2）使用双击的方法放置硬件对象

组态时，使用双击更加简便。首先使用鼠标左键单击要放置模块的槽位，再用鼠标左键双击硬件目录中要放置模块的订货号，该模块便出现在选中的槽位中。

使用上述方法，将 PROFIBUS 主站通信模块 CM 1243-5、点到点通信模块 CM 1241（RS485）、工业以太网通信模块 CP 1243-1 分别插入到 101 ～ 103 号槽，将 DI 模块 DI8×24VDC、DQ 模块 DQ16×24VDC 和 AI/AQ 模块 AI4×13BIT/AQ2×14BIT 分别插入到

2～4 号槽，单击 CPU 模块上的方形区域，将 DI2/DQ2 信号板插入进去。硬件组态遵循所见即所得的原则，当用户在组态界面中将视图放大后，可以发现此界面与实物基本相同。单击设备视图中的按钮，可以显示导轨及模块的名称。

配置完硬件后，可以点击设备视图工作区最右边的向左箭头按钮，打开设备概览视图，查看设备数据，其中包括模块、插槽号、输入地址、输出地址、类型、订货号、固件版本等。点击向右箭头按钮，可以隐藏设备概览。

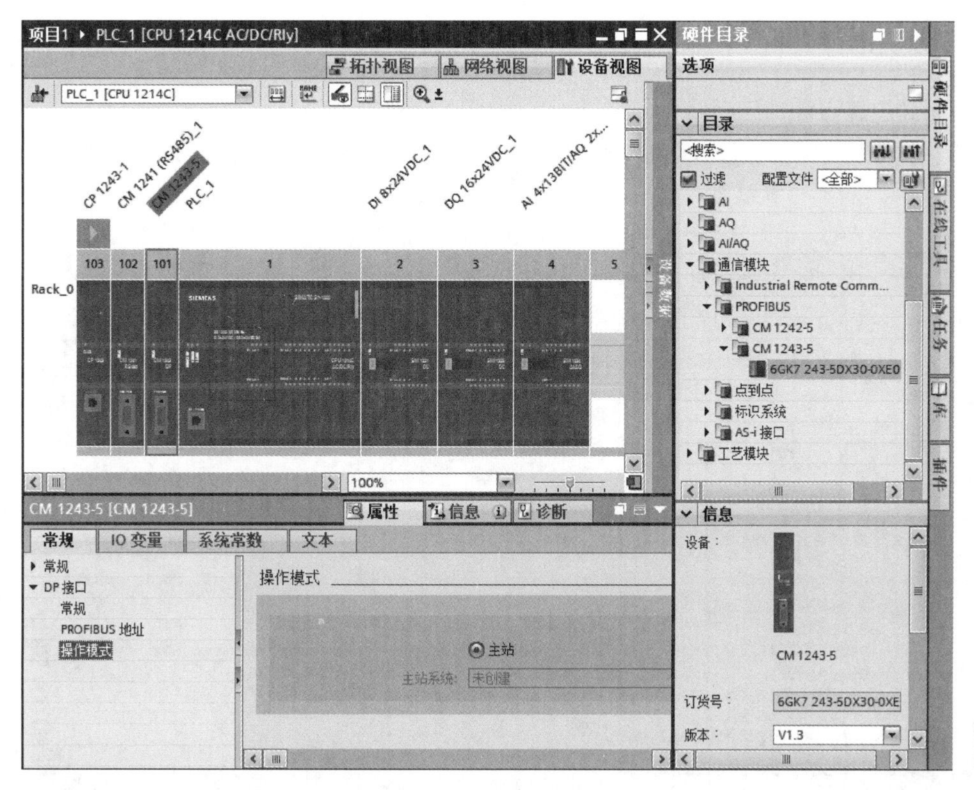

图 2-6 S7-1200 的组态

2.2.2.3 硬件目录中的过滤器

如果勾选了图 2-6 中“硬件目录”下的“过滤”复选框，激活了硬件目录的过滤器功能，硬件目录只显示与工作区有关的硬件。例如打开了 S7-1200 的设备视图时，勾选了“过滤”，硬件目录只显示 S7-1200 的组件，不显示其他控制设备。

2.2.2.4 更改设备型号

在 TIA 博途软件中添加一个站点时，首先需要选择 CPU，因此导轨将自动添加到设备中，然后可以在导轨上的槽位中插入其他模块。在插入 CPU 和其他模块时，要注意型号和固件版本与实际硬件一致。如果不一致，可以在 CPU 或其他模块上单击鼠标右键，选择“更改设备类型”，更改 CPU 或其他模块的型号或固件版本。

2.2.3 使用符号定义变量

STEP 7 简化了符号编程，用户可以为数据地址创建符号名称或“变量”，包括存储器地址和 I/O 点相关的 PLC 全局变量、DB 数据块中的变量或在代码块中使用的局部变量。要在用户程序中使用这些变量，只需输入指令参数的变量名称。在编写程序时，可以使用绝对地址，也可以使用符号。在 I/O 点不多时，使用绝对地址进行编程很方便。但是如果 I/O 点比较多的时候，使用符号编写程序会更得心应手。

2.2.3.1 使用变量编辑器创建变量

在变量编辑器中，可以为所有要在程序中寻址的绝对地址分配符号名和数据类型。例如，为输入 I0.0 分配符号名“启动”。这些名称可以在程序的所有地方使用，也就是全局变量。

（1）通过输入生成变量

在“项目树”下，依次展开“顺序启动控制”→“PLC_1[CPU 1214C AC/DC/Rly]”→“PLC 变量”，双击“默认变量表”，进入“变量”页面，如图 2-7 所示。

图 2-7　使用变量表编辑符号

在第 1 行“名称”下输入“启动”，选择数据类型“Bool”，地址下输入“I0.0”，完成后按回车键会自动进入下一行。在第 2 行“名称”下输入“停止”，按回车键，数据类型和地址自动为“Bool”和“I0.1”。在第 3 行名称下输入“电动机 M1”，按回车键，数据类型和地址自动为“Bool”和“I0.2”，修改地址为“Q0.0”。在第 4 行名称下输入“电动机 M2”，按回车键，数据类型和地址自动为“Bool”和“Q0.1”。地址列自动添加“%”，表示变量使用的是绝对地址。也可以先编写程序，然后在默认变量表中修改变量对应地址的符号名称。

如果使用常量符号，点击“用户常量”，名称下输入符号，选择数据类型，在值下输入常量符号对应的值。

（2）通过拖拽生成变量

也可以先编写程序，然后在默认变量表中修改变量对应地址的符号名称。如图2-8所示，先点击“设备视图”右上角的□按钮，使其处于浮动状态。然后点击设备视图下部的▼按钮，选择放大倍数大于%200以上。打开程序编辑器，编写用户梯形图程序（具体详见下面的编写用户程序章节），可以将“设备视图”中模块上的I/O点拖拽到程序编辑器中的地址域（也可以直接输入地址）。比如，将“%I0.0”拖放到程序段1中的常开触点上，在默认变量表中自动生成名称为“Tag_1”、数据类型为Bool、地址为%I0.0的变量，将其名称改为“启动”即可。用同样的方法可以生成变量“停止”（%I0.1）、“电动机M1”（%Q0.0）和“电动机M2”（%Q0.1）。

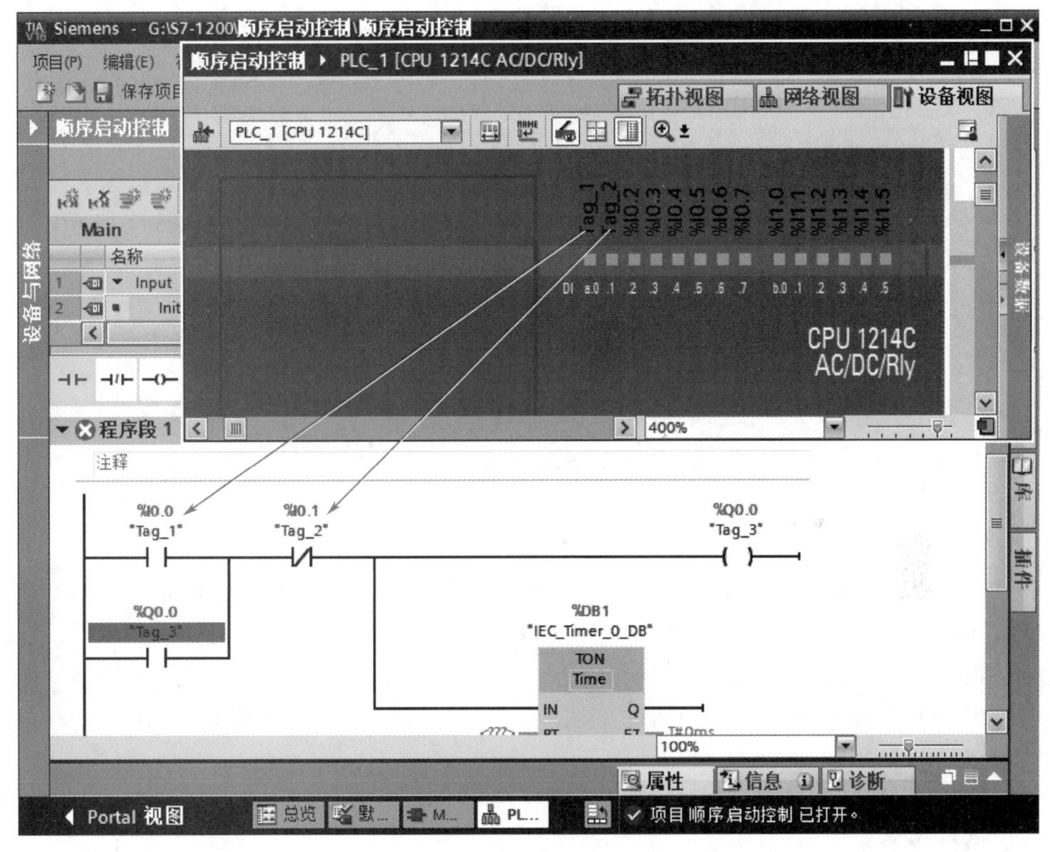

图2-8 通过拖拽生成变量

（3）变量表中变量的排序

单击变量表表头中的“地址”，该单元出现▲符号，各变量按地址的字母和数字从A到Z和0～9升序排列。再单击一次该单元，出现▼，各变量按地址的字母和数字从Z到A和9～0降序排列。可以用同样的方法，根据变量名称、数据类型对变量进行排序。

2.2.3.2 使用数据块DB创建变量

数据块用于存储用户数据即中间变量，与M存储区相比，使用功能相同，都可以用于全局变量。但是M数据区的大小是固定的，不可扩展，而数据块存储区由用户定义，最大不超过工作存储区或装载存储区即可。另外，有些数据类型不能在变量表中创建，只能在数据块中创建，例如数组、日期和时间 DTL 等。

展开项目树下的“程序块”，双击“添加新块”，在打开的界面中单击“数据块”，再单击“确定”，则生成一个“数据块 _1[DB1]”的数据块。在新生成的“数据块 _1[DB1]”上单击鼠标右键，选择“属性”，将“优化的块访问”前的复选框中的“√”去掉，则数据块中会显示“偏移量”列。

在该数据块的“名称”下输入“定时时间”，数据类型选择“Time”，起始值设为“T#5s”，如图 2-9 所示，然后点击工具栏中的编译图标进行编译。

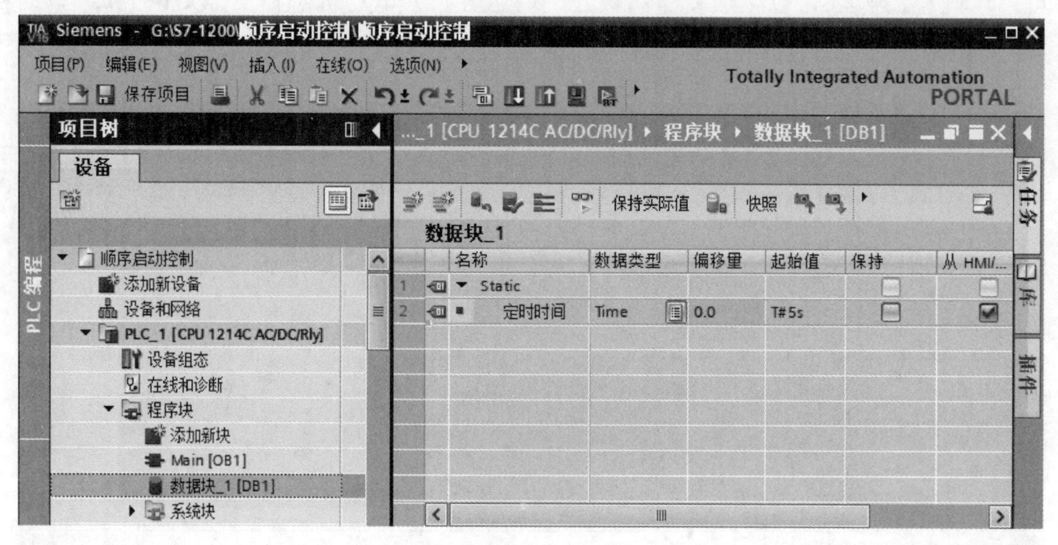

图 2-9 数据块

2.2.3.3 访问一个变量数据类型的“片段”

可以根据大小按位、字节或字级别访问 PLC 变量和数据块变量。访问此类数据片段的语法如下。

① PLC 变量名称 .xn（按位访问）。

② PLC 变量名称 .bn（按字节访问）。

③ PLC 变量名称 .wn（按字访问）。

④ 数据块名称 . 变量名称 .xn（按位访问）。

⑤ 数据块名称 . 变量名称 .bn（按字节访问）。

⑥ 数据块名称 . 变量名称 .wn（按字访问）。

双字大小的变量可按位 0 ～ 31、字节 0 ～ 3 或字 0 ～ 1 访问。一个字大小的变量可按位 0 ～ 15、字节 0 ～ 1 或字访问。字节大小的变量则可按位 0 ～ 7 或字节访问。例如，在变量表中创建了一个“Msg”的双字（DWord）变量，可以用“Msg.x1”访问第 1 位、“Msg.b0”访问字节 0、“Msg.w1”访问字 1；在“数据块 _1”中创建一个双字大小的变量 temp，可以用“数据块 _1.temp.x0”访问第 0 位、“数据块 _1.temp.b2”访问字节 2、“数据块 _1.temp.w2”访问字 2。

2.2.4 编写用户程序

（1）程序编辑器简介

在 TIA 博途软件中，可以使用梯形图（LAD）或功能块图（FBD）编写程序。在“项目树”下，依次展开“顺序启动控制”→“PLC_1[CPU 1214C AC/DC/Rly]”→“程序块”→“Main[OB1]”，双击“Main[OB1]”，进入 Main[OB1] 程序编辑器界面，如图 2-10 所示，默认的编程语言是梯形图。选中“Main[OB1]”，在菜单“编辑”→“切换编程语言”中，可以在 LAD 和 FBD 编程语言之间切换。

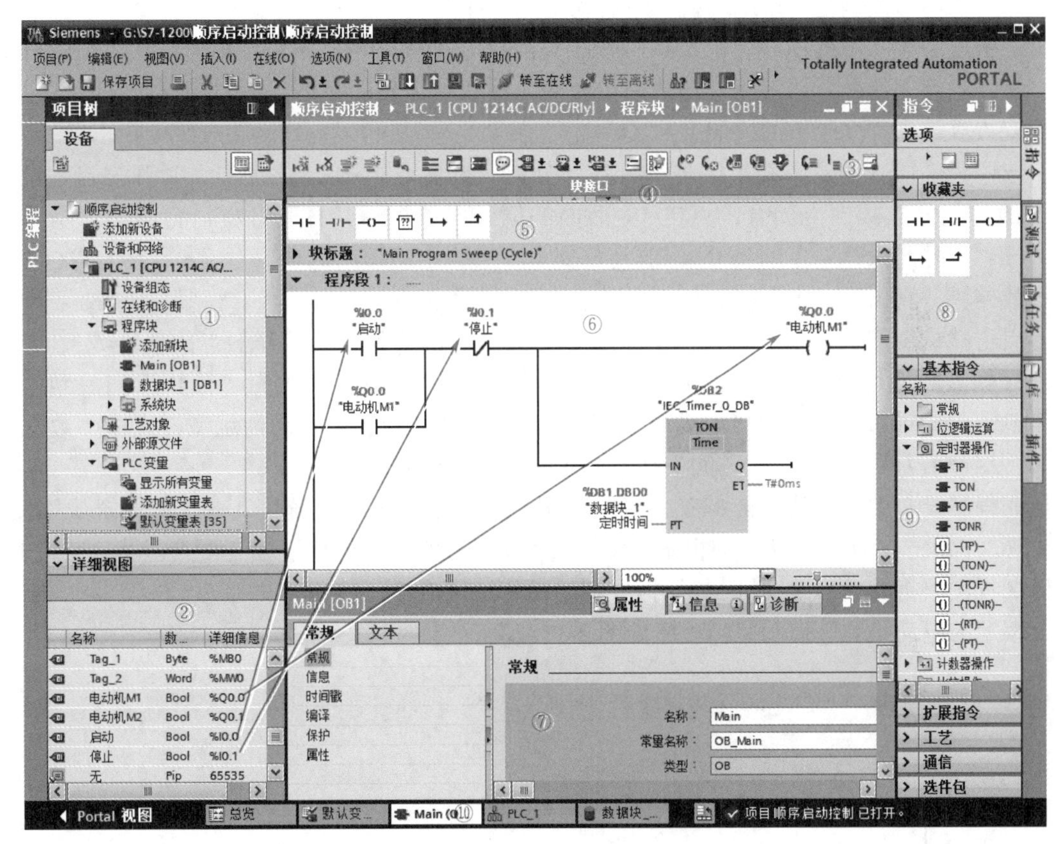

图 2-10 Main[OB1] 程序编辑器界面

区域①为项目树。

区域②为详细视图。当选中项目树下的默认变量表或数据块时，详细视图中显示对应的变量，可以将其中的变量直接拖放到梯形图中使用。拖拽到已设置的地址上时，原来的地址将被替换。

区域③为程序编辑器的工具栏，点击上面的按钮可以进行对应的操作。比如，点击按钮可以插入程序段，点击按钮可以删除程序段等。

区域④为代码块的接口区，点击按钮可以打开，用鼠标左键上下拖动分隔条可以改变显示区域的大小。点击按钮，接口区域被隐藏。

区域⑤为指令的收藏夹，用于快速访问常用的指令。单击程序编辑器工具栏上的按钮，可以在程序区显示或隐藏收藏夹的指令。可以将指令列表中自己常用的指令拖拽到收藏夹中，也可以通过鼠标右键中的命令删除收藏夹中的指令。

区域⑥为程序编辑区，在此区域中可以编写用户程序。

区域⑦为打开的程序块的巡视窗口。

区域⑧为收藏夹，区域⑤显示该收藏夹中的指令。

区域⑨为任务卡中的指令列表。

区域⑩为已打开编辑器的按钮，单击该区域中的某个按钮，可以在工作区显示对应的编辑器。

（2）用户程序的编写

下面以梯形图编写一个电动机顺序启动控制程序为例，说明具体的编写步骤和方法。

选中程序段 1 下的横线，依次点击收藏夹的指令⊣⊢、⊣/⊢、-( )-，则会依次添加常开触点、常闭触点、线圈。或者将右边“基本指令”→“位逻辑运算”下的对应指令依次通过拖放或双击放置到程序段 1 的横线上。

选中程序段 1 的左母线，单击↦，打开分支。然后点击⊣⊢，添加一个常开触点。最后点击↥，使分支线向上闭合。点击⊣/⊢后面的横线，单击↦，打开分支，将右边“基本指令”→“定时器操作”下的 TON 拖放到分支上，会弹出“调用选项”对话框，这是 TON 的背景数据块，点击“确定”。

点击默认变量表，从详细视图中将变量“启动”拖放到启动常开触点的地址域 <??.?>，该常开触点的地址自动变为 %I0.0“启动”。按照同样的方法，将变量“停止”拖放到停止常闭触点的地址域，将变量“电动机 M1”拖放到线圈和自锁触点的地址域。点击“数据块_1”，从详细视图中将“延时时间”拖放到定时器的 PT 输入端。

在程序段 2 中，依次点击⊣⊢、-( )-，展开“程序块”→“系统块”→“程序资源”，点击“IEC_Timer_0_DB”，从详细视图中将变量“Q”拖放到⊣⊢的地址域。再点击默认变量表，从详细视图中将变量“电动机 M2”拖放到线圈的地址域。

编写的电动机顺序启动控制程序如图 2-11 所示。

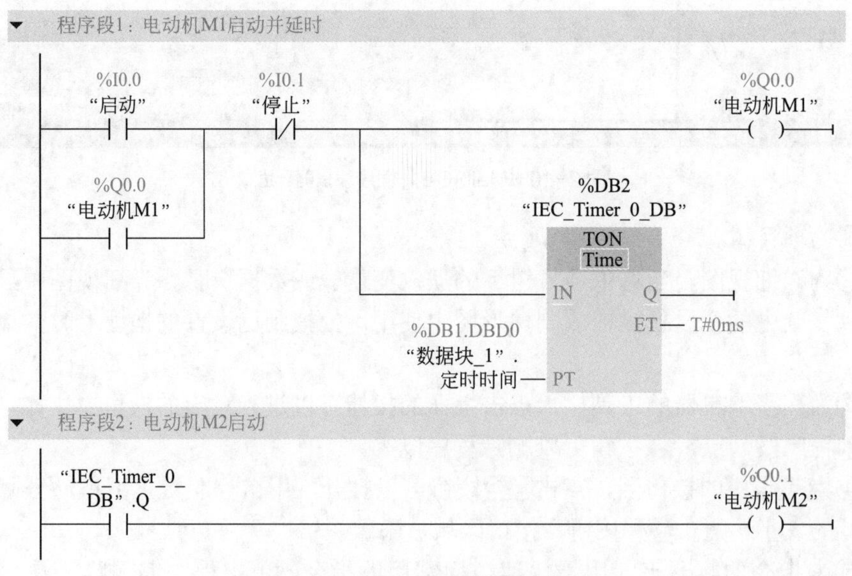

图 2-11　电动机顺序启动控制程序

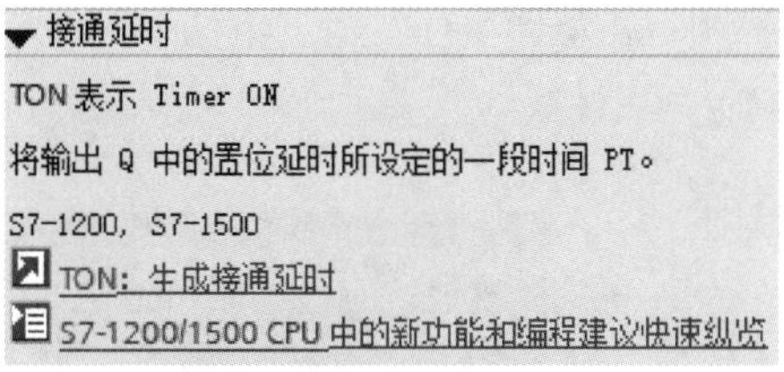

在编写程序的过程中，如果对相关指令的用法不太清楚，想具体了解该指令的相关信息及使用方法，可以将鼠标放在该指令上的时间稍长一些，会出现该指令的简单信息，点击相关链接，或者选中该指令，按F1键就可以进入“信息系统”，查看该指令的相关信息。比如，将鼠标放在基本指令下的接通延时定时器TON上稍长一些，出现该指令的简单信息，如图2-12所示，点击“TON：生成接通延时”链接，就可以进入“信息系统”。在“信息系统”中，可以查看该指令的说明、参数、时序图及示例等。

▾接通延时

TON表示 Timer ON

将输出 Q 中的置位延时所设定的一段时间 PT。

S7-1200, S7-1500

TON：生成接通延时

S7-1200/1500 CPU 中的新功能和编程建议快速纵览

图2-12 接通延时定时器TON的简单信息

程序编写完成后，选中“项目树”下的站点“PLC_1[CPU 1214C AC/DC/Rly]”，点击工具栏中的编译按钮，对站点进行编译，编译结果在巡视窗口中的“信息”→“编译”选项卡下显示。查看是否有错误，如果有错误，对错误修改后重新编译，直至编译没有错误。最后点击 保存项目，保存项目。

2.2.5 程序仿真

由于西门子S7-1200的硬件都比较贵，很少有人买来学习，最简单有效的方法是通过仿真软件验证所编写的程序。

在项目“顺序启动控制”上单击鼠标右键，选择“属性”，在弹出的界面中选择“保护”，选中“块编译时支持仿真”前的复选框，然后点击“确定”。再点击工具栏中的编译按钮，对站点进行重新编译，这样会支持仿真。

单击“项目树”下的站点“PLC_1[CPU 1214C AC/DC/Rly]”，再点击快捷菜单栏的开始仿真按钮，弹出“启动仿真将禁用所有其他的在线接口”，点击“确定”，弹出仿真简易界面及“扩展下载到设备”下载对话框，如图2-13所示。点击“开始搜索”，会找到设备，默认IP地址为192.168.0.1，然后点击“下载”。在弹出的“下载预览”界面点击“装载”，在“下载结果”界面点击“完成”。

在仿真简易界面中点击“切换到项目视图”图标，点击仿真界面的工具栏中的新建图标，创建一个“顺序启动控制仿真”项目，会自动编译并加载该站点。如果希望仿真时直接打开项目视图，可以在仿真界面中选择菜单栏“选项”→“设置”，将起始视图设置为“项目视图”，则下次仿真时直接打开项目视图。

在仿真界面中，双击“SIM表格”下的“SIM表格_1”，打开“SIM表格_1”，在名称下分别点击，选择“启动”“停止”“电动机M1”“电动机M2”“IEC_Timer_0_DB.ET”（定时器当前值）和“数据块_1.”定时时间，如图2-14所示。也可以点击“SIM表格_1”工具栏中的图标，添加项目所有的变量。然后点击工具栏中的启动图标或右边“操作面板”下的RUN按钮，使PLC运行。

点击SIM表格的第一行“启动”，在下面会出现一个“启动”按钮。点击该按钮，可以看到变量“电动机M1”后的“位”列复选框出现，表示电动机M1启动。同时“IEC_Timer_0_DB”.ET的“监视/修改值”中的时间开始计时。延时5s时间到，变量“电动机M2”后的“位”列复选框出现，表示电动机M2启动，顺序启动结束。

点击SIM表格的第二行“停止”，在下面会出现一个“停止”按钮。点击该按钮，可以看到“电动机 M1”和“电动机 M2”后复选框中的“√”消失，调速电动机 M1 和 M2 同时停止。

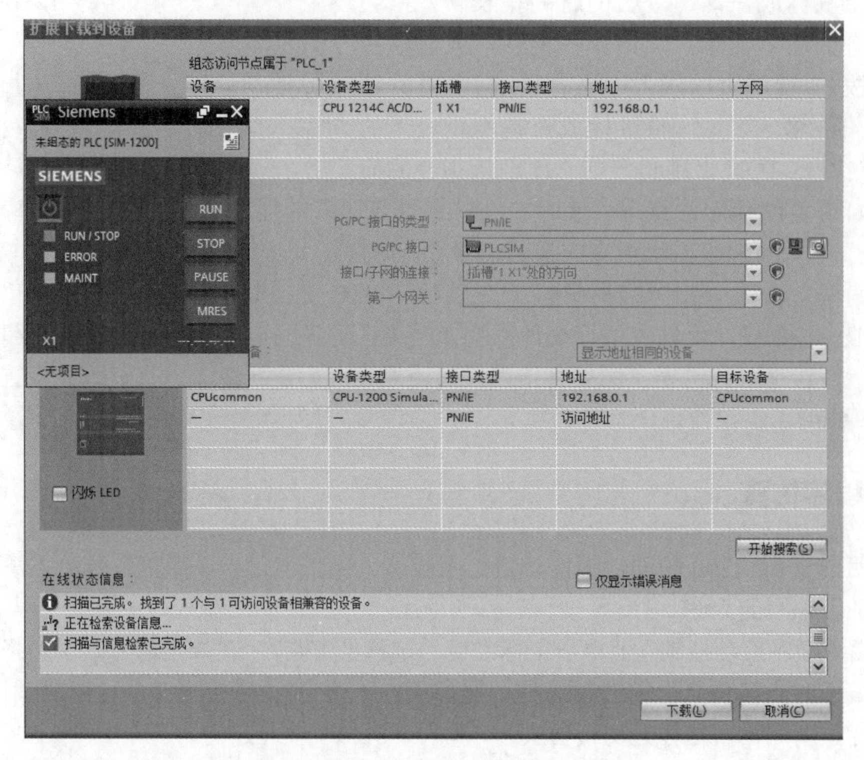

图 2-13　仿真下载界面

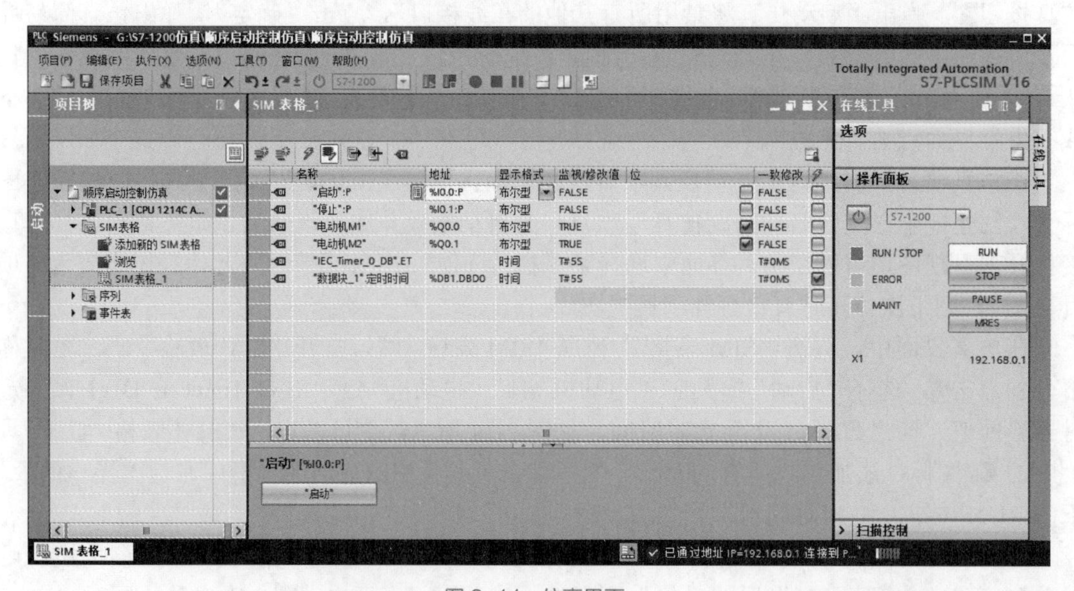

图 2-14　仿真界面

也可以修改顺序启动延时时间。点击仿真工具栏上的“启用 / 禁用非输入修改”图标启用非输入修改，可以看到变量“数据块 _1.”定时时间已经被选中。在“监视 / 修改值”列下可以修改该变量值，比如修改为“T#10s”，则电动机 M1 启动后经过 10s，电动机 M2 启动。

2.2.6 项目的下载与上传

TIA Portal 可以把用户的组态信息和程序下载到 CPU 中。下载的方式有整个站下载到 CPU 中，也可以将具体的程序、设备视图、数据块等下载到 CPU 中。

在下载的过程中，会提示用户处理相关信息，比如，是否要删除系统数据并用离线系统数据替换，OB1 已经存在是否覆盖，是否停止 CPU 等，用户应按照提示进行选择，完成希望的下载任务。

2.2.6.1 通过以太网下载

打开“顺序启动控制”项目的“设备视图”，在巡视窗口中展开“PROFINET 接口”，点击“以太网地址”，将 IP 地址设为 192.168.0.1，子网掩码设为 255.255.255.0。将计算机网卡的 IP 地址设为与 PLC 在同一个网段中，比如 IP 地址设为 192.168.0.100，子网掩码设为 255.255.255.0，用网线将 PLC 与计算机该网卡连接。

（1）下载整个站

选中“项目树”下的“PLC_1[CPU 1214C AC/DC/Rly]”，点击工具栏中的下载到设备按钮，弹出如图 2-15 所示画面。选择 PG/PC 接口类型为“PN/IE”，PG/PC 接口为对应的网卡，点击“开始搜索”按钮，会找到 PLC 设备，CPU 的 IP 地址默认为 192.168.0.1。然后点击“下载”按钮，会自动编译并下载。如果出现“装载到设备前的软件同步”对话框，显示“CPU 包含无法自动同步的更改。”如图 2-16 所示。点击“在不同步的情况下继续”按钮，出现“下载预览”对话框，“停止模块”后的“动作”下出现棕色的“无动作”，选择为“全部停止”，如图 2-17 上部所示，单击“装载”，开始下载。

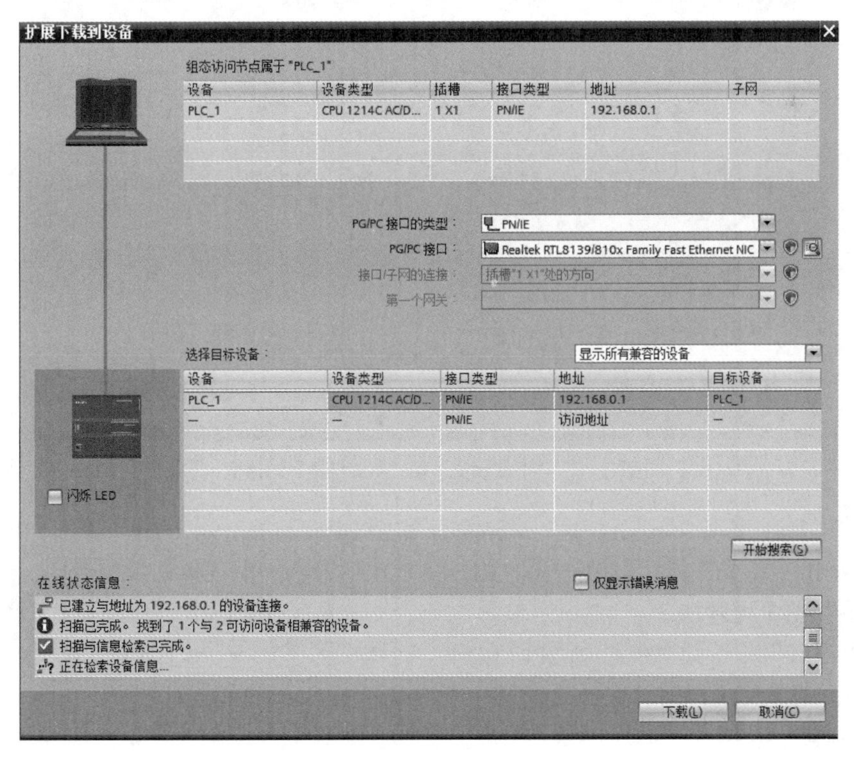

图 2-15 通过以太网下载到设备

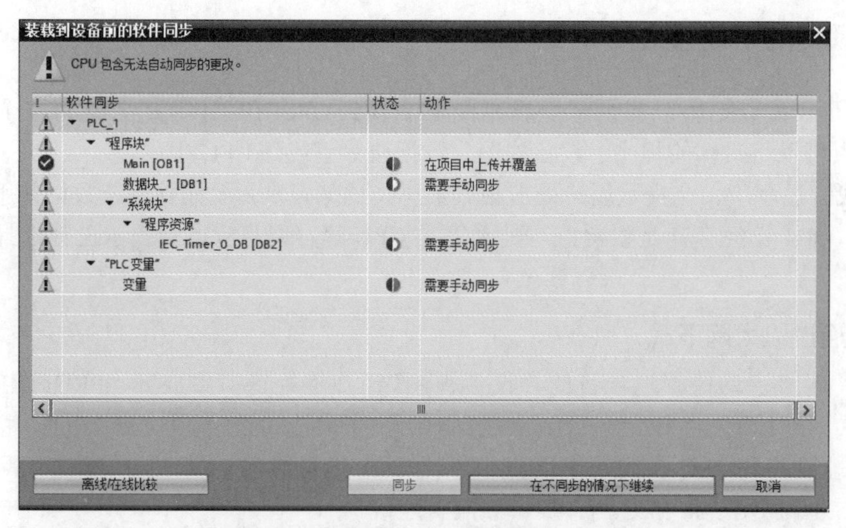

图2-16 “装载到设备前的软件同步”对话框

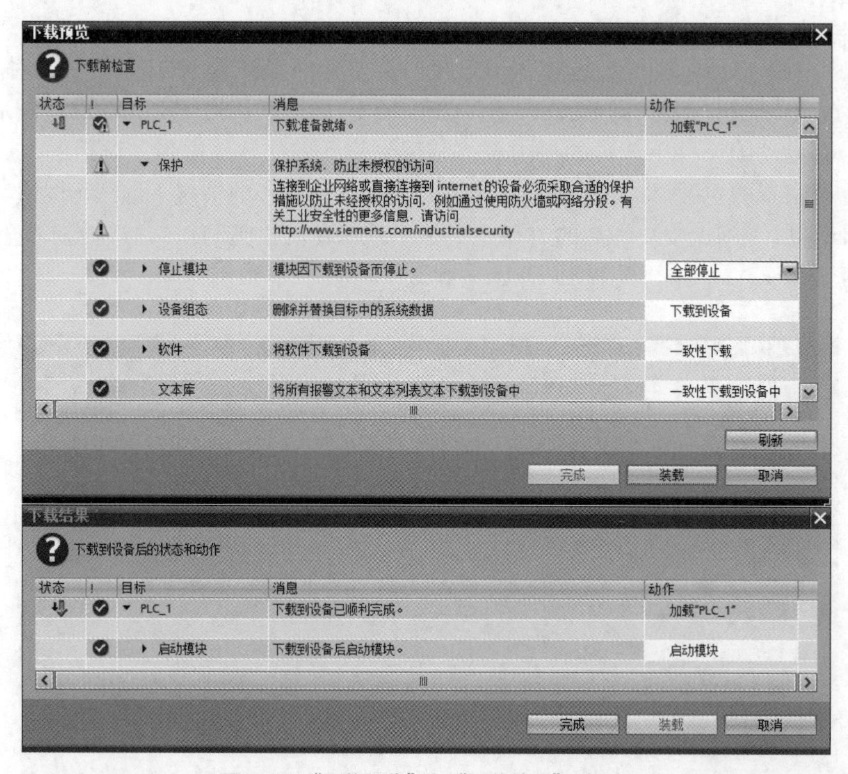

图2-17 “下载预览”和“下载结果”对话框

下载结束后，出现“下载结果”对话框，如图2-17下部所示，在“动作”下选择“启动模块”，单击“完成”按钮，PLC的“RUN/STOP”指示灯由黄色切换为绿色。

(2) 下载整个程序块

选中“项目树”下的“PLC_1[CPU 1214C AC/DC/Rly]”→“程序块”，点击下载到设备按钮，编译成功后，即可将修改后的整个程序块下载到CPU中。

(3) 下载几个块

展开“项目树”下的“PLC_1[CPU 1214C AC/DC/Rly]”→“程序块”，用鼠标选中几个块（比如DB1、FC1等），点击下载到设备按钮，编译成功后，即可将修改后的这几个块下载到CPU中。

（4）下载一个块

展开“项目树”下的“PLC_1[CPU 1214C AC/DC/Rly]”→“程序块”，用鼠标选中一个块（比如FC10），点击下载到设备按钮，编译成功后，可以将该块下载到CPU中。

另外，还可以将工艺对象、PLC变量、PLC数据类型、监控和强制表、设备组态下载到CPU中。

2.2.6.2 通过以太网上传

在项目视图中，点击新建项目按钮，新建一个项目。点击菜单“在线”→“将设备作为新站上传（硬件和软件）”，弹出如图2-18所示画面，点击“开始搜索”，找到设备后，点击“从设备上传”，可以将整个站上传到该新建项目中。如果在原有的项目中上传，会提示站名已经在项目中使用，上传失败。

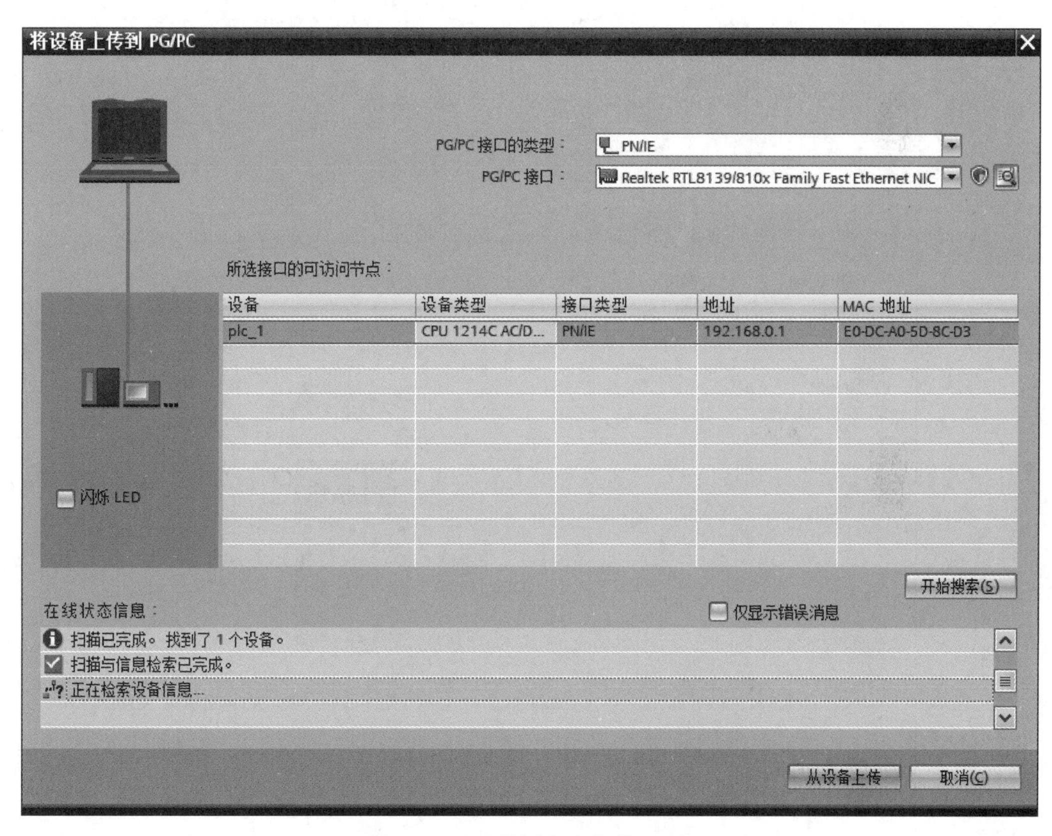

图2-18 通过以太网上传到项目中

2.2.7 程序在线调试

在TIA博途软件中，可以通过程序状态监控和监控表监控对用户程序进行调试。程序状态监控可以监控程序的运行，显示程序中操作数的值，查找用户程序的逻辑错误，修改某些变量的值。监控表监控可以监视、修改或强制各个变量，还可以向某些变量写入需要的值来测试程序或硬件。

（1）程序状态监控

在程序块 Main[OB1] 中，点击按钮，可以对梯形图进行监控，电动机处于运行状态的梯形图监控如图 2-19 所示。如果项目树中的项目、站点和程序块的右边出现黄色的叹号，表示有故障；在 Main[OB1] 的右边出现左边蓝右边黄的符号，表示在线程序（CPU 中的程序）和离线程序（计算机中的程序）不一致。需要重新下载有问题的块，使在线和离线保持一致，上述对象右边都呈现绿色，程序状态才正常。

启动程序状态监控后，梯形图用绿色的连续线表示接通，即有“能流”通过。用蓝色虚线表示没有接通，没有能流。用灰色连续线表示状态未知或程序未执行。

在某个变量上单击鼠标右键，选择某个命令，可以修改该变量的值或变量的显示格式。对于Bool变量，执行“修改”→“修改为1”，可以将该变量置1；执行“修改”→“修改为0”，可以将该变量复位为0。注意，不能修改连接外部硬件的输入值（I）。如果被修改变量同时受到程序控制（比如受线圈控制的触点），则程序控制作用优先。

对于其他数据类型的变量，比如变量“延时时间”，在其上单击鼠标右键，选择执行“修改”→“修改操作数”，可以修改该变量的值。执行“修改”→“显示格式”，可以选择“自动”“十进制”“十六进制”或“浮点数”进行显示，默认的是根据该变量的数据类型“自动”显示。

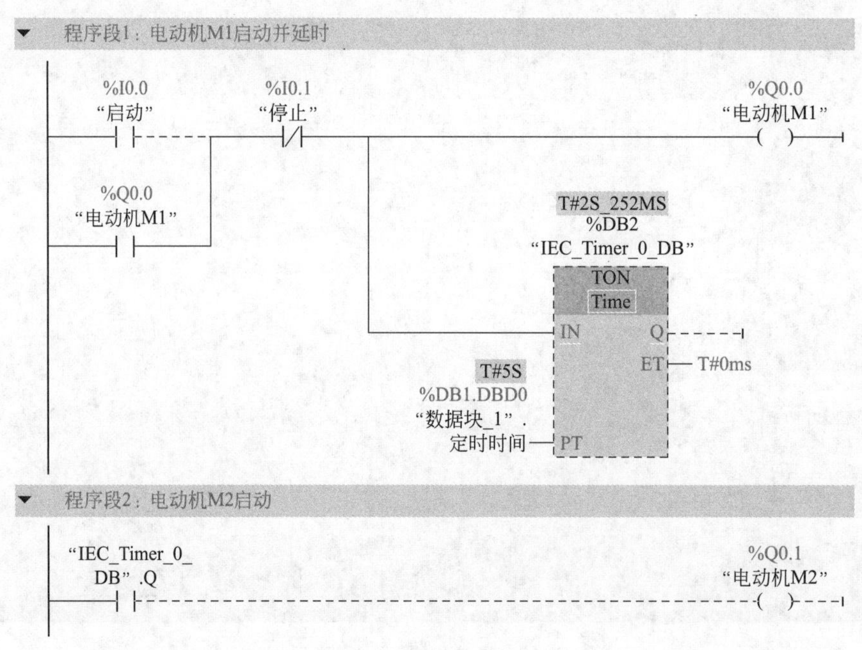

图 2-19　梯形图监控

（2）用监控表监控

使用梯形图监控可以形象直观地监视程序的执行情况，触点和线圈的状态一目了然。但是程序的状态只能在屏幕上显示一小块区域，如果程序较长，不能同时看到与某一程序功能相关的全部变量的状态。

监控表可以满足上述要求。使用监控表可以同时监视、修改用户感兴趣的变量。一个项目可以生成多个监控表，以满足不同的调试需要。

在“项目树”下，找到“监控与强制表”，双击“添加新监控表”，添加一个“监控表_1”，可以通过复制粘贴将默认变量表中的变量粘贴到监控表中，也可以在地址栏中输入地址，名称自动变为对应变量的名称。然后点击按钮，变量监控如图2-20所示。位变量为TRUE（1状态），监视值列的方形指示灯为绿色；位变量为FASLE（0状态），指示灯为灰色。可以使用监控表“显示格式”默认的显示格式，也可以通过下拉列表选择需要的显示格式。

单击“显示/隐藏所有修改列”的按钮，显示隐藏的“修改值”列。在“修改值”列输入变量的新值，并勾选要修改的变量右边的复选框。输入Bool变量的修改值0或1后，单击监控表其他地方，将自动变为“FASLE”或“TRUE”。点击工作区工具栏上的“立即一次性修改所有选定值”按钮，监视值立即被修改为修改值。比如，在“电动机M1”的“修改值”下输入1，在“数据块_1”.定时时间的“修改值”下输入T#10s，点击，则在“监视值”下，“电动机M1”由原来的FASLE变为TRUE，“数据块_1”.定时时间由原来的T#5S变为T#10S。注意，同样不能修改连接外部硬件的输入值（I）。如果被修改变量同时受到程序控制（比如受线圈控制的触点），则程序控制作用优先。

在某个位变量上单击鼠标右键，执行“修改”→“修改为1”或“修改”→“修改为0”命令，可以将选中的变量修改为TRUE或FASLE。

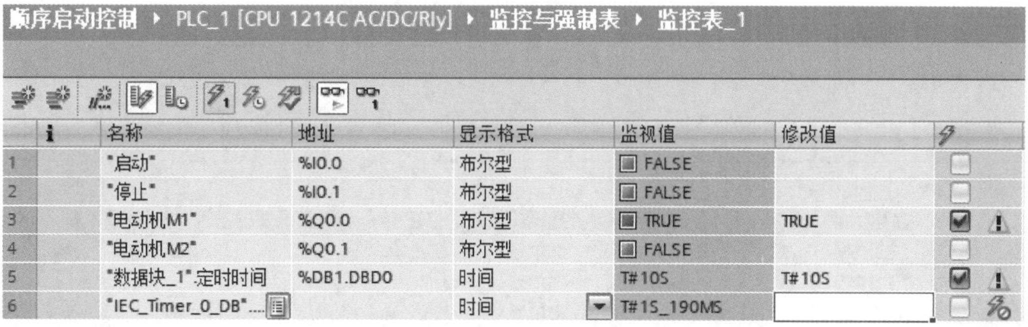

顺序启动控制 ▸ PLC_1 [CPU 1214C AC/DC/Rly] ▸ 监控与强制表 ▸ 监控表_1

	i	名称	地址	显示格式	监视值	修改值	
1		"启动"	%I0.0	布尔型	FALSE		
2		"停止"	%I0.1	布尔型	FALSE		
3		"电动机M1"	%Q0.0	布尔型	TRUE	TRUE	
4		"电动机M2"	%Q0.1	布尔型	FALSE		
5		"数据块_1".定时时间	%DB1.DBD0	时间	T#10S	T#10S	
6		"IEC_Timer_0_DB"....		时间	T#1S_190MS		

图2-20 监控表监控

（3）强制

在“项目树”下，双击“强制表”，可以通过复制粘贴将默认变量表中的变量粘贴到监控表中，也可以在地址栏中输入地址，名称自动变为对应变量的名称。如果是外设，在名称和地址后面自动添加了“:P”。

同时打开OB1和强制表，用工具栏中的“水平拆分编辑器空间”按钮同时显示OB1和强制表，如图2-21所示。单击程序编辑器工具栏上的按钮，启动程序状态监控功能。

在强制模式下，只能在扩展模式中监视外围输入，故单击强制表工具栏上的“显示/隐藏扩展模式列”按钮，显示扩展模式。另外，不能监视外围设备输出，显示。

单击强制表工具栏上的按钮，启动强制表监视功能。在变量“启动”这一栏上单击右键，选择“强制”→“强制为1”，将“I0.0: P”强制为TRUE（或者在“强制值”列下输入1，然后点击“全部强制”按钮），在弹出的“是否强制”对话框中点击“是”按钮进行确认。在强制的这一行出现表示被强制的符号。PLC面板上I0.0对应的LED灯不亮，梯形图中I0.0的常开接通，上面出现被强制的符号，梯形图中Q0.0线圈通电，PLC面板上的Q0.0对应的LED灯亮，同时PLC的MAINT指示灯亮。

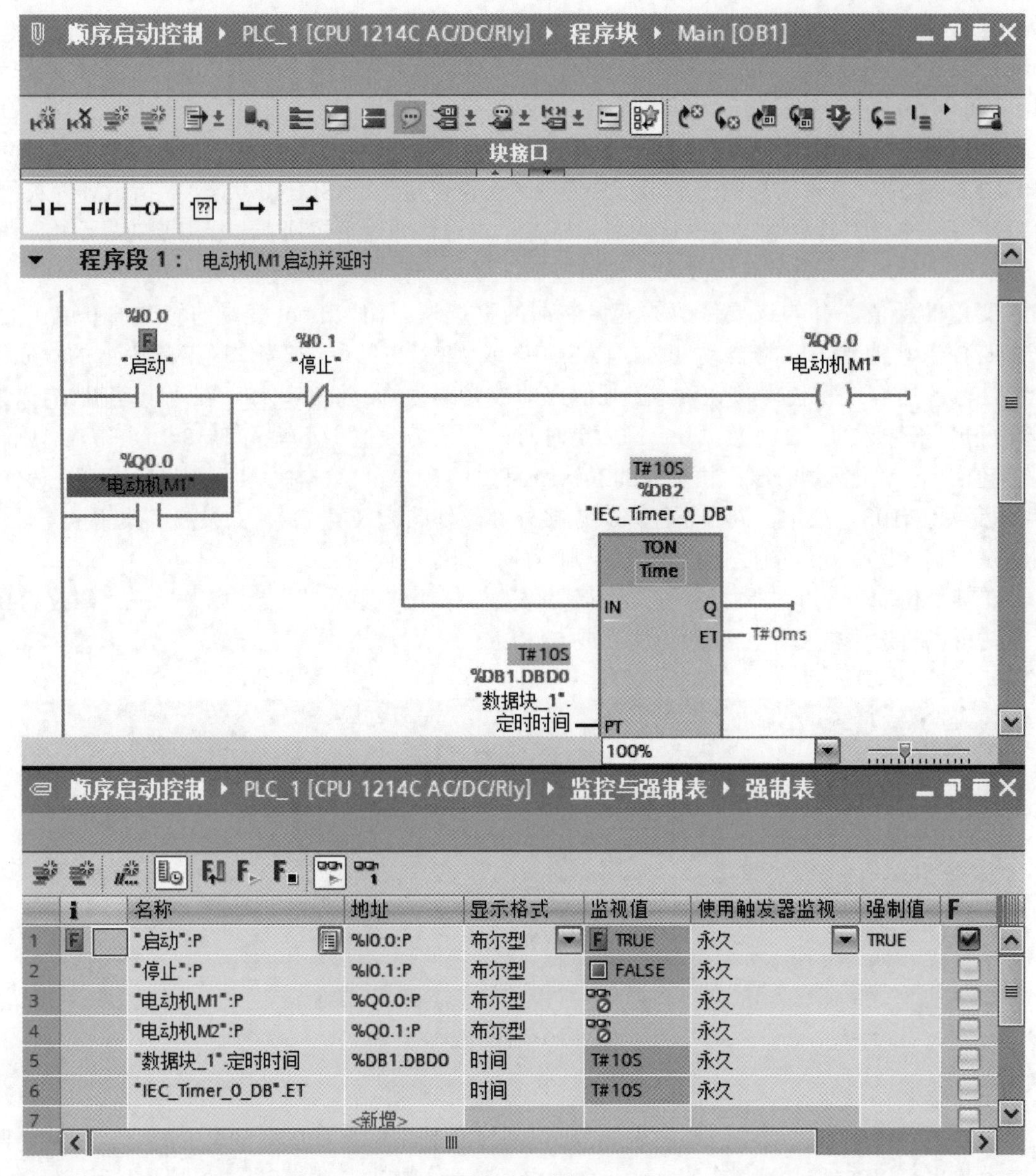

图 2-21　强制

单击强制表工具栏中的按钮，停止对所有地址的强制。被强制的变量最左边和输入点“监视值”列红色的标有“F”的小方框消失，表示强制被解除。梯形图中的符号也消失了。

输入、输出点被强制后，即使关闭编程软件、计算机与 CPU 的连接断开或 CPU 断电，强制值都被保持在 CPU 中，直到在线时用强制表停止强制功能。

第3章 S7-1200 PLC的基本指令

3.1 位逻辑操作

位逻辑指令处理布尔值“1”和“0”，在编写的梯形图（LAD）程序中分为触点和线圈指令、置位复位指令和边沿检测指令。位逻辑指令扫描信号的状态，“1”表示动作或通电，“0”表示未动作或未通电，并根据布尔逻辑对它们进行组合。组合结果产生的“1”或“0”称为逻辑运算结果（RLO）。

3.1.1 触点与线圈指令

（1）触点指令

-| |- 是常开触点的LAD指令，常开触点的通断取决于相关位的状态。当指定位为“1”时，常开触点接通；当指定位为“0”时，常开触点断开。

-|/|- 是常闭触点的LAD指令，常闭触点的通断取决于相关位的状态。当指定位为“1”时，常闭触点断开；当指定位为“0”时，常闭触点保持原来的状态（接通）。

-|NOT|- 是逻辑运算结果取反的LAD指令。如果该指令输入的信号状态为“1”，则指令输出的信号状态为“0”。如果该指令输入的信号状态为“0”，则输出的信号状态为“1”。

（2）线圈指令

-( )- 是线圈的LAD指令。如果线圈的输入为“1”，则线圈的指定位为“1”。如果线圈的输入为“0”，则线圈的指定位为“0”。

-(/)- 是线圈取反的LAD指令。如果线圈的输入为“1”，则线圈的指定位为“0”。如果线圈的输入为“0”，则线圈的指定位为“1”。

（3）指令的应用

触点和线圈指令的应用如图3-1所示，当I0.0为“1”（常开触点接通）且I0.1为“0”（常闭触点接通）时，逻辑运算结果（RLO）为“1”，有能流通过。线圈Q0.0有能流流入，则线圈Q0.0有输出。如果I0.0、I0.1的任意一个触点断开，线圈Q0.0的输入为“0”，则线圈Q0.0无输出。

当 I0.2 为“1”(常闭触点断开)时，线圈 Q0.1 没有能流流入，则线圈 Q0.1 取反(为“1”)有输出。否则，Q0.1 的输出为“0”(没有输出)。

对 I0.0 和 I0.1 的逻辑运算结果 RLO 进行 NOT 取反，如果 RLO 为“1”，NOT 输出为“0”，线圈 Q0.2:P（立即输出）没有输出。否则，Q0.2 有输出。

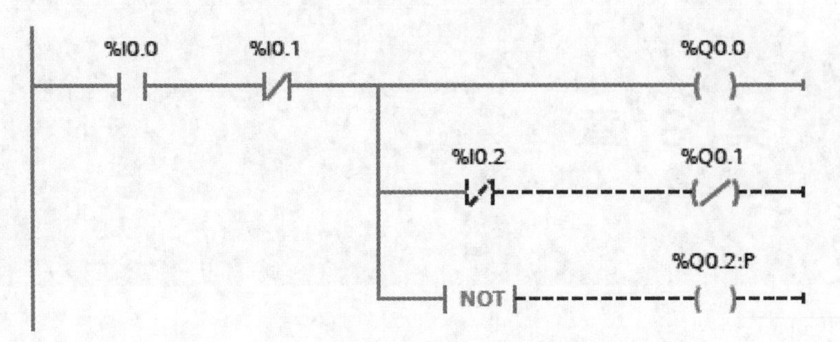

图 3-1 监视中的触点和线圈指令应用

3.1.2 置位复位指令

(1) 置位复位输出

-(S)- 是置位输出的 LAD 指令。如果该指令的输入为“1”，则将指定的位置位为“1”并保持。如果该指令的输入为“0”，则指定位的信号状态将保持不变。

-(R)- 是复位输出的 LAD 指令。如果该指令的输入为“1”，则将指定的位复位为“0”。如果该指令的输入为“0”，则指定位的信号状态将保持不变。

(2) 置位复位位域

SET_BF 是置位位域指令，是将从指定的位开始的连续若干个位置位为“1”并保持。

RESET_BF 是复位位域指令，是将从指定的位开始的连续若干个位复位为“0”并保持。

(3) 置位复位触发器

SR 是复位优先的置位复位触发器，如果 S=1、R1=0，则将指定位置位为“1”。如果 S=0、R1=1，则将指定的位复位为“0”。如果 S、R1 同时为“1”，由于复位优先，则将指定的位复位为“0”。

RS 是置位优先的复位置位触发器，如果 R=1、S1=0，则将指定位复位为“0”。如果 R=0、S1=1，则将指定的位置位为“1”。如果 R、S1 同时为“1”，由于置位优先，则将指定的位置位为“1”。

(4) 指令的应用

置位复位指令的应用如图 3-2 所示。

程序段 1 为置位指令的应用。当 I0.0 有输入时，其常开触点闭合，将 Q0.0 置位为“1”并保持。

程序段 2 为复位指令的应用。当 I0.1 有输入时，Q0.0 复位为“0”并保持。

程序段 3 为置位位域指令的应用。当 I0.2 有输入时，将 M1.0 开始的 15 个位置位为“1”并保持；同时将“数据块 _1”中的位数组从 MyArray[0] 开始的 20 个位置位为“1”并保持。

程序段 4 为复位位域指令的应用。当 I0.3 有输入时，将 M1.0 开始的 15 个位复位为“0”；同时将“数据块 _1”中的位数组从 MyArray[0] 开始的 15 个位复位为“0”。

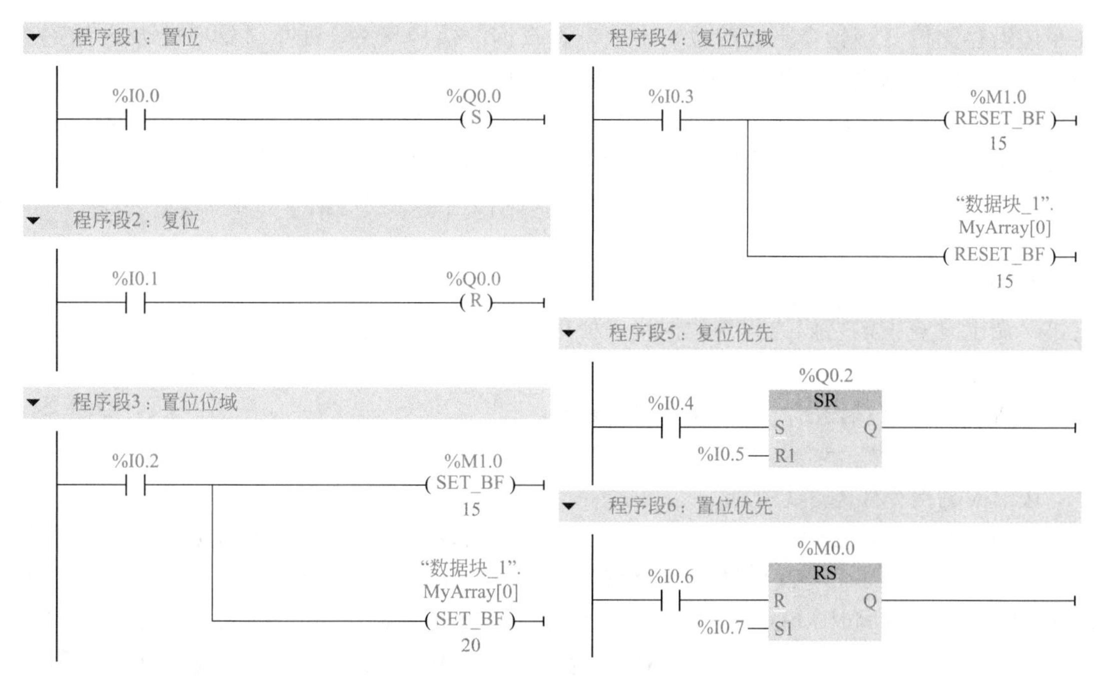

图 3-2 置位复位指令的应用

程序段 5 为复位优先的置位复位指令的应用。当 I0.4 有输入时，Q0.2 置位为“1”；当 I0.5 有输入时，Q0.2 复位为“0”；当 I0.4、I0.5 同时有输入时，Q0.2 复位为“0”。

程序段 6 为置位优先的复位置位指令的应用。当 I0.6 有输入时，M0.0 复位为“0”；当 I0.7 有输入时，M0.0 置位为“1”；当 I0.6、I0.7 同时有输入时，M0.0 置位为“1”。

3.1.3 边沿检测指令

（1）扫描操作数信号的边沿指令

-|P|- 是扫描操作数信号的上升沿指令。如果该触点上面的位由“0”变为“1”（上升沿）时，该触点接通一个扫描周期。该触点下面的位为边沿存储位，用来存储上一次扫描时该触点上面位的状态。通过比较上面位的当前状态与上一次扫描的状态，来检测信号的上升沿。

-|N|- 是扫描操作数信号的下降沿指令。如果该触点上面的位由“1”变为“0”（下降沿）时，该触点接通一个扫描周期。该触点下面的位为边沿存储位，用来存储上一次扫描时该触点上面位的状态。通过比较上面位的当前状态与上一次扫描的状态，来检测信号的下降沿。

（2）RLO 信号边沿置位操作数指令

-(P)- 是 RLO 信号的上升沿置位操作数指令。当该指令的输入（RLO）由“0”变为“1”时，使该指令上面的操作数置位为“1”一个扫描周期。下面的边沿存储位保存上一次 RLO 结果。

-(N)- 是 RLO 信号的下降沿置位操作数指令。当该指令的输入（RLO）由“1”变为“0”时，使该指令上面的操作数置位为“1”一个扫描周期。下面的边沿存储位保存上一次 RLO 结果。

（3）扫描 RLO 信号的边沿指令

P_TRIG 是扫描 RLO 信号的上升沿指令。该指令用来比较 CLK 输入端的信号状态与保存在边沿存储位（该指令下面的位）中上一次查询的信号状态。如果该指令检测到 RLO 从“0”变为“1”，则说明出现了一个信号上升沿，该指令输出的信号 Q 状态为“1”。

N_TRIG 是扫描 RLO 信号的下降沿指令。该指令用来比较 CLK 输入端的信号状态与保存在边沿存储位（该指令下面的位）中上一次查询的信号状态。如果该指令检测到 RLO 从“1”变为“0”，则说明出现了一个信号下降沿，则该指令输出的信号 Q 状态为“1”。

（4）检测边沿信号指令

R_TRIG 是检测信号上升沿指令，F_TRIG 是检测信号下降沿指令。这两条指令均为函数块，调用时需指定它们的背景数据块。使用时，将输入的 CLK 当前状态与背景数据块中的边沿存储位保存的上一个扫描周期的 CLK 状态进行比较。如果检测到 CLK 的上升沿或下降沿，将会通过 Q 端输出一个扫描周期的脉冲。

（5）边沿检测指令的应用

边沿检测指令如图 3-3 所示。

① 在程序段 1 和 2 中，程序开始运行时，M0.0 和 M0.1 均为“0”。当 I0.0 输入为“1”时，出现了一个上升沿（上一次扫描结果 M0.0 为“0”），程序段 1 中的 ┤P├ 接通一个扫描周期，Q0.0 置位为“1”。同时 M0.0 和 M0.1 均为“1”(保存本次扫描结果)。当 I0.0 输入为“0”时，出现了一个下降沿（上一次扫描结果 M0.1 为“1”），程序段 2 中的 ┤N├ 接通一个扫描周期，Q0.1 置位为“1”。同时 M0.0 和 M0.1 都变为“0”。

② 在程序段 3 中，当 I0.1 为“1”时，M1.0 置位一个扫描周期。程序段 4 中 M1.0 常开触点闭合，Q0.0 和 Q0.1 置位为“1”；当 I0.1 再变为“0”时，M1.2 置位一个扫描周期。程序段 5 中 M1.2 常开触点接通一个扫描周期，Q0.0 和 Q0.1 复位为“0”。

③ 在程序段 6 中，当 I0.2 为“1”、I0.3 为“0”时，P_TRIG 的 CLK 输入端出现了一个上升沿，其 Q 输出端为“1”，Q0.2 置位为“1”。当 I0.2 变为“0”或 I0.3 变为“1”时，N_TRIG 的 CLK 输入端出现了一个下降沿，其 Q 输出端为“1”，Q0.2 复位为“0”。

④ 在程序段 7 中，当 I0.4 为“1”、I0.5 为“0”时，R_TRIG 的 CLK 输入端出现一个上升沿，其 Q 输出端为“1”，使程序段 8 中 M3.0 的常开触点接通一个扫描周期，Q0.3 置位为“1”。

⑤ 在程序段 9 中，当 I0.6 为“1”、I0.7 为“0”时，没有动作。当 I0.6 变为“0”或 I0.7 变为“1”时，F_TRIG 的 CLK 输入端出现一个下降沿，其 Q 输出端为“1”，程序段 10 中 M3.1 的常开触点接通一个扫描周期，Q0.3 复位为“0”。

扫一扫 看视频　　扫一扫 看视频

3.1.4 电动机连续运行控制

3.1.4.1 控制要求

设计一个电动机连续运行控制电路，当按下启动按钮时，电动机通电连续运行；当按下停止按钮时，电动机断电停止。如果出现过载故障，电动机停止，同时指示灯闪烁。当按下故障确认按钮时，如果故障消失，指示灯熄灭；如果故障没有消失，指示灯常亮，直至故障消失，指示灯才熄灭。

3.1.4.2 设计 PLC 控制电路

根据控制要求设计的控制电路如图 3-4 所示，PLC 输入端使用漏型接线（24VDC 的负极接公共端 1M）。I0.0 ～ I0.3 分别作为过载保护、停止、启动和故障确认输入。Q0.1 连接接触器线圈，用于控制电动机；Q0.2 连接指示灯，用于故障报警。

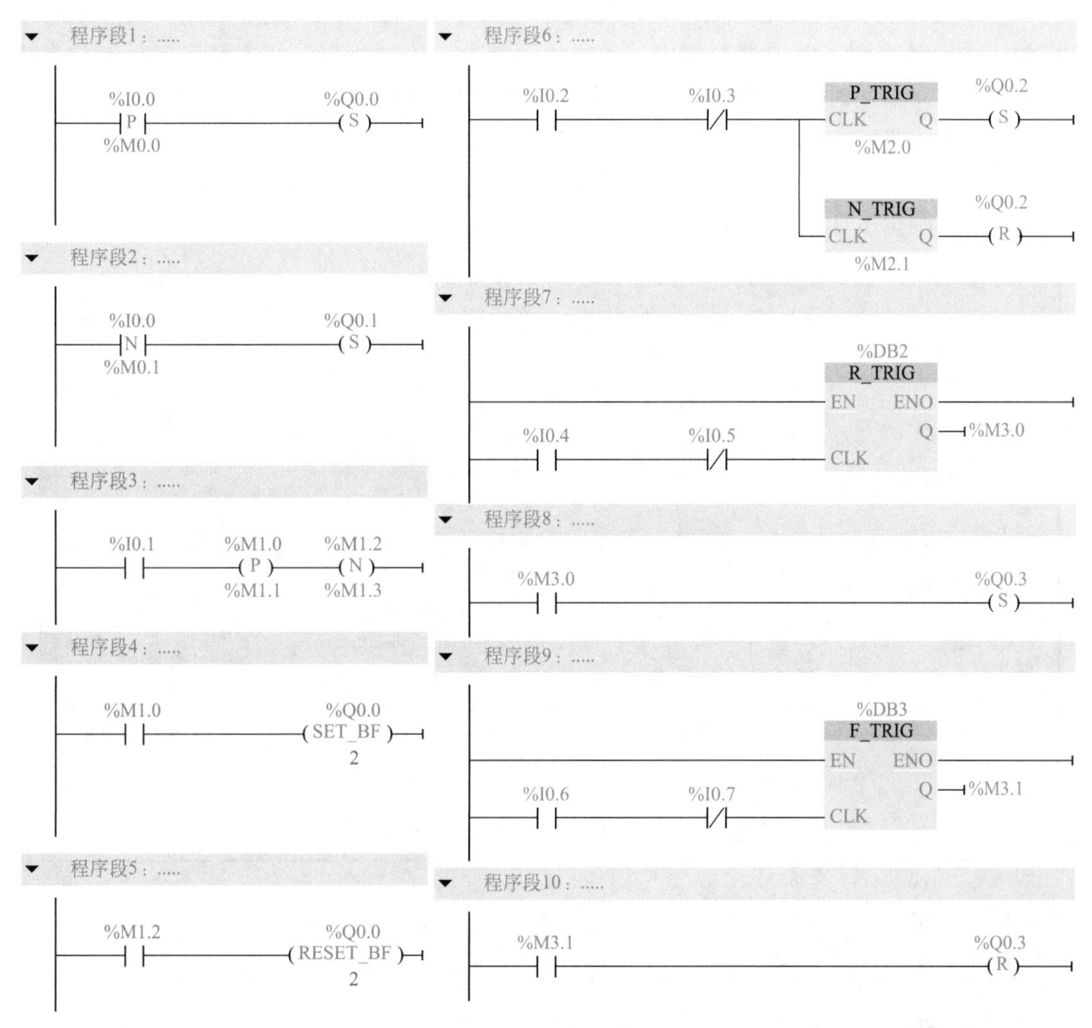

图 3-3　边沿检测指令的应用

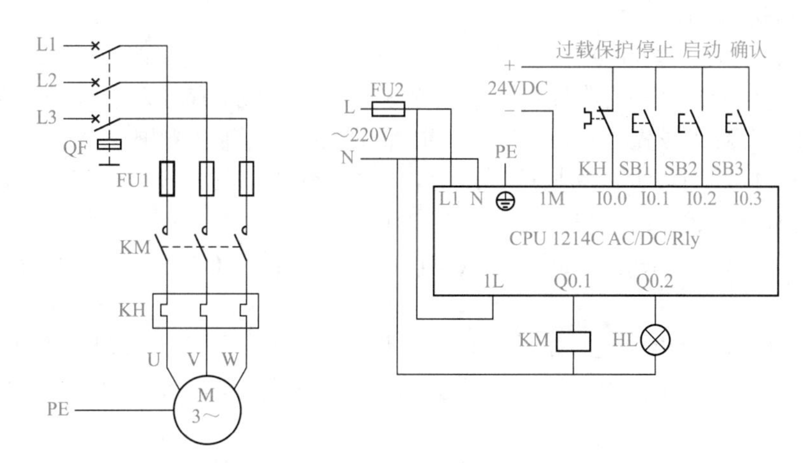

图 3-4　连续运行控制电路

3.1.4.3 组态 PLC

打开博途软件，新建一个项目“3-1 连续运行控制 1”，双击项目树下的“添加新设备”，添加一个“CPU 1214C AC/DC/Rly”，选择版本号为 V4.2，点击“确定”按钮，则打开了设备视图。在设备视图下的巡视窗口中，点击“属性”→“常规”→“系统和时钟存储器”，勾选右边窗口“启用时钟存储器字节”前的复选框，如图 3-5 所示。时钟存储器字节的地址采用默认的 0，即使用 MB0 作为时钟存储器字节。时钟存储器字节中的各位可以输出高低电平各占 50% 的标准脉冲，每一位的周期和频率见表 3-1。M0.5 的时钟周期为 1s，可以用它的触点来控制指示灯，指示灯将以 1Hz 的频率闪烁，即亮 0.5s，熄灭 0.5s。

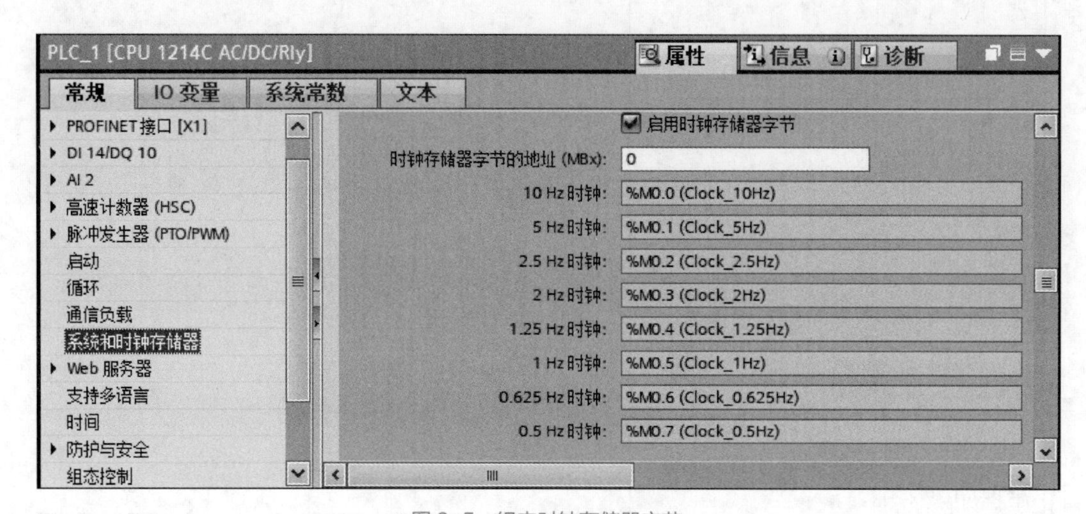

图 3-5 组态时钟存储器字节

表 3-1 时钟存储器字节各位的周期和频率

位	7	6	5	4	3	2	1	0
周期 /s	2	1.6	1	0.8	0.5	0.4	0.2	0.1
频率 /Hz	0.5	0.625	1	1.25	2	2.5	5	10

3.1.4.4 编写控制程序

（1）使用触点串并联编程

双击项目树下的“Main[OB1]”，打开程序编辑器，编写控制程序如图 3-6 所示。由于 I0.0 连接的是热继电器 KH 的常闭触点，故系统上电后，I0.0 有输入（即 I0.0 为“1”），程序段 1 中 I0.0 常开触点预先闭合，程序段 4 中 I0.0 常闭触点预先断开。

在程序段 1 中，当按下启动按钮 SB2 时，I0.2 有输入，其常开触点闭合，线圈 Q0.1 通电自锁，电动机启动运行；当按下停止按钮 SB1（I0.1 为“1”，其常闭触点断开）或发生过载故障（热继电器 KH 常闭触点断开，I0.0 为“0”）时，线圈 Q0.1 断电，自锁解除，电动机停止。

在程序段 2 中，当出现过载故障时，I0.0 为“0”，出现一个下降沿，将故障锁存标志 M2.0 置位为“1”。程序段 4 中 M2.0 常开触点闭合，通过秒脉冲 M0.5 使指示灯 Q0.2 闪烁。同时 M2.0 常闭触点断开。

在程序段 3 中，当按下确认按钮 SB3 时，I0.3 常开触点接通，M2.0 复位为“0”。程序段 4 中 M2.0 常开触点断开，指示灯 Q0.2 停止闪烁，同时 M2.0 常闭触点接通。如果过载故障没有消失（I0.0 为“0”），I0.0 常闭触点接通，线圈 Q0.2 通电，指示灯常亮。如果故障消失（I0.0 为“1”），I0.0 常闭触点断开，则指示灯熄灭。

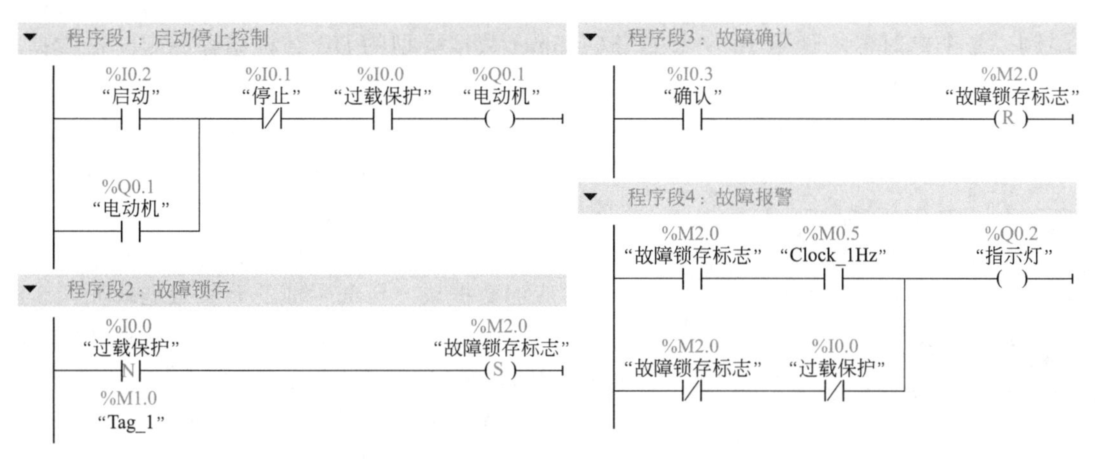

图 3-6　连续运行控制的串并联程序

（2）使用置位复位指令编程

也可以使用置位复位指令编程，新建一个项目“3-1 连续运行控制 2”，硬件组态与触点串并联一致，编写的程序如图 3-7 所示。由于 I0.0 有输入，程序段 2 中 I0.0 常闭触点预先断开。

在程序段 1 中，当按下启动按钮 SB2 时，I0.2 常开触点接通，Q0.1 置位为“1”并保持，电动机启动运行。

在程序段 2 中，当按下停止按钮 SB1（I0.1 常开触点接通）或出现过载故障（I0.0 为“0”，其常闭触点接通）时，Q0.1 复位为“0”，电动机停止。

程序段 3 ～ 5 为故障报警，与触点串并联一样，不再赘述。

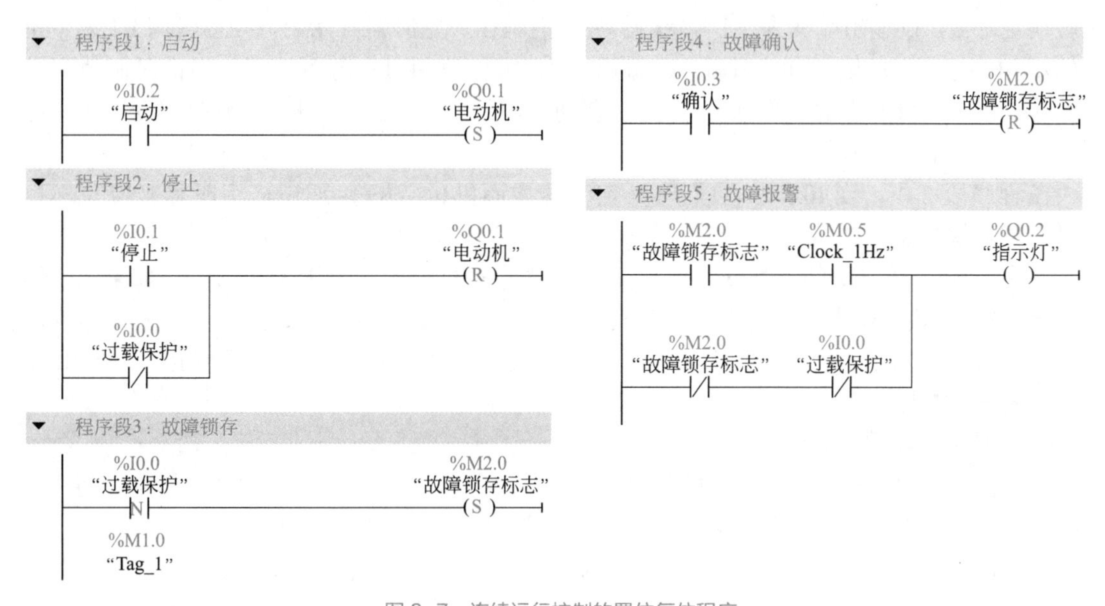

图 3-7　连续运行控制的置位复位程序

3.2 定时器

S7-1200 只能使用 IEC 定时器，用户程序中可以使用的定时器个数仅受 CPU 存储器容量限制。每个定时器均使用 16 字节的 IEC_Timer 数据类型的 DB 结构来存储定时器数据，STEP7 会在插入指令时自动创建该 DB。打开右边的指令列表窗口，将“定时器操作”下的定时器指令拖放到梯形图中适当位置，会自动弹出 DB 数据块的“调用选项”对话框，可以修改该数据块的名称。IEC 定时器没有编号，可以用数据块的名称（例如“T1”）来做定时器的标识符，单击“确定”按钮。

		名称	数据类型	起始值	保持
1		▼ Static			
2		▪ PT	Time	T#0ms	
3		▪ ET	Time	T#0ms	
4		▪ IN	Bool	false	
5		▪ Q	Bool	false	

图 3-8 自动生成的背景数据块

可以展开“程序块”→“系统块”→“程序资源”打开对应的数据块。自动生成的背景数据块如图 3-8 所示，PT（Preset Time）为预设时间值，ET（Elapsed Time）为定时器开始后经过的时间，称为当前时间值，数据类型均为 32 位的 Time，单位 ms，最大定时时间为 24d_20h_31m_23s_647ms，d、h、m、s、ms 分别为日、小时、分、秒和毫秒。IN 为定时器的启动输入端，Q 为定时器的位输出端。

3.2.1 定时器指令

3.2.1.1 脉冲定时器 TP

脉冲定时器线圈 –(TP)–

复位定时器 –(RT)–

（1）脉冲定时器

脉冲定时器指令 TP 的名称为“生成脉冲”，用于将输出 Q 置位为 PT 设定的一段时间。脉冲定时器的应用如图 3-9（a）所示。在程序段 1 中，当 I0.0 接通（IN 输入端出现上升沿）时启动定时器，Q 输出端变为“1”，线圈 Q0.0 有输出。定时器开始后，当前时间 ET 从 0ms 开始增加，达到 PT 设定的时间后，Q 输出变为“0”。如果 IN 仍为“1”，当前时间值保持不变［见图 3-9（c）中的波形 A］。在延时期间，如果 IN 再出现上升沿，延时不受影响［见图 3-9（c）中的波形 B］。

在程序段 2 中，当 I0.1 为“1”时，定时器线圈复位 –(RT)– 通电，定时器被复位。用定时器数据块的编号或符号名指定需要复位的定时器。如果定时器正在定时且 IN 输入端为“0”，则当前时间值 ET 清零，Q 输出也变为“0”［见图 3-9（c）中的波形 C］。如果定时器正在定时且 IN 输入端为“1”，则当前时间值 ET 清零，但是 Q 输出保持为“1”［见图 3-9（c）中的波形 D］。当 I0.1 变为“0”且定时器 IN 输入端仍为“1”时，则重新开始定时［见图 3-9（c）中的波形 E］。

（2）脉冲定时器线圈

脉冲定时器线圈指令 –(TP)– 的顶部为定时器数据块编号或符号名，下部为设定时间。脉冲定时器线圈指令的应用如图 3-9（b）所示，与图 3-9（a）实现同样的功能。

在使用脉冲定时器线圈指令之前，要添加一个定时器的背景数据块。双击“添加新块”，在打开的对话框中，将名称修改为“TP 定时器”，选择数据块类型为“IEC_TIMER”，然后单击“确定”按钮。展开右边指令下的“基本指令”→“定时器操作”，将“启动脉冲定时器”指令 -(TP)- 拖放到程序段 1 下，点击该指令的顶部，从下拉列表中选择“TP 定时器”，将后面的“.”去掉，然后将鼠标点击别处（注意，不能直接按回车）。也可以展开项目树下的“程序块”→“系统块”→“程序资源”，从详细视图中将“TP 数据块”拖拽到该指令的上面。该指令的下部可以直接输入“5s”。程序段 3 中复位定时器指令 -(RT)- 顶部输入类似。

点击“TP 数据块”，从下面的详细视图中将“Q”拖放到程序段 2 中常开触点上，直接变成了“TP 定时器 .Q”。

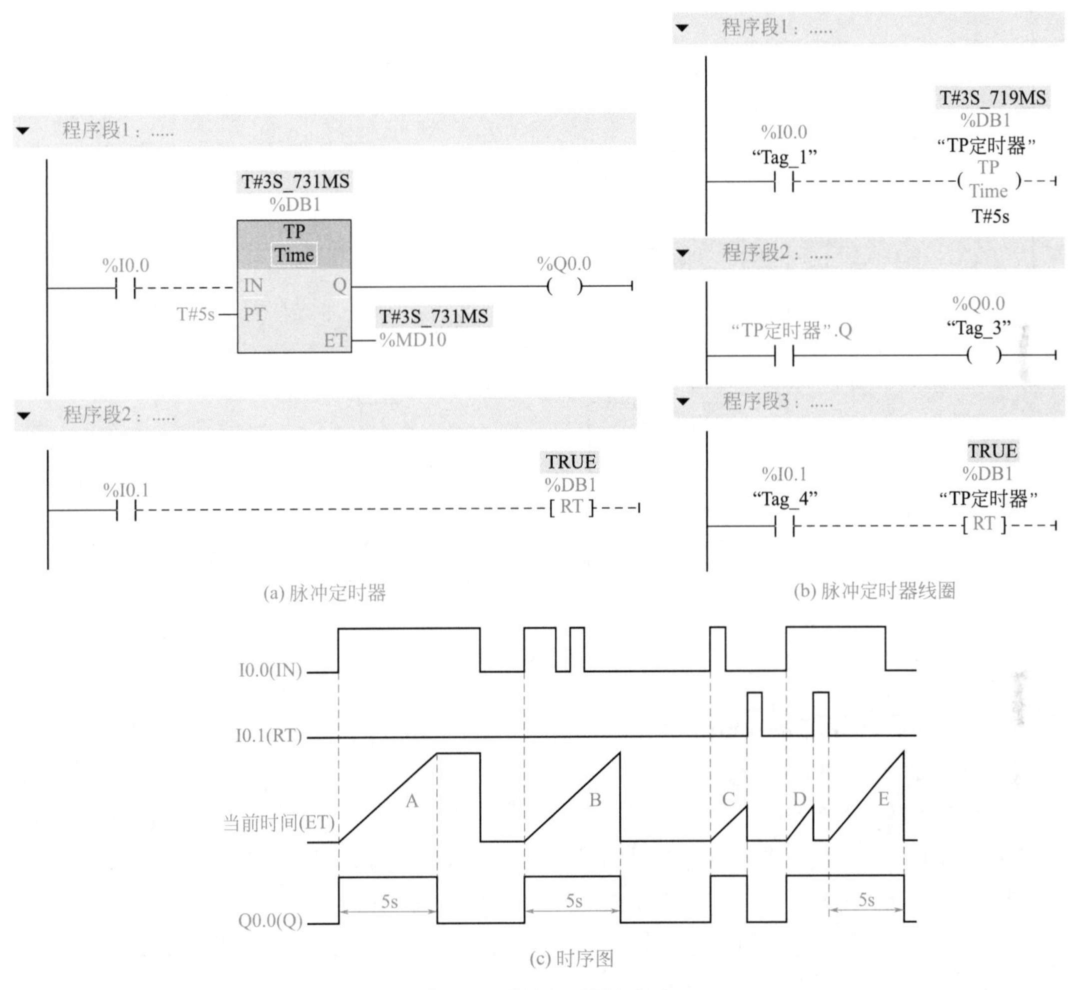

图 3-9　脉冲定时器的应用

3.2.1.2　接通延时定时器 TON

接通延时定时器线圈 -(TON)-

(1) 接通延时定时器

接通延时定时器 TON 是延时 PT 指定的一段时间后，Q 输出为“1”。接通延时定时器的应用如图 3-10（a）所示，在程序段 1 中，当 I0.0 接通（IN 输入端出现上升沿）时启动定时器。当定时时间当前值 ET 等于设定时间 PT 指定的值时，Q 输出变为“1”，线圈 Q0.0 有输出，当前时间 ET 保持不变。不管是在延时期间，还是到达设定值 PT 后，只要 IN 输入端断开，定时器立即复位，当前时间 ET 清零，输出 Q 变为“0”，其时序图如图 3-10（c）所示。

（2）接通延时定时器线圈

接通延时定时器线圈指令 –(TON)– 的顶部为定时器数据块编号或符号名，下部为设定时间。接通延时定时器线圈指令的应用如图 3-10（b）所示，与图 3-10（a）实现同样的功能，请自行分析。

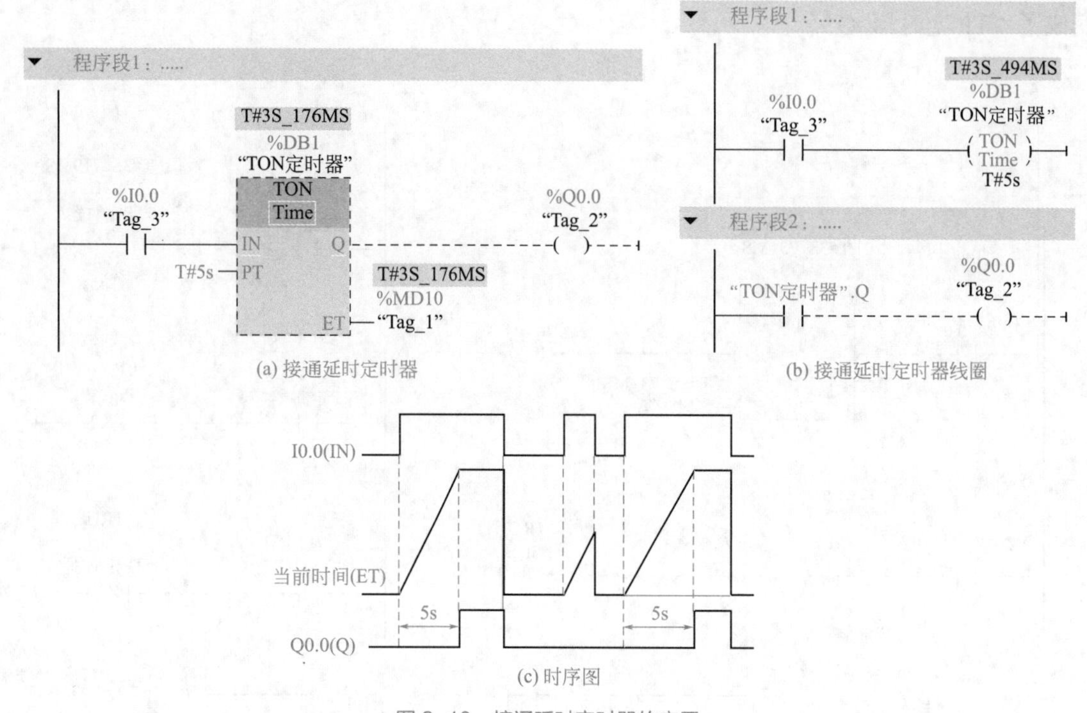

图 3-10 接通延时定时器的应用

3.2.1.3 关断延时定时器 TOF

关断延时定时器线圈 –(TOF)–

（1）关断延时定时器

关断延时定时器 TOF 是延时 PT 设定的一段时间后，Q 输出为“0”。关断延时定时器的应用如图 3-11（a）所示，当 IN 输入端接通时，Q 输出为“1”，当前时间 ET 被清零。当 IN 输入端由接通变为断开（IN 输入的下降沿）时开始延时，当前时间从 0 增大到设定值 PT 时，输出 Q 变为“0”，当前时间保持不变。如果在关断延时期间，IN 输入端接通，ET 被清零，Q 输出保持为“1”。其时序图如图 3-11（c）所示。

（2）关断延时定时器线圈

关断延时定时器线圈指令 –(TOF)– 的顶部为定时器数据块编号或符号名，下部为设定时间。关断延时定时器线圈指令的应用如图 3-11（b）所示，与图 3-11（a）实现同样的功能，请自行分析。

（3）关断延时定时器举例

关断延时定时器常用于设备停机后的延时。比如，某设备有主电机和冷却风机，要求启动时主电机和冷却风机同时启动，停止时主电机先停止，冷却风机延时一段时间后再停止。

设计的该设备控制程序如图3-12所示，当按下启动按钮I0.0时，主电机Q0.0线圈通电自锁，主电机启动，同时关断延时定时器的IN输入端接通，Q输出为“1”，冷却风机Q0.1线圈通电，冷却风机启动。停止时，按下停止按钮I0.1，Q0.0线圈断电，自锁解除，主电机停止，同时关断延时定时器的IN输入端断开（IN输入出现下降沿），定时器开始延时，延时5s到，Q输出为“0”，Q0.1线圈失电，冷却风机才停止。

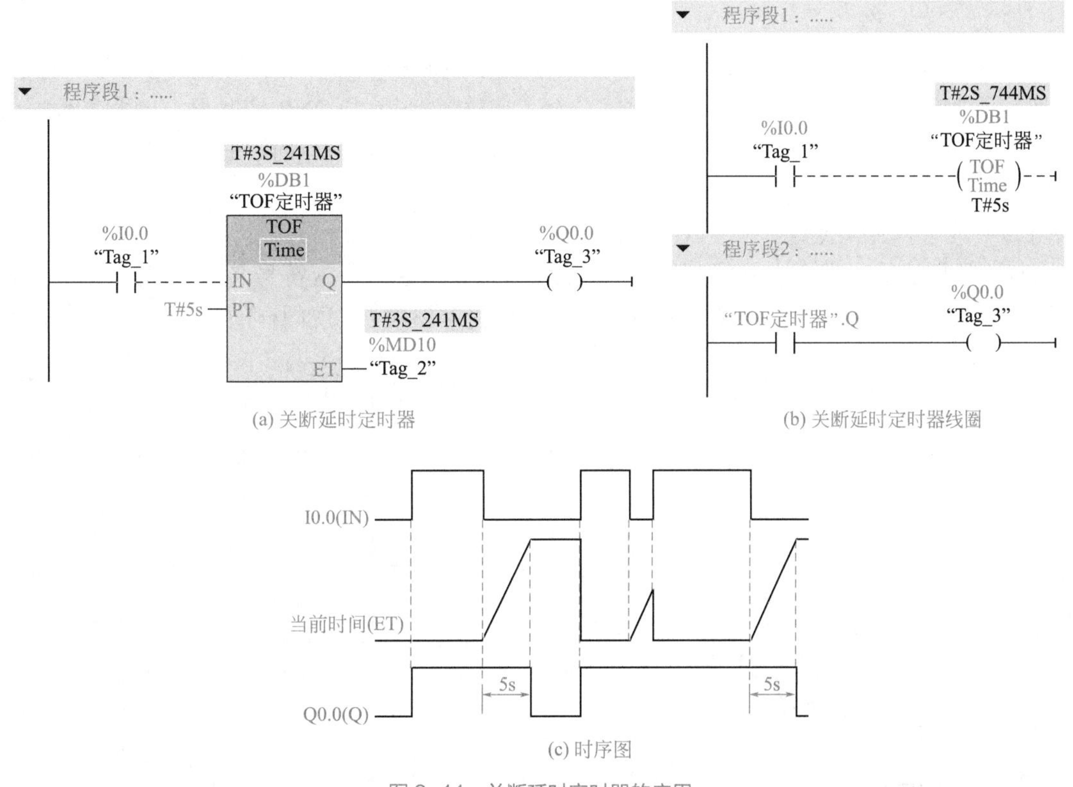

图3-11 关断延时定时器的应用

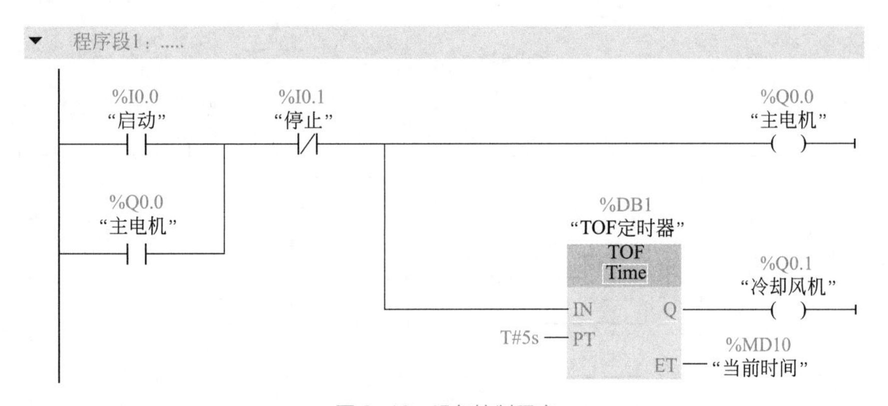

图3-12 设备控制程序

3.2.1.4 时间累加器TONR

时间累加器线圈 –(TONR)–

加载持续时间 –(PT)–

（1）时间累加器

时间累加器 TONR 的应用如图 3-13（a）所示，在程序段 1 中，当 I0.0 接通（IN 输入端上升沿）时，开始计时，设定时间为背景数据块 DB1 中设定的 PT 起始值 10s。如果 IN 输入断开，累计的当前时间保持不变，直到当前时间等于设定时间 PT，Q 输出变为“1”，Q0.0 有输出，同时当前时间保持不变。当 I0.1 为“1”（R 输入端有输入）时，TONR 被复位，当前时间变为 0，Q 输出变为“0”，其时序图如图 3-13（c）所示。

（2）加载持续时间

在图 3-13（a）的程序段 2 中，PT 线圈为“加载持续时间”，当该线圈通电时，将 PT 线圈下面指定的时间设定值（即持续时间）写入定时器名为“TONR 定时器”的背景数据块 DB1 中的静态变量 PT（“TONR 定时器”.PT）中。当 I0.2 为“1”时，TONR 定时器的设定时间修改为 15s。

（3）时间累加器线圈

时间累加器线圈指令 –(TONR)– 的顶部为定时器数据块编号或符号名，下部为设定时间。时间累加器线圈指令的应用如图 3-13（b）所示，与图 3-13（a）实现同样的功能，请自行分析。

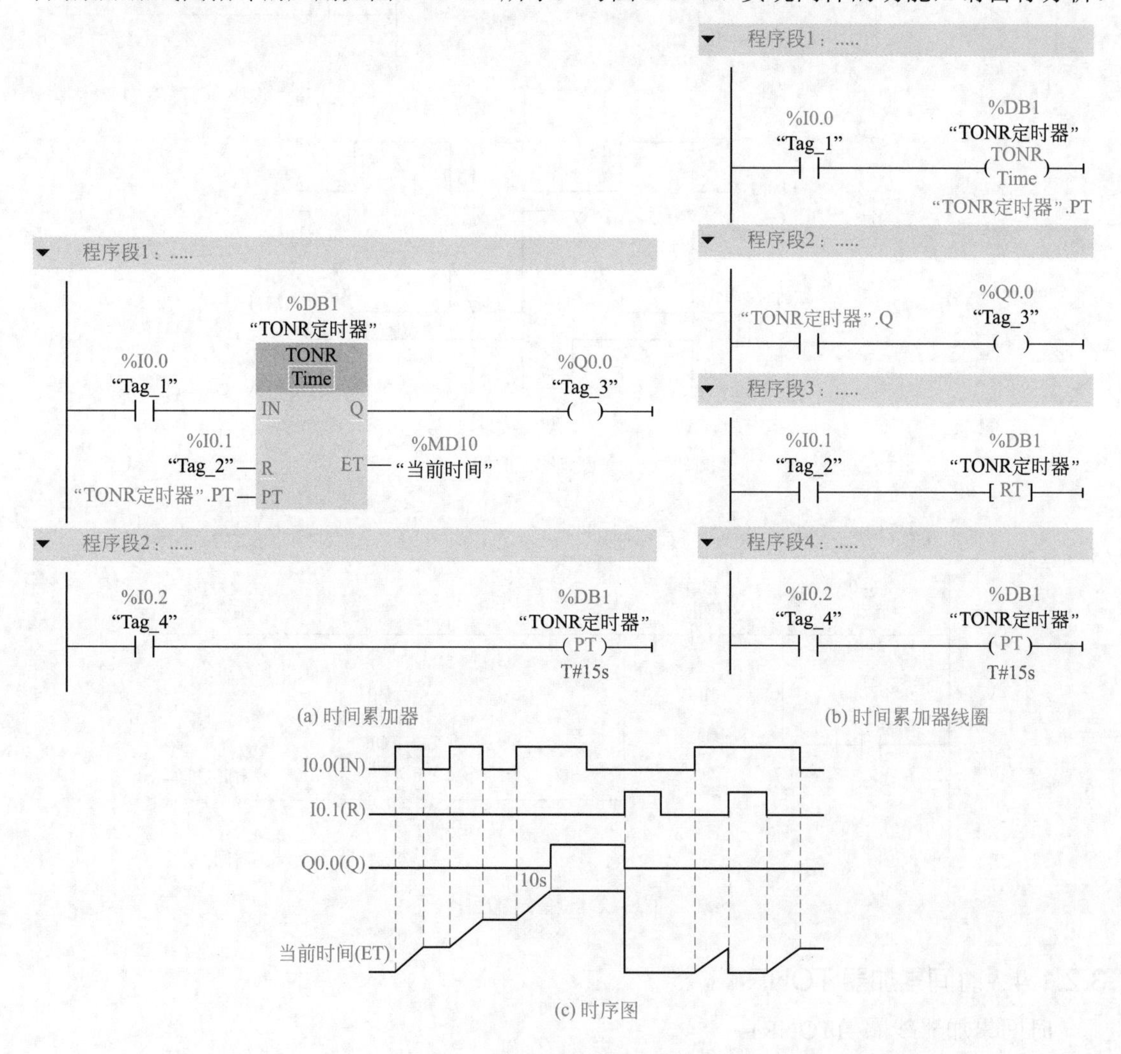

(a) 时间累加器　　(b) 时间累加器线圈

(c) 时序图

图 3-13　时间累加器的应用

3.2.2 电动机顺序启动控制

3.2.2.1 控制要求

某生产设备有三台电动机，控制要求如下。

① 当按下启动按钮时，电动机 M1 启动；当电动机 M1 运行 5s 后，电动机 M2 启动；当电动机 M2 运行 10s 后，电动机 M3 启动。

② 当按下停止按钮时，三台电动机同时停止。

③ 在启动过程中，指示灯 HL 常亮，表示“正在启动中”；启动过程结束后，指示灯 HL 熄灭；当某台电动机出现过载故障时，全部电动机均停止，指示灯 HL 闪烁，表示“出现过载故障”。

3.2.2.2 设计 PLC 控制电路

根据控制要求设计的控制电路如图 3-14 所示，主电路略。其中 KH1 ～ KH3 为三台电动机热继电器常闭触点的串联，接入到 I0.0；Q0.0 ～ Q0.2 分别接三台电动机接触器的线圈，用于控制三台电动机。

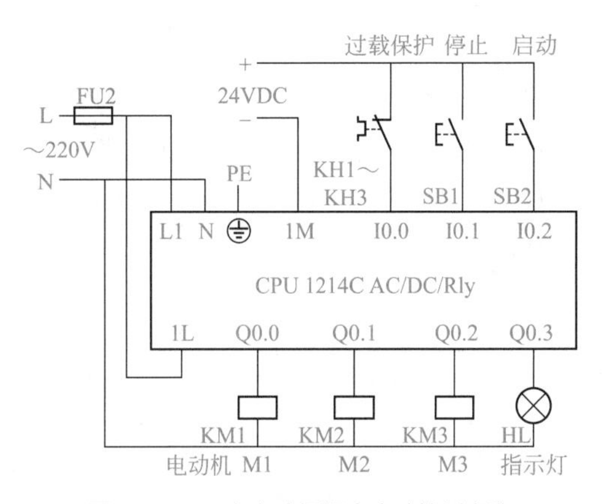

图 3-14 三台电动机顺序启动控制电路

3.2.2.3 组态 PLC

打开博途软件，新建一个项目“3-2 三台电动机顺序启动控制”，双击项目树下的“添加新设备”，添加一个“CPU 1214C AC/DC/Rly”的 PLC，选择版本号为 V4.2，点击“确定”按钮，打开设备视图。在设备视图下的巡视窗口中，点击“属性”→“常规”→“系统和时钟存储器”，勾选右边窗口“启用时钟存储器字节”前的复选框。时钟存储器字节的地址采用默认的 0，即使用 MB0 作为时钟存储器字节，M0.5 的时钟周期为 1s，可以用它的触点来控制指示灯，指示灯将以 1Hz 的频率闪烁。

3.2.2.4 编写控制程序

双击项目树下的“Main[OB1]”，打开程序编辑器，编写控制程序如图 3-15 所示。由于 I0.0 连接的是热继电器 KH 的常闭触点，故系统上电后，I0.0 有输入（即 I0.0 为“1”），程序段 1 中 I0.0 常开触点预先闭合，程序段 3 中 I0.0 常闭触点预先断开。

（1）启动

在程序段 1 中，当按下启动按钮 SB2 时，I0.2 有输入，其常开触点闭合，线圈 Q0.0 通电自锁，电动机 M1 启动运行；同时接通延时定时器 T1 的 IN 输入为“1”，开始延时。延时 5s 时间到，其 Q 端输出为“1”，Q0.1 线圈通电，电动机 M2 启动。

在程序段 2 中，由于电动机 M2 启动，Q0.1 常开触点接通，定时器 T2 的 IN 输入为“1”，开始延时。延时 10s 时间到，其 Q 端输出为“1”，Q0.2 线圈通电，电动机 M3 启动。

（2）停止

在程序段 1 中，当按下停止按钮 SB1（I0.1 为“1”，其常闭触点断开）或任意一台电动机发生过载故障（热继电器 KH1 ～ KH3 常闭触点断开，I0.0 为“0”）时，线圈 Q0.0 断电，自锁解除，电动机M1停止。同时定时器T1的IN输入断开，Q输出变为“0”，线圈Q0.1断电，电动机M2停止。程序段2中Q0.1常开触点断开，定时器T2的Q输出变为“0”，线圈Q0.2断电，电动机M3停止。

（3）启动与报警指示

在程序段3中，当电动机M1开始启动（Q0.0常开触点接通）时，指示灯Q0.3常亮；当三台电动机顺序启动完成（Q0.2常闭触点断开）时，指示灯Q0.3熄灭。当出现过载故障时，I0.0为“0”，其常闭触点接通，通过秒脉冲M0.5使指示灯Q0.3闪烁。

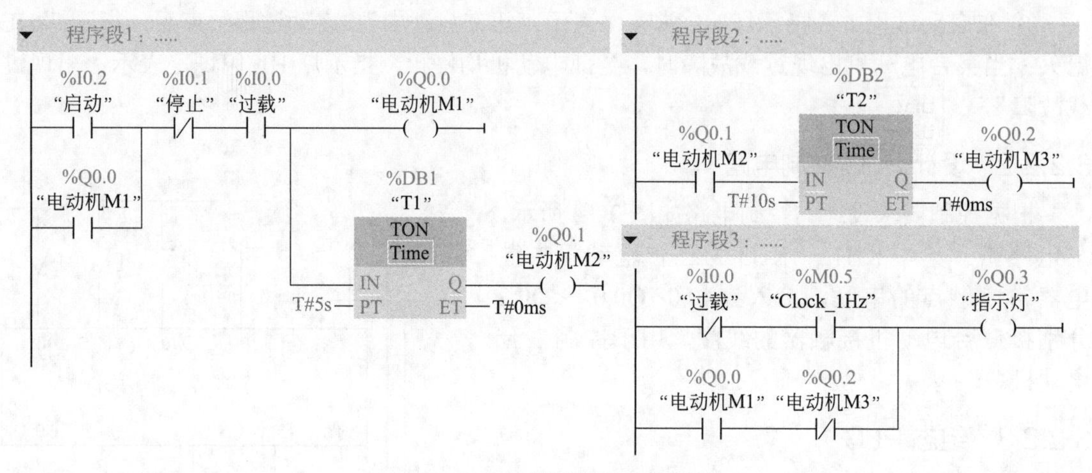

图3-15　三台电动机顺序启动控制程序

3.3 计数器

S7-1200只能使用IEC计数器，用户程序中可以使用的计数器个数仅受CPU存储器容量限制。IEC计数器有加计数器CTU、减计数器CTD和加减计数器CTUD。它们属于软件计数器，其最大计数频率受OB1扫描周期的限制。如果需要频率更高的计数器，可以使用CPU内置或工艺模块中的高速计数器。

3.3.1 计数器的数据类型

IEC计数器指令是函数块，调用时需要指定对应的背景数据块。以加计数器指令为例，打开右边的指令列表窗口，将“计数器操作”下的加计数器指令拖放到梯形图中适当位置，会自动弹出DB数据块的“调用选项”对话框，可以修改该数据块的名称。IEC计数器没有编号，可以用数据块的名称（例如“C1”）来做计数器的标识符，单击“确定”按钮，生成的梯形图如图3-16（a）所示。单击指令框中CTU下面的3个问号，再单击问号右边出现的▼按钮，从下拉列表中选择PV和CV的数据类型。选择SInt或USInt，占用存储空间3个字节；选择Int和UInt，占用存储空间6个字节；选择DInt或UDInt，占用存储空间12个字节。这里选择Int。

展开“程序块”→“系统块”→“程序资源”打开对应的背景数据块，如图3-16(b)所示，CU和CD分别是加计数输入和减计数输入，在CU或CD的输入由“0”变为“1”(信号的上升沿）时，计数器的当前值 CV 被加 1 或减 1。R 为复位输入，LD 为装载设定值 PV，QU 和 QD 分别为加计数器输出和减计数输出，PV 为设定值，CV 为当前值。

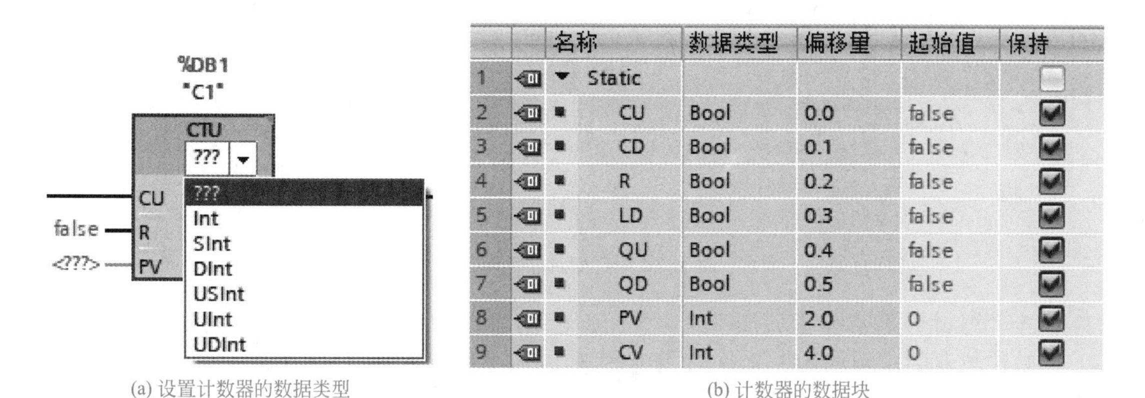

		名称	数据类型	偏移量	起始值	保持
1		▼ Static				
2		▪ CU	Bool	0.0	false	☑
3		▪ CD	Bool	0.1	false	☑
4		▪ R	Bool	0.2	false	☑
5		▪ LD	Bool	0.3	false	☑
6		▪ QU	Bool	0.4	false	☑
7		▪ QD	Bool	0.5	false	☑
8		▪ PV	Int	2.0	0	☑
9		▪ CV	Int	4.0	0	☑

(a) 设置计数器的数据类型　　(b) 计数器的数据块

图 3-16　计数器的数据类型及数据块

3.3.2　计数器指令

（1）加计数器 CTU

加计数器的应用如图 3-17（a）所示，当 I0.0 常开触点由断开变为接通（CU 信号的上升沿）时，加计数器的当前值 CV 加 1。当前值 CV 大于等于设定值 PV 时，Q 输出为“1”(Q0.0 线圈通电)，否则为“0”。当 I0.1 为“1”时，复位输入端 R 有输入，计数器被复位，CV 值清零，输出 Q 变为“0”，其波形图如图 3-17（b）所示。

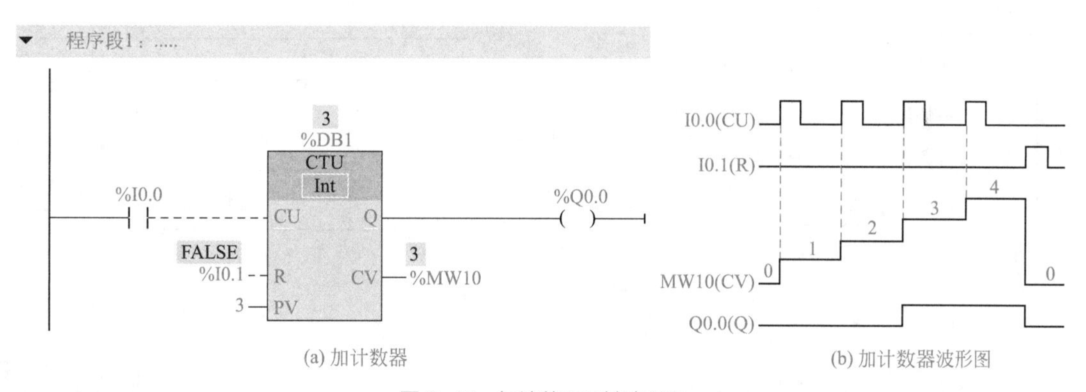

(a) 加计数器　　(b) 加计数器波形图

图 3-17　加计数器及其波形图

（2）减计数器 CTD

减计数器的应用如图 3-18（a）所示，其波形图如图 3-18（b）所示，当计数器的当前值 CV 小于等于 0 时，输出 Q 为“1”，否则为“0”。由于开机时，CV 为零，故 Q 为“1”，Q0.0 线圈通电。

当 I0.1 为“1”(LD 有输入）时，将设定值 PV 装载进入当前值 CV，CV 值变为 3，输出 Q 变为“0”，Q0.0 线圈失电。当 I0.1 为“0”、I0.0 常开触点由断开变为接通（CD 的上升沿）时，CV 值减 1。当 CV 值减到 0 或小于 0 时，Q 输出为“1”，Q0.0 线圈通电。当 I0.0 和 I0.1 同时为“1”(即 CD 和 LD 同时有输入）时，装载 LD 优先。

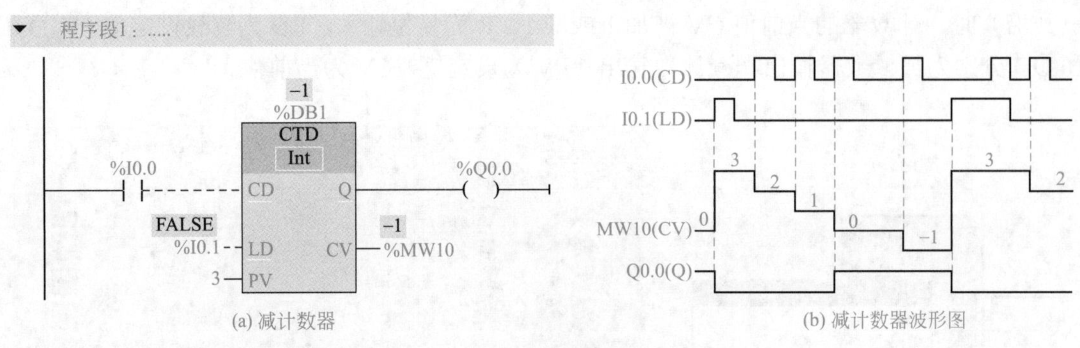

(a) 减计数器　　(b) 减计数器波形图

图 3-18　减计数器及其波形图

（3）加减计数器 CTUD

加减计数器的应用如图 3-19（a）所示，其波形图如图 3-19（b）所示，当计数器的当前值 CV 大于等于设定值 PV 时，QU 输出为“1”，否则为“0”；当计数器的 CV 小于等于 0 时，QD 输出为“1”，否则为“0”。由于开机时，CV 为零，故 QD（Q0.1）为“1”。

当 I0.0 由“0”变为“1”(CU 的上升沿）时，CV 值加 1。当 CV 加到大于等于 4(PV 设定值）时，QU 输出为“1”，Q0.0 线圈通电。当 I0.1 由“0”变为“1”时，CV 值减 1。当 CV 减到小于等于 0 时，QD 输出为“1”。当 I0.3（LD）为“1”时，将 4（PV 设定值）装载进入当前值 CV。当 I0.2（R）为“1”时，计数器复位，当前值 CV 清零。

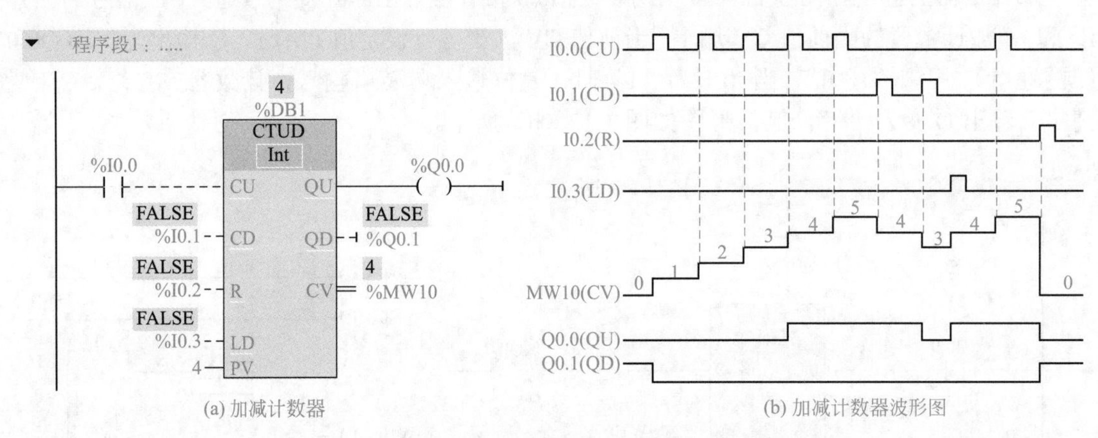

(a) 加减计数器　　(b) 加减计数器波形图

图 3-19　加减计数器及其波形图

3.3.3　单按钮启动 / 停止控制

扫一扫 看视频

（1）控制要求

在实际的设备控制中，由于控制台面积有限，不能安排更多的按钮，同时使用较多按钮会占用更多的 PLC 输入点，增加成本，这时可以考虑使用单按钮。使用一个按钮实现电动机的启动和停止控制，即第一次按下按钮，电动机启动；第二次按下按钮，电动机停止。当电动机发生过载故障时，电动机断电停止。

（2）设计 PLC 控制电路

用单按钮实现电动机的启动 / 停止控制电路如图 3-20 所示，按钮不能使用红色或绿色按钮，只能使用黑、白或灰色按钮。输入 I0.0 作为热继电器 KH 常闭触点的接入点，I0.1 接入一个按钮 SB 的常开触点，用于启动 / 停止控制；Q0.0 连接接触器 KM 的线圈，用于控制电动机。

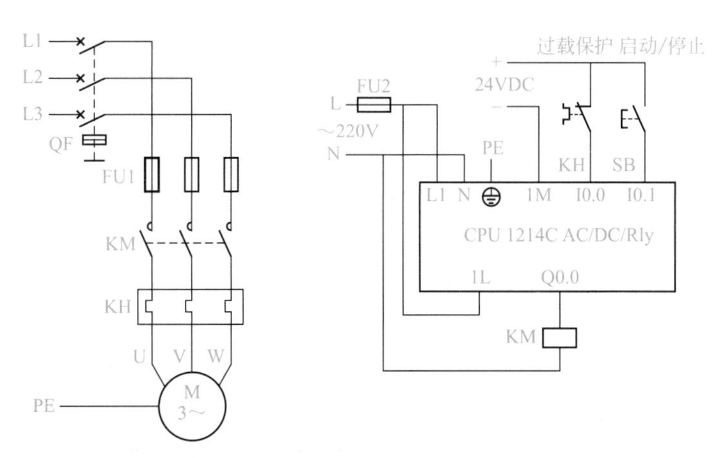

图 3-20　单按钮启动 / 停止控制电路

(3) 编写 PLC 控制程序

新建一个项目“3-3 单按钮启动停止控制”，PLC 组态前面已经讲述，这里略过，编写的 Main[OB1] 程序如图 3-21 所示。由于 I0.0 连接的是热继电器 KH 的常闭触点，故系统上电后，I0.0 有输入（即 I0.0 为“1”），I0.0 常闭触点预先断开。C1 为背景数据块 DB1 的名称。

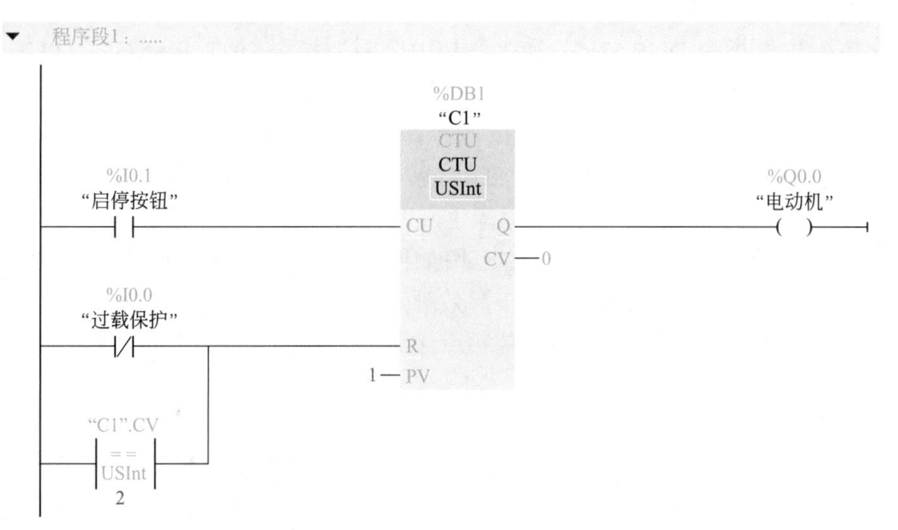

图 3-21　单按钮启动 / 停止控制程序

当第一次按下启动 / 停止按钮 SB 时，I0.1 常开触点接通，计数器 CTU 的当前值 CV 加 1，CV 的值（1）等于设定值 PV，Q 输出为“1”，Q0.0 线圈通电，电动机启动运行。

当第二次按下启动 / 停止按钮 SB 时，CV 值再加 1，变为 2，通过比较指令（下一节讲述）比较，计数器 CTU 的 R 输入端有输入，计数器复位清零，Q 输出为“0”，Q0.0 线圈失电，电动机停止。

当电动机发生过载时，热继电器常闭触点被推开，I0.0 变为“0”，I0.0 的常闭触点接通，计数器的 R 输入端有输入，计数器被清零，电动机停止。

3.4 比较操作

3.4.1 比较指令

（1）触点比较指令

触点比较指令是对两个操作数进行比较，如果满足比较条件，该触点接通；如果不满足，该触点断开。触点比较指令按比较方式不同分为 CMP==（相等）、CMP<>（不等）、CMP>=（大于等于）、CMP<=（小于等于）、CMP>（大于）和 CMP<（小于）。

生成比较指令后，双击触点中间比较符号下面的问号，再单击问号右边出现的▾按钮，从下拉列表中选择要比较的数的数据类型。比较指令的比较符号也可以修改，双击比较符号，再单击右边出现的▾按钮，可以从下拉列表中修改比较符号。

S7-1200 比较指令的数据类型可以是 Byte、Word、DWord、SInt、Int、DInt、USInt、UInt、UDInt、Real、LReal、String、WString、Char、WChar、Time、Date、TOD、DTL 等。

比较指令的应用如图 3-22 所示，Word 类型的数据 MW10 与 MW12 的值相等，满足相等比较条件，故该触点接通；DInt 类型的数据 MD20 的值（20）与 20000 不等，满足不等比较条件，故该触点接通；Real 类型的数据 MD30 的值（3.8）大于 2.5，满足比较条件，故该触点接通；Time 类型的数据 MD34 的值（500ms）小于 1000ms，满足比较条件，故该触点接通。

（2）值在范围内和值超出范围指令

“值在范围内”指令 IN_RANGE 和“值超出范围”指令 OUT_RANGE 可以等效为一个触点。如果有能流输入指令框，执行比较，否则不执行比较。MIN 为最小值，MAX 为最大值，VAL 为被比较的值。对于 IN_RANGE 指令，如果满足 MIN ≤ VAL ≤ MAX，等效触点接通，指令框为绿色，否则指令框为蓝色的虚线。对于 OUT_RANGE 指令，如果 VAL<MIN 或 VAL>MAX，等效触点接通，指令框为绿色，否则指令框为蓝色的虚线。

IN_RANGE 和 OUT_RANGE 指令的应用如图 3-22 所示，IN_RANGE 的 VAL（MB40）的值为 0，不在 20 ～ 100 范围之内，故该等效触点断开；OUT_RANGE 的 VAL（MW41）的值为 0，在 30 ～ 200 范围之外，故该等效触点接通。

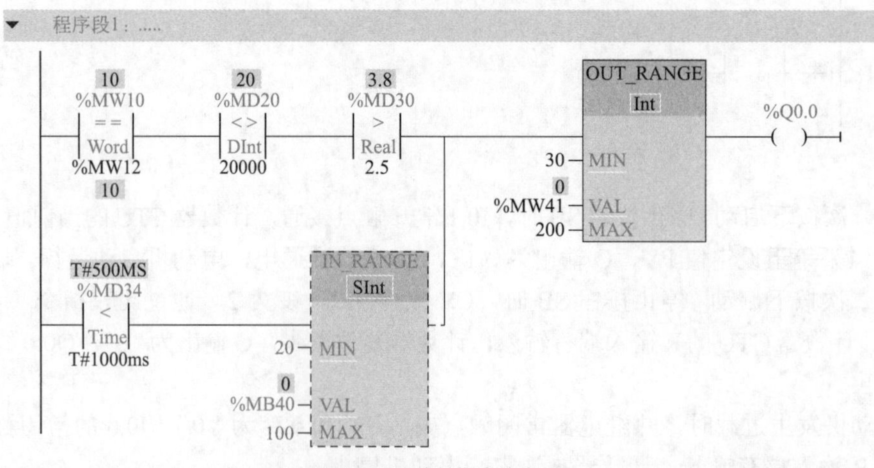

图 3-22 比较指令的应用

（3）检查有效性和检查无效性指令

“检查有效性”指令 ┤OK├、“检查无效性”指令 ┤NOT_OK├ 用来检查该指令顶部的数据是否为有效的实数（即浮点数）。如果是有效的实数，OK 触点接通；否则 NOT_OK 触点接通。

OK 指令和 NOT_OK 指令的应用如图 3-23 所示，在程序段 1 中，如果 MD20 和 MD24 中的数据均为实数，则两个 OK 触点接通，执行乘法指令，将这两个实数相乘，保存到 MD30 中，否则不执行乘法运算。

在程序段 2 中，如果 MD20 或 MD24 中的值有一个不是实数，其中一个 NOT_OK 触点接通，则 Q0.0 线圈通电指示。

图 3-23 OK 指令和 NOT_OK 指令的应用

3.4.2 传送带工件计数

3.4.2.1 控制要求

扫一扫 看视频

用传送带输送工件，用光电传感器计数。当计件数量小于 15 时，指示灯常亮；当计件数量等于或大于 15 时，指示灯闪烁；当计件数量为 20 时，2s 后传送带停止，同时指示灯熄灭。

3.4.2.2 设计 PLC 控制电路

根据控制要求设计的传送带工件计数控制电路如图 3-24 所示。光电传感器使用 NPN 输出型的光电式接近开关，引线的棕色、蓝色和黑色分别为电源的正极、负极和输出，电源电压范围为直流 5 ～ 30V。电流要求从 PLC 的输入端流出到光电传感器的输出，故需要将 PLC 的输入连接为源型（即 24V 的正极接 1M）。将光电传感器的电源接 24V 的正极与负极，光电开关的输出接 I0.3。工件经过光电传感器时反射光线，光电开关导通。

3.4.2.3 编写 PLC 控制程序

新建一个项目“3-4 传送带工件计数”，PLC 组态前面已经讲述，这里略过，编写的控制程序 Main[OB1] 如图 3-25 所示。为了使指示灯闪烁，需要用到秒脉冲信号。在设备视图下的巡视窗口中，点击“属性”→“常规”→“系统和时钟存储器”，勾选右边窗口“启用时钟存储器字节”前的复选框，时钟存储器字节的地址采用默认的 0，即使用 MB0 作为时钟存储器字节，M0.5 产生秒脉冲信号。上电后，由于 I0.0 连接的是 KH 的常闭触点，所以

I0.0 有输入，程序段 1 中的 I0.0 的常开触点闭合，为启动做准备。

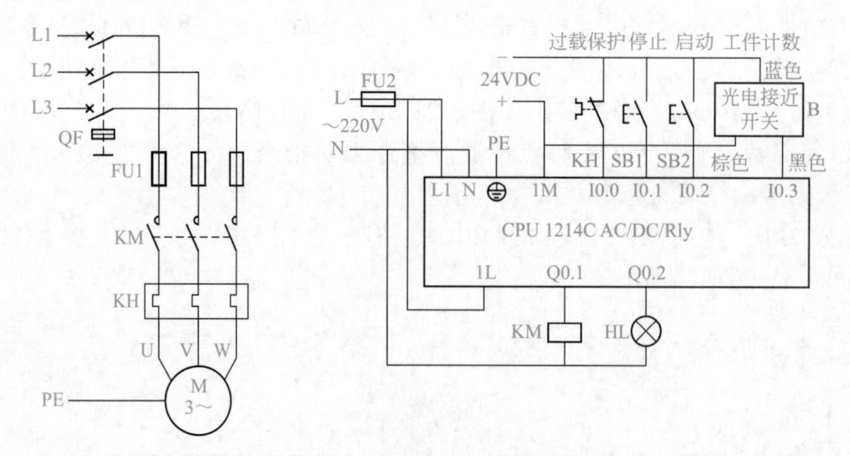

图 3-24　传送带工件计数控制电路

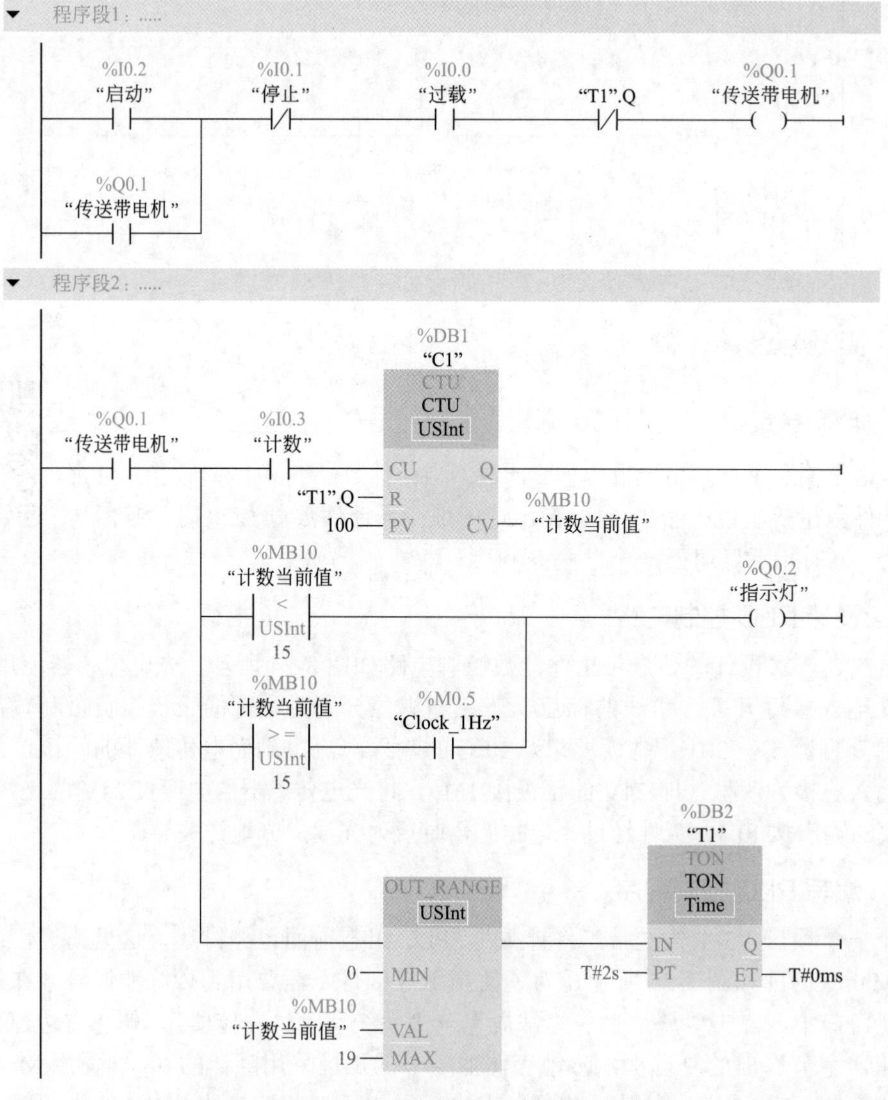

图 3-25　传送带工件计数程序

（1）启动

在程序段1中，当按下启动按钮SB2，I0.2常开触点接通，Q0.1线圈得电自锁，传送带启动运行。

（2）工件计数

在程序段2中，传送带电机运行时，Q0.1常开触点接通，工件每次经过光电传感器时，光电开关（接到I0.3）接通1次，C1的当前值（MB10）加1；MB10<15时，Q0.2线圈一直通电，指示灯常亮；MB10≥15时，指示灯每秒闪烁1次；MB10≥20时，超过了0～19的范围，OUT_RANGE等效触点接通，定时器T1延时2s。延时2s到，程序段1中的“T1”.Q常闭触点断开，传送带电机停止。程序段2中计数器C1复位，指示灯熄灭。

（3）停止或过载

在程序段1中，当按下停止按钮SB1（I0.1常闭触点断开）或发生过载（I0.0常开触点断开）时，Q0.1线圈失电，传送带电机停止，计数器C1停止计数，当前值保持不变。下一次启动时，在C1当前值的基础上继续计数。

3.5 数学函数

3.5.1 运算指令

（1）四则运算指令

S7-1200的数学函数指令见表3-2，ADD（加）、SUB（减）、MUL（乘）、DIV（除）指令的操作数的数据类型可以是整数或实数，输入IN可以是常数，IN和OUT的数据类型应相同。整数除法指令是将商截尾取整，作为整数格式送到输出OUT。

表3-2 数学函数指令

指令	描述	指令	描述
CALCULATE	计算	SQR	计算平方，$OUT=IN^2$
ADD	加，OUT=IN1+IN2	SQRT	计算平方根，$OUT=\sqrt{IN}$
SUB	减，OUT=IN1−IN2	LN	计算自然对数，OUT=LN(IN)
MUL	乘，OUT=IN1*IN2	EXP	计算指数值，$OUT=e^{IN}$
DIV	除，OUT=IN1/IN2	SIN	计算正弦值，OUT=sin(IN）
MOD	返回除法的余数	COS	计算余弦值，OUT=cos(IN)
NEG	求IN的补码	TAN	计算正切值，OUT=tan(IN)
INC	将参数IN/OUT的值加1	ASIN	计算反正弦值，OUT=arcsin(IN)
DEC	将参数IN/OUT的值减1	ACOS	计算反余弦值，OUT=arccos(IN)
ABS	计算绝对值	ATAN	计算反正切值，OUT=arctan(IN)
MIN	获取最小值	FRAC	提取小数
MAX	获取最大值	EXPT	取幂，$OUT=IN1^{IN2}$
LIMIT	设置限值		

ADD和MUL指令允许有多个输入，单击方框中参数IN2后面的✱，会增加一个输入IN3，以后增加的输入编号依次递增。

从指令列表中可以通过拖放或双击来添加运算指令，双击指令框运算符号下面的“Auto(???)”，再单击右边出现的▾按钮，从下拉列表中选择要计算的数的数据类型。运算指令的运算指令符号也可以修改，双击运算指令符号，再单击右边出现的▾按钮，可以从下拉列表中修改运算指令符号。

四则运算指令的应用如图3-26所示，由于PLC的扫描周期较短，要避免运算指令的多次执行，故要使用I0.0的边沿指令，当I0.0接通时，运算指令只执行一次。地址MW10的值用（MW10）表示，则执行整数的加法运算后，结果（MW100)=(MW10)+25。执行双整数的减法运算后，结果（MD106)=(MD12)−(MD102)。执行实数的乘法运算后，结果（MD20)=(MD16)×25.0×(MD110)。执行实数的除法运算后，结果（MD30)=(MD20)/(MD24)。(MB40）自增1，(MD41）自减1。

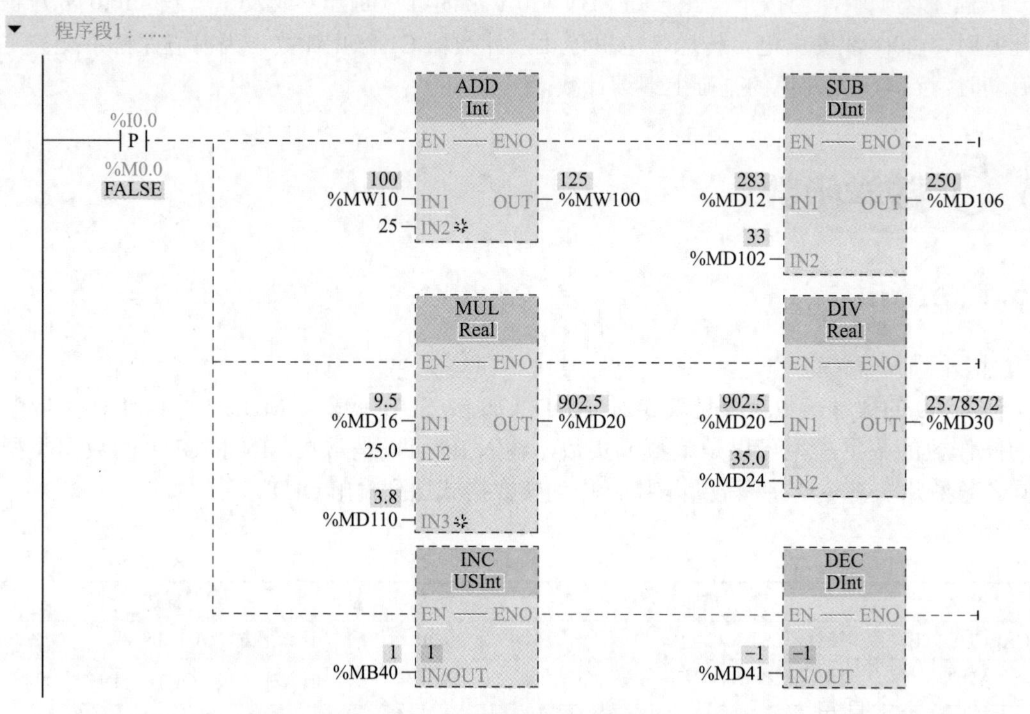

图3-26　四则运算指令的应用

（2）CALCULATE指令

可以使用“计算”指令CALCULATE定义和执行数学表达式，根据指定的数据类型进行复杂的数学或逻辑运算。

从右边的指令列表中通过双击或拖放将CALCULATE指令添加到工作区。单击图3-27指令框中的指令符号下面的“???”，从下拉列表中选择该指令的数据类型为Int。单击指令框右上角的图标或双击指令框中间的OUT := <???>，可以打开图3-27下部的对话框，在该对话框中输入待计算的表达式。表达式中只能包含输入参数IN*n*和指令，Int可以用到的指令下面已经给出。

在初始状态下，指令框只包含IN1和IN2两个输入。计算表达式输入完成，单击“确定”按钮，会自动添加其他输入。也可以通过点击指令框中的符号添加输入参数。该指令运算后，将运算结果保存在MW20中。

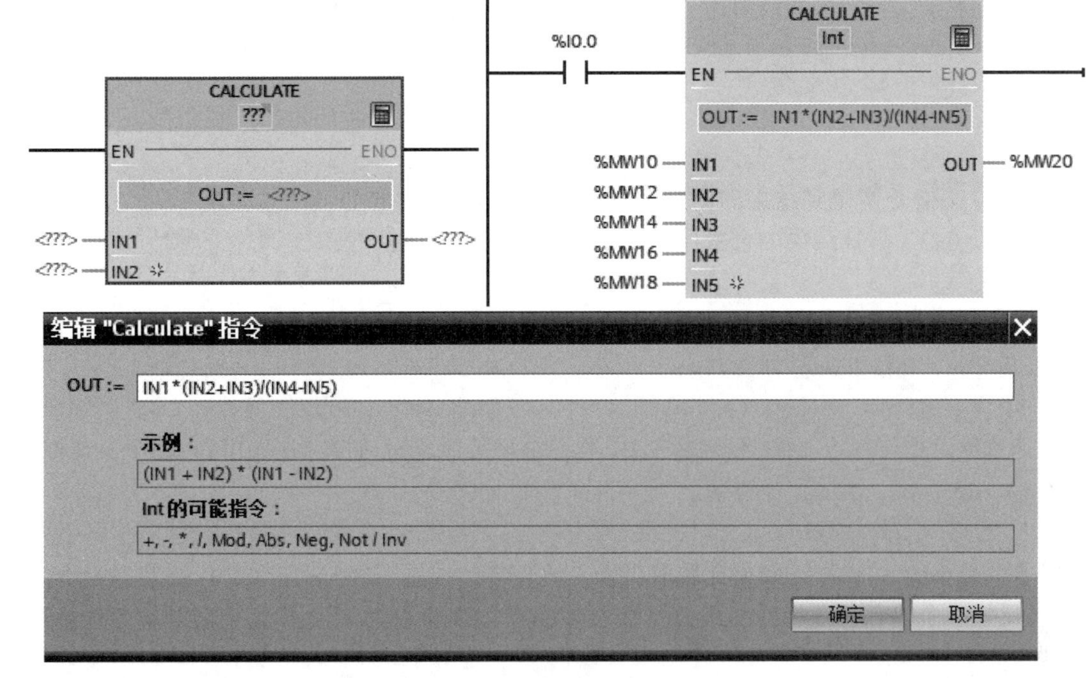

图 3-27 CALCULATE 指令

3.5.2 浮点数函数运算指令

浮点数（实数）函数运算指令的操作数 IN 和 OUT 均为 Real 数据类型。

“计算指数值”指令 EXP 的底数和“计算自然对数”指令 LN 的对数均为 e。“计算平方根”指令 SQRT 和 LN 指令的输入值如果为负数，OUT 将输出一个无效的浮点数。

三角函数指令和反三角函数指令中的角度均是以弧度为单位的浮点数。如果单位为角度，要将角度乘以 π/180，换算为弧度。

“计算反正弦”指令 ASIN 和“计算反余弦”指令 ACOS 的输入值允许范围为 −1.0 ～ +1.0。ASIN 和 ATAN 的运算结果范围为 −π/2 ～ +π/2，ACOS 的运算结果范围为 0 ～ π。

比如，一个直角三角形的斜边为 L，斜边与一个直角边的夹角为 θ，求该夹角所对的直角边的长度 H，则 $H=L\sin\theta$。假设 MD10 中保存以度为单位的 θ 值，要乘以 π/180=0.0174533 转换为对应的弧度，如图 3-28 所示。

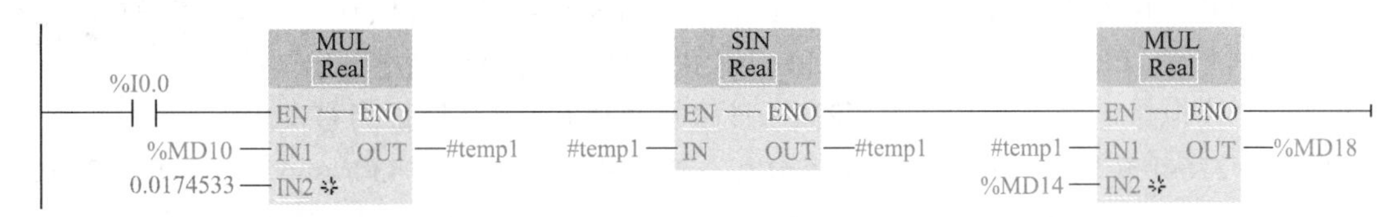

图 3-28 浮点数函数运算指令

运算的中间结果用浮点数类型的局部变量 temp1 保存。在程序编辑器 Main 中，点击上部“块接口”下的▼按钮，展开块接口。在块接口的 temp 下添加一个局部变量 temp1，数据类型为 Real。可以在梯形图中双击需要放置该变量位置的“???”，然后点击右边出现的▤符号，从下拉列表中选择 #temp1；也可以从块接口中直接拖动该变量到需要放置的位置。

MD14 中是浮点数类型的斜边 *L* 值，MD18 保存的是计算结果。

3.5.3 其他数学函数指令

（1）MOD 指令

整数除法指令是得到结果的商，余数被去掉。可以用 MOD 指令获取整数除法的余数，将 IN1 除以 IN2，运算结果的余数保存在 OUT 中，IN1、IN2 和 OUT 只能取整数。

（2）NEG 指令

“取反”指令 NEG 是将输入 IN 的值的符号取反后保存到 OUT 中。IN 和 OUT 的数据类型可以是 SInt、Int、DInt、浮点数。

（3）ABS 指令

“计算绝对值”指令 ABS 是将输入 IN 的有符号数取绝对值保存在输出 OUT 中。数据类型可以是 SInt、Int、DInt、浮点数。

（4）MIN 和 MAX 指令

“获取最小值”指令 MIN 是比较多个输入值，将其中最小的值送给 OUT。“获取最大值”指令是比较多个输入值，将其中最大的值送给 OUT。IN 和 OUT 的数据类型可以是各种整数、浮点数、DTL。

（5）LIMIT 指令

“设置限值”指令 LIMIT 是将输入 IN 的值限值在 MN 和 MX 的值范围之间。如果 IN 的值没有超出该范围，将 IN 的值送给 OUT 指定的地址中。如果 IN 的值小于 MN 的值，将 MN 的值送给 OUT；如果 IN 的值大于 MX 的值，将 MX 的值送给 OUT。

（6）FRAC 和 EXPT 指令

“提取小数”指令 FRAC 是将输入 IN 的小数部分送给 OUT。“取幂”指令 EXPT 是计算以 IN1 的值为底、IN2 的值为指数的值，将计算结果送给 OUT。

这些函数指令的应用如图 3-29 所示，可以看到，13 除以 5 的余数是 3；23 取反为 −23；1.6 和 8.4 的最小值为 1.6；5 和 8 的最大值为 8；28000 超过了 0 ～ 27648 范围，取最大值 27648 送到 OUT；2.6 的小数部分为 0.6；2.5 的 2 次方为 6.25。

3.5.4 电动机调速控制

扫一扫 看视频

（1）控制要求

某三相异步电动机的额定速度为 1430r/min，需要对变频器提供 0 ～ 10V 的模拟量信号进行调速。而 S7-1200 CPU 1214C 没有集成的模拟量输出，需要添加一个模拟量输出信号模块 SM1232。该模块通道 0（默认地址为 QW96）可以将 0 ～ 27648 转换为模拟量 0 ～ 10V 输出，故可以将速度 0 ～ 1430r/min 转换为 0 ～ 27648 即可进行调速，其转换公式为 N=SD/1430×27648，其中 SD 为设定速度，N 为转换后的值。

（2）组态 PLC

新建一个项目“3-5 电动机调速控制”，添加新设备为 CPU 1214C AC/DC/Rly，版本号为 V4.2。然后在 2 号槽插入模拟量输出信号模块 SM1232 AQ2×14 位，版本号为 V2.1。展开该信号模块下的“属性”→“常规”→“AQ2”→“模拟量输出”，点击“通道 0”，可以看到默认地址为 QW96，输出电压为 ±10V。也可以点击“I/O 地址”进行地址修改，但一般采用默认地址。

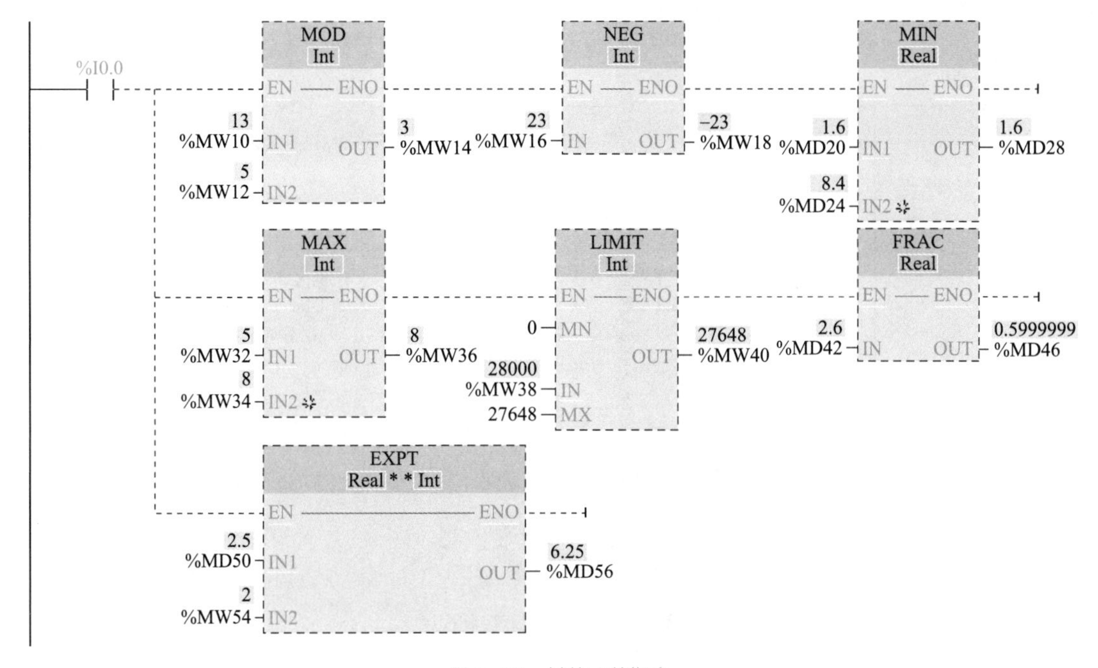

图 3-29　其他函数指令

（3）编写 PLC 控制程序

双击“程序块”下的 Main，打开程序编辑器。在“块接口”的“temp”下添加局部变量 temp1（Int 类型）和 temp2（DInt 类型），编写的控制程序如图 3-30 所示。在计算中一定要先乘后除，否则会损失计算数据的精度。“设定速度”为 Int 类型，乘以 27648，结果会超过一个字长的最大值，因此应使用双整数进行乘法和除法运算。为此首先使用转换指令 CONV（后面讲述）将 Int 类型转换为 DInt 类型。

在程序段 1 中，Q0.0 接入到变频器的数字量输入端，用于对电动机进行启停控制。当启动按钮按下（I0.0 常开触点接通）时，Q0.0 线圈通电自锁，电动机启动。I0.1 为停止按钮输入。

在程序段 2 中，当电动机运行（Q0.0 常开触点接通）时，先将“设定速度”（MW10）限定在 0 ～ 1430，然后将整数转换为双整数，乘以 27648，除以 1430，换算为 0 ～ 27648，通过转换指令 CONV，将 DInt 转换为 Int 送到 QW96，输出电压 0 ～ 10V，输入到变频器进行调速。

图 3-30

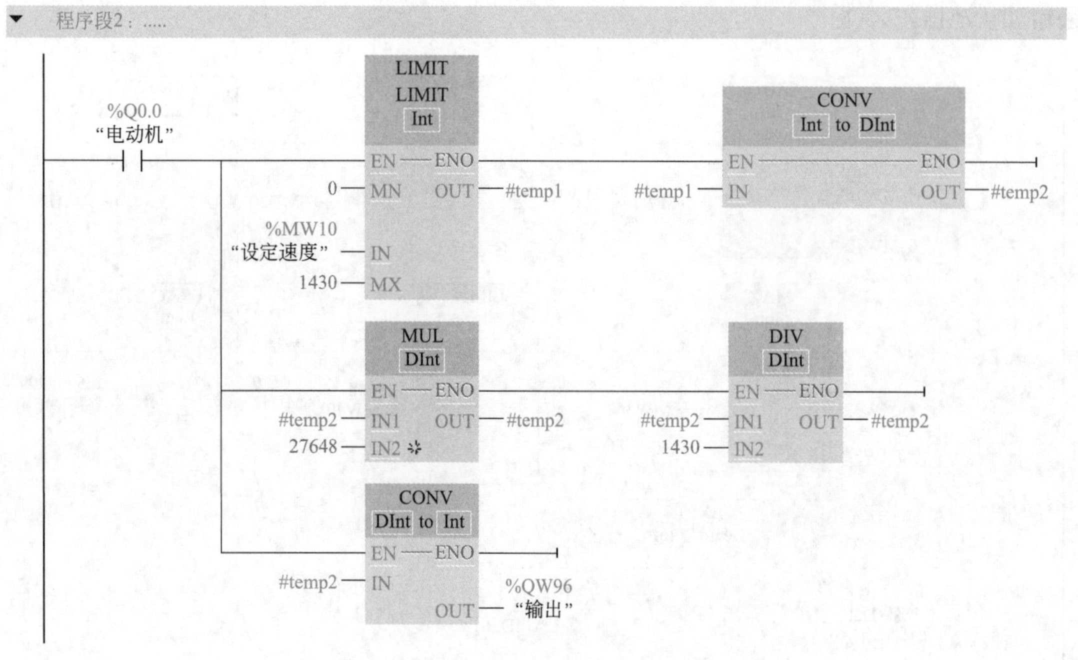

图 3-30 电动机调速控制程序

3.6 转换操作

3.6.1 转换操作指令

3.6.1.1 转换值指令

“转换值”指令 CONVERT（CONV）的 IN 和 OUT 数据类型可以为位字符串、整数、浮点数、Char、WChar、BCD16（16 位 BCD 码）、BCD32（32 位 BCD 码）。该指令将读取参数 IN 的内容，并根据指令框中选择的数据类型对其进行转换，转换值存储在 OUT 指定的地址中。

3.6.1.2 浮点数转换为整数指令

“取整”指令 ROUND 是将浮点数转换为四舍五入的整数。“浮点数向上取整”指令 CEIL 是将浮点数向上转换为较大的相邻整数，比如将 32.4 转换为 33。“浮点数向下取整”指令 FLOOR 是将浮点数向下转换为较小的相邻整数，比如将 32.7 转换为 32。“截尾取整”指令 TRUNC 是只取浮点数的整数部分，舍去小数部分。

3.6.1.3 缩放与标准化指令

（1）缩放指令

“缩放”指令 SCALE_X 是将浮点数输入值 VALUE（0.0 ≤ VALUE ≤ 1.0）线性转换为 MIN（下限值）和 MAX（上限值）之间的数值，保存在 OUT 指定的地址中。单击指令框内指令名称下的问号，从下拉列表中可以设置输入输出变量的数据类型，参数 MIN、MAX 和 OUT 的数据类型应相同。输入输出之间的线性关系如图 3-31（a）所示，其线性转换关系满足 OUT=VALUE×(MAX−MIN)+MIN。

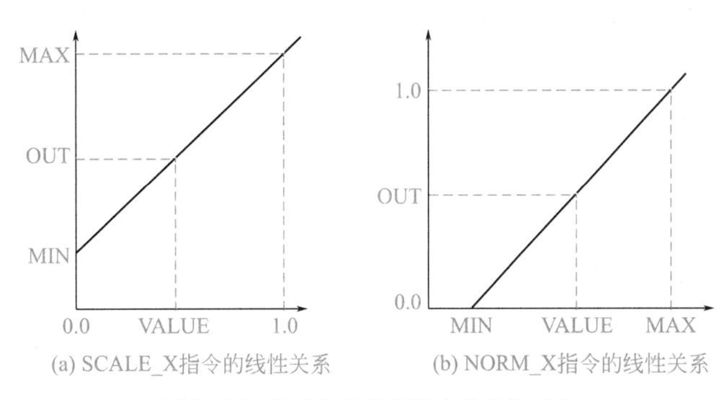

图 3-31 缩放与标准化指令的线性关系

（2）标准化指令

"标准化"指令 NORM_X 是将输入值 VALUE（MIN ≤ VALUE ≤ MAX）线性转换为 0.0 ～ 1.0 之间的浮点数，称为标准化或归一化，转换结果保存在 OUT 指定的地址中。单击指令框内指令名称下的问号，从下拉列表中可以设置输入输出变量的数据类型，参数 MIN、MAX 和 VALUE 的数据类型应相同。输入输出之间的线性关系如图 3-31（b）所示，其线性转换关系满足 OUT=(VALUE−MIN)/(MAX−MIN)。

转换指令的应用如图 3-32 所示，在程序段 1 中，当 I0.0 常开触点接通时，将 MW30 中的整数（45）转换为实数保存在 MD40（45.0），将 MD50 中的实数（36.4）四舍五入取整保存在 MW32（36）、向上取整保存在 MW34（37）、向下取整保存在 MW36（36）、截尾取整

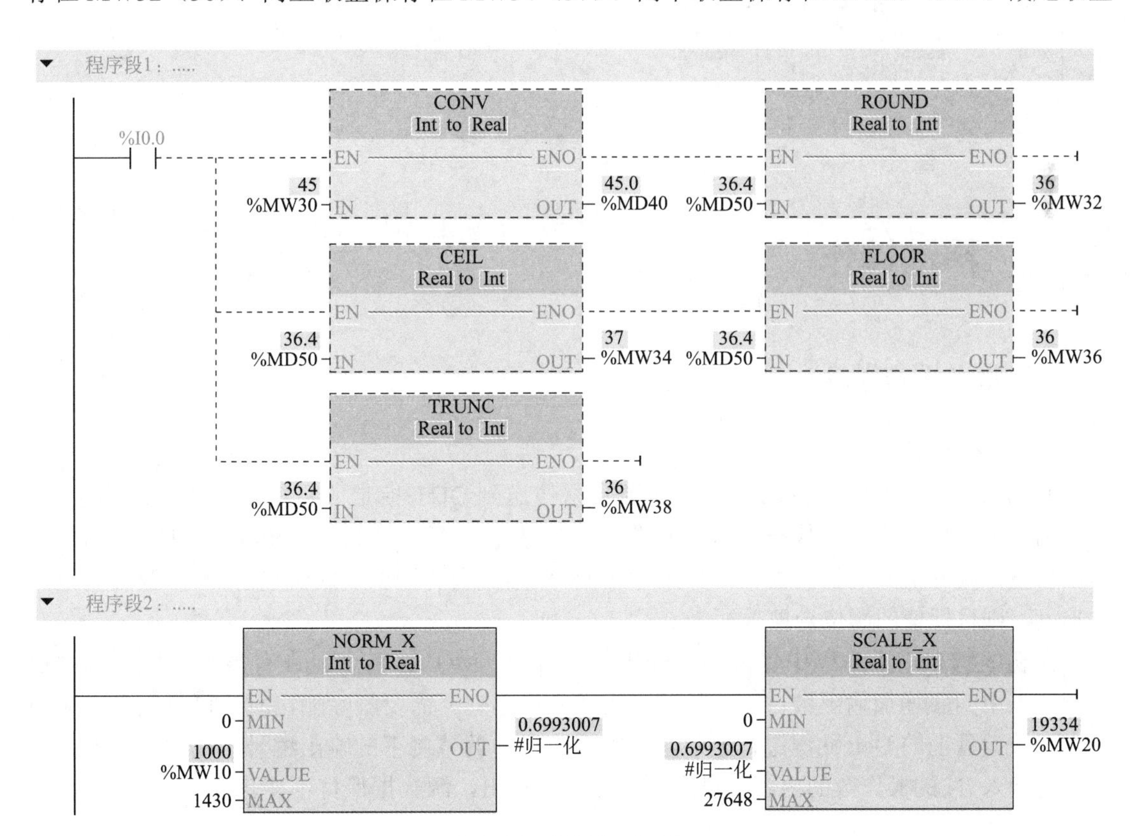

图 3-32 转换指令的应用

保存在MW38（36）。

在程序段2中，将设定速度MW10（范围0～1430r/min）标准化为0.0～1.0之间的值，保存在局部变量“#归一化”中，同时通过缩放指令将“#归一化”中的值（0.0～1.0）缩放为0～27648之间的值，保存在MW20中。

3.6.2 圆面积计算

扫一扫 看视频

要求用输入圆周的半径计算输出圆周的面积。新建一个项目“3-6圆面积计算”，PLC组态前面已经讲述，这里略过。编写的程序如图3-33所示，先将“半径”（整数类型）转换为实数，存放到局部变量temp1中，然后进行平方运算，乘以3.14，最后进行四舍五入取整，保存到变量“面积”中。

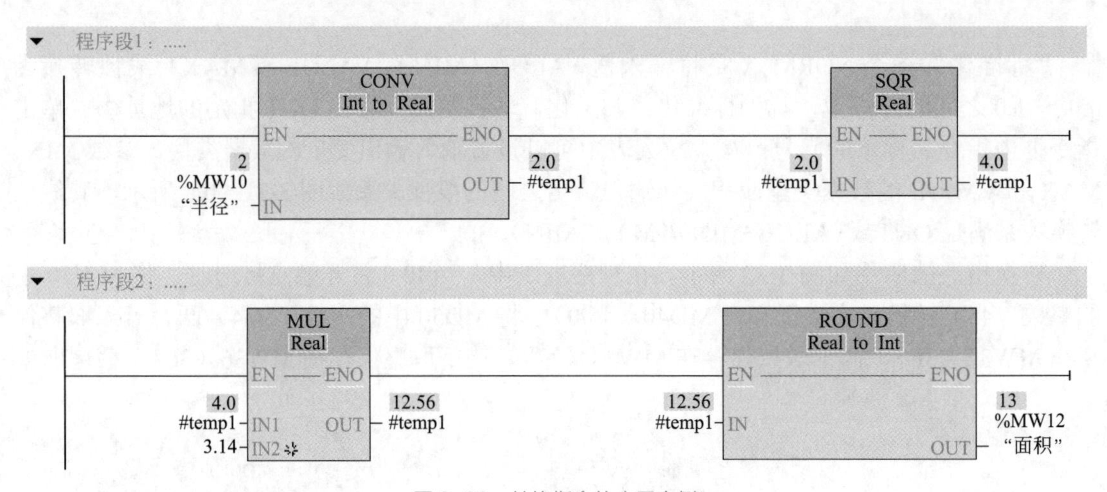

图3-33 转换指令的应用实例

3.7 移动操作

3.7.1 移动操作指令

（1）移动值指令

移动值指令MOVE是将IN输入的源数据传送到OUT指定的目标地址中，IN和OUT的数据类型可以是所有的数据类型。如果输入IN数据类型的位长度超出输出OUT数据类型的位长度，则源值的高位会丢失。如果输入IN数据类型的位长度低于输出OUT数据类型的位长度，则目标值的高位会被改写为0。

在初始状态，指令框中包含1个输出（OUT1）。MOVE指令允许有多个输出，可以点击指令框中的增加输出数目，增加的输出按升序排列。需要删除输出时，可以点击对应的输出，按键盘上的Delete键进行删除，删除后将自动调整剩下的输出编号。在执行指令过程中，将输入IN的操作数的内容传送到所有可用的输出，源数据保持不变。

（2）块移动指令

“块移动”指令 MOVE_BLK 是将一个存储区（源范围）的数据移动到另一个存储区（目标范围）中。输入 COUNT 用于指定将移动到目标范围中的元素个数，IN 和 OUT 是待移动源区域和目标区域的首个元素地址（可以不是第一个元素地址）。

“不可中断的存储区移动”指令 UMOVE_BLK 的功能与 MOVE_BLK 基本相同，区别在于此移动操作不会被操作系统的其他任务打断。在执行 UMOVE_BLK 指令期间，CPU 的中断响应时间会增加。

“移动块”指令 MOVE_BLK_VARIANT 是将一个存储区（源范围）的数据移动到另一个存储区（目标范围）中。可以将一个完整的数组或数组的元素复制到另一个相同数据类型的数组中。源数组和目标数组的大小（元素个数）可能会不同。可以复制一个数组内的多个或单个元素。

移动值指令和块移动指令如图 3-34（a）所示，当 I0.0 常开触点接通时，执行 MOVE 指令，将 3 送到 MB10 ～ MB12 中。执行 MOVE_BLK_VARIANT 指令，将源数据块中的源数组（SRC）从索引 7（SRC_INDEX）开始的 5 个（COUNT）数据移动到目标数据块中的目标数组（DEST）从索引 7（DEST_INDEX）开始的 5 个元素中。

执行 MOVE_BLK 指令，将源数据块中从源数组 [1] 开始的 5 个数据移动到目标数据块的目标数组 [0] 开始的单元中。执行 UMOVE_BLK 指令，将源数据块中从源数组 [10] 开始的 2 个数据移动到目标数据块的目标数组 [5] 开始的元素中。执行结果如图 3-34（b）所示。

（3）填充块指令

“填充存储区”指令 FILL_BLK 是用 IN 输入的值填充到从输出 OUT 指定起始地址的目标范围，参数 COUNT 指定填充元素的个数。源范围和目标范围的数据类型应相同。

“不可中断的存储区填充”指令 UFILL_BLK 与 FILL_BLK 指令的功能相同，区别在于前者的填充操作不会被操作系统的其他任务打断。

（4）交换指令

“交换”指令 SWAP 是交换输入 IN 中字节的顺序，保存到输出 OUT 指定的地址中。

填充指令与交换指令的应用如图 3-35 所示，当 I0.0 常开触点接通时，执行 FILL_BLK 指令，将常数 35 填充到源数据块中从源数组 [0] 开始的 5 个元素中。执行 UFILL_BLK 指令，将常数 23 填充到源数据块中从源数组 [5] 开始的 5 个元素中。执行 DWord 数据类型的 SWAP 指令，交换 4 个字节中数据的顺序，保存到 OUT 指定的地址中。

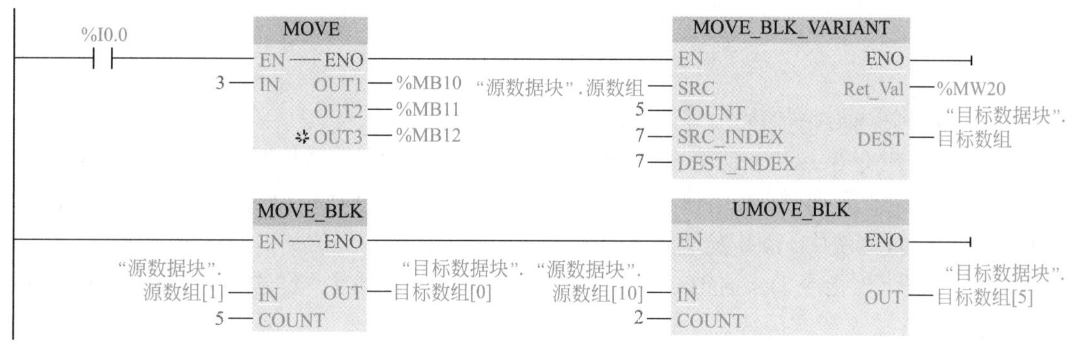

(a) 移动值指令和块移动指令

图 3-34

源数据块

		名称	数据类型	起始值
1		▼ Static		
2		▪ ▼ 源数组	Array[0..20] of Byte	
3		▪ 源数组[0]	Byte	16#00
4		▪ 源数组[1]	Byte	16#01
5		▪ 源数组[2]	Byte	16#02
6		▪ 源数组[3]	Byte	16#03
7		▪ 源数组[4]	Byte	16#04
8		▪ 源数组[5]	Byte	16#05
9		▪ 源数组[6]	Byte	16#06
10		▪ 源数组[7]	Byte	16#07
11		▪ 源数组[8]	Byte	16#08
12		▪ 源数组[9]	Byte	16#09
13		▪ 源数组[10]	Byte	16#0A
14		▪ 源数组[11]	Byte	16#0B
15		▪ 源数组[12]	Byte	16#0C
16		▪ 源数组[13]	Byte	16#0D
17		▪ 源数组[14]	Byte	16#0E
18		▪ 源数组[15]	Byte	16#0F
19		▪ 源数组[16]	Byte	16#10
20		▪ 源数组[17]	Byte	16#11
21		▪ 源数组[18]	Byte	16#12
22		▪ 源数组[19]	Byte	16#13
23		▪ 源数组[20]	Byte	16#14

目标数据块

		名称	数据类型	监视值
1		▼ Static		
2		▪ ▼ 目标数组	Array[0..40] of Byte	
3		▪ 目标数组[0]	Byte	16#01
4		▪ 目标数组[1]	Byte	16#02
5		▪ 目标数组[2]	Byte	16#03
6		▪ 目标数组[3]	Byte	16#04
7		▪ 目标数组[4]	Byte	16#05
8		▪ 目标数组[5]	Byte	16#0A
9		▪ 目标数组[6]	Byte	16#0B
10		▪ 目标数组[7]	Byte	16#07
11		▪ 目标数组[8]	Byte	16#08
12		▪ 目标数组[9]	Byte	16#09
13		▪ 目标数组[10]	Byte	16#0A
14		▪ 目标数组[11]	Byte	16#0B
15		▪ 目标数组[12]	Byte	16#00
16		▪ 目标数组[13]	Byte	16#00
17		▪ 目标数组[14]	Byte	16#00
18		▪ 目标数组[15]	Byte	16#00
19		▪ 目标数组[16]	Byte	16#00
20		▪ 目标数组[17]	Byte	16#00
21		▪ 目标数组[18]	Byte	16#00
22		▪ 目标数组[19]	Byte	16#00
23		▪ 目标数组[20]	Byte	16#00

(b) 执行结果

图 3-34　移动值指令和块移动指令的应用

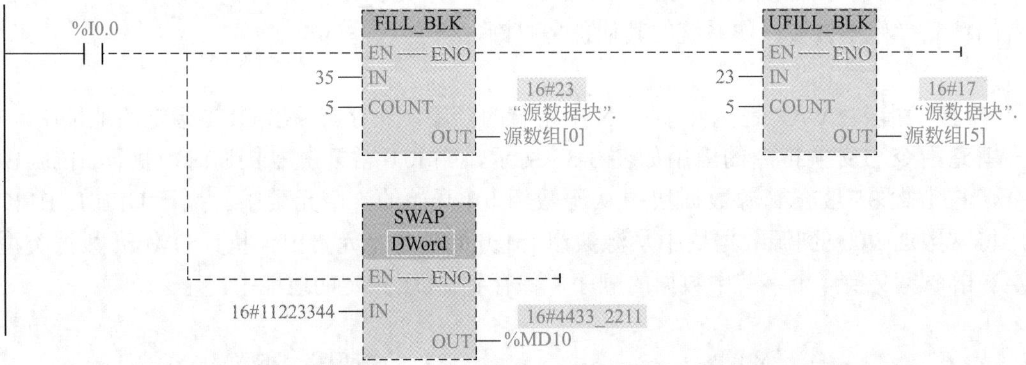

%I0.0
FILL_BLK
EN — ENO
35 — IN
5 — COUNT
OUT — 16#23 "源数据块".源数组[0]
UFILL_BLK
EN — ENO
23 — IN
5 — COUNT
OUT — 16#17 "源数据块".源数组[5]
SWAP
DWord
EN — ENO
16#11223344 — IN
OUT — 16#4433_2211 %MD10

图 3-35　填充指令与交换指令的应用

(5) 序列化和取消序列化指令

“序列化”指令 Serialize 是将多个 PLC 数据类型（UDT）、结构或数组转换为顺序表示而不会丢失结构部分。可以使用该指令临时将用户程序的多个结构化数据项保存到缓冲区中（最好位于全局数据块中），并发送到其他 CPU。

“取消序列化”指令 Deserialize 是将 PLC 数据类型（UDT）、结构或数组的顺序表示进行反向转换，并填充所有内容。

3.7.2 电动机 Y-△降压启动控制

扫一扫 看视频

（1）控制要求

应用移动操作指令设计三相交流电动机 Y- △降压启动控制电路和程序，并具有启动 / 报警指示，指示灯在启动过程中亮，启动结束时灭。如果发生电动机过载，停机并且灯光报警。

（2）设计 PLC 控制电路

用移动指令实现 Y- △降压启动控制电路如图 3-36 所示，Y 形和△形接触器必须采取硬件联锁。

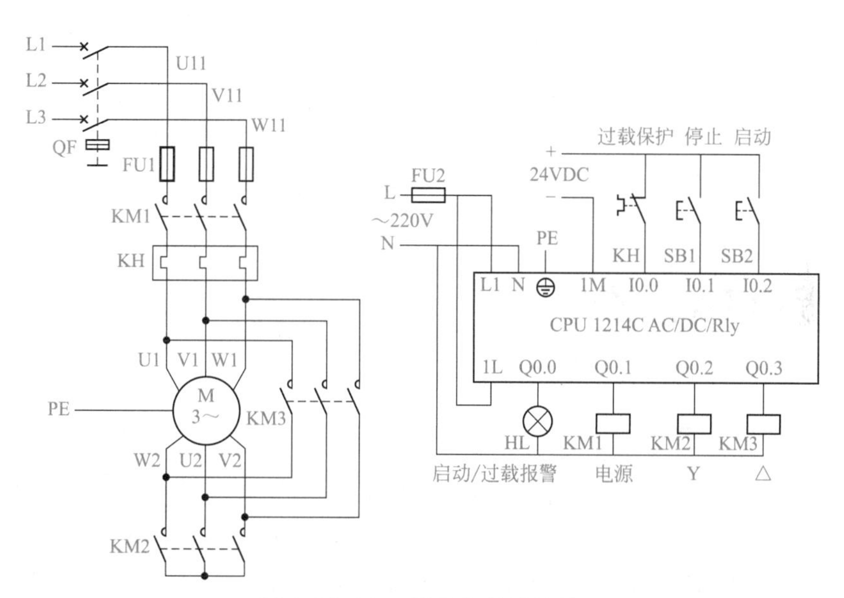

图 3-36 Y- △降压启动控制电路

（3）编写 PLC 控制程序

新建一个项目“3-7 Y- △降压启动”，PLC 组态前面已经讲述，这里略过，编写的程序 Main[OB1] 如图 3-37 所示。上电后，由于 I0.0 连接的是 KH 的常闭触点，所以 I0.0 有输入，程序段 4 中的 I0.0 的常闭触点断开，为启动做准备。定时器 T1 用于电动机从 Y 形启动到△形运转的时间控制，时间为 5s。其工作原理如下。

① Y 形启动，延时 5s。在程序段 1 中，当按下启动按钮 SB2 时，I0.2 常开触点接通，将 2#111 传送到 QB0，Q0.2、Q0.1 和 Q0.0 为“1”。Y 形接触器 KM2 和电源接触器 KM1 通电，电动机 Y 形启动。指示灯 HL 通电亮，表示正在启动。串联 Q0.3 常闭触点是为了保证在△形运行时不会重新启动。

② △形运转。在程序段 2 中，Q0.2 常开触点接通，定时器 T1 通电延时 5s。T1 延时 5s 到，T1 的 Q 输出为“1”，将 2#1010 传送到 QB0，使 Q0.3 和 Q0.1 为“1”，电源接触器 KM1 保持通电，△形接触器 KM3 通电，电动机△形连接运转；Q0.0 为“0”，指示灯熄灭，启动完成。

③ 停机。在程序段 3 中，当按下停止按钮 SB1 时，I0.1 常开触点接通，将 0 传送到 QB0，Q0.0 ～ Q0.3 全部为“0”，电动机断电停止。

④ 过载保护。在正常情况下，热继电器常闭触点接通输入继电器 I0.0，使程序段 4 中的 I0.0 常闭触点断开，不执行移动指令；当发生过载时，热继电器常闭触点分断，I0.0 没有

输入，I0.0 常闭触点接通，将 1 传送到 QB0，Q0.3 ～ Q0.1 全部为“0”，电动机断电停止。Q0.0 为“1”，指示灯 HL 亮，进行过载报警。

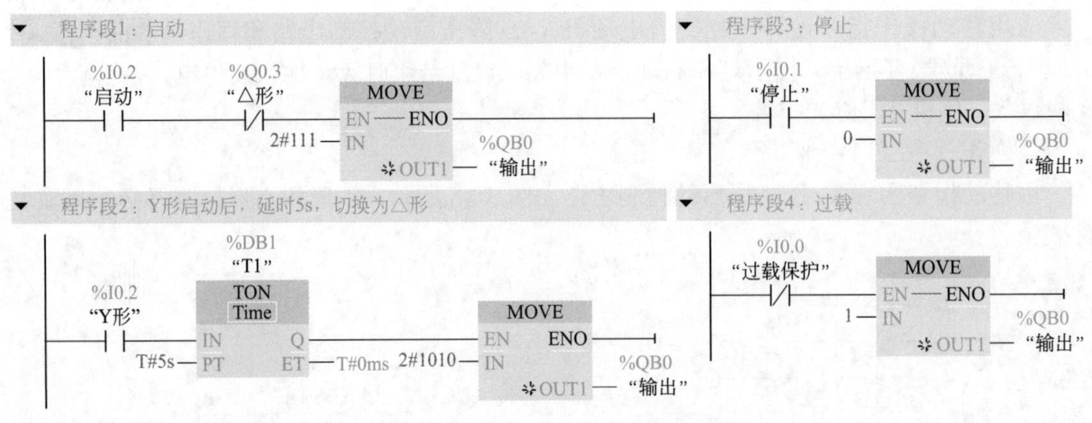

图 3-37 Y- △降压启动控制程序

3.8 程序控制操作

3.8.1 程序控制指令

（1）跳转指令、跳转标签指令与返回指令

“若 RLO=1，则跳转”指令 JMP 与“跳转标签”指令 LABEL 配合使用。当跳转线圈 -(JMP)- 的输入为“1”时，跳转到该指令顶部指定的标签处。程序块运行时总是按从上到下的程序段顺序执行的。跳转指令是跳转到标签所在的位置向下顺序执行，跳转指令与标签之间的程序段不执行。跳转时，可以向前或向后跳转，也可以从多个位置跳转到同一个标签处。但是，只能在同一个程序块中跳转，不能从一个程序块跳转到另一个程序块。在一个程序块内，跳转标签的名称只能使用一次。一个程序段只能设置一个跳转标签，标签的首字母不能为数字。

“若 RLO=0，则跳转”指令 JMPN 与“跳转标签”指令 LABEL 配合使用。当跳转线圈 -(JMPN)- 的输入为“0”时，跳转到该指令顶部指定的标签处。

“返回”指令 RET 可以是有条件返回或无条件返回，其线圈上面的参数是返回值，数据类型为 Bool。它的线圈通电时，停止执行该指令后面的指令，返回调用它的程序块。在块结束时不需要 RET 指令，系统会自动完成这一任务。

如果当前的块是 OB，返回值被忽略。如果当前的块是 FC 或 FB，返回值将传送给调用它的块，返回值可以是“1”（TRUE）、“0”（FALSE）或指定的位地址。

跳转指令、跳转标签指令和返回指令的应用如图 3-38 所示。在程序段 1 中，如果 I0.0 常开触点未接通，不执行跳转指令，则执行程序段 2，进行电动机点动控制。执行完程序段 3 中的返回指令后，程序段 4 不会执行。

如果程序段 1 中的 I0.0 常开触点接通，执行跳转指令，跳过程序段 2 和程序段 3（不执行点动控制），直接跳转到程序段 4 中的标签处（LABEL1），进行电动机连续控制。

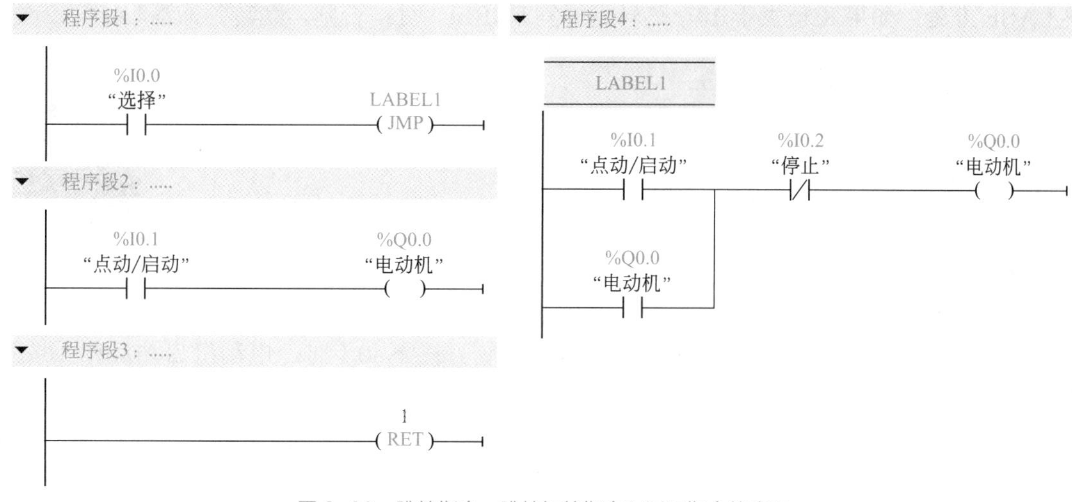

图 3-38 跳转指令、跳转标签指令和返回指令的应用

（2）定义跳转列表指令和跳转分支指令

使用“定义跳转列表”指令 JMP_LIST，可定义多个有条件跳转，跳转到由参数 K 的值指定的跳转标签，跳转标签可以由指令框的输出 DEST*n* 指定。点击指令框中的图标，可增加输出 DEST*n* 的数量。输出从值 0 开始编号，每次新增输出后以升序继续编号。在指令的输出中只能指定跳转标签。S7-1200 最多可以声明 32 个输出。

K 参数值将指定输出编号，程序将从跳转标签处继续执行。如果参数 K 的值大于可用的输出编号，则继续执行块中下一个程序段中的程序。在图 3-39 中，如果 JMP_LIST 指令的 K 值为 0，跳转到标签 LABEL0 处；如果 K 值为 1，跳转到标签 LABEL1 处；如果 K 值为 2，跳转到标签 LABEL2 处；如果 K 值大于 2，不跳转，继续执行下一个程序段。

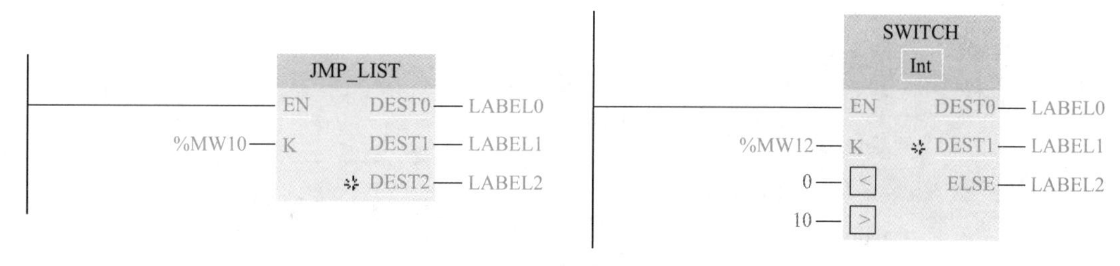

图 3-39 多分支跳转指令

“跳转分支”指令 SWITCH 根据一个或多个比较指令的结果，定义要执行的多个程序跳转。在参数 K 中指定要比较的值，将该值与各个输入提供的值进行比较。可以为每个输入选择比较方法，点击指令框中的比较符号，从下拉列表中修改该比较符号。各比较指令的可用性取决于指令的数据类型，可以从指令框的“???”下拉列表中选择该指令的数据类型。该指令从第一个比较开始执行，直至满足比较条件为止。如果满足比较条件，则将不考虑后续比较条件。如果未满足任何指定的比较条件，将在输出 ELSE 处执行跳转。如果输出 ELSE 中未定义程序跳转，则程序从下一个程序段继续执行。

点击指令框中的图标，可增加输出 DESTn 的数量。输出从值 0 开始编号，每次新增输出后以升序继续编号。输入将自动插入到每个附加输出中。如果满足输入的比较条件，则将执行相应输出处设定的跳转。在图 3-39 中，如果 SWITCH 指令的 K 值小于 0，跳转到标签 LABEL0 处；如果 K 值大于 10，跳转到标签 LABEL1 处；否则，跳转到标签 LABEL2 处。

3.8.2 选择电动机控制方法

3.8.2.1 控制要求

对一台电动机有三种控制方法，一种是点动控制，一种是连续运行控制，另一种是运行 10min 后自动停止。

I0.0 是选择按钮，默认是点动。按下 I0.1 按钮时，电动机点动运行。

当第一次按下 I0.0 时，对电动机连续运行控制。按下 I0.1 时，电动机启动运行；按下 I0.2 时，电动机停止。

当第二次按下 I0.0 时，使电动机运行 10min 自动停止，按下 I0.1 时，电动机启动；电动机运行 10min 自动停止；也可以按下 I0.2，使电动机立即停止。

当第三次按下 I0.0 时，重新恢复为点动。

3.8.2.2 编写 PLC 控制程序

新建一个项目“3-8 选择电动机控制方法”，PLC 组态前面已经讲述，这里略过，编写的控制程序如图 3-40 所示。

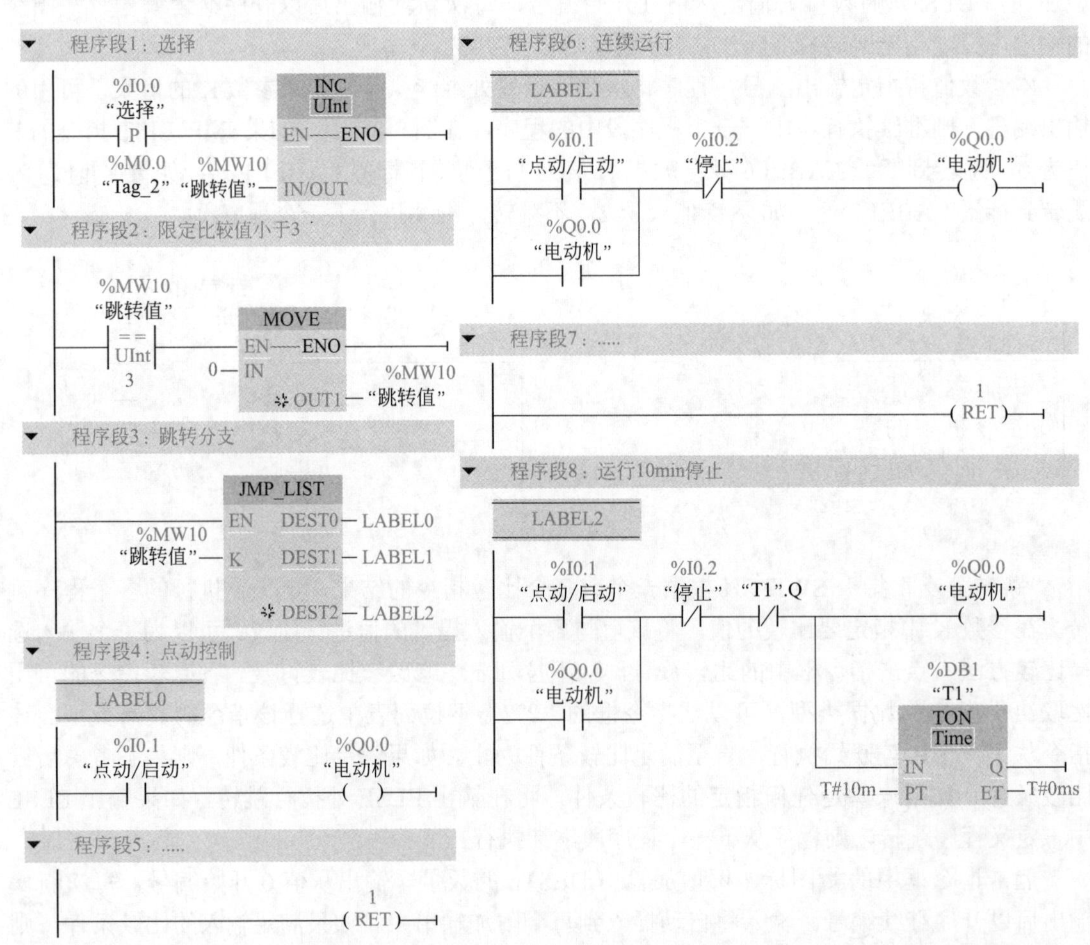

图 3-40 选择电动机控制方法程序

（1）选择控制方法

在程序段1中，每按下一次“选择”按钮I0.0，变量“跳转值”加1。

在程序段2中，限定“跳转值”小于3。

（2）点动控制

在程序段3中，如果“跳转值”为0，跳转到程序段4中的标签LABEL0处，当“点动/启动”按钮按下（I0.1常开触点接通）时，线圈Q0.0通电，电动机启动；当松开该按钮时，Q0.0断电，电动机停止。程序段5为无条件返回，不再执行程序段6～8。

（3）连续运行控制

如果“跳转值”为1，跳转到程序段6中的标签LABEL1处（跳过程序段4～5），当“点动/启动”按钮按下（I0.1常开触点接通）时，线圈Q0.0通电自锁，电动机启动运行。当按下“停止”按钮（I0.2常闭触点断开）时，线圈Q0.0断电，自锁解除，电动机停止。程序段7为无条件返回，不再执行程序段8。

（4）运行10min自动停止

如果“跳转值”为2，跳转到程序段8中的标签LABEL2处（跳过程序段4～7），当“点动/启动”按钮按下（I0.1常开触点接通）时，线圈Q0.0通电自锁，电动机启动运行，同时定时器“T1”延时10min。延时时间到，“T1”的Q输出为“1”，其常闭触点断开，线圈Q0.0断电，自锁解除，电动机停止。在电动机运行延时期间，如果按下“停止”按钮（I0.2常闭触点断开），同样可以使电动机停止。

3.9 字逻辑运算操作

3.9.1 字逻辑指令

（1）逻辑运算指令

逻辑运算有“与”“或”“异或”和“求反码”。前面三个逻辑运算允许有多个输入，单击指令框中的✱，可以增加输入的个数，它们的数据类型有位字符串、Byte、Word和DWord。而“求反码”指令只有一个输入，其数据类型可以是位字符串或整数。

① 逻辑“与”指令AND是将输入按位进行相“与”，有“0”出“0”，全“1”出“1”，运算结果从OUT输出。AND指令的应用如图3-41所示，如果IN1的值为2#1010_1100，IN2的值为2#1100_0101，执行该指令后，结果为2#1000_0100。

② 逻辑“或”指令OR是将输入按位进行相“或”，有“1”出“1”，全“0”出“0”，运算结果从OUT输出。OR指令的应用如图3-41所示，如果IN1的值为2#1010_1100，IN2的值为2#1100_0101，执行该指令后，结果为2#1110_1101。

③ 逻辑“异或”指令XOR是将输入按位进行相“异或”，相异出“1”，相同出“0”，运算结果从OUT输出。XOR指令的应用如图3-41所示，如果IN1的值为2#1010_1100，IN2的值为2#1100_0101，执行该指令后，结果为2#0110_1001。

④ 逻辑“求反码”指令INVERT（INV）是将输入按位进行取反，有“0”出“1”，有“1”出“0”，运算结果从OUT输出。INV指令的应用如图3-41所示，如果IN的值为

2#1110_1111_0011_0100（整数 -4300），执行该指令后，结果为 2#0001_0000_1100_1011。

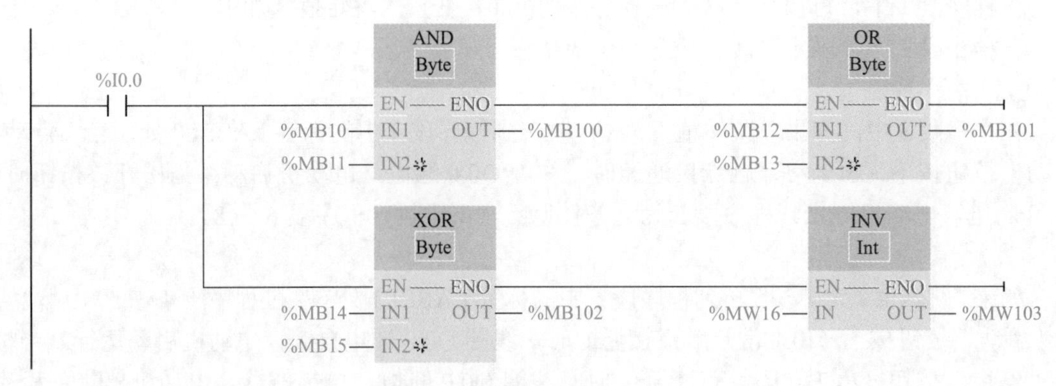

图 3-41　逻辑运算指令的应用

（2）编码和解码指令

“解码”指令 DECO 是读取输入 IN 的值，并将输出值中位号与读取值对应的那个位置位为“1”，输出值中的其他位以“0”填充。IN 的数据类型为 UInt，OUT 的数据类型为位字符串。当输入 IN 的值大于 31 时，则将 IN 的值除以 32，用余数进行解码操作。利用解码指令，可以用输入 IN 的值控制 OUT 中指定位的状态。在图 3-42 中，执行 DECO 指令，如果其 IN 的值为 6，OUT 为 2#0100_0000（16#40），仅第 6 位为“1”。

“编码”指令 ENCO 与“解码”指令 DECO 相反，将 IN 中为“1”的最低位的位数送到 OUT 指定的地址。IN 的数据类型为位字符串，OUT 的数据类型为 Int。在图 3-42 中，执行 ENCO 指令，如果 IN 的值为 2#0101_0000（16#50），OUT 指定的编码结果为 4，即最低位为“1”的位数是 4。

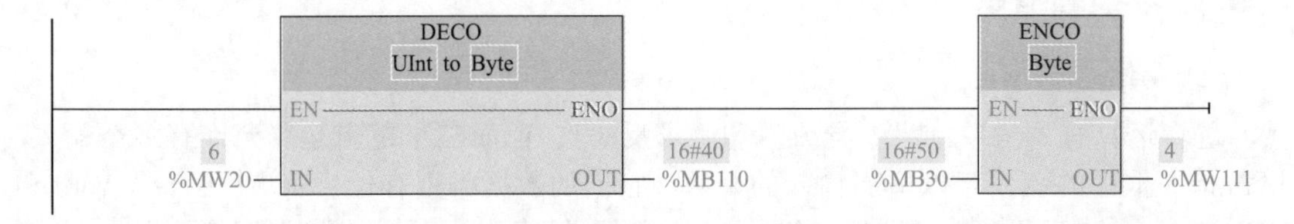

图 3-42　编码和解码指令

（3）SEL、MUX 和 DEMUX 指令

“选择”指令 SEL 是根据开关（输入 G）的情况，选择输入 IN0 或 IN1 中的之一，并将其内容复制到输出 OUT。如果输入 G 的信号状态为“0”，则将输入 IN0 的值传送到输出 OUT 中。如果输入 G 的信号状态为“1”，则将输入 IN1 的值传送到输出 OUT 中。在图 3-43 中，如果 G 为“1”（M3.0 为“1”），则将 IN1 的值（200）传送到 OUT。

“多路复用”指令 MUX 是根据输入参数 K 的值选择输入数据，并将它复制到 OUT 指定的地址。即当 K=*n* 时，将 IN*n* 复制到 OUT。如果 K 的值大于输入的个数，则将参数 ELSE 的值复制到 OUT，并且 ENO 的输出状态为“0”。单击指令框中的符号，可以增加输入参数 IN*n* 的个数。IN*n*、ELSE 和 OUT 的数据类型需一致，参数 K 的数据类型为整数。在图 3-43 中，如果 K 为 1，则将 IN1 的值复制到 OUT 中。

“多路分用”指令DEMUX是根据输入参数K的值，将输入IN的内容复制到选定的输出。即当K=*n*时，将输入IN复制到OUT*n*中。如果K的值大于输出的个数，则将参数IN的值复制到ELSE中，并且ENO的输出状态为“0”。单击指令框中的符号，可以增加输出参数OUT*n*的个数。IN、ELSE和OUT*n*的数据类型需一致，参数K的数据类型为整数。在图3-43中，如果K为0，则将IN的值复制到OUT0中。

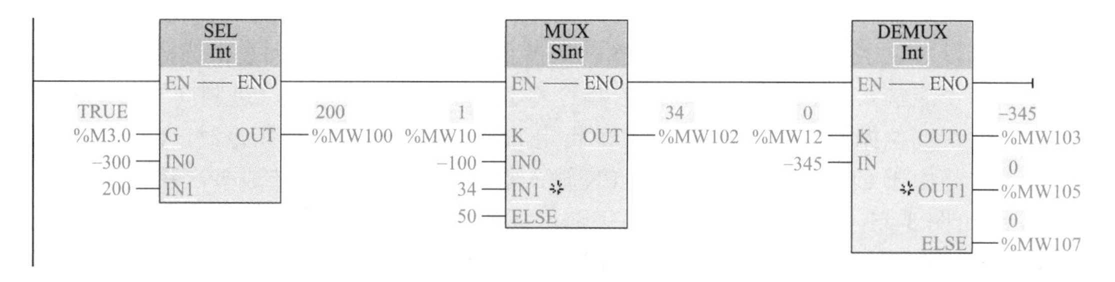

图3-43　SEL、MUX和DEMUX指令

3.9.2　数据的低4位输出

扫一扫 看视频

（1）控制要求

当I0.0反复接通时，将3个数据的低4位分别输出到QB0的低4位。

（2）编写PLC控制程序

新建一个项目“3-9数据的低4位输出”，编写的控制程序如图3-44所示。

在程序段1中，I0.0每接通一次，MW10加1。

在程序段2中，如果MW10等于3时，MW10恢复为初始值0。

在程序段3中，通过“多路复用”指令MUX根据MW10的值分别将对应输入的数据复制到MB20中。

在程序段4中，将MB20的值与16#0F进行相与，取MB20的低4位送到QB0。

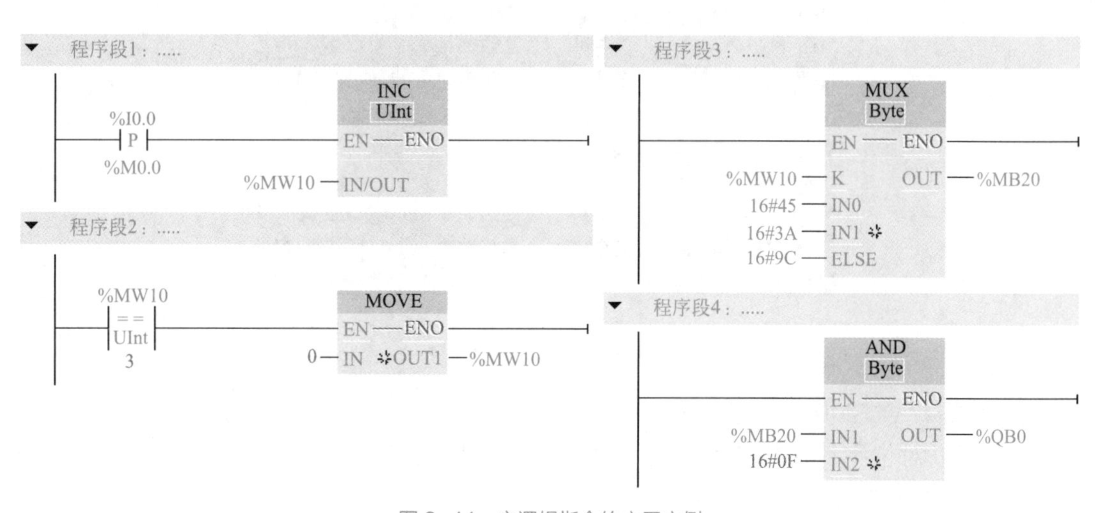

图3-44　字逻辑指令的应用实例

3.10 移位与循环移位

3.10.1 移位指令与循环移位指令

（1）左移指令 SHL

SHL 可以对位字符串或整数进行操作，从指令框的“???”下拉列表中选择该指令的数据类型。当使能输入端 EN 有效时，SHL 指令将 IN 输入端的数据按二进制向左移动 N 位，低位补“0”，高位抛出，结果存放到 OUT 指定的单元。在使用移位指令时，EN 端要用脉冲输入，这是由于 CPU 扫描速度很快，EN 输入端未及时断开，会造成多次移位。SHL 指令的应用如图 3-45（a）所示，指令执行前，MW10 的值为 2#0101_1011_0101_1011，见图 3-45（b）。在 I0.0 的上升沿，执行 SHL 指令，MW10 的值按位向左移动 1 位，变为 2#1011_0110_1011_0110，见图 3-45（c）。

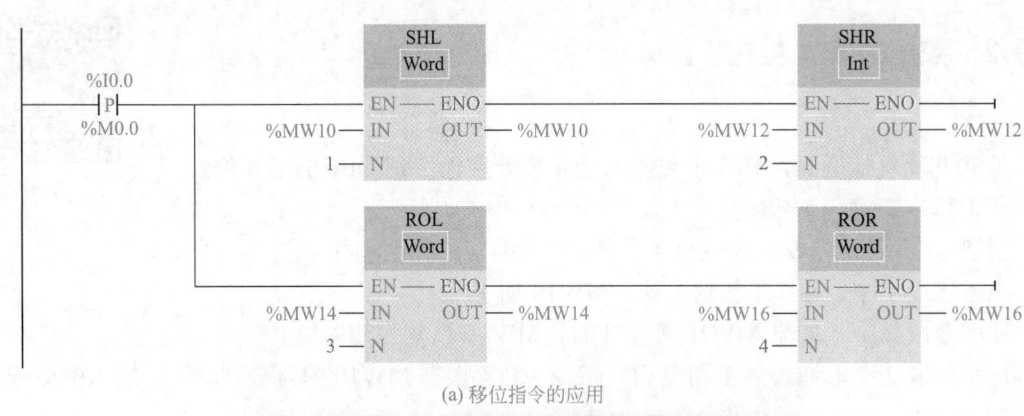

(a) 移位指令的应用

名称	地址	显示格式	监视值
"Tag_7"	%MW10	二进制	2#0101_1011_0101_1011
"Tag_1"	%MW12	二进制	2#1000_0000_0100_0100
"Tag_8"	%MW14	二进制	2#1010_0011_1010_0011
"Tag_9"	%MW16	二进制	2#1011_0011_1011_0011

(b) 移位前

名称	地址	显示格式	监视值
"Tag_7"	%MW10	二进制	2#1011_0110_1011_0110
"Tag_1"	%MW12	二进制	2#1110_0000_0001_0001
"Tag_8"	%MW14	二进制	2#0001_1101_0001_1101
"Tag_9"	%MW16	二进制	2#0011_1011_0011_1011

(c) 移位后

图 3-45　移位指令的应用

（2）右移指令 SHR

SHR 可以对位字符串或整数进行操作，从指令框的“???”下拉列表中选择该指令的数据类型。对字或双字操作：当使能输入端 EN 有效时，SHR 指令将 IN 输入端的数据按二进制向右移动 N 位，高位补“0”，低位抛出，结果存放到 OUT 指定的单元。对整数或双整数操作：当 IN 输入端为正数时，SHR 指令将 IN 输入端的数据按二进制向右移动N位，高位补“0”，低位抛出，结果存放到OUT指定的单元；当IN输入端为负数时，SHR指令将IN输入端的数据按二进制向右移动N位，高位补“1”，低位抛出，结果存放到OUT指定的单元。SHR指令的应用如图3-45（a）所示，指令执行前，MW12的值为2#1000_0000_0100_0100，见图3-45（b）。在I0.0的上升沿，执行SHR指令，MW12的值按位向右移动2位，高位补“1”，变为2#1110_0000_0001_0001，见图3-45（c）。

（3）循环左移指令ROL

ROL只能对位字符串操作，从指令框的“???”下拉列表中选择该指令的数据类型。当使能输入端EN有效时，ROL指令将IN输入端的数据按二进制向左循环移动N位，最高N位移动到最低N位，结果存放到OUT指定的单元。ROL指令的应用如图3-45（a）所示，指令执行前，MW14的值为2#1010_0011_1010_0011，见图3-45（b）。在I0.0的上升沿，执行ROL指令，MW14的值循环左移3位，最高3位移动到最低3位，变为2#0001_1101_0001_1101，见图3-45（c）。

（4）循环右移指令ROR

ROR只能对位字符串操作，从指令框的“???”下拉列表中选择该指令的数据类型。当使能输入端EN有效时，ROR指令将IN输入端的数据按二进制向右循环移动N位，最低N位移动到最高N位，结果存放到OUT指定的单元。ROR指令的应用如图3-45（a）所示，指令执行前，MW16的值为2#1011_0011_1011_0011，见图3-45（b）。在I0.0的上升沿，执行ROR指令，MW16的值循环右移4位，最低4位移动到最高4位，变为2#0011_1011_0011_1011，见图3-45（c）。

3.10.2 8位彩灯控制

扫一扫 看视频

（1）控制要求

实现8位彩灯的流水显示，QB0控制8盏彩灯，I0.0用于启动/停止控制，I0.1用于方向控制。

（2）CPU的组态

新建一个项目“3-10 8位彩灯控制”，添加CPU前面已经讲述，点击设备视图中的CPU，选择巡视窗口中的“属性”→“常规”→“系统和时钟存储器”，如图3-46所示，选中“启用系统存储器字节”和“启用时钟存储器字节”前的复选框，其默认地址分别为MB1和MB0，也可以修改该地址。

将MB1设置为系统存储器字节后，该字节的M1.0～M1.3的意义如下。

① M1.0（首次循环）：在进入RUN模式的第一次扫描期间内，该位为“1”，以后均为“0”。

② M1.1（诊断状态已更改）：诊断状态发生变化后一个扫描周期内该位为“1”。

③ M1.2（始终为1）：总是为TRUE，其常开触点总是接通。

④ M1.3（始终为0）：总是为FALSE，其常闭触点总是接通。

时钟存储器MB0前面已经讲述过。这里用M1.0（首次循环）进行置初值，用M0.5的秒脉冲实现移位，产生流水灯效果。

（3）编写PLC控制程序

编写的控制程序如图3-47所示，在程序段1中，PLC首次扫描时，M1.0的常开触点接通，将 QB0 置初值为 1，即 Q0.0 为“1”。

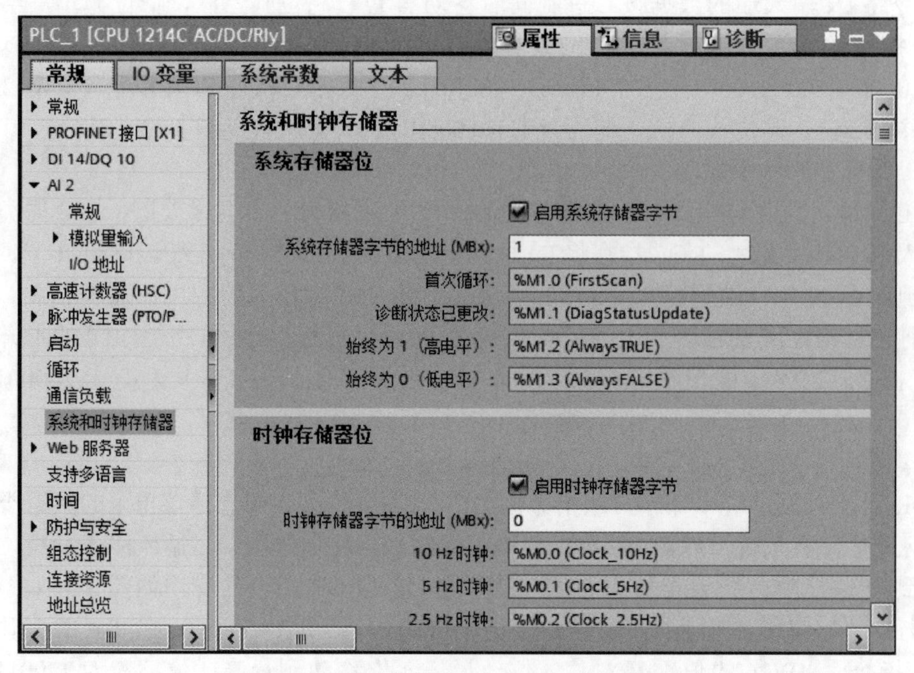

图 3-46　组态系统存储器字节和时钟存储器字节

在程序段 2 中，如果 I0.1 为“0”，当 I0.0 为“1”（其常开触点接通）时，在时钟存储器位 M0.5 的上升沿，将 QB0 循环每秒向左移位一位，产生流水灯效果。如果 I0.1 为“1”，其常闭触点断开，常开触点接通，使 QB0 每秒向右移动一位，产生流水灯效果。

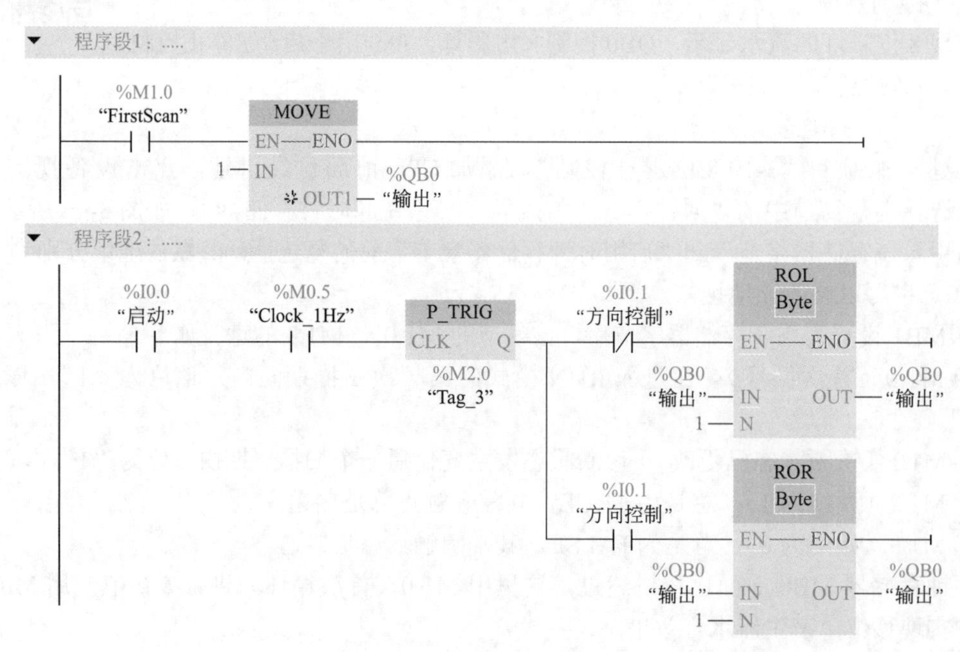

图 3-47　8 位彩灯控制程序

3.11 模拟量输入与输出

3.11.1 模拟量输入

（1）模拟量输入量程与模拟值

S7-1200 CPU 1214C集成了2通道模拟量输入（默认地址IW64和IW66，分辨率10位），只能使用0～10V的单极性模拟量电压输入。电压输入分为单极性和双极性，电流输入只有单极性。如果需要双极性或电流输入，可以选择信号模块SM1231或信号板SB1231。

表3-3给出了单极性模拟量输入与模拟值之间的对应关系，其中最重要的关系是单极性模拟量量程的上、下限分别对应模拟值27648和0。也就是0～10V（或0～20mA、4～20mA）对应的模拟值为0～27648。

表3-3　单极性模拟量输入与模拟值之间的对应关系

范围	量程			模拟值	
	0～10V	**0～20mA**	**4～20mA**	十进制	十六进制
上溢	11.852V	>23.52mA	>22.81mA	32767	7FFF
	11.759V	23.52mA	22.81mA	32512	7F00
上溢警告	11.759V	23.52mA	22.81mA	32511	7EFF
	10V	20mA	20mA	27649	6C01
正常范围	10V	20mA	20mA	27648	6C00
	0V	0mA	4mA	0	0
下溢警告	不支持负值	0mA	4mA	−1	FFFF
		−3.52mA	1.185mA	−4864	ED00
下溢		−3.52mA	1.185mA	−4865	ECFF
		<−3.52mA	<1.185mA	−32768	8000

表3-4给出了双极性模拟量输入与模拟值之间的对应关系，其中最重要的关系是双极性模拟量量程的上、下限分别对应模拟值27648和−27648。也就是−10～10V、−5～5V、−2.5～2.5V或−1.25～1.25V对应模拟值为−27648～27648。

表3-4　双极性模拟量输入与模拟值之间的对应关系

范围	输入量程				模拟值	
	±10V	**±5V**	**±2.5V**	**±1.25V**	十进制	十六进制
上溢	11.851V	5.926V	2.963V	1.481V	32767	7FFF
	11.759V	5.879V	2.940V	1.470V	32512	7F00
上溢警告	11.759V	5.879V	2.940V	1.470V	32511	7EFF
	10V	5V	2.5V	1.25V	27649	6C01
正常范围	10V	5V	2.5V	1.25V	27648	6C00
	0V	0V	0V	0V	0	0
	−10V	−5V	−2.5V	−1.25V	−27648	9400

续表

范围	输入量程				模拟值	
	±10V	±5V	±2.5V	±1.25V	十进制	十六进制
下溢警告	−10V	−5V	−2.5V	−1.25V	−27649	93FF
	−11.759V	−5.879V	−2.940V	−1.470V	−32512	8100
下溢	−11.759V	−5.879V	−2.940V	−1.470V	−32513	80FF
	−11.851V	−5.926V	−2.963V	−1.481V	−32768	8000

（2）模拟量输入模块接线与组态

模拟量输入信号模块 SM1231 AI4×13 位的接线如图 3-48（a）所示。DC 为供电电源，要求使用 24VDC 供电。该模拟量输入模块有 4 个通道，分别为通道 0 ～通道 3。每个输入通道的“+”连接模拟量输入信号的正极，模拟量输入的“−”连接模拟量输入的负极。比如可以将模拟量输入通道 0 的 0+ 连接到模拟量输入电压的正极，0− 连接到模拟量输入电压的负极。模拟量输入应使用屏蔽双绞线电缆连接模拟量信号，这样会减少干扰。

可以对模拟量输入信号的类型进行组态，通道 0 使用 ±10V 模拟量电压输入的组态如图 3-48（b）所示，可以看到该通道的地址为 IW96，测量类型可以选择电压或电流，电压范围或电流范围也可以选择。

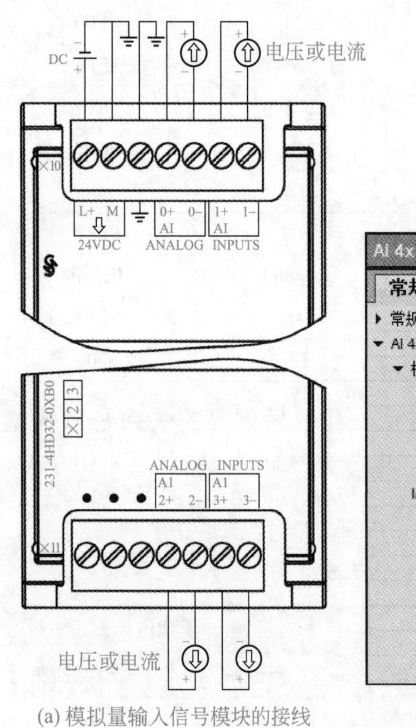

(a) 模拟量输入信号模块的接线

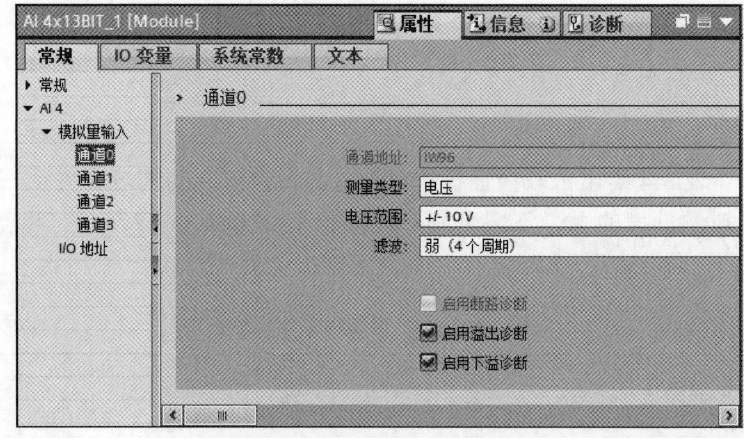

(b) 模拟量输入的组态

图 3-48　模拟量输入模块的接线与组态

3.11.2　管道气体压力的测量

扫一扫 看视频

3.11.2.1　控制要求

风机向管道送风，压力传感器测量管道的压力，量程为 0 ～ 10kPa，输出的信号是直流 0 ～ 10V，其控制要求如下。

① 将测量压力保存到 MW100 中，用于显示。

② 当压力大于 8000Pa 时，HL1 指示灯亮，同时风机停止送风，否则熄灭。

③ 当压力小于 7500Pa 时，风机自动启动。

④ 当压力小于 3000Pa 时，HL2 指示灯亮，否则熄灭。

3.11.2.2 设计 PLC 控制电路

用模拟量输入实现压力测量的控制电路接线图如图 3-49 所示。

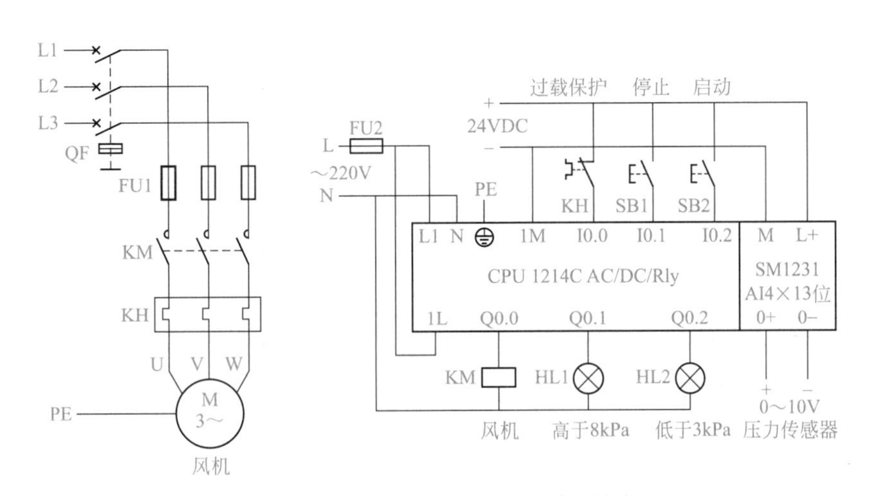

图 3-49 管道气体压力的测量控制电路接线图

3.11.2.3 组态 PLC

打开项目视图，点击按钮，新建一个项目“3-11-2 管道气体压力的测量”。然后双击“添加新设备”，添加 PLC 为 CPU 1214C AC/DC/Rly，版本号 V4.2。在右侧的硬件目录下，展开“AI”→“AI4×13BIT”，将 6ES7 231-4HD32-0XB0（版本号 V2.1）拖放到 2 号槽。

在“设备视图”组态页面，依次点击“属性”→“常规”→“AI4”→“模拟量输入”，可以选择各通道的测量类型（电压、电流）和测量范围（电压为 ±10V、±5V、±2.5V，电流为 0 ～ 20mA、4 ～ 20mA），本例选择通道 0 的测量类型为“电压”，测量范围为“+/−10V”。

模拟量输入组态的默认地址为 IW96 ～ IW102。本例使用的是通道 0，故地址为 IW96。

3.11.2.4 编写 PLC 控制程序

用模拟量输入实现压力测量的控制程序 OB1，如图 3-50 所示。由于 I0.0 接入热继电器 KH 的常闭触点，所以 I0.0 开机有输入，程序段 6 中 I0.0 常闭触点断开，为风机启动做准备。

（1）风机启动

在程序段 1 中，当按下启动按钮 SB2 时，I0.2 常开触点接通，Q0.0 置位，风机启动。

在程序段 2 中，要将模拟输入值（地址 IW96，范围 0 ～ 27648）线性转换为 0 ～ 10000Pa，可以先使用标准化指令 NORM_X 将 0 ～ 27648 线性转换为 0.0 ～ 1.0，然后再通过缩放指令 SCALE_X 将 0.0 ～ 1.0 线性转换为 0 ～ 10000，保存到 MW100，MW100 即是压力测量值。

在程序段 3 中，当压力值大于 8000Pa 时，Q0.1 线圈通电，指示灯亮，表示高于 8000Pa 报警。

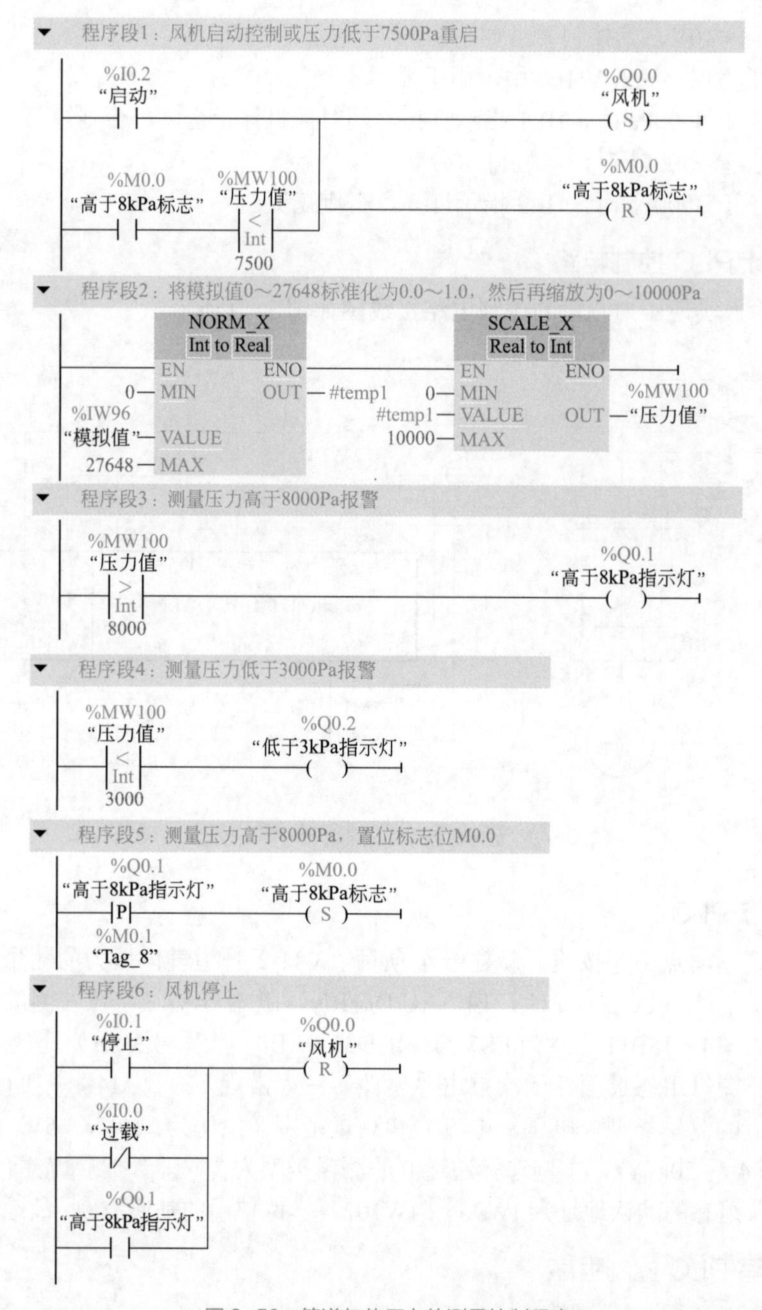

图 3-50　管道气体压力的测量控制程序

在程序段 4 中，当压力值小于 3000Pa 时，Q0.2 线圈通电，指示灯亮，表示低于 3000Pa 报警。

在程序段 5 中，当压力值大于 8000Pa 时，置位标志位 M0.0。

（2）停止

当按下停止按钮 SB1（I0.1 常开触点接通）、发生过载（I0.0 常闭触点接通）或压力大于 8000Pa 时，Q0.0 复位，风机停止。

（3）压力低于 7500Pa 时的风机重启

在程序段 1 中，当压力值高于 8000Pa 时，M0.0 为“1”，其常开触点接通。当压力值下降到低于7500Pa时，Q0.0置位，风机重启，同时复位高于8kPa标志位M0.0。

3.11.2.5 仿真调试

在项目树下所建的项目上单击鼠标右键，选择“属性”。在打开的属性页面中，点击“保护”选项卡，选中“块编译时支持仿真”前的复选框。点击“PLC_1”，然后单击工具栏上的“启动仿真”按钮，打开S7-PLCSIM。新建一个仿真项目，将其下载到仿真PLC，使PLC进入RUN模式。在SIM表格下，双击“添加新的SIM表格”，添加一个“SIM表格_1”。在该表格的工具栏中单击“加载项目标签”按钮，将项目中所有的变量都添加到表格中，将不需要的条目删除，只保留如图3-51所示的条目。

首先选中条目“过载”后的复选框，然后点击条目“启动”，再单击下面的“启动”按钮，可以看到风机启动。同时“低于3kPa指示灯”为TRUE，该指示灯亮。

点击条目“模拟值”，从下面拖动滑块，改变输入值的大小，“压力值”在发生变化。当高于8kPa时，“高于8kPa指示灯”为TRUE，该指示灯亮，同时风机停止。当低于7500Pa时，风机自动启动。

当点击条目“停止”的按钮或取消条目“过载”后的复选框中的√时，Q0.0为FALSE，风机停止。

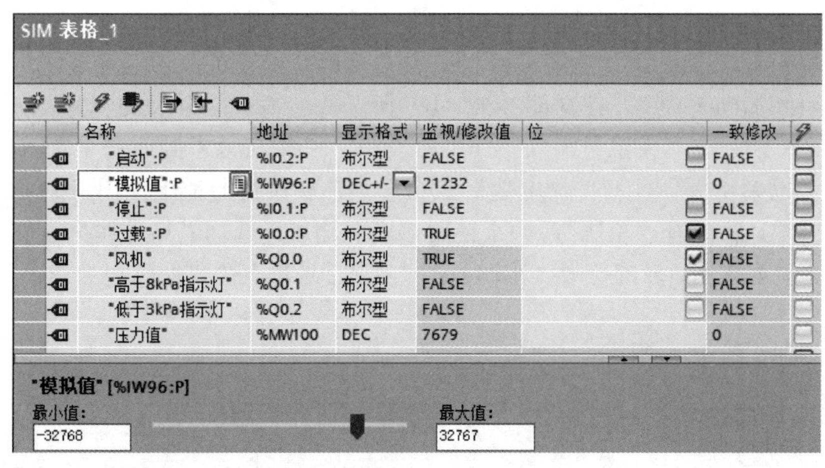

图3-51 管道气体压力测量的仿真

3.11.3 热电偶和热电阻输入

当测量温度时，可以使用热电偶信号模块SM1231（热电偶）、信号板SB1231（热电偶）或热电阻信号模块SM1231（热电阻）、信号板SB1231（热电阻）进行测量。

3.11.3.1 热电偶模块

（1）热电偶选型

热电偶模块可以使用标准的热电偶J型、K型、E型等作为输入，其选型见表3-5。可以根据测量温度的范围选择热电偶的型号，测量精度为0.1℃/0.1℉。最常用的热电偶为K型和E型，比如使用K型热电偶测量温度，其模拟值−2000～13720对应测温范围−200～1372℃，当模拟值为2000时，对应的温度值为200℃。除使用标准热电偶外，也可以使用电压作为输入。使用电压作为输入时，其输入电压 -80 ～ 80mV 对应的值为 -27648 ～ 27648。

表 3-5 热电偶的选型

类型	低于范围最小值	额定范围		超出范围最大值
		下限	上限	
J	−210.0℃	−150.0℃	1200.0℃	1450.0℃
K	−270.0℃	−200.0℃	1372.0℃	1622.0℃
T	−270.0℃	−200.0℃	400.0℃	540.0℃
E	−270.0℃	−200.0℃	1000.0℃	1200.0℃
R&S	−50.0℃	100.0℃	1768.0℃	2019.0℃
B	0.0℃	200.0℃	800.0℃	—
	—	800.0℃	1820.0℃	1820.0℃
N	−270.0℃	−200.0℃	1300.0℃	1550.0℃
C	0.0℃	100.0℃	2315.0℃	2500.0℃
电压	−32512	−27648（−80mV）	27648（80mV）	32511

（2）热电偶的接线与组态

SM1231 AI×4 热电偶的接线如图 3-52（a）所示，共有 4 路输入，分别为通道 0 ～通道 3。比如通道 0，要将热电偶的正极接 0+，热电偶的负极接 0−。在设备视图中，如果将热电偶信号模块添加到 3 号槽，在如图 3-52（b）所示的巡视窗口中依次点击“属性”→“常规”→“AI 4×TC”→“模拟量输入”→“通道 0”，右侧可以看到通道 0 的地址为 IW112。测量类型有“已禁止”“电压”“热电偶”三个选项，如果该通道不使用，选择“已禁止”；如果使用电压输入，选择“电压”；如果使用热电偶输入，选择“热电偶”。选择了热电偶，根据热电偶的类型选择对应的型号（比如 K 型）。温标选项有“摄氏”和“华氏”。

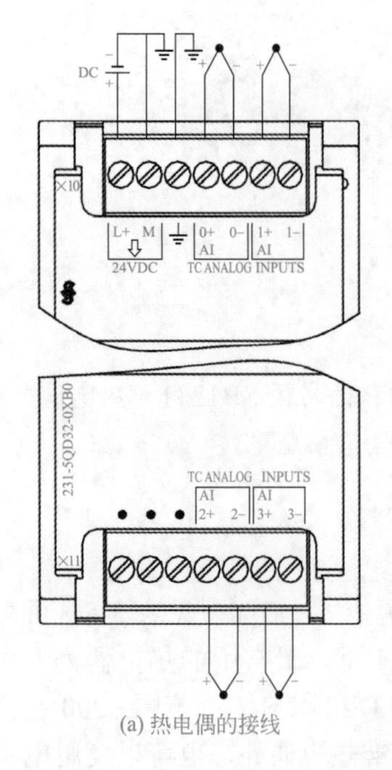

(a) 热电偶的接线

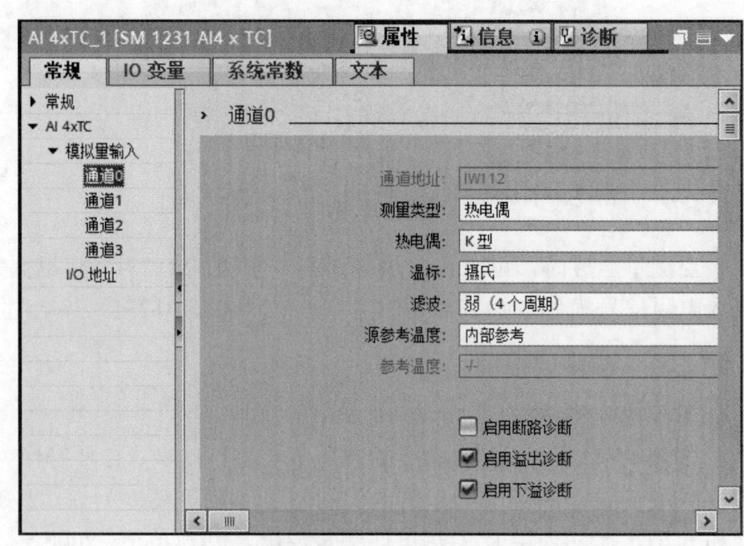

(b) 热电偶的组态

图 3-52 热电偶的接线与组态

3.11.3.2 热电阻模块

（1）热电阻选型

热电阻模块可以使用标准热电阻铂 Pt、镍 Ni 或铜 Cu 作为输入，热电阻 Pt100 的测量温度与模拟值的对应关系见表 3-6，测量精度为 0.1℃ /0.1℉。测量范围 −200 ～ 850℃对应的模拟值为 −2000 ～ 8500，比如模拟值为 2000，其测量温度为 200℃。除了使用标准热电阻外，也可以使用可调电阻 150Ω（0 ～ 150Ω）、300Ω（0 ～ 300Ω）和 600Ω（0 ～ 600Ω），其对应的模拟值为 0 ～ 27648。

表 3-6 Pt100 的测量温度与模拟值对应关系

范围	摄氏度	模拟值		华氏度	模拟值	
	−200℃～850℃	十进制	十六进制	−328℉～1562℉	十进制	十六进制
上溢	>1000.0	32767	7FFF	>1832.0	32767	7FFF
上溢警告	1000.0	10000	2710	1832.0	18320	4790
	850.1	8501	2135	1562.1	15621	3D05
正常范围	850.0	8500	2134	1562.0	15620	3D04
	−200.0	−2000	F830	−328.0	−3280	F330
下溢警告	−200.1	−2001	F82F	−328.1	−3281	F32F
	−243.0	−2430	F682	−405.4	−4054	F02A
下溢	<−243.0	−32768	8000	<−405.4	−32768	8000

（2）热电阻的接线与组态

SM1231 AI×4 热电阻的接线如图 3-53(a) 所示，共有 4 路输入，分别为通道 0(AI0)～通道 3（AI3）。图中①为未连接热电阻，应将 I+ 和 I− 短接。热电阻 RTD 有 2 线制、3 线制和 4 线制，图中②为 2 线制连接，应将 I+ 和 M+、I− 和 M− 分别短接，分别连接到热电阻两端。

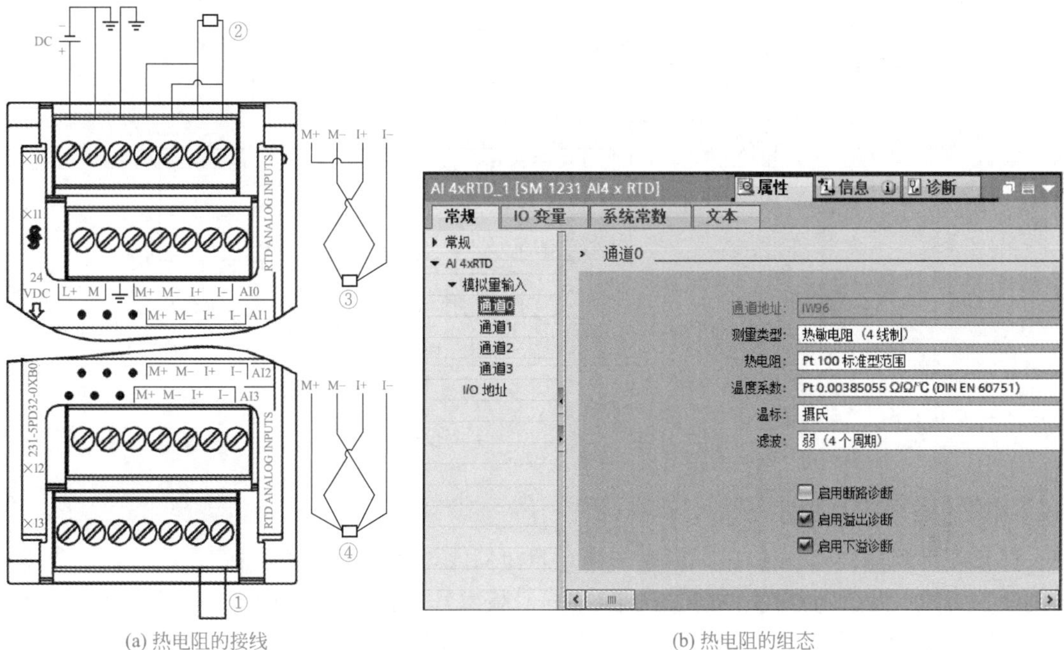

(a) 热电阻的接线　　(b) 热电阻的组态

图 3-53 热电阻的接线与组态

图中③为 3 线制连接，应将 I+ 和 M+ 短接与热电阻一端连接，热电阻的另两个输出分别连接 I− 和 M−。图中④为 4 线制连接，将热电阻的一端两个输出分别连接 I+ 和 M+，另一端的两个输出连接到 I− 和 M−。

在设备视图中，如果将热电阻信号模块添加到 2 号槽，在图 3-53（b）所示的巡视窗口中依次点击“属性”→“常规”→“AI 4×RTD”→“模拟量输入”→“通道 0”，右侧可以看到通道 0 的地址为 IW96。测量类型有“已禁用”、“电阻”（2 线制、3 线制、4 线制）、“热敏电阻”（2 线制、3 线制、4 线制）。如果该通道不使用，选择“已禁用”；根据使用的输入选择对应的测量类型和型号。温标选项有“摄氏”和“华氏”。

扫一扫 看视频

3.11.4 烘仓温度的控制

3.11.4.1 控制要求

某维纶生产线需要对烘仓温度进行控制，温度检测使用铂电阻 Pt100，控制要求如下。

① 温度控制范围为 200 ～ 250℃。

② 当按下启动按钮时，开始加热；温度高于 200℃，生产线启动。

③ 将测量温度保存到 MW100，用于显示。

④ 当温度大于 250℃时，HL1 指示灯亮，同时停止加热；否则熄灭。

⑤ 当温度低于 200℃时，HL2 指示灯亮，同时启动加热；否则熄灭。

⑥ 当温度超出 300℃或按下停止按钮时，生产线和加热同时停止。

3.11.4.2 设计 4PLC 控制电路

用热电阻信号模块实现烘仓温度的测量与控制电路如图 3-54 所示。图中热电阻 Pt100 为 3 线制连接。

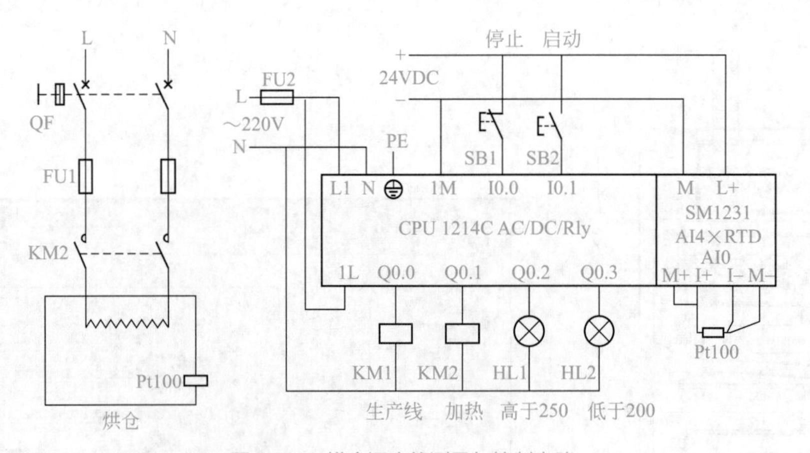

图 3-54 烘仓温度的测量与控制电路

3.11.4.3 编写控制程序

打开项目视图，点击 按钮，新建一个项目“3-11-4 烘仓温度的控制”。然后双击“添加新设备”，添加 PLC 为 CPU 1214C AC/DC/Rly，版本号 V4.2。将热电阻信号模块添加到 2 号槽，其通道 0 的测量类型组态为“热敏电阻（3 线制）”，热电阻选择“Pt100 标准型范围”，通道地址默认为 IW96。用热电阻实现温度的测量与控制程序 OB1，如图 3-55 所示。铂热电

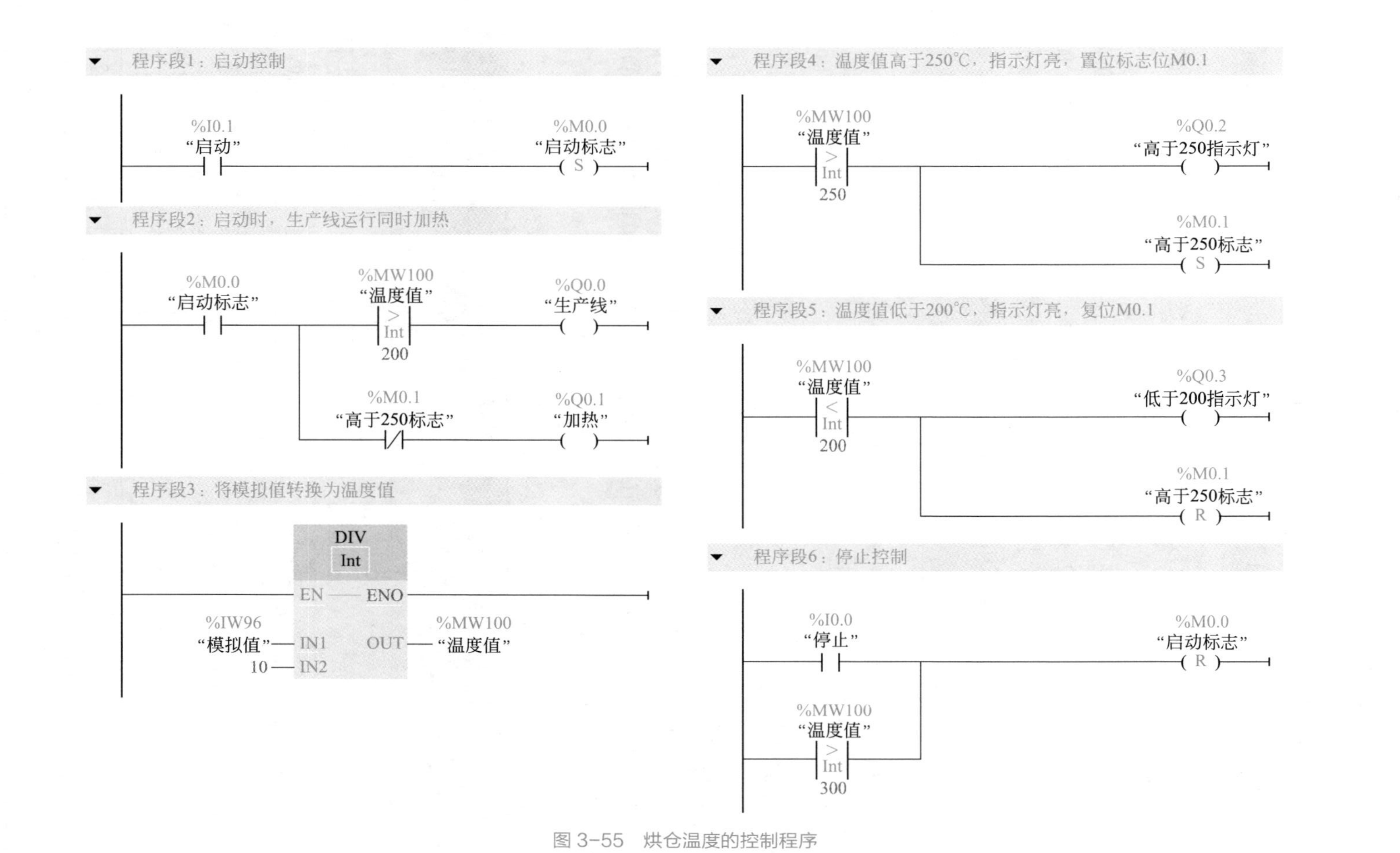

图 3-55 烘仓温度的控制程序

阻 Pt100 的测量范围为 −200 ～ 850℃，对应的模拟值是 −2000 ～ +8500，所以所测得的模拟值除以 10 可以换算成所测的温度。

（1）启动

在程序段 1 中，当按下启动按钮 SB2 时，I0.1 常开触点接通，启动标志 M0.0 置位。

在程序段 2 中，当 M0.0 为“1”时，Q0.1 线圈通电，开始加热。如果温度高于 200℃，Q0.0 线圈通电，生产线启动。

在程序段 3 中，将所测得的模拟值（IW96）除以 10 送入 MW100，即为测量温度值。

（2）停止加热与重新加热

在程序段 4 中，当测量温度高于 250℃时，Q0.2 线圈通电，指示灯亮，温度高于 250℃报警。同时，M0.1 置位，程序段 2 中 M0.1 常闭触点断开，Q0.1 线圈断电，停止加热。

在程序段 5 中，当测量温度低于 200℃时，Q0.3 线圈通电，指示灯亮，温度低于 200℃报警。同时，M0.1 复位，程序段 2 中 M0.1 常闭触点重新接通，Q0.1 线圈重新通电，重新开始加热。

（3）停止

在程序段 6 中，当按下停止按钮 SB1（I0.0 常开触点接通）或测量温度高于 300℃时，M0.0 复位，生产线和加热同时停止。

3.11.5 模拟量输出

（1）模拟量输出的模拟值与输出量程

S7-1200 的输出信号类型可以是电压或电流，分为单极性和双极性。表 3-7 给出了双极性模拟输出值与输出量程的对应关系，其中最重要的关系是双极性模拟输出值 −27648 ～ 27648 对应的输出量程为 −10V ～ 10V。

表 3-7　双极性模拟输出值与输出量程的对应关系

范围	输出模拟值		输出量程
	十进制	十六进制	± 10V
上溢	32767	7FFF	STOP 模式的替代值
	32512	7F00	
上溢警告	32511	7EFF	11.759V
	27649	6C01	10V
正常范围	27648	6C00	10V
	0	0	0V
	−27648	9400	−10V
下溢警告	−27649	93FF	−10V
	−32512	8100	−11.759V
下溢	−32513	80FF	STOP 模式的替代值
	−32768	8000	

表 3-8 给出了单极性模拟输出值与输出量程的对应关系，其中最重要的关系是单极性模拟输出值 0 ～ 27648 对应的模拟量输出为 0 ～ 10V（或 0 ～ 20mA、4 ～ 20mA）。

表 3-8 单极性模拟输出值与输出量程的对应关系

范围	输出模拟值		输出量程		
	十进制	十六进制	0 ～ 10V	0 ～ 20mA	4 ～ 20mA
上溢	32767	7FFF	STOP 模式的替代值		
	32512	7F00			
上溢警告	32511	7EFF	11.759V	23.52mA	22.81mA
	27649	6C01	10V	20mA	20mA
正常范围	27648	6C00	10V	20mA	20mA
	0	0	0V	0mA	4mA

（2）模拟量输出接线

模拟量输出信号模块 SM1232 AQ2×14 位的接线如图 3-56（a）所示。DC 为供电电源，要求使用 24VDC 供电。该模拟量输出模块有 2 个通道，分别为通道 0、通道 1。每个输出通道的 M 为输出信号公共端，比如可以将模拟量输出通道 0 的 0M 连接到负载的负极，0 连接到负载的正极。

在使用时，需要对模拟量输出信号的类型进行组态，通道 0 输出电流 0 ～ 20mA 的组态如图 3-56（b）所示，可以看到该通道的地址为 QW96，测量类型可以选择电压，输出电压范围 ±10V；也可以输出电流，输出电流范围可以选择 0 ～ 20mA 或 4 ～ 20mA。可以设定从 RUN 模式切换到 STOP 模式时通道的替代值。

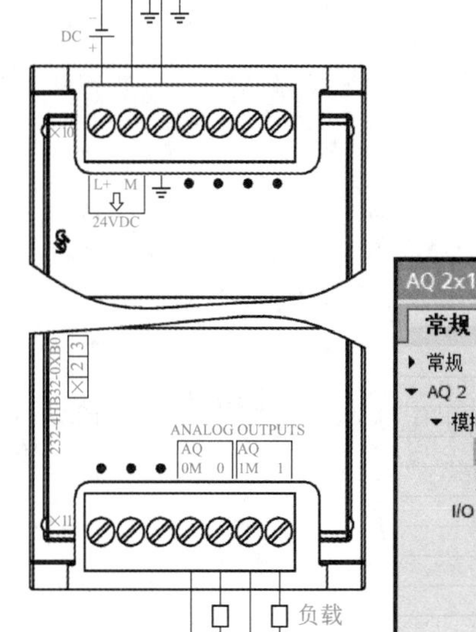

(a) 模拟量输出模块的接线

AQ 2x14BIT_1 [SM 1232 AQ2]　属性　信息　诊断
常规　IO 变量　系统常数　文本
常规
AQ 2
模拟量输出
通道0
通道1
I/O 地址
通道0
通道地址: QW96
模拟量输出的类型: 电流
电流范围: 0 到 20 mA
从 RUN 模式切换到 STOP 模式时，通道的替代值: 0.000

(b) 模拟量输出的组态

图 3-56 模拟量输出模块的接线与组态

3.11.6 输出模拟电压

扫一扫 看视频

3.11.6.1 控制要求

① 每按一次电压增大按钮，输出电压增加 0.1V。

② 每按一次电压减少按钮，输出电压减少 0.1V。

③ 输出电压高于 9V，指示灯 HL1 亮；低于 1V，指示灯 HL2 亮。

④ 输出电压用电压表监视。

3.11.6.2 设计 PLC 控制电路

用模拟量输出模块实现电压输出的控制电路如图 3-57 所示。

3.11.6.3 编写 PLC 控制程序

打开项目视图，点击按钮，新建一个项目“3-11-6 输出模拟电压”。然后双击“添加新设备”，添加 PLC 为 CPU 1214C AC/DC/Rly，版本号 V4.2。将模拟量输出信号模块 SM1232 AQ2×14 位添加到 2 号槽，其通道 0 组态为 ±10V 电压输出，通道地址默认为 QW96。

（1）数据块 DB1

在项目树下，双击“添加新块”，添加一个数据块 DB1，在 DB1 中输入变量名称，选择数据类型，如图 3-58 所示。0 ～ 10V 模拟量输出对应的数字量为 0 ～ 27648，故“9V”对应的值为 27648× 0.9=24883.2，“1V”对应的值为 27648×0.1=2764.8，将它们选择为“保持”，最后点击编译图标进行编译。

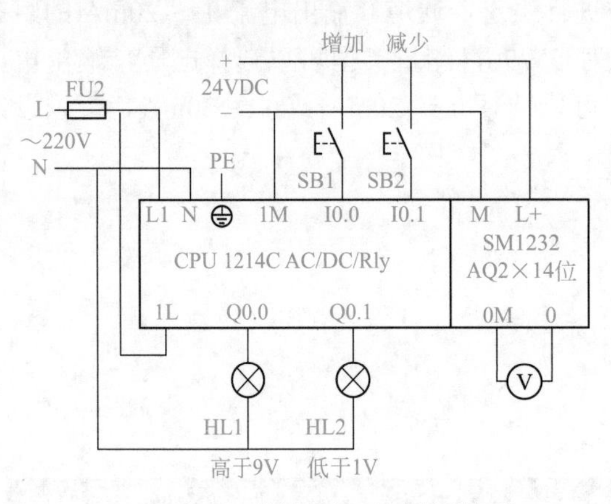

图 3-57 模拟量电压输出控制电路

数据块_1

	名称	数据类型	起始值	保持
1	▼ Static			☐
2	■ 输出值	Real	0.0	☐
3	■ 9V值	Real	24883.2	☑
4	■ 1V值	Real	2764.8	☑

图 3-58 数据块 DB1

（2）主程序 OB1

主程序如图 3-59 所示。每按一次增加或减少按钮，输出电压增加或减少 0.1V，其对应的数字变化为 27648.0/10.0×0.1=276.48。

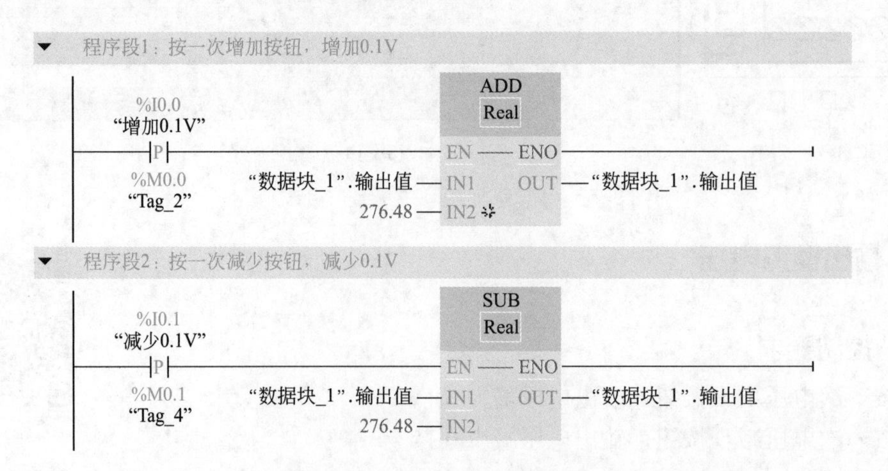

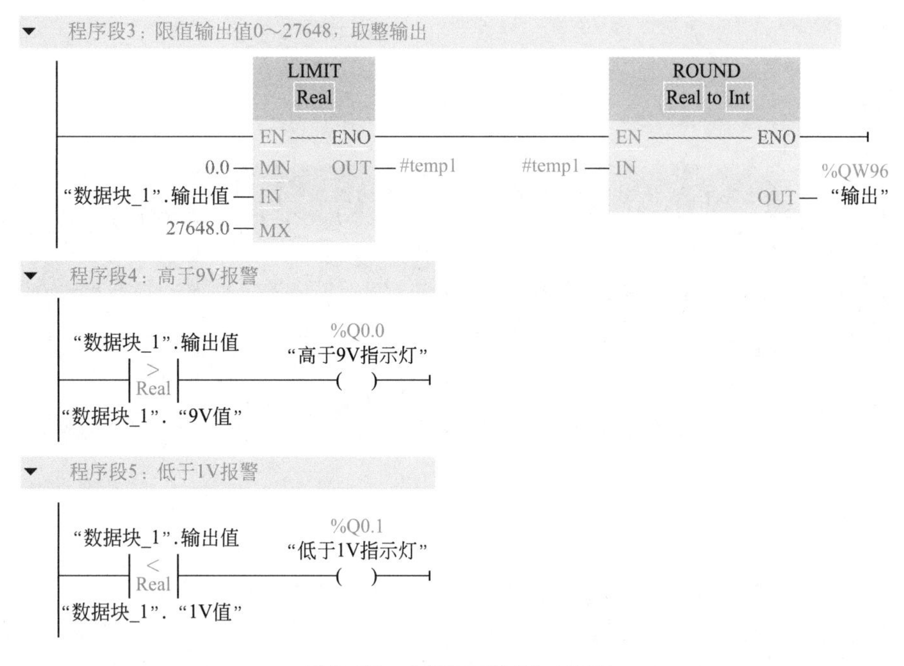

图3-59 实现电压输出的主程序

在程序段1中，每按一次增加按钮SB1，在I0.0的上升沿，“输出值”增加276.48。

在程序段2中，每按一次减少按钮SB2，在I0.1的上升沿，“输出值”减少276.48。

在程序段3中，限定“输出值”的范围在0.0～27648.0之间，然后四舍五入取整送入QW96，输出电压值。

在程序段4中，当输出电压高于9V时，Q0.0线圈通电，高于9V指示灯亮。

在程序段5中，当输出电压低于1V时，Q0.1线圈通电，低于1V指示灯亮。

4

第 4 章 顺序控制编程

在设计复杂控制系统时，用大量的中间单元来完成记忆、互锁等功能，由于考虑因素很多，往往它们又交织在一起，分析非常困难。顺序控制功能图是在工序图的基础上，按照生产工艺过程，在各个输入信号的作用下，根据内部状态和时间顺序，在生产过程中各个执行机构自动有序地进行动作。为了提高编程效率，有的 PLC 提供了专门的顺序功能图语言，例如 S7-300/400/1500 的 S7-Graph 语言。S7-1200 没有专门的顺序功能图语言，但是可以用顺序功能图来描述控制系统的功能，根据它来设计梯形图程序。

4.1 顺序控制功能图

4.1.1 顺序控制功能图的基本元件

（1）步

顺序控制设计的基本思想是将系统的一个周期划分为若干个顺序相连的阶段，这些阶段称为步（Step），并用编程元件（例如位存储器 M）来表示各步。每一步实现一定的动作或功能，用转换条件控制代表各步的编程元件，让它们的状态按一定的顺序变化。

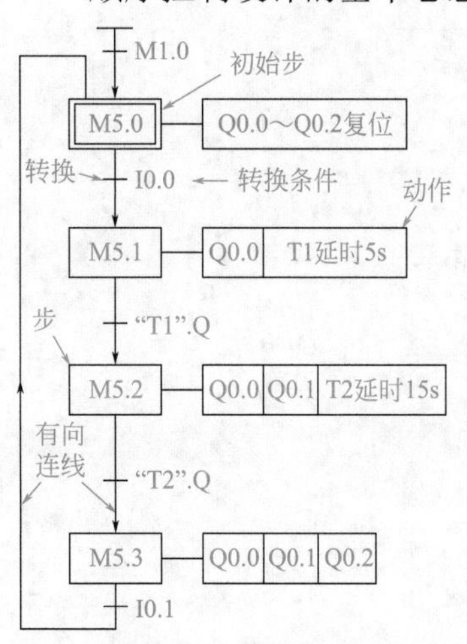

图 4-1 顺序控制功能图

下面用一个例子来介绍顺序控制功能图的画法。有三台电动机，要求按照一定的先后顺序启动。当按下启动按钮 I0.0 时，第一台电动机 M1.0（Q0.0 控制）启动；延时 5s，第二台电动机 M2.0（Q0.1 控制）启动；再延时 15s，第三台电动机 M3.0（Q0.2 控制）启动。当按下停止按钮 I0.1 时，三台电动机同时停止。

根据 Q0.0 ～ Q0.2 的 ON/OFF 状态变化，可以将其工作过程划分为三步，分别用编程元件 M5.1 ～ M5.3 来表示。另外还设置了一个等待启动的初始步，如图 4-1 所示。图中用矩形方框表示步，矩形方框内编程元件的地址为步的代号。

（2）初始步和活动步

一个顺序控制程序必须有一个初始状态，初始状态对应顺序控制程序运行的起点。初始步用双线方框表示，每一个顺序控制功能图至少应该有一个初始步。

当系统正处于某一步所在的阶段时，该步处于活动状态，称该步为“活动步”。当步处于活动状态时，执行该步内的动作；处于不活动状态时，该步内的动作不执行。

（3）动作

某一步执行的工作或命令统称为动作，用矩形框的文字或变量表示动作，并将该方框与对应的步相连。

（4）有向连线

有向连线表示步的转换方向。在绘制顺序控制功能图时，将代表各步的方框按先后顺序排列，并用有向连线将它们连接起来。表示从上到下或从左到右这两个方向的有向连线的箭头可以省略。

（5）转换与转换条件

转换用有向连线上与有向连线垂直的短划线来表示，将相邻两步分隔开。转换条件标注在转换短线的旁边。转换条件是与转换逻辑相关的触点，可以是常开触点、常闭触点或它们的组合。当转换条件为“1”时，从当前步转换到下一步，前一步关闭（不活动步），该步内的动作不再执行；后一步激活（变为活动步），执行该步的动作。

4.1.2 顺序控制功能图的基本结构

顺序控制功能图的基本结构有单流程结构、选择流程结构和并行流程结构。

（1）单流程结构

单流程结构如图4-2（a）所示，它是由一系列相继激活的步组成，其特点是所有的状态转换只有一个方向，而没有其他分支路径。

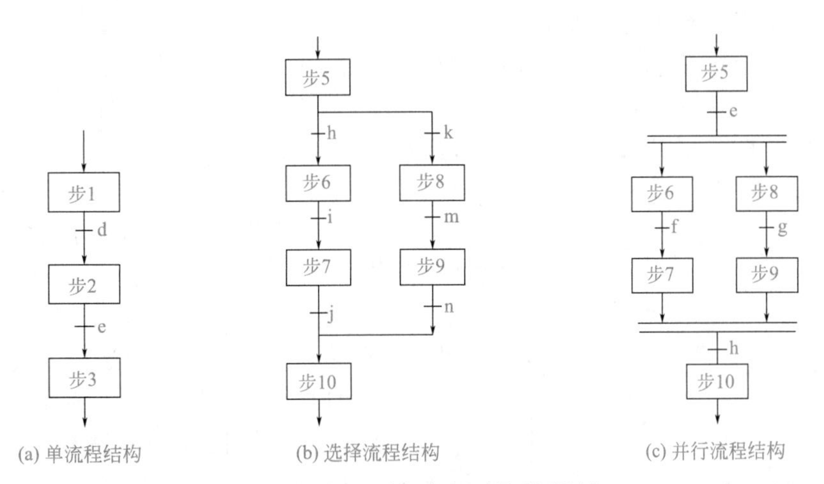

图4-2 单流程、选择流程和并行流程结构

（2）选择流程结构

选择流程结构如图4-2（b）所示，选择序列称为分支，转换符号只能标在上部的水平线

下的有向连线上。如果步 5 是活动步，当转换条件 h 为“1”时，则由步 5 转换到步 6，执行左边的分支。当转换条件 k 为“1”时，则由步 5 转换到步 8，执行右边的分支。两个分支同时只能选择一个分支执行，可以将转换条件 k 修改为 $\overline{h}$（即 h 的反状态），那么当 h 为“0”时，执行右边分支，当 h 为“1”时，执行左边分支，两个分支不会同时执行。

选择序列步的结束称为分支的合并，几个分支合并到一个公共序列步时，用与分支数相同的转换符号和水平连线来表示。如果正在执行左边的分支，当步 7 为活动步且转换条件 j 为“1”时，由步 7 转换到步 10。如果正在执行右边的分支，当步 9 为活动步且转换条件 n 为“1”时，由步 9 转换到步 10。

（3）并行流程结构

并行流程是用来表示系统的几个独立部分同时工作的情况。并行序列称为并行分支，当并行转换条件满足时，几个并行分支同时执行。其结构如图 4-2（c）所示，当步 5 为活动步且转换条件 e 为“1”时，由步 5 转换到步 6 和步 8，步 6 和步 8 同时变为活动步，步 5 变为不活动步。为了强调转换的同步实现，水平连线用双线表示。步 6 和步 8 同时激活后，两条分支的执行将是独立的。在表示同步的水平双线之上，只允许有一个转换符号。

并行分支的结束称为合并，在表示同步的水平双线之下，只允许有一个转换符号。当直接连在水平双线上的所有前级步（步 7 和步 9）都处于活动状态，并且转换条件 h 为“1”时，才会转换到步 10，即步 7 和步 9 同时变为不活动步，步 10 变为活动步。

也可以将上面的两种或多种基本结构组合在一起构成复杂流程结构。

4.2 单流程的顺序启动控制

扫一扫 看视频

（1）控制要求

某设备有三台电动机，控制要求如下。

① 当按下启动按钮时，第一台电动机 M1 启动；运行 5s 后，第二台电动机 M2 启动；M2 运行 15s 后，第三台电动机 M3 启动。

② 当按下停止按钮时，三台电动机全部停止。

（2）设计 PLC 控制电路

根据控制要求设计的控制电路如图 4-3 所示，主电路略。

（3）编写 PLC 控制程序

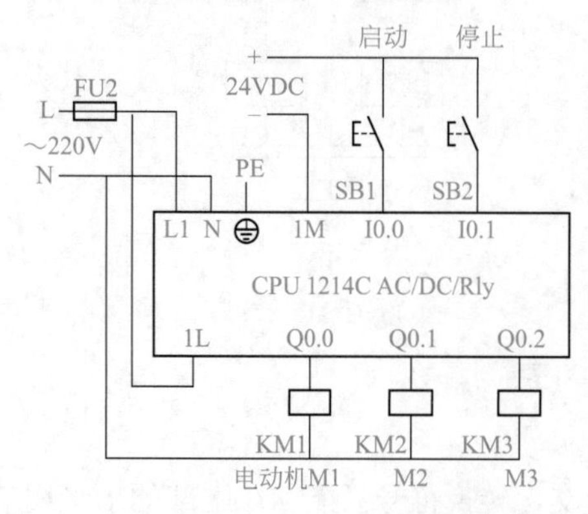

图 4-3　三台电动机顺序启动控制电路

创建一个新项目“4-2 顺序启动控制”，添加 CPU，点击设备视图中的 CPU，选择巡视窗口中的“属性”→“常规”→“系统和时钟存储器”，选中“启用系统存储器字节”前的复选框，其默认地址为 MB1，使用 M1.0 作为开机初始化脉冲。三台电动机顺序启动控制的顺序控制功能图见图 4-1，打开程序块 Main 编写程序，根据顺序控制功能图编写的控制程序如图 4-4 所示。

程序段 1 为开机初始化。PLC 上电，M1.0 首次扫描接通一次，MB5 清零（即 M5.0 ～ M5.3 复位），置

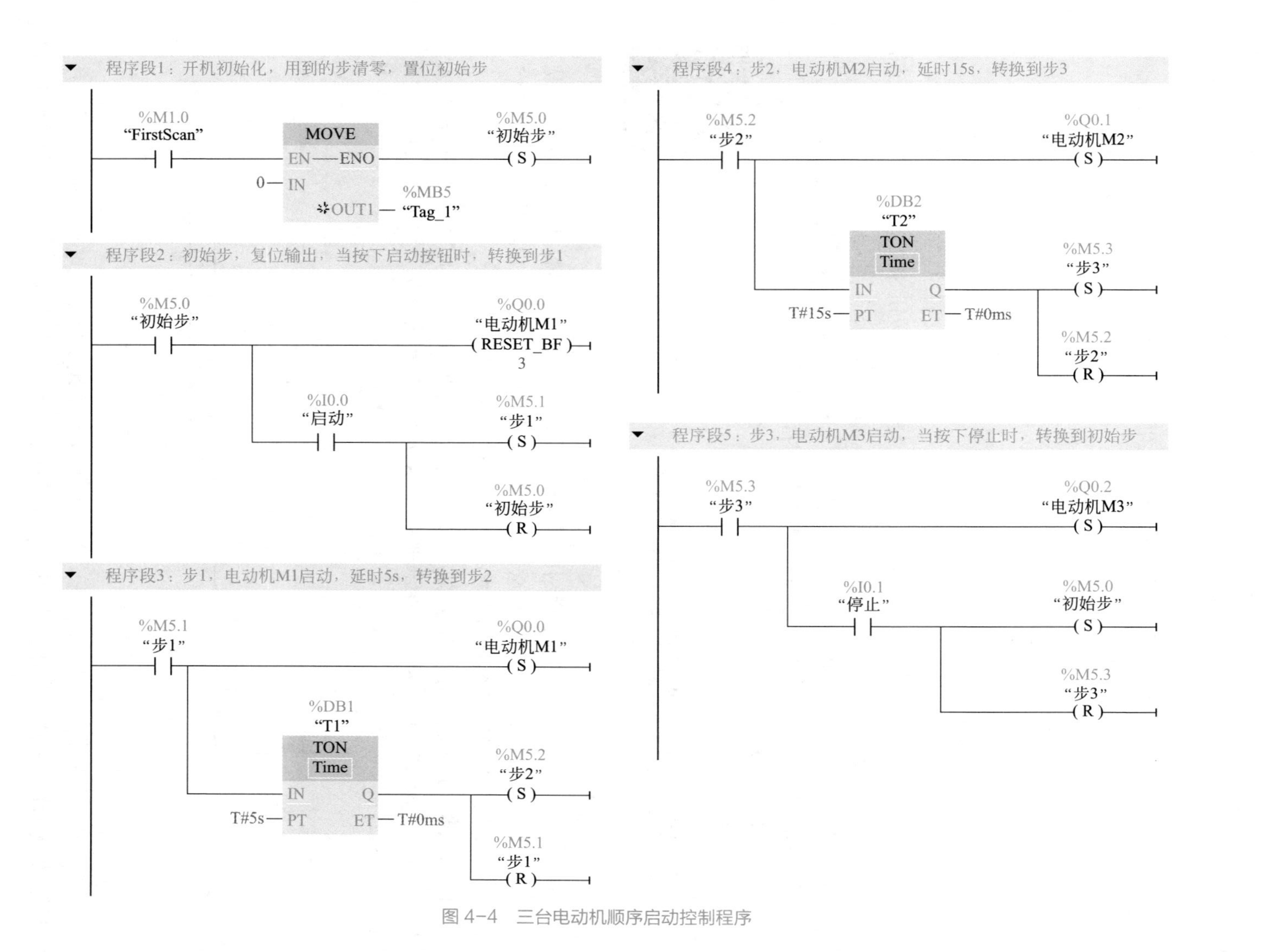

图 4-4　三台电动机顺序启动控制程序

位 M5.0，即开机进入初始步 M5.0 进行等待。

程序段 2 为初始步。开机时进入初始步，M5.0 为“1”，复位输出 Q0.0 ~ Q0.2。当启动按钮 SB1 按下时，I0.0 常开触点接通，置位 M5.1（转换到步 1），步 1 变为活动步；复位 M5.0，初始步变为不活动步。

程序段 3 为步 1。当步 1 为活动步时（M5.1 为“1”），Q0.0 置位，电动机 M1 启动。定时器 T1 延时 5s 到，其 Q 输出为“1”，置位 M5.2（转换到步 2），步 2 变为活动步；复位 M5.1，步 1 变为不活动步。

程序段 4 为步 2。当步 2 为活动步时（M5.2 为“1”），Q0.1 置位，电动机 M2 启动。定时器 T2 延时 15s 到，其 Q 输出为“1”，置位 M5.3（转换到步 3），步 3 变为活动步；复位 M5.2，步 2 变为不活动步。

程序段 5 为步 3。当步 3 为活动步时（M5.3 为“1”），Q0.2 置位，电动机 M3 启动，三台电动机顺序启动结束，该步一直处于活动状态。当按下停止按钮 SB2 时，I0.1 常开触点接通，置位 M5.0（转换到初始步），初始步变为活动步；复位 M5.3，步 3 变为不活动步。在程序段 2 的初始步中，复位 Q0.0 开始的 3 个位，三台电动机同时停止，等待下一次启动。

从上面编写的程序可以看出，在进行步的转换时，激活后一个步（置位该步）的同时要使当前步变为不活动步（复位该步）。

4.3 选择流程的运料小车控制

扫一扫 看视频

（1）控制要求

运料小车运送三种原料，其示意图如图 4-5 所示，运料小车在装料处（I0.3 限位）从 a、b、c 三种原料中选择一种装入，右行送料，自动将原料对应卸在 A（I0.4 限位）、B（I0.5 限位）、C（I0.6 限位）处，卸料时间为 20s，然后左行返回装料处。

用开关 I0.0、I0.1 的状态组合选择在何处卸料。当 I0.0、I0.1 均为“1”时，选择在 A 处卸料；当 I0.0 为“0”、I0.1 为“1”时，选择在 B 处卸料；当 I0.0 为“1”、I0.1 为“0”时，选择在 C 处卸料。

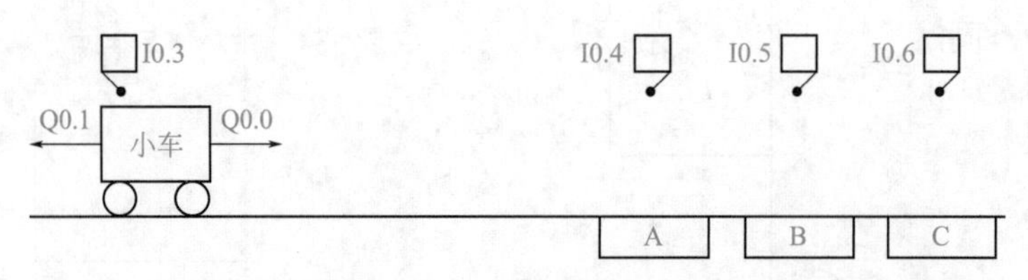

图 4-5　小车运料方式示意图

（2）设计 PLC 控制电路

运料小车的控制电路如图 4-6 所示，小车的前进和后退实际上是电动机的正反转，所以输出接触器 KM1 和 KM2 要用电气联锁，主电路略。

（3）编写 PLC 控制程序

① 设计顺序控制功能图　根据小车运料方式设计的顺序控制功能图如图 4-7 所示。从顺序控制功能图可以看出，初始步 M5.0 有 3 个转换方向，即可以分别转换到步 M5.1、步 M5.2 和步 M5.3 这 3 个分支。具体转换到哪一个分支，由 I0.0、I0.1 的状态组合所决定。

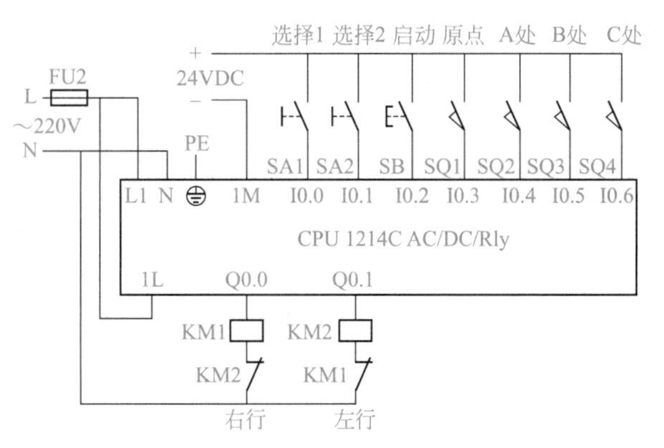

图 4-6 运料小车控制电路

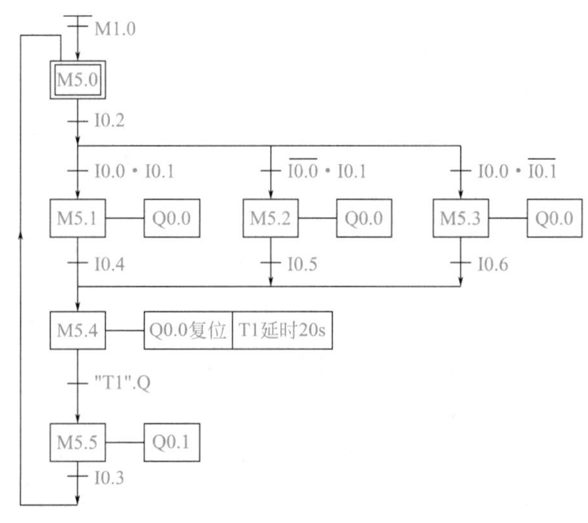

图 4-7 运料小车的顺序控制功能图

例如，当装 b 原料时，使开关状态 I0.0、I0.1 为“0”、“1”，按下启动按钮 I0.2，则选择进入步 M5.2 分支，小车右行。当小车触及行程开关 I0.4 时，由于步 M5.1 的状态为 OFF，所以 I0.4 不影响小车的运行。当小车继续右行触及 I0.5 时，则进入步 M5.4，小车在 B 处停止，卸下 b 原料，同时 T1 延时，延时时间 20s 到，进入步 M5.5，小车左行，触及行程开关 I0.3 时，小车在装料处停止，完成一个工作周期。

由于 3 个分支（步 M5.1、M5.2 和 M5.3）都转换到步 M5.4，所以步 M5.4 是选择结构的汇合处。

② 控制程序 创建一个新项目“4-3 运料小车的控制”，添加 CPU，点击设备视图中的 CPU，选择巡视窗口中的“属性”→“常规”→“系统和时钟存储器”，选中“启用系统存储器字节”前的复选框，其默认地址为 MB1，使用 M1.0 作为开机初始化脉冲。根据顺序控制功能图编写的程序如图 4-8 所示，工作原理如下。

程序段 1 为开机初始化。初始化脉冲 M1.0 使 MB5 清零（即 M5.0 ～ M5.5 复位），同时使初始步 M5.0 置位，初始步为活动步。

程序段 2 为初始步 M5.0。当该步为活动步（M5.0 为“1”）时，小车位于装料处，按下启动按钮 I0.2，根据 I0.0、I0.1 状态进行选择。当 I0.1 和 I0.0 都为“1”时，M5.1 置位，转换到步 1；当只有 I0.1 为“1”时，M5.2 置位，转换到步 2；当只有 I0.0 为“1”时，M5.3 置位，转换到步 3。

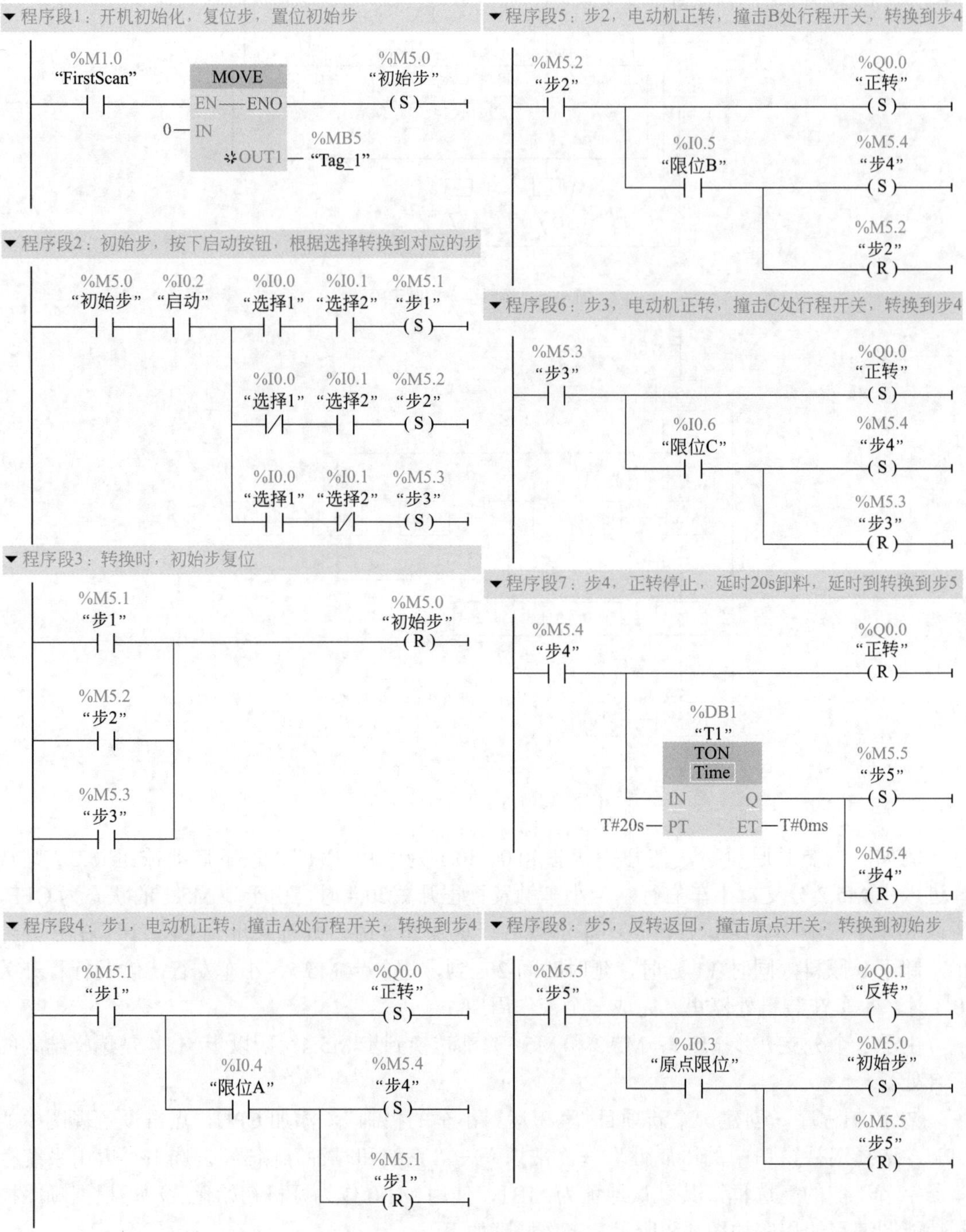

▼程序段1：开机初始化，复位步，置位初始步

▼程序段2：初始步，按下启动按钮，根据选择转换到对应的步

▼程序段3：转换时，初始步复位

▼程序段4：步1，电动机正转，撞击A处行程开关，转换到步4

▼程序段5：步2，电动机正转，撞击B处行程开关，转换到步4

▼程序段6：步3，电动机正转，撞击C处行程开关，转换到步4

▼程序段7：步4，正转停止，延时20s卸料，延时到转换到步5

▼程序段8：步5，反转返回，撞击原点开关，转换到初始步

图 4-8　运料小车的控制程序

程序段 3 为复位初始步。转换到步 1（M5.1 为“1”）、步 2（M5.2 为“1”）或步 3（M5.3 为“1”），应使前一步变为不活动步，即 M5.0 复位。

程序段 4 为步 1。当该步为活动步时（M5.1 为“1”），Q0.0 置为“1”，电动机正转，运料小车右行，行至卸料处 A 时，撞击 A 处行程开关，I0.4 常开触点闭合，转换到程序段 7 中的步 4（M5.4）。

程序段 5 为步 2。当该步为活动步时（M5.2 为“1”），Q0.0 置为“1”，电动机正转，运料小车右行。由于步 1 是非活动状态（M5.1 为“0”），所以 I0.4 的状态不影响小车右行。行至卸料处 B 时，撞击 B 处行程开关，I0.5 常开触点闭合，转换到程序段 7 中的步 4（M5.4）。

程序段 6 为步 3。当该步为活动步时（M5.3 为“1”），Q0.0 置为“1”，电动机正转，运料小车右行。由于步 1、步 2 是非活动状态（M5.1、M5.2 为“0”），所以 I0.4 和 I0.5 的状态不影响小车右行。行至卸料处 C 时，撞击 C 处行程开关，I0.6 常开触点闭合，转换到程序段 7 中的步 4（M5.4）。

程序段 7 为步 4。当该步为活动步时（M5.4 为“1”），Q0.0 复位，小车右行停止，在相应的卸料处进行卸料，卸料时间为 20s，由定时器 T1 控制，延时时间到，T1 的 Q 输出为“1”，置位 M5.5，转换到步 5。

程序段 8 为步 5。当该步为活动步时（M5.5 为“1”），Q0.1 线圈通电，电动机反转，运料小车左行，返回至装料处，撞击原点行程开关，I0.3 常开触点闭合，转换到初始步 M5.0，完成一个工作周期。

从编写的程序可以看出，在进行步的转换时，激活后一个步（置位该步）的同时要使当前步变为不活动步（复位该步）。

4.4 并行流程的交通灯控制

扫一扫 看视频

（1）控制要求

交通信号灯一个周期（120s）的时序图如图 4-9 所示。南北信号灯和东西信号灯同时工作，0 ～ 50s 期间，南北信号绿灯亮，东西信号红灯亮；50 ～ 60s 期间，南北信号黄灯亮，东西信号红灯亮；60 ～ 110s 期间，南北信号红灯亮，东西信号绿灯亮；110 ～ 120s 期间，南北信号红灯亮，东西信号黄灯亮。

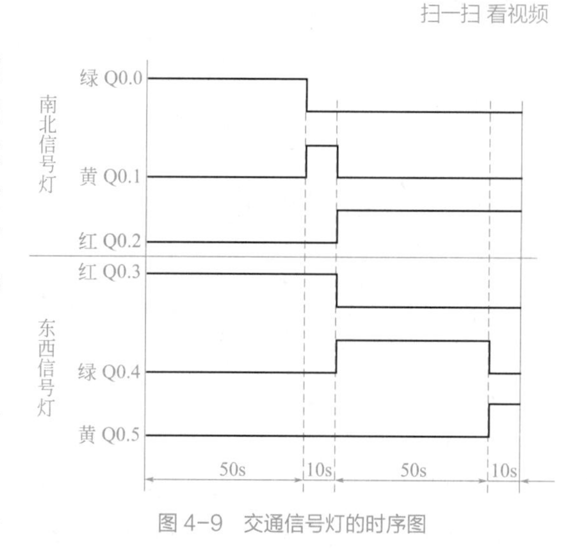

图 4-9　交通信号灯的时序图

（2）设计 PLC 控制电路

根据控制要求设计的交通信号灯控制电路如图 4-10 所示。

（3）编写 PLC 控制程序

① 设计顺序控制功能图　交通信号灯顺序控制功能图如图 4-11 所示，程序运行后在初始步 M5.0 等待，I0.0 接通后，并行的南北、东西两分支同时工作。

a. 并行结构的分支。步 M5.1 和步 M5.2 同时变为活动状态，南北绿灯亮，东西红灯亮；定时器 T1 延时 50s，T4 延时 60s。定时器 T1 设定时间到，由步 M5.1 转换到步 M5.3，南北黄灯亮，东西红灯仍然亮，定时器 T2 开始延时 10s。T2 的设定时间到，由步 M5.3 转换到步 M5.5，南北红灯亮，同时东西方向的定时器 T4 设定时间到，由步 M5.2 转换到步 M5.4，东西绿灯亮。南北方向的定时器 T3 延时 60s 和东西方向的定时器 T5 延时 50s。东西方向的 T5

设定时间到，由步 M5.4 转换到步 M5.6，东西黄灯亮，南北方向仍然为红灯。东西方向的定时器 T6 开始延时 10s。T6 的设定时间到，由步 M5.6 转换到步 M6.0，同时南北方向的 T3 设定时间到，由步 M5.5 转换到 M5.7。

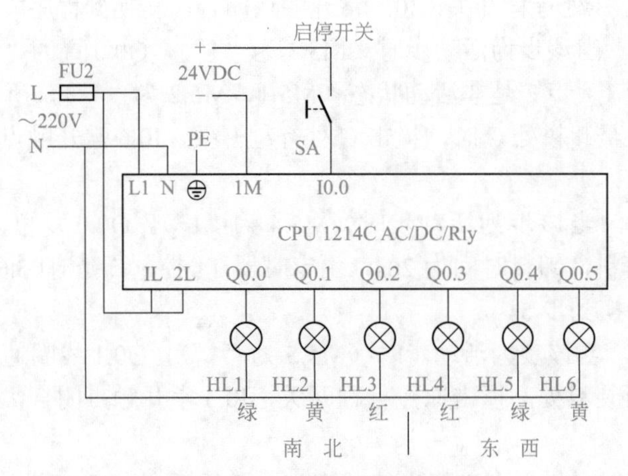

图 4-10 交通信号灯的控制电路

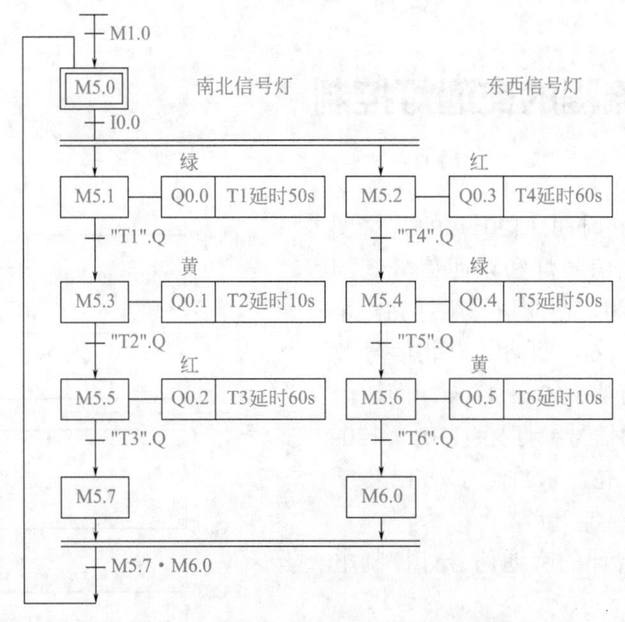

图 4-11 交通信号灯顺序控制功能图

b. 并行结构分支的汇合。当 M5.7 和 M6.0 都处于活动状态时（即 M5.7 和 M6.0 都为“1”），这两个位的“与”为“1”，满足转换条件，系统返回初始步 M5.0，周而复始地重复上述过程。

② 控制程序 创建一个新项目“4-4 交通灯的控制”，添加 CPU，点击设备视图中的 CPU，选择巡视窗口中的“属性”→“常规”→“系统和时钟存储器”，选中“启用系统存储器字节”前的复选框，其默认地址为 MB1，使用 M1.0 作为开机初始化脉冲。根据顺序控制功能图编写的控制程序如图 4-12 所示，程序工作原理如下。

程序段 1 为开机初始化，MW5 清零（M5.0 ~ M5.7、M6.0 复位），置位 M5.0，进入初始步。

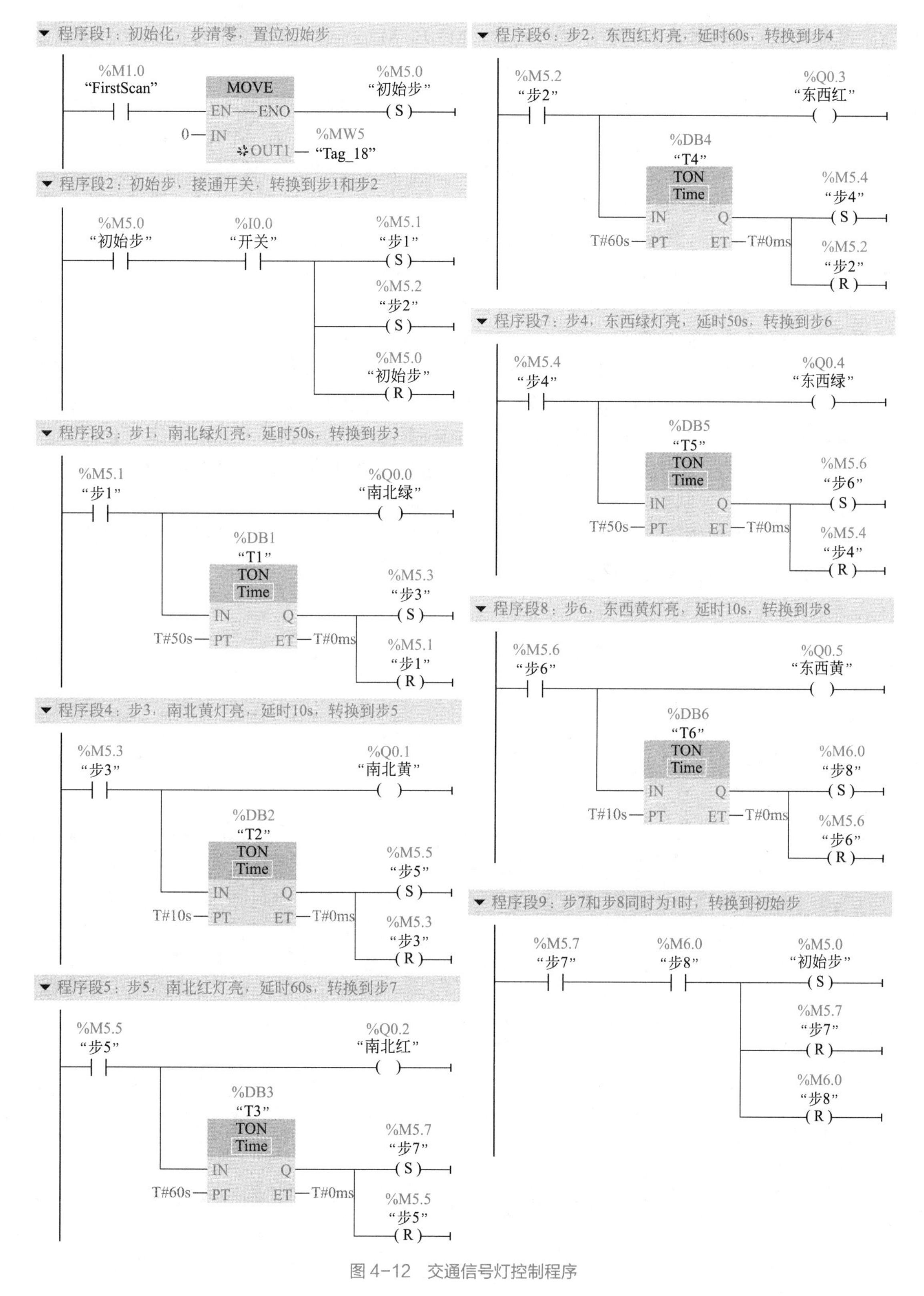

图 4-12 交通信号灯控制程序

程序段 2 为初始步，是并行结构的开始分支处。当该步活动时，M5.0 常开触点闭合。

当启停开关SA接通时，I0.0常开触点闭合，M5.1、M5.2同时被置位，转换到步1和步2，进入并行运行，复位M5.0。

程序段3～程序段8是南北信号灯和东西信号灯并行运行的程序。

南北方向：程序段3中的步1为活动状态时（M5.1为“1”），M5.1的常开触点闭合，Q0.0通电，绿灯亮，定时器T1延时50s后，T1的输出Q为“1”，置位M5.3，转换到步3。程序段4中的步3为活动状态（M5.3为“1”），M5.3的常开触点闭合，Q0.1通电，黄灯亮，定时器T2延时10s后，置位M5.5，转换到步5。程序段5中的步5为活动状态（M5.5为“1”），M5.5的常开触点闭合，Q0.2通电，红灯亮，定时器T3延时60s转换到步7（M5.7为“1”）。

东西方向：程序段6中的步2为活动状态时（M5.2为“1”），M5.2的常开触点闭合，Q0.3通电，红灯亮，定时器T4延时60s后，置位M5.4，转换到步4。程序段7中的步4为活动状态时（M5.4为“1”），M5.4的常开触点闭合，Q0.4通电，绿灯亮，定时器T5延时50s后，置位M5.6，转换到步6。程序段8中的步6为活动状态时（M5.6为“1”），M5.6的常开触点闭合，Q0.5通电，黄灯亮，定时器T6延时10s后转换到步8（M6.0为“1”）。

程序段9是并行结构的汇合处，只有当步7和步8都为活动状态时（M5.7、M6.0都为“1”），置位M5.0，返回初始步M5.0，进入下一个周期。

从上面编写的程序可以看出，在进行步的转换时，激活后一个步（置位该步）的同时要使当前步变为不活动步（复位该步）。

提高篇

第 5 章 S7-1200 PLC 的程序块及扩展指令

5.1 用户程序中的程序块

S7-1200 PLC 的程序分为操作系统程序和用户程序。操作系统程序是固化在 CPU 中，用于协调 PLC 内部事务的程序，与控制对象特定的任务无关，不需要用户编写。

用户程序是由用户根据控制对象特定的任务，使用编程软件编写的程序，下载到 CPU 中可以实现特定的控制任务。用户程序由组织块（Organization Block，OB）、函数（Function，FC）、函数块（Function Block，FB）、数据块（Data Block，DB）和一些系统功能指令组成。各种块的简要说明见表 5-1，其中 OB、FB、FC 都包含程序，统称为代码块。代码块仅受存储器容量的限制，而个数不受限制。

表 5-1 用户程序中的块

块	简要描述
组织块（OB）	操作系统与用户程序的接口，决定用户程序的结构
函数块（FB）	用户编写的具有一定功能的子程序，有专用的背景数据块
函数（FC）	用户编写的具有一定功能的子程序，没有专用的背景数据块
背景数据块（DB）	用于保存 FB 或功能指令的输入、输出参数和静态变量，其数据在编译时自动生成
全局数据块（DB）	存储用户数据的数据区域，供所有的代码块使用

用户程序的执行顺序是：在进入 RUN 模式时，开始运行一次可选的启动组织块（OB），然后执行一个或多个循环执行的程序循环 OB。还可以将 OB 与中断事件关联，该事件可以是标准事件或错误事件。当发生相应的标准或错误事件时，即会执行这些 OB。

5.1.1 组织块与程序结构

组织块（OB）是 CPU 操作系统与用户程序的接口，被操作系统自动调用，CPU 通过组织块循环或以事件驱动方式控制用户程序的执行，此外 CPU 的启动及故障处理都要调用不同的组织块，在这些组织块中编写用户程序可以判断 CPU 及外部设备的状态。PLC 的 CPU

循环执行操作系统程序，操作系统程序在每一个循环中调用主程序 OB1 一次，因此在 OB1 中编写的用户程序循环执行。操作系统与用户程序的执行过程如图 5-1 所示。

操作系统上电后，先启动初始化组织块进行初始化，然后进入主程序 OB1 循环执行。循环执行的程序可以被高优先级的中断事件中断，如图 5-2 所示，如果中断事件出现，中断当前正在执行的程序，转而执行相应的中断程序。中断程序执行完成后，返回中断处继续执行。

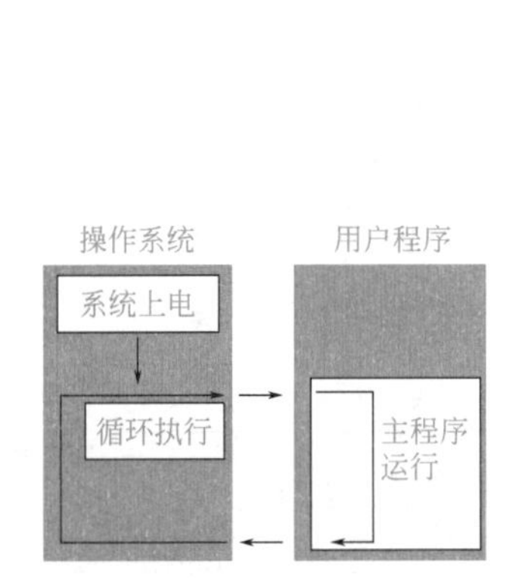

图 5-1 操作系统与用户程序的执行过程

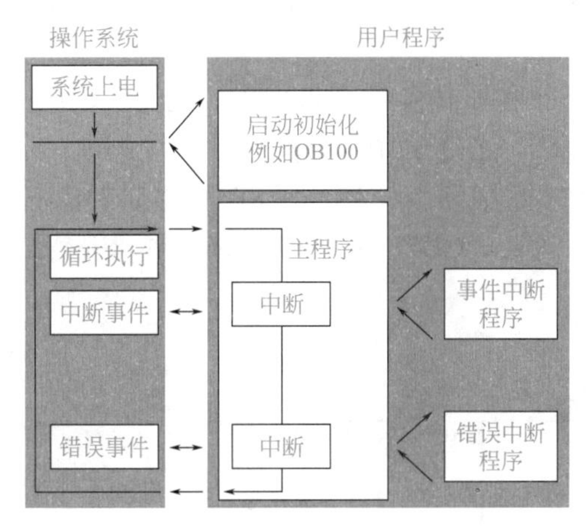

图 5-2 中断程序执行

根据实际应用需要，可选择线性结构或模块化结构创建用户程序。线性程序按顺序逐条执行用于自动化任务的所有指令。通常，线性程序是将所有程序指令都放入用于循环执行程序的 OB（OB1）中，如果所编程序的代码较长，不利于程序的查看、修改和调试。

模块化程序调用可执行特定任务的特定代码块。要创建模块化结构，需要将复杂的自动化任务划分为与过程的工艺功能相对应的更小的次级任务。每个相对独立的次级任务可以对应结构化程序中的一个程序段或子程序（FC 或 FB），主程序 OB1 通过调用这些程序块来实现整个自动化任务。所创建的 FC 或 FB 可在用户程序中重复使用，称为通用代码块，可简化用户程序的设计和实现。两种编程结构的对比如图 5-3 所示。模块化结构显著地增加了 PLC 程序的组织透明性、可理解性和易维护性。

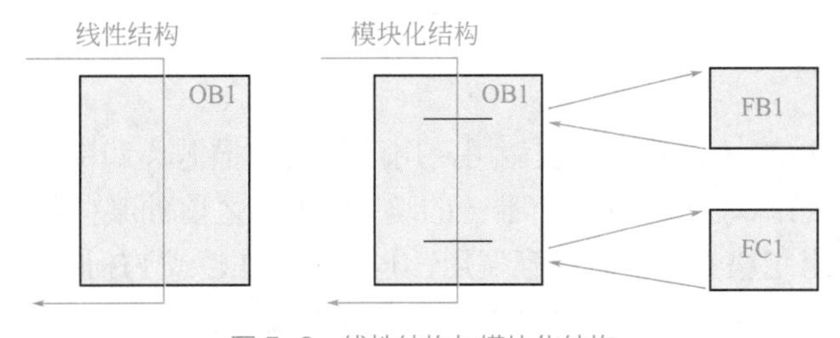

图 5-3 线性结构与模块化结构

5.1.2 用户程序的分层调用

通过设计 FB 和 FC 执行通用任务，可创建模块化代码块，然后可通过由其他代码块调用这些可重复使用的模块来构建程序，调用块将设备特定的参数传递给被调用块。程序块的调用如图 5-4 所示，当一个代码块触发调用另一个代码块的指令或事件时，CPU 会执行被调用块中的程序代码。执行完被调用块后，CPU 会返回调用块继续执行该块调用之后的指令。

在自动化控制任务中，可以将工厂级控制任务划分为几个车间级控制任务，将车间级控制任务再划分为几组生产线的控制任务，将生产线的控制任务划分为几个电机的控制，从上到下将控制任务分层划分。同样，也可以将控制程序根据控制任务分层划分，每一层程序作为上一层控制程序的子程序，同时调用下一层的控制程序作为子程序，形成程序块的嵌套调用。从程序循环 OB 或启动 OB 开始，S7-1200 的嵌套深度为 16；从中断 OB 开始，嵌套深度为 6。

将一个控制任务划分为 3 个独立的子程序，如图 5-5 所示，这 3 个子程序分别为 FB1、FB2 和 FC1，在 FB2 中嵌套调用 FB1，FB1 又嵌套调用 FC21，其嵌套深度为 3。用户程序的执行次序为：OB1 → FB1+ 背景 DB → FC1 → FB2+ 背景 DB → FB1+ 背景 DB → FC21 → FC1 → OB1，用户程序的分层调用是结构化编程方式的延伸。FC21 调用全局数据块 DB1。

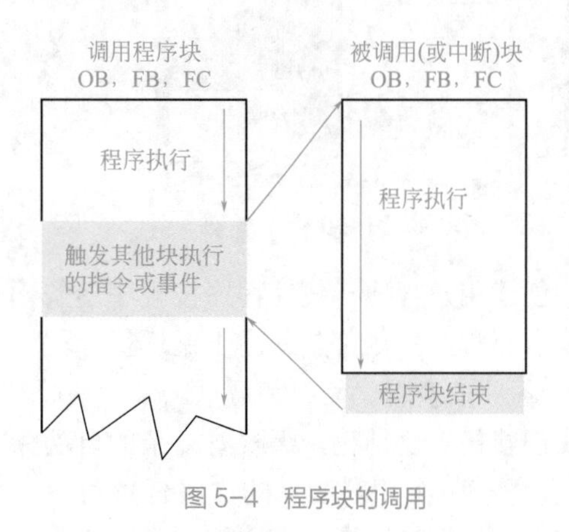

图 5-4　程序块的调用

图 5-5　用户程序的嵌套

5.2 组织块 OB 与中断

5.2.1 事件与组织块

组织块是用户编写的，由操作系统调用，用于控制扫描循环和中断的执行、PLC 的启动和错误处理等。每个组织块必须有一个唯一的编号，123 之前的某些编号是固定的，其他编号应大于等于 123。组织块 OB 不能相互调用，也不能被 FC 或 FB 调用，只有通过特定的事件来触发组织块的执行。S7-1200 组织块事件的属性见表 5-2。

表 5-2　S7-1200 组织块事件的属性

事件类型	OB 编号	OB 数	启动事件	优先级
程序循环	1 或≥ 123	≥ 1	启动结束或上一个循环 OB 结束	1
启动	100 或≥ 123	≥ 0	从 STOP 切换到 RUN 模式	1
时间中断	10 ～ 17 或≥ 123	≤ 2	已达到启动时间	2

续表

事件类型	OB 编号	OB 数	启动事件	优先级
延时中断	20 ～ 23 或≥ 123	≤ 4	延时时间结束	3
循环中断	30 ～ 33 或≥ 123	≤ 4	设定时间已用完	8
硬件中断	40 ～ 47 或≥ 123	≤ 50	上升沿（≤ 16 个）、下降沿（≤ 16 个）	18
			HSC：计数值 = 设定值、计数方向变化、外部复位均为≤ 6 个	18
状态中断	55	1	CPU 接收到状态中断，例如从站中的模块更改了操作模式	4
更新中断	56	1	CPU 接收到更新中断，例如更改了从站或设备的插槽参数	4
制造商中断	57	1	CPU 接收到制造商或配置文件特定的中断	4
时间错误	80	1	超过最大循环时间，中断队列溢出、中断过多丢失中断	26
诊断错误中断	82	1	模块故障	5
拔出 / 插入中断	83	1	拔出 / 插入分布式 I/O 模块	6
机架错误	86	1	分布式 I/O 的 I/O 系统错误	6

优先级、优先级组和队列用来决定事件服务程序的处理顺序。每个 CPU 的事件都有它的优先级，优先级的编号越大，优先级越高。事件按优先级的高低来处理，先处理高优先级的事件，优先级相同的事件按“先发生先处理”的原则来处理。循环 OB1 的优先级为 1（最低），优先级 2 ～ 25 的 OB 可被优先级高于当前允许的 OB 的任何事件中断，时间错误（优先级 26）可中断所有的 OB。

启动事件和程序循环事件的优先级同为 1，但不会同时发生。在启动期间，执行启动 OB，只有诊断错误事件能中断启动 OB，其他事件将进入中断队列，在启动事件结束后处理它们。

5.2.2 启动与循环组织块

（1）启动组织块

扫一扫 看视频

当 CPU 从 STOP 模式切换到 RUN 模式时，会执行一次启动组织块，对某些变量进行初始化。启动 OB 过程中，不更新过程映像区，读到过程映像输入均为 0，但可以对输入进行直接访问，例如 I0.0:P。执行完启动 OB 后，更新过程映像区和物理输出，执行循环 OB。启动 OB 的时间没有限制，不会激活由最大循环监视时间而导致的时间错误。允许有多个启动 OB，默认为 OB100，其它的启动组织块 OB 的编号应大于等于 123，按照编号从小到大顺序启动执行。一般只需要一个启动组织块。

打开博途软件的项目视图，新建一个项目“5-2-2 启动与循环组织块”，添加新设备的 CPU 型号为 CPU1214C。在设备视图中点击该 CPU，从巡视窗口中依次点击“属性”→“常规”→“启动”，选中右边的“OB 应该可中断”，如图 5-6 所示，当有事件触发中断时，OB 可以被中断。

在项目树下，展开“PLC_1”→“程序块”，双击“添加新块”，打开的对话框如图 5-7 所示。点击“组织块”，从右边的列表中选中“Startup”（启动），点击“确定”按钮，生成一个启动组织块。第一个启动 OB 默认的编程语言为 LAD（梯形图），默认编号为 100，默认名称为 Startup（可修改）。用同样的方法再添加一个启动组织块，默认编号为 123，默认名称为 Startup_1（可修改）。可以选中“手动”前的单选标志，对组织块编号进行修改。

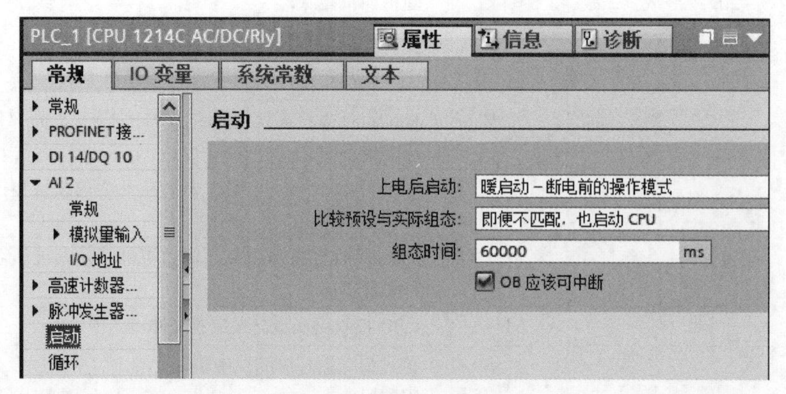

图 5-6　OB 允许中断设置

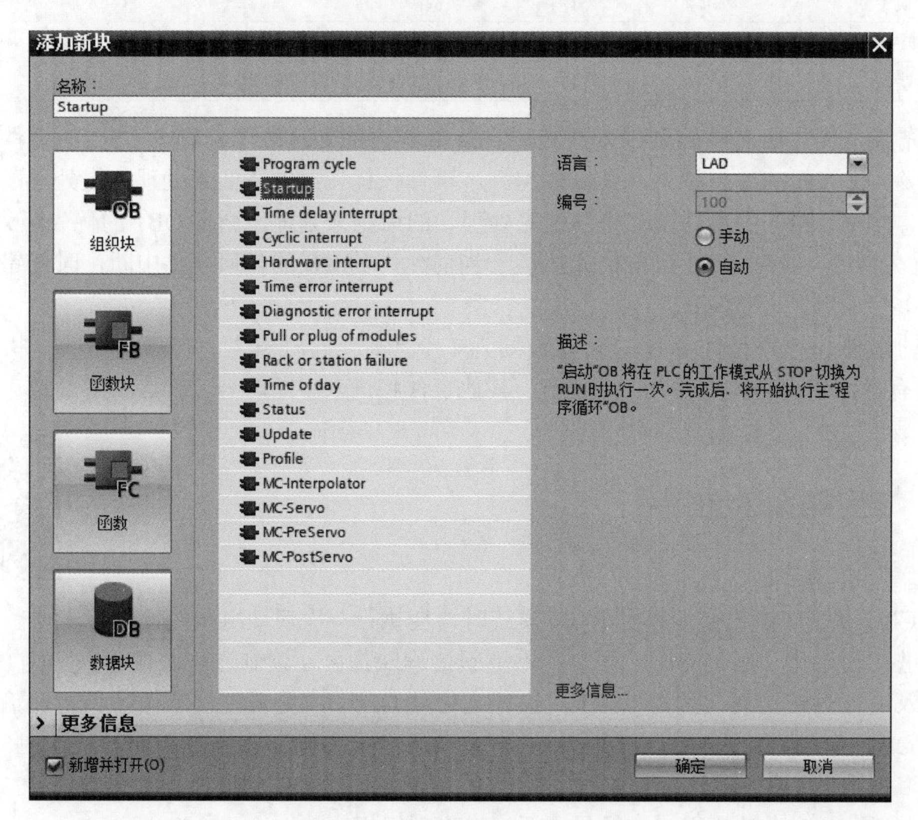

图 5-7　“添加新块”对话框

在启动组织块 OB100 中编写的程序如图 5-8（a）所示，当 CPU 由 STOP 模式切换到 RUN 模式时，QB0 被初始化为 16#07，其低 3 位均为“1”。在启动组织块 OB123 中编写的程序如图 5-8（b）所示，每启动一次，MB10 将加 1。由于暖启动时位存储器 M 区的存储单元为默认的非保持型，所以每次启动时 MB10 均为 1。为了通过 MB10 统计 CPU 的启动次数，需要将 MB10 设为保持型。在项目树下，展开“PLC_1”→“PLC 变量”，双击“默认变量表”，点击默认变量表工具栏中的图标，打开保持性存储器设置对话框，如图 5-9 所示，在“存储器字节数从 MB0 开始”后的框中输入 20，则 MB10 变为了保持型。

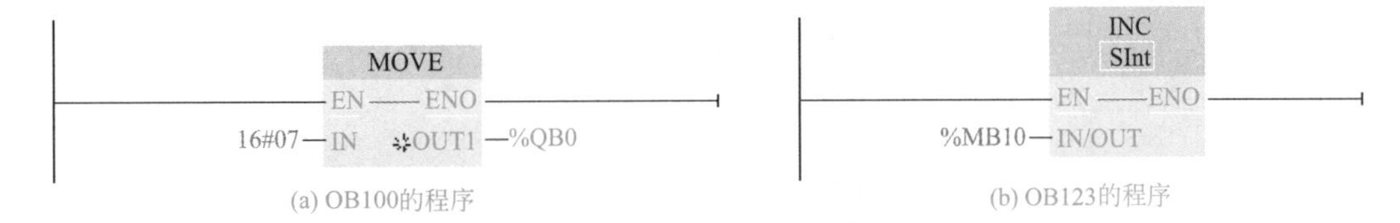

图 5-8 启动组织块程序

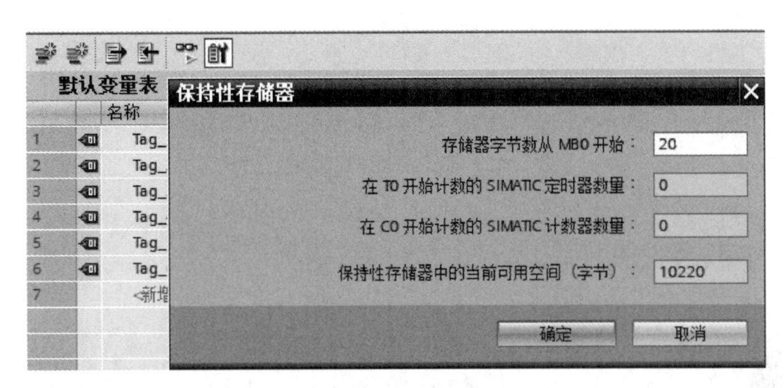

图 5-9 保持性存储器设置

（2）循环组织块

循环组织块 OB1 是用户程序中的主程序，CPU 操作系统每循环一次就调用一次 OB1，因此 OB1 也是循环执行的。允许有多个循环 OB，默认 OB1，其他的循环 OB 的编号应大于等于 123，按照编号从小到大顺序执行。一般只需要一个循环 OB，程序循环 OB 的优先级最低，其他事件都可以中断它们。

新建项目并添加新设备 CPU 后，在项目树的程序块下已经自动生成了一个循环组织块 OB1，默认名称为 Main。双击程序块下的“添加新块”，选中右边列表中的“Program cycle”（程序循环），单击“确定”按钮，生成了一个循环组织块。该组织块 OB 默认的编程语言为 LAD（梯形图），默认编号为 124，默认名称为 Main_1（可修改）。在项目树的程序块下可以看到所生成的启动组织块和循环组织块。分别在 OB1 和 OB124 中编写简单的程序，如图 5-10 所示，用 I0.0 和 I0.1 分别控制 Q1.0 和 Q1.1。

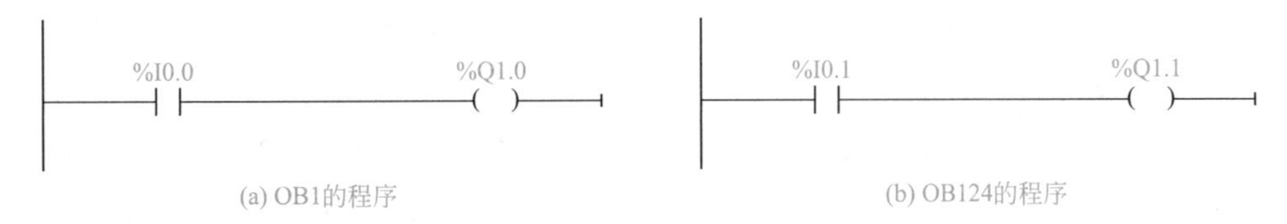

图 5-10 循环组织块程序

在项目树下所建的项目上单击鼠标右键，选择“属性”。在打开的属性页面中，点击“保护”选项卡，选中“块编译时支持仿真”前的复选框。点击“PLC_1”，然后单击工具栏上的“启动仿真”按钮，打开 S7-PLCSIM。新建一个仿真项目，将其下载到仿真 PLC，使 PLC 进入 RUN 模式。在 SIM 表格下，双击“添加新的 SIM 表格”，添加一个“SIM 表格 _1”。在该表格的工具栏中单击“加载项目标签”按钮，将项目中所有的变量都添加到表格中，如图 5-11 所示。从图中可以看到，启动时执行了启动组织块 OB100，QB0 的值初始化为 7。PLC 每启动一次，执行启动组织块 OB123，MB10 的值加 1，图中启动了 3 次。当 I0.0 为“1”时（点击后面方框，出现 √），则 Q1.0 有输出，说明执行了循环组织块 OB1；当 I0.1 为“1”时，则 Q1.1 有输出，说明执行了循环组织块 OB124。

名称	地址	显示格式	监视/修改值	位	一致修改
"Tag_3":P	%I0.0:P	布尔型	FALSE	☐	FALSE
"Tag_5...	%I0.1:P	布尔型	TRUE	☑	FALSE
▸ "Tag_1"	%QB0	十六进制	16#07	☐☐☐☐☐☑☑☑	16#00
"Tag_4"	%Q1.0	布尔型	FALSE	☐	FALSE
"Tag_6"	%Q1.1	布尔型	TRUE	☑	FALSE
▸ "Tag_2"	%MB10	DEC+/-	3	☐☐☐☐☐☐☑☑	0

图 5-11　启动和循环组织块的仿真

扫一扫 看视频

5.2.3　时间中断组织块

5.2.3.1　时间中断指令

时间中断又称为“日时钟中断”，它用于在设置的日期和时间到时产生一次中断，或者从设置的日期时间开始，周期性地重复产生中断，例如每分钟、每小时、每天、每周、每月、月末、每年产生一次中断。可以用专用指令来设置、激活或取消时间中断。

在程序编辑器右边“指令”下，展开“扩展指令”→“中断”，可以找到有关时间中断的指令有 QRY_TINT（查询时间中断状态）、SET_TINTL（设置时间中断）、ACT_TINT（启用时间中断）、CAN_TINT（取消时间中断），其梯形图指令如图 5-12 所示。OB_NR 为组织块编号，在 S7-1200 中，时间中断 OB 的编号为 10 ～ 17 或大于 123，最多只能使用两个。如果在执行指令期间发生了错误，该指令的 Ret_Val（返回值）返回一个错误代码。

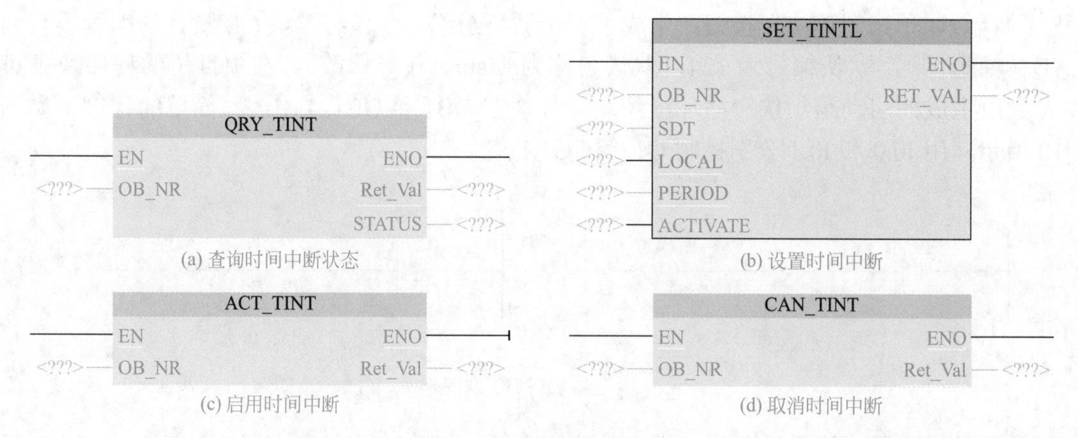

图 5-12　时间中断指令

查询时间中断状态指令 QRY_TINT 是查询 OB_NR 的状态并保存到 STATUS 指定的状态字中，STATUS 各位的含义见表 5-3。后面查询中断状态指令的 STATUS 状态字的含义均与此相同。

设置中断指令 SET_TINTL 的参数 SDT（DTL 类型）是起始日期时间，包括年、月、日、时和分，忽略秒和毫秒。参数 PERIOD（Word 类型）用来设置产生时间中断的时间间隔，可以设置为 W#16#0000（单次）、W#16#0201（每分钟一次）、W#16#0401（每小时一次）、W#16#1001（每天一次）、W#16#1201（每周一次）、W#16#1401（每月一次）、W#16#1801（每年一次）、W#16#2001（月末）。参数 LOCAL（Bool 类型）为“1”或“0”分别表示使用本地时间或系统时间。参数 ACTIVATE（Bool 类型）为“1”时表示使用该指令设置并激活时间中断；为“0”时表示仅设置时间中断，需要调用 ACT_TINT 指令来激活时间中断。

表 5-3 QRY_TINT 的 STATUS 各位含义

位	15～5	4		3	2		1		0	
值	0	1	0	0	1	0	1	0	1	0
含义		存在 OB 编号	不存在 OB 编号		已激活	未激活或已过去	禁用	启用	启动	运行

启用时间中断指令 ACT_TINT 是对指定的中断 OB_NR 进行激活。

在不需要时间中断的时候，可以使用取消中断指令 CAN_TINT 取消指定的中断 OB_NR。

5.2.3.2 时间中断应用实例

（1）控制电路

有一台电动机，要求：当按下启动按钮时，经过 5min 启动运行，再经过 5min 停止，这样周而复始。当按下停止按钮或发生过载时，电动机立即停止。根据控制要求设计的控制电路如图 5-13 所示。

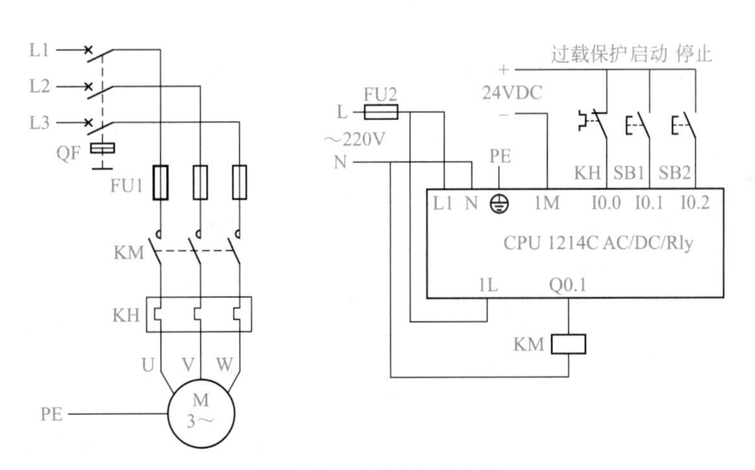

图 5-13 电动机控制电路

（2）编写控制程序

新建一个项目“5-2-3 时间中断组织块”，添加新设备 CPU 1214C。在项目树的程序块下，双击“添加新块”，点击“组织块 OB”，从右边列表中选择“Time of day”（日时间），默认组织块编号为 10，然后点击“确定”按钮，添加了一个时间中断组织块 OB10，默认名称为“Time of day”。

① 时间中断程序　双击时间中断 Time of day[OB10]，打开程序编辑画面，编写的时间中断程序如图 5-14（a）所示，每次中断，MB10 加 1。中断 5 次（5min），Q0.0 取反一次，MB10 清零。

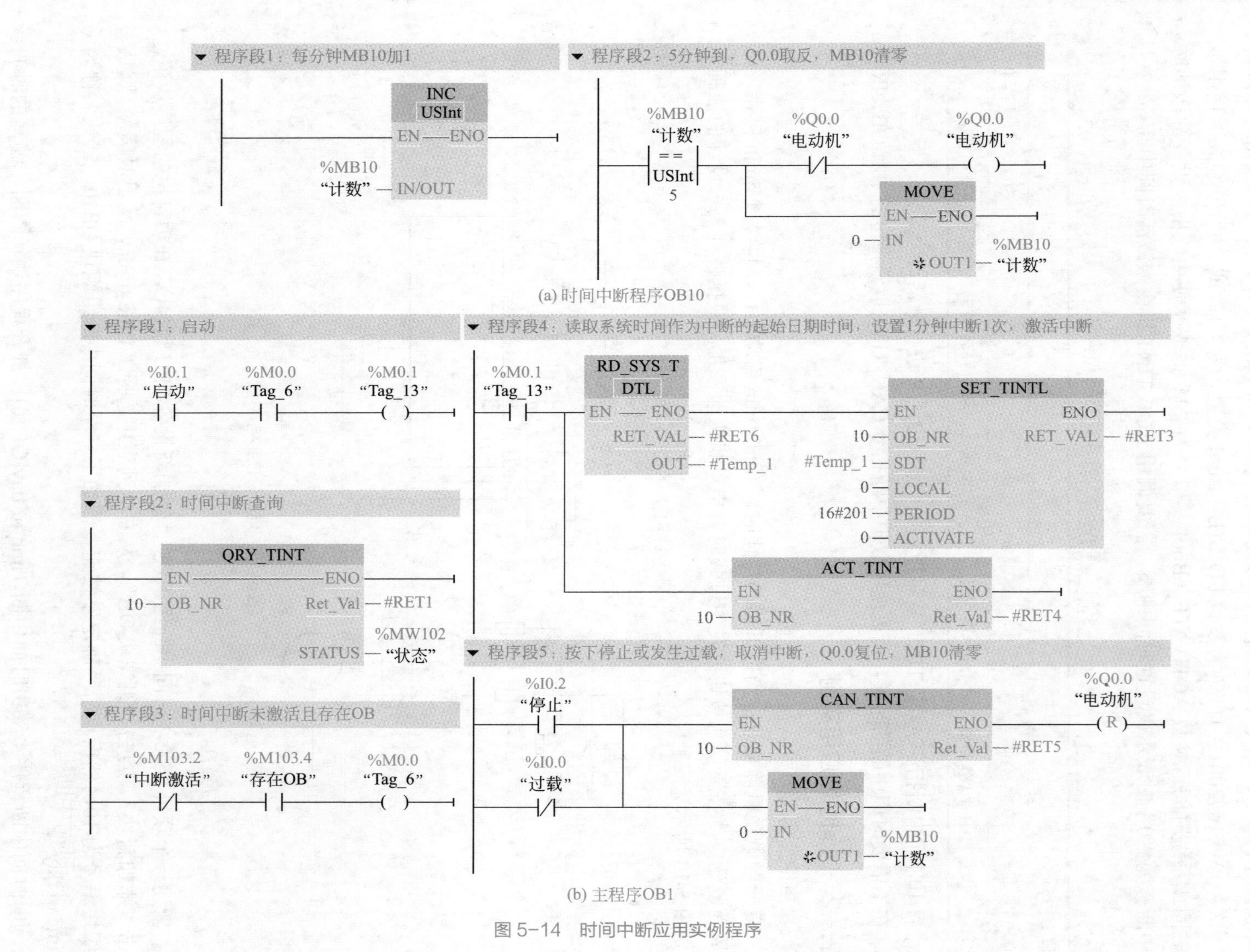

(a) 时间中断程序OB10

(b) 主程序OB1

图 5-14　时间中断应用实例程序

② 主程序　主程序如图 5-14（b）所示，上电后，由于 I0.0 有输入，程序段 5 中的 I0.0 的常闭触点断开，为启动做准备。

在程序段 2 中，查询 OB10 的状态保存到 MW102；在程序段 3 中，如果时间中断未激活（M103.2 为“0”）且存在组织块 OB10（M103.4 为“1”），则 M0.0 线圈通电，程序段 1 中的 M0.0 常开触点接通。

当按下启动按钮 SB1 时，程序段 1 中的 I0.1 常开触点接通，M0.1 线圈通电，程序段 4 中 M0.1 常开触点接通，读取系统时间作为时间中断的起始时间，设置时间中断的时间间隔为每分钟一次（W#16#201），并激活时间中断 OB10。

在程序段 5 中，当按下停止按钮 SB2（I0.2 常开触点接通）或发生过载（I0.0 常闭触点接通）时，取消时间中断 OB10，复位 Q0.0（电动机停止），MB10 清零。

（3）仿真调试

在项目树下所建的项目上单击鼠标右键，选择“属性”。在打开的属性页面中，点击“保护”选项卡，选中“块编译时支持仿真”前的复选框。点击“PLC_1”，然后单击工具栏上的“启动仿真”按钮，打开 S7-PLCSIM。新建一个仿真项目，将其下载到仿真 PLC，使 PLC 进入 RUN 模式。在 SIM 表格下，双击“添加新的 SIM 表格”，添加一个“SIM 表格 _1”。在该表格的工具栏中单击“加载项目标签”按钮，将项目中所有的变量都添加到表格中，将不需要的条目删除，只保留如图 5-15 所示的条目。

首先选中“过载”条目后的复选框，然后点击条目“启动”，再单击下面的“启动”按钮，经过 5min，可以看到 Q0.0 为 TRUE，电动机运行；再经过 5min，Q0.0 为 FALSE，电动机停止，如此反复。

当点击条目“停止”的按钮或取消条目“过载”后的复选框中的“√”时，Q0.0 一直为 FALSE，电动机停止。

名称	地址	显示格式	监视/修改值	位	一致修改
"过载":P	%I0.0:P	布尔型	TRUE	☑	FALSE
"启动":P	%I0.1:P	布...	FALSE	☐	FALSE
"停止":P	%I0.2:P	布尔型	FALSE	☐	FALSE
"电动机"	%Q0.0	布尔型	TRUE	☑	FALSE
"中断激活"	%M103.2	布尔型	TRUE	☑	FALSE
"存在OB"	%M103.4	布尔型	TRUE	☑	FALSE

"启动" [%I0.1:P]

"启动"

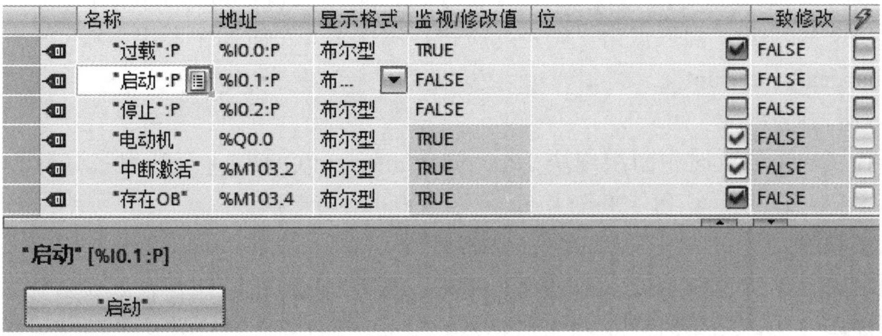

图 5-15　时间中断仿真

5.2.4　延时中断组织块

扫一扫 看视频

5.2.4.1　延时中断指令

PLC 的普通定时器的工作过程与扫描工作方式有关，其定时精度较差。如果需要高精度的延时，应使用延时中断。在程序编辑器右边“指令”下，展开“扩展指令”→“中断”，可以找到有关延时中断的指令有 QRY_DINT（查询延时中断）、SRT_DINT（启动延时中断）、

CAN_DINT（取消延时中断），其梯形图指令如图 5-16 所示。OB_NR 为组织块编号。如果在执行指令期间发生了错误，该指令的 RET_VAL（返回值）返回一个错误代码。

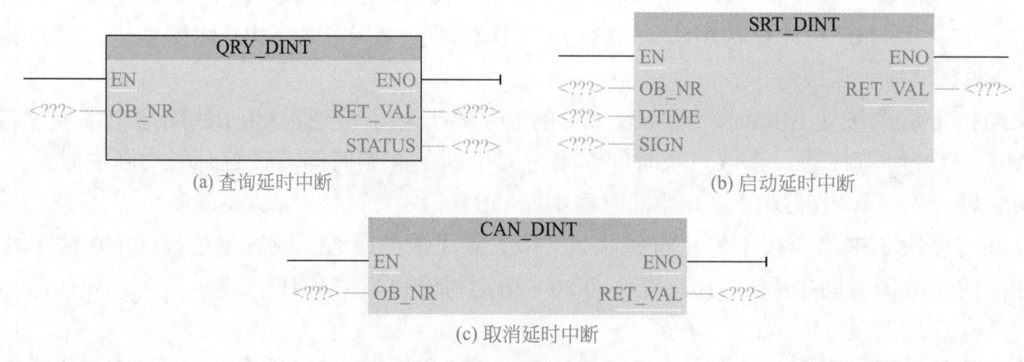

图 5-16　延时中断指令

查询延时中断指令 QRY_DINT 是查询 OB_NR 的延时中断状态，将其保存到 STATUS 指定的状态字中，STATUS 各位的含义见表 5-3。

启动延时中断 SRT_DINT 中的参数 DTIME 为延时时间值，数据类型为 Time，范围 1 ～ 60000ms；参数 SIGN 用来表示一个用于标识延时中断起始处的标识符，数据类型为 Word。

取消延时中断 CAN_DINT 可以用来取消已启动的延时中断。

5.2.4.2　延时中断应用实例

控制要求：应用延时中断实现从 Q0.0 输出周期为 1s 的脉冲。

新建一个项目“5-2-4 延时中断组织块”，添加新设备 CPU 1214C。在项目树的程序块下，双击“添加新块”，点击“组织块”，从右边列表中选择“Time delay interrupt”（延时中断），默认组织块编号为 20，然后点击“确定”按钮，添加了一个时间中断组织块 OB20，默认名称为“Time dealy interrupt”。

（1）延时中断程序

双击程序块下的延时中断组织块 Time delay interrupt[OB20]，打开程序编辑器，编写的程序如图 5-17（a）所示，每 500ms 中断一次，Q0.0 反转一次。

（2）主程序

主程序如图 5-17（b）所示。在程序段 1 中，查询 OB20 的状态保存到 MW102。

在程序段 2 中，如果时间中断未激活或已完成（M103.2 为“0”）且存在组织块 OB20（M103.4 为“1”），则 M0.0 线圈通电，程序段 3 中的 M0.0 常开触点接通。

在程序段 3 中，当接通启动 / 停止开关时，I0.0 常开触点接通，启动延时中断，延时中断时间为 500ms。延时期间，程序段 2 中的 M103.2 常闭触点断开，M0.0 线圈断电。

延时时间到，调用延时中断程序 OB20，Q0.0 线圈为“1”，输出高电平；同时，程序段 2 中的 M103.2 常闭触点接通，M0.0 线圈重新通电，M0.0 常开触点接通，重新启动延时中断，再延时 500ms。

延时时间到，调用 OB20，由于 Q0.0 为“1”，其常闭触点断开，Q0.0 线圈为“0”，输出低电平，如此重复。

当断开开关时，停止输出秒脉冲。

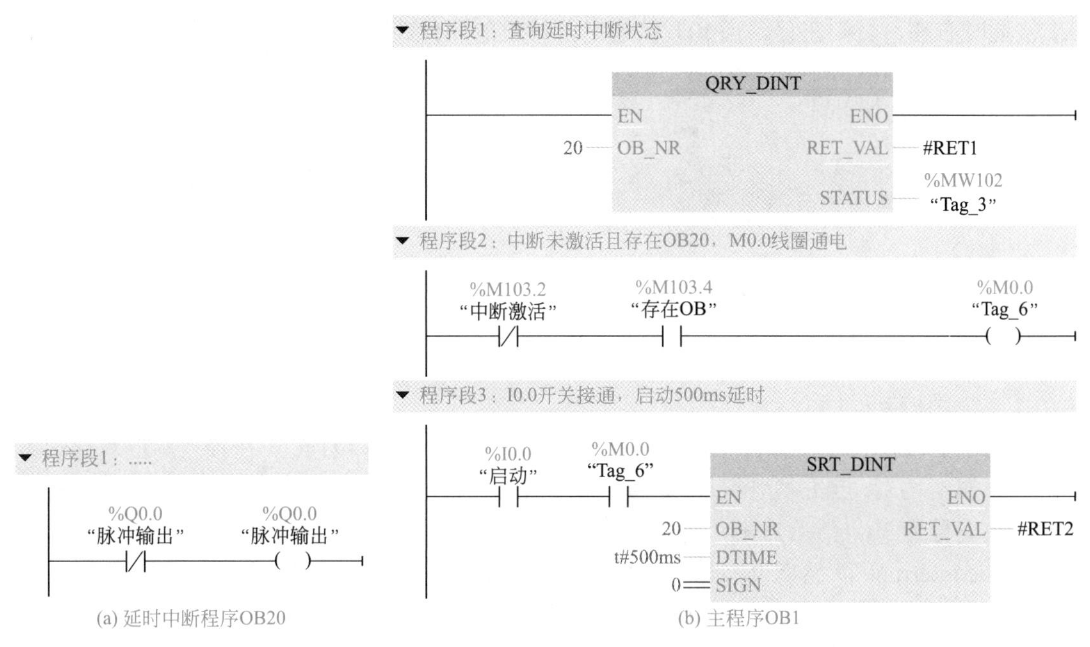

(a) 延时中断程序OB20　　(b) 主程序OB1

图 5-17　延时中断应用实例程序

5.2.5　循环中断组织块

扫一扫 看视频

5.2.5.1　循环中断指令

循环中断组织块用于按精确的时间间隔循环执行，例如周期性地执行 PID 控制程序。循环中断组织块以设定的循环时间（1 ～ 60000ms）周期性地执行，与程序循环 OB 的执行无关。如果循环中断 OB 的执行时间大于扫描循环时间，操作系统将会调用时间错误组织块 OB80。可通过指令 SET_CINT 重新设定循环中断时间。

在程序编辑器右边“指令”下，展开“扩展指令”→“中断”，可以找到有关循环中断的指令有 QRY_CINT（查询循环中断状态）、SET_CINT（设置循环中断），其梯形图指令如图 5-18 所示。OB_NR 为组织块编号。如果在执行指令期间发生了错误，该指令的 RET_VAL（返回值）返回一个错误代码。

设置循环中断指令 SET_CINT 的参数 CYCLE（UDInt 类型）为循环时间，单位 μs。参数 PHASE 为相移（即相位偏移），默认为 0。相位偏移是指循环中断 OB 调用偏移的时间间隔。可使用相位偏移处理精确时基中低优先级的组织块。如果在同一时间间隔内同时调用低优先级 OB 和高优先级 OB，则只有在执行完高优先级 OB 后才会调用低优先级 OB。如果为低优先级 OB 组态的相位偏移大于对应高优先级 OB 的当前执行时间，则会在固定时基内调用该块。

查询循环中断状态指令 QRY_CINT 的参数 CYCLE（UDInt 类型）为循环时间（单位 μs），PHASE 为相移，STATUS 为查询到的循环中断状态。

5.2.5.2　循环中断应用实例

（1）控制要求

应用循环中断实现 8 个彩灯每秒循环左移一位或循环右移一位。当左移 / 右移选择开关

I0.1 接通时右移，否则左移。当 I0.0 接通时，移位时间修改为 3s。

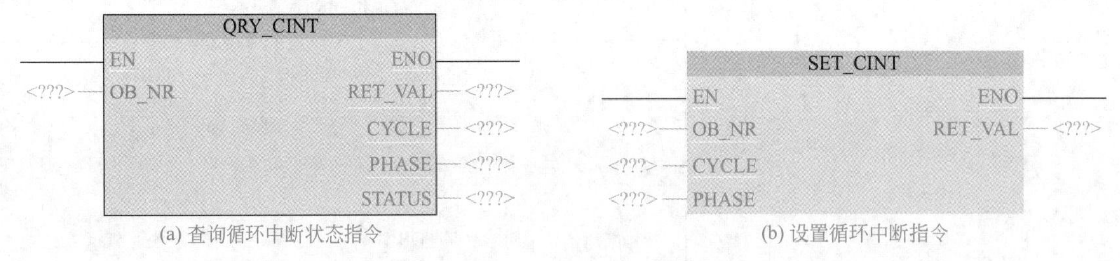

(a) 查询循环中断状态指令　　(b) 设置循环中断指令

图 5-18　循环中断指令

（2）编写控制程序

新建一个项目“5-2-5 循环中断组织块”，添加新设备 CPU 1214C。在项目树的程序块下，双击“添加新块”，点击“组织块”，从右边列表中选择“Cyclic interrupt”（循环中断），默认组织块编号为 30，然后点击“确定”按钮，添加了一个循环中断组织块 OB30，默认名称为“Cyclic interrupt”。然后再添加一个启动组织块 OB100。

双击打开项目树下的 OB30，选中巡视窗口的“属性”→“常规”→“循环中断”，如图 5-19 所示，将循环中断时间间隔由默认值 100ms 修改为 1000ms，则每隔 1s 调用一次 OB30。

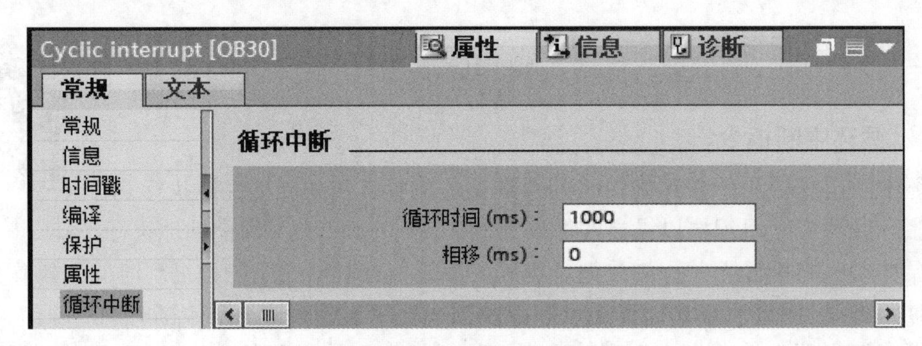

图 5-19　循环中断时间设置

① 初始化程序　启动组织块 OB100 的程序如图 5-20（a）所示，将 QB0 初始化为 2#11。

② 循环中断程序　循环中断程序 OB30 如图 5-20（b）所示，在程序段 1 中，当左右移选择开关 I0.1 为“0”时，其常闭触点接通，每中断一次，QB0 循环左移一位。在程序段 2 中，当 I0.1 为“1”时，其常开触点接通，每中断一次，QB0 循环右移一位。

③ 主程序　主程序 OB1 如图 5-20（c）所示，在程序段 1 中，查询 OB30 的状态保存到 MW108。在程序段 2 中，如果循环中断已激活（M109.2 为“1”）且存在组织块 OB30（M109.4 为“1”），当接通 I0.0 时，将循环时间修改为 3s。

（3）仿真调试

在项目树下所建的项目上单击鼠标右键，选择“属性”。在打开的属性页面中，点击“保护”选项卡，选中“块编译时支持仿真”前的复选框。点击“PLC_1”，然后单击工具栏上的“启动仿真”按钮，打开 S7-PLCSIM。新建一个仿真项目，将其下载到仿真 PLC，使 PLC 进入 RUN 模式。在 SIM 表格下，双击“添加新的 SIM 表格”，添加一个“SIM 表格_1”。在该表格的工具栏中单击“加载项目标签”按钮，将项目中所有的变量都添加到表格中，删除不需要的条目，只保留如图 5-21 所示的条目。从图中可以看出，当 I0.1 为

“0”时，QB0 每隔 1s 左移一位，MD100 为 1000000（单位 μs），即循环中断时间间隔为 1s。M109.2 为“1”，表示 OB30 已激活；M109.4 为“1”表示存在 OB30。

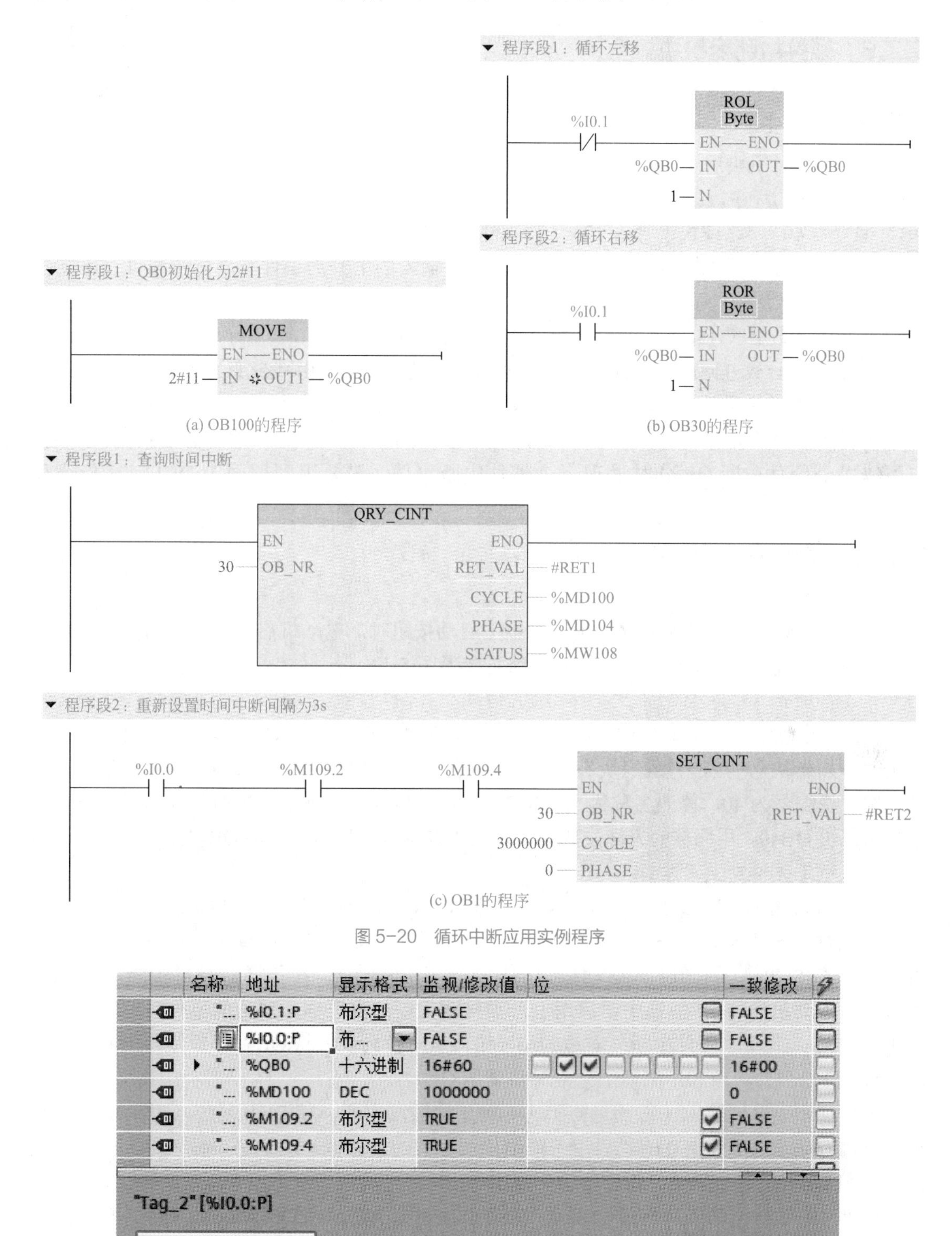

图 5-20　循环中断应用实例程序

名称	地址	显示格式	监视/修改值	位	一致修改
"...	%I0.1:P	布尔型	FALSE		FALSE
	%I0.0:P	布...	FALSE		FALSE
"...	%QB0	十六进制	16#60		16#00
"...	%MD100	DEC	1000000		0
"...	%M109.2	布尔型	TRUE		FALSE
"...	%M109.4	布尔型	TRUE		FALSE

"Tag_2" [%I0.0:P]

"Tag_2"

图 5-21　循环中断实例仿真

当选中 I0.1 后面的复选框时，可以看到 QB0 每隔 1s 向右移动一位。当点击 I0.0 的按钮时，MD100 修改为 3000000，即循环中断时间间隔为 3s。

5.2.6 硬件中断组织块

扫一扫 看视频

5.2.6.1 硬件中断

硬件中断组织块用于处理需要快速响应的过程事件。出现硬件中断事件时，立即中止当前正在执行的程序，改为执行对应的硬件中断 OB。S7-1200 最多可以使用 50 个硬件中断 OB，编号为 40 ～ 47 或大于等于 123。S7-1200 支持的硬件中断事件有：

① CPU 内置的数字量输入、信号板的数字量输入的上升沿事件和下降沿事件。不支持信号模块的数字量输入事件。

② 高速计数器（HSC）的当前计数值等于设定值事件。

③ HSC 的计数方向改变事件，即计数值由增大变为减少或由减少变为增大。

④ HSC 的数字量外部复位输入的上升沿事件，计数值被复位为 0。

对硬件中断的处理，可以采取一个事件指定一个硬件中断 OB，这种方法最简单易用。也可以多个硬件中断 OB 分时处理一个硬件中断事件，需要用到后面的 DETACH 指令和 ATTACH 指令。

5.2.6.2 硬件中断应用实例

（1）控制要求

用硬件中断实现对电动机的控制。当按下启动按钮时，电动机启动运行；当按下停止按钮或电动机过载时，电动机停止。控制电路可参考图 5-13。

（2）生成硬件中断组织块

新建一个项目“5-2-6 硬件中断组织块”，添加新设备 CPU 1214C。在项目树的程序块下，双击“添加新块”，点击“组织块”，从右边列表中选择“Hardware interrupt”（硬件中断），默认组织块编号为 40，修改名称为“复位输出”，然后点击“确定”按钮，添加了一个硬件中断组织块 OB40。用同样的方法生成一个名为“置位输出”的组织块 OB41。

（3）组态硬件中断事件

双击项目树的“PLC_1”下的“设备组态”，打开设备视图。选中 CPU，点击巡视窗口的“属性”→“常规”→“DI 14/DQ 10”→“数字量输入”，再点击下面的通道 1（即 I0.1），如图 5-22 所示。I0.1 为启动按钮的输入（常开触点），在接通时触发中断，使 Q0.0 有输出（电动机启动），故选中“启用上升沿检测”前的复选框，默认的事件名称为“上升沿 1”，单击选择框“硬件中断”右边的...按钮，从下拉列表中将 OB41（置位输出）指定给 I0.1 的上升沿事件，当 I0.1 出现上升沿时将调用 OB41。

I0.0 为过载保护输入（常闭触点），在断开时触发中断，使 Q0.0 复位（电动机停止）。用同样的方法，选中通道 0 的“启用下降沿检测”前的复选框，默认的事件名称为“下降沿 0”，并将 OB40（复位输出）指定给该中断事件。

I0.2 为停止按钮输入（常开触点），在接通时触发中断，使 Q0.0 复位。用同样的方法，选中通道 2 的“启用上升沿检测”前的复选框，默认的事件名称为“上升沿 2”，并将 OB40（复位输出）指定给该中断事件。

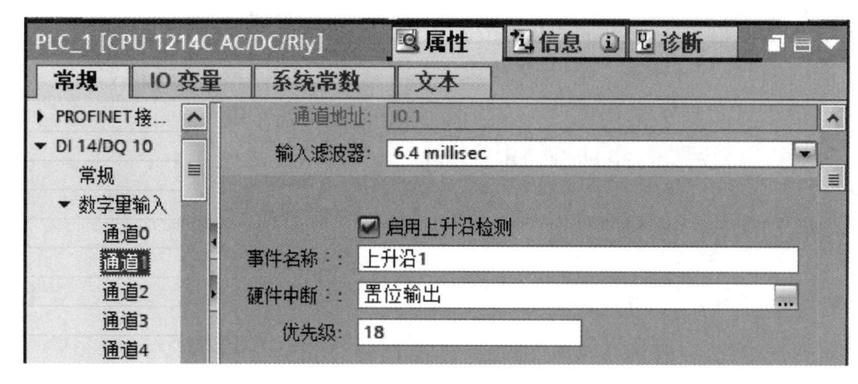

图 5-22　组态硬件中断事件

（4）编写程序

在OB40和OB41中编写的程序如图5-23所示，OB1程序不编写，OB40用于复位输出Q0.0，OB41用于置位输出Q0.0。

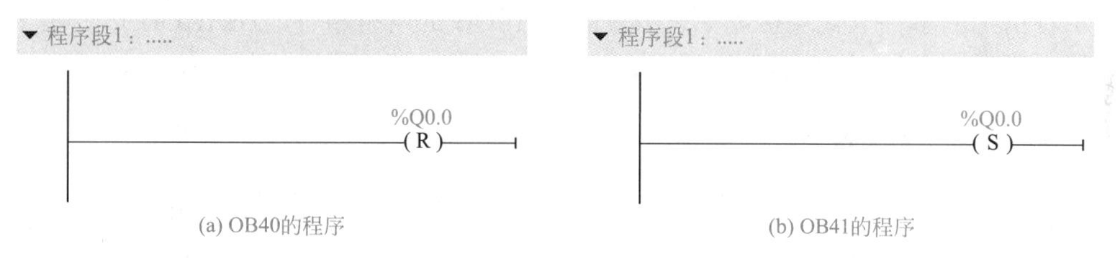

图 5-23　硬件中断程序

（5）仿真调试

在项目树下所建的项目上单击鼠标右键，选择“属性”。在打开的属性页面中，点击“保护”选项卡，选中“块编译时支持仿真”前的复选框。点击“PLC_1”，然后单击工具栏上的“启动仿真”按钮，打开S7-PLCSIM。新建一个仿真项目，将其下载到仿真PLC，使PLC进入RUN模式。在SIM表格下，双击“添加新的SIM表格”，添加一个“SIM表格_1”，在该表格中添加条目如图5-24所示。

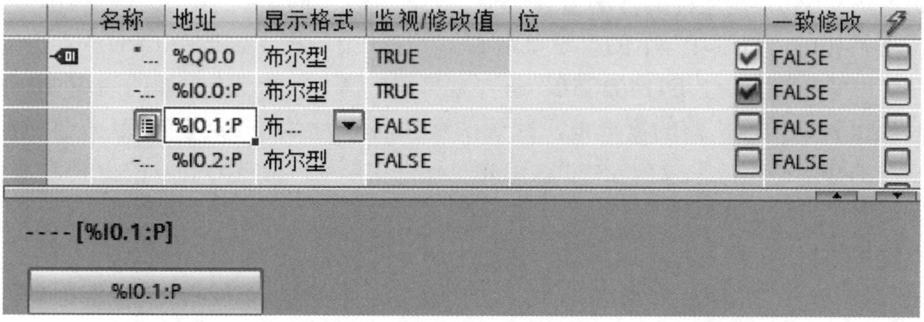

名称	地址	显示格式	监视/修改值	位	一致修改	⚡
"...	%Q0.0	布尔型	TRUE	☑	FALSE	☐
-...	%I0.0:P	布尔型	TRUE	☑	FALSE	☐
	%I0.1:P	布...	FALSE	☐	FALSE	☐
-...	%I0.2:P	布尔型	FALSE	☐	FALSE	☐

----[%I0.1:P]

%I0.1:P

图 5-24　硬件中断仿真

选中条目I0.0后面的复选框，使过载保护预先接通。点击条目I0.1，再点击下面的I0.1按钮，表示按下启动按钮，I0.1产生上升沿，Q0.0后面的方框内出现“√”，表示Q0.0有输出，电动机启动。

点击条目I0.2，再点击下面的I0.2按钮，表示按下停止按钮，I0.2产生一个上升沿，Q0.0后面方框内的“√”消失，电动机停止。

取消条目I0.0后面复选框内的“√”，表示发生了过载，I0.0产生一个下降沿，Q0.0后面方框内的“√”也会消失，电动机停止。

扫一扫 看视频

5.2.7 中断连接与中断分离

（1）中断连接指令和中断分离指令

在程序编辑器右边“指令”下，展开“扩展指令”→“中断”，可以找到中断连接指令ATTACH（将OB附加到中断事件）和中断分离指令DETACH（将OB与中断事件脱离），其梯形图指令如图5-25所示。OB_NR为组织块编号。如果在执行指令期间发生了错误，该指令的RET_VAL（返回值）返回一个错误代码。

ATTACH指令用于PLC运行时建立硬件中断与中断组织块OB的连接，其参数EVENT（EVENT_ATT类型）为要分配给OB的硬件中断事件；参数ADD（Bool类型）的默认值为0，表示将指定的事件取代连接到原来分配给这个OB的所有事件。DETACH指令用于PLC运行时断开硬件中断与中断OB的连接。

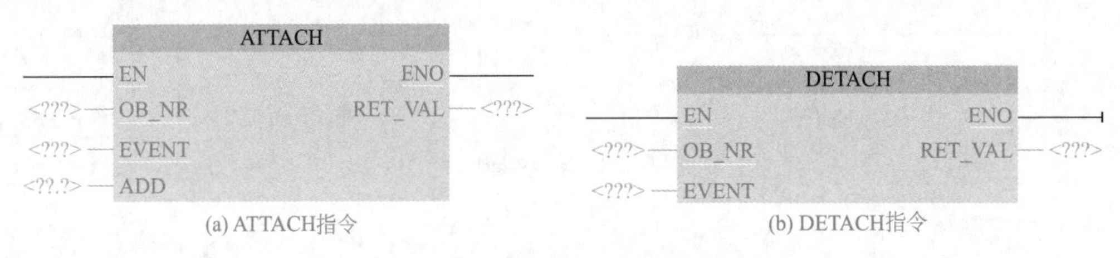

(a) ATTACH指令　(b) DETACH指令

图5-25　中断连接与中断分离指令

（2）组态硬件中断

新建一个项目“5-2-7中断连接与分离”，添加新设备CPU 1214C。在项目树的程序块下，双击“添加新块”，点击“组织块”，从右边列表中选择“Hardware interrupt”（硬件中断），默认组织块编号为40，修改名称为“硬件中断1”，然后点击“确定”按钮，添加了一个硬件中断组织块OB40。用同样的方法生成一个名为“硬件中断2”的组织块OB41。

双击项目树的“PLC_1”下的“设备组态”，打开设备视图。选中CPU，点击巡视窗口的“属性”→“常规”→“DI14/DQ10”→“数字量输入”，再点击下面的通道0（即I0.0），选中“启用上升沿检测”前的复选框，默认的事件名称为“上升沿0”，单击选择框“硬件中断”右边的...按钮，从下拉列表中将OB40（硬件中断1）指定给I0.0的上升沿事件，I0.0出现上升沿时将调用OB40。

（3）程序设计

要求使用指令ATTACH和DETACH，在出现I0.0上升沿事件时，交替调用硬件中断组织块OB40和OB41，分别将不同的值写入QB0。

由于组态硬件中断事件时，将I0.0的上升沿与OB40（硬件中断1）已经连接，所以I0.0第一次出现上升沿时，先调用OB40。OB40的程序如图5-26（a）所示，在程序段1中用MOVE指令给QB0赋值16#F0。在程序段2中，用DETACH指令断开I0.0上升沿事件与OB40的连接，用ATTACH指令建立I0.0上升沿事件与OB41的连接。

打开 OB40，在程序编辑器上面的块接口区生成两个 Int 类型的临时局部变量 RET1 和 RET2，用来做指令 ATTACH 和 DETACH 的返回值实参。

从指令列表中，将指令 DETACH 拖放到程序编辑器，设置参数 OB_NR 为 40，双击中断事件 EVENT 的 <???>，然后点击出现的按钮，选中出现的下拉式列表中的中断事件“上升沿 0”，其代码为 16#C0000108。在 PLC 默认变量表的“系统常量”选项卡中，也能找到“上升沿 0”的代码值。

I0.0 下一次出现上升沿事件时，调用中断组织块 OB41，其程序如图 5-26（b）所示。在 OB41 的块接口区生成两个 Int 类型的临时局部变量 RET1 和 RET2，在程序段 1 中用 MOVE 指令给 QB0 赋值 16#F。在程序段 2 中，用 DETACH 指令断开 I0.0 上升沿事件与 OB41 的连接，用 ATTCH 指令建立 I0.0 上升沿事件与 OB40 的连接。

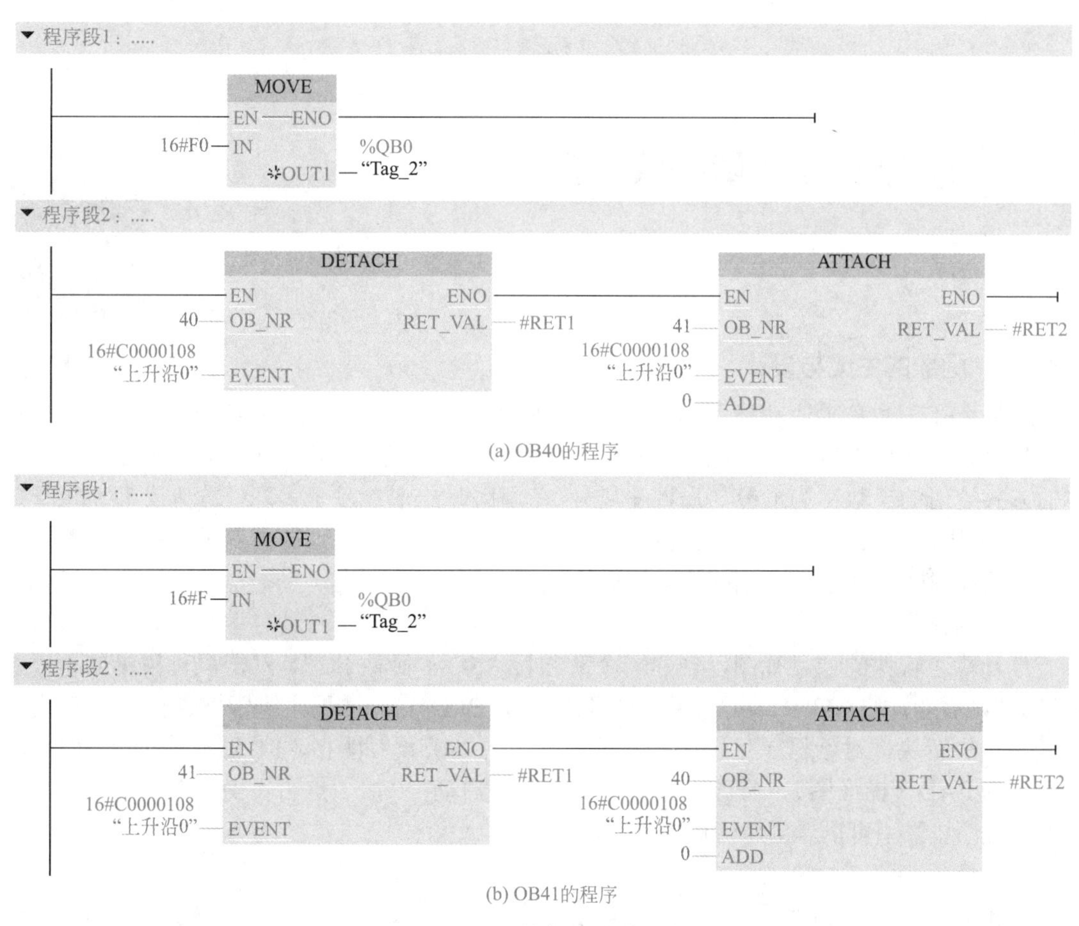

(a) OB40的程序

(b) OB41的程序

图 5-26　硬件中断组织块程序

（4）仿真调试

在项目树下所建的项目上单击鼠标右键，选择“属性”。在打开的属性页面中，点击“保护”选项卡，选中“块编译时支持仿真”前的复选框。点击“PLC_1”，然后单击工具栏上的“启动仿真”按钮，打开 S7-PLCSIM。新建一个仿真项目，将其下载到仿真 PLC，使 PLC 进入 RUN 模式。在 SIM 表格下，双击“添加新的 SIM 表格”，添加一个“SIM 表格 _1”，在该表格中添加 QB0 和 I0.0 的条目，如图 5-27 所示。

点击条目 I0.0，单击一次下面的 I0.0 按钮，在 I0.0 的上升沿，CPU 调用 OB40，将 16#F0 写入 QB0，QB0 的高 4 位为“1”。同时断开 I0.0 的上升沿事件与 OB40 的连接，将该事件与 OB41 连接。

再点击 I0.0 按钮，在 I0.0 的上升沿，CPU 调用 OB41，将 16#F0 写入 QB0，QB0 的低 4 位为“1”，同时断开 I0.0 的上升沿事件与 OB41 的连接，将该事件与 OB40 连接。如此交替反复。

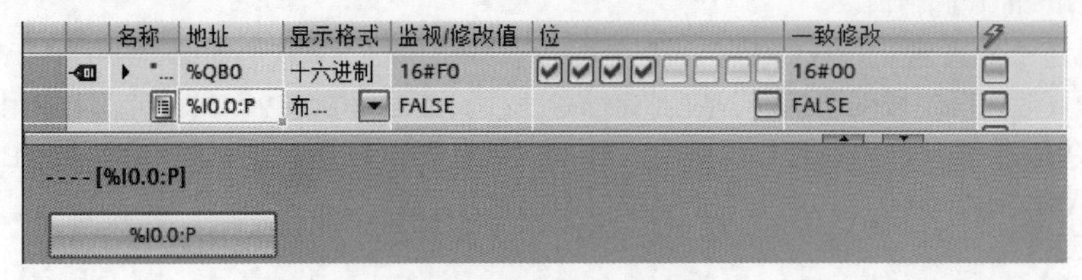

图 5-27　中断连接与分离仿真

5.3 函数 FC 和函数块 FB

扫一扫 看视频

5.3.1 函数 FC

5.3.1.1 函数的生成与设计

函数（FC）也称为“功能”，是用户自己编写的程序块，用来完成特定的任务，可以被其他程序块（OB、FB、FC）调用。与其他编程语言“函数”类似，FC 也具有参数，以名称的方式给出的参数称为形参（局域变量）；在调用时给形参赋予实际值称为实参。执行完 FC 后，将执行结果返回给调用它的程序块。函数不分配存储区，局域变量保存在局部堆栈中，当函数调用结束时，使用的变量丢失。

（1）生成函数

打开博途软件的项目视图，创建一个新项目“5-3-1 函数 FC”。双击项目树中的“添加新设备”，添加一块 CPU 1214C。展开项目树下的“PLC_1”→“程序块”，双击“添加新块”，打开“添加新块”对话框（见图 5-7）。单击其中的“函数”图标，FC 默认的编号为 1，默认语言为 LAD（梯形图），修改函数名称为“顺序启动控制”，点击“确定”按钮，在项目树的“程序块”下可以看到新生成的 FC1。

（2）函数的接口参数

在新生成的 FC1 编程界面中，通过点击程序区标有“块接口”下面的▲或▼按钮可以隐藏 / 显示接口参数表。将鼠标的光标放在“块接口”下的水平分隔条上，出现÷图标，按住鼠标左键，往下拉动分隔条，分隔条上面是块接口参数，下面是程序区。在接口参数表中，可以定义输入、输出等参数符号和数据类型。

FC 的接口参数表里有 Input（输入参数）、Output（输出参数）、InOut（输入 / 输出参数）、Temp（临时变量）、Constant（常数）、Return（返回值），各种类型的局部变量如下。

① Input 是只读参数，用于接收调用它的程序块提供的输入数据。实参可以为常数。

② Output 是只写参数，用于将处理结果传递到调用的块中。实参不能为常数。

③ InOut 是读写参数，用于将数据传递到被调用块进行处理，处理完成后，将处理结果传递到调用的块中。

④ Temp 是只能用于函数内部的中间变量（数据区 L），不参与数据的传递。临时变量在函数调用时生效，函数调用完成后，临时变量区的数据释放，所以临时变量不能存储中间数据。

⑤ Return 是返回值。

FC1 的接口参数如图 5-28 所示，该函数实现两台电动机的顺序启动控制，要求第一台电动机启动后，第二台电动机延时一段时间才启动，停止时同时停止。输入有启动、停止、过载保护，输出有电动机 2，输入输出有电动机 1。在“名称”列 Input 下面输入“启动”，数据类型默认为 Bool，按回车键进入下一行。按照同样的方法生成输入参数“停止”和“过载”。在“名称”列的 Output 下面生成参数“电动机 2”，数据类型默认为 Bool。由于输出“电动机 1”使用了自己的常开触点进行自锁，所以它既读又写，应作为 InOut 参数。定时器实际是函数块 FB，这里 FC 调用 FB，需要对定时器的背景数据块进行读写操作，定时器也应作为 InOut 参数。在指令列表中将 TON 定时器拖放到程序区，弹出“调用选项”，如图 5-29 所示，选择“参数实例”，接口参数中的名称为“定时器”，点击“确定”按钮，自动在 InOut 下生成参数“定时器”。在 Input 下再生成一个参数“延时时间”，作为定时器的设定值，数据类型修改为 Time。

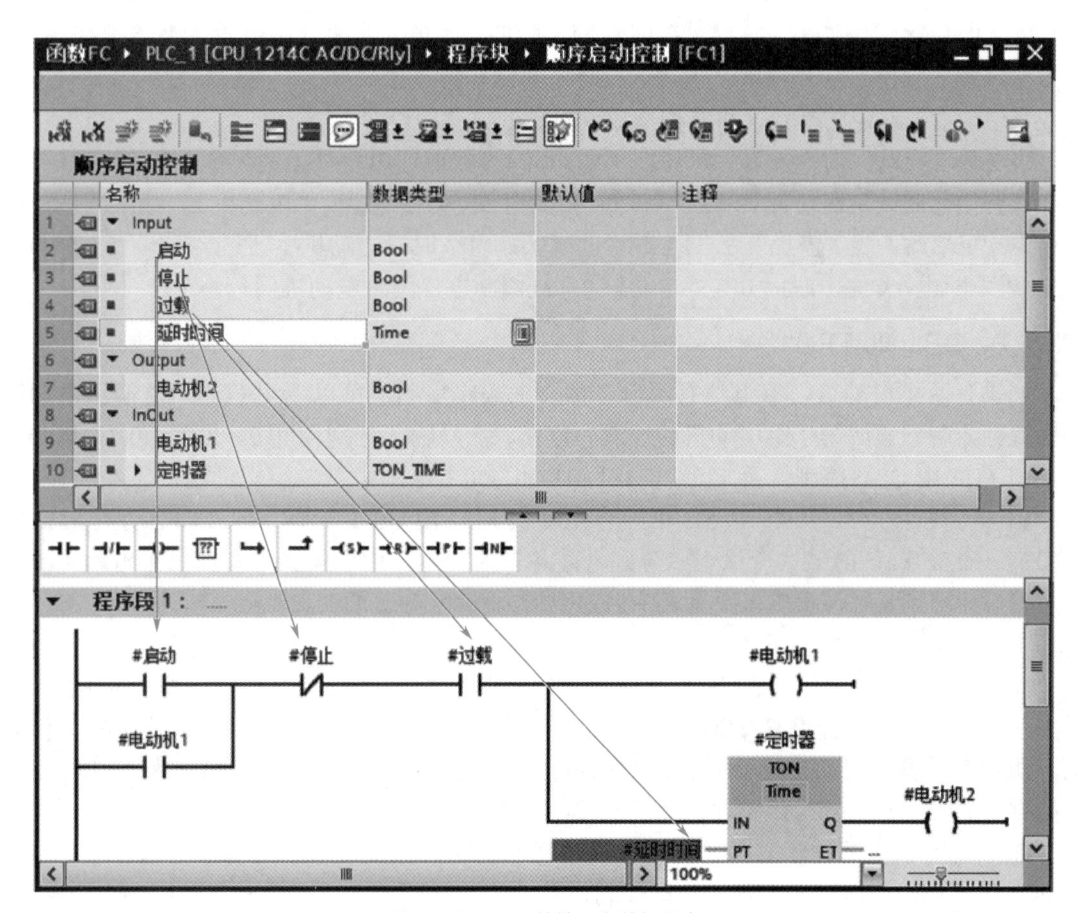

图 5-28　FC1 的接口参数与程序

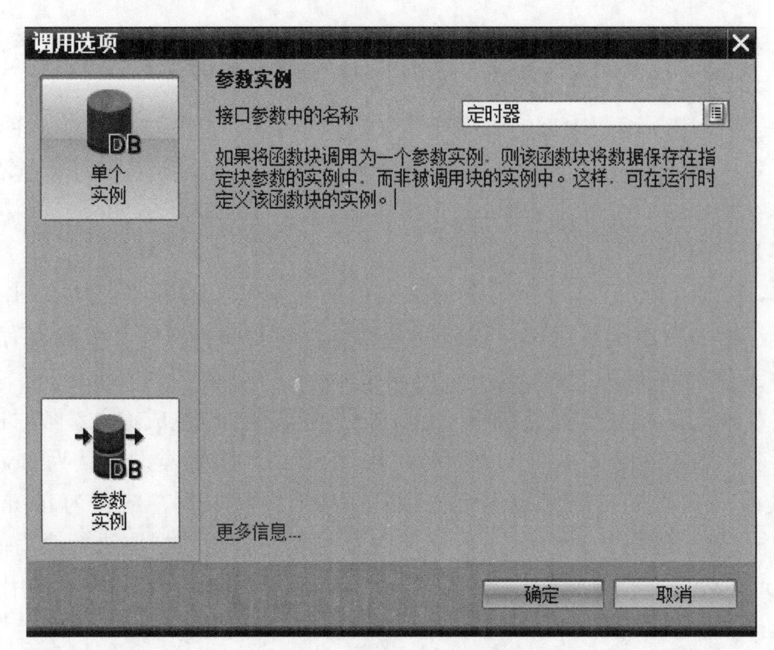

图 5-29　定时器的调用选项

（3）FC1 的程序设计

FC1 的程序见图 5-28 的程序区，过载保护接入热继电器的常闭触点，调用该函数时，参数“过载”应使用常开触点。正常运行时，其常开触点预先接通，为启动做准备。从接口参数表中，点击对应的参数，将它们拖放到对应的位置即可。

当参数“启动”的输入为“1”时，“电动机 1”线圈通电自锁，第一台电动机启动。“定时器”开始延时，延时时间为“延时时间”，延时到，Q 有输出，“电动机 2”线圈通电，第二台电动机启动。当“停止”为“1”或“过载”为“0”时,“电动机 1”线圈断电，自锁解除；“定时器”断电，Q 输出为“0”，“电动机 2”线圈断电，两台电动机同时停止。

5.3.1.2　OB1 调用 FC1

如果有两组电动机，每组都有两台，都要求顺序启动，可以调用 FC1 对这两组电动机分别进行控制。假如第一组电动机的过载、停止、启动输入分别为 I0.0、I0.1、I0.2，第一台电动机 M11 由 Q0.0 控制，第二台电动机 M12 由 Q0.1 控制；第二组电动机的过载、停止、启动输入分别为 I0.3、I0.4、I0.5，第一台电动机 M21 由 Q0.2 控制，第二台电动机 M22 由 Q0.3 控制。在 PLC 的默认变量表中分别创建各自的变量，由于第一组和第二组电动机的顺序启动都要用到延时，所以在变量表中创建数据类型为 Time 的变量“组 1 延时时间”和“组 2 延时时间”。

在项目树下双击“添加新块”，弹出的窗口中点击“数据块”，名称修改为“定时器 1”，类型从下拉列表中选择 IEC_TIMER，然后点击“确定”按钮，生成一个数据块 DB1，作为第一组电动机顺序启动定时器的背景数据块。用同样的方法，生成一个名称为“定时器 2”的数据块 DB2，作为第二组顺序启动定时器的背景数据块。

OB1 调用 FC1 的程序如图 5-30 所示，在项目树下，拖放两个 FC1 到程序段 1 中，左边的 FC1 用于第一组电动机的顺序启动控制，右边的 FC1 用于第二组电动机的顺序启动控制。点击 PLC 的默认变量表，从详细视图中，将变量分别拖放到对应位置。

在项目树下，依次展开“PLC_1”→“程序块”→“系统块”→“程序资源”，将“定时器 1[DB1]”拖放到左边 FC1 的参数“定时器”的位置，作为第一组顺序启动的定时器；将“定时器 2[DB2]”拖放到右边 FC1 的参数“定时器”的位置，作为第二组顺序启动的定时器。

在程序段 2 中，设定第一组电动机顺序启动的时间为 5s，第二组电动机顺序启动的时间为 10s。

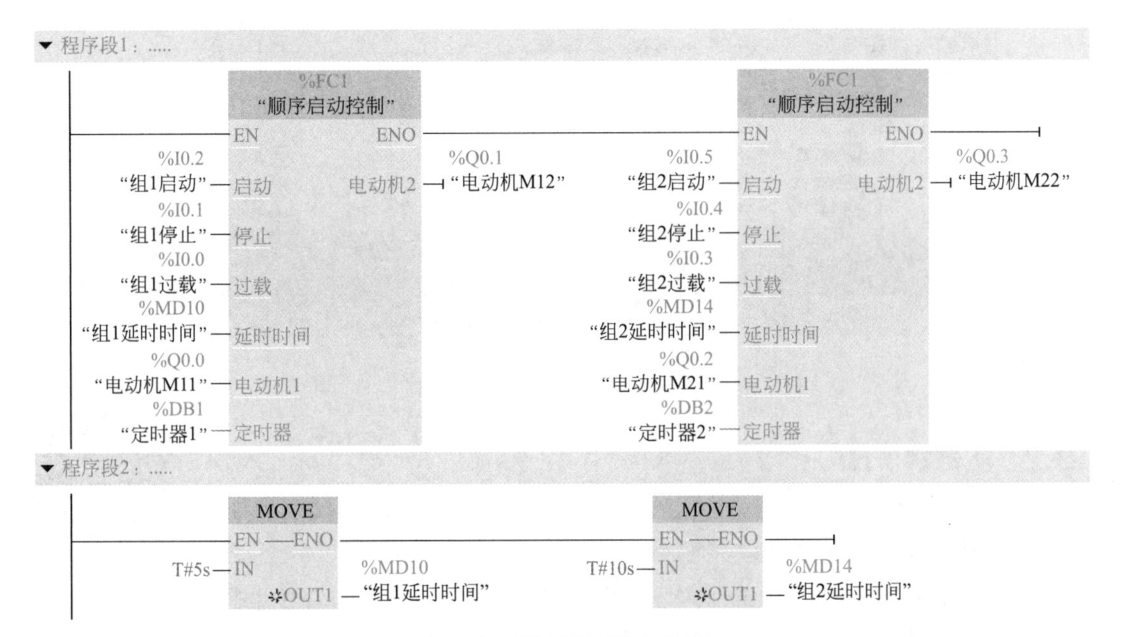

图 5-30　OB1 调用 FC1 的程序

5.3.1.3　仿真调试

在项目树下所建的项目上单击鼠标右键，选择“属性”。在打开的属性页面中，点击“保护”选项卡，选中“块编译时支持仿真”前的复选框。点击“PLC_1”，然后单击工具栏上的“启动仿真”按钮，打开 S7-PLCSIM。新建一个仿真项目，将其下载到仿真 PLC，使 PLC 进入 RUN 模式。在 SIM 表格下，双击“添加新的 SIM 表格”，添加一个“SIM 表格 _1”。在该表格的工具栏中单击“加载项目标签”按钮，将项目中所有的变量都添加到表格中，将不需要的条目删除，只保留如图 5-31 所示的条目。

首先选中条目“组 1 过载”后的复选框，然后点击条目“组 1 启动”，再单击下面的“组 1 启动”按钮，可以看到“电动机 M11”为 TRUE，经过 5s，“电动机 M12”为 TRUE，第一组电动机顺序启动完成。当点击条目“组 1 停止”的按钮或取消条目“组 1 过载”后的复选框中的“√”时，“电动机 M11”和“电动机 M12”均为 FALSE，第一组两台电动机同时停止。

选中条目“组 2 过载”后的复选框，然后点击条目“组 2 启动”，再单击下面的“组 2 启动”按钮，可以看到“电动机 M21”为 TRUE，经过 10s，“电动机 M22”为 TRUE，第二组电动机顺序启动完成。当点击条目“组 2 停止”的按钮或取消条目“组 2 过载”后的复选框中的“√”时，“电动机 M21”和“电动机 M22”均为 FALSE，第二组两台电动机同时停止。

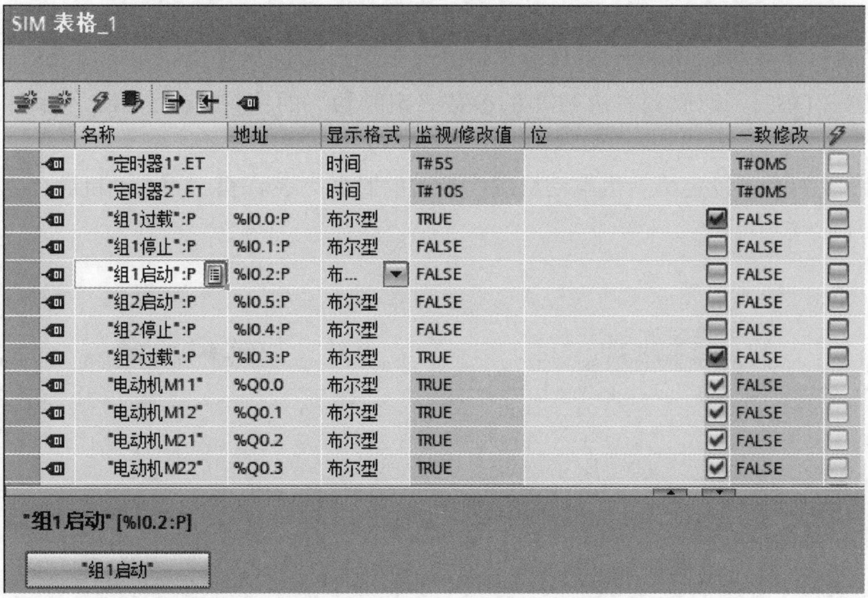

SIM 表格_1

名称	地址	显示格式	监视/修改值	位	一致修改
"定时器1".ET		时间	T#5S		T#0MS
"定时器2".ET		时间	T#10S		T#0MS
"组1过载":P	%I0.0:P	布尔型	TRUE		FALSE
"组1停止":P	%I0.1:P	布尔型	FALSE		FALSE
"组1启动":P	%I0.2:P	布...	FALSE		FALSE
"组2启动":P	%I0.5:P	布尔型	FALSE		FALSE
"组2停止":P	%I0.4:P	布尔型	FALSE		FALSE
"组2过载":P	%I0.3:P	布尔型	TRUE		FALSE
"电动机M11"	%Q0.0	布尔型	TRUE		FALSE
"电动机M12"	%Q0.1	布尔型	TRUE		FALSE
"电动机M21"	%Q0.2	布尔型	TRUE		FALSE
"电动机M22"	%Q0.3	布尔型	TRUE		FALSE

"组1启动" [%I0.2:P]

"组1启动"

图 5-31　函数 FC 应用的仿真

5.3.2　函数块 FB

扫一扫 看视频

5.3.2.1　函数块的生成与设计

函数块（FB）也称为“功能块”，是用户自己编写的程序块，FB 也具有形参，可以被其他程序块（OB、FB、FC）调用。FB 和 FC 的区别在于，FB 具有自己的存储区（背景数据块），可以将接口数据区（Temp 类型除外）以及函数块运算的中间数据存储于背景数据块中，其他逻辑程序可以直接使用背景数据块存储的数据。对于函数 FC，它没有自己的存储区，中间逻辑结果必须使用函数的输入、输出接口区存储，FC 执行完后，数据就不存在了。通常将函数块作为具有存储功能的函数使用，每调用一次分配一个背景数据块，将运算结果传递到背景数据块中存储，例如软件中提供的定时器，它实际就是一个函数块，使用时为每个定时器分配一个背景数据块，用于存储定时器的所有参数。

（1）生成函数块

打开博途软件的项目视图，创建一个新项目“5-3-2 函数块 FB”。双击项目树中的“添加新设备”，添加一块 CPU 1214C。展开项目树下的“PLC_1”→“程序块”，双击“添加新块”，打开“添加新块”对话框。单击其中的“函数块”图标，FB 默认的编号为 1，默认语言为 LAD（梯形图），修改函数名称为“压力测量”，点击“确定”按钮，在项目树的“程序块”下可以看到新生成的 FB1。

（2）函数块的设计

在新生成的 FB1 编程界面中，点击程序区标有“块接口”下面的▼按钮，打开块接口区，可以定义输入、输出等参数符号和数据类型。

FB 的接口参数表里有 Input（输入参数）、Output（输出参数）、InOut（输入 / 输出参数）、Static（静态数据）、Temp（临时数据）、Constant（常数），与 FC 大致相同，只不过多了一个 Static 参数，它用于存储中间过程值，不参与参数的传递。

FB1的接口参数如图5-32（a）所示，控制要求如下：用Input参数“启动”控制InOut参数“电动机”的启动，用Input参数“停止”和“过载”控制“电动机”的停止。将压力测量的模拟值（Input参数“模拟值”）转换为Output参数“压力值”输出，“压力值”限定在“压力上限”和“压力下限”之间。

编写的FB1程序如图5-32（b）所示，在程序段1中，“过载”的常开触点预先接通，当“启动”的常开触点接通时，“电动机”线圈通电自锁，电动机启动运行。当“停止”的常闭触点断开或“过载”的常开触点断开时，电动机停止。

在程序段2中，“电动机”的常开触点接通时，将“模拟值”（0～27648）标准化为0.0～1.0之间的值，然后再线性转换为范围在“压力下限”到“压力上限”之间的值存入“压力值”。

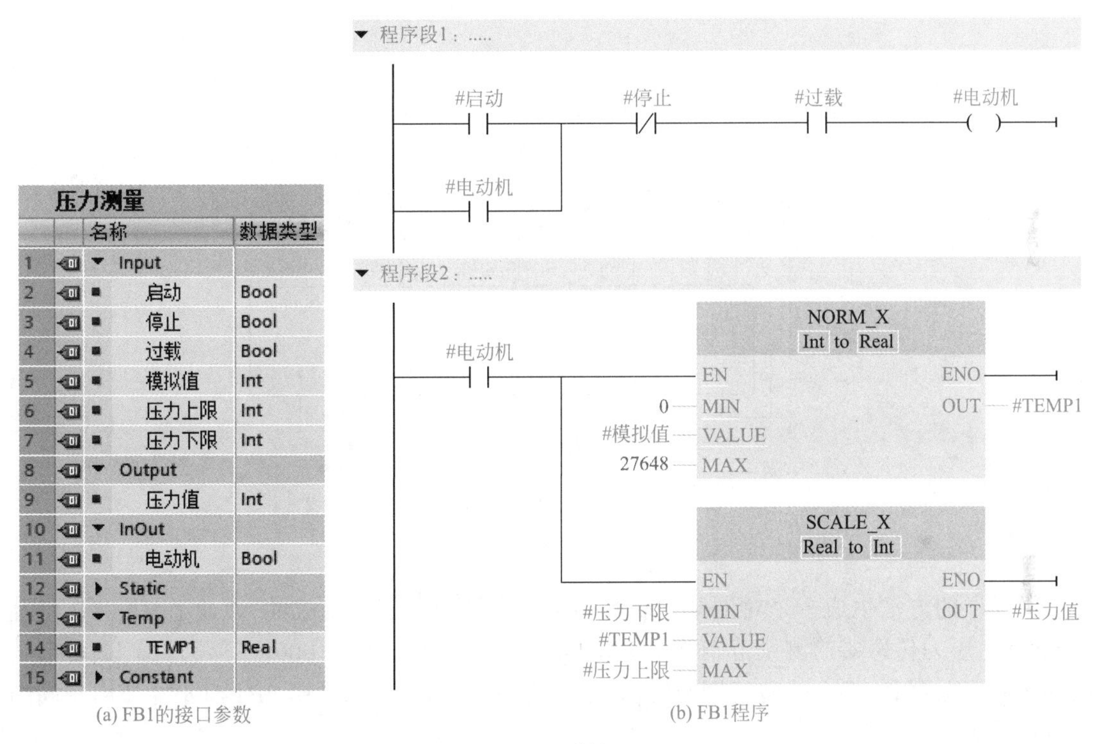

(a) FB1的接口参数　(b) FB1程序

图5-32　函数块FB1

5.3.2.2 函数块的调用

在项目树下，展开“PLC_1”→“程序块”，双击“Main[OB1]”，打开主程序OB1。将“程序块”下的“压力测量”函数块FB1拖放到程序区的水平横线上，在出现的“调用选项”对话框中，修改背景数据块的名称为“水泵DB”，点击“确定”按钮，自动生成了FB1的背景数据块DB1。在主程序OB1中调用的函数块如图5-33所示，该函数块是对水泵的控制，为各形参指定实参时，可以按照如图5-34所示的控制电路确定变量表或全局数据块中定义的符号地址。也可以使用绝对地址，然后在变量表中修改自动生成的绝对地址的符号名称。水泵的压力测量使用CPU 1214C集成的AI通道0，地址为IW64，输入电压范围0～10V。压力传感器的测量范围0～10kPa，输出电压0～10V，故压力上限设为10000，下限为0，测量值转换为压力值保存到MW100。

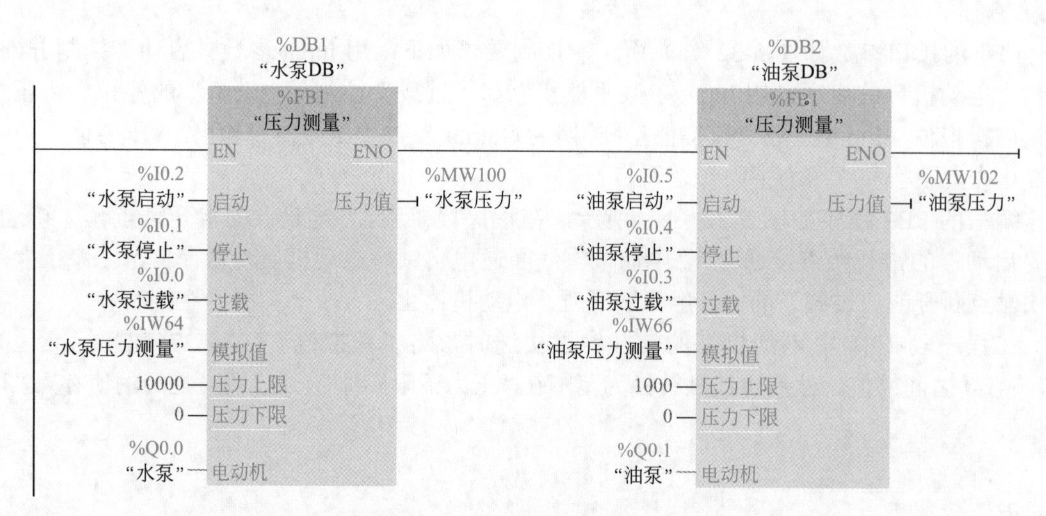

图 5-33　FB1 调用的函数块

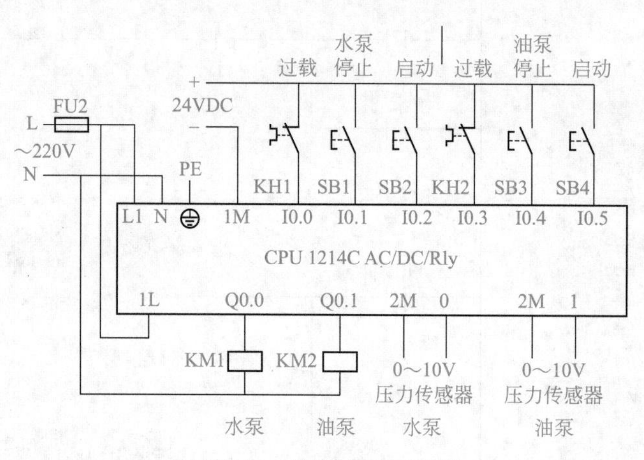

图 5-34　水泵和油泵控制电路

用同样的方法生成一个对油泵控制的函数块的调用，使用集成的 AI 通道 1，默认地址为 IW66，压力传感器的测量范围 0 ～ 1000Pa，设定压力上限为 1000，下限为 0，测量值转换为压力值保存到 MW102。特别应注意，水泵控制和油泵控制调用 FB1 时不能使用相同的背景数据块。

5.3.2.3　仿真调试

在项目树下所建的项目上单击鼠标右键，选择“属性”。在打开的属性页面中，点击“保护”选项卡，选中“块编译时支持仿真”前的复选框。点击“PLC_1”，然后单击工具栏上的“启动仿真”按钮，打开 S7-PLCSIM。新建一个仿真项目，将其下载到仿真 PLC，使 PLC 进入 RUN 模式。在 SIM 表格下，双击“添加新的 SIM 表格”，添加一个“SIM 表格 _1”。在该表格的工具栏中单击“加载项目标签”按钮，将项目中所有的变量都添加到表格中，将不需要的条目删除，只保留如图 5-35 所示的条目。

首先选中条目“水泵过载”后的复选框，然后点击条目“水泵启动”，再单击下面的“水泵启动”按钮，可以看到“水泵”为 TRUE，水泵启动。点击条目“水泵压力测量”，拖动下面的滑动块，改变其大小，可以看到“水泵压力”的值发生相应变化。当点击条目“水泵停止”的按钮或取消条目“水泵过载”后的复选框中的“ √ ”时，“水泵”为 FALSE，水泵停止。

名称	地址	显示格式	监视/修改值	位	一致修改
"水泵过载":P	%I0.0:P	布尔型	TRUE		☑ FALSE
"水泵停止":P	%I0.1:P	布尔型	FALSE		☐ FALSE
"水泵启动":P	%I0.2:P	布尔型	FALSE		☐ FALSE
"水泵压力测量":P	%IW64:P	DEC+/-	23329		0
"油泵启动":P	%I0.5:P	布尔型	FALSE		☐ FALSE
"油泵停止":P	%I0.4:P	布尔型	FALSE		☐ FALSE
"油泵过载":P	%I0.3:P	布尔型	TRUE		☑ FALSE
"油泵压力测量":P	%IW66:P	DEC+/-	23985		0
"油泵"	%Q0.1	布尔型	TRUE		☑ FALSE
"水泵"	%Q0.0	布尔型	TRUE		☑ FALSE
"水泵压力"	%MW100	DEC+/-	8438		0
"油泵压力"	%MW102	DEC+/-	868		0

"水泵压力测量" [%IW64:P]
最小值: -32768　　最大值: 32767

图 5-35　函数块应用仿真

选中条目“油泵过载”后的复选框，然后点击条目“油泵启动”，再单击下面的“油泵启动”按钮，可以看到“油泵”为TRUE，油泵启动。点击条目“油泵压力测量”，拖动下面的滑动块，改变其大小，可以看到“油泵压力”的值发生相应变化。当点击条目“油泵停止”的按钮或取消条目“油泵过载”后的复选框中的“√”时,“油泵”为FALSE，油泵停止。

5.3.2.4　处理调用错误

如果对函数块的接口参数进行了修改，例如将“压力值”修改为“测量压力”，在OB1中被调用的FB1的字符变为红色。右键单击出错的FB1，执行快捷菜单中的“更新块调用”命令，出现如图5-36所示的“接口同步”对话框，显示出原有的块接口和参数修改后的新的块接口。点击“确定”按钮，对话框自动消失，OB1中调用的FB1被修改为新的接口，FB1的红色字符也变为黑色。

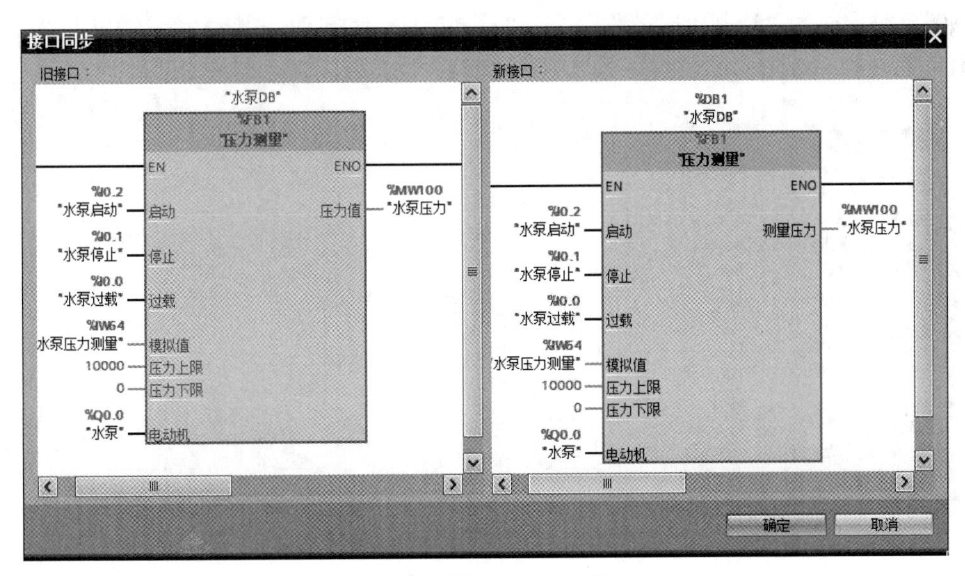

图 5-36　“接口同步”对话框

5.3.3 函数块的多重背景

扫一扫 看视频

5.3.3.1 使用系统函数块的多重背景

每次调用函数块 FB 时需要分配一个背景数据块，这将影响数据块 DB 的使用资源，如果将多个 FB 块作为一个 FB 块的形参调用，最后主 FB 块在 OB 块中调用时就会生成一个总的背景数据块，这个背景数据块称为多重背景数据块。IEC 定时器和计数器实际上是函数块，具有各自的背景数据块，在 FB 块中被调用时，可以作为形参使用，那么该 FB 块生成的数据块就是一个多重背景数据块。

（1）函数块的生成与设计

FB1 的控制要求如下：某设备有主电机和冷却风机，启动时，主电机和冷却风机同时启动；停止时，主电机先停，冷却风机延时一定时间再停。

打开博途软件的项目视图，创建一个新项目“5-3-3 函数块的多重背景 1”。双击项目树中的“添加新设备”，添加一块 CPU 1214C。展开项目树下的“PLC_1”→“程序块”，双击“添加新块”，打开“添加新块”对话框。单击其中的“函数块”图标，FB 默认的编号为 1，默认语言为 LAD（梯形图），修改函数名称为“电动机控制”，点击“确定”按钮，在项目树的“程序块”下可以看到新生成的 FB1。

FB1 的接口参数如图 5-37（a）所示，先不建立静态参数“冷却定时器”，编写程序时会自动生成。FB1 程序如图 5-37（b）所示，从右边指令列表中将定时器 TOF 拖放到程序区的对应位置，会自动弹出“调用选项”对话框，如图 5-38 所示，点击“多重实例”，接口参数中的名称修改为“冷却定时器”，点击“确定”按钮，在接口区可以看到“Static”下自动生成了“冷却定时器”的参数。

在该程序中，参数“过载”预先设为“1”，当参数“启动”为“1”时，“主电机”线圈通电自锁，定时器 TOF 同时通电，其 Q 端有输出，“冷却风机”线圈通电，主电机和冷却风机同时启动。当参数“停止”为“1”或“过载”为“0”时，“主电机”线圈断电停止，同时，关断延时定时器“冷却定时器”，经过“冷却时间”的延时，其 Q 端无输出，“冷却风机”线圈断电停止。

电动机控制

	名称	数据类型
1	▼ Input	
2	启动	Bool
3	停止	Bool
4	过载	Bool
5	冷却时间	Time
6	▼ Output	
7	冷却风机	Bool
8	▼ InOut	
9	主电机	Bool
10	▼ Static	
11	▶ 冷却定时器	TOF_TIME
12	▶ Temp	
13	▶ Constant	

(a) FB1的接口参数

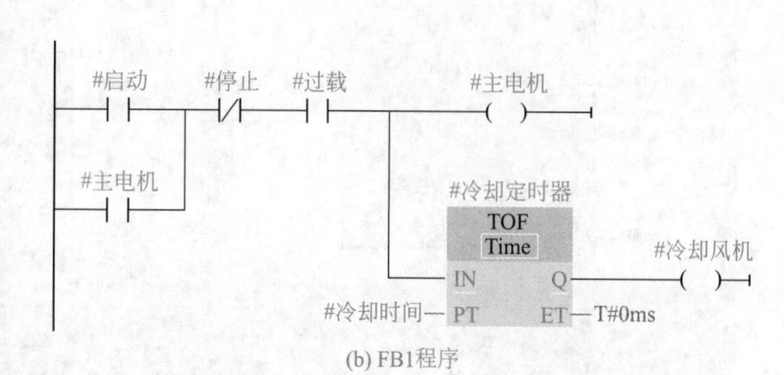

(b) FB1程序

图 5-37 “电动机控制”函数块 FB1

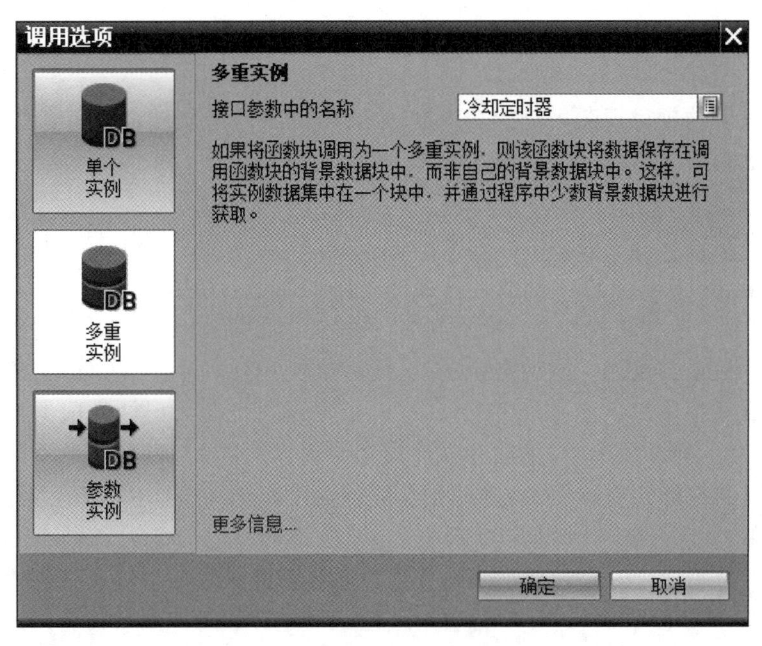

图 5-38　多重背景的“调用选项”对话框

（2）OB1 调用函数块 FB1

在项目树下，展开“PLC_1”→“程序块”，双击“Main[OB1]”，打开主程序 OB1。将“程序块”下的函数块“电动机控制 [FB1]”拖放到程序区的水平横线上，在出现的“调用选项”对话框中，背景数据块的名称默认为“电动机控制 _DB”，点击“确定”按钮，自动生成了 FB1 的背景数据块。在 OB1 中调用函数块的程序如图 5-39 所示，为各个形参指定对应的实参即可。

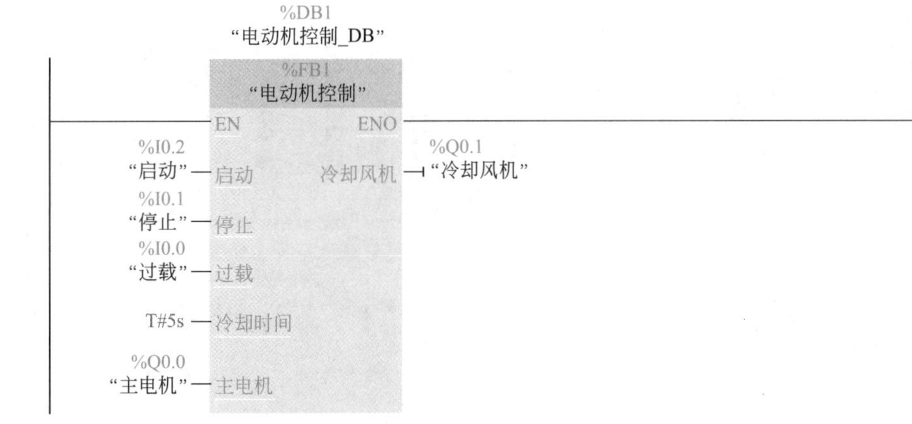

图 5-39　电动机控制程序 OB1

5.3.3.2　使用用户函数块的多重背景

（1）函数块的生成与设计

扫一扫 看视频

控制要求如下：某系统有两台设备，均有主电机和冷却风机。当按下启动按钮时，1 号设备启动，延时 20s，2 号设备启动。当按下停止按钮时，1 号设备主电机停止，延时 5s，冷却风机再停止；同时，2 号设备主电机停止，延时 10s，冷却风机再停止。

打开博途软件的项目视图，创建一个新项目“5-3-3 函数块的多重背景 2”。双击项目树中的“添加新设备”，添加一块 CPU 1214C，生成一个与图 5-37 相同的名称为“电动机控制”的函数块 FB1。

为了实现多重背景，生成一个名为“多台设备控制”的函数块 FB2。从项目树的程序块下将函数块“电动机控制”FB1 拖放到程序区，自动弹出“调用选项”对话框，选择“多重实例”，接口参数的名称修改为“1 号设备”，在接口区的“Static”下自动生成了一个“1 号设备”的参数，数据类型为“电动机控制”（即函数块 FB1），用同样的方法生成参数“2 号设备”。“多台设备控制”的函数块 FB2 如图 5-40 所示，上部为已经生成的接口区，下部为程序区。将接口区参数“启动”拖放到程序段 1 中“1 号设备”函数块的“启动”位置，先启动 1 号设备。将接通定时器 TON 拖放到程序段 2 中，当“1 号主电机”常开触点接通时，定时器开始延时。展开接口区参数“定时器”，从它下面将输出“Q”拖放到“2 号设备”函数块的“启动”位置，延时到，启动 2 号设备。从接口区将参数“停止”和“过载”拖放到这两个函数块的“停止”和“过载”位置，停止或发生过载时，两台设备同时停止。然后连接其余的输入输出参数。

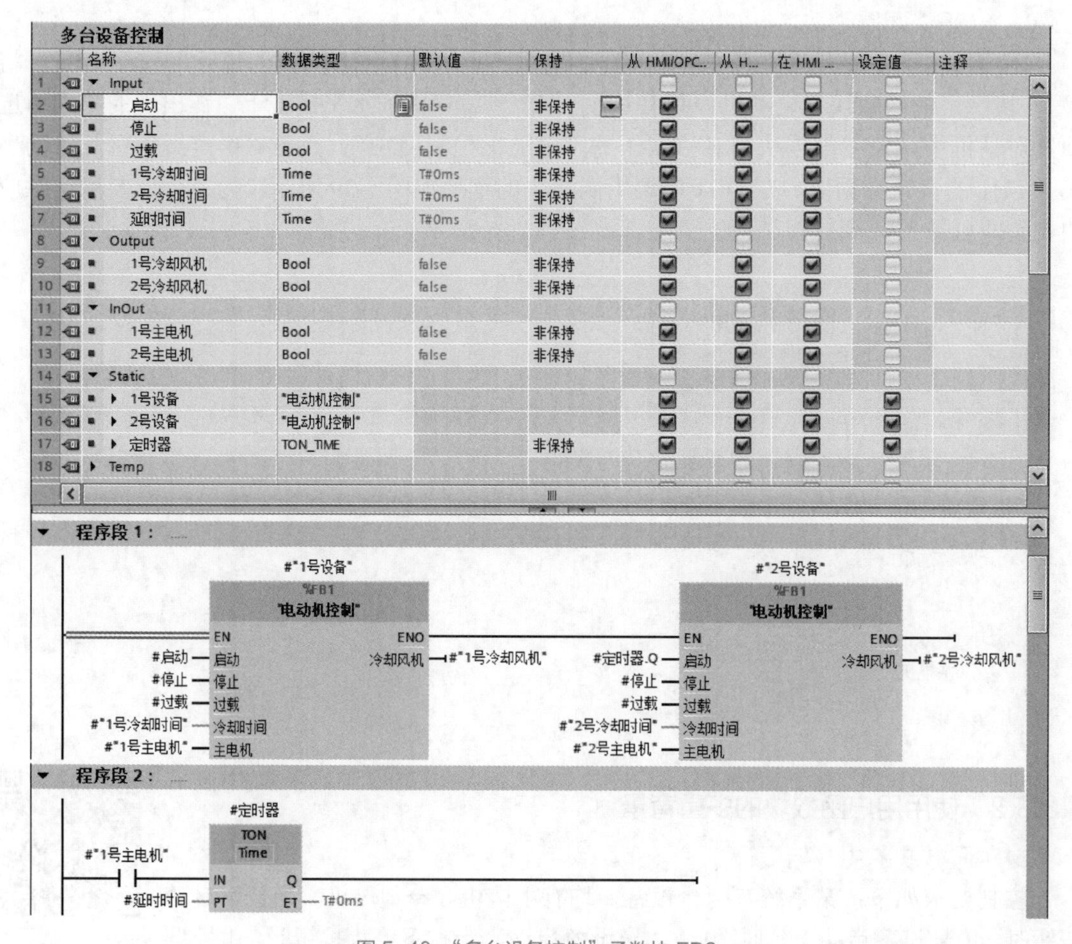
多台设备控制

	名称	数据类型	默认值	保持	从 HMI/OPC...	从 H...	在 HMI ...	设定值	注释
1	▼ Input				☐	☐	☐	☐	
2	启动	Bool	false	非保持	☑	☑	☑	☐	
3	停止	Bool	false	非保持	☑	☑	☑	☐	
4	过载	Bool	false	非保持	☑	☑	☑	☐	
5	1号冷却时间	Time	T#0ms	非保持	☑	☑	☑	☐	
6	2号冷却时间	Time	T#0ms	非保持	☑	☑	☑	☐	
7	延时时间	Time	T#0ms	非保持	☑	☑	☑	☐	
8	▼ Output				☐	☐	☐	☐	
9	1号冷却风机	Bool	false	非保持	☑	☑	☑	☐	
10	2号冷却风机	Bool	false	非保持	☑	☑	☑	☐	
11	▼ InOut				☐	☐	☐	☐	
12	1号主电机	Bool	false	非保持	☑	☑	☑	☐	
13	2号主电机	Bool	false	非保持	☑	☑	☑	☐	
14	▼ Static				☐	☐	☐	☐	
15	▸ 1号设备	"电动机控制"			☑	☑	☑	☑	
16	▸ 2号设备	"电动机控制"			☑	☑	☑	☑	
17	▸ 定时器	TON_TIME		非保持	☑	☑	☑	☑	
18	▸ Temp				☐	☐	☐	☐	

图 5-40 “多台设备控制”函数块 FB2

（2）OB1调用函数块FB2

打开主程序OB1，从项目树的程序块下将函数块“多台设备控制[FB2]”拖放到程序编辑区，弹出“调用选项”对话框，背景数据块的名称为“多台设备控制_DB”，点击“确定”按钮，自动生成了FB2的背景数据块DB1。在OB1中调用函数块的程序如图5-41所示，为各个形参指定对应的实参即可。

%DB1
“多台设备控制_DB”

%FB2
“多台设备控制”

EN　ENO
%I0.2 “启动”—启动　1号冷却风机—%Q0.1 “1号冷却风机”
%I0.1 “停止”—停止　2号冷却风机—%Q0.3 “2号冷却风机”
%I0.0 “过载”—过载
T#5s—1号冷却时间
T#10s—2号冷却时间
T#20s—延时时间
%Q0.0 “1号主电机”—1号主电机
%Q0.2 “2号主电机”—2号主电机

图5-41　多台设备控制的OB1程序

5.4 日期和时间操作

扫一扫 看视频

5.4.1 日期和时间的数据类型

日期和时间的数据类型有Time（32位）、Time_Of_Day（32位）、Date（16位）和DTL（12个字节），DTL（日期和时间）结构的元素见表5-4，可以在全局数据块或块的接口区定义DTL变量。

表5-4　DTL结构的元素

组件	字节	字节数	数据类型	取值范围	组件	字节	字节数	数据类型	取值范围
YEAR（年）	0	2	UInt	1970～2262	MINUTE（分）	6	1	USInt	0～59
	1				SECOND（秒）	7	1	USInt	0～59
MONTH（月）	2	1	USInt	1～12	NANSECOND（纳秒）	8	4	UDInt	0～999999999
DAY（日）	3	1	USInt	1～31		9			
WEEKDAY（星期）	4	1	USInt	1～7（星期日～星期六）		10			
HOUR（小时）	5	1	USInt	0～23		11			

5.4.2 日期和时间指令

（1）T_CONV 指令

打开程序编辑器，在右边的指令列表下，展开“扩展指令”→“日期和时间”，可以查看日期和时间指令。“转换时间并提取”指令 T_CONV 用于整数和日期时间数据类型之间的转换，将 IN 输入参数的数据类型转换为 OUT 上输出的数据类型，从输入和输出的指令框中可以选择转换的数据格式。

（2）T_ADD 指令和 T_SUB 指令

“时间加运算”指令 T_ADD 是将时间信息 IN1 的值与时间信息 IN2 的值相加，结果从 OUT 输出，可以将 Time、DTL 或 Time_Of_Day 类型与 Time 类型的时间相加。“时间相减”指令 T_SUB 是将时间信息 IN1 的值与时间信息 IN2 的值相减，结果从 OUT 输出，可以将 Time、DTL 或 Time_Of_Day 类型与 Time 类型的时间相减。

（3）T_DIFF 指令和 T_COMBINE 指令

“时间值相减”指令 T_DIFF 是将 IN1 输入参数中的时间值减去 IN2 输入参数中的时间值，结果发送到输出参数 OUT 中，输入参数类型有 DTL、Date、Time_Of_Day，输出参数类型有 Time 和 Int。“组合时间”指令 T_COMBINE 用于将日期值和时间值合并生成一个日期时间值，输入参数 IN1 的数据类型为 Date，IN2 的数据类型为 Time_Of_Day，输出参数 OUT 的数据类型为 DTL。

日期和时间指令的应用如图 5-42 所示，在程序段 1 中，提取日期时间 2020-2-2-13:48:00 的日时间 13:48:00。在程序段 2 中，将日期时间 2020-2-2-13:48:00 加上 5h，输出为 2020-2-2-18:48:00；将日时间 13:48:00 减去时间 20min30s，输出为 13:27:30。在程序段 3 中，将日期 2020-2-2 减去日期 2019-2-2，结果为 365 天；将日期 2020-2-2 与日时间 13:50:50 组合为日期时间 2020-2-2-13:50:50。

5.4.3 时钟功能指令

系统时间是世界标准时间，本地时间是根据当地时区设置的本地标准时间。不使用夏令时，我国的本地时间（北京时间）比系统时间多 8 个小时。在组态 CPU 时，依次点击“属性”→“常规”→“时间”，选择本地时间为北京时间，不使用夏令时。

“读取时间”指令 RD_SYS_T 是读取 CPU 时钟的当前系统日期和时间；“读取本地时间”指令 RD_LOC_T 是从 CPU 时钟读取当前本地时间；“设置时间”指令 WR_SYS_T 可设置 CPU 时钟的系统日期和时间；“写入本地时间”指令 WR_LOC_T 用于设置 CPU 时钟的本地日期和时间。

“设置时区”指令 SET_TIMEZONE 用于设置本地时区夏令时 / 标准时间切换的参数，执行指令 SET_TIMEZONE 需定义 TimeTransformationRule 系统数据类型的相应参数。

“运行时间定时器”指令 RTM 用于 CPU 的 32 位运行小时计数器的设置、启动、停止和读取操作。

时钟功能指令的应用程序如图 5-43 上部所示。首先，生成全局数据块“数据块 _1” DB1 并创建数据类型为 DTL 的变量“系统时间”“本地时间”“设置系统时间”和“设置本地时间”，然后编写程序。

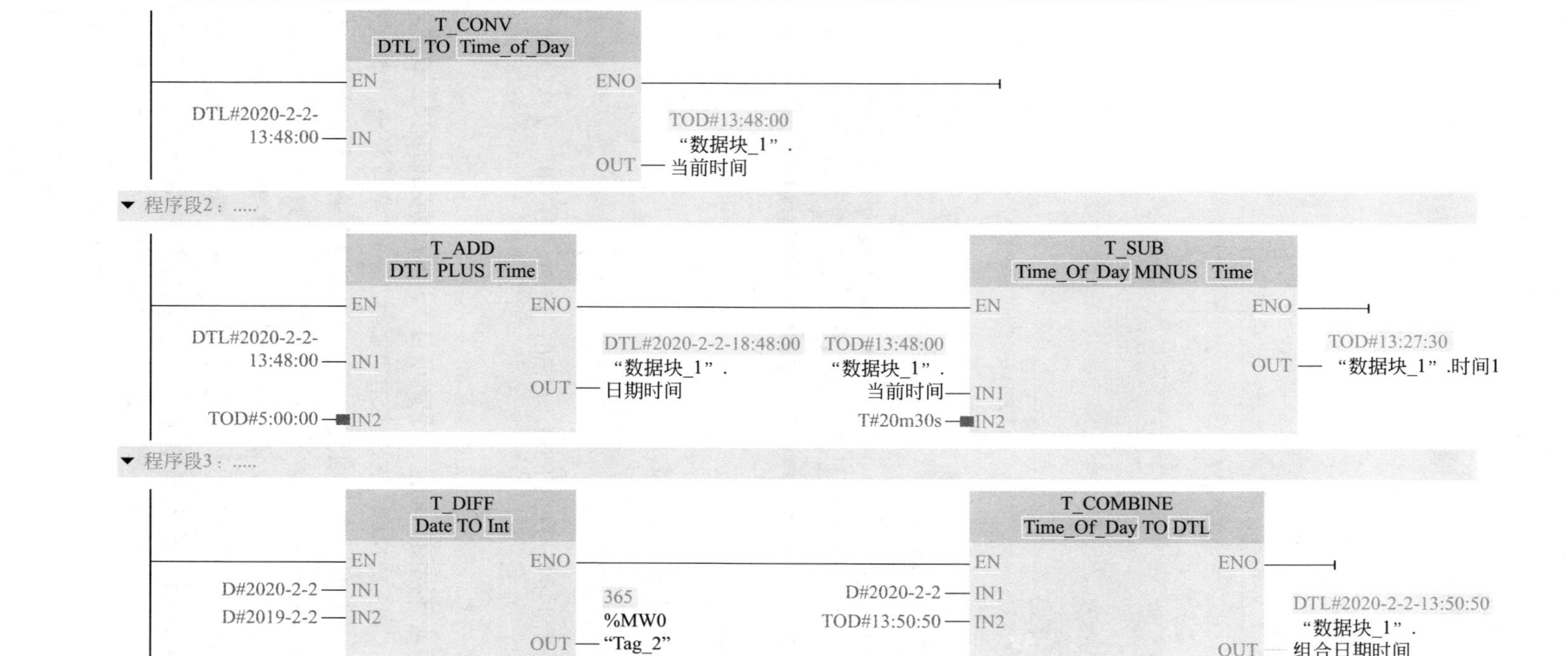

图5-42 日期和时间指令的应用

先使程序段 3 中的 M10.2 通断一次，设置本地时间为 2020-06-04-08:04:00，参数 DST 为“1”时使用夏令时，为“0”时不使用夏令时。再使程序段 1 中的 M10.0 通断一次，读取系统时间和本地时间，监视“数据块_1”，监视值如图 5-43 的下部所示。从中可以看出，系统时间和本地时间相差 8h。

也可以使程序段 2 中的 M10.1 通断一次，修改系统时间，观察下部的系统时间和本地时间。

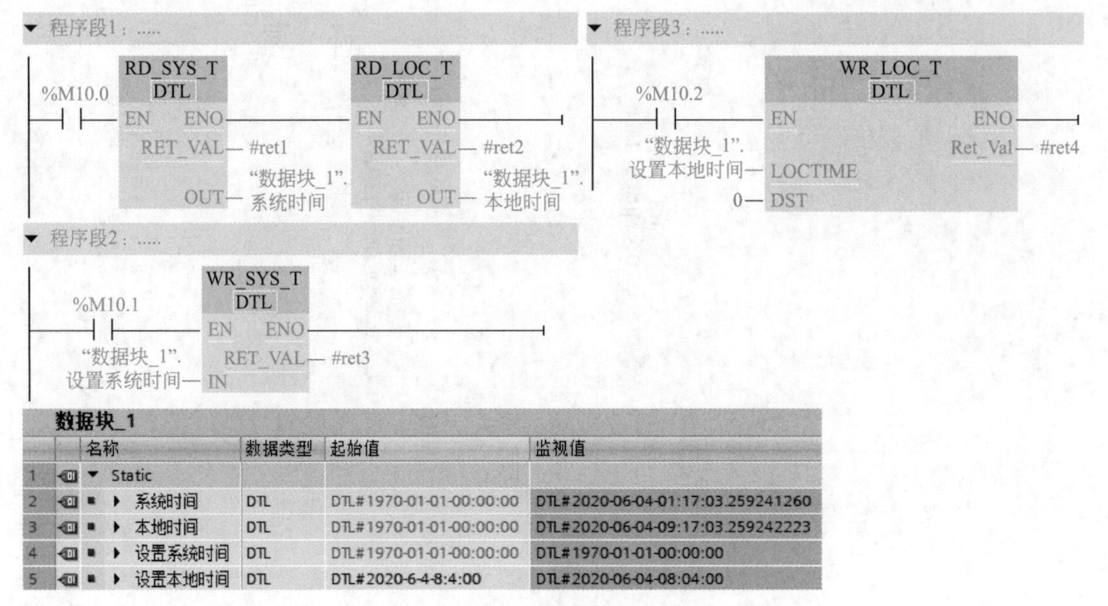

数据块_1

	名称	数据类型	起始值	监视值
1	▼ Static			
2	▸ 系统时间	DTL	DTL#1970-01-01-00:00:00	DTL#2020-06-04-01:17:03.259241260
3	▸ 本地时间	DTL	DTL#1970-01-01-00:00:00	DTL#2020-06-04-09:17:03.259242223
4	▸ 设置系统时间	DTL	DTL#1970-01-01-00:00:00	DTL#1970-01-01-00:00:00
5	▸ 设置本地时间	DTL	DTL#2020-6-4-8:4:00	DTL#2020-06-04-08:04:00

图 5-43　读写时钟指令

5.4.4　日期和时间的应用实例

（1）控制要求

设某单位作息响铃时间分别为 8:00，11:50，14:20，18:30，周六、周日不响铃，响铃时间为 1min。

（2）函数的生成与设计

打开博途软件的项目视图，创建一个新项目“5-4 日期和时间”。双击项目树中的“添加新设备”，添加一块 CPU 1214C。依次点击“属性”→“常规”→“时间”，选择本地时间为北京时间，不使用夏令时。展开项目树下的“PLC_1”→“程序块”，双击“添加新块”，打开“添加新块”对话框（见图 5-7）。单击其中的“函数块”图标，FB 默认的编号为 1，默认语言为 LAD（梯形图），修改名称为“响铃到”，点击“确定”按钮。

在新生成的函数块 FB 中，要比较作息时间与系统日期时间，如果系统日期时间到了作息时间，要响铃 1min。所以输入参数应有“日期时间”（数据类型 DTL）、“第 1 次响铃时间”～“第 4 次响铃时间”（数据类型 TOD）和输出参数“响铃”（数据类型 Bool）。脉冲定时器 TP 作为多重背景 DB 实现 1min 的响铃输出。FB 的接口参数如图 5-44 左边所示，编写的程序如图 5-44 右边所示。在程序段 1 中，提取“日期时间”的日时间到临时变量“天时间”中。在程序段 2 中，将提取的“天时间”与各个作息时间相比较，如果时间到（“天时间”大于等于作息时间的上升沿），定时器 TP 的 Q 端输出 1min，进行响铃。这里脉冲指令 P_TRIG 的 P1 ～ P4 要使用静态变量，不能使用临时变量。

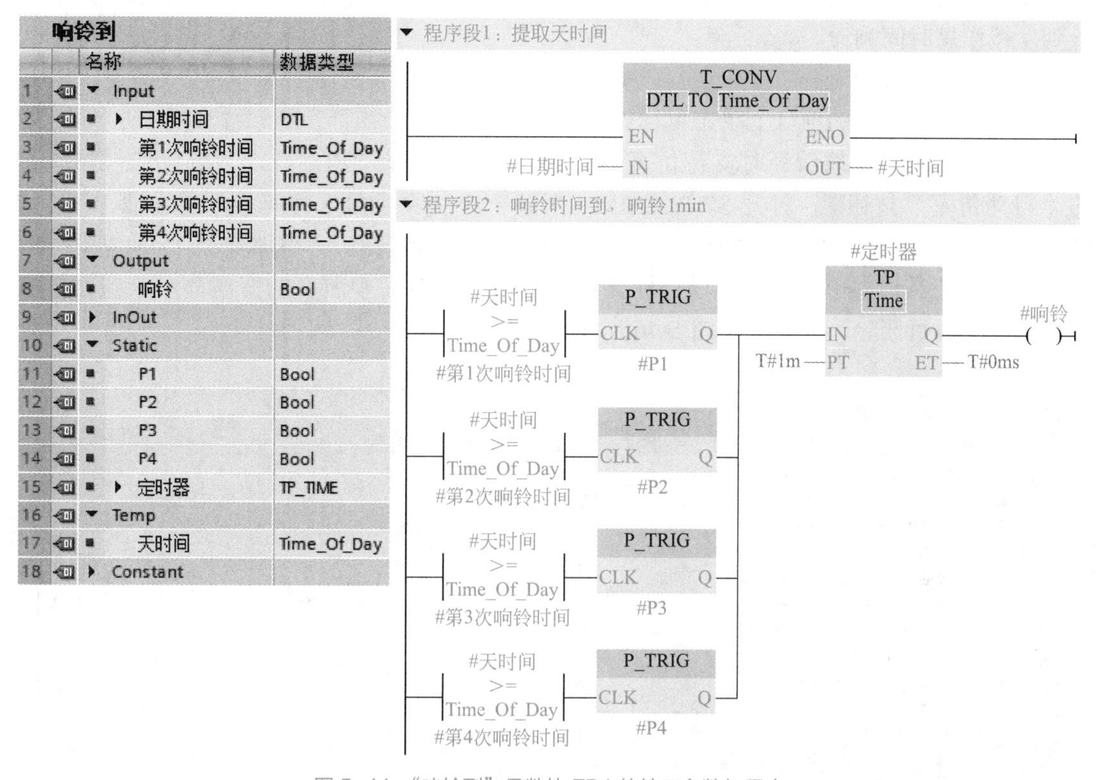

响铃到

	名称	数据类型
1	▼ Input	
2	▸ 日期时间	DTL
3	第1次响铃时间	Time_Of_Day
4	第2次响铃时间	Time_Of_Day
5	第3次响铃时间	Time_Of_Day
6	第4次响铃时间	Time_Of_Day
7	▼ Output	
8	响铃	Bool
9	▸ InOut	
10	▼ Static	
11	P1	Bool
12	P2	Bool
13	P3	Bool
14	P4	Bool
15	▸ 定时器	TP_TIME
16	▼ Temp	
17	天时间	Time_Of_Day
18	▸ Constant	

图 5-44　“响铃到”函数块 FB1 的接口参数与程序

(3) 主程序 OB1

日期时间类型的变量不能在 PLC 的变量表中创建，所以我们要先建一个全局数据块。在项目树的程序块下，双击“添加新块”，添加一个全局数据块“数据块_1[DB1]”。在 DB1 中生成两个 DTL 类型的变量“读取日期时间”和“设置日期时间”。然后编写如图 5-45 所示的程序。

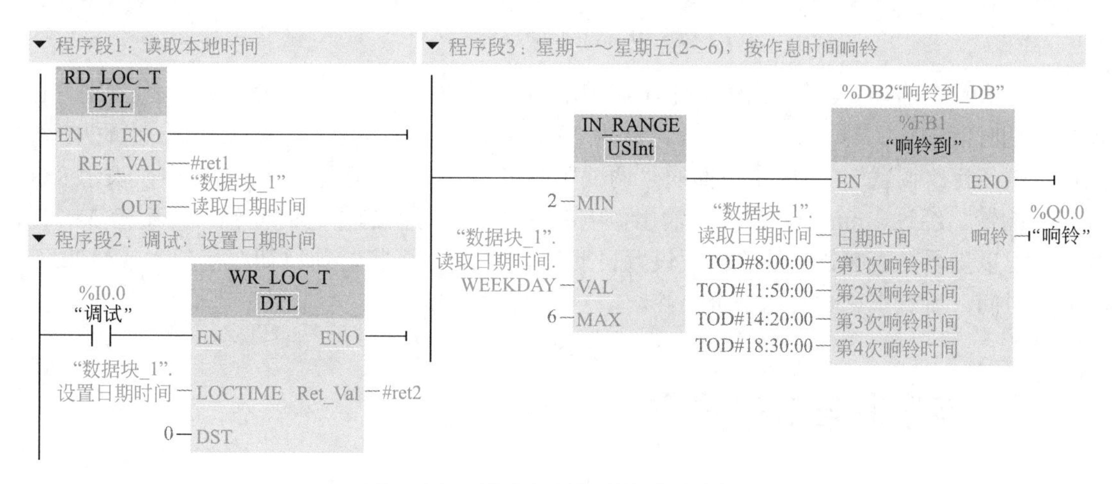

图 5-45　日期时间应用实例的主程序 OB1

在程序段 1 中，读取本地时间到数据块的变量“读取日期时间”中。

在程序段 2 中，为了调试方便，增加了设置日期时间程序。

在程序段 3 中，判断星期是否在 2 ～ 6（即星期一～星期五），如果是，调用函数块“响铃到”按作息时间响铃。

（4）仿真调试

在项目树下所建的项目上单击鼠标右键，选择“属性”。在打开的属性页面中，点击“保护”选项卡，选中“块编译时支持仿真”前的复选框。点击“PLC_1”，然后单击工具栏上的“启动仿真”按钮，打开 S7-PLCSIM。新建一个仿真项目，将其下载到仿真 PLC，使 PLC 进入 RUN 模式。在 SIM 表格下，双击“添加新的 SIM 表格”，添加一个“SIM 表格 _1”。在该表格的工具栏中单击“加载项目标签”按钮，将项目中所有的变量都添加到表格中，将不需要的条目删除，只保留如图 5-46 所示的条目。

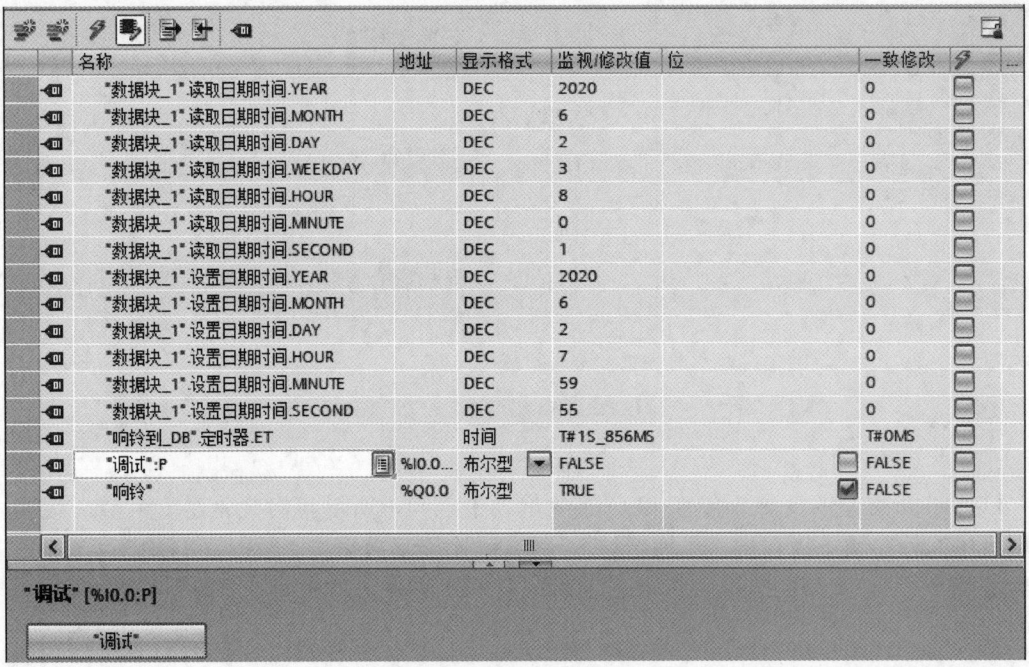

名称	地址	显示格式	监视/修改值	位	一致修改
"数据块_1".读取日期时间.YEAR		DEC	2020		0
"数据块_1".读取日期时间.MONTH		DEC	6		0
"数据块_1".读取日期时间.DAY		DEC	2		0
"数据块_1".读取日期时间.WEEKDAY		DEC	3		0
"数据块_1".读取日期时间.HOUR		DEC	8		0
"数据块_1".读取日期时间.MINUTE		DEC	0		0
"数据块_1".读取日期时间.SECOND		DEC	1		0
"数据块_1".设置日期时间.YEAR		DEC	2020		0
"数据块_1".设置日期时间.MONTH		DEC	6		0
"数据块_1".设置日期时间.DAY		DEC	2		0
"数据块_1".设置日期时间.HOUR		DEC	7		0
"数据块_1".设置日期时间.MINUTE		DEC	59		0
"数据块_1".设置日期时间.SECOND		DEC	55		0
"响铃到_DB".定时器.ET		时间	T#1S_856MS		T#0MS
"调试":P	%I0.0...	布尔型	FALSE	☐	FALSE
"响铃"	%Q0.0	布尔型	TRUE	☑	FALSE

"调试" [%I0.0:P]

"调试"

图 5-46　日期时间实例仿真

点击 SIM 表格工具栏中的按钮，启用非输入修改。在“监视 / 修改值”列分别修改设置日期时间的年、月、日、时、分、秒为 2020-6-2-7:59:55，该日期为星期二，允许响铃。然后点击条目“调试”，再单击下面的“调试”按钮，经过 5s，看到 Q0.0 有输出，表示 8:00 到开始响铃。经过 1min，Q0.0 没有输出，响铃结束。将每次的作息时间修改为提前 5s，时间到，可以查看是否响铃。然后修改设置日期时间的 DAY 条目，使日期在星期六或星期日，再修改时间，看看作息时间到是否响铃。

5.5 字符串与字符操作

String（字符串）数据被存储成 2 个字节的表头后跟最多 254 个 ASCII 码字符组成的字

符字节。第一个字节是初始化字符串时方括号中给出的最大长度，默认值为254；第二个字节是当前长度，即字符串中的有效字符数。当前长度必须小于或等于最大长度，String格式占用的存储字节数比最大长度大2个字节。

WString（宽字符串）最大长度为65536个字，前两个字是用来存储宽字符串长度信息，所以最多包含65534个字。宽字符串第1个字表示字符串中定义的最大字符长度，第2个字表示当前宽字符串中有效宽字符的个数，从第3个字开始为宽字符串中第1个有效字。

本节的指令中字符串的数据类型可以是String或WString。

5.5.1 字符串转换指令

5.5.1.1 定义字符串

执行字符串指令时，应先定义字符串。不能在变量表中定义字符串，只能在全局数据块或代码块的接口区定义它。

生成符号名为“数据块_1”的数据块DB1，在项目树的程序块下的新生成的“数据块_1[DB1]”上单击鼠标右键，选择“属性”，取消它的“优化的块访问”属性，可以用绝对地址访问它。定义变量“字符串1”～“字符串6”和字符数组，如图5-47所示，定义字符串的数据类型时，可以直接输入“String[20]”，表示其最大长度为20个字符，加上两个头部字节，共22个字节。DB1中的变量定义完之后，点击工具栏中的编译按钮，在偏移量列显示其偏移地址。“字符串1”的起始地址为DBB0，“字符串2”的起始地址为DBB22。如果字符串的数据类型为String（没有方括号），每个字符串变量将占用256个字节。

数据块_1

	名称	数据类型	偏移量	起始值	监视值
1	▼ Static				
2	字符串1	String[20]	0.0	'abcdefg'	' -123g'
3	字符串2	String[20]	22.0	'4567.89'	'4567.89'
4	字符串3	String[20]	44.0	'ABCDEFG'	'ABCDEFG'
5	字符串4	String[20]	66.0	'volt= V'	'volt=+1234.57 V'
6	字符串5	String[20]	88.0	''	'CDE'
7	字符串6	String[20]	110.0	''	'04589DFA'
8	▼ 字符	Array[0..20...	132.0		
9	字符[0]	Char	132.0	' '	' '
10	字符[1]	Char	133.0	' '	'A'
11	字符[2]	Char	134.0	' '	'B'
12	字符[3]	Char	135.0	' '	'C'
13	字符[4]	Char	136.0	' '	'D'
14	字符[5]	Char	137.0	' '	'E'
15	字符[6]	Char	138.0	' '	'F'
16	字符[7]	Char	139.0	' '	'G'

图5-47 数据块DB1中的字符串和字符变量

5.5.1.2 转换指令

（1）S_CONV指令

字符串和字符指令在扩展指令中可以找到。“转换字符串”指令S_CONV是将IN输入中的值转换为OUT输出中指定的数据格式，通过选择OUT输出参数的数据类型，确定转换的输出格式。它可以将一个数值或字符转换为字符串，或者将一个字符串转换为数值或字符。

① 字符串转换为数值　使用S_CONV指令将字符串转换为整数或浮点数时，允许的字符包括数字0～9、小数点以及正负号。如果输出的数值超过OUT指定的数据类型范围，OUT输出为0。转换浮点数时不能使用指数计数法（带“e”或“E”）。图5-48左边的S_CONV指令将字符串'12345.6'换为浮点数输出到MD10中。

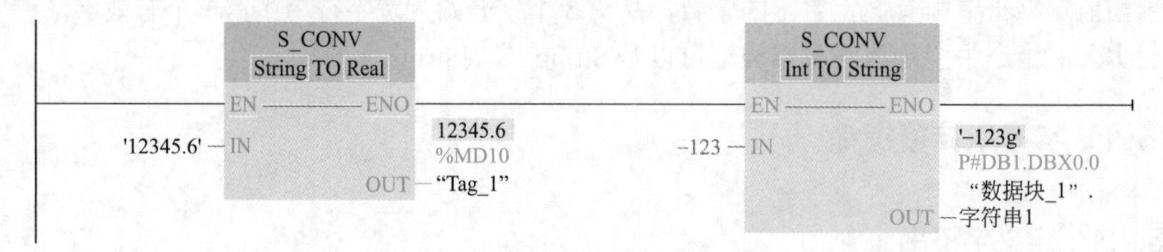

图5-48　S_CONV指令

② 数值转换为字符串　可以使用S_CONV指令将整数或浮点数转换为字符串输出。根据参数IN的数据类型，转换后的字符串长度是固定的，输出字符串中的字符为右对齐，字符前面用空格字符填充，正数字符串不带符号。图5-48右边的S_CONV指令将整数转换为字符串保存到DB1的“字符串1”中，整数范围为−32768～+32767，带符号位共6位，所以将−123转换为字符串' −123'（负号前有两个空格字符），替换了原有字符串'abcdefg'的前6位字符。

（2）STRG_VAL指令和VAL_STRG指令

① STRG_VAL指令　“将字符串转换为数字值”指令STRG_VAL是将字符串转换为整数或浮点数。从参数IN指定的字符串的第P个字符开始转换，直到字符串结束。允许的字符包括数字0～9、小数点、逗号、正负号、“e”或“E”。如果发现无效字符，将取消转换过程。

参数FORMAT是字符的输入格式，数据类型为Word。第0位为“1”或“0”时，分别为指数表示方法和定点表示法。第1位为“1”或“0”时，分别用英语的逗号和点号作为小数点，高位全为“0”。

参数P是要转换的第一个字符的编号，数据类型为UInt。P为1时，表示从第一个字符开始转换。

图5-49左边的STRG_VAL指令是将DB1中的“字符串2”从第2个字符开始（P为2）转换为浮点数保存到MD14中，输入格式为小数点为点号的定点输入。从图中监视看到，将字符串'4567.89'从第2位转换为浮点数567.89。

② VAL_STRG指令　“将数字值转换为字符串”指令VAL_STRG是将输入参数IN的数值转换为字符串从OUT输出。参数IN的数据类型可以是各种整数或浮点数。被转换的字符串将取代OUT字符串从参数P确定的编号开始到参数SIZE指定的字符数结束的字符。参数FORMAT的第0位和第1位与STRG_VAL指令的相同，第2位是符号字符，为“1”时表示使用符号字符“+”和“−”，为“0”时仅使用符号字符“−”。

参数PREC用来设置精度或字符串的小数部分的位数。如果参数IN的值为整数，PREC用来指定小数点的位置。例如IN输入为12345和PREC为2时，转换结果为字符串'123.45'。Real数据类型支持最高精度为7位的有效数字。

该指令可以用于在文本字符串中嵌入动态变化的数字字符。例如，将数字 123.456 嵌入到字符串 'volt=   V' 后（等号与 V 之间有 7 个空格字符），得到字符串 'volt=123.456V'。

图 5-49 右边的 VAL_STRG 指令是将浮点数输入 IN（MD18 为 123.456）转换为字符串，转换结果保留两位小数字符（PREC 为 2），小数点为点号，有“+”或“−”符号（FORMAT 为 4），将替换 DB1 中的“字符串 4”中从第 6 个字符开始的 8 个字符。字符串 'volt=   V'（等号与 V 之间有 8 个空格字符）已经在 DB1 的“字符串 4”的起始值中设定，得到字符串 'volt= +123.46V'，等号后有一个空格。

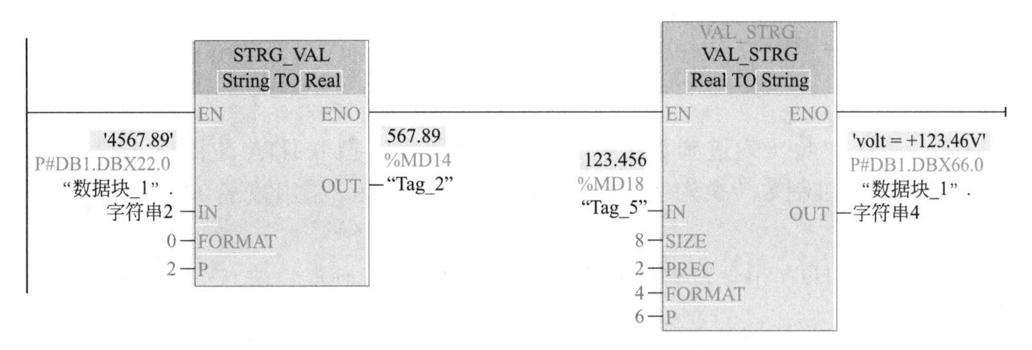

图 5-49 STRG_VAL 和 VAL_STRG 指令

（3）Strg_TO_Chars 指令和 Chars_TO_Strg 指令

① Strg_TO_Chars 指令 “将字符串转换为字符数组”指令 Strg_TO_Chars 是将数据类型为 String 的字符串复制到 Array of Char 或 Array of Byte 中；或将数据类型为 WString 的字符串复制到 Array of WChar 或 Array of Word 中。该操作只能复制 ASCII 字符。参数 Strg 为输入字符串，参数 pChars 为指定字符数组中将写入的起始位置（默认为 0），Chars 为数组的起始地址，Cnt 为移动的字符数量。

图 5-50 左边的 Strg_TO_Chars 指令是将 DB1 中的字符串“字符串 3”转换为字符保存到 DB1 中的字符数组“字符”的地址为 1 开始的元素中，转换数量为 7 个字符（Cnt 为 7）。从图 5-47 的 DB1 的监视中可以看到，字符串 'ABDCEFG' 转换为字符保存到“字符 [1]”～“字符 [7]”中。

② Chars_TO_Strg 指令 “将字符数组转换为字符串”指令 Chars_TO_Strg 可将字符串从 Array of Char 或 Array of Byte 复制到数据类型为 String 的字符串中；将字符串从 Array of WChar 或 Array of Word 复制到数据类型为 WString 的字符串中。复制操作仅支持 ASCII 字符。参数 Chars 为输入字符数组的首地址，pChars 为待转换字符数组的起始位置，Cnt 为要复制的字符数（0 表示复制所有字符），Strg 为输出字符串地址。

图 5-50 右边的 Chars_TO_Strg 指令是将 DB1 中的字符数组“字符”的地址为 3 开始的 3 个字符转换为字符串保存到 DB1 中的“字符串 5”中。从图 5-47 的 DB1 的监视中可以看到，将从“字符 [3]”开始的 3 个字符转换为字符串 'CDE' 保存到“字符串 5”中。

（4）ATH 指令和 HTA 指令

① ATH 指令 “将 ASCII 字符串转换为十六进制数”指令 ATH 是将 IN 输入参数中指定的 ASCII 字符串开始的 N 个字符转换为十六进制数，转换结果输出到 OUT 中。参数 N 只能为数字 0～9、大写字母 A～F 以及小写字母 a～f，所有其他字符都将转换为 0。

图 5-51 左边的 ATH 指令将“字符串 2”中的前 3 个字符转换为十六进制数保存到

MD22 中。

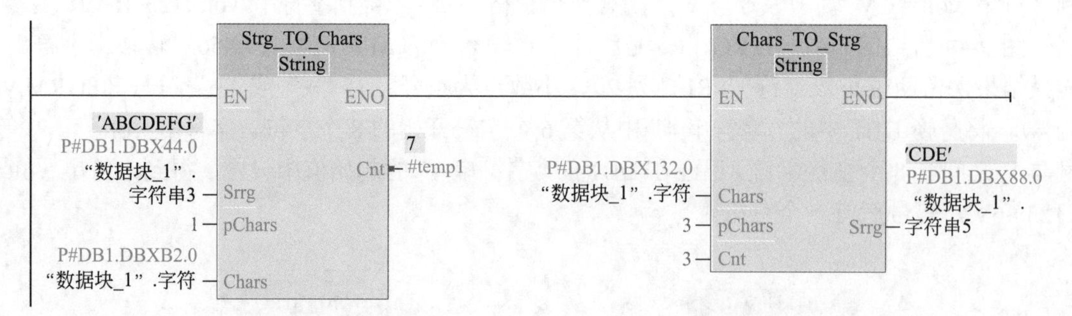

图 5-50　Strg_TO_Chars 和 Chars_TO_Strg 指令

② HTA 指令　“将十六进制数转换为 ASCII 字符串”指令 HTA 是将 IN 输入参数指定的 N 个字节的十六进制数转换为字符串从 OUT 输出，转换结果由数字 0 ～ 9 以及大写字母 A ～ F 表示。

图 5-51 右边的 HTA 指令将 MD26 中 4 个字节的十六进制数转换为字符串保存到“字符串 6”中。

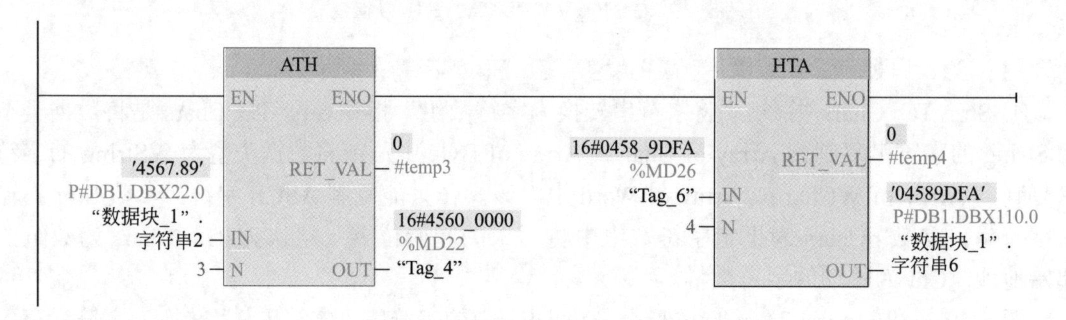

图 5-51　ATH 和 HTA 指令

5.5.2　字符串指令

5.5.2.1　S_MOVE 指令、MAX_LEN 指令和 LEN 指令

（1）S_MOVE 指令

“移动字符串”指令 S_MOVE 是将参数 IN 中字符串的内容写入在参数 OUT 指定的数据区域。图 5-52 中执行 S_MOVE 指令后将字符串 'abcde' 移动到局部变量“string1”中。

（2）MAX_LEN 指令

“确定字符串最大长度”指令 MAX_LEN 是确定输入参数 IN 中所指定字符串的最大长度输出到输出参数 OUT 中。图 5-52 中执行 MAX_LEN 指令后，查询到局部变量“string1”的最大长度为 10。

（3）LEN 指令

“确定字符串的长度”指令 LEN 是查询 IN 输入参数中指定的字符串当前长度，结果保存到 OUT 中，空字符串的长度为零。图 5-52 中执行 LEN 指令后，查询到局部变量“string1”的当前长度为 5。

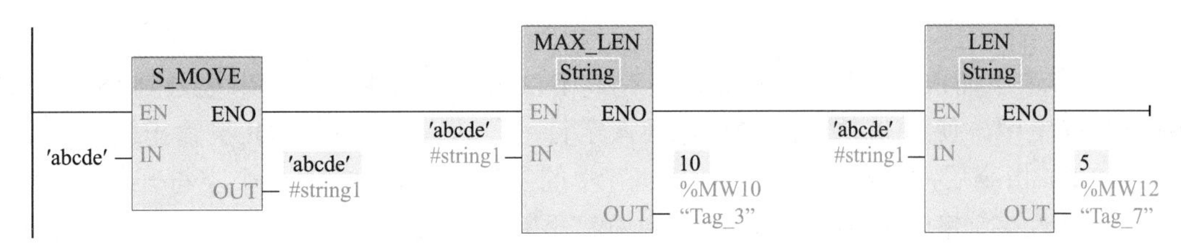

图 5-52 S_MOVE、MAX_LEN 和 LEN 指令

5.5.2.2 CONCAT 指令、LEFT 指令和 RIGHT 指令

（1）CONCAT 指令

“合并字符串”指令 CONCAT 是将 IN1 输入参数中的字符串与 IN2 输入参数中的字符串合并在一起，结果通过 OUT 输出参数输出。如果生成的字符串长度大于 OUT 输出参数中指定的变量长度，则将生成的字符串限制到可用长度。图 5-53 中执行 CONCAT 指令后，将字符串 'abcde' 和 '12345' 合并在一起，结果 'abcde12345' 保存在局部变量“string2”中。

（2）LEFT 指令

“读取字符串左边的字符”指令 LEFT 是取以 IN 输入参数中字符串的第一个字符开头的 L 个字符通过 OUT 输出参数输出。图 5-53 中执行 LEFT 指令后，将字符串 'abcde12345' 的开头 7 个字符 'abcde12' 保存到局部变量“string3”中。

（3）RIGHT 指令

“读取字符串右边的字符”指令 RIGHT 是取以 IN 输入参数中字符串的最后 L 个字符通过 OUT 输出参数输出。图 5-53 中执行 RIGHT 指令后，将字符串 'abcde12345' 的右边 7 个字符 'de12345' 保存到局部变量“string4”中。

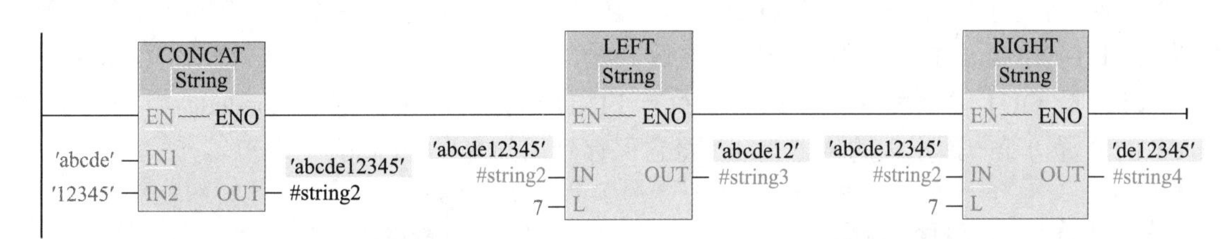

图 5-53 CONCAT、LEFT 和 RIGHT 指令

5.5.2.3 MID 指令、DELETE 指令和 INSERT 指令

（1）MID 指令

“读取字符串的中间字符”指令 MID 是提取 IN 输入参数中字符串的一部分。使用 P 参数指定要提取的第一个字符的位置，使用 L 参数定义要提取的字符串的长度，提取的部分字符串从 OUT 输出参数中输出。图 5-54 中执行 MID 指令后，将字符串 '1234abcd' 的第 4 个字符开始的 3 个字符 '4ab' 提取出来，保存到局部变量“string5”中。

（2）DELETE 指令

“删除字符串中的字符”指令 DELETE 是删除 IN 输入参数中字符串的一部分。使用 P 参数指定要删除的第一个字符的位置，在 L 参数中指定要删除的字符数，剩余的部分字符串通过 OUT 输出参数输出。图 5-54 中执行 DELETE 指令后，将字符串 '1234abcd' 的第 2 个字符开始的 4 个字符 '234a' 删除，剩余字符串 '1bcd' 保存到局部变量“string6”中。

（3）INSERT指令

“在字符串中插入字符”指令INSERT是将IN2输入参数中的字符串插入到IN1输入参数中的字符串中。使用P参数指定开始插入字符的位置，结果通过OUT输出。图5-54中执行INSERT指令后，从局部变量“string6”中的字符串'1bcd'的第3个字符开始插入字符串'love'，插入字符串结果'1bcloved'保存到局部变量“string7”中。

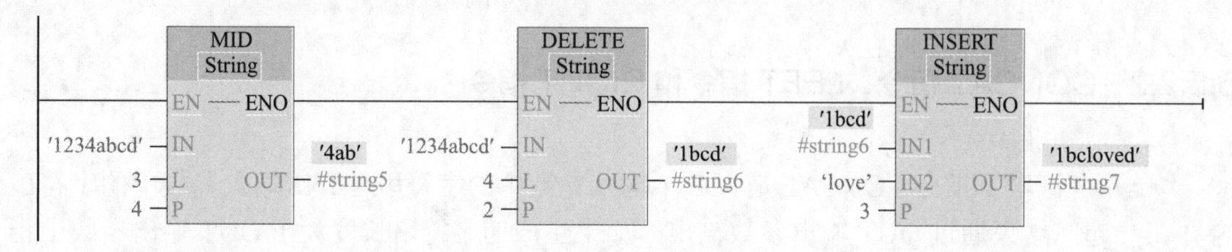

图5-54　MID、DELETE和INSERT指令

5.5.2.4　REPLACE指令和FIND指令

（1）REPLACE指令

“替换字符串中的字符”指令REPLACE是将IN1输入中字符串的一部分替换为IN2输入参数中的字符串。使用P参数指定要替换的第一个字符的位置，使用L参数指定要替换的字符数，结果通过OUT输出参数输出。图5-55中执行REPLACE指令后，将字符串'abcdefg'的第3个字符开始的3个字符'cde'替换为字符串'1234'，替换结果为'ab1234fg'，将它保存到局部变量“string1”中。

（2）FIND指令

“在字符串中查找字符”指令FIND是查找字符串IN2中的字符在字符串IN1中的位置，结果从OUT输出。查找从字符串IN1的左侧开始，OUT输出第一次出现字符串IN2的位置。如果未找到，OUT输出为0。图5-55中执行FIND指令后，从字符串'abcdede'中查找字符串'de'的位置，第一次出现的位置为4，将它保存到局部变量“temp1”中。

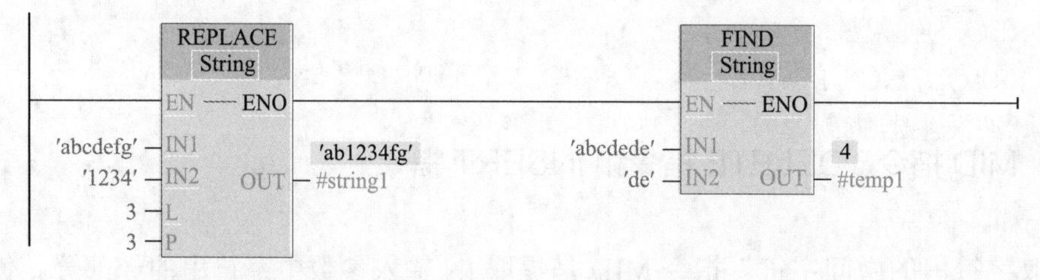

图5-55　REPLACE和FIND指令

5.6　高速脉冲输出

5.6.1　高速脉冲输出的端子与指令

（1）高速脉冲输出端子

在一个周期中，脉冲宽度（高电平的宽度）与脉冲周期之比称为占空比，脉冲串输

出（Pulse-Train Output，PTO）功能提供占空比为50%的方波脉冲列输出。脉冲宽度调制（Pulse-Width Modulation，PWM）功能提供占空比可调的脉冲列输出。

每个S7-1200 CPU都有4个用于产生PTO/PWM脉冲的发生器，可以通过晶体管输出（DC输出）的CPU集成的Q0.0～Q0.7输出PTO或PWM脉冲，也可以通过DC输出的信号板SB的Q4.0～Q4.3输出PTO或PWM脉冲。PTO/PWM的默认输出端子见表5-5，CPU集成的Q0.0～Q0.3输出PTO的最大频率为100kHz或输出PWM的最小周期为10μs，Q0.4～Q0.7输出PTO的最大频率为20kHz或输出PWM的最小周期为50μs。信号板SB的Q4.0～Q4.3可以输出PTO的最大频率为200kHz或输出PWM的最小周期为5μs。CPU 1211C没有Q0.4～Q0.7，CPU 1212C没有Q0.6、Q0.7。

表5-5 PTO/PWM默认输出端子、最大频率或最小周期

PTO	类型	脉冲	方向	最大频率/kHz	PWM	类型	脉冲	最小周期/μs
PTO1	集成输出	Q0.0	Q0.1	100	PWM1	集成输出	Q0.0	10
	SB输出	Q4.0	Q4.1	200		SB输出	Q4.0	5
PTO2	集成输出	Q0.2	Q0.3	100	PWM2	集成输出	Q0.2	10
	SB输出	Q4.2	Q4.3	200		SB输出	Q4.2	5
PTO3	集成输出	Q0.4	Q0.5	20	PWM3	集成输出	Q0.4	50
	SB输出	Q4.0	Q4.1	200		SB输出	Q4.1	5
PTO4	集成输出	Q0.6	Q0.7	20	PWM4	集成输出	Q0.6	50
	SB输出	Q4.2	Q4.3	200		SB输出	Q4.3	5

（2）高速脉冲输出指令

在程序编辑器中，依次展开右边指令下的“扩展指令”→“脉冲”，可以找到“以预定频率输出一个脉冲序列”指令CTRL_PTO和“脉宽调制”指令CTRL_PWM，其梯形图如图5-56所示。

CTRL_PTO指令的输入参数PTO为脉冲发生器的硬件标识符，可选择在设备视图中组态的PTO。输入参数FREQUENCY为待输出的脉冲序列频率，单位Hz，数据类型为UDInt。输入参数REQ为输出频率更改请求，数据类型为Bool。当REQ为“1”时，将PTO输出频率设置为FREQUENCY的输入值；FREQUENCY的输入值为0时，无脉冲输出。当REQ为“0”时，脉冲发生器的输出无变化。

CTRL_PWM指令的输入参数PWM为脉冲发生器的硬件标识符，可选择在设备视图中组态的PWM。输入参数ENABLE为使能脉冲输出。当ENABLE为“1”时，允许脉冲输出；为“0”时，禁止脉冲输出。

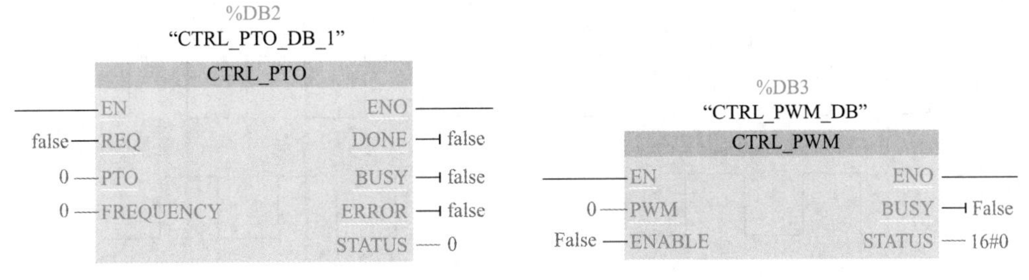

图5-56 高速脉冲输出指令

5.6.2 PTO 输出

扫一扫 看视频

5.6.2.1 PTO 输出组态

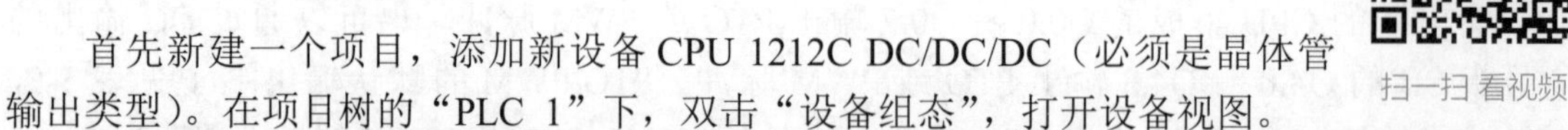

首先新建一个项目，添加新设备 CPU 1212C DC/DC/DC（必须是晶体管输出类型）。在项目树的“PLC_1”下，双击“设备组态”，打开设备视图。

① 点击设备视图中的 PLC，从巡视窗口中点击“属性”，将“常规”下的“脉冲发生器（PTO/PWM）”→“PTO1/PWM1”展开，点击其下面的“常规”，选中“启用该脉冲发生器”前的复选框。

② 点击左边窗口中的“参数分配”，在右边窗口中点击脉冲信号类型的▾按钮，如图 5-57 所示。从下拉列表中可以看到 PTO 输出信号类型有四种，分别为“脉冲 A 和方向 B”“脉冲上升沿 A 和脉冲下降沿 B”“A/B 相移”和“A/B 相移 - 四倍频”。

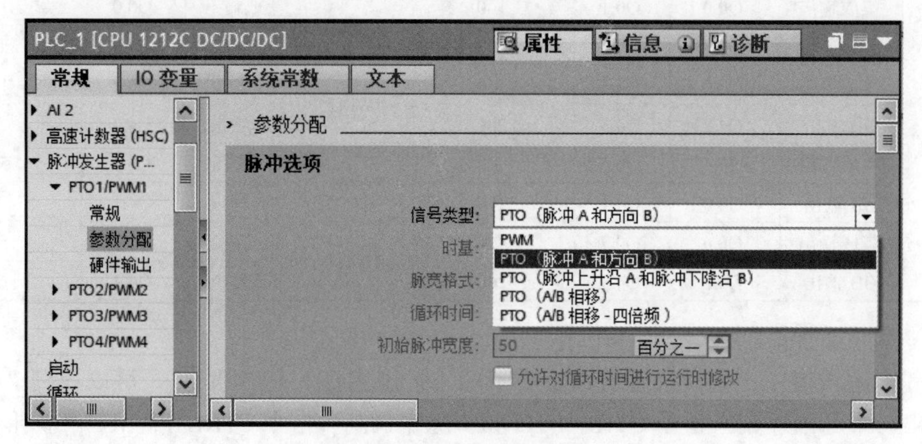

图 5-57　PTO 参数分配

用 PTO 控制步进电机或伺服电机，如果输出脉冲信号选择“脉冲 A 和方向 B”，输出脉冲波形图如图 5-58（a）所示，脉冲 A 为控制脉冲，方向 B 为控制方向。当脉冲 A 有脉冲输

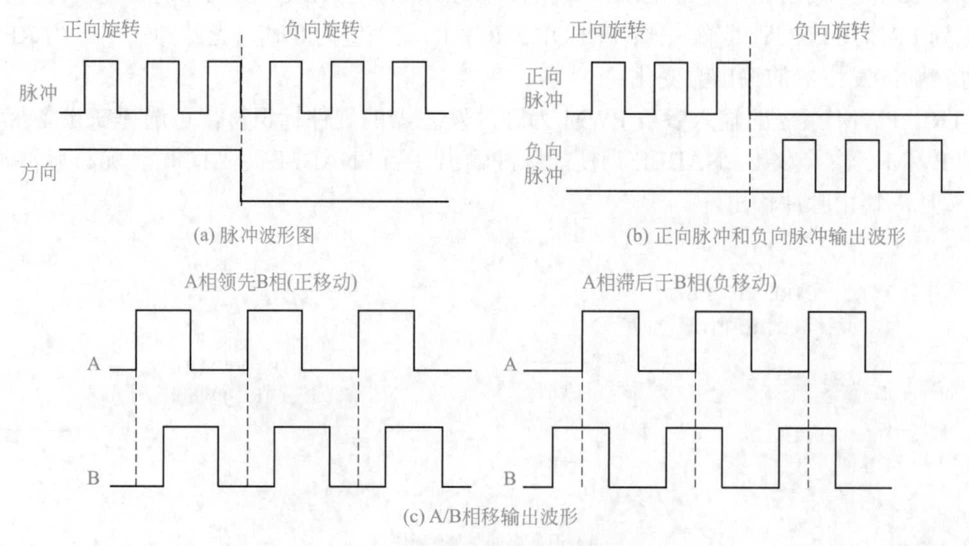

图 5-58　PTO 输出脉冲波形图

出时，方向B为高电平，电机正转；方向B为低电平时，电机反转。如果输出脉冲信号选择“脉冲上升沿A和脉冲下降沿B”，输出波形图如图5-58（b）所示，脉冲上升沿A用于控制电机正转，脉冲下降沿B用于控制电机反转。如果输出脉冲信号选择“A/B相移”，输出波形图如图5-58（c）所示，A相和B相输出均产生同频率的脉冲，但相位相差90°。当A相超前B相时，电机正转；当A相滞后于B相时，电机反转。如果输出脉冲信号选择“A/B相移-四倍频”，与“A/B相移”的控制相似，只不过控制精度为其4倍。

③ 点击左边窗口中的“硬件输出”，可以设定信号的硬件输出点，默认的脉冲输出点为Q0.0。如果需要进行方向控制，可以选中“启用方向输出”前的复选框，默认的方向输出点为Q0.1；如果不需要方向控制，取消选中的复选框，该输出点Q0.1可以作为普通端子使用。

④ 选中左边窗口中的“I/O地址”，可以看到PTO的起始地址和结束地址，可以修改起始地址，但一般采用默认地址。

5.6.2.2 PTO输出实例

（1）控制要求

当接通I0.0时，从Q0.0输出10000Hz的脉冲；当接通I0.2时，Q0.0输出脉冲的频率变为20000Hz；当接通I0.1时，Q0.0没有脉冲输出。

（2）PTO输出组态

新建一个项目“5-6-2 PTO输出”，添加新设备CPU 1212C DC/DC/DC，版本号V4.4。点击设备视图中的PLC，从巡视窗口中点击“属性”，将“常规”下的“脉冲发生器（PTO/PWM）”→“PTO1/PWM1”展开，点击其下面的“常规”，选中“启用该脉冲发生器”前的复选框。点击左边窗口中的“参数分配”，输出信号类型选择“PTO（脉冲A和方向B）”。点击“硬件输出”，设定脉冲输出为Q0.0，取消方向输出。

（3）编写控制程序

编写的控制程序如图5-59所示，打开OB1，展开右边指令下的“扩展指令”→“脉冲”，将CTRL_PTO指令拖放到程序区的程序段4中，单击出现的“调用选项”对话框中的“确定”按钮，生成该指令的背景数据块DB1。双击参数PTO左边的区域，再单击出现的▤按钮，从下拉列表中选中“Local～Pulse_1”，其值为265，它是PTO的硬件标识符的值。也可以点击默认变量表，从详细视图中将“Local～Pulse_1”拖放到PTO的区域。编写的控制程

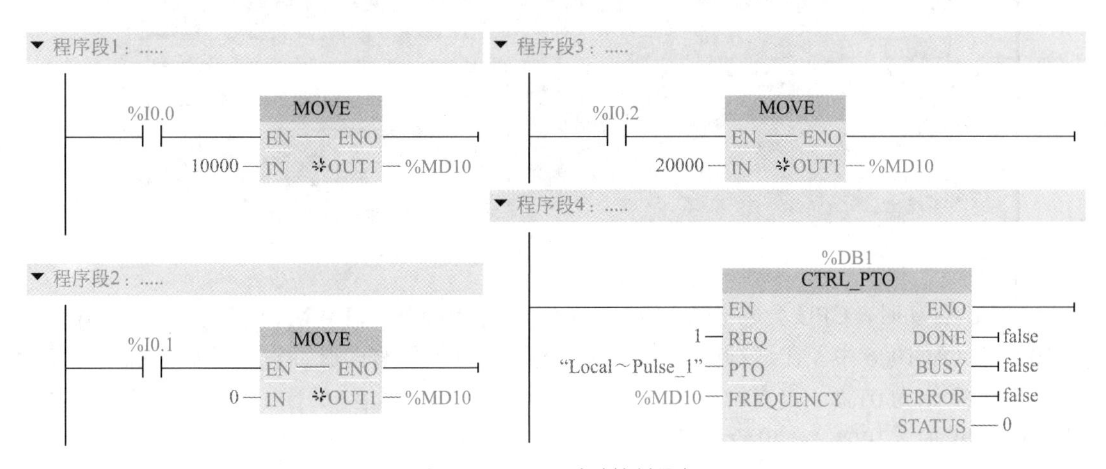

图5-59 PTO脉冲控制程序

序原理如下。

在程序段 1 中，当 I0.0 接通时，将 10000 送入 MD10。由于程序段 4 中的 REQ 为“1”，则 PTO1（即 Local ～ Pulse_1）输出频率为 10000Hz 的脉冲。在程序段 2 中，当 I0.1 接通时，将 0 输入 MD10，则程序段 4 中的 PTO1 输出频率为 0。在程序段 3 中，当 I0.2 接通时，将 20000 送入 MD10，则程序段 4 中的 PTO1 输出频率为 20000Hz。

将 PLC 输出端的 3L+ 接 24V+，3M 接 24V-，Q0.0 与 24V- 之间接 2kΩ 的电阻，示波器接在电阻两端就可以监视输出脉冲。

5.6.3 PWM 输出

扫一扫 看视频

5.6.3.1 PWM 输出组态

首先新建一个项目，添加新设备 CPU 1212C DC/DC/DC。在项目树的“PLC_1”下，双击“设备组态”，打开设备视图。

① 点击设备视图中的 PLC，从巡视窗口中点击“属性”，将“常规”下的“脉冲发生器（PTO/PWM）”→“PTO1/PWM1”展开，点击其下面的“常规”，选中“启用该脉冲发生器”前的复选框。

② 点击左边窗口中的“参数分配”，在右边窗口中点击脉冲信号类型的▾按钮，如图 5-60 所示，从下拉列表中可以选择“PWM”。时基（时间基准）可以设置为“毫秒”或“微秒”。脉宽格式可以用周期的占空比表示，分别为周期的“百分之一”“千分之一”“万分之一”，也可以用“S7 模拟量格式”（0 ～ 27648）指定脉冲宽度。循环时间用来设置脉冲的周期值（1000μs），采用时基选择的时间单位“微秒”。初始脉冲宽度可以设置脉冲的占空比为 50，表示脉冲周期为 1000μs、脉冲宽度为 500μs（即 1000 的 50%）。如果脉冲宽度设置为“S7 模拟量格式”，则初始脉冲宽度为 50μs。

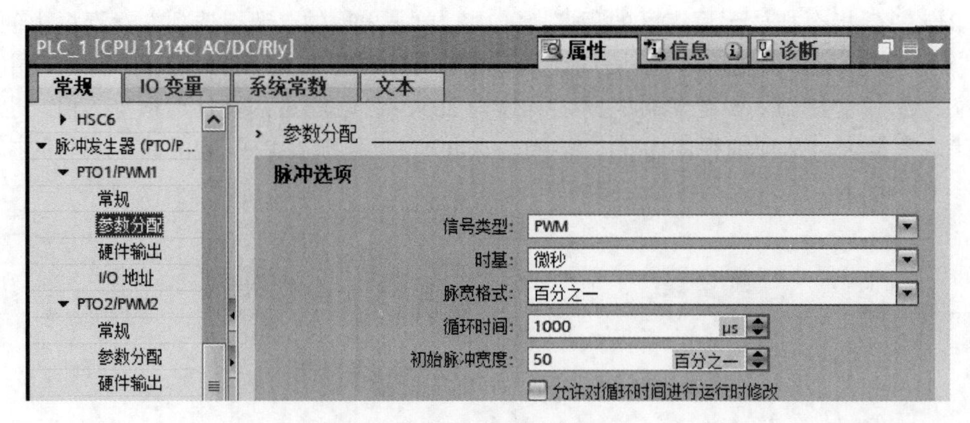

图 5-60　PWM 的参数分配

当 PLC 启动时，CPU 会将初始脉冲宽度装载到 PWM1 ～ PWM4 的对应的默认存储器 QW1000 ～ QW1006 中。在运行时，也可以通过这些存储器修改脉冲宽度。如果脉冲宽度设为 0（即占空比为 0%），没有脉冲输出，输出一直为“0”（始终关闭）。脉冲宽度设为脉冲周期的满刻度时（100%），也没有脉冲输出，输出一直为“1”（始终打开）。

选中“允许对循环时间进行运行时修改”前的复选框，在运行时可以修改周期和脉冲宽度。比如 PWM1 选中该复选框后，CPU 将分配六个字节 QB1008 ～ QB1013 供其使用，可以使用前两个字节 QW1008 修改脉冲宽度，使用后四个字节 QD1010 修改周期。

③ 选中左边窗口中的“硬件输出”，可以设置脉冲输出地址，一般采用默认地址。

④ 选中左边窗口中的“I/O 地址”，可以看到 PWM 的起始地址和结束地址。可以修改起始地址，但一般采用默认地址。

5.6.3.2 PWM 输出实例

（1）控制要求

通过 Q0.0 输出周期和脉宽可调的脉冲。

（2）PTO 输出组态

新建一个项目“5-6-3 PWM 输出”，添加新设备 CPU 1212C DC/DC/DC，版本号 V4.4。点击设备视图中的 PLC，从巡视窗口中点击“属性”，将“常规”下的“脉冲发生器（PTO/PWM）”→“PTO1/PWM1”展开，点击其下面的“常规”，选中“启用该脉冲发生器”前的复选框。点击左边窗口中的“参数分配”，输出信号类型选择“PWM”，时基选择“微秒”，脉宽格式选择“百分之一”，循环时间输入 1000，初始脉冲宽度设为 50。点击“硬件输出”，设定脉冲输出为 Q0.0。

（3）编写控制程序

编写的控制程序如图 5-61 所示，打开 OB1，展开右边指令下的“扩展指令”→“脉冲”，将 CTRL_PWM 指令拖放到程序区，单击出现的“调用选项”对话框中的“确定”按钮，生成该指令的背景数据块 DB1。双击参数 PWM 左边的区域，再单击出现的按钮，从下拉列表中选中“Local ～ Pulse_1”，其值为 265，它是 PWM 的硬件标识符的值。也可以点击默认变量表，从详细视图中将“Local ～ Pulse_1”拖放到 PWM 的区域。

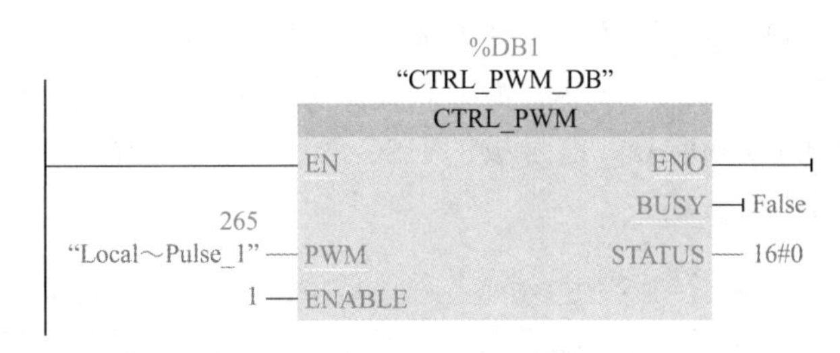

图 5-61 PWM 脉冲控制程序

将 PLC 输出端的 3L+ 接 24V+，3M 接 24V-，Q0.0 与 24V- 之间接 2kΩ 的电阻，示波器接在电阻两端就可以监视输出脉冲。

在项目树的“PLC_1”下，展开“监控与强制表”，双击“添加新监控表”。在生成的“监控表 _1”中添加地址为 QW1000 的变量，然后点击监控表工具栏中的按钮，修改 QW1000 的值（0 ～ 100），可以查看 Q0.0 输出脉冲宽度的变化。

在图 5-60 中，选中“允许对循环时间进行运行时修改”前的复选框。在监控表中修改地址为 QW1008（脉冲宽度）和 QD1010（脉冲周期），然后进行监视。修改 QW1008 的值（0 ～ 100），可以查看 Q0.0 输出脉冲宽度的变化。由于最高输出频率为 100kHz，周期为 10μs，所以 QD1010 的值要大于 10。修改 QD1010 的值，可以查看 Q0.0 输出脉冲周期的变化。

5.7 高速计数器

PLC 的普通计数器的计数过程与扫描工作方式有关，CPU 通过每一个扫描周期读取一次被测信号的方法来捕捉被测信号的上升沿，被测信号的频率较高时，会丢失计数脉冲，因此普通计数器的最高工作频率一般只有几十赫兹。高速计数器（HSC）可以对被测速率快于程序循环 OB 执行速率的时间进行计数。

5.7.1 高速计数器概述

5.7.1.1 高速计数器的工作模式

高速计数器共有四种基本工作模式，分别为具有内部方向控制的单相计数器、具有外部方向控制的单相计数器、具有两路时钟输入的双相计数器和 A/B 相正交计数器，可以实现计数、频率测量、周期测量和运动控制的功能。

S7-1200 CPU 的高速计数器最多有 6 个，分别为 HSC1 ～ HSC6，都可以用于单相计数、双相计数或 AB 相正交计数。每个高速计数器工作于某种模式时，其对应的输入点是固定的，并且输入脉冲的频率不能超过最高输入频率。高速计数器的工作模式对应输入点和最高频率见表 5-6，每种 HSC 模式都可以使用或不使用复位输入 R，复位输入为“1”时，HSC 的实际计数值被清零，直到复位输入变为“0”时，才能启动高速计数器。当 HSC 工作于单相计数模式时，其方向控制 D 为可选项。方向控制为“1”时，改变计数方向；否则，计数方向不变。如果在组态时选中了复位输入或方向控制，这些端子只能用于高速计数器；如果没有选中，可以作为普通端子使用。

高速计数器使用 CPU 输入端子时，最高输入频率可达 100kHz（CPU 1217 采用双线差动输入，最高频率可达 1MHz）。如果需要更高输入频率时，可以使用信号板进行扩展，信号板的最高输入频率可达 200kHz。信号板的 HSC 对应端子与最高频率见表 5-7，其工作模式与表 5-6 相同，这里不再赘述。

表 5-6 HSC 的工作模式、对应 CPU 端子及最高频率

高速计数器模式		数字量输入字节 0（默认 I0.x）								数字量输入字节 1（默认 I1.x）						最高频率 / kHz
		0	1	2	3	4	5	6	7	0	1	2	3	4	5	
HSC1	单	C	[D]		[R]											100
	双	CU	CD		[R]											100
	A/B	A	B		[R]											80
HSC2	单		[R]	C	[D]											100
	双		[R]	CU	CD											100
	A/B		[R]	A	B											80
HSC3	单					C	[D]		[R]							100
	双					CU	CD		[R]							100
	A/B					A	B		[R]							80

续表

高速计数器模式		数字量输入字节 0（默认 I0.x）								数字量输入字节 1（默认 I1.x）						最高频率 / kHz
		0	1	2	3	4	5	6	7	0	1	2	3	4	5	
HSC4	单						[R]	C	[D]							30
	双						[R]	CU	CD							30
	A/B						[R]	A	B							20
HSC5	单									C	[D]	[R]				30
	双									CU	CD	[R]				30
	A/B									A	B	[R]				20
HSC6	单												C	[D]	[R]	30
	双												CU	CD	[R]	30
	A/B												A	B	[R]	20

注：1. 单（单相）：C 为时钟输入，[D] 为方向输入（可选）。
2. 双（双相）：CU 为加时钟输入，CD 为减时钟输入。
3. A/B（A/B 相正交）：A 为时钟 A 输入，B 为时钟 B 输入。
4. [R] 为外部复位输入（可选，仅适用于“计数”模式）。

表 5-7　信号板的 HSC 对应端子及最高频率

高速计数器模式		SB1221-200kHz				最大频率 / kHz	高速计数器模式		SB1223-200kHz/SB1223		最大频率 / kHz
		I4.0	I4.1	I4.2	I4.3				I4.0	I4.1	
HSC1	单	C	[D]		[R]	200	HSC1	单	C	[D]	200/30
	双	CU	CD		[R]	200		双	CU	CD	200/30
	A/B	A	B		[R]	160		A/B	A	B	160/20
HSC2	单		[R]	C	[D]	200	—				
	双		[R]	CU	CD	200					
	A/B		[R]	A	B	160					
HSC5	单	C	[D]		[R]	200	HSC5	单	C	[D]	200/30
	双	CU	CD		[R]	200		双	CU	CD	200/30
	A/B	A	B		[R]	160		A/B	A	B	160/20
HSC6	单		[R]	C	[D]	200	—				
	双		[R]	CU	CD	200					
	A/B		[R]	A	B	160					

注：1. 单（单相）：C 为时钟输入，[D] 为方向输入（可选）。
2. 双（双相）：CU 为加时钟输入，CD 为减时钟输入。
3. A/B（A/B 相正交）：A 为时钟 A 输入，B 为时钟 B 输入。
4. [R] 为外部复位输入（可选，仅适用于“计数”模式）。

5.7.1.2　高速计数器的功能

（1）计数

对输入脉冲根据方向控制 D 的状态进行递增或递减计数。外部 I/O 可在指定事件上重置计数、取消计数、启动当前值捕获等。

（2）测量频率

某些 HSC 模式可以选用 3 种频率测量的周期（1.0s、0.1s 和 0.01s）来测量频率。频率测量周期决定了多长时间计算和报告一次新的频率值。根据测量输入脉冲和持续时间，然后计算出脉冲的频率。得到的频率是一个有符号的双精度整数，单位为 Hz。

（3）测量周期

使用“扩展高速计数器”指令 CTRL_HSC_EXT，按指定的时间周期（10ms、100ms 或 1000ms），用硬件中断的方式测量出被测信号的脉冲次数和精确到“ns”的持续时间，从而计算出被测信号的周期。

（4）运动控制

用于运动控制计数对象，不适用于 HSC 指令。

5.7.1.3 高速计数器的组态

在用户程序使用 HSC 之前，应对 HSC 进行组态，设置 HSC 的计数模式。

① 打开 PLC 的设备视图，选中其中的 CPU。在巡视窗口中，点击“属性”选项卡，从左边的“常规”中展开“高速计数器（HSC）”，点击“HSC1”，选中“启用该高速计数器”前的复选框。

② 点击左边窗口中的“功能”，右边窗口显示如图 5-62 所示。使用“计数类型”下拉式列表，可以选择“计数”“周期”“频率”或“Motion Control”（运动控制）。如果设置为“周期”或“频率”，使用“频率测量周期”的下拉列表可以选择 1.0s、0.1s 或 0.01s。使用“工作模式”下拉列表可以选择“单相”“两相位”“A/B 计数器”或“AB 计数器四倍频”。使用“计数方向取决于”下拉列表可以选择“用户程序（内部方向控制）”或“输入（外部方向控制）”。使用“初始计数方向”下拉列表可以选择“加计数”或“减计数”。

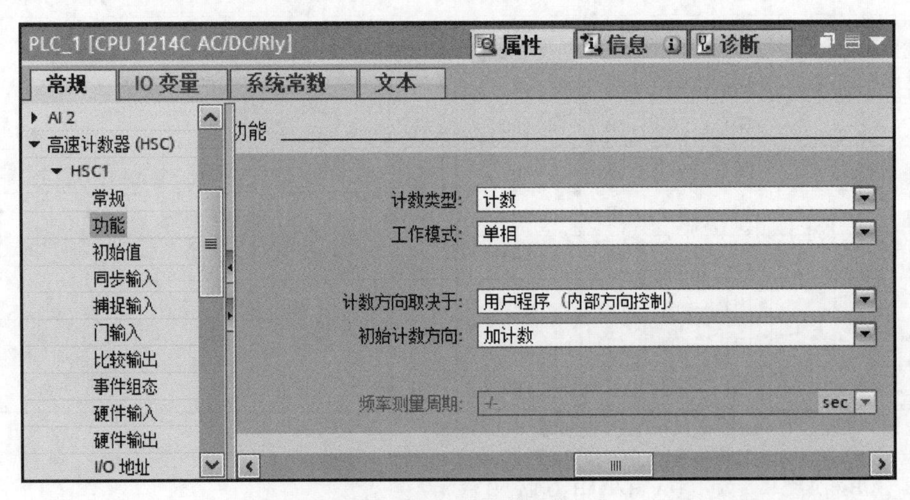

图 5-62　高速计数器的功能设置

③ 点击左边窗口中的“初始值”，在右边窗口中可以设置“初始计数器值”“初始参考值”和“初始参考值 2”。

④ 点击左边窗口中的“同步输入”，选中“使用外部同步输入”前的复选框，即使用了复位输入。从下面的“同步输入的信号电平”下拉列表中可以选择“高电平有效”或“低电平有效”。

⑤ 点击左边窗口中的“事件组态”，右边窗口显示如图5-63所示，可以用复选框激活下列事件是否产生中断：计数器值等于参考值0、出现外部同步事件（即复位）和出现计数方向变化事件。图中选中了“计数器值等于参考值0”，可以输入中断事件名称或采用默认，生成硬件中断组织块“Hardware interrupt”，通过点击右边的...按钮选择该组织块，将它指定给“计数器值等于参考值0”的中断事件。

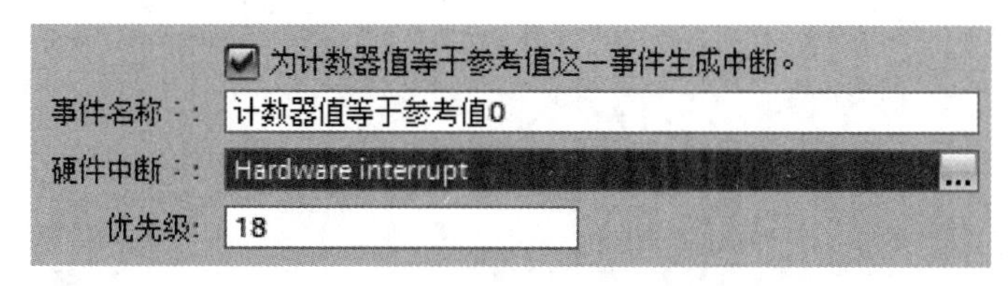

图5-63 高速计数器的事件组态

⑥ 点击左边窗口中的“硬件输入”，在右边窗口中显示如图5-64所示，可以组态该HSC使用的时钟发生器输入、方向输入和同步输入的输入点，可以看到可用的最高频率。

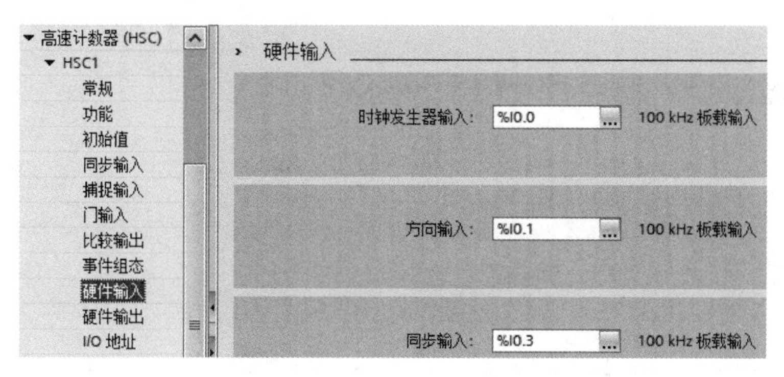

图5-64 高速计数器的硬件输入

⑦ 设置数字量输入的输入滤波器的滤波时间。CPU和信号板的数字量输入通道的输入滤波器的滤波时间默认值为6.4ms，如果滤波时间过大，输入脉冲将被过滤掉。对于高速计数器的数字量输入，使用期望的最小脉冲宽度设置对应的数字量输入滤波器。例如，HSC1使用I0.0作为脉冲输入，脉冲的最高频率为100kHz，在巡视窗口中的“常规”选项卡下，点击“数字量输入”的“通道0”（即I0.0），将输入滤波器设为“10microsec”（即10μs）。

⑧ 点击巡视窗口中的“常规”选项卡，点击“地址总览”，右边窗口显示如图5-65所示，可以看到HSC1～HSC6的地址分别为ID1000～ID1020，数据类型为4字节的DInt。

5.7.1.4 高速计数器指令

在程序编辑器中，展开右边指令下的“工艺”→“计数”，可以找到“控制高速计数器（扩展）”指令CTRL_HSC_EXT，再展开“其他”，可以找到“控制高速计数器”指令CTRL_HSC。

(1) CTRL_HSC_EXT指令

CTRL_HSC_EXT指令的梯形图如图5-66（a）所示，它将HSC_Count（计数）、HSC_Period（周期）或HSC_Frequency（频率）数据类型作为输入参数，使用系统定义的数据结构（存储在用户自定义的全局背景数据块中）存储计数器数据。通过改变全局数据块中的相关参数来对高速计数器进行控制。

地址总览

过滤器： ☑输入 ☑输出 ☐地址间隙

类型	起始地	结束地址	大小	模块 ▲	机架	设备名称
I	64	67	4字节	AI 2_1	0	PLC_1 [CPU 1214C AC/DC/Rly]
I	0	1	2字节	DI 14/DQ 10_1	0	PLC_1 [CPU 1214C AC/DC/Rly]
O	0	1	2字节	DI 14/DQ 10_1	0	PLC_1 [CPU 1214C AC/DC/Rly]
I	1000	1003	4字节	HSC_1	0	PLC_1 [CPU 1214C AC/DC/Rly]
I	1004	1007	4字节	HSC_2	0	PLC_1 [CPU 1214C AC/DC/Rly]
I	1008	1011	4字节	HSC_3	0	PLC_1 [CPU 1214C AC/DC/Rly]
I	1012	1015	4字节	HSC_4	0	PLC_1 [CPU 1214C AC/DC/Rly]
I	1016	1019	4字节	HSC_5	0	PLC_1 [CPU 1214C AC/DC/Rly]
I	1020	1023	4字节	HSC_6	0	PLC_1 [CPU 1214C AC/DC/Rly]
O	1000	1001	2字节	Pulse_1	0	PLC_1 [CPU 1214C AC/DC/Rly]
O	1002	1003	2字节	Pulse_2	0	PLC_1 [CPU 1214C AC/DC/Rly]

图 5-65　高速计数器的地址

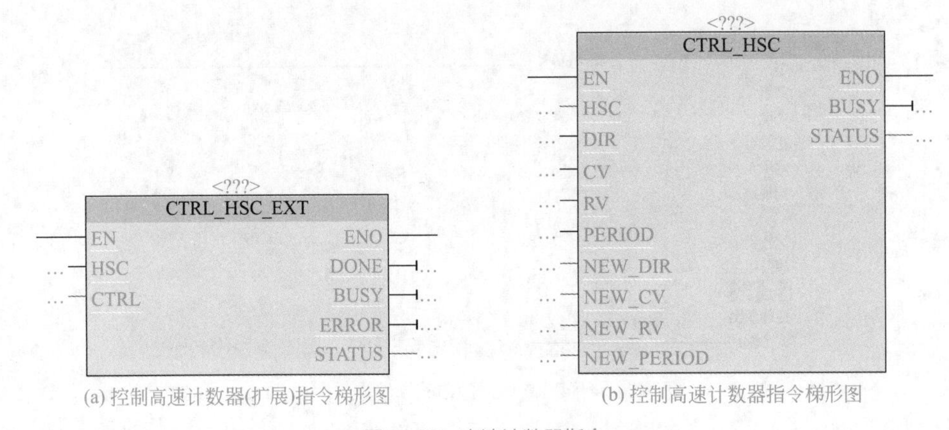

(a) 控制高速计数器(扩展)指令梯形图　　(b) 控制高速计数器指令梯形图

图 5-66　高速计数器指令

输入参数 HSC 为标识符，可以选择 Hw_Hsc 数据类型的 Local ~ HSC_1 至 Local ~ HSC_6；输入输出参数 CTRL 为系统数据块 SFB，作为输入和返回数据，根据计数要求可以选择 HSC_Count（计数）、HSC_Period（周期）或 HSC_Frequency（频率）数据类型的数据。

使用 CTRL_HSC_EXT 指令时，将该指令拖放到程序区，会自动生成一个背景数据块。双击参数 HSC 左边区域，点击出现的▤图标，从下拉列表中可以选择 6 个“Hw_Hsc”对象中的之一，HSC1 的默认变量名称为“Local ~ HSC_1”；也可以点击默认变量表，从详细视图中将“Local ~ HSC_1”拖放到梯形图的 HSC。

创建一个全局数据块“数据块 _1”，输入名称“MyHSC”，在数据类型下添加 HSC_Count、HSC_Period 或 HSC_Frequency 系统数据类型（SDT）之一，选择与 HSC 组态的计数类型对应的 SDT。下拉菜单不包含这些类型，因此确保准确键入 SDT 的名称。例如，要实现计数功能，数据类型输入“HSC_Count”后，生成的结构如图 5-67 所示。

HSC_Count 结构中各元素的数据类型及作用见表 5-8。可以在梯形图中使用下拉列表选择“MyHSC”；也可以从项目树下点击“数据块 _1”，从详细视图中将“MyHSC”拖放到 CTRL_HSC_EXT 指令的“CTRL”输入端。

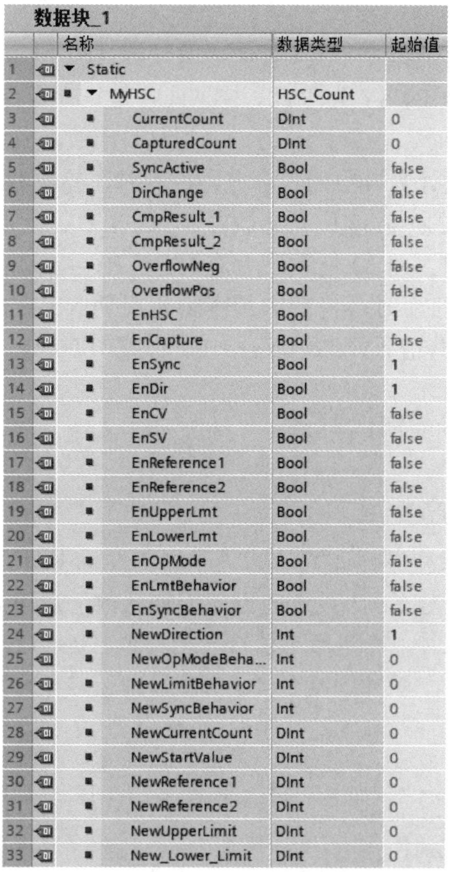

数据块_1

		名称	数据类型	起始值
1		▼ Static		
2		▪ ▼ MyHSC	HSC_Count	
3		▪ CurrentCount	DInt	0
4		▪ CapturedCount	DInt	0
5		▪ SyncActive	Bool	false
6		▪ DirChange	Bool	false
7		▪ CmpResult_1	Bool	false
8		▪ CmpResult_2	Bool	false
9		▪ OverflowNeg	Bool	false
10		▪ OverflowPos	Bool	false
11		▪ EnHSC	Bool	1
12		▪ EnCapture	Bool	false
13		▪ EnSync	Bool	1
14		▪ EnDir	Bool	1
15		▪ EnCV	Bool	false
16		▪ EnSV	Bool	false
17		▪ EnReference1	Bool	false
18		▪ EnReference2	Bool	false
19		▪ EnUpperLmt	Bool	false
20		▪ EnLowerLmt	Bool	false
21		▪ EnOpMode	Bool	false
22		▪ EnLmtBehavior	Bool	false
23		▪ EnSyncBehavior	Bool	false
24		▪ NewDirection	Int	1
25		▪ NewOpModeBeha...	Int	0
26		▪ NewLimitBehavior	Int	0
27		▪ NewSyncBehavior	Int	0
28		▪ NewCurrentCount	DInt	0
29		▪ NewStartValue	DInt	0
30		▪ NewReference1	DInt	0
31		▪ NewReference2	DInt	0
32		▪ NewUpperLimit	DInt	0
33		▪ New_Lower_Limit	DInt	0

图 5-67 HSC_Count 数据类型

表 5-8 HSC_Count 的结构中各元素的数据类型及作用

结构元素	声明	类型	描述	结构元素	声明	类型	描述
CurrentCount	输出	Dint	HSC 的当前值	EnUpperLmt	输入	Bool	启用新上限值
CapturedCount	输出	Dint	返回捕获值	EnLowerLmt	输入	Bool	启用新下限值
SyncActive	输出	Bool	同步输入已激活	EnOpMode	输入	Bool	启用新操作模式
DirChange	输出	Bool	计数方向已更改	EnLmtBehavior	输入	Bool	启用新限值操作
CmpResult_1	输出	Bool	比较结果 1	EnSyncBehavior	输入	Bool	不使用此值
CmpResult_2	输出	Bool	比较结果 2	NewDirection	输入	Int	新方向
OverflowNeg	输出	Bool	下限溢出	NewOpModeBehavior	输入	Int	新操作模式
OverflowPos	输出	Bool	上限溢出	NewLimitBehavior	输入	Int	新限值操作
EnHSC	输入	Bool	使能 HSC	NewSyncBehavior	输入	Int	不使用此值
EnCapture	输入	Bool	启用捕获输入	NewCurrentCount	输入	Dint	新当前值
EnSync	输入	Bool	启用同步输入	NewStartValue	输入	Dint	新初始值
EnDir	输入	Bool	启用新方向	NewReference1	输入	Dint	新参考值 1
EnCV	输入	Bool	启用新当前值	NewReference2	输入	Dint	新参考值 2
EnSV	输入	Bool	启用新起始值	NewUpperLimit	输入	Dint	新计数上限值
EnReference1	输入	Bool	启用新参考值 1	New_Lower_Limit	输入	Dint	新计数下限值
EnReference2	输入	Bool	启用新参考值 2				

（2）CTRL_HSC 指令

CTRL_HSC 指令为原有的指令，其梯形图如图 5-66（b）所示，参数 HSC 为硬件标识符。当 EN 为“1”时，输出参数 BUSY 为“1”，STATUS 是执行指令的状态代码。

输入参数 DIR 为“1”时，将新计数方向（1 为加计数，-1 为减计数）NEW_DIR 装载到 HSC。只有在组态时设置计数方向为内部方向控制时，参数 DIR 才有效。

输入参数 CV 为“1”时，将 32 位新计数器值 NEW_CV 装载到 HSC。

输入参数 RV 为“1”时，将 32 位新参考值 NEW_RV 装载到 HSC。

输入参数 PERIOD 为“1”时，将新的频率测量周期 NEW_PERIOD 装载到 HSC。频率测量周期的单位为“ms”，其值只能选 10ms、100ms 或 1000ms。

5.7.2 内部方向控制的单相计数器

扫一扫 看视频

5.7.2.1 单相计数器的时序

单相计数器是对一相脉冲进行计数，其时序如图 5-68 所示，开机时装载计数器当前值为 0，参考值为 4，计数方向设置为加计数，启用高速计数器。当时钟脉冲输入时进行加计数，计数到 4 时，产生参考值等于当前值（RV=CV）中断，继续增加到 5；当方向控制为减计数时，下一个脉冲则减到 4，产生当前值等于参考值中断和计数方向改变中断，再输入脉冲继续减小。

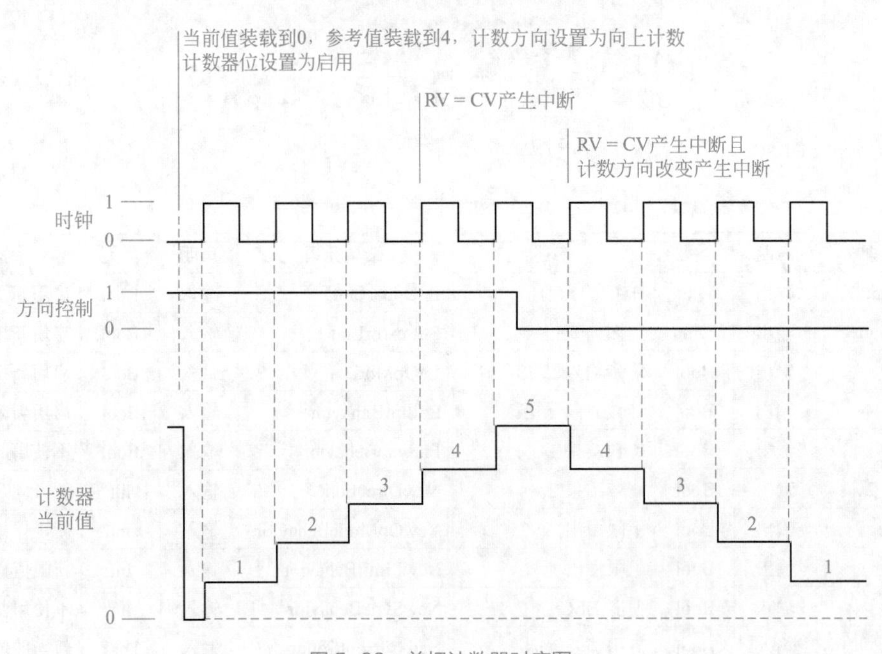

图 5-68 单相计数器时序图

5.7.2.2 单相高速计数器的应用

（1）高速计数器的组态

首先新建一个项目，添加新设备 CPU 1214C。在设备视图页面，组态高速计数器 HSC1。选择“启用该高速计数器”，计数类型为“计数”，工作模式为“单相”，计数方向取决于

“用户程序（内部方向控制）”，初始计数方向为“加计数”。同步输入选中“使用外部同步输入”，默认的信号电平为“高电平有效”。点击“硬件输入”，可以看到时钟发生器输入地址为 I0.0，同步（复位）输入地址为 I0.3。依次展开“DI14/DQ10”→“数字量输入”，点击“通道 0”（即 I0.0），选择输入滤波器为“10microsec”（10μs）。

（2）高速计数器编程

内部方向控制的单相计数器程序如图 5-69 所示。首先新建一个全局数据块“数据块 _1”DB1，创建数据类型为 HSC_Count 的变量 MyHSC，将该变量的 EnHSC、EnDir、EnSync 和 NewDirection 的起始值都设为 1，也就是要使能高速计数器、使能方向控制、使能同步复位、起始方向为加计数。使用 I0.2 作为方向控制。

在程序段 1 中，使用高速计数器 HSC1 进行计数，由“数据块 _1”.MyHSC 对 HSC1 进行控制。

在程序段 2 中，读取 HSC1 的当前值 ID1000 到 MD100 中。

在程序段 3 中，当 I0.2 接通时，将 −1 送入 MyHSC.NewDirection，使 HSC1 作为减计数器。

在程序段 4 中，当 I0.2 断开时，将 1 送入 MyHSC.NewDirection，使 HSC1 作为加计数器。

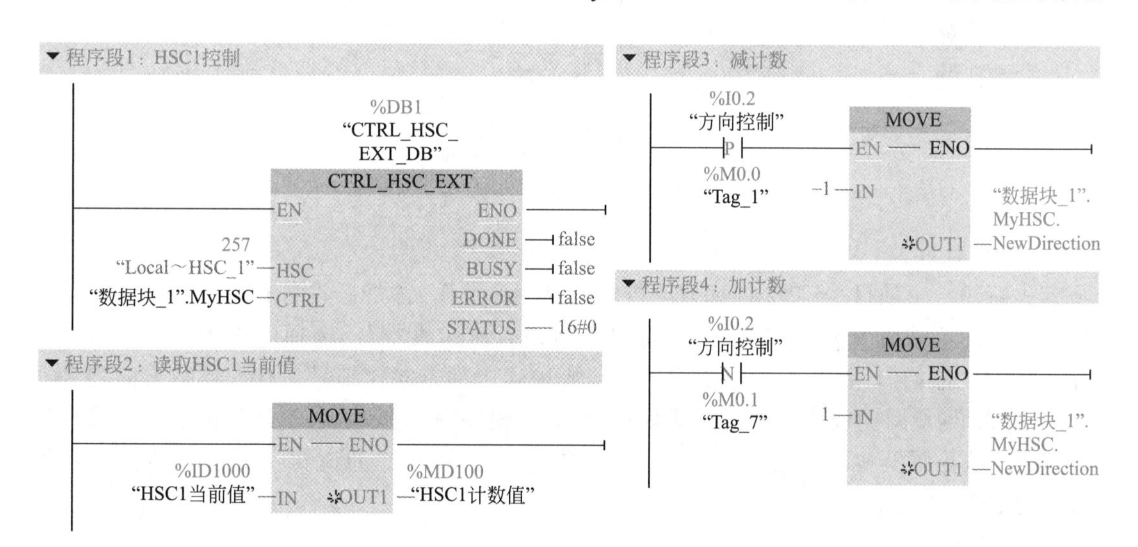

图 5-69　内部方向控制的单相计数器程序 OB1

（3）运行监视

点击项目树下的“PLC_1”，将其下载到 PLC 中。然后点击程序编辑器工具栏中的启用监视按钮，当在 I0.0 输入脉冲时，可以看到 MD100 中的值在增加，HSC1 运行于加计数；当接通 I0.2 时，在 I0.0 输入脉冲，可以看到 MD100 中的值在减少，HSC1 运行于减计数。断开 I0.2 时，HSC1 又重新变为加计数。当 I0.3 接通时，MD100 中的值变为 0，表明 HSC1 已经复位。

5.7.2.3　电动机转速的测量

（1）控制要求

与电动机同轴的测量轴安装一个增量型旋转编码器，该编码器每转输出 1000 个 A/B 相正交脉冲，控制要求如下。

① 当按下启动按钮时，电动机M启动，对电动机转速进行测量，测量转速保存到MD100中。

② 当按下停止按钮时，电动机M停止。

（2）控制电路

应用高速计数器实现速度测量的控制电路如图5-70所示。旋转编码器为欧姆龙的E6B2-CWZ6C型，每转输出1000个脉冲，输出类型为NPN输出（漏型输出），故PLC的输入应连接为源型输入。在PLC组态时准备用HSC1对输入脉冲进行计数，故将编码器的A相接入到I0.0。

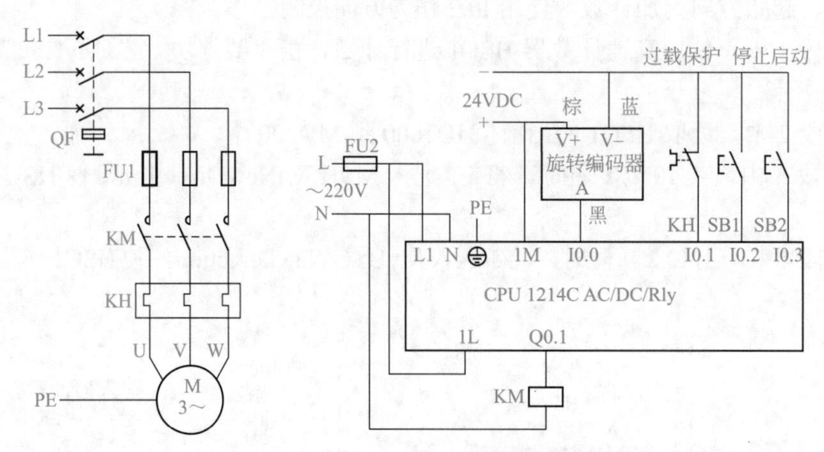

图5-70　速度测量控制电路

（3）高速计数器的组态

首先新建一个项目“5-7-2 内部方向控制的单相计数”，添加新设备CPU 1214C。在设备视图页面，组态高速计数器HSC1。勾选“启用该高速计数器”，选择计数类型为“频率”，工作模式为“单相”，计数方向取决于“用户程序（内部方向控制）”，初始计数方向为“加计数”，频率测量周期选择1.0sec（即1s）。点击“硬件输入”，可以看到时钟发生器输入地址为I0.0。依次展开“DI14/DQ10”→“数字量输入”，点击“通道0”，选择输入滤波器为“10microsec”（10μs）。

（4）编写控制程序

根据控制要求，编写的速度测量控制程序OB1如图5-71所示。

在程序段1中，I0.1常开触点为过载保护输入，预先接通。当按下启动按钮SB2时，I0.3常开触点接通，Q0.1线圈通电自锁，电动机启动运行。

在程序段2中，当电动机运行时（Q0.1常开触点接通），将HSC1所测的频率（ID1000）先乘以60，换算为每分钟所测的脉冲数，然后除以1000（编码器每转输出的脉冲数），换算为测量速度，单位为r/min。

5.7.3　外部方向控制的单相计数器

（1）外部方向控制单相计数器的组态

首先新建一个项目“5-7-3 外部方向控制的单相计数”，添加新设备CPU 1214C。在设备视图页面，组态高速计数器HSC1。勾选“启用该高速计数器”，

扫一扫 看视频

选择计数类型为“计数”，工作模式为“单相”，计数方向取决于“输入（外部方向控制）”。同步输入选中“使用外部同步输入”，默认的信号电平为“高电平有效”。点击“硬件输入”，可以看到时钟发生器输入地址为I0.0，方向输入地址为I0.1，同步（复位）输入地址为I0.3。依次展开“DI14/DQ10”→“数字量输入”，点击“通道0”，选择输入滤波器为“10microsec”（10μs）。

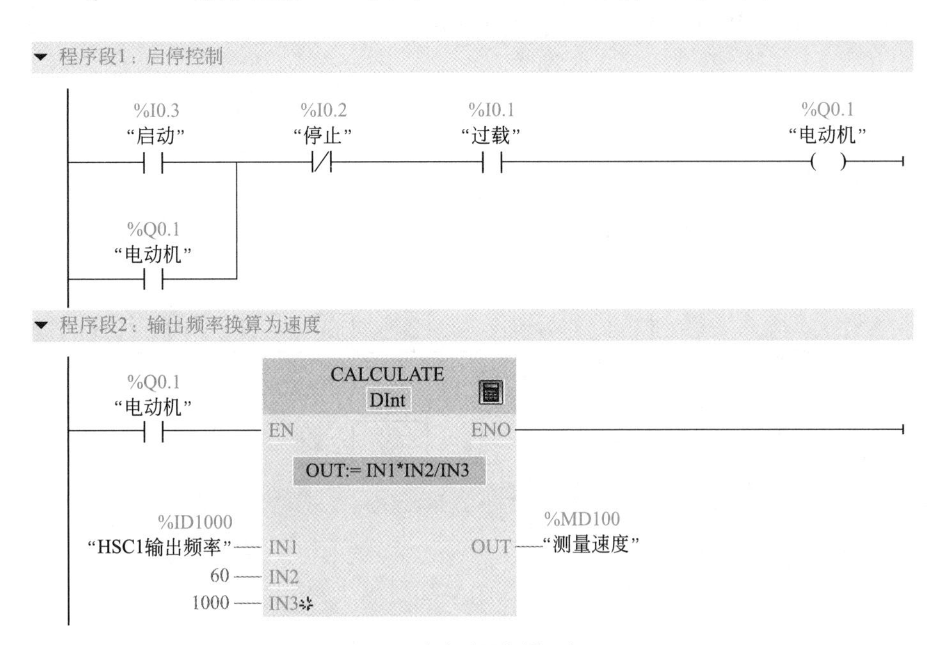

图5-71 速度测量控制程序OB1

（2）计数监视

展开项目树下的“监控与强制表”，双击“添加新监控表”，添加一个“监控表_1”。在该监控表中添加高速计数器HSC1的绝对地址ID1000。点击项目树下的“PLC_1”，将其下载到PLC中，然后点击监控表工具栏中的全部监视按钮。当在I0.0输入脉冲时，可以看到ID1000中的值在减少，HSC1运行于减计数；当接通I0.1并在I0.0输入脉冲时，可以看到ID1000中的值在增加，HSC1运行于加计数；当断开I0.1时，HSC1又重新变为减计数。当I0.3接通时，ID1000中的值变为0，表明HSC1已经复位。

5.7.4 双相计数器

扫一扫 看视频

（1）双相计数器的时序

双相计数器为带有两相计数时钟输入的计数器。其中一相时钟为加计数时钟，另一相为减计数时钟。加计数时钟输入口上有1个脉冲时，计数器当前值加1；减时钟输入口上有1个脉冲时，计数器当前值减1，其时序如图5-72所示。开机时，装载计数器当前值为0，装载参考值为4，计数方向设置为加计数，启用高速计数器。当加计数时钟输入时进行加计数，计数到4时，产生参考值等于当前值（RV=CV）中断，继续增加到5；当减计数时钟输入时进行减计数，下一个脉冲则减到4，产生当前值等于参考值中断和计数方向改变中断，再输入脉冲继续减小。

（2）双相计数器的组态

首先新建一个项目“5-7-4双相计数”，添加新设备CPU 1214C。在设备视图页面，组态高速计数器 HSC1。选择“启用该高速计数器”，计数类型为“计数”，工作模式为“两相位”。同步输入选中“使用外部同步输入”，默认的信号电平为“高电平有效”。点击“硬件输入”，可以看到时钟发生器加计数输入地址为 I0.0，时钟发生器减计数输入地址为 I0.1，同步（复位）输入地址为 I0.3。依次展开“DI14/DQ10”→“数字量输入”，点击“通道 0”（I0.0）和“通道 1”（I0.1），都选择输入滤波器为“10microsec”（10μs）。

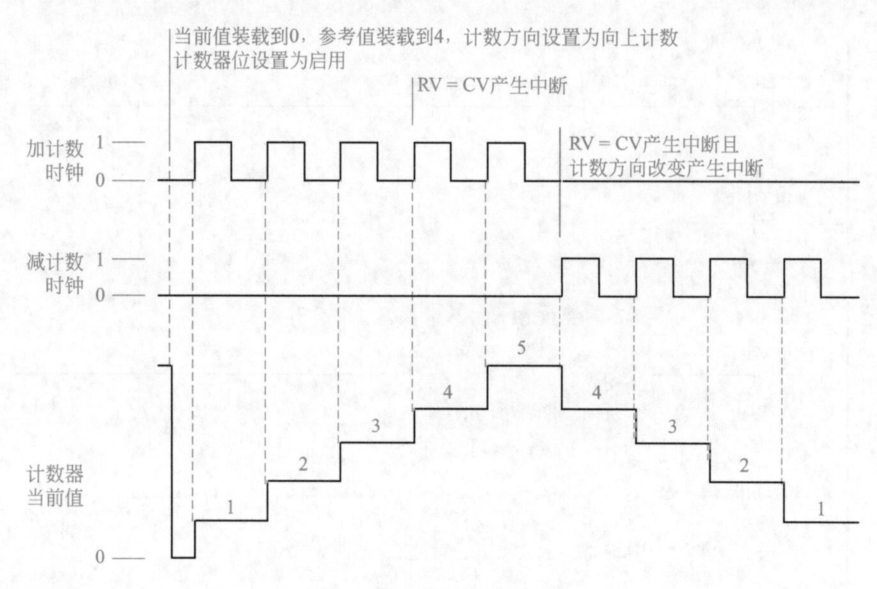

图 5-72　双相计数器时序图

（3）计数监视

展开项目树下的“监控与强制表”，双击“添加新监控表”，添加一个“监控表_1”。在该监控表中添加高速计数器 HSC1 的绝对地址 ID1000。点击项目树下的“PLC_1”，将其下载到 PLC 中，然后点击监控表工具栏中的全部监视按钮。当在 I0.0 输入脉冲时，可以看到 ID1000 中的值在增加，HSC1 进行加计数；当在 I0.1 输入脉冲时，可以看到 ID1000 中的值在减少，HSC1 进行减计数；当 I0.3 接通时，ID1000 中的值变为 0，表明 HSC1 已经复位。

5.7.5 A/B 相正交计数器

扫一扫 看视频

5.7.5.1 A/B 相正交计数器的时序

（1）A/B 相正交计数器

A/B 相正交高速计数器也具有两相时钟输入端，分别为 A 相时钟和 B 相时钟，两个时钟的相位角相差 90°（正交）。利用两个输入脉冲相位的比较确定计数的方向，当 A 相时钟的上升沿超前于 B 相时钟的上升沿时为加计数，滞后时则为减计数。其操作时序如图 5-73 所示。开机时，装载计数器当前值为 0，装载预设值为 3，计数方向设置为加计数，启用高速计数器。当 A 相时钟超前于 B 相时钟时进行加计数，计数到 3 时，产生预设值等于当前值（RV=CV）中断，继续增加到 4；当 A 相时钟滞后于 B 相时钟时进行减计数，下一个脉冲则减到 3，产生当前值等于预设值中断和计数方向改变中断。

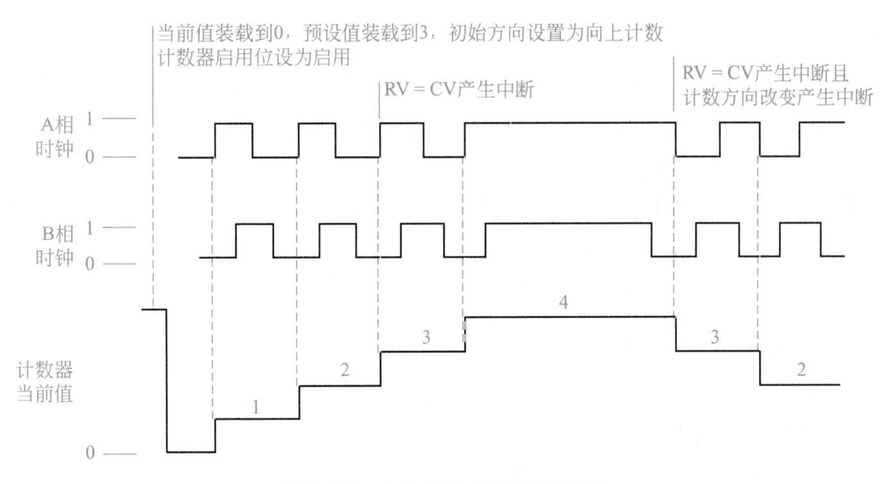

图 5-73 A/B 相正交计数器时序图

(2) A/B 相四倍频计数器

在测量过程中，常使用四倍细分来提高测量精度，将原 A/B 相脉冲一个周期计数为 1 变为一个周期计数为 4。例如，旋转编码器每转输出 1000 个脉冲，其测量精度为 360°/1000=0.36°，如果使用四倍细分，则其测量精度为 360°/1000/4=0.09°。

A/B 相四倍频计数器的时序如图 5-74 所示，开机时，装载计数器当前值为 0，装载预设值为 9，计数方向设置为加计数，启用高速计数器。

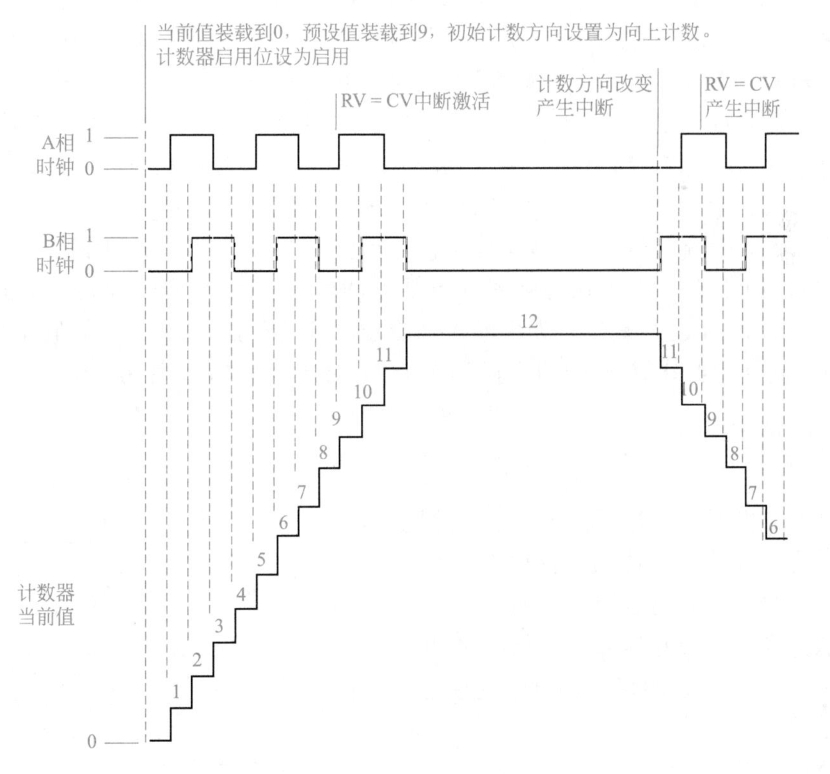

图 5-74 A/B 相四倍频计数器时序图

A 相时钟超前于 B 相时钟，当 B 相低电平且 A 相上升沿时，计数器的当前值加 1；当 A

相高电平且B相上升沿时，当前值加1；当B相高电平且A相下降沿时，当前值加1；当A相低电平且B相下降沿时，当前值加1。从中可以看到，一个周期计数器当前值加4。当计数器当前值增加到9时，产生预设值等于当前值（RV=CV）中断。

A相时钟滞后于B相时钟，当A相低电平且B相上升沿时，当前值减1，产生计数方向改变中断事件；当B相高电平且A相上升沿时，当前值减1；当A相高电平且B相下降沿时，当前值减1；当B相低电平且A相下降沿时，当前值减1。当减到9时，产生当前值等于预设值中断事件。

5.7.5.2 A/B相正交计数器的组态

首先新建一个项目，添加新设备CPU 1214C。在设备视图页面，组态高速计数器HSC1。选择“启用该高速计数器”，计数类型为“计数”，工作模式为“A/B计数器”。同步输入选中“使用外部同步输入”，默认的信号电平为“高电平有效”。点击“硬件输入”，可以看到时钟发生器A的输入地址为I0.0，时钟发生器B的输入地址为I0.1，同步（复位）输入地址为I0.3。依次展开“DI14/DQ10”→“数字量输入”，点击“通道0”（I0.0）“通道1”（I0.1）和“通道3”（I0.3），都选择输入滤波器为“10microsec”（10μs）。

A/B相四倍频计数器的组态同上，只是将工作模式修改为“AB计数器四倍频”即可。

5.7.5.3 计数监视

由于要使用A/B相脉冲的超前和滞后作为输入，不容易模拟，可以使用旋转编码器产生A/B相正交脉冲进行输入，旋转编码器每转输出1000个脉冲。将旋转编码器的棕色和蓝色接线连接到24V直流电源的正极和负极，A相输出（黑色）连接到PLC的I0.0，B相输出（白色）连接到PLC的I0.1，Z相输出（橙色）连接到PLC的I0.3。

展开项目树下的“监控与强制表”，双击“添加新监控表”，添加一个“监控表_1”。在该监控表中添加高速计数器HSC1的绝对地址ID1000。点击项目树下的“PLC_1”，将其下载到PLC中，然后点击监控表工具栏中的全部监视按钮。

从旋转编码器的输出轴看，如果旋转编码器逆时针旋转，可以看到ID1000中的值在增加，HSC1进行加计数；当ID1000中的值到1000时（Z相脉冲输出到I0.3），ID1000中的值变为0，表明HSC1已经复位。如果顺时针旋转，可以看到ID1000中的值在减少，HSC1进行减计数；同样，当ID1000中的值到−1000时，HSC1复位，ID1000中的值变为0。

5.7.5.4 应用实例

（1）控制要求

某单向旋转机械上连接了一个A/B两相正交脉冲增量旋转编码器，计数脉冲的个数就代表了旋转轴的位置。编码器旋转一圈产生1000个A/B相脉冲和一个复位脉冲（C相或Z相），要求在180°～288°之间指示灯亮，其余位置指示灯熄灭。

（2）控制电路

应用高速计数器实现位置测量的控制电路如图5-75所示。旋转编码器为欧姆龙的E6B2-

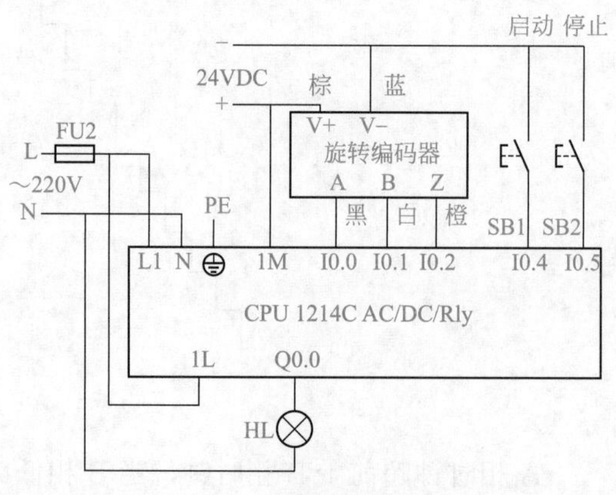

图5-75 位置测量控制电路

CWZ6C型，每转输出1000个脉冲，输出类型为NPN输出（漏型输出），故PLC的输入应连接为源型输入。在PLC组态时准备用HSC1对输入脉冲进行计数，故将编码器的A相接到I0.0，B相接到I0.1，Z相接到I0.3。

（3）高速计数器的组态

首先新建一个项目“5-7-5 AB相正交计数”，添加新设备CPU 1214C。在项目树的程序块下，双击“添加新块”，添加两个硬件中断组织块OB40（默认名称“Hardware interrupt”）和OB41（默认名称“Hardware interrupt_1”）。

在设备视图页面，组态高速计数器HSC1。选择“启用该高速计数器”，计数类型为“计数”，工作模式为“AB计数器四倍频”。点击“初始值”，将初始参考值设为2000（180°的值）。同步输入选中“使用外部同步输入”，默认的信号电平为“高电平有效”。点击“事件组态”，选中“为计数器值等于参考值这一事件生成中断”前的复选框，自动生成的事件名称为“计数器值等于参考值0”，硬件中断选择前面生成的“Hardware interrupt”，即OB40。

点击“硬件输入”，可以看到时钟发生器A的输入地址为I0.0，时钟发生器B的输入地址为I0.1，同步（复位）输入地址为I0.3。依次展开“DI14/DQ10”→“数字量输入”，点击“通道0”（I0.0）“通道1”（I0.1）和“通道3”（I0.3），都选择输入滤波器为“10microsec”（10μs）。

（4）编写控制程序

① 添加数据块　双击“添加新块”，添加一个数据块DB1，然后建立如图5-76所示的变量。创建变量“MyHSC”时，其数据类型直接输入“HSC_Count”即可。180°对应的值为180°/360°×1000×4=2000，288°对应的值为288°/360°×1000×4=3200，故“设定值1”的起始值设为2000，“设定值2”的起始值设为3200。

数据块_1

	名称	数据类型	起始值
1	▼ Static		
2	▶ MyHSC	HSC_Count	
3	设定值1	DInt	2000
4	设定值2	DInt	3200
5	测量值	DInt	0

图5-76 “数据块_1”DB1

② 主程序OB1　根据控制要求，编写的位置测量控制程序OB1如图5-77（a）所示，在程序段1中，当按下启动按钮SB1时，I0.4常开触点接通，EnHSC线圈通电自锁，使能高速计数器（即软件门打开），EnSync线圈通电（使能同步），允许使用复位输入。

程序段2为使用控制高速计数器（扩展）指令来控制HSC1。

程序段3为监视高速计数器HSC1的当前值。

③ 中断程序OB40　当按下启动按钮SB1时，高速计数器开始计数。计数到2000时（即到180°），产生计数器值等于参考值中断，调用中断程序OB40，如图5-77（b）所示。

在程序段1中，置位Q0.0，指示灯亮。

在程序段2中，将设定值2（即3200）传送到NewReference1，EnReference1线圈通电，使用新的参考值1。

在程序段3中，断开OB40与事件“计数器值等于参考值0”的连接。

在程序段4中，连接OB41与事件“计数器值等于参考值0”的连接。

④ 中断程序OB41　当计数到3200时（即到288°），产生计数器值等于参考值中断，调用中断程序OB41，如图5-77（c）所示。

在程序段1中，复位Q0.0，指示灯熄灭。

在程序段2中，将设定值1（即2000）传送到NewReference1，EnReference1线圈通电，使用新的参考值1。

在程序段3中，断开OB41与事件“计数器值等于参考值0”的连接。

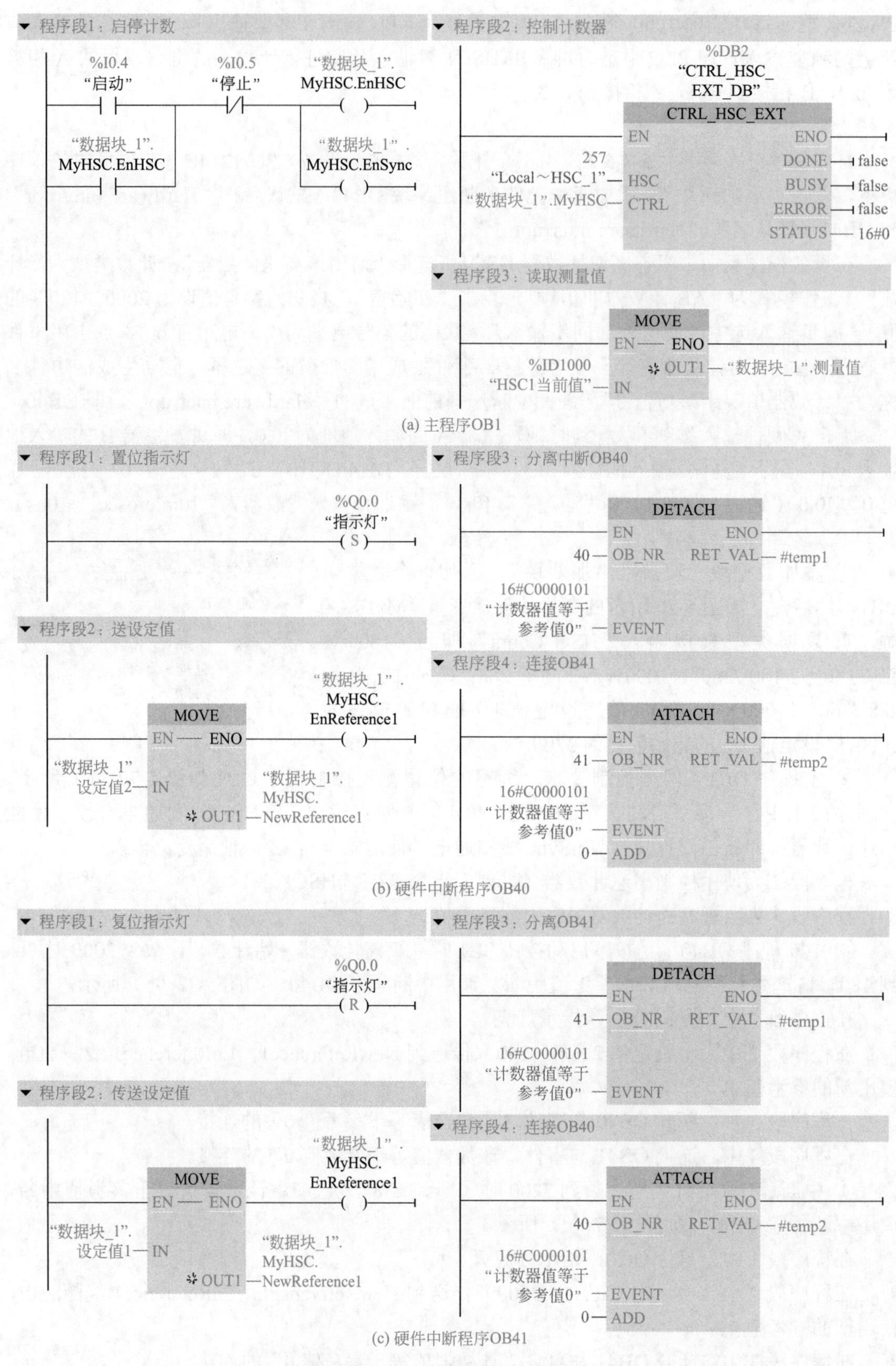

图5-77 位置测量控制程序

在程序段4中，连接OB40与事件“计数器值等于参考值0”的连接。

当计数到4000时，有一个复位脉冲Z，使计数器的当前值清零，然后进入下一段。

5.8 配方管理

5.8.1 配方概述

（1）配方的概念

配方指的是某种产品的生产配方，它可以是生产某种产品的材料配比或生产工艺参数的分配。例如，某饮料生产厂的产品为各种果汁饮料，如纯橙汁、浓缩橙汁和橙汁饮料等，随着各种产品的不同，构成各种产品的成分比例也自然不同。比如，纯橙汁需要80%的鲜榨橙汁、10%的水、10%的其他配料，而浓缩橙汁需要95%的鲜榨橙汁，而橙汁饮料需要30%的鲜榨橙汁。即每一种产品有其独特的配方。在自动化生产中，配方可以认为是各种相关数据的集合，也即是生产一种产品的各种配料之间的比例关系或一种自动化过程的各种组成部分的相关参数设定值的集合。

配方是与某一特定生产工艺相关的所有参数的集合，这一工艺过程的每一个参数叫作配方的一个条目，这些参数的每一组特定值组成配方的一条数据记录。使用配方的目的是为了能够集中并同步地将某一工艺过程相关的所有参数以数据记录的形式从操作单元传送到控制器中，或者从控制器传送到操作单元中。

（2）配方数据的传递

配方中有许多参数数据，通常这些参数数据存放在CPU工作存储器的DB块或M区，但是很多时候这些数据的数据量特别大，数值却是固定不变的，或者只是偶尔在需要的时候稍做改动。对于S7-1200来说，工作存储器最大也只有150kB（CPU 1217C），所以可以考虑将这些数据放入更大的装载存储器。对于S7-1200，内置装载存储器有1MB（CPU 1211C、CPU 1212C）和4MB（CPU 1214C、CPU 1215C、CPU 1217C），如果通过存储卡扩展，理论上可以最多到32GB。S7-1200支持将DB块仅存储在装载存储器中，通过指令READ_DBL将存储在装载存储器的数据复制到工作存储器，也可以通过指令WRIT_DBL将工作存储器的数据复制到装载存储器，如图5-78所示，工作存储器只保存活动配方的数据，在需要时可以获取配方数据，通过人机界面（HMI/WinCC）显示配方数据或将修改后的配方数据保存到工作存储器的活动配方中。

但是这种数据块的读写通常只能在TIA Portal软件的DB块中编辑配方数据，不是很方便。TIA Portal又提供了两条配方函数指令，使得配方数据可以导入、导出，通过PLC的Web服务器或存储卡进行查看，在PC上使用Excel等软件进行更方便的编辑。其中RecipeExport指令将完整的配方数据块导出，存储在CPU装载存储器的永久性配方数据文件中，配方数据文件按照标准csv格式存储在S7-1200 CPU装载存储器中。而RecipeImport指令将配方数据从装载存储器上的csv文件导入到装载存储器上的配方数据块中，此过程会覆盖之前数据块中的值。

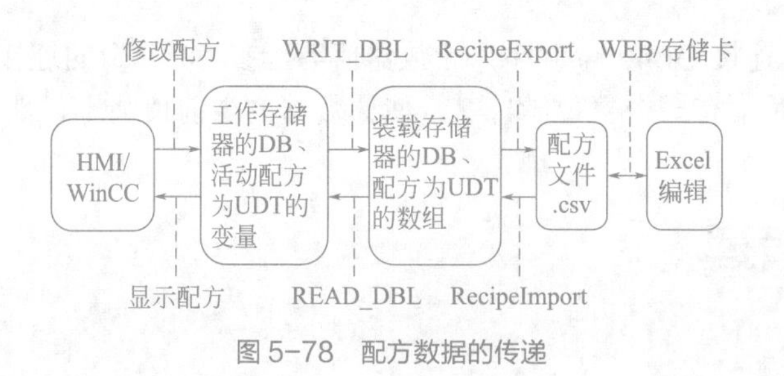

图 5-78 配方数据的传递

5.8.2 PLC 程序的编写

5.8.2.1 生成数据块

（1）定义一个 PLC 数据类型（UDT）

产品的配方数据记录中的数据可能是相同的数据类型，多个产品有多个数据记录，可以使用多维的数组；但大多数产品的数据配方记录中的数据为不同的数据类型，那么可以使用 PLC 数据类型或结构构成数据记录。以制造蛋糕为例，在这个配方中使用 PLC 数据类型创建配方数据块。

新建一个项目“5-8 配方管理”，添加新设备 CPU 1214C，生成一个“PLC_1”的站点。首先创建一个 PLC 数据类型，以定义一个配方记录中的所有组成元素。在项目树下展开“PLC_1”→“PLC 数据类型”，双击“添加新数据类型”，添加一个“用户数据类型_1”，将它重命名为“蛋糕配方”，然后在右边窗口中添加如图 5-79 所示的元素。用户自定义的数据类型是一个数据模板，它在每个配方数据块以及活动配方数据块中重复使用。输入所有实例配方共用的成分名称和数据类型，根据分配给配方成分的数值不同而生产出不同的产品。

项目树 | 配方管理 ▸ PLC_1 [CPU 1214C AC/DC/Rly] ▸ PLC 数据类型 ▸ 蛋糕配方

设备：工艺对象、外部源文件、PLC 变量、PLC 数据类型（添加新数据类型、蛋糕配方）、监控与强制表、在线备份、Traces、设备代理数据、程序信息、PLC 报警文本列表、本地模块、HMI_1 [TP700 Comfort]

蛋糕配方

	名称	数据类型	默认值	从 HMI/OPC..	从 H...	在 HMI ...	设定值
1	蛋糕名称	String[20]	''				
2	黄油	Real	0.0				
3	白糖	Real	0.0				
4	红糖	Real	0.0				
5	鸡蛋	SInt	0				
6	香草	SInt	0				
7	面粉	Real	0.0				
8	小苏打	SInt	0				
9	发酵粉	SInt	0				
10	盐	SInt	0				
11	巧克力	Real	0.0				
12	柠檬皮	SInt	0				
13	烹调时间	Time	T#0ms				

图 5-79 创建 PLC 数据类型

（2）创建在装载存储器中的配方数据块

前面创建的数据块都是保存在工作存储器中的，本例创建的装载存储器中的数据块平时是不活动的，需要的时候由工作存储器调用。在“PLC_1”的“程序块”下，双击“添加新块”，创建一个名称为“蛋糕配方_DB”（DB1）的全局数据块作为配方数据块。在该数据块上单击鼠标右键，选择“属性”，弹出的属性对话框如图 5-80 所示，选中“仅存储在装载内存中”前的复选框。“优化的块访问”选项一般默认是激活的，从 S7-1200 V4.2 起，对于仅存储于装载存储器的优化块的大小限制为 256KB，而仅存储于装载存储器的非优化块仅有 64KB，显然优化块可以存储更多的配方记录。如果单个配方数据太多，需要放在多个 DB 中。

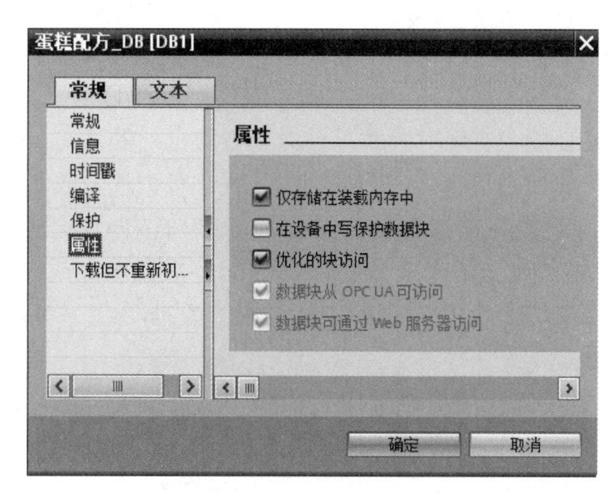

图 5-80 DB1 的属性

在该数据块中插入一个数组类型变量，如图 5-81（a）所示。本例中设置数组限值为 0 ～ 7，数组元素的数据类型为前面创建的 PLC 数据类型“蛋糕配方”，即可创建 8 个配方

蛋糕配方_DB

	名称	数据类型	起始值
1	▼ Static		
2	▼ 蛋糕	Array[0..7] of "蛋糕配方"	
3	▼ 蛋糕[0]	"蛋糕配方"	
4	蛋糕名称	String[20]	'chocolate'
5	黄油	Real	1.0
6	白糖	Real	2.0
7	红糖	Real	3.0
8	鸡蛋	SInt	4
9	香草	SInt	5
10	面粉	Real	6.0
11	小苏打	SInt	7
12	发酵粉	SInt	8
13	盐	SInt	9
14	巧克力	Real	10.0
15	柠檬皮	SInt	11
16	烹调时间	Time	T#12m
17	▶ 蛋糕[1]	"蛋糕配方"	
18	▶ 蛋糕[2]	"蛋糕配方"	
19	▶ 蛋糕[3]	"蛋糕配方"	
20	▶ 蛋糕[4]	"蛋糕配方"	
21	▶ 蛋糕[5]	"蛋糕配方"	
22	▶ 蛋糕[6]	"蛋糕配方"	
23	▶ 蛋糕[7]	"蛋糕配方"	

(a) “蛋糕配方_DB”数据块DB1

操作_DB

	名称	数据类型	起始值
1	▼ Static		
2	▼ Export	Struct	
3	REQ	Bool	false
4	Done	Bool	false
5	Busy	Bool	false
6	Error	Bool	false
7	Status	Word	16#0
8	▼ Import	Struct	
9	REQ	Bool	false
10	Done	Bool	false
11	Busy	Bool	false
12	Error	Bool	false
13	Status	Word	16#0
14	index	Int	0
15	▼ Read	Struct	
16	REQ	Bool	false
17	Ret_Val	Int	0
18	Busy	Bool	false
19	▼ Write	Struct	
20	REQ	Bool	false
21	Ret_Val	Int	0
22	Busy	Bool	false

(b) “操作_DB”数据块DB3

图 5-81 数据块 DB1 和数据块 DB3

记录，可根据实际情况调整。在“起始值”列下可以输入每个配方记录下各个元素的值，这些值保存在装载存储器中。

（3）创建在工作存储器中的活动配方 DB

在工作存储器中准备一个活动配方数据块，用于配方数据的写入和读取。双击“添加新块”，在弹出的对话框中将名称修改为“活动配方”，从“类型”右边的下拉列表中选择“蛋糕配方”，点击“确定”后就生成了一个数据块 DB2。该块只由一组配方元素组成，通过 READ_DBL 和 WRIT_DBL 指令实现对装载存储区配方数据块的读写操作，这要求活动配方数据块与配方数据块的优化属性必须相同，即都同时是优化数据块，或者同时是非优化数据块。

将这个 DB 块作为与装载存储器中配方数据块的接口，分别通过指令 WRIT_DBL 能将存于工作存储器的活动配方数据写入装载存储器的配方数据块，或者通过指令 READ_DBL 读取装载存储器的配方数据块到工作存储区中活动配方数据块。

（4）操作数据块 DB3

新建一个全局数据块 DB3，用于调用块的请求与状态位等，名称为“操作 _DB”，如图 5-81（b）所示。

5.8.2.2 编写控制程序

配方数据的导入、导出以及读写操作控制如图 5-82 所示。

（1）导出配方数据

待导出的配方数据块存储在装载存储器中，通过 RecipeExport 指令可将配方数据从数据块导出到装载存储器中的 csv 文件内。在导出过程中，将在装载存储器主目录下的“Recipes”文件夹中创建 csv 文件，数据块的名称将用作所创建的 csv 文件的名称。如果已存在同名的 csv 文件，则导出时将覆盖已有的文件。

在指令列表下展开“扩展指令”→“配方和数据记录”→“配方函数”，可以找到“导出配方”指令 RecipeExport。将其拖放到程序段 1 中，会建立背景数据块 DB4。RecipeExport 指令的输入参数 REQ 为激活请求，在 REQ 的上升沿，将“RECIPE_DB”指向的配方数据块导出为 csv 文件，在电脑上使用 Excel、文本编辑器等工具编辑。

在图 5-81（b）所示的数据块“操作 _DB”（DB3）中建立结构体“Export”以及相关变量。在项目树下点击“操作 _DB”，从详细视图下将变量拖放到其对应位置，然后点击“蛋糕配方 _DB”，从项目树下将其中的“蛋糕”配方拖放到“RECIPE_DB”。

（2）导入配方数据

当配方文件通过 Web 上载完成或通过存储卡重新导入文件后，就可以导入配方数据块。“RecipeImport”指令可将配方数据从装载存储器的 csv 文件中导入 RECIPE_DB 参数指向的数据块中。

在指令列表下展开“扩展指令”→“配方和数据记录”→“配方函数”，可以找到“导入配方”指令 RecipeImport。将其拖放到程序段 2 中，会建立背景数据块 DB5。RecipeImport 指令的输入参数 REQ 为激活请求，在 REQ 的上升沿，将 csv 文件的配方数据导入到“RECIPE_DB”指向的配方数据块中。

在图 5-81（b）所示的数据块“操作 _DB”（DB3）中建立结构体“Import”以及相关变量。在项目树下点击“操作 _DB”，从详细视图下将变量拖放到其对应位置，然后点击“蛋糕配方 _DB”，从项目树下将其中的“蛋糕”配方拖放到“RECIPE_DB”。

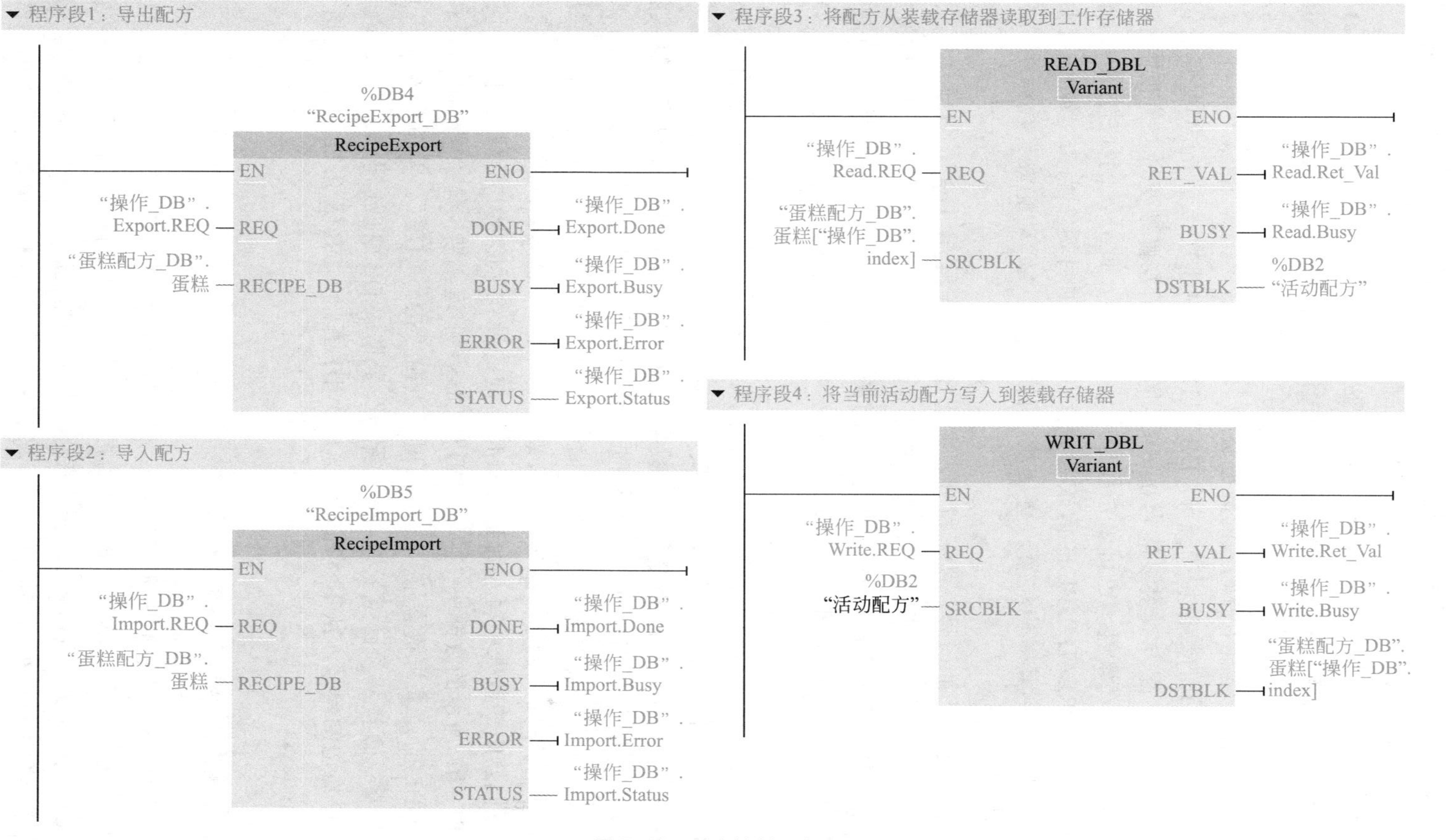

程序段1：导出配方
%DB4
“RecipeExport_DB”
RecipeExport
EN
ENO
“操作_DB”.Export.REQ
REQ
DONE
“操作_DB”.Export.Done
“蛋糕配方_DB”.蛋糕
RECIPE_DB
BUSY
“操作_DB”.Export.Busy
ERROR
“操作_DB”.Export.Error
STATUS
“操作_DB”.Export.Status
程序段2：导入配方
%DB5
“RecipeImport_DB”
RecipeImport
EN
ENO
“操作_DB”.Import.REQ
REQ
DONE
“操作_DB”.Import.Done
“蛋糕配方_DB”.蛋糕
RECIPE_DB
BUSY
“操作_DB”.Import.Busy
ERROR
“操作_DB”.Import.Error
STATUS
“操作_DB”.Import.Status
程序段3：将配方从装载存储器读取到工作存储器
READ_DBL
Variant
EN
ENO
“操作_DB”.Read.REQ
REQ
RET_VAL
“操作_DB”.Read.Ret_Val
“蛋糕配方_DB”.蛋糕[“操作_DB”.index]
SRCBLK
BUSY
“操作_DB”.Read.Busy
DSTBLK
%DB2
“活动配方”
程序段4：将当前活动配方写入到装载存储器
WRIT_DBL
Variant
EN
ENO
“操作_DB”.Write.REQ
REQ
RET_VAL
“操作_DB”.Write.Ret_Val
%DB2
“活动配方”
SRCBLK
BUSY
“操作_DB”.Write.Busy
DSTBLK
“蛋糕配方_DB”.蛋糕[“操作_DB”.index]

图 5-82　配方控制程序

（3）读取配方数据

经过导入配方指令或者直接在配方数据块上编辑，此时配方数据已经保存在 PLC 的装载存储器中，需要使用 READ_DBL 指令读取到工作存储器中。

在指令列表下展开“扩展指令”→“数据块控制”，可以找到“从装载存储器的数据块中读取数据”指令 READ_DBL，将其拖放到程序段 3 中。READ_DBL 指令的输入参数 REQ 为读取请求，当 REQ 为“1”时，将 SRCBLK 指向的装载存储器中待读取的数据块读取到 DSTBLK 指向的工作存储器中待写入的数据块。

在图 5-81（b）所示的数据块“操作 _DB”（DB3）中建立一个 Int 类型变量 index 用作配方编号。对于本例，配方数组限值为 0 ～ 7，所以该配方编号变量取值范围也是 0 ～ 7，可以在 HMI 画面上设置该值，也可以在程序中设置该值。此外，同样建立结构体“Read”以及相关变量，用于 READ_DBL 的请求与状态位。在项目树下点击“操作 _DB”，从详细视图下将变量拖放到其对应位置。直接从项目树下将“活动配方”数据块 DB2 拖放到 DSTBLK 指定的区域。

双击 SRCBLK 左边的问号，从下拉列表中选择“蛋糕配方 _DB”. 蛋糕 []，在方括号中输入“操作 _DB”.index。这里是利用数组的索引寻址功能，将指定索引变量的配方数组读取到活动配方，即如果需要配方 0 送到活动配方数据块，则 index 赋值为 0，需要配方 1 送到活动配方数据块，则 index 赋值为 1 等。然后就可以直接使用活动配方了。

（4）修改配方数据

如果需要偶尔小范围修改配方数据，不想大规模导入导出，或者不想打开程序修改配方数据的起始值，可以使用 WRIT_DBL 指令实现该功能。

在指令列表下展开“扩展指令”→“数据块控制”，可以找到“将数据写入到装载存储器的数据块中”指令 WRIT_DBL，将其拖放到程序段 4 中。WRIT_DBL 指令的输入参数 REQ 为写入请求，SRCBLK 为指向工作存储器中的 DB 的指针，需要从该工作存储器读取数据，DSTBLK 为指向装载存储器中待写入数据块的指针。当 REQ 为“1”时，将 SRCBLK 指向的工作存储器中的数据块写入到 DSTBLK 指向的装载存储器中待写入的数据块。

在图 5-81（b）所示的数据块“操作 _DB”（DB3）中建立结构体“Write”以及相关变量，用于 WRIT_DBL 的请求与状态位。在项目树下点击“操作 _DB”，从详细视图下将变量拖放到其对应位置。直接从项目树下将“活动配方”数据块 DB2 拖放到 SRCBLK 指定的区域。双击 DSTBLK 右边的问号，从下拉列表中选择“蛋糕配方 _DB”. 蛋糕 []，在方括号中输入“操作 _DB”.index。

5.8.3 配方管理调试

由于配方功能不能通过 PLC 仿真运行，所以要将站点“PLC_1”下载到实际的 PLC 中。在项目树的“PLC_1”下，双击“添加新监控表”，添加一个新的“监控表 _1”，添加监控变量如图 5-83 左图所示，点击全部监视按钮进行监视。然后点击“活动配方”数据块中的全部监视按钮进行监视。在监控表中，将变量“操作 _DB.Read.REQ”的值修改为“1”，然后点击监控表工具栏中的立即进行一次性修改按钮，则“活动配方”数据块的监视图如图 5-83 右图所示，可以看到将 index 为 0 的配方读取到“活动配方”。修改配方编号 index 的值，可以将各个配方记录读取到“活动配方”中。也可以在监控表中添加活动配方，修改活动配方中各参数的值，将变量“操作 _DB.Write.REQ”的值修改为“1”，然后点击 按钮，可以将该配方写入到装载存储器中进行永久保存。

也可以将变量“操作 _DB.Export.REQ”的值修改为“1”，然后点击按钮，导出装载存储器中的配方数据；将变量“操作 _DB.Import.REQ”的值修改为“1”，然后点击按钮，将配方数据导入到装载存储器中。

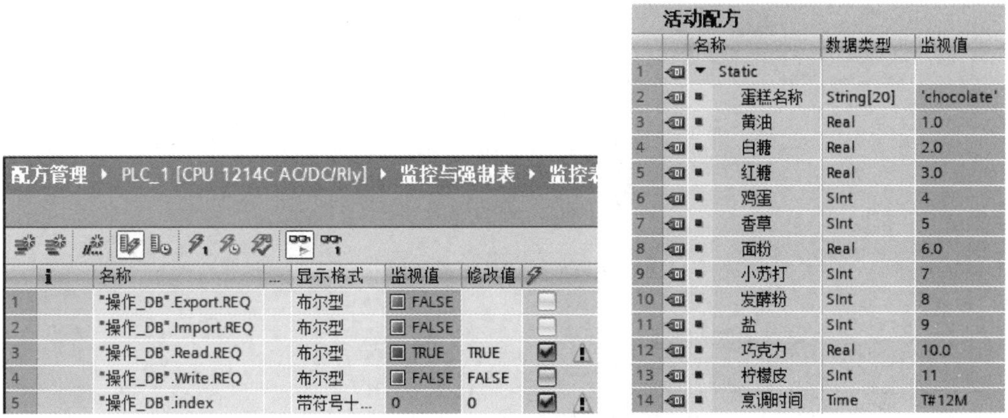

配方管理 ▸ PLC_1 [CPU 1214C AC/DC/Rly] ▸ 监控与强制表 ▸ 监控表

	i	名称	...	显示格式	监视值	修改值	
1		"操作_DB".Export.REQ		布尔型	FALSE		☐
2		"操作_DB".Import.REQ		布尔型	FALSE		☐
3		"操作_DB".Read.REQ		布尔型	TRUE	TRUE	☑ ⚠
4		"操作_DB".Write.REQ		布尔型	FALSE	FALSE	☐
5		"操作_DB".index		带符号十...	0	0	☑ ⚠

活动配方

	名称	数据类型	监视值
1	▼ Static		
2	蛋糕名称	String[20]	'chocolate'
3	黄油	Real	1.0
4	白糖	Real	2.0
5	红糖	Real	3.0
6	鸡蛋	SInt	4
7	香草	SInt	5
8	面粉	Real	6.0
9	小苏打	SInt	7
10	发酵粉	SInt	8
11	盐	SInt	9
12	巧克力	Real	10.0
13	柠檬皮	SInt	11
14	烹调时间	Time	T#12M

图 5-83　监控表与“活动配方”数据块监视图

5.8.4　配方数据的管理

配方数据可以通过 RecipeExport 指令将装载存储器中的配方数据块导出为 csv 格式的文件，保存在根目录 Recipe 下；也可以将修改后保存在 Recipe 下的 csv 文件通过 RecipeImport 指令导入到装载存储器中的数据块中。配方数据文件以 csv 格式存储在永久性存储器中，可以使用 PLC 的 Web 服务器或存储卡通过计算机查看、管理配方数据。

激活 CPU 的 Web 服务器功能，则可以使用电脑网口连接 CPU 的 PROFINET 接口或者扩展 CP1243-1 的网口通过计算机的 IE 浏览器访问 PLC 内置的 Web 服务器。

（1）Web 服务器的组态

在 PLC 的设备视图中，点击 PLC。从巡视窗口中点击“属性”，在“常规”选项卡下展开“Web 服务器”。点击“常规”，从左边选中“在此设备的所有模块上激活 Web 服务器”前的复选框，系统会自动勾选“仅允许通过 HTTPS 访问”。也可以自行去掉勾选，为 HTTP 访问。HTTPS 比 HTTP 更安全，建议勾选。点击“PROFINET 接口（X1）”下的“Web 服务器访问”，可以看到默认情况下“启用使用该接口的 IP 地址访问 Web 服务器”是勾选的。点击“以太网地址”，可以看到默认 IP 地址为 192.168.0.1。

点击“Web 服务器”下的“用户管理”，为访问用户设置权限。使用配方功能，需要具有“读取文件”和“写入 / 删除文件”的权限。若需要更多的访问功能，可以勾选相应权限。本例中只用默认用户，设置的权限如图 5-84 所示。在实际使用中，从安全角度出发，可以根据需要设置用户、权限及密码。

（2）登录内置 Web 服务器

通常情况下，电脑网口通过网线或交换机连接 CPU 的 PROFINET 接口或者扩展 CP1243-1 的网口。在 IE 浏览器地址栏中，输入默认 IP 地址 https://192.168.0.1（不能是

http://），打开的是 PLC 的简介页面。点击左上角的“进入”按钮，打开的浏览器操作界面如图 5-85 所示，显示项目名称、PLC 的类型及工作状态。可以点击“RUN”按钮或“STOP”按钮对 PLC 进行启动和停止操作。

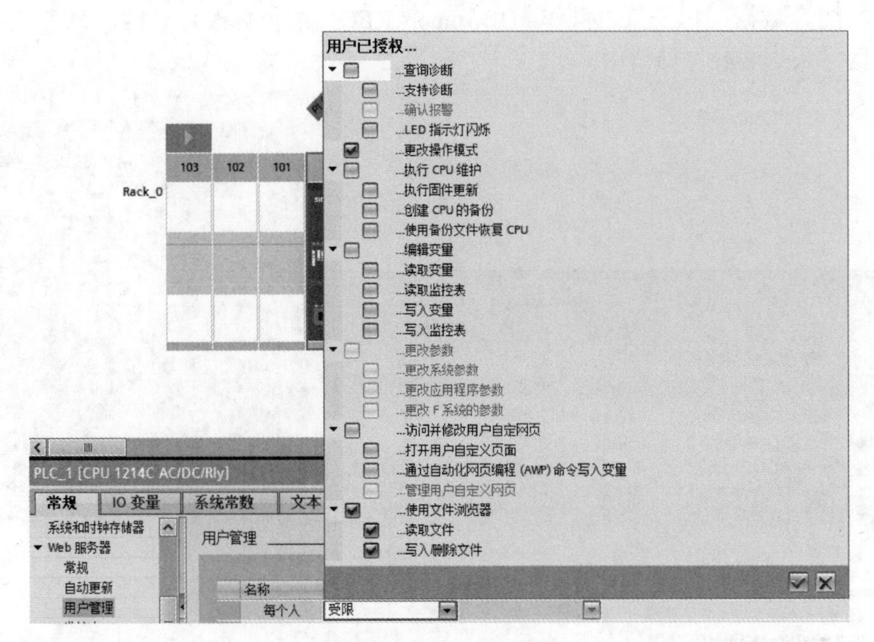

图 5-84　用户的访问权限

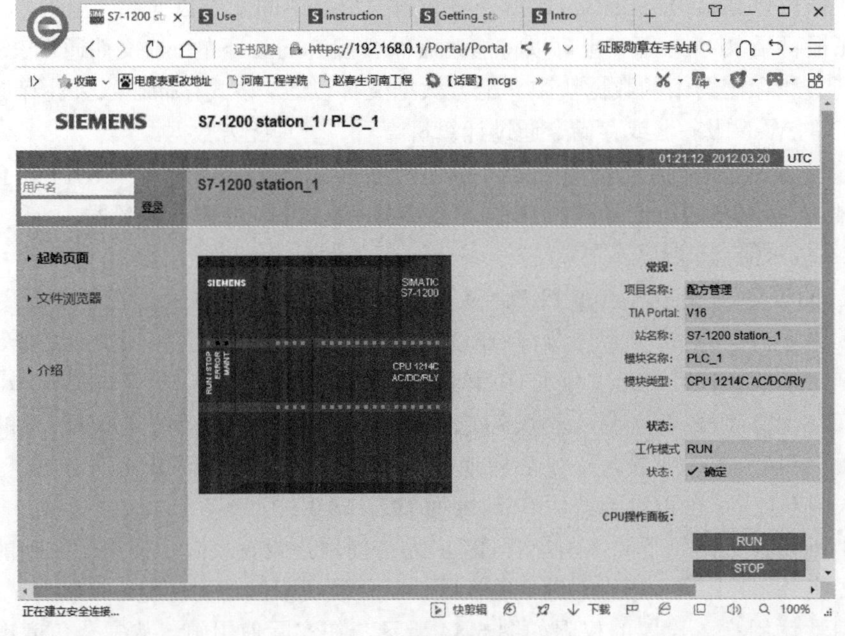

图 5-85　Web 服务器的起始页面

要通过 Web 服务器的文件浏览器页面来读取配方数据文件，在左侧项目栏中选择“文件浏览器”，可以看到两个文件夹 DataLogs（数据日志）和 Recipes（配方）。进入 Recipes 文件夹后，即看到与 PLC 设置的配方数据块名称相同的配方数据文件“蛋糕配方 _DB.csv”，如图5-86所示。此时点击csv文件即可以下载，下载后要点击删除按钮将该配方文件删除。

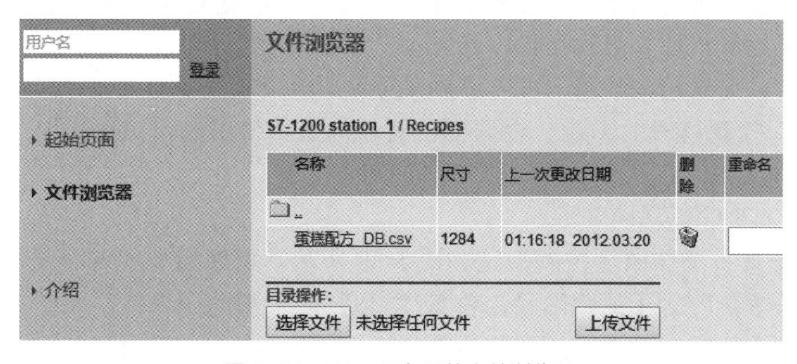

图5-86　Web服务器的文件浏览器

csv文件可在Excel中打开，用Excel打开的“蛋糕配方_DB.csv”如图5-87所示，这样可以简化阅读和编辑。如果打开文件时未将逗号识别为分隔符，里面的中文为乱码，请使用Excel导入功能来以结构化形式输出该数据。这时可以打开Excel，点击菜单“数据”，选择“自文本”，在弹出的对话框中选择csv文件，然后点击“导入”按钮。在文本导入向导第一步中选择文件类型为“分隔符号”，然后点击“下一步”。在第二步中取消“Tab键”，选中“逗号”，然后点击“完成”即可。

Index	蛋糕名称	黄油	白糖	红糖	鸡蛋	香草	面粉	小苏打	发酵粉	盐	巧克力	柠檬皮	烹调时间
1	chocolate	1.00E+00	2.00E+00	3.00E+00	4	5	6.00E+00	7	8	9	1.00E+01	11	0:12:00.000
2	cream	2.10E+01	2.20E+01	2.30E+01	24	25	2.60E+01	27	28	29	3.00E+01	31	0:32:00.000
3	schwarz	4.10E+01	4.20E+01	4.30E+01	44	45	4.60E+01	67	48	49	5.00E+01	51	0:52:00.000
4		0.00E+00	0.00E+00	0.00E+00	0	0	0.00E+00	0	0	0	0.00E+00	0	0:00:00.000
5		0.00E+00	0.00E+00	0.00E+00	0	0	0.00E+00	0	0	0	0.00E+00	0	0:00:00.000
6		0.00E+00	0.00E+00	0.00E+00	0	0	0.00E+00	0	0	0	0.00E+00	0	0:00:00.000
7		0.00E+00	0.00E+00	0.00E+00	0	0	0.00E+00	0	0	0	0.00E+00	0	0:00:00.000
8		0.00E+00	0.00E+00	0.00E+00	0	0	0.00E+00	0	0	0	0.00E+00	0	0:00:00.000

图5-87　用Excel打开的csv文件

csv文件最好使用记事本打开进行编辑，用Excel编辑容易出现格式错误。编辑时应注意以下几点：

① 配方DB包含的记录数不能再增加，数组的限值限制了配方的记录数。

② 不得对表中的结构进行更改（例如，在新列中添加配料）。

③ 表格单元格中的格式和长度值必须对应于数据块中使用的数据类型。

csv文件编辑好之后，点击图5-86中的“选择文件”按钮，选择该文件，然后点击“上传文件”按钮进行上传（上传之前应先删除原有配方文件）。

5.9 PID控制

5.9.1 PLC的闭环控制系统与PID指令

5.9.1.1 PLC的闭环控制系统

在工业生产中，一般用闭环控制方式来控制温度、压力、流量这一类连续变化的模拟量，PID 控制系统是应用最为广泛的闭环控制系统。PID 控制的原理是给被控对象一个设定值，然后通过测量元件将过程值测量出来，并与设定值比较，将其差值送入 PID 控制器，PID 控制器通过运算，计算出输出值，送到执行器进行调节，其中的 P、I、D 指的是比例、积分、微分运算。通过这些运算，可以使被控对象追随设定值变化并使系统达到稳定，自动消除各种干扰对控制过程的影响。根据被控对象的具体情况，可以采用 P、PI、PD 和 PID 等方式，S7-1200 的 PID 指令采用了一些改进的控制方式，还可以实现 PID 参数自整定。

（1）典型的 PLC 闭环控制

典型的模拟量负反馈闭环控制系统如图 5-88 所示，点划线中的部分是用 PLC 实现的，它可以使过程变量 PV_n 等于或跟随设定值 SP_n。以加热炉温度闭环控制系统为例，用热电偶检测被控量 $c(t)$（炉温），温度变送器将热电偶输出的微弱的电压信号转换为标准量程的直流电流或直流电压 $PV(t)$，PLC 用模拟量输入模块中的 A/D 转换器，将它们转换为与温度成比例的过程变量 PV_n（反馈值）。CPU 将它与温度设定值 SP_n 比较，误差 $e_n=SP_n-PV_n$。假设被控量温度值 $c(t)$ 低于给定的温度值，过程变量 PV_n 小于设定值 SP_n，误差 e_n 为正，经过 PID 控制运算，模拟量输出模块的 D/A 转换器将 PID 控制器的数字量输出值 M_n 转换为直流电压或直流电流 $M(t)$，控制器的输出值 $M(t)$ 将增大，使执行机构（电动调节阀）的开度增大，进入加热炉的天然气流量增加，加热炉的温度升高，最终使实际温度接近或等于设定值。

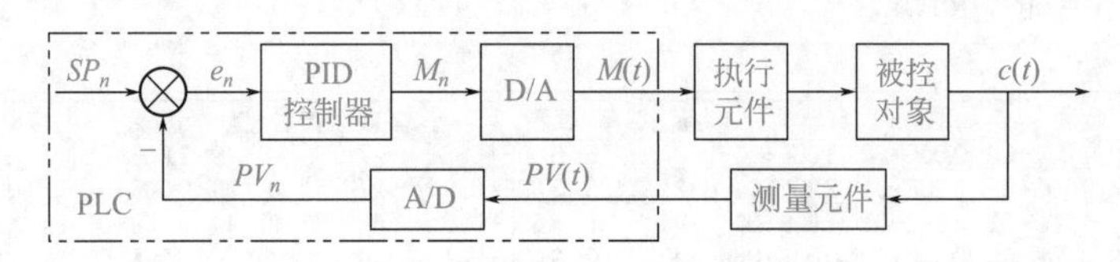

图 5-88　模拟量负反馈闭环控制系统

模拟量与数字量之间的相互转换和 PID 程序的执行都是周期性的操作，其间隔时间称为采样周期 T_s。各数字量中的下标 n 表示该变量是第 n 次采样时的数字量。

（2）闭环控制系统主要的性能指标

由于给定输入信号或扰动输入信号的变化，使系统的输出量发生变化，在系统输出量达到稳态值之前的过程称为动态过程。系统的动态过程的性能指标用阶跃响应的参数来描述，如图 5-89 所示。阶跃响应是指系统的输入信号阶跃变化时系统的输出。被控量 $c(t)$ 从 0 上升，第一次到达稳态值 $c(\infty)$ 的时间称为上升时间 t_r。

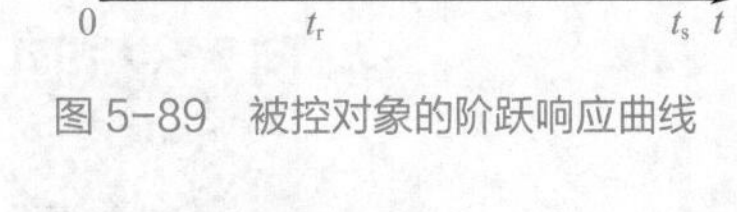

图 5-89　被控对象的阶跃响应曲线

一个系统要正常工作，阶跃响应曲线应该是收敛的，最终能趋近于某一个稳态值 $c(\infty)$。系统进入并停留在 $c(\infty)$ 上下 ±5% 的误差带内的时间 t_s 称为调节时间，到达调节时间表示过渡过程已基本结束。

系统的相对稳定性可以用超调量来表示。设动态过程中输出量的最大值为 $c_{max}(t)$，如果它大于输出量的稳态值 $c(\infty)$，定义超调量

$$\sigma\% = \frac{c_{\max}(t)-c(\infty)}{c(\infty)} \times 100\% \tag{5-1}$$

超调量越小，动态稳定性越好。

5.9.1.2 PID指令

S7-1200 PLC所支持的PID控制器回路数仅受存储器大小及程序执行时间的影响，没有具体数量的限制，可同时进行多个回路的控制。展开指令列表的“工艺”→“PID控制”→“Compact PID”，可以查看到有3条指令，分别为集成了调节功能的通用PID控制器指令PID_Compact、集成了阀门调节功能的PID控制器指令PID_3Step、温度PID控制器指令PID_Temp。

用户可以手动调节PID参数，也可以使用PID指令自带的自整定功能，即由PID控制器根据被控对象自动计算参数。同时，TIA博途软件还提供了调试面板，用户可以查看被控对象状态，也可直接进行参数调节。

（1）PID_Compact指令的算法

PID_Compact指令采集被控对象的实际过程值，与设定值进行比较，生成的偏差用于计算该控制器的输出值。PID_Compact指令是对具有比例作用的执行器进行集成调节的PID控制器，其有抗积分饱和功能，并且能够对比例作用和微分作用进行加权运算。其计算公式为

$$y = K_P[(bw-x)+\frac{1}{T_I s}(w-x)+\frac{T_D s}{aT_D s+1}(cw-x)] \tag{5-2}$$

式中，y为PID算法的输出值；K_P为比例增益；s为拉普拉斯运算符；b为比例作用权重；w为设定值；x为过程值；T_I为积分作用时间；T_D为微分作用时间；a为微分延迟系数（$T_I=aT_D$）；c为微分作用权重。

① 比例增益K_P　比例部分是偏差乘以的一个系数。在误差出现时，比例控制能立即给出控制信号，使被控量朝着误差减小的方向变化。

如果比例增益K_P太小，会使系统输出量变化缓慢，调节时间过长。增大K_P使系统反应灵敏，上升速度加快，并且可以减小稳态误差，但是K_P过大会使调节力度太强，造成调节过头，超调量增大，振荡次数增加，动态性能变坏。K_P过大甚至会使闭环系统不稳定。

② 积分时间T_I　积分部分与误差对时间的积分成正比。因为积分时间T_I在积分项的分母中，T_I越小，积分速度越快，积分作用越强。

控制器中的积分作用与当前误差的大小和误差的累加值都有关系，只要误差不为零，控制器的输出就会因为积分作用而不断变化，误差为正时积分项不断增大，反之不断减小。积分项有减小误差的作用，一直到系统处于稳定状态，这时误差恒为零，比例部分和微分部分均为零，积分部分才不再变化，并且刚好等于稳态时需要的控制器的输出值。因此积分部分的作用是消除稳态误差和提高控制精度，积分作用一般是必需的。

但是积分作用具有滞后特性，不像比例部分，只要误差一出现，就立即起作用。积分作用太强（即T_I太小），其累积的作用与增益过大相同，将会使超调量增大，甚至使系统不稳定。积分作用太弱（即T_I太大），则消除误差的速度太慢，T_I的值应取得适中。

③ 微分时间T_D　微分部分的输出与误差的变化速率成正比，反映了被控量变化的趋势，其作用是阻碍被控量的变化。在图5-89启动过程的上升阶段，当$c(t)<c(\infty)$时，被控量尚未超过其稳态值，超调还没有出现。但是因为被控量不断增大，误差$e(t)$不断减小，误差的导数和控制器输出的微分部分为负，减小了控制器的输出量，相当于提前给出制动作用，以阻碍被控量的上升，所以可以减少超调量。因此，微分控制具有超前和预测的特性，在输出$c(t)$超出稳态值之前，就能提前给出控制作用。适当的微分控制作用可以使超调量减小，缩

短调节时间，增加系统的稳定性。

对于有较大惯性或滞后的被控对象，控制器输出量变化后，要经过较长的时间才能引起反馈量的变化，如果 PI 控制器的控制效果不理想，可以考虑在控制器中增加微分作用，以改善系统在调节过程中的动态特性。

微分时间 T_D 与微分作用的强弱成正比，T_D 越大，微分作用越强。但是 T_D 太大对误差的变化压抑过度，将会使响应曲线变化迟缓，还可能会产生频率较高的振荡。如果将 T_D 设置为 0，微分部分将不起作用。

（2）PID_Compact 指令

调用 PID_Compact 指令的时间间隔称为采样时间，为了保证精确的采样时间，用固定的时间间隔执行 PID 指令，因此在循环中断 OB 中调用 PID_Compact 指令。

双击项目树的“程序块”中的“添加新块”，生成循环中断组织块 OB30，设置其循环时间为 300ms。将 PID_Compact 指令拖放到 OB30 中，对话框“调用选项”被打开。单击“确认”按钮，在“程序块”→“系统块”→“程序资源”中生成名为“PID_Compact”的函数块，生成的背景数据块 PID_Compact_1[DB1] 在项目树的文件夹“工艺对象”中，如图 5-90 所示。单击指令框底部的▲和▼按钮，可以展开为详细参数显示或收缩为最小参数显示。

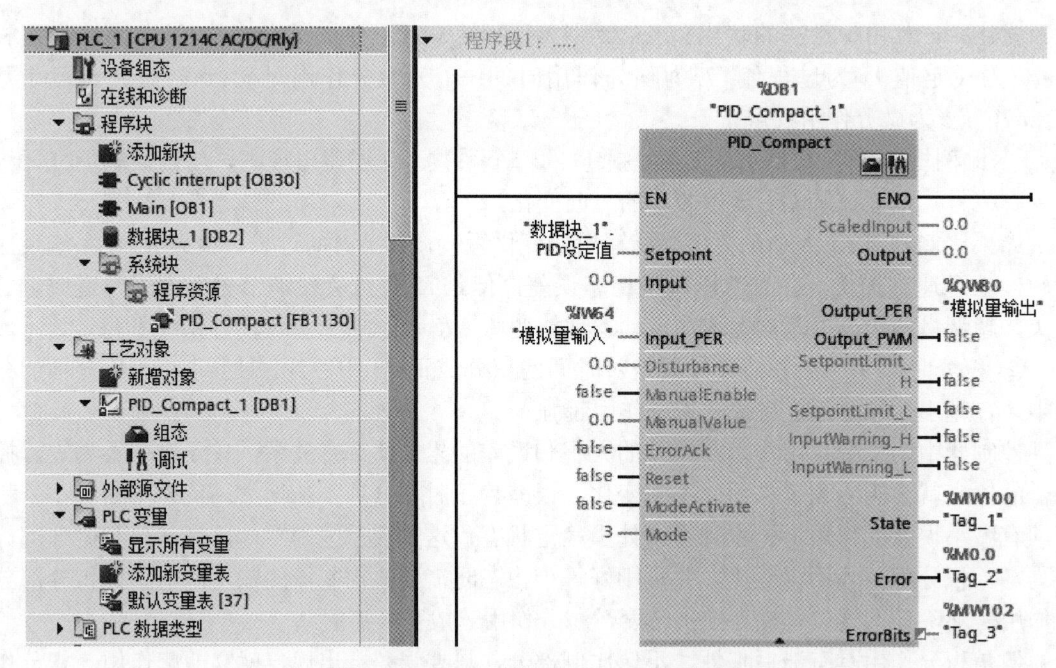

图 5-90　OB30 中的 PID_Compact 指令

PID_Compact 指令的参数主要分为输入参数与输出参数，定义这些参数可实现控制器的控制功能，输入参数见表 5-9，输出参数见表 5-10。

表 5-9　PID_Compact 的输入参数

参数	数据类型	默认值	说明
Setpoint	Real	0.0	PID 控制器在自动模式下的设定值
Input	Real	0.0	PID 控制器的过程值（工程量）
Input_PER	Int	0	PID 控制器的过程值（模拟量）

续表

参数	数据类型	默认值	说明
Disturbance	Real	0.0	扰动变量或预控制值
ManualEnable	Bool	FALSE	上升沿时激活手动模式，只要为TRUE，便无法通过ModeActivate的上升沿或使用调试对话框来更改工作模式。出现下降沿时会激活由Mode指定的工作模式。建议只使用ModeActivate更改工作模式
ManualValue	Real	0.0	手动模式下PID的输出值
ErrorAck	Bool	FALSE	错误确认，上升沿将复位ErrorBits和Warning
Reset	Bool	FALSE	重新启动控制器，上升沿或切换到“未激活”模式，清除错误；只要为TRUE，不能更改工作模式
ModeActivate	Bool	FALSE	上升沿时，PID_Compact将切换到保存在Mode参数中的工作模式
Mode	Int	4	工作模式包括：Mode=0为未激活；Mode=1为预调节；Mode=2为精确调节；Mode=3为自动模式；Mode=4为手动模式

表5-10 PID_Compact的输出参数

参数	数据类型	默认值	说明
ScaledInput	Real	0.0	标定的过程值
Output	Real	0.0	PID控制器的输出值（工程量）
Output_PER	Int	0	PID控制器的输出值（模拟量）
Output_PWM	Bool	FALSE	PID控制器的输出值（脉宽调制）
SetpointLimit_H	Bool	FALSE	为TRUE时设定值达到绝对上限（Setpoint ≥ Config.SetpointUpperLimit）
SetpointLimit_L	Bool	FALSE	为TRUE时设定值达到绝对下限（Setpoint ≤ Config.SetpointLowerLimit）
InputWarning_H	Bool	FALSE	为TRUE时过程值已达到或超出警告上限
InputWarning_L	Bool	FALSE	为TRUE时过程值已达到或低于警告下限
State	Int	0	显示PID控制器的当前工作模式。State=0为未激活；State=1为预调节；State=2为精确调节；State=3为自动模式；State=4为手动模式；State=5为带错误监视的替代输出值
Error	Bool	FALSE	为TRUE时表示周期内至少有一条错误消息处于未决状态
ErrorBits	DWord	DW#16#0	ErrorBits参数显示了处于未决状态的错误消息

5.9.2 PID控制器的应用

5.9.2.1 控制要求

有一个水箱需要维持一定的水位，如图5-91所示，该水箱的水以变化的速度流出，这就需要一个用变频器控制拖动的水泵供水。当出水量增大时，变频器输出频率提高，使水泵升速，增加供水量；反之水泵降速，减少供水量，始终维持水位不变化。该系统也称为恒压供水系统。

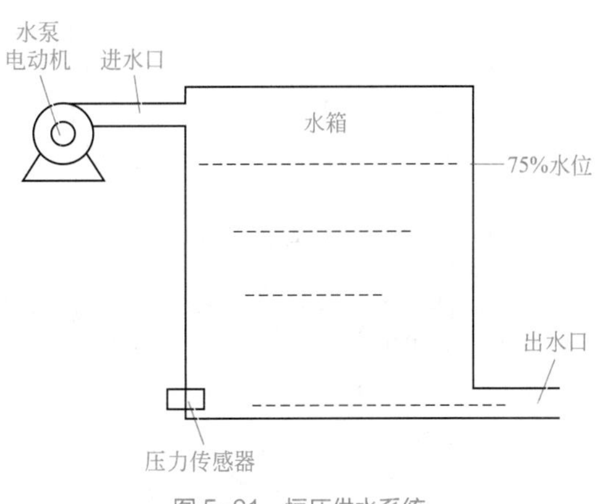

图5-91 恒压供水系统

压力传感器的测量范围0～100kPa（0～10m水位），其将水位的变化转换为电压信号

（0 ～ 10m 水位对应着模拟电压 0 ～ 10V），该信号即为系统的反馈信号，送入 CPU 1214C 的模拟量输入端 2M、0，经 A/D 转换后存储于 IW64。PID 控制系统根据水位的变化，将运算结果 QW80 经 D/A 转换后从信号板 SB1232 的 0M、0 端输出 0 ～ 10V 模拟电压，送到变频器的模拟量控制端，从而控制变频器的输出频率，对水泵进行调速。

5.9.2.2 控制系统组态与编程

（1）PLC 的硬件组态

新建一个项目“5-9 PID 控制”，添加新硬件 CPU 1214C AC/DC/Rly，版本号 V4.2。在设备视图中，展开巡视窗口的“属性”→“常规”下的“AI2”，点击“通道 0”，可以看到输入电压范围 0 ～ 10V，通道地址为 IW64。从右边的硬件目录下，依次展开“信号板”→“AQ”→“AQ 1×12BIT”，双击下面的“6ES7 232-4HA30-0XB0”或将其拖放到 CPU 中间的方框中。点击巡视窗口的“属性”→“常规”下的“模拟量输出”，将通道 0 的模拟量输出类型设为“电压”，可以看到电压范围为“+/−10V”（不能修改）、通道地址为 QW80。

（2）编写控制程序

添加循环中断组织块 OB30，循环中断时间设为 300ms，将 PID_Compact 指令拖放到程序区，生成的背景数据块为 DB1，编写的恒压供水主程序如图 5-92 所示。添加全局数据块 DB2，新建 DInt 类型的变量“设定压力”和 Real 类型的变量“PID 设定值”。编写控制主程序如图 5-92 所示，程序段 1 为水泵的启动 / 停止控制，Q0.0 接变频器的 DIN1 端，用于对水泵的启停。程序段 2 是将 DInt 类型的“设定压力”转换为 Real 类型的“PID 设定值”。

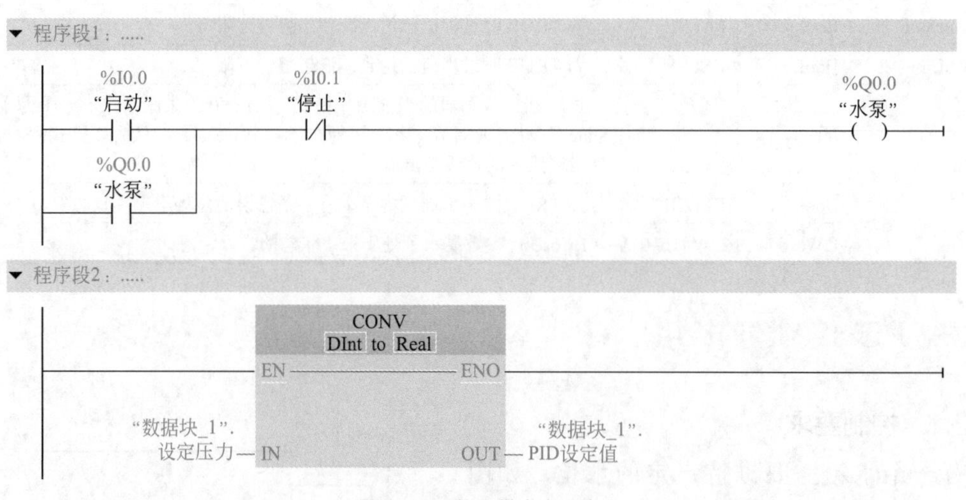

图 5-92 恒压供水主程序

5.9.2.3 PID 的组态与调试

（1）PID 参数的组态

① 设置 PID 控制器类型 控制器的类型用于选择设定值与过程值的物理量及单位。本实例将单位为“Pa”的“压力”用作控制器的类型，如图 5-93 所示。默认的控制器类型是以百分比为单位的“常规”控制器。

PID 控制“反转控制逻辑”如果勾选则为反作用。正作用表示随着 PID 输出的增加（或减小），偏差变小（或变大）；反作用表示随着PID输出的增加（或减小），偏差变大（或变小）。如果受控值的增加会引起实际值的减小，如由于阀门开度增加而使水位下降或者由于冷却性能增加而使温度降低，则选中“反转控制逻辑”复选框。

“CPU重启后激活Mode”勾选后可选择所需工作模式，本例选择“自动模式”；如果不勾选则为“非激活”模式。

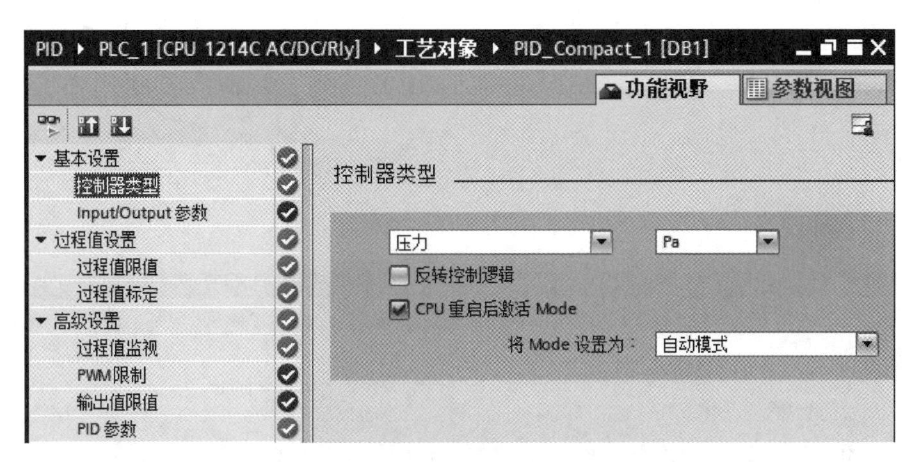

图5-93 PID控制器类型设置

② Input/Output参数设置　在图5-94所示的“Input/Output参数”区域可为设定值、过程值和输出值提供参数。过程值类型可以选择Input或Input_PER（模拟量）。Input为标定后的过程值，例如0～100%。Input_PER为模拟量通道值，其值为0～27648。

PID输出类型可以选择Output_PER（模拟量）、Output、Output_PWM。Output_PER为直接输出模拟量通道值，其值为0～27648；Output为0～100%；Output_PWM为脉宽调制输出。

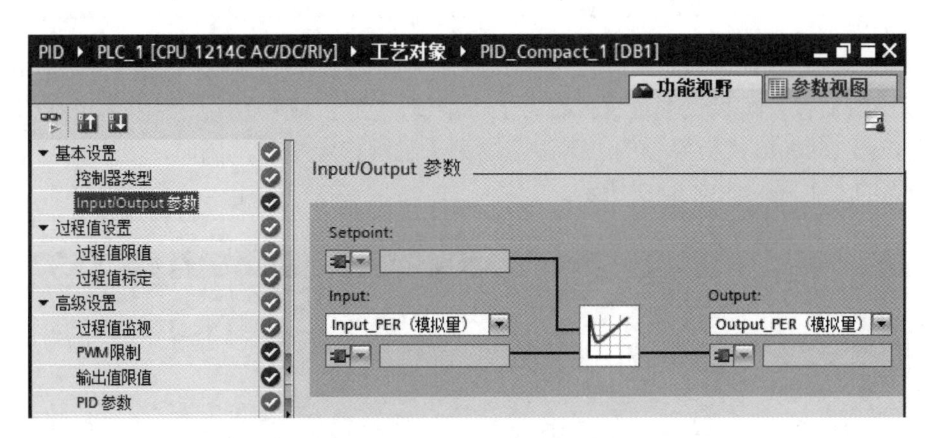

图5-94 PID Input/Output参数设置

③ 过程值设置　图5-95为过程值限值，图5-96为过程值标定。其中，过程值上限和标定的过程值上限为一组，过程值下限和标定的过程值下限为一组，根据传感器输入的电压信号或电流信号进行实际设置。在本实例中，由于0～10V对应0～100kPa，因此输入下限为0、上限为27648，输出的下限是0，上限为100000。

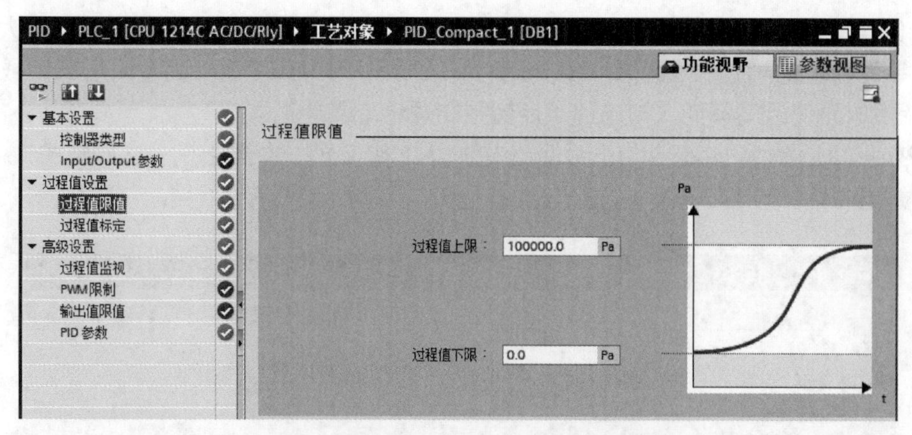

图 5-95　PID 过程值限值

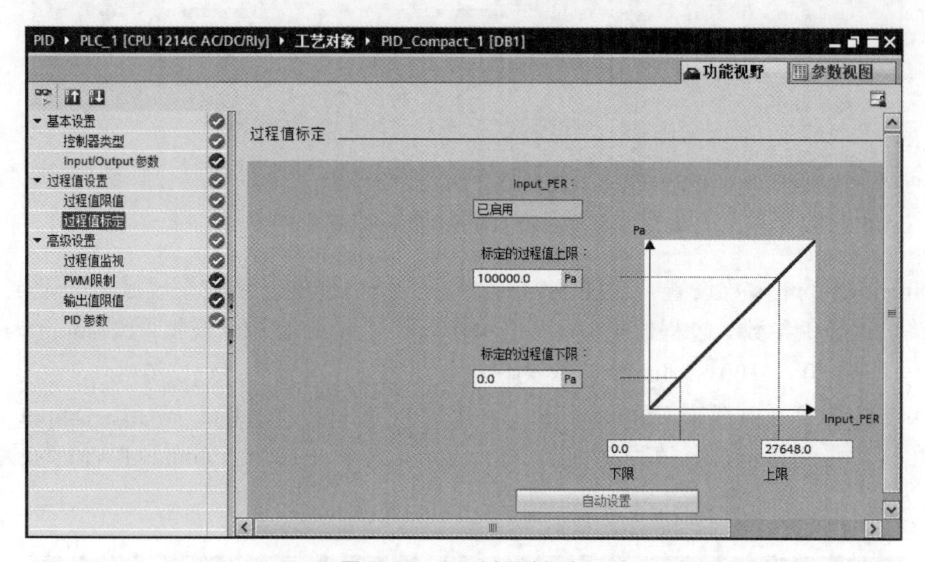

图 5-96　PID 过程值标定

④ 过程值监视　可以设置过程值警告上下限值。当过程值超出上下限时，PID_Compact 输出错误代码 16#0001；当警告的上下限范围大于过程值上下限范围时，过程值上下限值同时作为警告的上下限，如图 5-97 所示。

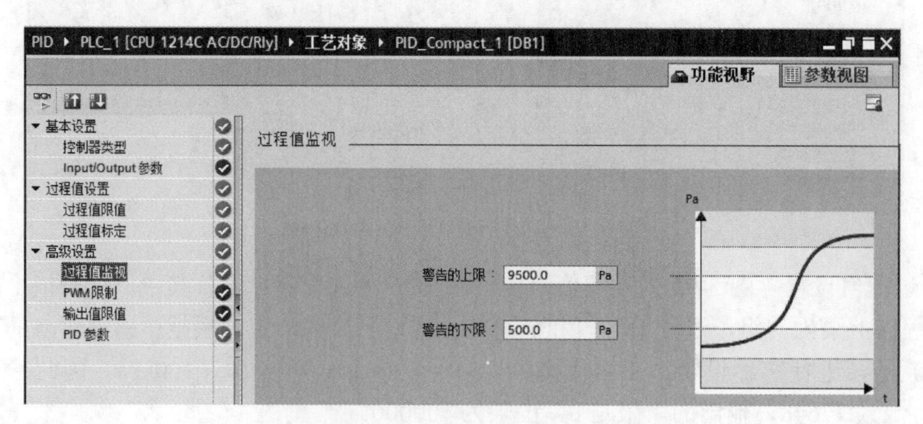

图 5-97　PID 过程值监视

⑤ PID参数调试　可在PID参数选项卡内选择是否手动设置PID参数及PID的调节规则，如图5-98所示。

启用PID参数手动输入功能，可以输入PID参数。“比例增益”为比例参数；“积分作用时间”是积分时间参数，积分时间越大，积分作用越小；“微分作用时间”是微分时间参数，微分时间越大，微分作用越小；“微分延迟系数”用于延迟微分作用，系数越大，微分作用的生效时间延迟越久；“比例作用权重”用于限制设定值变化时的比例作用，设置在0.0～1.0之间；“微分作用权重”用于限制设定值变化时的微分作用，设置在0.0～1.0之间；“PID算法采样时间”是PID计算输出值的时间，必须设置为循环中断的整数倍。

PID调节规则可以选择PI或PID，PI调节引入了积分，消除了系统的稳态误差；PID调节引入了微分，适用于大滞后系统。

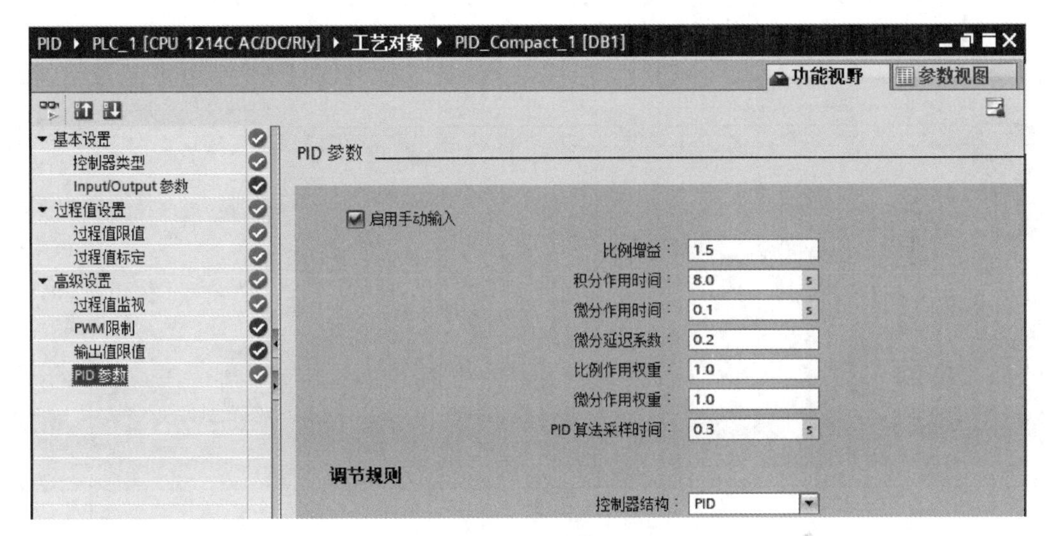

图5-98　PID参数设置

（2）PID的调试

为保证PID控制器能正常运行，需要设置符合实际运行系统的控制参数，但由于每套系统都不完全相同，所以每一套系统的控制参数也不尽相同。PID控制参数可以由用户自己手动设置，也可以通过TIA博途软件提供的自整定功能实现。PID自整定是按照一定的数学算法，通过外部输入信号激励系统，并根据系统的反应来确定PID参数。S7-1200提供了预调节和精确调节两种自整定方式。可通过调试面板进行整定，点击项目树下的“工艺对象”→“PID_Compact_1”→“调试”打开，如图5-99所示。

图5-99的上部为趋势图窗口，在PLC运行时，测量下选择“采样时间”为0.3s，点击后面的启动按钮进行采样；调节模式下可以选择“预调节”和“精确调节”，这里选择“预调节”，然后点击后面的启动按钮，则趋势图中显示过程值（绿色）、设定值（黑色）和PID输出值（红色，对应变频器频率的百分比）。

图5-99的下部为调节状态，调节状态下显示当前调节的进度及状态。调试过程出现错误时，可以点击“ErrorAck”按钮进行确认。“上传PID参数”是将实际的PID控制参数上传至项目并转到PID参数组态界面。“控制器的在线状态”用于显示过程值、设定值、PID输出值及控制启停PID_Compact。

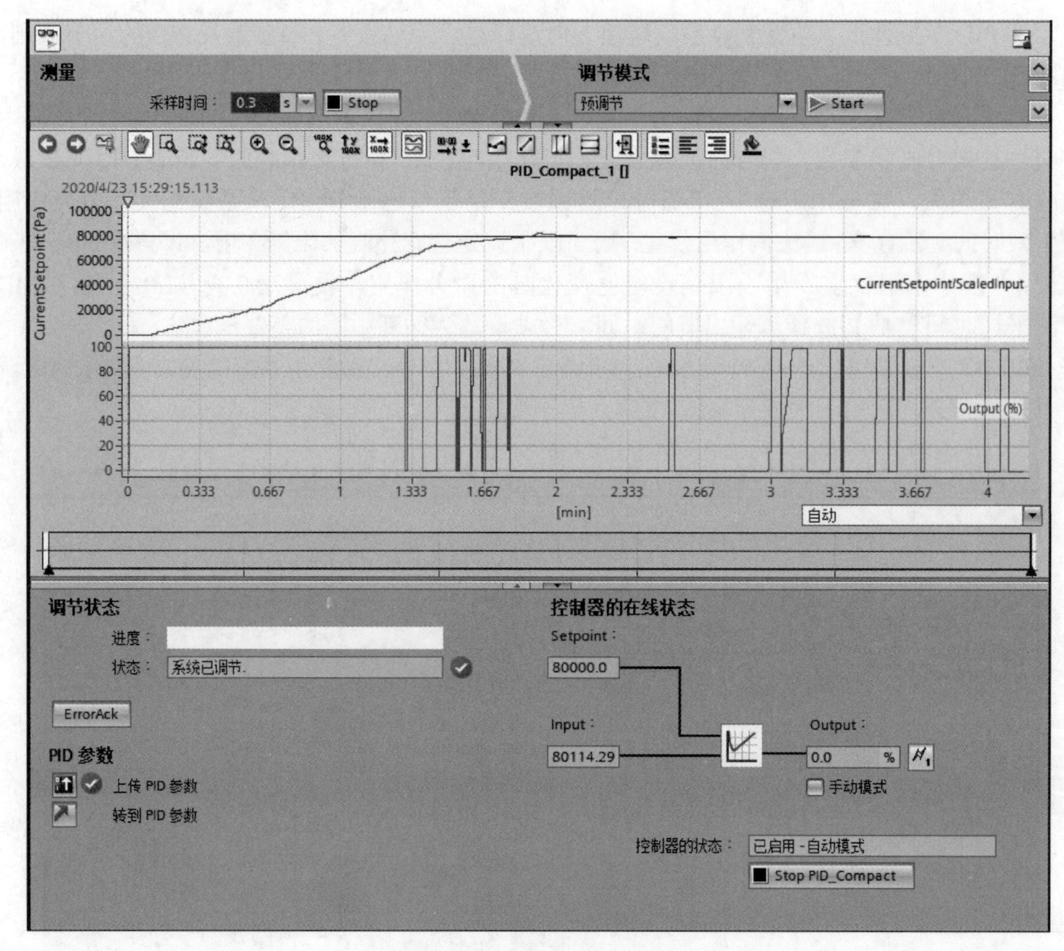

图 5-99　PID 在线调试

第6章 S7-1200 PLC的通信

6.1 网络通信基础

6.1.1 计算机通信的国际标准

国际标准化组织ISO提出了开放系统互连模型OSI（Open System Interconnection），作为通信网络国际标准化的参考模型，它详细描述了通信功能的7个层次（见图6-1）。发送方传送给接收方的数据，实际上是经过发送方各层从上到下传递到物理层，通过物理媒体（又称为介质）传输到接收方后，再经过从下到上各层的传递，最后到达接收方的应用程序。发送方的每一层协议都要在数据报文前增加一个报文头，报文头包含完成数据传输所需的控制信息，只能被接收方的同一层识别和使用。接收方的每一层只阅读本层的报文头的控制信息，并进行相应的协议操作，然后删除本层的报文头，最后得到发送方发送的数据。

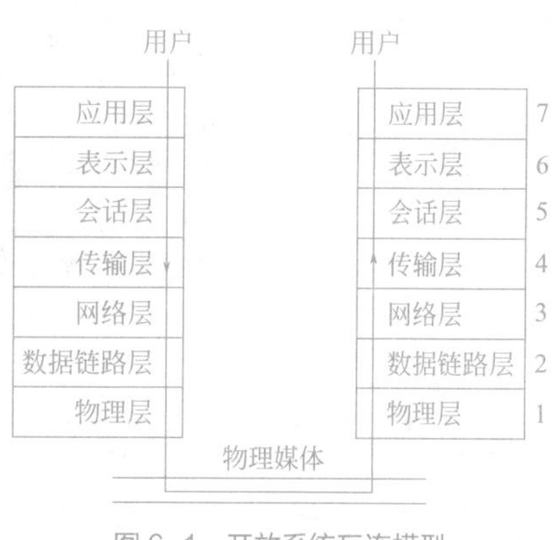

图6-1　开放系统互连模型

① 物理层的下面是物理媒体，例如双绞线、同轴电缆和光纤等。物理层为用户提供建立、保持和断开物理连接的功能，定义了传输媒体接口的机械、电气、功能和规程的特性。RS232C、RS422和RS485等就是物理层标准的例子。

② 数据链路层的数据以帧（Frame）为单位传送，每一帧包含一定数量的数据和必要的控制信息，例如同步信息、地址信息和流量控制信息。通过校验、确认和要求重发等方法实现差错控制。数据链路层负责在两个相邻节点间的链路上，实现差错控制、数据成帧和同步控制等。

③ 网络层的主要功能是报文包的分段、报文包阻塞的处理和通信子网中路径的选择。

④ 传输层的信息传送单位是报文（Message），它的主要功能是流量控制、差错控制、

连接支持，传输层向上一层提供一个可靠的端到端（end-to-end）的数据传送服务。

⑤ 会话层的功能是支持通信管理和实现最终用户应用进程之间的同步，按正确的顺序收发数据，进行各种对话。

⑥ 表示层用于应用层信息内容的形式变换，例如数据加密 / 解密、信息压缩 / 解压和数据兼容，把应用层提供的信息变成能够共同理解的形式。

⑦ 应用层为用户的应用服务提供信息交换，为应用接口提供操作标准。

6.1.2 以太网通信

S7-1200 CPU 至少集成了一个 PROFINET 接口，它是 10/100Mbit/s 的 RJ45 以太网口，支持电缆交叉自适应，可以使用标准的或交叉的以太网电缆。集成的以太网接口可支持非实时通信和实时通信等通信服务。非实时通信包括 PG 通信、HMI 通信、S7 通信、OUC（Open User Communication）通信和 Modbus TCP 等。实时通信可支持 PROFINET IO 通信，S7-1200 CPU 固件 V4.0 或更高版本除了可以作为 PROFINET IO 控制器，还可以作为 PROFINET IO 智能设备（I-Device）；S7-1200 CPU 从固件 V4.1 开始支持共享设备（Shared-Device）功能，可与最多 2 个 PROFINET IO 控制器连接。S7-1200 CPU 各种以太网通信服务会使用到 OSI 参考模型不同层级，如图 6-2 所示。

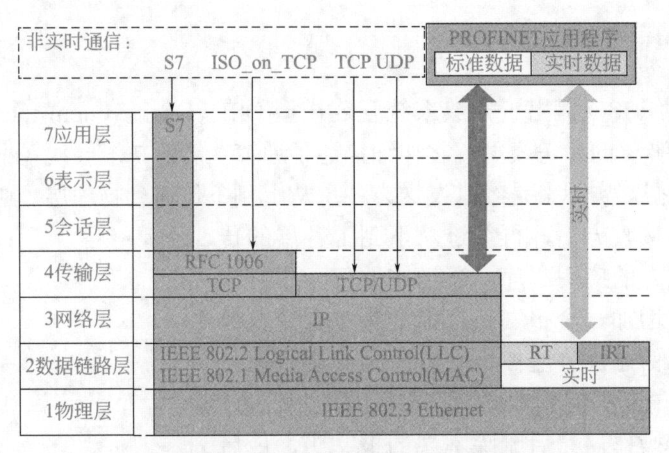

图 6-2 各种以太网通信的 OSI 模型

（1）PG 通信

S7-1200 CPU 的编程组态软件为 TIA 博途软件，使用 TIA 博途软件对 S7-1200 CPU 进行在线连接、上下载程序、调试和诊断时会使用 S7-1200 CPU 的 PG 通信功能。

（2）HMI 通信

S7-1200 CPU 的 HMI 通信可用于连接西门子的系列面板、WinCC 以及一些带有 S7-1200 CPU 驱动的第三方 HMI 设备。S7-1200 与第三方 HMI 设备连接时，需要在 CPU 属性的“防护与安全”中激活“允许来自远程对象的 PUT/GET 通信访问”。

（3）S7 通信

S7 通信作为 SIMATIC 的内部通信，用于 SIMATIC CPU 之间相互通信，该通信标准未公开，不能用于与第三方设备通信。基于工业以太网的 S7 通信协议除了使用了 OSI 参考模型第 4 层传输层，还使用了模型第 7 层应用层。S7 通信数据传输过程中除了存在传输层应答，还有应用层应答，因此相对于 OUC 通信来说，S7 通信是一种更加安全的通信协议。

（4）OUC 通信

开放式用户通信采用开放式标准，可与第三方设备或 PC 进行通信，也适用于 S7-300/400/1200/1500 CPU 之间通信。S7-1200 CPU 支持 TCP、ISO-on-TCP 和 UDP 等开放式用户通信。

TCP 是 TCP/IP 传输层的主要协议，主要为设备之间提供全双工、面向连接、可靠安全的连接服务。传输数据时需要指定 IP 地址和端口号作为通信端点。TCP 连接传输数据期间，不传送消息的开始和结束信息，接收方无法通过接收到的数据流来判断一条消息的开始与结束。

ISO-on-TCP 是在 TCP 中定义了 ISO 传输的属性，ISO 协议是通过数据包进行数据传输。ISO-on-TCP 是面向消息的协议，数据传输时传送关于消息长度和消息结束标志。ISO-on-TCP 是利用传输服务访问点 (Transport Service Access Point，TSAP) 将消息路由至接收方特定的通信端点。

UDP 是一种非面向连接协议，发送数据之前无需建立通信连接，传输数据时只需要指定 IP 地址和端口号作为通信端点，不具有 TCP 中的安全机制，数据的传输无需伙伴方应答，因而数据传输的安全不能得到保障。

（5）Modbus TCP 通信

Modbus 协议是一种简单、经济和公开透明的通信协议，用于在不同类型总线或网络中设备之间的客户端 / 服务器通信。Modbus TCP 结合了 Modbus 协议和 TCP/IP 网络标准，它是 Modbus 协议在 TCP/IP 上的具体实现，数据传输时在 TCP 报文中插入了 Modbus 应用数据单元。Modbus TCP 使用 TCP 通信作为 Modbus 通信路径，通信时其将占用 CPU 开放式用户通信资源。

（6）PROFINET IO 通信

PROFINET IO 是 PROFIBUS/PROFINET 国际组织基于以太网自动化技术标准定义的一种跨供应商的通信、自动化系统和工程组态的模型，它是基于工业以太网的开放的现场总线，可以将分布式 IO 设备直接连接到工业以太网，实现从公司管理层到现场层的直接的、透明的访问。PROFINET IO 主要用于模块化、分布式控制，S7-1200 CPU 可使用 PROFINET IO 通信连接现场分布式站点（例如 ET200SP、ET200MP 等）。

使用 PROFINET IO，现场设备可以直接连接到以太网，与 PLC 进行高速数据交换。PROFIBUS 各种丰富的设备诊断功能同样也适用于 PROFINET。

PROFINET 使用以太网和 TCP/IP/UDP 协议作为通信基础，对快速性没有严格要求的数据使用 TCP/IP 协议，响应时间在 100ms 数量级，可以满足工厂控制级的应用。

PROFINET 的实时（Real-Time，RT）通信功能适用于对信号传输时间有严格要求的场合，例如用于传感器和执行器的数据传输。通过 PROFINET，分布式现场设备可以直接连接到工业以太网，与 PLC 等设备通信。其响应时间与 PROFIBUS-DP 等现场总线对比相同或更短，典型的更新循环时间为 1 ～ 10ms，完全能满足现场级的要求。

6.1.3 PROFIBUS 通信

PROFIBUS 现场总线技术是一种国际化、开放式通信标准，它不依赖于设备生产商，是一种独立的总线标准，已被广泛地用于制造业自动化和过程自动化、楼宇、交通、电力等各行各业。使用 PROFIBUS 现场总线技术，可以方便地实现各种不同厂商的自动化设备及元器件之间的信息交换。PROFIBUS 现场总线由 PROFIBUS-DP、PROFIBUS-FMS 和 PROFIBUS-PA 组成。DP 型用于分散外设间的高速传输，适合于加工自动化领域的应用；FMS 为现场信息规范，适用于纺织、楼宇自动化、可编程控制器、低压开关等一般自动化；而 PA 型则是用于过程自动化的总线类型。其中，以 PROFIBUS-DP 最为实用，特别适合于 PLC 与现场级分布式 IO（例如西门子的 ET200）设备之间的通信。PROFIBUS-DP 的传输速率为 9.6kbit/s ～ 12Mbit/s，最大传输距离在 100 ～ 1000m。其传输介质可以是双绞线，也可以是光缆，最多可挂接 127 个站点。

PROFIBUS 现场总线是开放的，其通信协议是透明的，很多第三方设备都支持 PROFIBUS 通信。支持 PROFIBUS 协议的第三方设备都会有 GSD 文件，通常以 *.GSD 或 *.GSE 文件名出现，将此 GSD 文件安装到组态软件中就可以组态第三方设备从站的通信接口了。

PROFIBUS 现场总线符合 EIA RS485 标准，是以半双工、异步、无间隙同步为基础的。在总线的终端配有终端电阻，如图 6-3（a）所示。连接头使用西门子的终端连接器，为 9 脚的 D 形接头，如图 6-3（b）所示，针脚定义见表 6-1。连接器备有阳头和阴头，阳头作为总线站的连接，阴头可以连接总线电缆。连接器中配有终端电阻，在使用时，第一个站和最后一个站的终端电阻开关拨到“ON”，中间站点的终端电阻拨到“OFF”。偏置电阻用于在复杂的环境下确保通信线上的电平在总线未被驱动时保持稳定；终端电阻用于吸收网络上的反射信号。一个完善的总线型网络必须在两端接偏置电阻和终端电阻。

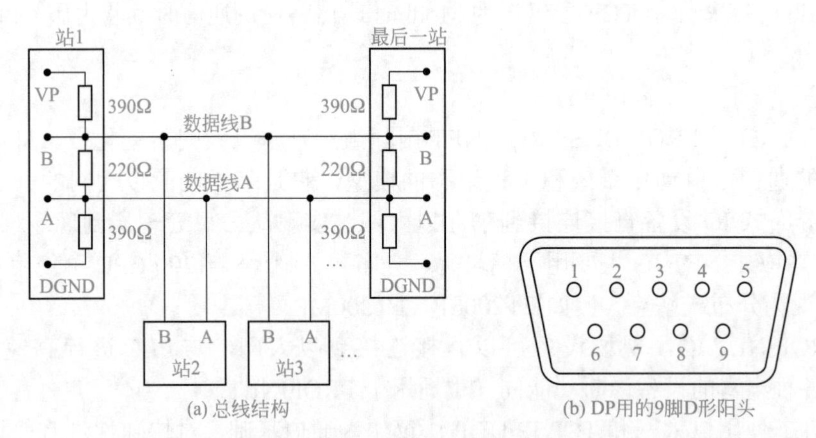

图 6-3　PROFIBUS 现场总线结构

表 6-1　PROFIBUS 接口针脚定义

针脚号	信号名称	含义	针脚号	信号名称	含义
1	SHIELD	屏蔽或保护地	6	VP	供电电压（+5V）
2	M24	24V 输出电压地（辅助电源）	7	P24	+24V 输出电压（辅助电源）
3	RXD/TXD-P	接收 / 发送数据 - 正（B 线）	8	RXD/TXD-N	接收 / 发送数据 - 负（A 线）
4	CNTR-P	方向控制信号 - 正	9	CNTR-N	方向控制信号 - 负
5	DGND	数据基准电位（5V 地）			

6.2 基于以太网的开放式用户通信

6.2.1 S7-1200之间的TCP和ISO-on-TCP通信

TIA博途软件为S7-1200提供了两套OUC通信指令，一套是不带自动连接管理功能的指令TCON、TSEND/TRCV（TUSEND/TURCV）和TDISCON。TCP/ISO-on-TCP是面向连接的通信，数据交换之前首先需要建立连接，S7-1200 CPU可使用TCON指令建立通信连接。连接建立后，S7-1200 CPU就可使用TSEND和TRCV指令发送和接收数据了。通信结束后，S7-1200 CPU可使用TDISCON指令断开连接，释放通信资源。

另一套是带自动连接管理功能的指令TSEND_C、TRCV_C等，其内部集成了TCON、TSEND/TRCV（TUSEND/TURCV）和TDISCON等指令。

在本节中，使用例子介绍这两套通信指令的应用。控制要求是：PLC_1为CPU 1214C AC/DC/Rly，版本号V4.2，控制PLC_2的电动机的正反转，I0.0为正转启动，I0.1为反转启动，I0.2为停止控制；Q0.0～Q0.2分别控制本机的电源、Y形和△形接触器。PLC_2为CPU 1212C DC/DC/DC，版本号V4.4，控制PLC_1的电动机的Y-△降压启动，I0.0为启动，I0.1为停止；Q0.0控制本机的正转接触器，Q0.1控制本机的反转接触器。

6.2.1.1 使用不带自动连接管理功能的指令进行TCP通信

（1）组态CPU的硬件

首先新建一个项目“6-2-1 TCP”，单击项目树中的“添加新设备”，添加一块CPU 1214C AC/DC/Rly，版本号为V4.2，生成站点的默认名称为PLC_1。双击站点“PLC_1”下的“设备组态”，打开设备视图。选中巡视窗口的“属性”→“常规”→“系统和时钟存储器”，启用MB0为时钟存储器字节。

扫一扫 看视频

在网络视图中，从右边的硬件目录下将一块CPU 1212C DC/DC/DC（版本号V4.4）拖放到网络视图中，生成站点的默认名称为PLC_2。选中该CPU，点击巡视窗口的“属性”→“常规”→“系统和时钟存储器”，启用MB0为时钟存储器字节。

（2）组态通信网络

在网络视图中，点击网络设备按钮 网络，用鼠标左键选中PLC_1的以太网接口不放，将其拖放到PLC_2的以太网接口上，松开鼠标，将会生成如图6-4所示的绿色的以太网线以及“PN/IE_1”连接。

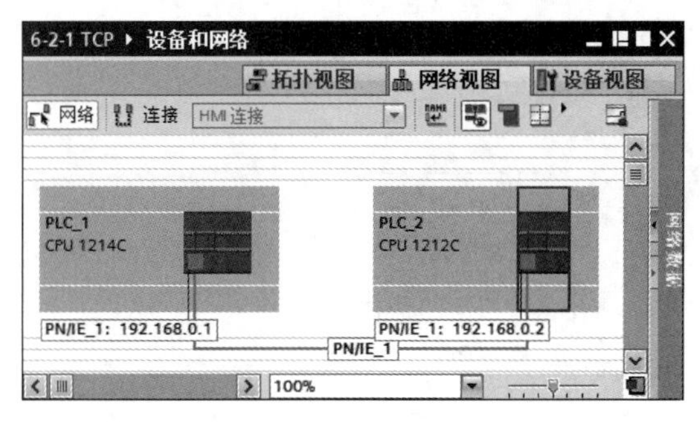

图6-4 网络组态

选中PLC_1的CPU左下角表示以太网接口的绿色小方框，然后选中巡视窗口的“属性”→“常规”→“以太网地址”，PN接口默认的IP地址为192.168.0.1，默认的子网掩码为255.255.255.0。按照同样的方法可以查看PLC_2的IP地址为192.168.0.2，默认子网掩码为255.255.255.0。点击显示地址按钮，可以显示PLC_1和PLC_2的IP地址。

（3）编写TCP通信程序

① TCON和TDISCON指令　TCON和TDISCON指令见图6-5中的程序段1和程序段

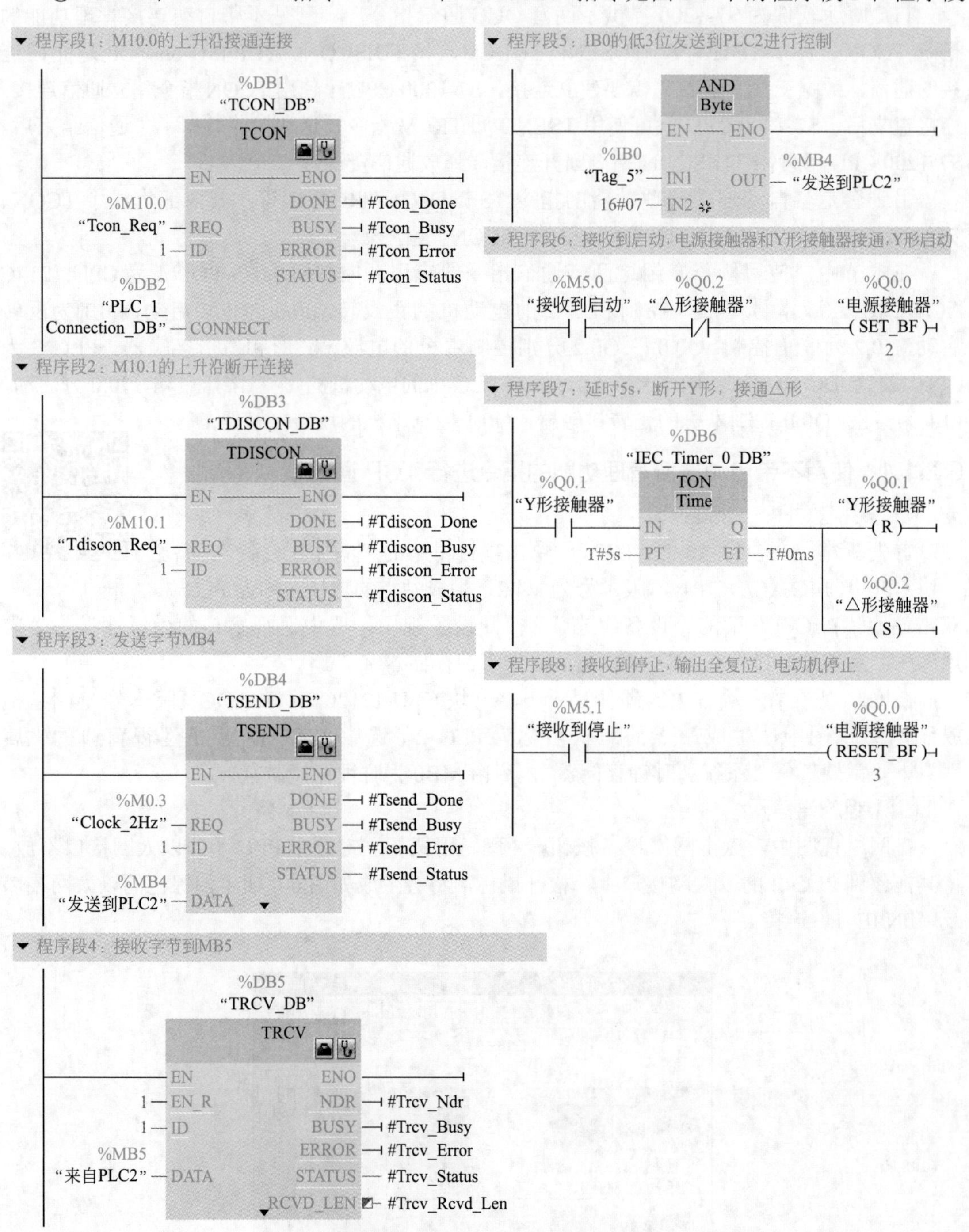

图6-5　PLC_1的TCP通信程序

2。TCON 指令用于建立开放式通信连接，可用于 TCP、ISO-on-TCP 和 UDP 通信，连接建立后，CPU 将自动持续监视该连接状态。TDISCON 指令用于断开 TCON 指令建立的连接或释放 TCON 指令定义的 UDP 服务，参数 ID 需要与 TCON 指令的 ID 相同。

TCON 指令和 TDISCON 指令的输入输出参数见表 6-2。

表 6-2 TCON 和 TDISCON 的参数说明

参数	声明	数据类型	说明
REQ	Input	Bool	上升沿建立连接操作
ID	Input	CONN_OUC	指向已分配连接的引用，与 CONNECT 中指定的 ID 一致
CONNECT	InOut	CON_Param	指向连接描述的指针
DONE	Output	Bool	“1”表示任务执行成功；“0”表示任务未启动或正在执行
BUSY	Output	Bool	“0”表示任务完成；“1”表示任务还没有完成，不能启动新任务
ERROR	Output	Bool	“0”表示无错误；“1”表示执行任务出错
STATUS	Output	Word	指令的状态

成功建立连接后，参数 DONE 将置位一个扫描周期。如果 CPU 需要建立多个 OUC 通信，则需要多次调用 TCON 指令并给指令分配不同的背景数据块，且需要给参数 ID 分配不同的数值。

② TSEND 和 TRCV 指令　TSEND 和 TRCV 指令见图 6-5 中的程序段 3 和程序段 4。TSEND 指令用于通过已建立的连接发送数据，TRCV 指令用于通过已建立的连接接收数据。在 TSEND 指令中，REQ 的上升沿触发发送信号。连接 ID 需要与 TCON 指令指定的 ID 相同。参数 DATA 为指向发送区的指针，该发送区包含要发送数据的地址和长度。其余参数与 TCON 指令的相同。

在 TRCV 指令中，参数 EN_R（Bool）为“1”时，表示启用接收功能。连接 ID 需要与 TCON 指令指定的 ID 相同。参数 DATA 是指向接收区的指针，该接收区包含要接收数据的地址和长度。参数 RCVD_LEN（UInt）是实际接收的数据的字节数。其余参数与 TCON 指令的相同。

③ PLC_1 的通信程序　编写的 S7-1200 之间进行 TCP 通信的 PLC_1 的程序如图 6-5 所示。

展开程序编辑器右边“指令”下的“通信”→“开放式用户通信”→“其他”，将指令 TCON 拖放到程序段 1 中，弹出调用背景数据块对话框，点击“确定”按钮，生成了一个名称为“TCON_DB”的背景数据块 DB1。

点击 TCON 指令框中的开始组态按钮，然后选择下面巡视窗口中的“组态”→“连接参数”，打开的界面如图 6-6 所示。在右边窗口中，单击“伙伴”下的“端点”选择框右边的按钮，从下拉列表中选择通信伙伴为 PLC_2，两台 PLC 图标之间出现绿色的连线。

点击 PLC_1 下面的“连接数据”选择框右边的按钮，从下拉列表中选择“<新建>”，自动生成了一个名称为“PLC_1_Connection_DB”的连接数据块 DB2，连接 ID 为 1，连接类型为 TCP。按照同样的方法，在 PLC_2 下生成连接数据块“PLC_2_Connection_DB”，连接 ID 为 1，PLC_1 为主动建立连接。指令 TCON 中的 ID 参数变为 1，CONNECT 自动指向了 DB2。将 REQ 设置为 M10.0，在 M10.0 的上升沿进行通信连接。

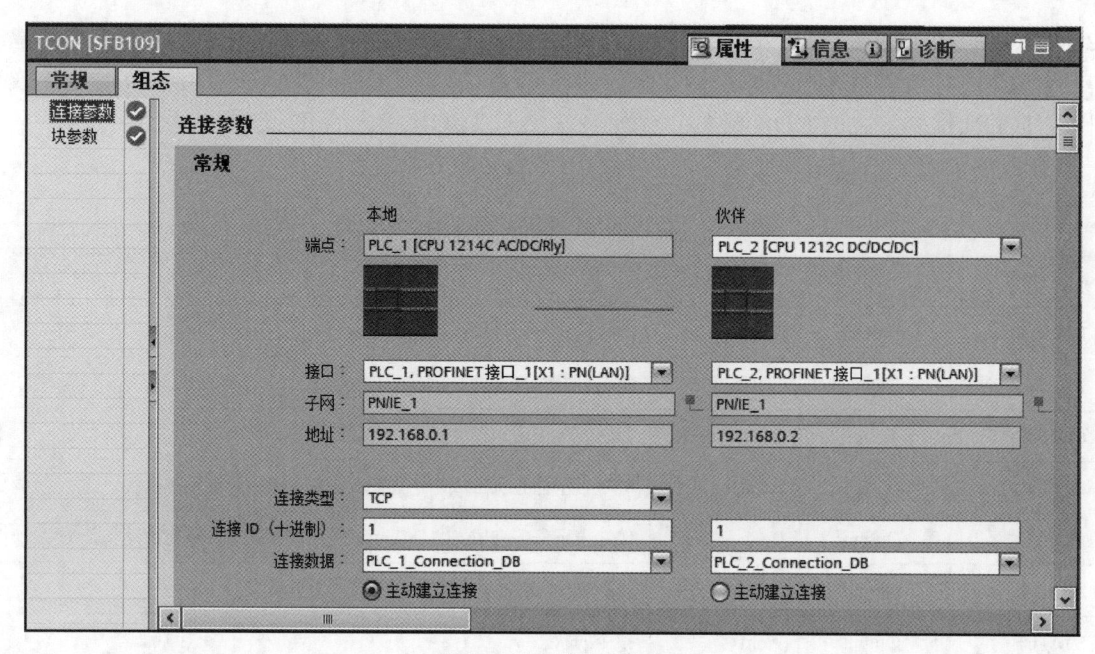

图 6-6　组态 TCP 连接

如果成功执行了一次 TCON，但连接由于断线或远程通信伙伴而中止，PLC_1 会尝试重新建立组态的连接，此时不必再次调用 TCON。如果执行了 TDISCON 指令或 CPU 切换到 STOP 模式，会终止现有连接并删除所设置的相应连接。再次通信时需要再次执行 TCON。

将指令 TDISCON 拖放到程序段 2 中，弹出调用背景数据块对话框，点击“确定”按钮，生成了一个名称为“TDISCON_DB”的背景数据块 DB3。将参数 REQ 设置为 M10.1，在 M10.1 的上升沿，断开通信连接。参数 ID 设为与 TCON 同样的 ID（即 1）。其余参数与 TCON 指令的相同。

将指令 TSEND 拖放到程序段 3 中，弹出调用背景数据块对话框，点击“确定”按钮，生成了一个名称为“TSEND_DB”的背景数据块 DB4。将 M0.3 作为 TSEND 的 REQ，每 0.5s 发送一次。参数 ID 设为与 TCON 同样的 ID（即 1）。将参数 DATA 设为 MB4。

将指令 TRCV 拖放到程序段 4 中，弹出调用背景数据块对话框，点击“确定”按钮，生成了一个名称为“TRCV_DB”的背景数据块 DB5。将 EN_R 设为 1，表示一直等待接收。参数 ID 设为与 TCON 同样的 ID（即 1）。将参数 DATA 设为 MB5。参数 RCVD_LEN 用来存储实际接收到的字节数。

在程序段 5 中，取 IB0 的低 3 位（即 I0.0 ～ I0.2）保存到 MB4，发送到 PLC_2 进行控制。

在程序段 6 中，当接收到来自 PLC_2 的启动信号时（M5.0 为“1”），Q0.0、Q0.1 置位为“1”，电源接触器和 Y 形接触器接通，电动机 Y 形启动。正在△形运行时（Q0.2 为“1”），Q0.2 的常闭触点断开，禁止再次 Y 形启动。

在程序段 7 中，当 Y 形启动时（Q0.1 为“1”），定时器延时 5s。延时到，使 Q0.1 复位，断开 Y 形接触器；Q0.2 置位，接通△形接触器，电动机△形运行。

在程序段 8 中，当接收到来自 PLC_2 的停止信号时（M5.1 为“1”），将 Q0.0 开始的 3 个位复位，输出清零，电动机停止。

④ PLC_2的通信程序　PLC_2的通信连接参数与PLC_1相同，PLC_1设置的连接参数自动用于PLC_2。在组态“连接参数”时（见图6-6），“本地”变成了PLC_2，点击PLC_2下面的“连接数据”选择框右边的▾按钮，从下拉列表中选择已经建立的“PLC_2_Connection_DB”。“伙伴”变为PLC_1，连接数据自动变为“PLC_1_Connection_DB”。PLC_2的TCP通信程序如图6-7所示，程序段1～4参见PLC_1。

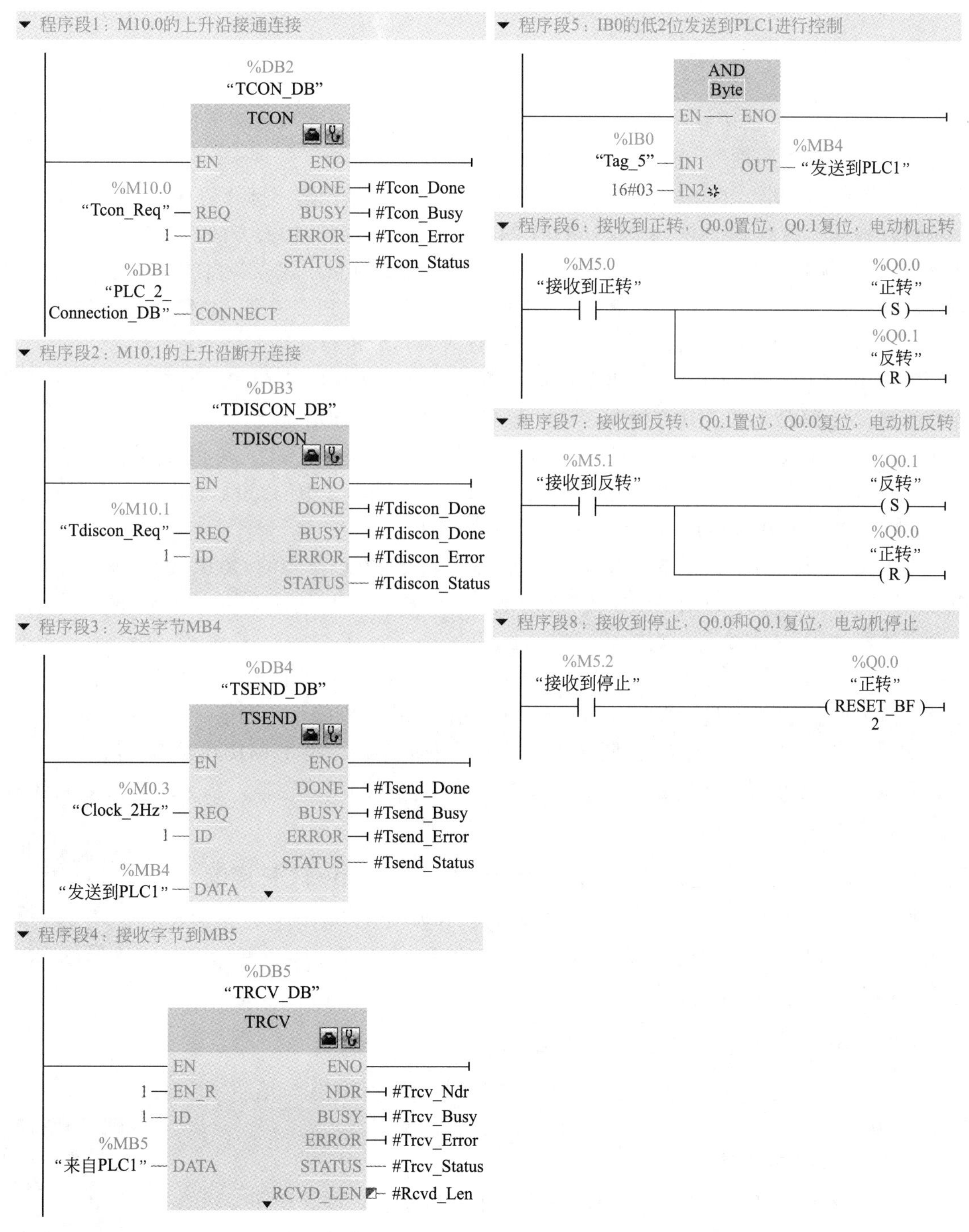

图6-7　PLC_2的TCP通信程序

在程序段 5 中，取 IB0 的低 2 位（即 I0.0 ～ I0.1）保存到 MB4，发送到 PLC_1 进行控制。

在程序段 6 中，当接收到来自 PLC_1 的正转启动信号时（M5.0 为“1”），Q0.0 置位，接通正转接触器，电动机正转；Q0.1 复位，电动机反转接触器断开。

在程序段 7 中，当接收到来自 PLC_1 的反转启动信号时（M5.1 为“1”），Q0.0 复位，断开正转接触器；Q0.1 置位，接通反转接触器，电动机反转。

在程序段 8 中，当接收到来自 PLC_1 的停止信号时（M5.2 为“1”），将 Q0.0 开始的 2 个位复位，输出清零，电动机停止。

（4）通信仿真

S7-1200 的仿真器可以对 TCP 或 ISO-on-TCP 进行仿真。在项目树下所建的项目上单击鼠标右键，选择“属性”。在打开的属性页面中，点击“保护”选项卡，选中“块编译时支持仿真”前的复选框。点击站点 PLC_1，然后再点击仿真按钮，打开仿真器，新建一个仿真项目，将其下载到 IP 地址为 192.168.0.1 的仿真器中。按照同样的方法，将站点 PLC_2 下载到 IP 地址为 192.168.0.2 的仿真器中。在两个 PLC 仿真项目中建立各自的 SIM 表，创建如图 6-8 所示的变量，其中上部为 PLC_1 的 SIM 表，下部为 PLC_2 的 SIM 表。点击 SIM 表工具栏中的启用非输入修改按钮，使两个 SIM 表都可以进行非输入修改。

先选中 PLC_2 的 M10.0，点击下面的“Req_Tcon”按钮，使 M10.0 通断一次。按照同样的方法，将 PLC_1 的 M10.0 通断一次，建立两个 PLC 的通信连接。

点击两次 PLC_1 中 IB0 的最低位 I0.0 的方框，使其通断一次，可以看到 PLC_2 中的 Q0.0 通电，电动机正转；使 I0.1 通断一次，可以看到 PLC_2 中的 Q0.1 通电，电动机反转；I0.2 通断一次，Q0.0 和 Q0.1 都没有输出，电动机停止。

使 PLC_2 中 IB0 的最低位 I0.0 通断一次，可以看到 PLC_1 中的 Q0.0、Q0.1 通电，电动机 Y 形启动；经过 5s，Q0.1 断电，Q0.2 通电，电动机由 Y 形接法换接为△形运行。使 I0.1 通断一次，Q0.0 ～ Q0.2 都没有输出，电动机停止。

将 PLC_2 中的 M10.1 通断一次，即 TDISCON 的 REQ 出现上升沿，断开通信连接，可以看到双方 PLC 都不能进行控制。再将 M10.0 通断一次，则能正常通信。

如果将 PLC_1 中的 M10.1 通断一次，断开了通信连接。再将 M10.0 通断一次，还是不能正常通信，说明 PLC_1 终止了现有连接并删除所设置的相应连接，需要按照开始所述对二者进行重新连接。

6.2.1.2 使用不带自动连接管理功能的指令进行 ISO-on-TCP 通信

将上面所建的项目“6-2-1 TCP”另存为名为“6-2-1 ISO”的项目，将图 6-6 中的“连接类型”修改为“ISO-on-TCP”，用户的程序和其他组态数据都不变，即可按照图 6-8 进行仿真通信操作。

扫一扫 看视频

6.2.1.3 使用带自动连接管理功能的指令进行 TCP 通信

新建一个项目“6-2-1 TCP_C”，项目的硬件和通信组态与项目“6-2-1 TCP”相同。

（1）PLC_1 的通信程序

① TSEND_C 指令　PLC_1 的通信程序如图 6-9 所示。展开程序编辑器右边“指令”下的“通信”→“开放式用户通信”，将指令 TSEND_C 拖放到程序段 1 中，弹出调用背景数据块对话框，点击“确定”按钮，生成了一个名称

扫一扫 看视频

为“TSEND_C_DB”的背景数据块DB1。TSEND_C指令与TSEND指令的输入和输出参数比较起来只是多了一个输入参数CONT，其他的参数功能相同。参数CONT的作用是控制连接建立，为“0”时断开连接，为“1”时建立连接并保持。

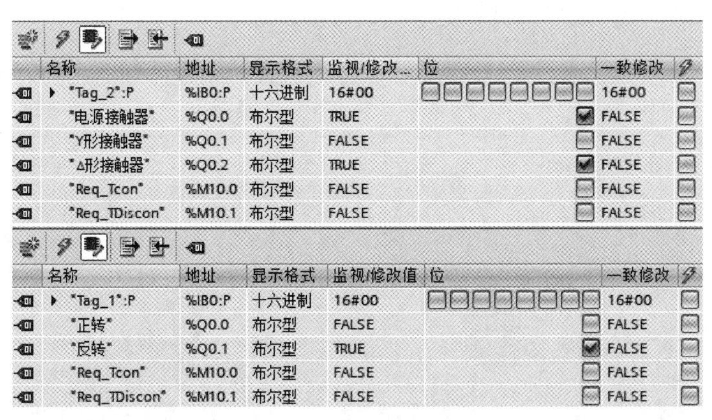

名称	地址	显示格式	监视/修改...	位	一致修改
"Tag_2":P	%IB0:P	十六进制	16#00		16#00
"电源接触器"	%Q0.0	布尔型	TRUE		FALSE
"Y形接触器"	%Q0.1	布尔型	FALSE		FALSE
"Δ形接触器"	%Q0.2	布尔型	TRUE		FALSE
"Req_Tcon"	%M10.0	布尔型	FALSE		FALSE
"Req_TDiscon"	%M10.1	布尔型	FALSE		FALSE

名称	地址	显示格式	监视/修改值	位	一致修改
"Tag_1":P	%IB0:P	十六进制	16#00		16#00
"正转"	%Q0.0	布尔型	FALSE		FALSE
"反转"	%Q0.1	布尔型	TRUE		FALSE
"Req_Tcon"	%M10.0	布尔型	FALSE		FALSE
"Req_TDiscon"	%M10.1	布尔型	FALSE		FALSE

图6-8　PLC_1与PLC_2的SIM表格

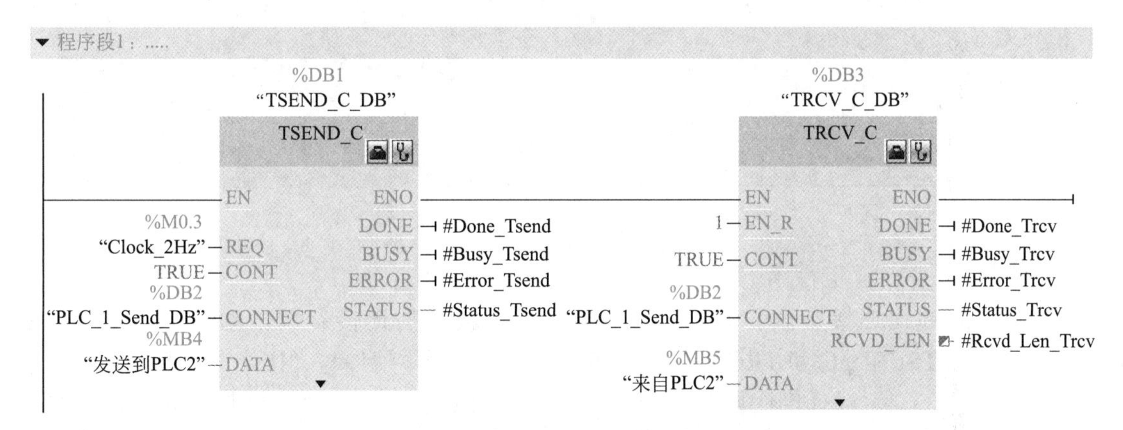

图6-9　PLC-1的通信程序

点击TSEND_C指令中的开始组态按钮，然后选择下面巡视窗口中的“组态”→“连接参数”，如图6-10所示。在右边窗口中，单击“伙伴”下的“端点”选择框右边的按钮，从下拉列表中选择通信伙伴为PLC_2，两台PLC图标之间出现绿色的连线。

点击PLC_1下面的“连接数据”选择框右边的按钮，从下拉列表中选择“<新建>”，自动生成了一个名称为“PLC_1_Send_DB”的连接数据块DB2，连接ID为1，连接类型为TCP。按照同样的方法，在PLC_2下生成连接数据块“PLC_2_Receive_DB”，连接ID为1，PLC_1为主动建立连接。将该指令的REQ设置为M0.3，则每0.5s发送一次。CONT设为TRUE，建立连接并保持。参数DATA的实参设为发送字节MB4。

② TRCV_C指令　从“开放式用户通信”下将指令TRCV_C拖放到图6-9的程序段1中，弹出调用背景数据块对话框，点击“确定”按钮，生成了一个名称为“TRCV_C_DB”的背景数据块DB3。TRCV_C指令与TRCV指令的输入和输出参数比较起来只是多了一个输入参数CONT，用于控制连接的建立，其他的参数功能相同。

点击TRCV_C指令中的开始组态按钮，然后选择下面巡视窗口中的“组态”→“连接参数”，在右边窗口中，单击“伙伴”下的“端点”选择框右边的按钮，从下拉列表中选择通信伙伴为 PLC_2。点击 PLC_1 下面的“连接数据”选择框右边的▾按钮，从下拉列表中选择已经建立的“PLC_1_Send_DB”。在 PLC_2 下，选择已经建立的连接数据“PLC_2_Receive_DB”，两个 PLC 下的连接 ID 都为 1。图 6-9 的程序段 1 代替了图 6-5 的程序段 1 ～ 4，双方相互控制程序见图 6-5 的程序段 5 ～ 8。

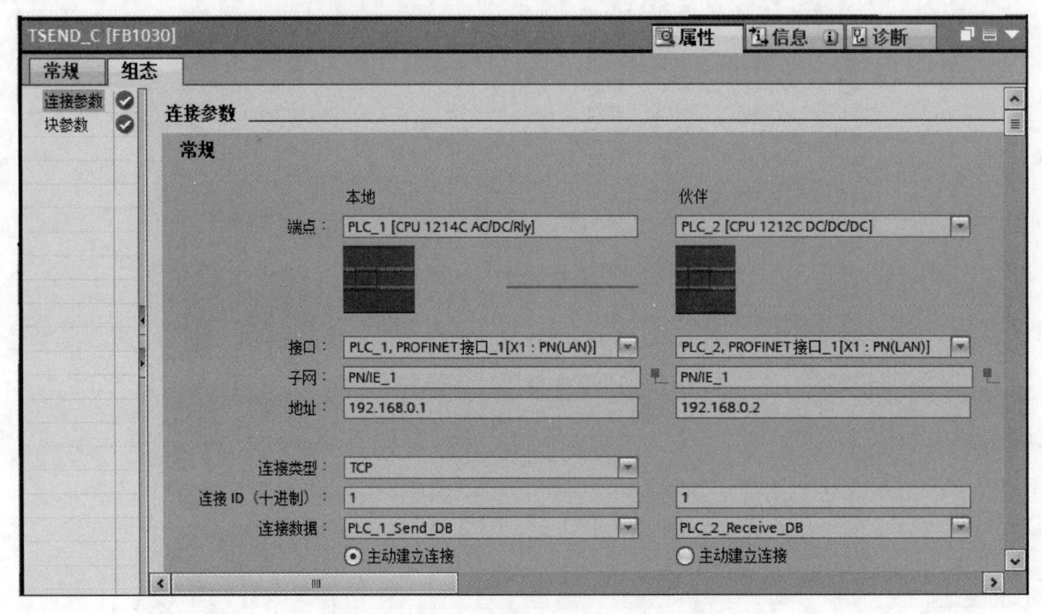

图 6-10　自动连接管理的 TCP 通信组态

（2）PLC_2 的通信程序

PLC_2 的通信连接参数与 PLC_1 相同，PLC_1 设置的连接参数自动用于 PLC_2。在 PLC_2 中组态 TSEND_C 和 TRCV_C 的“连接参数”时，“本地”与“伙伴”进行了互换，“本地”变成了 PLC_2，选择“伙伴”为 PLC_1。点击 PLC_2 下面的“连接数据”选择框右边的▾按钮，从下拉列表中选择已经建立的“PLC_2_Receive_DB”。选择“伙伴”的连接数据为“PLC_1_Send_DB”。PLC_2 中的双方相互控制程序见图 6-7 的程序段 5 ～ 8。

（3）通信仿真

在项目树下所建的项目上单击鼠标右键，选择“属性”。在打开的属性页面中，点击“保护”选项卡，选中“块编译时支持仿真”前的复选框。点击站点 PLC_1，然后再点击仿真按钮，打开仿真器，新建一个仿真项目，将其下载到 IP 地址为 192.168.0.1 的仿真器中。按照同样的方法，将站点 PLC_2 下载到 IP 地址为 192.168.0.2 的仿真器中。在两个 PLC 仿真器下建立各自的 SIM 表，创建如图 6-11 所示的变量，其中上部为 PLC_1 的 SIM 表，下部为 PLC_2 的 SIM 表。点击 SIM 表工具栏中的启用非输入修改按钮，使两个 SIM 表都可以进行非输入修改。

使 PLC_1 中 IB0 的最低位 I0.0 通断一次，可以看到 PLC_2 中的 Q0.0 通电，电动机正转；使 I0.1 通断一次，可以看到 PLC_2 中的 Q0.1 通电，电动机反转；I0.2 通断一次，Q0.0 和 Q0.1 都没有输出，电动机停止。

使 PLC_2 中 IB0 的最低位 I0.0 通断一次，可以看到 PLC_1 中的 Q0.0、Q0.1 通电，电动机 Y 形启动；经过 5s，Q0.1 断电，Q0.2 通电，电动机由 Y 形接法换接为△形运行。使 I0.1

通断一次，Q0.0 ~ Q0.2 都没有输出，电动机停止。

名称	地址	显示格式	监视/修改...	位	一致修改	
▸ "Tag_4":P	%IB0:P	十六进制	16#00	☐☐☐☐☐☐☐☐	16#00	☐
"电源接触器"	%Q0.0	布尔型	TRUE		☑ FALSE	☐
"Y形接触器"	%Q0.1	布尔型	FALSE		☐ FALSE	☐
"Δ形接触器"	%Q0.2	布尔型	TRUE		☑ FALSE	☐

名称	地址	显示格式	监视/修改值	位	一致修改	
▸ "Tag_1":P	%IB0:P	十六进制	16#00	☐☐☐☐☐☐☐☐	16#00	☐
"正转"	%Q0.0	布尔型	TRUE		☑ FALSE	☐
"反转"	%Q0.1	布尔型	FALSE		☐ FALSE	☐

图6-11 PLC_1和PLC_2的SIM表

6.2.1.4 带自动连接管理功能的指令进行ISO-on-TCP通信

扫一扫 看视频

将上面所建的项目“6-2-1 TCP_C”另存为名为“6-2-1 ISO_C”的项目，将图6-10中的“连接类型”修改为“ISO-on-TCP”，用户的程序和其他组态数据都不变，即可按照图6-11进行仿真操作。

6.2.2 S7-1200之间的UDP通信

扫一扫 看视频

UDP虽然是非面向连接的通信，发送数据之前也需要调用“TCON”指令，该指令并不是用于创建与通信伙伴的连接，而是用于通知CPU操作系统定义一个UDP通信服务。定义完UDP通信服务后，S7-1200 CPU就可使用TUSEND和TURCV指令发送和接收数据了。通信结束后，S7-1200 CPU可使用“TDISCON”指令释放UDP通信资源。

本示例中使用了两个S7-1200的PLC，PLC之间采用UDP通信。PLC1的CPU为CPU 1214C AC/DC/Rly，版本号V4.2，其IP地址为192.168.0.10；PLC2的CPU为CPU 1212C DC/DC/DC，版本号V4.4，其IP地址为192.168.0.20。通信任务是PLC1和PLC2各自发送10个整数类型数据给对方，判断接收到的数据是否来自对方。如果数据来自对方，则将接收到数据写入到本地数据块中。

6.2.2.1 PLC1的硬件组态与编程

（1）设备组态

使用TIA博途软件创建新项目“6-2-2 UDP1”，添加一块CPU 1214C AC/DC/Rly，版本号V4.2。在设备视图中，选中CPU，点击巡视窗口中的“属性”→“常规”→“PROFINET接口”→“以太网地址”，点击“添加新子网”按钮，添加一个子网“PN/IE_1”，设置IP地址为192.168.0.10，设置子网掩码为255.255.255.0。

点击巡视窗口中“常规”下的“系统和时钟存储器”，激活“启用系统存储器字节”和“启用时钟存储器字节”，并设置系统存储器字节为MB1、时钟存储器字节为MB0。

（2）编写程序

首先新建一个全局数据块DB1，命名为RS_Data，添加数据类型为Array[0..9] of Int的数组ToPLC2和FromPLC2用于收发数据，然后将数组ToPLC2的元素初始值修改为

10 ～ 19。在主程序 OB1 中，将 TCON 指令拖放到如图 6-12 所示的程序段 1 中，弹出的对话框中点击“确定”按钮，生成背景数据块 DB2。单击 TCON 指令右上角“开始组态”按钮，定义 UDP 通信服务。

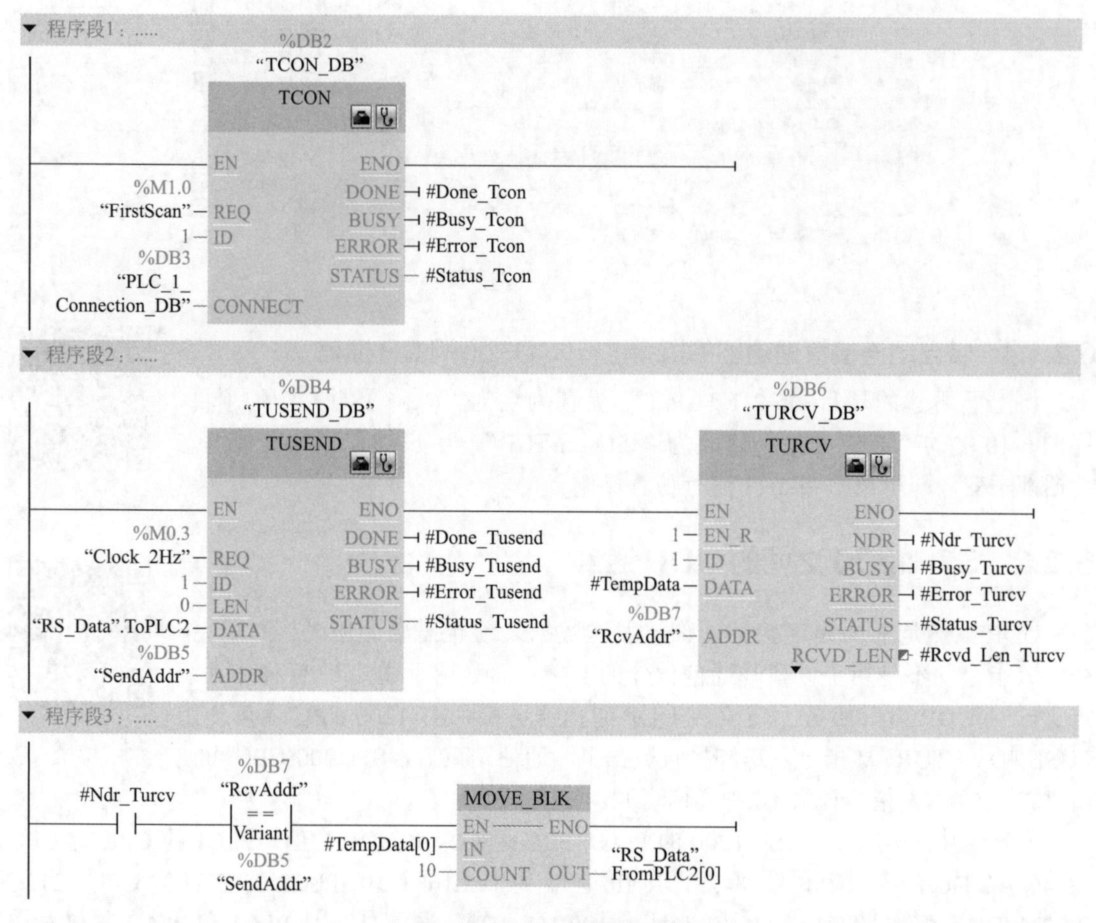

图 6-12　PLC1 的通信程序

在巡视窗口中选择“属性”→“组态”→“连接参数”，来配置 UDP 属性，如图 6-13 所示。在“伙伴”中选择“未指定”；在本地下的“连接数据”后选择“新建”，系统将自动创建一个名称为“PLC_1_Connection_DB”的连接数据块 DB3；在“连接类型”后选择“UDP”；指定本地 CPU 的通信端口为 2000。最后将指令 TCON 的 REQ 的实参设置为 M1.0，开机时进行通信连接。

将发送数据指令 TUSEND 拖放到程序段 2 中，在弹出的对话框中点击“确定”按钮，生成背景数据块 DB4。在项目树下双击“添加新块”，选择类型为“数据块”，名称修改为“SendAddr”。在类型的下拉菜单中，选择“TADDR_Param”，单击“确定”按钮，生成的数据块如图 6-14 所示。需要在数据块“SendAddr”中定义发送数据时的目的方 IP 地址和发送端口。将目的方的 IP 地址初始化为 192.168.0.20，发送端口设置为 2000。

在图 6-12 中，将 TUSEND 指令的 REQ 设置为 M0.3，每 0.5s 发送一次数据。ID 设置为与 TCON 相同的 ID（即 1）。将发送数据 DATA 指向“RS_Data”.ToPLC2。TUSEND 指令的输入参数 ADDR 需要连接到目的方地址参数数据块“SendAddr”。

将接收数据指令 TURCV 拖放到程序段 2 中，在弹出的对话框中点击“确定”按钮，生成背景数据块 DB6。EN_R 设为“1”，一直允许接收；ID 号设为 1，与 TCON 一致。在接口参数中新建数据类型为 Array[0..9] of Int 的数组 TempData，将其拖放到 TURCV 的 DATA。添加一个数据类型为 TADDR_Param 的数据块“RcvAddr”（DB7），用于存储 UDP 通信伙伴方的 IP 地址和端口信息，无需为其分配初始值，将其拖放到 TURCV 的 ADDR。

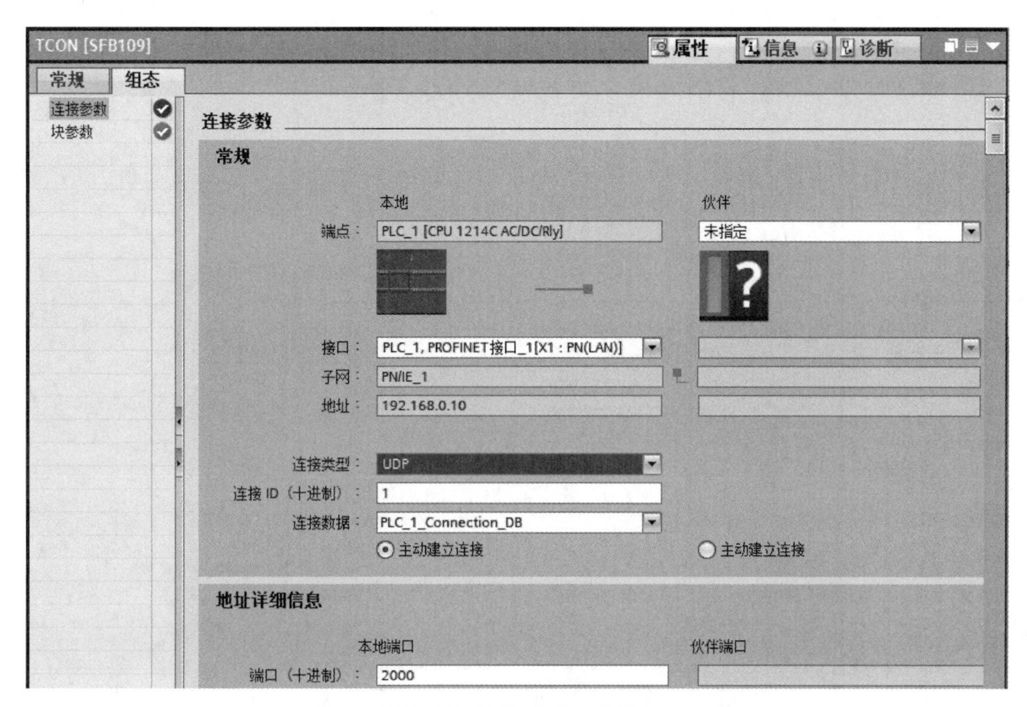

图 6-13　UDP 连接参数组态

SendAddr

	名称	数据类型	起始值
1	▼ Static		
2	▪ ▼ REM_IP_ADDR	Array[1..4] of USInt	
3	▪ REM_IP_ADDR[1]	USInt	192
4	▪ REM_IP_ADDR[2]	USInt	168
5	▪ REM_IP_ADDR[3]	USInt	0
6	▪ REM_IP_ADDR[4]	USInt	20
7	▪ REM_PORT_NR	UInt	2000
8	▪ RESERVED	Word	16#0

图 6-14　数据块 SendAddr

在程序段 3 中，如果接收到新的数据（Ndr_Turcv 为“1”）且接收地址 RcvAddr 与源发送地址 SendAddr 一致，将数组 TempData 保存到数组 FromPLC2 中。

6.2.2.2　PLC2 的硬件组态与编程

（1）设备组态

使用 TIA 博途软件创建新项目“6-2-2 UDP2”，添加一块 CPU 1212C DC/DC/DC，版本号 V4.4。在设备视图中，选中 CPU，点击巡视窗口中的“属性”→“常规”→“PROFINET

接口”→“以太网地址”，点击“添加新子网”按钮，添加一个子网“PN/IE_1”，设置IP地址为192.168.0.20，设置子网掩码为255.255.255.0。

点击“常规”下的“系统和时钟存储器”，激活“启用系统存储器字节”和“启用时钟存储器字节”，并设置系统存储器字节为MB1、时钟存储器字节为MB0。

（2）编写程序

PLC2的通信程序如图6-15所示，与PLC1的控制程序类似，只不过将数据块RS_Data中的数组名分别修改为ToPLC1和FromPLC1，然后把数组ToPLC1中的元素初始值修改为20～29，将数据块SendAddr的IP地址设置为192.168.0.10。

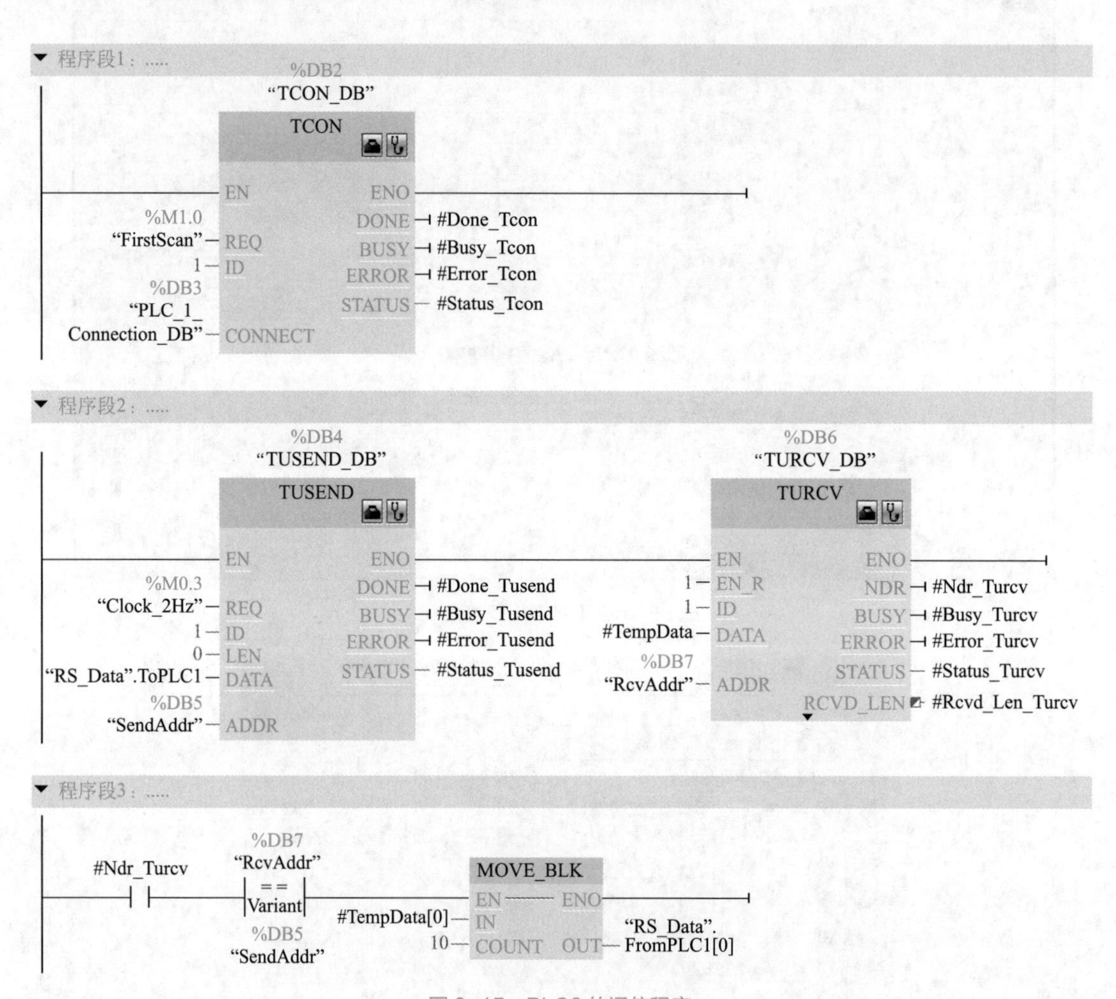

图6-15 PLC2的通信程序

6.2.2.3 通信测试

UDP通信不能进行仿真运行，只能通过实际的PLC进行测试。将两个PLC站点的组态配置和程序分别下载到PLCl和PLC2后，即可开始对通信状态进行测试。

监视PLC1中数据块RS_Data的数组FromPLC2中的值与PLC2中RS_Data的数组ToPLC1的值是否一致；监视PLC2中数据块RS_Data的数组FromPLC1中的值与PLC1中RS_Data的数组ToPLC2的值是否一致。

6.3 基于以太网的 S7 通信

6.3.1 S7-1200 之间的 S7 通信

S7-1200 CPU 与其他 S7-300/400/1200/1500 CPU 通信可采用多种通信方式，但是最常用、最简单的还是 S7 通信。S7 协议是西门子自动化产品的专有协议，它是面向连接的协议，在进行数据交换之前，必须与通信伙伴建立连接。面向连接的协议具有较高的安全性。

连接是指两个通信伙伴之间为了执行通信服务建立的逻辑链路，而不是指两个站之间用物理媒体（例如电缆）实现的连接。S7 连接是需要组态的静态连接，静态连接要占用 CPU 的连接资源。基于连接的通信分为单向连接和双向连接，S7-1200 仅支持 S7 单向连接。

单向连接中的客户机（Client）是向服务器（Server）请求服务的设备，S7-1200 CPU 进行 S7 通信时，需要在客户端调用 PUT/GET 指令。“PUT”指令用于将数据写入服务器 CPU，“GET”指令用于从服务器 CPU 中读取数据。服务器是通信中的被动方，用户不用编写服务器的 S7 通信程序。因为客户机可以读、写服务器的存储区，单向连接实际上可以双向传输数据。V2.0 及以上版本的 S7-1200 CPU 的 PROFINET 通信口可以作 S7 通信的服务器或客户机。

两个 S7-1200 CPU 的 S7 通信组态分为两种，一种是在不同项目中的 S7 通信组态，另一种是在同一项目中的 S7 通信组态。在本节中，使用实例具体介绍这两种组态方法。控制要求是：客户机向服务器发送启动、停止和设定速度，对服务器电动机进行启停和调速控制，I0.0、I0.1 分别为启动和停止；服务器向客户机发送电动机的运行状态和测量压力（传感器测量范围 0 ～ 10kPa，输出 0 ～ 10V），Q0.0 为控制电动机的输出点。

6.3.1.1 不同项目中的 S7 通信

扫一扫 看视频

（1）客户端的组态与编程

① 创建 S7 连接　首先新建一个项目“6-3-1 不同项目的 S7 通信 S7Client”。单击项目树中的“添加新设备”，添加一块 CPU 1214C AC/DC/Rly，版本号为 V4.2，生成站点的默认名称为 PLC_1。双击站点“PLC_1”下的“设备组态”，打开设备视图。选中巡视窗口的“属性”→“常规”→“PROFINET 接口”，点击“添加新子网”按钮，添加一个“PN/IE_1”的子网，并设置 IP 地址为 192.168.0.1 和子网掩码为 255.255.255.0。点击下面的“系统和时钟存储器”，启用 MB0 为时钟存储器字节。

点击网络视图，单击“连接”按钮 连接，从右边下拉菜单中选择“S7 连接”。单击 CPU 图标，鼠标右键在菜单中选择“添加新连接”。在弹出的“创建新连接”对话框中，选择“未指定”，单击“添加”后，将会创建一条“S7_ 连接 _1”的 S7 连接，如图 6-16 所示。

在巡视窗口中，需要在新创建的 S7 连接属性中设置伙伴 CPU 的 IP 地址。点击“S7_ 连接 _1”，在巡视窗口中，选择“属性”→“常规”，设置伙伴方的 IP 地址为 192.168.0.2。点击“本地 ID”，可以查询到本地连接 ID 为 16#100，该 ID 用于标识网络连接，需要与 PUT/GET 指令中 ID 参数保持一致。

点击“地址详细信息”，需要配置伙伴方 TSAP。伙伴方 TSAP 设置值与伙伴 CPU 类型有关，伙伴 CPU 的 TSAP 可能设置值为 03.00 或 03.01（S7-1200/1500 系列 CPU）、03.02（S7-300 系列 CPU）、03.XY（S7-400 系列 CPU，X 和 Y 取决于 CPU 的机架和插槽号）。本

例中，伙伴 CPU 为 CPU 1214C，因此伙伴方 TSAP 可设置为 03.00 或 03.01。

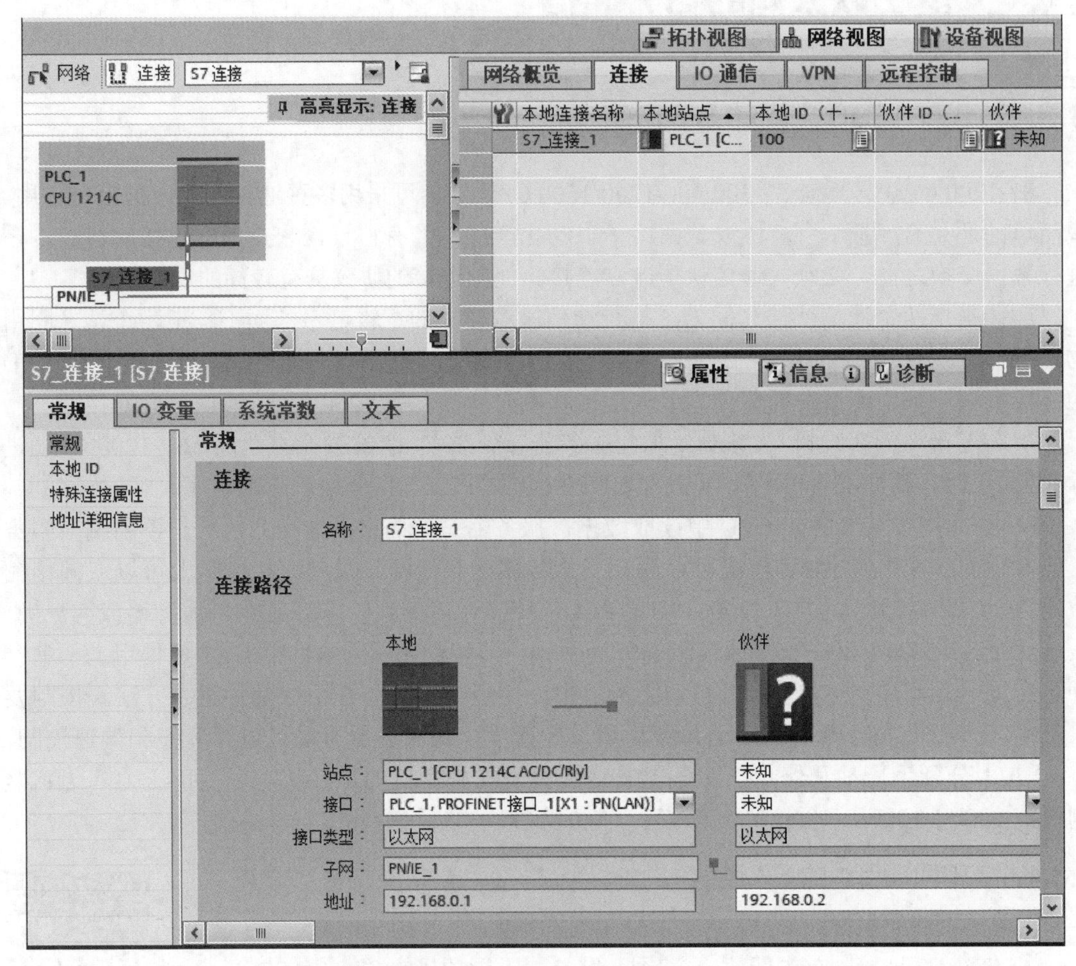

图 6-16 创建 S7 连接的属性

② 编写 S7 通信控制程序 在程序块中，添加用于 PUT/GET 数据交换的数据块“ClientData”(DB1)，如图 6-17 所示。在项目树下这个数据块上单击鼠标右键，选择“属性”，取消“优化的块访问”。在数据块中定义两个数据类型为 Struct 变量，结构体“SendToServer”为 PUT 指令发送到 PLC_2 的数据区。结构体“RcvFromServer”用于存储 GET 指令从伙伴 PLC_2 读取到的数据。点击工具栏中的编译按钮对数据块进行编译，可以看到“SendToServer”的偏移量为 0，“RcvFromServer”的偏移量为 4。

ClientData

名称	数据类型	偏移量	起始值
▼ Static			
▼ SendToServer	Struct	0.0	
启停	Bool	0.0	false
设定速度	Int	2.0	0
▼ RcvFromServer	Struct	4.0	
运行状态	Bool	4.0	false
测量压力	Int	6.0	0

图 6-17 数据块“ClientData”（DB1）

编写的 S7 通信控制程序如图 6-18 所示。PUT 指令将数据写入到伙伴 CPU。在主程序 OB1 中，展开右边“指令”下的“通信”→“S7 通信”，将 PUT 指令拖放到程序段 1 中，在弹出的“调用选项”对话框中，点击“确定”按钮，自动生成了一个名为“PUT_DB”的背景数据块 DB2。

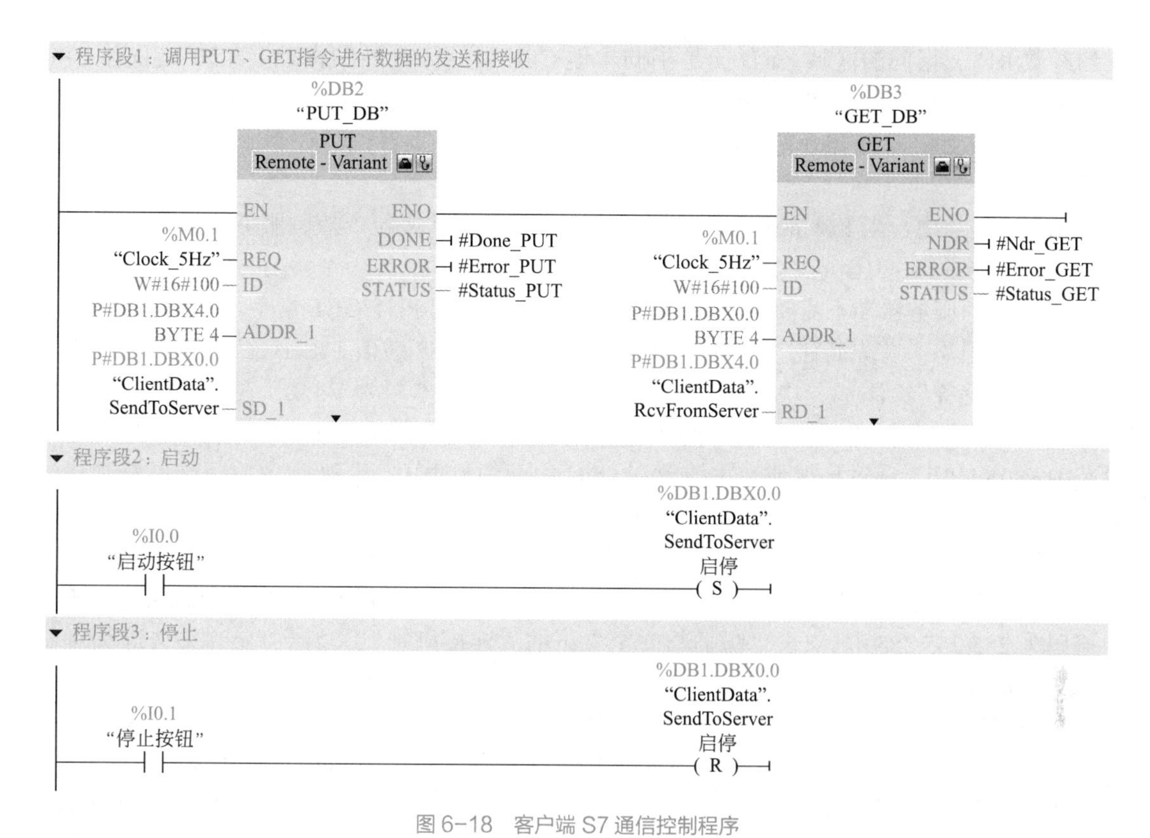

图6-18　客户端S7通信控制程序

参数REQ（Bool）用于触发PUT指令的执行，上升沿触发。这里设置为实参M0.1，则每0.2s向伙伴方发送一次数据。

参数ID（Word）为S7通信连接的ID，该连接ID在组态S7连接时生成。点击PUT指令框中的开始组态按钮，在巡视窗口中点击“组态”选项卡下的“连接参数”，将伙伴方选择为“未指定”，则ID立即变为前面组态的S7连接ID，即W#16#100。

参数ADDR_x（Remote）是指向伙伴CPU写入区域的指针，包含数据的地址和长度。点击PUT指令块下的，可以看到有ADDR_1～ADDR_4，最多可以指向伙伴CPU的4个写入区域。如果写入区域为数据块，则该数据块必须为标准访问的数据块，不支持优化访问。例如本例中的P#DB1.DBX4.0 BYTE 4，表示将被写入的数据写入到伙伴方从DB1.DBB4开始的连续4个字节中。

参数SD_x（Variant）是指向本地CPU发送区域的指针。本地数据区域可支持优化访问或标准访问。点击项目树下的数据块“ClientData”，从详细视图中将“SendToServer”拖放到SD_1；也可以直接输入P#DB1.DBX0.0 BYTE 4，表示本地发送数据区为从DB1.DBB0开始的连续4个字节区域，数据块DB1为标准访问的数据块（即取消了优化）。结构体“SendToServer”占用4个字节，将其发送到参数ADDR_x指向的伙伴CPU的数据区域。

参数DONE（Bool），数据被成功写入到伙伴CPU，则接通一个扫描周期。

参数ERROR（Bool）为“1”时表示执行任务出错，参数STATUS（Word）保存出错的详细信息。

GET指令是从伙伴CPU读取数据。将GET指令拖放到程序段1中，自动生成一个名为“GET_DB”的背景数据块DB3。ADDR_x是指向伙伴CPU待读取区域的指针，将其数据读取到参数 RD_x 指向的区域。RD_x 是指向本地 CPU 要写入区域的指针。NDR 是伙伴 CPU 数据被成功读取后接通一个扫描周期。其余参数与 PUT 的含义相同。

在程序段 2 中，当 I0.0 常开触点接通时，变量“启停”置位，控制服务器电动机启动运行。

在程序段 3 中，当 I0.1 常开触点接通时，变量“启停”复位，控制服务器电动机停止。

（2）服务器端的组态与编程

S7 通信的服务器端不需要组态 S7 连接，也不需要调用 PUT/GET 指令。

① 硬件组态　首先新建一个项目“6-3-1 不同项目的 S7 通信 S7Server”，单击项目树中的“添加新设备”，添加一块 CPU 1214C AC/DC/Rly，版本号为 V4.2，生成站点的默认名称为 PLC_1。然后展开硬件目录下的“信号板”→“AQ”→“AQ 1×12BIT”，将“6ES7 232-4HA30-0XB0”通过拖放或双击放置在 CPU 中间的方框中，从巡视窗口中可以查看到该信号板的模拟量输出通道地址为 QW80，设置模拟量输出类型为“电压”。双击站点“PLC_1”下的“设备组态”，打开设备视图。选中巡视窗口的“属性”→“常规”→“PROFINET 接口”，点击“添加新子网”按钮，添加一个“PN/IE_1”的子网，并设置 IP 地址为 192.168.0.2 和子网掩码为 255.255.255.0。点击“防护与安全”下的“连接机制”，激活“允许来自远程对象的 PUT/GET 通信访问”。

② 编写控制程序　在程序块中，添加用于 PUT/GET 数据交换的数据块“ServerData”（DB1）。在项目树下这个数据块上单击鼠标右键，选择“属性”，取消“优化的块访问”。在数据块中定义两个数据类型为Struct变量，结构体“SendToClient”为发送到PLC_1的数据区，其结构与客户端中 DB1 的“RcvFromServer”相同。结构体“RcvFromClient”用于存储从伙伴 PLC_1 读取到的数据，其结构与客户端中 DB1 的“SendToServer”相同。点击工具栏中的编译按钮 对数据块进行编译，可以看到“SendToClient”的偏移量为 0，“RcvFromClient”的偏移量为 4。

编写的服务器端控制程序如图 6-19 所示。

在程序段 1 中，当接收到客户端的“启停”为“1”时，Q0.0 线圈通电，电动机运行。

在程序段 2 中，电动机运行时（Q0.0 常开触点接通），“运行状态”线圈通电，将其发送到客户端。

在程序段 3 中，将接收到来自客户端的“设定速度”（0 ～ 1430）标准化为 0.0 ～ 1.0，然后再将其缩放为 0 ～ 27648，送入 QW80，通过变频器可以对电动机进行调速。

在程序段 4 中，将模拟量输入通道 0（地址 IW64）的测量值 0 ～ 27648 标准化为 0.0 ～ 1.0，然后再将其缩放为测量压力 0 ～ 10000Pa，发送给客户端。

（3）仿真通信测试

在项目“6-3-1 不同项目的 S7 通信 S7Client”中，在项目树下该项目上单击鼠标右键，选择“属性”。在打开的属性页面中，点击“保护”选项卡，选中“块编译时支持仿真”前的复选框。点击站点 PLC_1，然后再点击仿真按钮，打开仿真器，新建一个仿真项目，将其下载到 IP 地址为 192.168.0.1 的仿真器中。按照同样的方法，将项目“6-3-1 不同项目的 S7 通信 S7Server”中的站点 PLC_1 下载到 IP 地址为 192.168.0.2 的仿真器中。在两个 PLC 仿真器下建立各自的 SIM 表，建立如图 6-20 所示的变量，其中上部为客户端的 SIM 表，下部为服务器端的 SIM 表。点击 SIM 表工具栏中的启用非输入修改按钮，使两个 SIM 表都可以进行非输入修改。

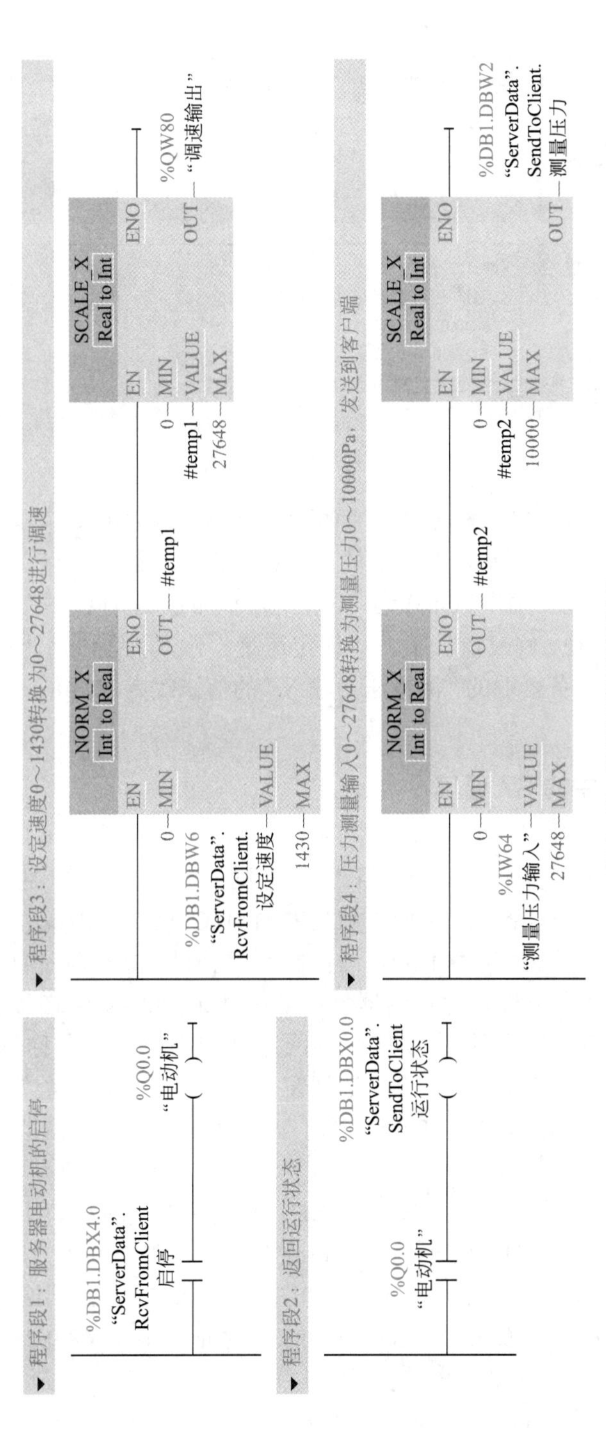

图 6-19　服务器端的控制程序

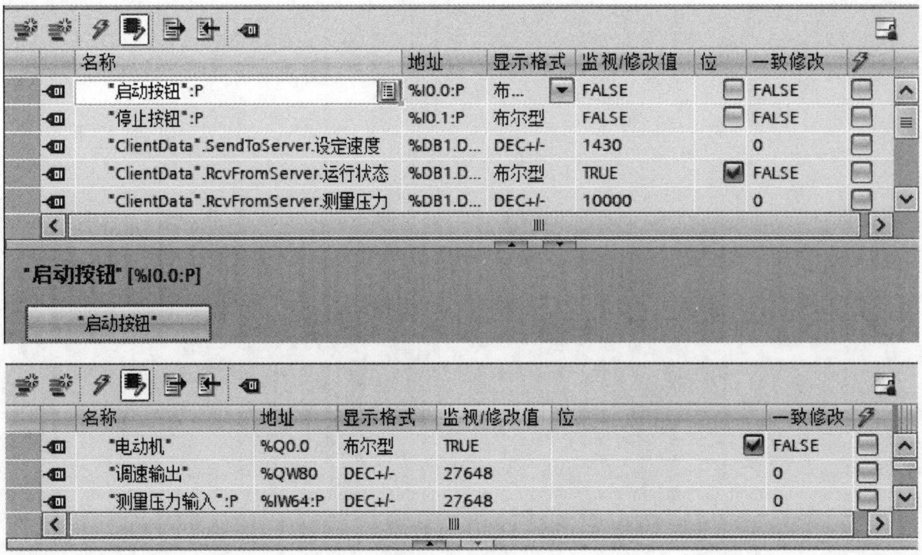

	名称	地址	显示格式	监视/修改值	位	一致修改
	"启动按钮":P	%I0.0:P	布...	FALSE		FALSE
	"停止按钮":P	%I0.1:P	布尔型	FALSE		FALSE
	"ClientData".SendToServer.设定速度	%DB1.D...	DEC+/-	1430		0
	"ClientData".RcvFromServer.运行状态	%DB1.D...	布尔型	TRUE	☑	FALSE
	"ClientData".RcvFromServer.测量压力	%DB1.D...	DEC+/-	10000		0

"启动按钮" [%I0.0:P]

"启动按钮"

	名称	地址	显示格式	监视/修改值	位	一致修改
	"电动机"	%Q0.0	布尔型	TRUE	☑	FALSE
	"调速输出"	%QW80	DEC+/-	27648		0
	"测量压力输入":P	%IW64:P	DEC+/-	27648		0

图 6-20　客户端和服务器端的 SIM 表

在客户端点击变量 I0.0，再点击下面的按钮“启动按钮”，可以看到下部服务器端的 Q0.0 有输出，客户端接收到来自服务器的“运行状态”变量为“1”。点击 I0.1，再点击下面的按钮“停止按钮”，服务器端 Q0.0 为“0”，客户端的“运行状态”也为“0”。

在客户端的“监视 / 修改值”下将“设定速度”修改为 1430，服务器端的“调速输出”的值变为 27648。将服务器端的“测量压力输入”的值修改为 27648，则客户端的“测量压力”的值变为 10000。

6.3.1.2　同一项目中的 S7 通信

扫一扫 看视频

（1）S7 通信的组态

使用 TIA 博途软件创建一个新项目“6-3-1 同一项目中的 S7 通信”，单击项目树中的“添加新设备”，添加一块 CPU 1214C AC/DC/Rly，版本号为 V4.2，生成站点的名称修改为“Client”。打开设备视图，选中巡视窗口的“属性”→“常规”→“系统和时钟存储器”，启用 MB0 为时钟存储器字节。点击网络视图，从右边的硬件目录中将同样的 CPU 拖放到网络视图中，将其名称修改为“Server”。双击“Server”的 CPU，进入设备视图，点击巡视窗口中的“防护与安全”下的“连接机制”，激活“允许来自远程对象的 PUT/GET 通信访问”。从硬件目录下将模拟量输出信号板 AQ 拖放到 CPU 中间的方框中。

打开网络视图，单击“连接”按钮 连接，从右侧的下拉列表中选择“S7 连接”。用鼠标放置在“Client”的 PN 口（绿色）上，按住左键不放，拖动到“Server”的 PN 口，即添加了一个名为“S7_ 连接 _1”的 S7 连接，如图 6-21 所示。点击网络视图中的 ，可以看到“Client”的 IP 地址为 192.168.0.1，“Server”的 IP 地址为 192.168.0.2。

（2）客户端、服务器端编程与仿真调试

客户端编程与项目“6-3-1 不同项目的 S7 通信 S7Client”一样，只不过在 PUT 和 GET 指令组态时，选择伙伴为“Server”的 CPU。服务器端编程与项目“6-3-1 不同项目的 S7 通信 S7Server”完全一致。仿真调试时，可以按照图 6-20 进行调试。

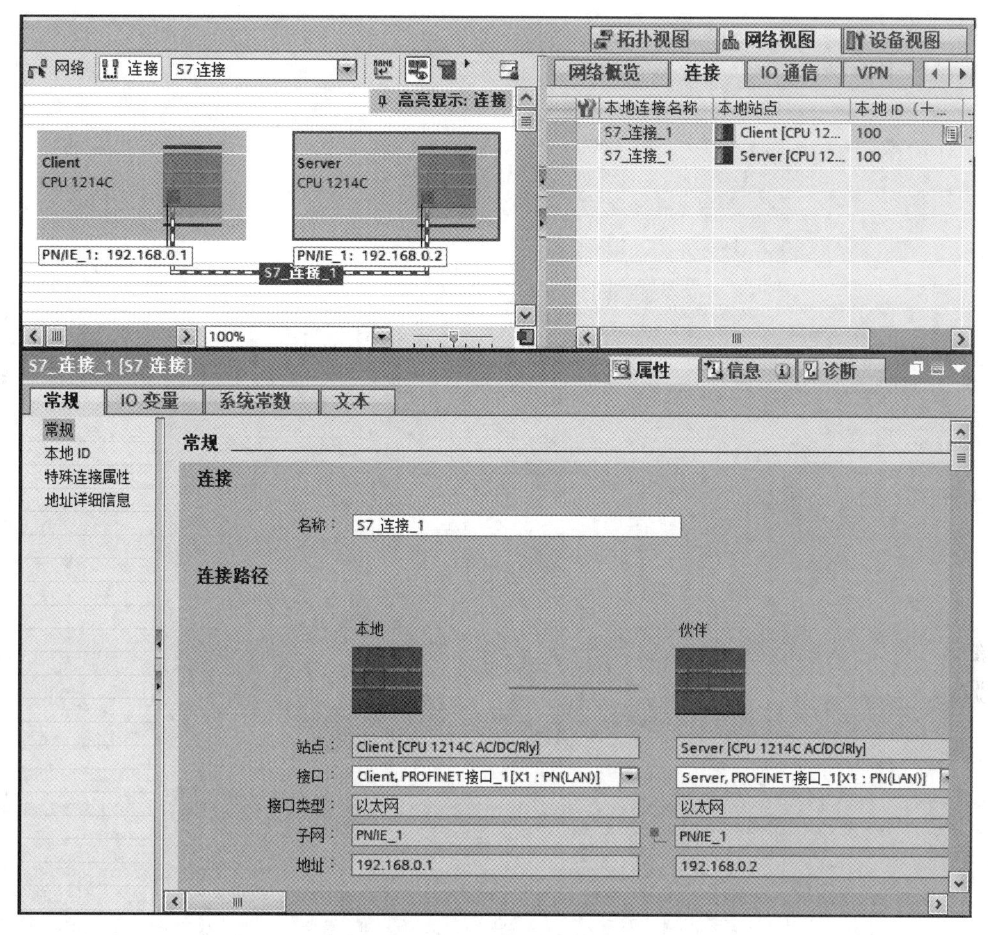

图6-21 同一项目中的S7连接

6.3.2 S7-1200与S7-300之间的S7通信

扫一扫 看视频

在本例中，将S7-1200作为客户机、S7-300作为服务器进行S7通信。

（1）组态S7连接

新建一个项目“6-3-2 1200_300_S7通信”，分别将CPU 1214C和CPU 314C-2PN/DP作为设备添加到项目中，CPU 1214C命名为“Client”，CPU 314C-2PN/DP命名为“Server”。点击CPU 1214C，从巡视窗口中下面的“系统和时钟存储器”启用MB0为时钟存储器字节。

打开网络视图，单击“连接”按钮 连接，从右侧的下拉选项中选择“S7连接”。用鼠标放置在“Client”的PN口（绿色）上，按住左键不放，拖动到“Server”的PN口，即添加了一个名为“S7_连接_1”的S7连接，如图6-22所示。从图中可以看到，CPU 1214C的IP地址为192.168.0.1，CPU 314C的IP地址为192.168.0.2。

选中巡视窗口左边的“本地ID”，可以查看到本地ID为W#6#100（见图6-23上部）。点击“地址详细信息”，可以查看到CPU 1214C的TSAP为10.01（连接资源10，机架0，CPU插槽号为1），CPU 314C的TSAP为10.02（连接资源10，机架0，CPU插槽号为2），如图6-23下部所示。

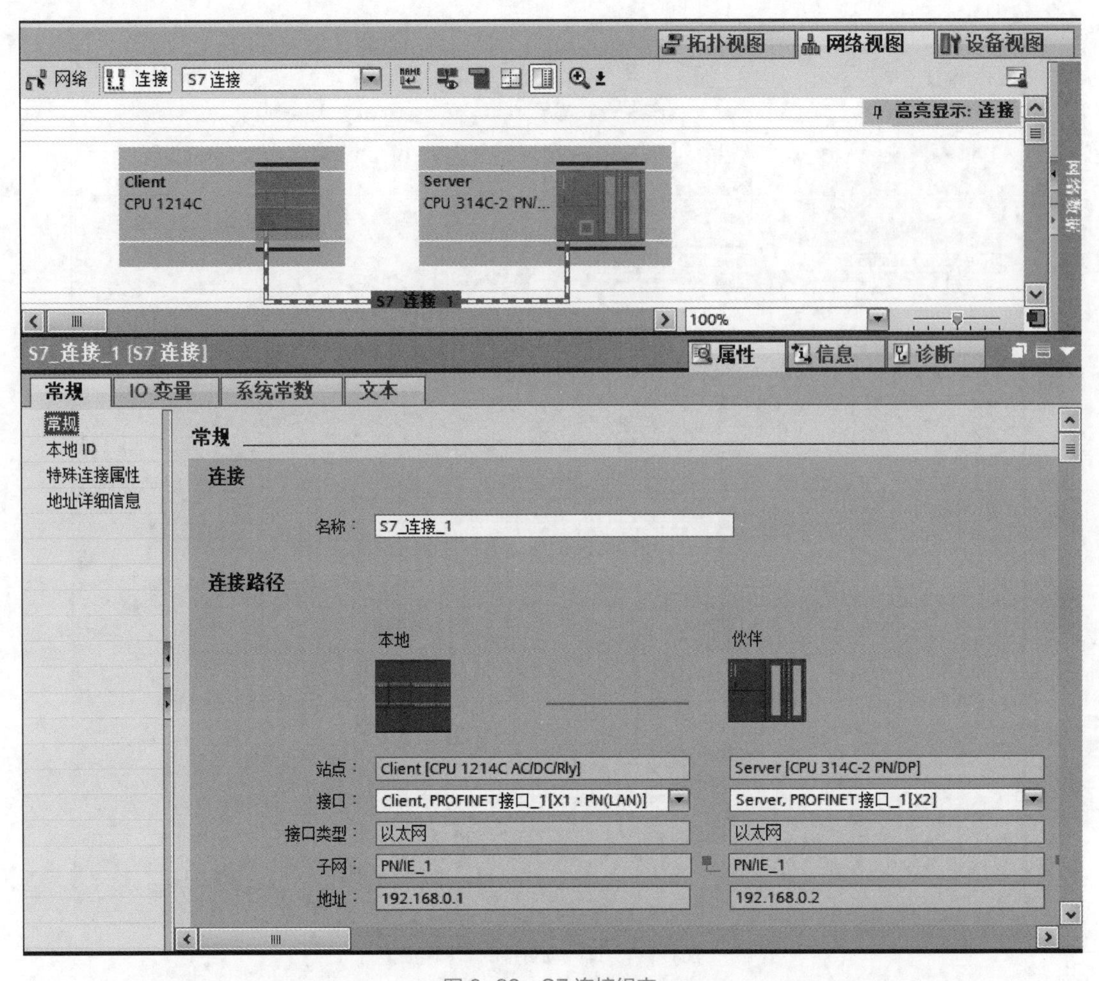

图 6-22　S7 连接组态

图 6-23　本地 ID 与地址详细信息

（2）编写程序

首先在客户端 CPU 1214C 的项目树下，双击“添加新块”，添加一个名为“ClientData”的全局数据块 DB1，取消优化的块访问，创建两个数据类型为 Array[0..9] of Int 的数组“SendToServer”和“RcvFromServer”。用同样的方法，在服务器 CPU 314C 中添加一个名为“ServerData”的全局数据块 DB1，创建两个数据类型为 Array[0..9] of Int 的数组“SendToClient”和“RcvFromClient”。图 6-24 中左边是客户端数据块“ClientData”，右边是服务器端数据块“ServerData”，并分别对发送数据置初始值。

…/Rly] ▸ 程序块 ▸ ClientData [DB1]

ClientData

	名称	数据类型	偏...	起始值	监视值
1	▼ Static				
2	▼ SendToServer	Array[0.....	0.0		
3	SendToServer[0]	Int	0.0	10	10
4	SendToServer[1]	Int	2.0	11	11
5	SendToServer[2]	Int	4.0	12	12
6	SendToServer[3]	Int	6.0	13	13
7	SendToServer[4]	Int	8.0	14	14
8	SendToServer[5]	Int	10.0	15	15
9	SendToServer[6]	Int	12.0	16	16
10	SendToServer[7]	Int	14.0	17	17
11	SendToServer[8]	Int	16.0	18	18
12	SendToServer[9]	Int	18.0	19	19
13	▼ RcvFromServer	Array[0.....	20.0		
14	RcvFromServer[0]	Int	20.0	0	20
15	RcvFromServer[1]	Int	22.0	0	21
16	RcvFromServer[2]	Int	24.0	0	22
17	RcvFromServer[3]	Int	26.0	0	23
18	RcvFromServer[4]	Int	28.0	0	24
19	RcvFromServer[5]	Int	30.0	0	25
20	RcvFromServer[6]	Int	32.0	0	26
21	RcvFromServer[7]	Int	34.0	0	27
22	RcvFromServer[8]	Int	36.0	0	28
23	RcvFromServer[9]	Int	38.0	0	29

…DP] ▸ 程序块 ▸ ServerData [DB1]

ServerData

	名称	数据类型	偏...	起始值	监...
1	▼ Static				
2	▼ SendToClient	Array[0.....	0.0		
3	SendToClient[0]	Int	0.0	20	20
4	SendToClient[1]	Int	2.0	21	21
5	SendToClient[2]	Int	4.0	22	22
6	SendToClient[3]	Int	6.0	23	23
7	SendToClient[4]	Int	8.0	24	24
8	SendToClient[5]	Int	10.0	25	25
9	SendToClient[6]	Int	12.0	26	26
10	SendToClient[7]	Int	14.0	27	27
11	SendToClient[8]	Int	16.0	28	28
12	SendToClient[9]	Int	18.0	29	29
13	▼ RcvFromClient	Array[0.....	20.0		
14	RcvFromClient[0]	Int	20.0	0	10
15	RcvFromClient[1]	Int	22.0	0	11
16	RcvFromClient[2]	Int	24.0	0	12
17	RcvFromClient[3]	Int	26.0	0	13
18	RcvFromClient[4]	Int	28.0	0	14
19	RcvFromClient[5]	Int	30.0	0	15
20	RcvFromClient[6]	Int	32.0	0	16
21	RcvFromClient[7]	Int	34.0	0	17
22	RcvFromClient[8]	Int	36.0	0	18
23	RcvFromClient[9]	Int	38.0	0	19

图 6-24 客户端与服务器的数据块监视

客户端编写的 S7 通信程序如图 6-25 所示。该通信程序与图 6-18 中的通信控制程序类似，只不过在 PUT 和 GET 指令组态时要选择伙伴方为 CPU 314C。发送时，用 PUT 指令将数组“SendToServer”（10 个整数）发送到服务器端 DB1.DBW20 开始的 10 个整数单元中；接收时，

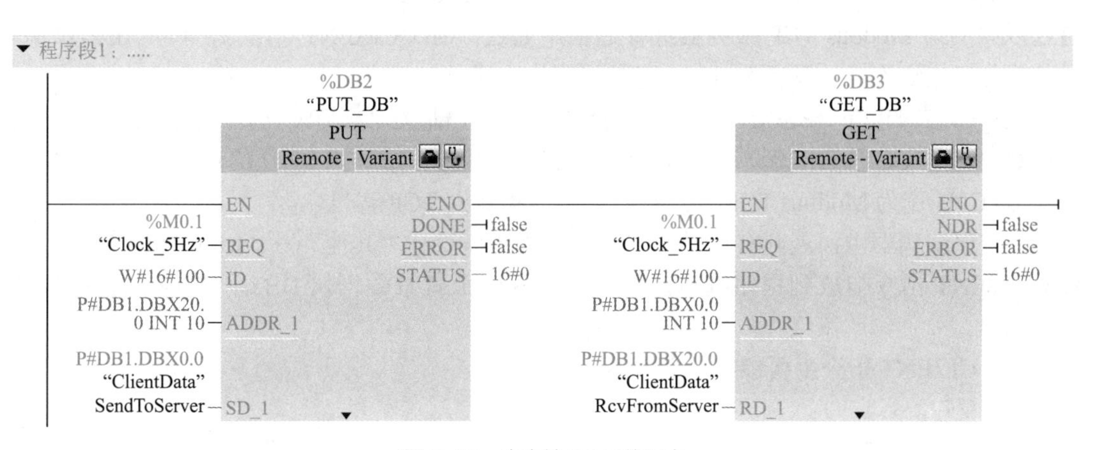

图 6-25 客户端 S7 通信程序

用“GET”指令读取服务器端DB1.DBW0开始的10个整数到客户端数组“RcvFromServer”中。

（3）通信仿真调试

在项目树下所建的项目上单击鼠标右键，选择“属性”。在打开的属性页面中，点击“保护”选项卡，选中“块编译时支持仿真”前的复选框。点击站点“Client”（CPU 1214C），然后再点击仿真按钮，打开仿真器，新建一个仿真项目，将其下载到IP地址为192.168.0.1的仿真器中。点击站点“Server”（CPU 314C），然后再点击仿真按钮，将其下载到IP地址为192.168.0.2的仿真器中。使CPU 1214C的仿真器运行，将CPU 314C的仿真器开关选中RUN-P。打开客户端数据块“ClientData”和服务器端数据块“ServerData”，点击工具栏中的，将工作区垂直拆分。分别点击两个数据块中的监视按钮，通信结果如图6-24所示，可以看到通信双方都能收发数据。

6.4 基于以太网的Modbus TCP通信

扫一扫 看视频

Modbus通信协议是Modicon公司提出的一种报文传输协议，Modbus协议在工业控制中得到了广泛的应用，它已经成为一种通用的工业标准，许多工控产品都有Modbus通信功能。Modbus协议根据使用网络的不同，可分为串行链路上Modbus RTU/ASCII和TCP/IP上的Modbus TCP。Modbus TCP结合了Modbus协议和TCP/IP网络标准，它是Modbus协议在TCP/IP上的具体实现。

S7-1200 CPU集成的以太网接口支持Modbus TCP，可作为Modbus TCP客户端或服务器。Modbus TCP使用TCP通信作为Modbus通信路径，其通信时将占用CPU的OUC通信连接资源。

6.4.1 Modbus TCP通信指令

TIA博途软件为S7-1200 CPU实现Modbus TCP通信提供了Modbus TCP客户端指令“MB_CLIENT”和Modbus TCP服务器指令“MB_SERVER”。

6.4.1.1 MB_CLIENT指令

MB_CLIENT指令用于将S7-1200 CPU作为Modbus TCP客户端，使得S7-1200 CPU可通过以太网与Modbus TCP服务器进行通信。通过“MB_CLIENT”指令，可以在客户端和服务器之间建立连接、发送Modbus请求、接收响应。

MB_CLIENT指令是一个综合性指令，其内部集成了TCON、TSEND、TRCV和TDISCON等OUC通信指令，因此Modbus TCP建立连接方式与TCP通信建立连接方式相同。S7-1200 CPU作为Modbus TCP客户端时，其本身即为TCP客户端。

在程序编辑器中，展开右边“指令”下的“通信”→“其他”→“MODBUS TCP”，将MB_CLIENT指令拖放到程序编辑区，自动生成一个背景数据块DB2，该指令的调用如图6-26所示。

MB_CLIENT指令主要参数定义如下。

（1）REQ

电平触发Modbus请求作业。当REQ=0时，无Modbus通信请求；当REQ=1时，请求与 Modbus TCP 服务器通信。

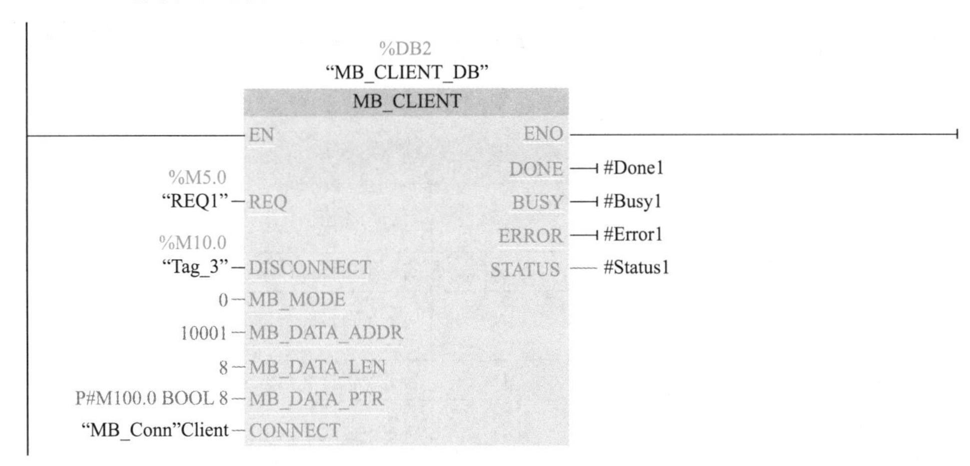

图 6-26 MB_CLIENT 指令的调用

(2) DISCONNECT

用于程序控制与 Modbus 服务器设备的连接和断开。如果 DISCONNECT=0 且不存在连接，则 MB_CLIENT 尝试连接到分配的 IP 地址和端口号。如果 DISCONNECT=1 且存在连接，则尝试断开连接操作。每当启用此输入时，无法尝试其他操作。

(3) MB_MODE

Modbus 请求模式，常用模式值有 0、1 和 2，0 为读请求，1 和 2 为写请求。

(4) MB_DATA_ADDR

要访问的 Modbus TCP 服务器数据起始地址。

(5) MB_DATA_LEN

数据访问的位数或字数。

(6) MB_DATA_PTR

指向数据缓冲区的指针，该数据区用于从 Modbus 服务器读取数据或向 Modbus 服务器写入数据。指针必须分配一个全局 DB 或 M 存储器地址。

Modbus 通信使用不同的功能码对不同的地址区进行读写操作，例如用功能码 01 对服务器输出位进行读取操作。而 MB_CLIENT 指令使用 MB_MODE 输入而非功能代码，MB_DATA_ADDR 分配远程数据的起始 Modbus 地址。MB_MODE 和 MB_DATA_ADDR 一起确定实际 Modbus 消息中使用的功能代码。表 6-3 列出了 MB_MODE、MB_DATA_ADDR、MB_DATA_LEN 和 Modbus 功能之间的对应关系。利用 MB_CLIENT 指令可以对服务器的数据块或位存储器 M 进行读写操作，也可以对输出映像区按位读写操作，对输入映像区按位或字读取操作。

表 6-3 Modbus 通信模式及对应的功能、CPU 输入输出过程映像

MB_MODE	MB_DATA_ADDR	MB_DATA_LEN	Modbus 功能	操作功能	CPU 输入输出过程映像（对应 Modbus 地址）
0	1 ～ 9999	1 ～ 2000	01	读取输出位	Q0.0 ～ Q1023.7 （1 ～ 8192）
0	10001 ～ 19999	1 ～ 2000	02	读取输入位	I0.0 ～ I1023.7 （10001 ～ 18192）

续表

MB_MODE	MB_DATA_ADDR	MB_DATA_LEN	Modbus 功能	操作功能	CPU 输入输出过程映像（对应 Modbus 地址）
0	40001 ～ 49999	1 ～ 125	03	读取保持寄存器	—
0	30001 ～ 39999	1 ～ 125	04	读取输入字	IW0 ～ IW1022（30001 ～ 30512）
1	1 ～ 9999	1	05	写一个输出位	Q0.0 ～ Q1023.7（1 ～ 8192）
1	40001 ～ 49999	1	06	写一个保持寄存器	—
1	1 ～ 9999	2 ～ 1968	15	写多个输出位	Q0.0 ～ Q1023.7（1 ～ 8192）
1	40001 ～ 49999	2 ～ 123	16	写多个保持寄存器	—
2	1 ～ 9999	1 ～ 1968	15	写一个或多个输出位	Q0.0 ～ Q1023.7（1 ～ 8192）
2	40001 ～ 49999	1 ～ 123	16	写一个或多个保持寄存器	—

（7）CONNECT

指向连接描述结构的指针，数据类型为 TCON_IP_v4。当 S7-1200 作为 Modbus TCP 客户端时，CONNECT 参数的设置如图 6-27 所示。必须使用全局数据块并存储所需的连接数据，然后才能在 CONNECT 参数中引用此 DB。

MB_Conn

	名称	数据类型	起始值
1	▼ Static		
2	▼ Client	TCON_IP_v4	
3	InterfaceId	HW_ANY	64
4	ID	CONN_OUC	1
5	ConnectionType	Byte	16#0B
6	ActiveEstablished	Bool	1
7	▼ RemoteAddress	IP_V4	
8	▼ ADDR	Array[1..4] of Byte	
9	ADDR[1]	Byte	192
10	ADDR[2]	Byte	168
11	ADDR[3]	Byte	0
12	ADDR[4]	Byte	2
13	RemotePort	UInt	502
14	LocalPort	UInt	0

图 6-27　MB_CLIENT 指令的 CONNECT 参数设置

① 创建新的全局数据块 DB 来存储 CONNECT 数据，命名为“MB_Conn”。可使用一个 DB 存储多个 TCON_IP_v4 数据结构。每个 Modbus TCP 客户端或服务器连接使用一个 TCON_IP_v4 数据结构，可在 CONNECT 参数中引用连接数据。

② 在该数据块中创建静态变量，命名为“Client”。在“数据类型”列中输入系统数据类型“TCON_IP_v4”。

③ 修改连接参数。展开 TCON_IP_v4 的结构，可以修改连接参数。

InterfaceId 为硬件标识符，在设备视图中单击 PROFINET 接口，然后单击巡视窗口中的“系统常数”选项卡可以显示硬件标识符。

ID为连接ID，介于1～4095之间，不能与OUC通信重叠。

ConnectionType为连接类型，对于TCP/IP，使用默认值16#0B。

ActiveEstablished的值必须为“1”或TRUE，表示主动连接，由MB_CLIENT启动Modbus通信。

RemoteAddress为目标IP地址，将目标Modbus TCP服务器的IP地址输入到四个ADDR数组单元中。例如192.168.0.2。

RemotePort为目标端口，默认值为502，该编号为MB_CLIENT试图连接和通信的Modbus服务器的IP端口号。一些第三方Modbus服务器要求使用其他端口号。

LocalPort为本地端口，对于MB_CLIENT连接，该值必须为0。

输出参数DONE、ERROR、STATUS与TSEND等指令的含义相同。

6.4.1.2 MB_SERVER指令

MB_SERVER指令用于将S7-1200 CPU作为Modbus TCP服务器，使得S7-1200 CPU可通过以太网与Modbus TCP客户端进行通信。MB_SERVER指令将处理Modbus TCP客户端的连接请求、接收和处理Modbus请求，并发送Modbus应答报文。

S7-1200 CPU作为Modbus TCP服务器时，其本身即为TCP服务器。在程序编辑器中，展开右边“指令”下的“通信”→“其他”→“Modbus TCP”，将MB_SERVER指令拖放到程序编辑区，自动生成一个背景数据块DB2，该指令的调用如图6-28所示。

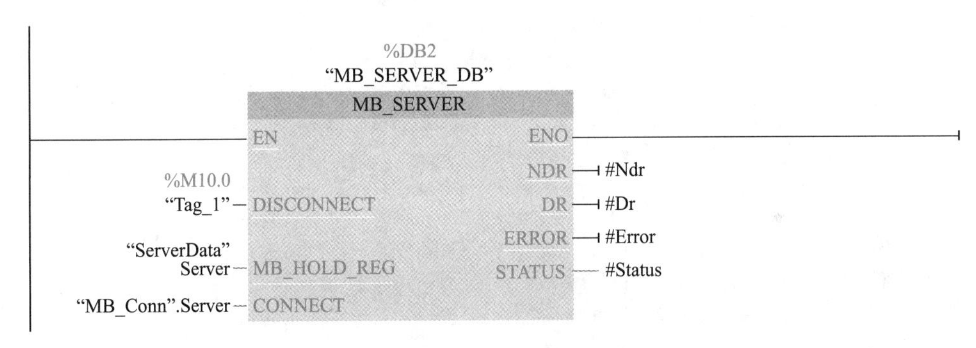

图6-28 MB_SERVER指令的调用

MB_SERVER指令主要参数定义如下。

(1) DISCONNECT

用于建立与Modbus TCP客户端的被动连接。DISCONNECT=0时，可响应参数CONNECT指定的通信伙伴的连接请求；DISCONNECT=1时，断开TCP连接。

(2) MB_HOLD_REG

指向Modbus保持寄存器的指针。保持寄存器必须是一个全局DB或M存储区地址。储存区用于保存数据，Modbus客户端可通过Modbus功能码3(读取保持寄存器)、功能码6(写入单个保持寄存器)和功能码16(写入单个或多个保持寄存器)操作服务器端的保持寄存器。

如果MB_HOLD_REG参数指向一个Word数组，那么数组中第一个元素即对应Modbus地址40001，MB_HOLD_REG参数与Modbus保持寄存器地址映射关系见表6-4。

MB_SERVER指令背景数据块中的静态变量HR_Start_Offset可以修改Modbus保持寄存器的地址偏移，默认值为0。例如，原来Modbus地址40001对应MW100，如果地址偏移修改为 100，则地址 40101 对应 MW100。

表 6-4　MB_HOLD_REG 参数与 Modbus 保持寄存器地址映射关系

Modbus 地址	MB_HOLD_REG 参数		
	P#M100.0 WORD 10	P#DB1.DBX0.0 WORD 10	“ServerData”.Server
40001	MW100	DB1.DBW0	“ServerData”.Server [0]
40002	MW102	DB1.DBW2	“ServerData”.Server [1]
40003	MW104	DB1.DBW4	“ServerData”.Server [2]
…	…	…	…
40010	MW118	DB1.DBW18	“ServerData”.Server [9]

（3）CONNECT

指向连接描述结构的指针，数据类型为 TCON_IP_v4，CONNECT 参数的设置如图 6-29 所示。必须使用全局数据块并存储所需的连接数据，然后才能在 CONNECT 参数中引用此 DB。

MB_Conn

	名称	数据类型	起始值
1	▼ Static		
2	▼ Server	TCON_IP_v4	
3	InterfaceId	HW_ANY	64
4	ID	CONN_OUC	1
5	ConnectionType	Byte	16#0B
6	ActiveEstablished	Bool	false
7	▼ RemoteAddress	IP_V4	
8	▼ ADDR	Array[1..4] of Byte	
9	ADDR[1]	Byte	16#0
10	ADDR[2]	Byte	16#0
11	ADDR[3]	Byte	16#0
12	ADDR[4]	Byte	16#0
13	RemotePort	UInt	0
14	LocalPort	UInt	502

图 6-29　MB_SERVER 的 CONNECT 参数设置

① 创建新的全局数据块 DB 来存储 CONNECT 数据，命名为“MB_Conn”。可使用一个 DB 存储多个 TCON_IP_v4 数据结构。每个 Modbus TCP 客户端或服务器连接使用一个 TCON_IP_v4 数据结构，可在 CONNECT 参数中引用连接数据。

② 在该数据块中创建静态变量，命名为“Server”。在“数据类型”列中输入系统数据类型“TCON_IP_v4”。

③ 修改连接参数。展开 TCON_IP_v4 的结构，可以修改连接参数。

Interfaceid 为硬件标识符，在设备视图中单击 PROFINET 接口，然后单击巡视窗口中的“系统常数”选项卡可以显示硬件标识符。

ID 为连接 ID，介于 1 ～ 4095 之间，不能与 OUC 通信重叠。

ConnectionType 为连接类型，对于 TCP/IP，使用默认值 16#0B。

ActiveEstablished 的值必须为 0 或 false，表示被动连接，MB_SERVER 正在等待。

RemoteAddress 为目标 IP 地址，有两个选项。一个是使用 0.0.0.0，则 MB_SERVER 将

响应来自任何TCP客户端的Modbus请求。另一个是输入目标Modbus TCP客户端的IP地址，则MB_SERVER仅响应来自该客户端IP地址的请求。

RemotePort为目标端口，对于MB_SERVER连接，该值必须为0。

LocalPort为本地端口，默认值为502，该编号为MB_SERVER试图连接和Modbus客户端的IP端口号。一些第三方Modbus服务器要求使用其他端口号。

（4）NDR

0表示无新数据；1表示从Modbus客户端写入了新数据。

（5）DR

0表示无数据被读取；1表示有数据被Modbus客户端读取。

参数ERROR、STATUS与MB_CLIENT含义相同。

6.4.2 Modbus TCP通信实例

（1）控制要求

客户端从服务器读取8个输入位，对服务器的8个输出位进行控制；客户端从服务器读取10个字，并写入到服务器10个字。

（2）硬件组态

新建一个项目“6-4 ModbusTCP”，添加一块CPU 1214C AC/DC/Rly，版本号V4.2，命名为“MB_Client”，作为客户端；再添加一块CPU 1212C DC/DC/DC，版本号V4.4，命名为“MB_Server”，作为服务器。在网络视图中，将“MB_Client”的PN接口拖拽到“MB_Server”的PN接口，自动生成了一个网络“PN/IE_1”。点击网络视图中的显示地址按钮，可以看到“MB_Client”的IP地址为192.168.0.1，“MB_Server”的IP地址为192.168.0.2。

（3）客户端编程

在站点“MB_Client”下，添加一个全局数据块DB1，命名为“MB_Conn”，新建一个变量“Client”，变量类型输入“TCON_IP_v4”，变量设置如图6-27所示。将4个MB_CLIENT指令拖放到程序中，使用同样的背景数据块DB2。再新建一个全局数据块DB3，命名为“RS_Data”，新建两个数组变量“RcvData”和“SendData”，数据类型为“Array[0..9] of Int”。

客户端编写的程序如图6-30所示，程序中采取了轮询的方式进行编写。

在程序段1中，通信连接已经建立，置位M5.0。

在程序段2中，REQ为“1”时，读取服务器的输入位I0.0～I0.7到从M100.0开始的8个位中。

在程序段3中，当程序段2中的MB_CLIENT指令执行完（Done1为“1”）或有错误（Error1为“1”）时，复位M5.0，置位M5.1。

在程序段4中，REQ为“1”时，将MB100写入到服务器的输出端Q0.0～Q0.7。

在程序段5中，当程序段4中的MB_CLIENT指令执行完（Done2为“1”）或有错误（Error2为“1”）时，复位M5.1，置位M5.2。

在程序段6中，REQ为“1”时，读取服务器从40001开始的10个字到数组RcvData中。

在程序段7中，当程序段6中的MB_CLIENT指令执行完（Done3为“1”）或有错误（Error3为“1”）时，复位M5.2，置位M5.3。

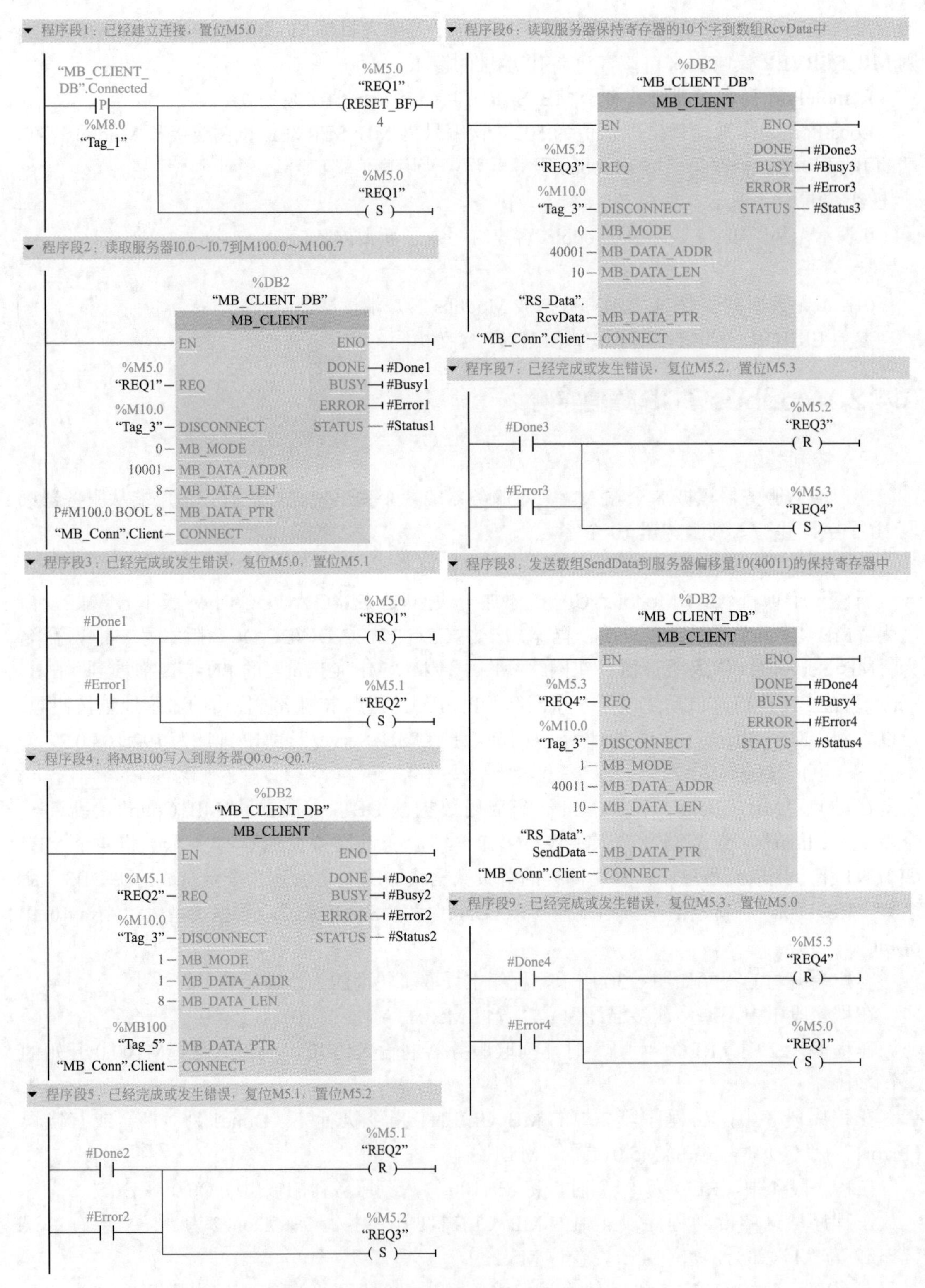

图 6-30　Modbus TCP 客户端程序

在程序段 8 中，REQ 为“1”时，将数组 SendData 写入到服务器从 40011 开始的 10 个字中。

在程序段 9 中，当程序段 8 中的 MB_CLIENT 指令执行完（Done4 为“1”）或有错误（Error4 为“1”）时，复位 M5.3，置位 M5.0。从程序段 2 重新执行 MB_CLIENT 指令。

（4）服务器端编程

在站点“MB_Server”下，添加一个全局数据块 DB1，命名为“MB_Conn”，新建一个变量“Server”，变量类型输入“TCON_IP_v4”，变量设置如图 6-29 所示。在服务器端编写的程序如图 6-28 所示，将 MB_SERVER 指令拖放到程序中，自动生成背景数据块 DB2。再新建一个全局数据块 DB3，命名为“ServerData”，新建一个数组变量“Server”，数据类型为“Array[0..19] of Int”，将读写数据保存到数组“Server”中。

6.5 PROFINET IO 通信

在 PROFINET IO 通信系统中，根据组件功能可划分为 IO 控制器和 IO 设备。IO 控制器用于对连接的 IO 设备进行寻址，需要与现场设备交换输入和输出信号。IO 设备是分配给其中一个 IO 控制器的分布式现场设备，ET200、变频器、调节阀等都可以作为 IO 设备。S7-1200 集成的以太网接口作为 PROFINET 接口，可以用作 IO 控制器和 IO 设备。作为 IO 控制器时最多连接 16 个 IO 设备，最多 256 个子模块。S7-1200 CPU 从固件 V4.0 开始支持 IO 智能设备（I-Device）功能，从固件 V4.1 开始支持共享设备（Shared-Device）功能，可与最多两个 PROFINET IO 控制器连接。

6.5.1 S7-1200 作为 IO 控制器

扫一扫 看视频

本例中，使用一块 CPU 1214C 作为 IO 控制器连接两个 IO 设备 ET200SP。一个 ET200SP 通过其 IO 控制电动机，另一个 ET200SP 通过模拟量输入测量压力，模拟量输出调节阀门。

6.5.1.1 硬件和通信连接的组态

（1）硬件的组态

新建一个项目“6-5-1 IO 控制器”，添加新设备 CPU 1214C，并将其命名为“IO_Controller”。打开网络视图，在硬件目录下展开“分布式 I/O”→“ET200SP”→“接口模块”→“PROFINET”→“IM155-6 PN BA”，将订货号“6ES7 155-6AR00-0AN0”拖放到网络视图中，自动生成一个名为“IO device_1”的 IO 设备。按照同样的方法，再拖放一个，生成一个名为“IO device_2”的 IO 设备。双击“IO device_1”进入设备视图，在 1 号槽添加数字量输入模块 DI 8×24VDC，在 2 号槽添加数字量输出模块 DQ 8×24VDC。在网络视图中双击“IO device_2”进入设备视图，在 1 号槽添加模拟量电压输入模块 AI 2×U，在 2 号槽添加模拟量电压输出模块 AQ 2×U。

（2）通信连接的组态

在网络视图中，将“IO_Controller”的 PN 接口（绿色）拖拽到“IO device_1”的 PN 接口，自动生成一个名为“IO_Controller.PROFINET IO-System”的 IO 系统，“IO device_1”上由原来的“未分配”变为了分配给控制器“IO_Controller”。再将“IO_Controller”的 PN 接口拖拽到“IO device_2”的 PN 接口，这 3 个设备就通过 IO 系统连接起来。点击网络视图工具栏中的显示地址按钮，可以显示这 3 个设备的 IP 地址，如图 6-31 所示。点击这个 IO 系统，从巡视窗口中选中“地址总览”，可以看到为“IO device_1”分配的 I/O 地址为 IB2 和 QB2；为“IO device_2”分配的 IO 地址为模拟量输出 QW64、QW66 和模拟量输入 IW68、IW70。

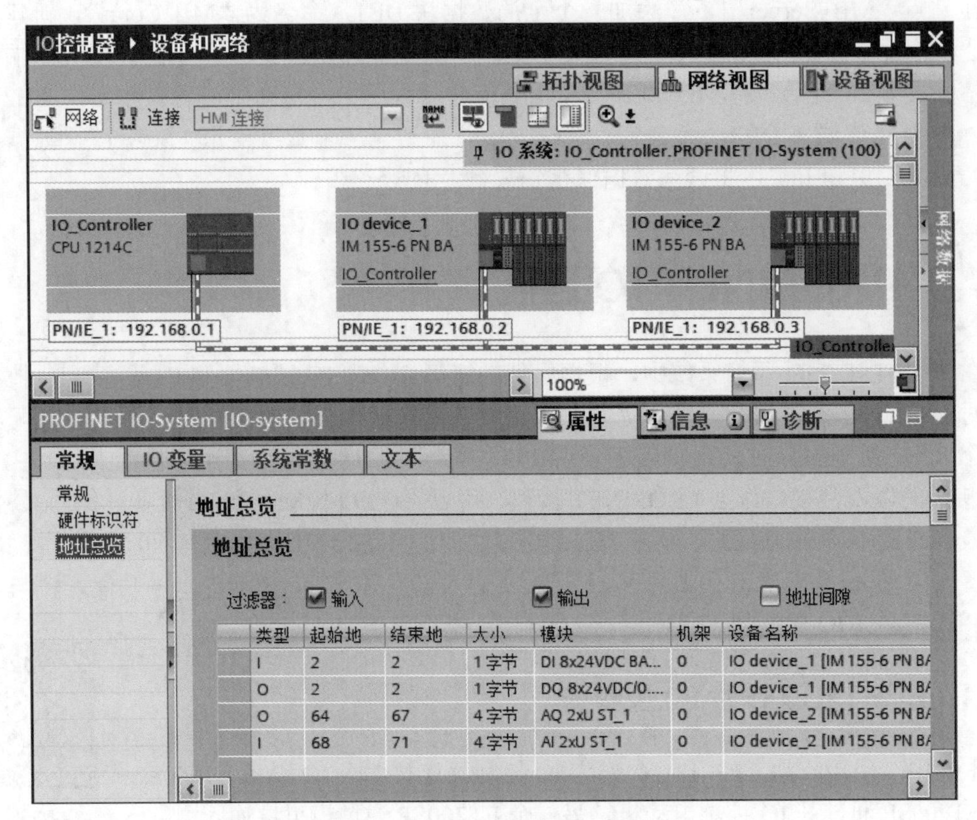

图 6-31　IO 控制器通信连接组态

6.5.1.2　编写控制程序

IO 设备中 I/O 模块的地址直接映射到 IO 控制器的 I 区和 Q 区，I/O 地址可以直接在程序中调用。编写的控制程序如图 6-32 所示。

在程序段 1 中，用 IO 设备“IO device_1”的 I2.0 和 I2.1 作为启动和停止，Q2.0 作为输出控制电动机。

在程序段 2 中，将设定的“阀门开度”MW100（0 ～ 100）线性转换为 0 ～ 27648，保存到 QW64，输出模拟量对阀门进行调节。

在程序段 3 中，将压力测量值（0 ～ 27648）线性转换为测量压力（0 ～ 10000Pa），保存到 MW102。

6.5.2　S7-1200 作为 IO 智能设备

在本例中，用一块 CPU 1214C 作为 IO 控制器，一块 CPU 1212C 作为 IO 智能设备。IO 控制器控制 IO 智能设备电动机的启动、停止和调速；IO 智能设备将电动机的运行状态和测量压力送到 IO 控制器。

扫一扫 看视频

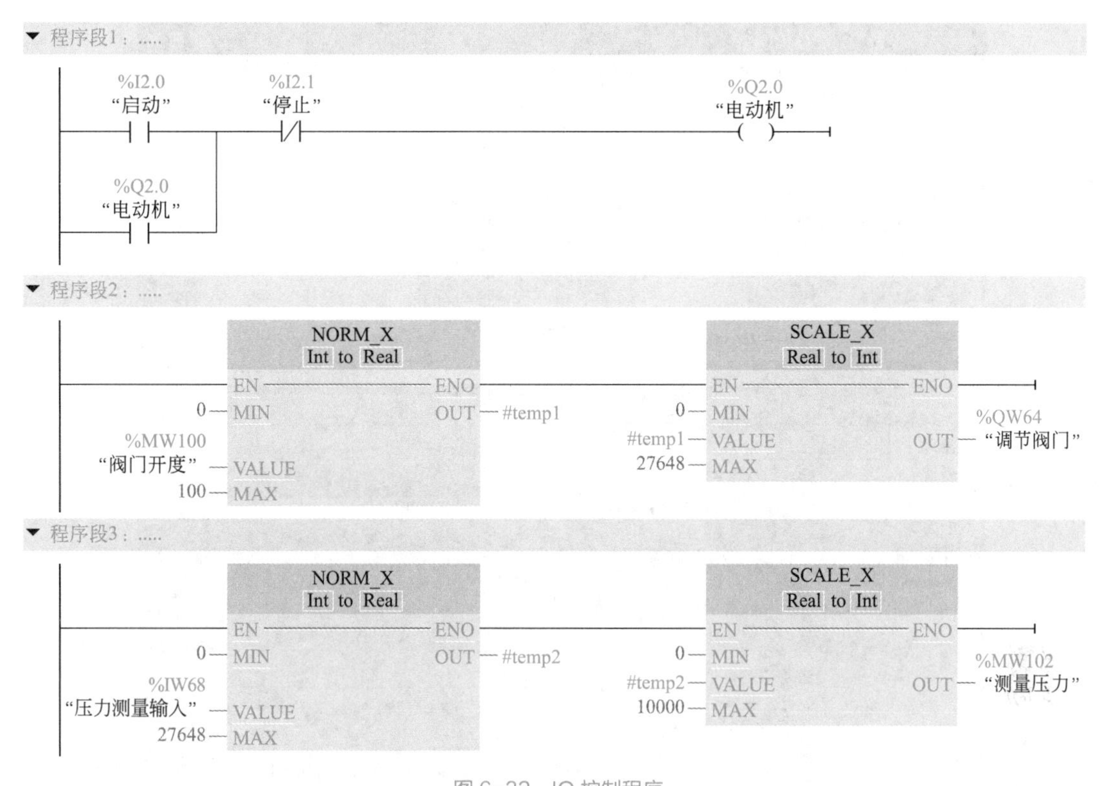

图 6-32　IO 控制程序

6.5.2.1　硬件组态和通信连接的组态

（1）硬件组态

新建一个项目“6-5-2 IO 设备”，添加新设备 CPU 1214C AC/DC/Rly，版本号 V4.2，并将其命名为“IO_Ctrl”。打开网络视图，在硬件目录下展开“控制器”→“SIMATIC S7-1200”→“CPU”→“CPU 1212C DC/DC/DC”，将订货号“6ES7 212-1AE40-0XB0”（版本号 V4.4）拖放到网络视图中，将其命名为“IO_Dev”。双击“IO_Dev”进入设备视图，展开硬件目录下的“信号板”→“AQ”→“AQ 1×12BIT”，将“6ES7 232-4HA30-0XB0”通过拖放或双击放置在 CPU 中间的方框中，从巡视窗口中可以查看到该信号板的模拟量输出通道地址为 QW80，设置模拟量输出类型为“电压”。

（2）通信连接的组态

在网络视图中，点击“IO_Dev”的 PN 接口（绿色），从巡视窗口中点击“操作模式”，在右边窗口中选中“IO 设备”。将“IO_Ctrl”的 PN 接口（绿色）拖拽到“IO_Dev”的 PN 接口，自动生成一个名为“IO_Ctrl.PROFINET IO-System（100）”的 IO 系统，“IO_Dev”上原来的“未分配”变为了分配给控制器“IO_Ctrl”，如图 6-33 所示。选中“IO_Dev”的 CPU，点击巡视窗口中的“操作模式”，在“传输区域”设置界面中，双击“新增”，添加一个传输区。点击传输区域中的↔下的箭头可以改变传输方向，在“长度”下可以修改通信数据长度，在“IO 控制器中的地址”和“智能设备中的地址”下可以修改通信地址区域。图 6-33 中定义了两个传输区域，IO 控制器“IO_Ctrl”传输数据 QB100 ～ QB102 到智能设备“IO_Dev”的 IB100 ～ IB102 中，智能设备“IO_Dev”传输数据 QB100 ～ QB102 到 IO 控制器“IO_Ctrl”的 IB100 ～ IB102 中。

图 6-33 IO 设备的通信连接组态

6.5.2.2 编写控制程序

（1）IO 控制器编程

编写的 IO 控制器端程序如图 6-34 所示。

在程序段 1 中，当 I0.0 常开触点接通时，Q100.0 为“1”，输出到 IO 智能设备的 I100.0 进行启动控制。

在程序段 2 中，当 I0.1 常开触点接通时，Q100.1 为“1”，输出到 IO 智能设备的 I100.1 进行停止控制。

在程序段 3 中，当接收到 IO 智能设备的 I100.0 为“1”时，Q0.0 有输出，运行状态指示灯亮。

在程序段 4 中，将设定速度 MW100 传送到 QW101，发送给 IO 智能设备进行调速。

在程序段 5 中，读取来自 IO 智能设备的测量压力值 IW101 到 MW102。

（2）IO 智能设备编程

编写的 IO 智能设备端程序如图 6-35 所示。

在程序段 1 中，使用接收到来自 IO 控制器的启动、停止信号对电动机进行启停控制。

在程序段 2 中，将电动机的运行状态发送给 IO 控制器。

在程序段 3 中，将接收到来自 IO 控制器的设定速度（IW101）0 ～ 1430 标准化为 0.0 ～ 1.0。

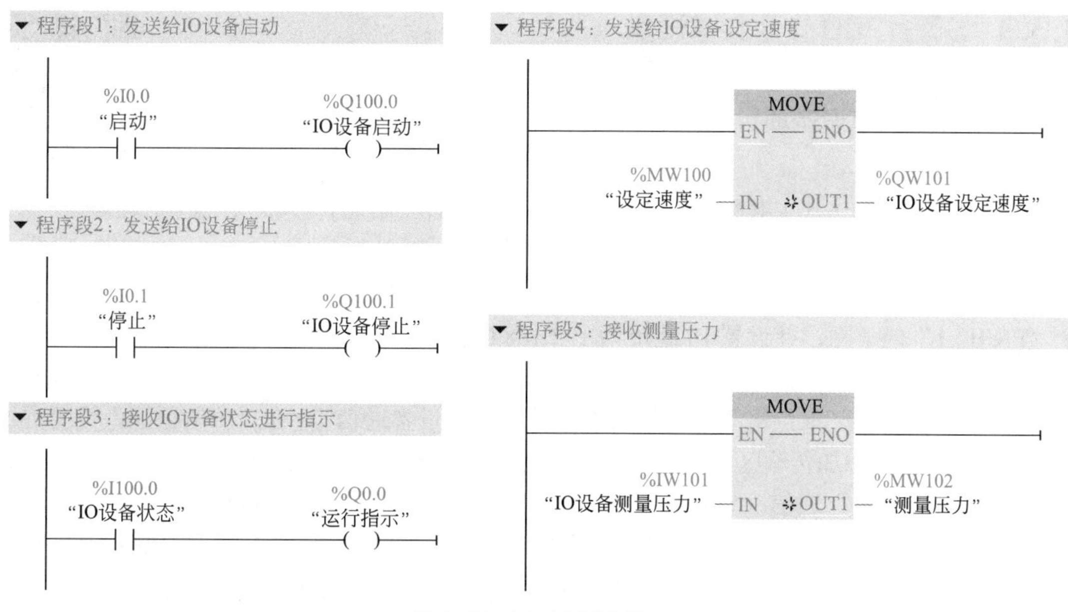

图 6-34　IO 控制器端程序

在程序段 4 中，线性转换为 0 ～ 27648，送给 QW80 进行调速。

在程序段 5 中，将 IW64 的测量值 0 ～ 27648 标准化为 0.0 ～ 1.0。

在程序段 6 中，线性转换为 0 ～ 10000Pa 的压力值，送给 QW101，发送给 IO 控制器。

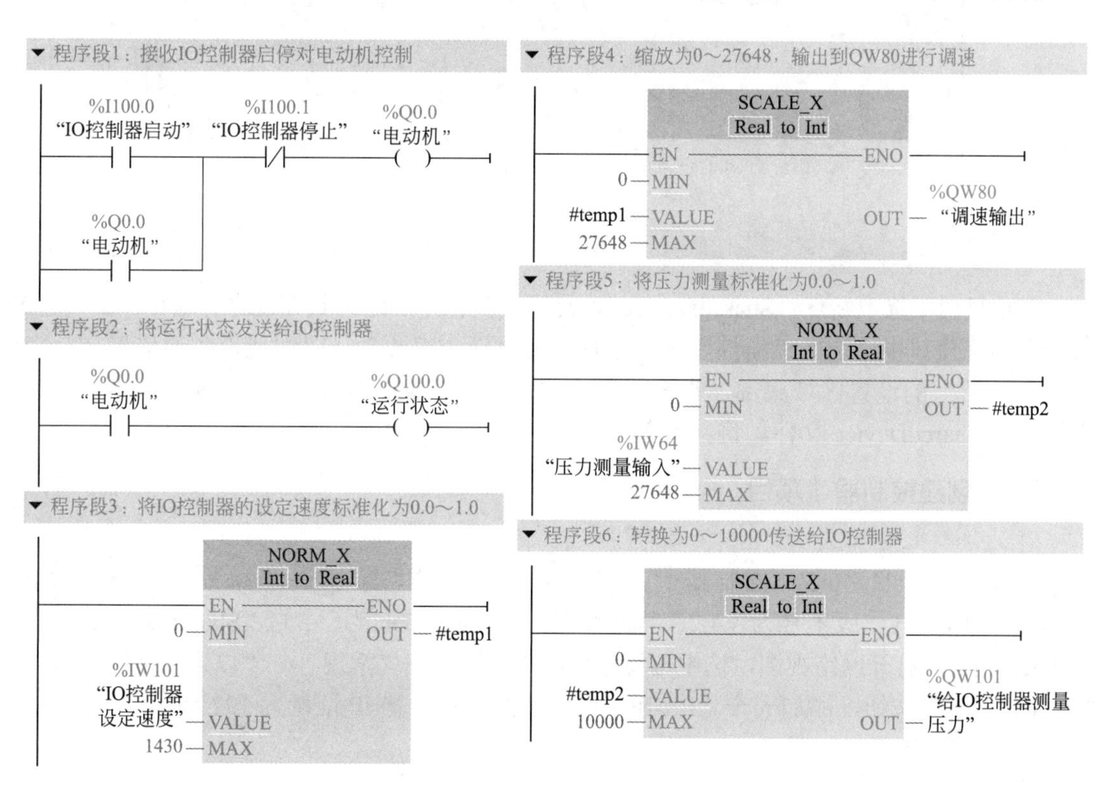

图 6-35　IO 智能设备端程序

6.5.3 S7-1200作为共享设备

扫一扫 看视频

6.5.3.1 创建共享设备项目

（1）硬件和通信组态

新建一个项目“6-5-3共享设备”，单击项目树中的“添加新设备”，添加一块CPU 1212C DC/DC/DC，版本号V4.4，将其命名为“SharedDevice”。打开网络视图，选中巡视窗口的“属性”→“常规”→“以太网地址”，点击“添加新子网”按钮，添加一个“PN/IE_1”的子网，并设置IP地址为192.168.0.10和子网掩码为255.255.255.0。

在巡视窗口中，点击“常规”→“操作模式”，选中“IO设备”，将“已分配的IO控制器”设置为“未分配”。点击“操作模式”下的“智能设备通信”，在“传输区域”设置界面中，双击“新增”添加传输区。图6-36中定义了4个传输区域，“传输区_1”和“传输区_2”用于与“Controller1”通信；“传输区_3”和“传输区_4”用于与“Controller2”通信。

点击“实时设定”，在“SharedDevice”区域设置中，将“可访问该智能设备的IO控制器的数量”设置为2，允许两个IO控制器访问该智能设备。

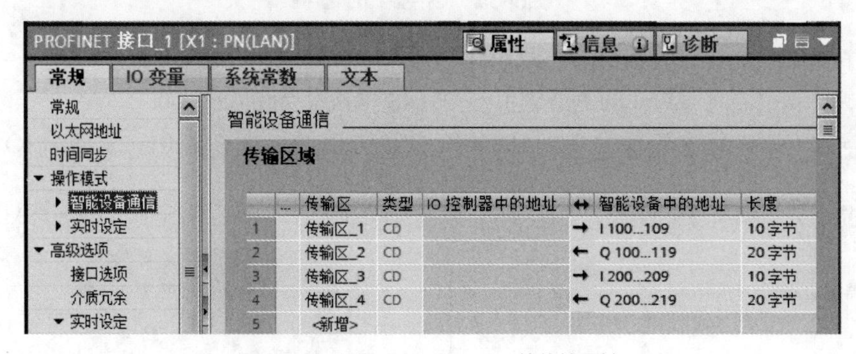

图6-36 配置ShareDevice的传输区域

（2）导出GSD文件

在项目树下选中站点“SharedDevice”，点击工具栏中的编译按钮进行编译。编译完成后，在巡视窗口中，选中“属性”→“常规”→“操作模式”→“智能设备通信”，在“智能设备通信”的设置区域底部，点击“导出常规站描述文件（GSD）”下的“导出”按钮，则可生成SharedDevice文件，将其保存起来。

6.5.3.2 创建控制器1项目

（1）组态IO控制器

新建一个项目“6-5-3控制器1”，单击项目树中的“添加新设备”，添加一块CPU 1214C AC/DC/Rly，版本号为V4.2，将其命名为“Controller1”，作为“SharedDevice”的一个IO控制器。打开网络视图，选中巡视窗口的“属性”→“常规”→“以太网地址”，点击“添加新子网”按钮，添加一个“PN/IE_1”的子网，并设置IP地址为192.168.0.1和子网掩码为255.255.255.0。

（2）安装GSD文件

在主菜单栏中，点击“选项”→“管理通用站描述文件（GSD）”，在打开的对话框中选择“共享设备”项目中导出的GSD文件进行安装。

（3）添加共享设备

打开网络视图，展开硬件目录下的“其他现场设备”→“PROFINET IO”→“PLCs & CPs”→“SIEMENS AG”→“CPU 1212C DC/DC/DC”，将“SharedDevice”拖放到网络视图中。将“Controller”的 PN 接口拖拽到“SharedDevice”的 PN 接口，自动生成了一个 IO 系统。

（4）配置传输区的访问权

在网络视图中双击“SharedDevice”，进入设备视图。点击“属性”→“常规”→“Shared Device”，打开的界面如图 6-37 所示。在右边窗口中，设置“传输区 _1”和“传输区 _2”的访问为“Controller1”，表示这两个区域允许“Controller1”访问；设置“传输区 _3”和“传输区 _4”的访问为“—”，表示这两个区域禁止“Controller1”访问。

点击设备视图右边框上的◀，展开“设备概览”，可以查看共享设备为“Controller1”分配的传输区的 IO 地址。本例中，“Controller1”使用 QB64 ～ QB73 这 10 个字节作为发送数据区，对应共享设备数据接收区的 IB100 ～ IB109；“Controller1”使用 IB68 ～ IB87 这 20 个字节作为接收数据区，对应共享设备数据发送区的 QB100 ～ QB119。

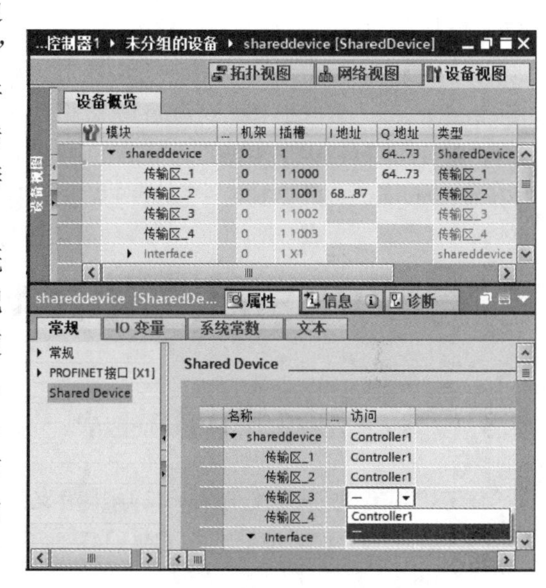

图 6-37　配置控制器 1 的访问区权限界面

6.5.3.3　创建控制器 2 项目

（1）组态 IO 控制器

新建一个项目“6-5-3 控制器 2”，单击项目树中的“添加新设备”，添加一块 CPU 1214C AC/DC/Rly，版本号为 V4.2，将其命名为“Controller2”，将其作为“SharedDevice”的一个 IO 控制器。打开网络视图，选中巡视窗口的“属性”→“常规”→“以太网地址”，点击“添加新子网”按钮，添加一个“PN/IE_1”的子网，并设置 IP 地址为 192.168.0.2 和子网掩码为 255.255.255.0。

图 6-38　配置控制器 2 的访问区权限界面

（2）安装 GSD 文件与添加共享设备

与项目“6-5-3 控制器 1”相同。

（3）配置传输区的访问权

在网络视图中双击“SharedDevice”，进入设备视图。点击“属性”→“常规”→“Shared Device”，打开的界面如图 6-38 所示。在右边窗口中，设置“传输区 _1”和“传输区 _2”的访问为“—”，表示这两个区域禁止“Controller2”访问；设置“传输区 _3”和“传输区 _4”的访问为“Controller2”，表示这两个区域允许“Controller2”访问。

点击设备视图右边框上的◀，展开“设备概览”，可以查看共享设备为“Controller2”分配的传输区的 IO 地址。本例中，“Controller2”使用 QB74 ～ QB83 这 10 个字节作为发送数据区，对应共享设备数据接收区的 IB200 ～ IB209；“Controller2”使用 IB88 ～ IB107 这 20 个字节作为接收数据区，对应共享设备数据发送区的 QB200 ～ QB219。

6.5.3.4 通信测试

将 3 个项目中的 CPU 站点组态配置分别下载到相应的 CPU 后，它们之间的 PROFINET IO 通信将自动建立。正常通信时：

“SharedDevice”的 IB100 ～ IB109 数据随着“Controllerl”的 QB64 ～ QB73 变化而变化，“SharedDevice”的 QB100 ～ QB119 数据决定“Controller1”的 IB68 ～ IB87 变化。

“SharedDevice”的 IB200 ～ IB209 数据随着“Controller2”的 QB74 ～ QB83 变化而变化，“SharedDevice”的 QB200 ～ QB219 数据决定“Controller2”的 IB88 ～ IB107 的变化。

6.6 PROFIBUS-DP 通信

扫一扫 看视频

6.6.1 S7-1200 作为 DP 主站

S7-1200 CPU 从固件版本 V2.0 开始支持 PROFIBUS-DP 通信，S7-1200 的 DP 主站模块为 CM1243-5，DP 从站模块为 CM1242-5。

（1）硬件及网络组态

新建一个项目“6-6-1 DP 主站”，添加新设备 CPU 1214C AC/DC/Rly，版本号为 V4.2，并将其命名为“DP_Master”。在设备视图中，展开硬件目录下的“通信模块”→“PROFIBUS”→“CM1243-5”，将订货号“6GK7 243-5DX30-0XE0”（版本号 V1.3）通过拖放或双击添加到 101 号槽中。

打开网络视图，在硬件目录下展开“分布式 I/O”→“ET200M”→“接口模块”→“PROFIBUS”→“IM153-1”，将订货号“6ES7 153-1AA03-0XB0”通过拖放或双击添加到网络视图中，自动生成一个名为“Slave_1”的 DP 从站。双击“Slave_1”进入设备视图，在 4 号槽添加数字量模块 DI 8/DO 8×24VDC，从巡视窗口中可以查看到其数字量输入地址为 IB2，数字量输出地址为 QB2。

在网络视图中，将“DP_Master”的 DP 接口（紫色）拖拽到“Slave_1”的 DP 接口，自动生成了一个名为“DP_Master.DP-Mastersystem(1)”的以“DP_Master”作为主站的系统，如图 6-39 所示。如果需要修改“最高 PROFIBUS 地址”（默认 126）和“传输率”（默认 1.5Mbit/s），可以选中该主站系统，在巡视窗口中的“常规”下选择“PROFIBUS”→“网络设置”，点击右边的网络设置界面中的▼，从下拉列表中选择设定的最高 PROFIBUS 地址和需要的传输率。

在网络视图中点击显示地址按钮，可以看到“DP_Master”的 PROFIBUS 地址为 2，“Slave_1”的 PROFIBUS 地址为 3。可用的 PROFIBUS 地址范围是 1 ～ 126，一般默认的面板地址为 1，PLC 及从站模块地址为 2 及更高。

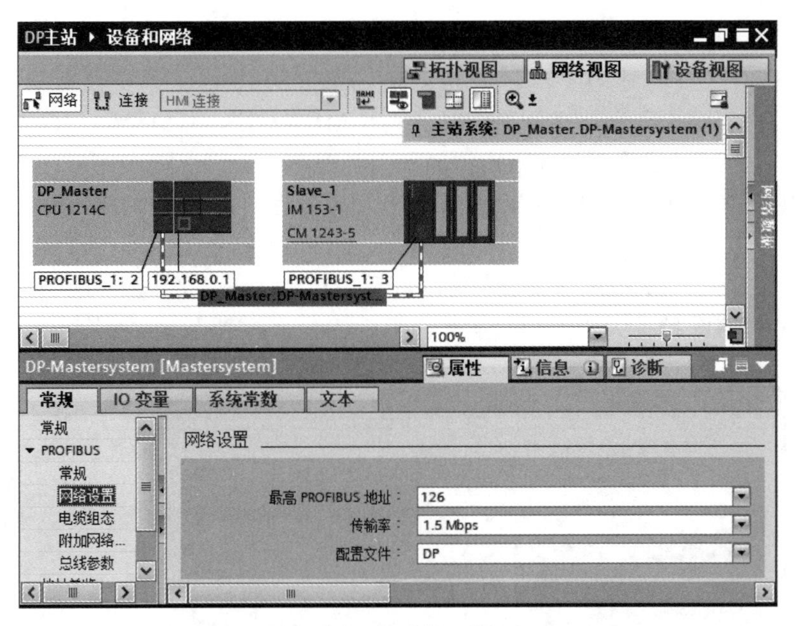

图 6-39　DP 主站网络组态

（2）CM1243-5 的固件更新

如果 CPU 的固件版本号为 V4，CM1243-5 的固件版本号必须为 V1.3 及以上。如果 CM1243-5 的固件版本低于 V1.3，要将其更新到 V1.3。CM1243-5 的固件可以通过 Web 服务器或西门子存储卡进行更新。固件版本号高于 V1.3.3，可以通过 Web 服务器进行更新；如果 CM1243-5 的固件版本号低于 V1.3.3，只能使用存储卡进行更新。作者的 CM1243-5 的固件版本号为 V1.2，更新步骤如下。

① 使用电脑通过读卡器清除存储卡中内容。注意：不要格式化存储卡！

② 从西门子官方网站下载最新版本的固件文件，作者下载的版本号为 V1.3.8。解压缩后，可以得到“S7_JOB.S7S”文件和“FWUPDATE.S7S”文件夹。

③ 将“S7_JOB.S7S”文件和“FWUPDATE.S7S”文件夹拷贝到存储卡中。

④ 将存储卡插到 CPU 1200 卡槽中。此时 CPU 会停止，“MAINT”指示灯闪烁。

⑤ 将 CPU 断电后上电，CPU 的“RUN/STOP”指示灯黄绿交替闪烁，说明固件正在被更新中。如果“RUN/STOP”指示灯常亮、“MAINT”指示灯闪烁，说明固件更新已经结束。

⑥ 拔出存储卡，再次将 CPU 断电后上电即可。

（3）编写测试程序

分布式 I/O 的输入输出点可以看作 CPU 本机的 IO 点来用，测试时可以将 IB2 通过 MOVE 指令送到 QB0，由 ET200M 的 IB2 控制 CPU 的输出 QB0。将 IB0 通过 MOVE 指令送到 QB2，由 CPU 的 IB0 控制 ET200M 的输出 QB2。

6.6.2 S7-1200 作为 DP 从站

扫一扫 看视频

新建一个项目“6-6-2 DP 从站”，添加新设备 CPU 1214C AC/DC/Rly，版本号为 V4.2，并将其命名为“DP_Master”。在设备视图中，展开硬件目录下的“通信模块”→“PROFIBUS”→“CM1243-5”，将订货号“6GK7 243-5DX30-

0XE0”（版本号V1.3）通过拖放或双击添加到101槽中。点击网络视图，再添加一块CPU 1212C DC/DC/DC，版本号为V4.4，并将其命名为“DP_Slave”。在设备视图中，展开硬件目录下的“通信模块”→“PROFIBUS”→“CM1242-5”，将订货号“6GK7 242-5DX30-0XE0”（版本号V1.0）通过拖放或双击添加到101槽中。

在网络视图中，将“DP_Master”的DP接口（紫色）拖拽到“DP_Slave”的DP接口，自动生成了一个名为“DP_Master.DP-Mastersystem(1)”的以“DP_Master”作为主站的系统，如图6-40所示。点击显示地址按钮，可以看到“DP_Master”的PROFIBUS地址为2，“DP_Slave”的PROFIBUS地址为3。

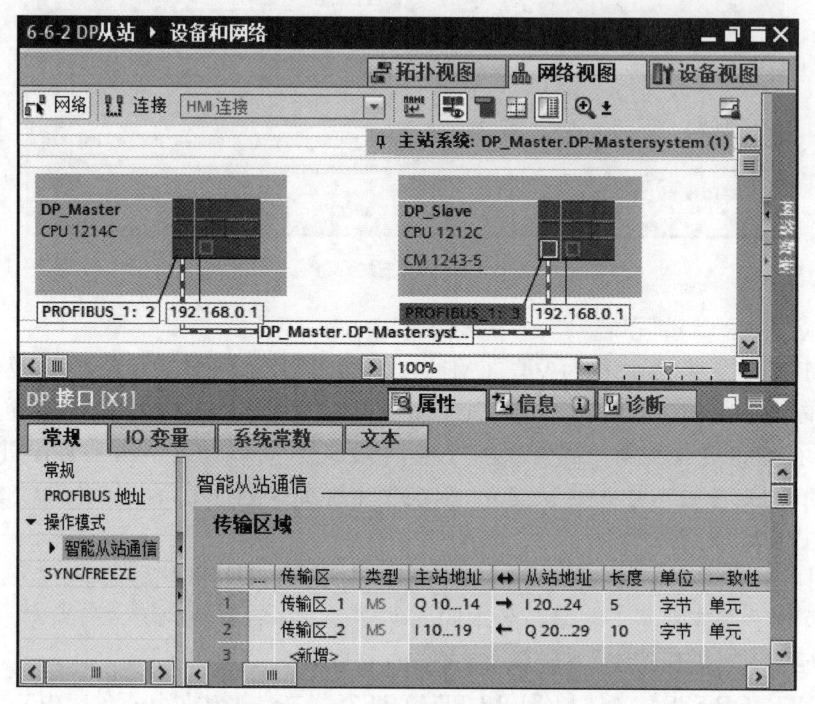

图6-40　DP网络连接与从站组态

在网络视图中，点击“DP_Slave”的DP接口，再点击巡视窗口“操作模式”下的“智能从站通信”，在“传输区域”设置界面中，双击“新增”，添加一个传输区。点击传输区域中的↔下的箭头可以改变传输方向，在“长度”下可以修改通信数据长度，在“主站地址”和“从站地址”下可以修改通信地址区域。图6-40中定义了两个传输区域，主站“DP_Master”传输数据QB10～QB14到智能从站“DP_Slave”的IB20～IB24中，智能从站“DP_Slave”传输数据QB20～QB29到主站“DP_Master”的IB10～IB19中。

6.7 点对点通信

6.7.1 串行通信概述

串行通信是一种传统的、经济有效的通信方式，可以用于不同厂商产品之间节点少、数据量小、通信速率低、实时性要求不高的场合。串行通信的数据是逐位传送的，按照数据流的方向分成三种传输模式：单工、半双工、全双工。按照传送数据的格式规定分成两种传输方式：同步通信、异步通信。

6.7.1.1　同步通信

同步通信是以帧为数据传输单位，字符之间没有间隙，也没有起始位和停止位。为保证接收端能正确区分数据流，收发双方必须建立起同步的时钟。

6.7.1.2　异步通信

异步通信是以字符为数据传输单位。传送开始时，组成这个字符的各个数据位将被连续发送，接收端通过检测字符中的起始位和停止位来判断接收到的字符，其字符信息格式如图6-41所示。发送的字符由一个起始位、7个或8个数据位、1个奇偶校验位（可以没有）、1个或2个停止位组成。传输时间取决于通信端口的波特率设置。

在串行通信中，传输速率（又称波特率）的单位为波特，即每秒传送的二进制位数，其单位为bit/s。

6.7.1.3　单工与双工通信方式

单工通信方式只能沿单一方向传输数据，双工通信方式的信息可以沿两个方向传输，双方既可以发送数据，也可以接收数据。双工方式又分为全双工方式和半双工方式。

全双工方式数据的发送和接收分别用两组不同的数据线传送，通信的双方都能在同一时刻接收和发送信息，见图6-42（a）。半双工方式用同一组线接收和发送数据，通信的双方在同一时刻只能发送数据或只能接收数据，见图6-42（b）。半双工通信方向的切换需要一定的时间。

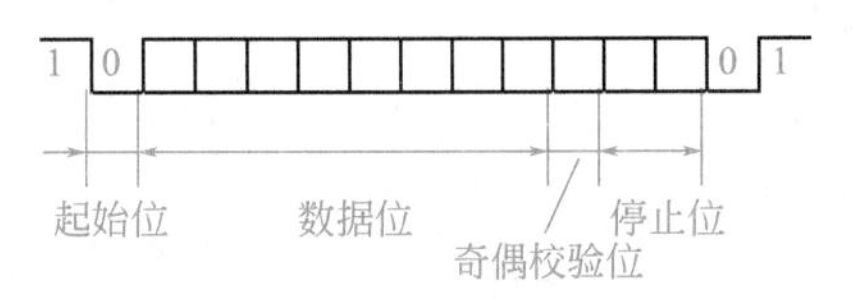

图6-41　异步通信的字符信息格式

图6-42　通信方式

6.7.1.4　串行通信模块与接线

（1）CM1241 RS232

RS232采取不平衡传输，使用单端驱动、单端接收电路，是一种共地的传输方式，容易受到公共地线上的电位差和外部引入的干扰信号的影响，并且接口的信号电平值较高，易损坏接口电路的芯片。RS232采用负逻辑，在发送TxD和接收RxD数据传送线上，逻辑“1”电压为−15～−3V；逻辑“0”电压为3～15V；最大通信距离为15m；最高传输速率为20kbit/s；只能进行一对一的通信。CM1241 RS232串口通信模块提供一个9针D型公接头，通信距离较近时，只需要发送线、接收线和信号地线（见图6-43），便可以实现全双工通信。

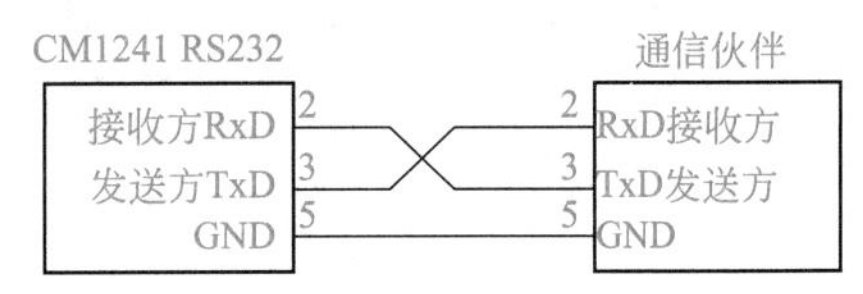

图6-43　CM1241 RS232与通信伙伴接线

（2）CM1241 RS422/485

RS422/485数据信号采用差分传输方式，也称平衡传输。利用两根导线之间的电位差传输信号，这两根导线称为 A 线和 B 线。当 B 线的电压比 A 线高时，一般认为传输的是逻辑“1”；反之认为传输的是逻辑“0”。逻辑“1”的电压为 2 ～ 6V，逻辑“0”的电压为 -6 ～ -2V。与 RS232 相比，RS422 的通信速率和传输距离有了很大的提高。在最大传输速率 10Mbit/s 时，允许的最大通信距离为 12m；传输速率为 100kbit/s 时，最大通信距离为 1200m。RS422 是全双工，用 4 根导线传送数据，两对平衡差分信号线分别用于发送和接收。

CM1241 RS422/485 根据接线的方式可以选择 RS422 或 RS485 模式。使用 RS422 接口为四线制通信，引脚 2（TxD+）和 9（TxD−）发送信号，引脚 3（RxD+）和引脚 8（RxD−）接收信号。RS485 接口为两线制通信，引脚 3（RxD/TxD+）是信号 B 线，引脚 8（RxD/TxD−）是信号 A 线，分别用于发送和接收正负信号。RS422 和 RS485 网络拓扑都采用总线型结构，RS422 总线上支持最多 10 个节点，总线上可连接西门子 CM1241 RS422/485 通信模块或非西门子设备。CM1241 RS422 网络拓扑连接如图 6-44 所示，中间站为非西门子设备，在总线的首站和尾站需加终端电阻（220Ω）和偏置电阻（390Ω）。偏置电阻用于在复杂的环境下确保通信线上的电平在总线未被驱动时保持稳定；终端电阻用于吸收网络上的反射信号。一个完善的总线型网络必须在两端接偏置电阻和终端电阻。

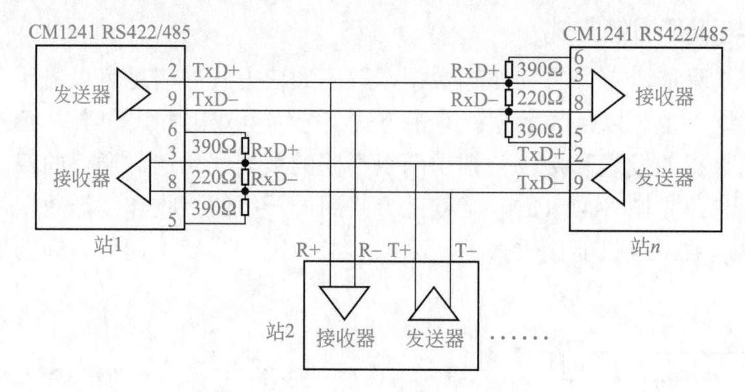

图 6-44　CM1241 RS422 网络拓扑

（3）CM1241 RS485 或 CB1241 RS485

RS485 是 RS422 的变形，RS485 为半双工，对外只有一对平衡差分信号线，不能同时发送和接收信号。使用 RS485 通信接口和双绞线可以组成串行通信网络，构成分布式系统。每个 RS485 总线上最多可以有 32 个站，在总线两端必须使用终端电阻，其总线网络拓扑如图 6-45 所示。CB1241 没有 9 针连接器，但它提供了用于端接和偏置网络的内部电阻，在使用时，应将首站和尾站的 T/RA 连接到 TA 作为 A 线，将 T/RB 连接到 TB 作为 B 线，则内部电阻直接被接入到电路中。

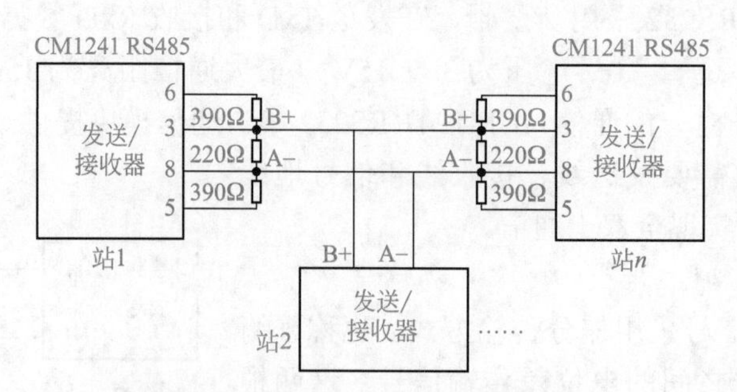

图 6-45　CM1241 RS485 网络拓扑

6.7.2 自由口通信

扫一扫 看视频

6.7.2.1 通信模块与指令

（1）通信模块

S7-1200 支持使用自由口协议的点对点（Point-to-Point，PtP）通信，可以通过用户程序定义和实现选择的协议。PtP 通信具有很大的自由度和灵活性，可以将信息直接发送给外部设备（例如打印机）以及接收外部设备（例如条形码阅读器）的信息。

PtP 通信可以使用 CM1241 RS422/485 模块、CB1241 RS485 通信板或 CM1241 RS232 模块。它们支持 ASCII、USS 驱动、Modbus RTU 主站协议和从站协议。

可以通过设备视图组态接口参数，组态的参数永久保存在 CPU 中，CPU 进入 STOP 模式时不会丢失组态参数。也可以用指令 Port_Config 来组态通信接口，用 Send_Config 和 Receive_Config 指令来分别组态发送和接收数据的属性。设置的参数仅在 CPU 处于 RUN 模式时有效，切换到 STOP 模式或断电后再上电，这些参数又恢复为设备组态时设置的参数。

（2）通信指令

在程序编辑器中，展开右边“指令”下的“通信”→“通信处理器”→“PtP Communication”，可以将点对点通信指令拖放到程序中用于通信编程。

Send_P2P 指令（发送点对点数据）用于启动数据传输并向通信模块传输分配的缓冲区中的内容。将 Send_P2P 指令拖入到程序编辑器中，会自动分配背景数据块“Send_P2P_DB”，该指令的梯形图如图 6-46（a）所示。

Receive_P2P 指令用于检查 CM 或 CB 中已接收的消息。如果有消息，则会将其从 CM 或 CB 传送到 CPU。如果发生错误，则会返回相应的 STATUS 值。将 Receive_P2P 指令拖入到程序编辑器中，会自动分配背景数据块“Receive_P2P_DB”，该指令的梯形图如图 6-46(b) 所示。

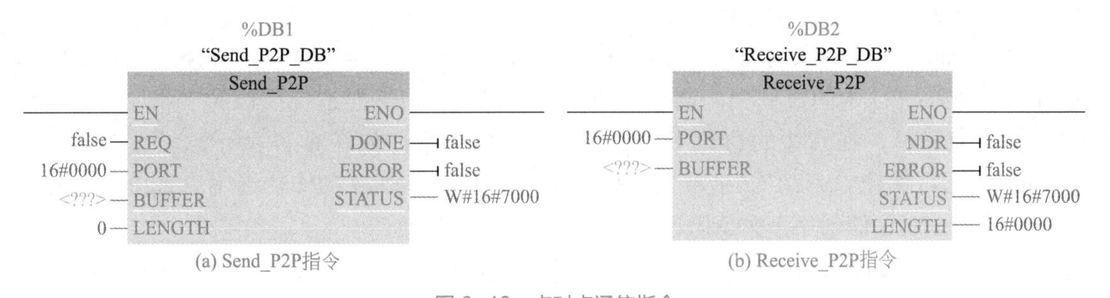

(a) Send_P2P指令　　(b) Receive_P2P指令

图 6-46　点对点通信指令

Send_P2P 指令和 Receive_P2P 指令的参数说明见表 6-5。安装并组态 CM 或 CB 通信设备后，端口标识符将出现在 PORT 功能框连接的下拉列表中，可以在 PLC 变量表的“系统常量”中查询端口符号名称。

BUFFER 为数据缓冲区，不支持布尔数据和布尔数组。如果发送缓冲区在优化存储区中，则发送数据的最大允许长度为 1024 字节。接收缓冲区应该足够大，可以接收最大长度消息。

在传输复杂结构时，建议设置 LENGTH 为 0，此时指令将会传送 BUFFER 中定义的整个数据。

表 6-5 Send_P2P 和 Receive_P2P 指令的参数说明

Send_P2P				Receive_P2P			
参数	声明	数据类型	说明	参数	声明	数据类型	说明
REQ	Input	Bool	上升沿时开始发送数据	PORT	Input	UInt	通信端口的硬件标识符
PORT	Input	UInt	通信端口的硬件标识符	BUFFER	Input	Variant	指向接收缓冲区的存储区的指针
BUFFER	Input	Variant	指向发送缓冲区的存储区的指针	NDR	Output	Bool	成功接收到一个新的消息，置位为 TRUE 并保持一个周期
LENGTH	Input	UInt	要传输的数据字节长度	ERROR	Output	Bool	接收有错误，置位为 TRUE 并保持一个周期
DONE	Output	Bool	发送完成无错误，置位为 TRUE 并保持一个周期	STATUS	Output	Word	错误代码
ERROR	Output	Bool	有错误，置位为 TRUE 并保持一个周期	LENGTH	Output	UInt	接收到的消息中包含的字节数
STATUS	Output	Word	错误代码				

6.7.2.2 自由口通信举例

以两个 CB1241 RS485 通信板之间进行自由口通信为例，介绍 S7-1200 PLC 的串行通信模块使用自由口协议和指令编程，进行数据的发送和接收。

控制要求为：主站向从站发送 10 个整数，接收来自从站的 6 个整数。在通信接线时，应将从站和主站的通信板 CB1241 的端子 TA 与 T/RA 短接，作为 A 线；TB 与 T/RB 短接，作为 B 线。然后连接从站和主站对应的 A、B、屏蔽线 M。

（1）组态通信模块

新建一个项目“6-7-2 自由口通信”，双击项目树中的“添加新设备”，添加一块 CPU 1214C AC/DC/Rly，版本号为 V4.2，作为主站（PLC_1）；再添加一块 CPU 1212C DC/DC/DC，版本号为 V4.4，作为从站（PLC_2）。打开 PLC_1 的设备视图，展开右边的硬件目录窗口的“通信板”→“点到点”→“CB1241（RS485）”，将订货号“6ES7 241-1CH30-1XB0”拖放到 CPU 中的方框中。选中该通信板，依次点击下面巡视窗口的“属性”→“常规”→“IO-Link”，在右边的窗口中设置通信接口的参数，如图 6-47 所示。设置波特率为 38.4kbit/s、无奇偶校验、8 位 / 字符数据位、停止位 1 位。点击 CPU，选中“系统和时钟存储器”，启用系统存储器字节为 MB1。

打开 PLC_2 的设备视图，添加一块 CB1241（RS485），设置与 PLC_1 的 CB1241 同样的参数。

（2）编写 PLC_1 主站程序

双击打开 PLC_1 的 OB1，展开右边的“指令”下的“通信”→“通信处理器”→“PtP Communication”，将 Send_P2P、Receive_P2P 指令拖拽到程序编辑区，自动生成它们的背景数据块 DB1 和 DB2，如图 6-48 所示。

添加一个名为“MasterData”的全局数据块 DB3，取消“优化的块访问”。在该数据块中创建一个数据类型为 Array[0..9] of Int 的数组“SendData”，用于发送。再创建一个数据类型为 Array[0..5] of Int 的数组“RcvData”，用于接收。最后点击工具栏中的编译按钮进行编译。

主站的发送和接收使用了轮询。在程序段 1 中，开机时，Send_P2P 指令的 REQ 信号出现上升沿，启动发送过程，发送 DB3 中从 DBW0 开始的 10 个整数（即数组 SendData）。

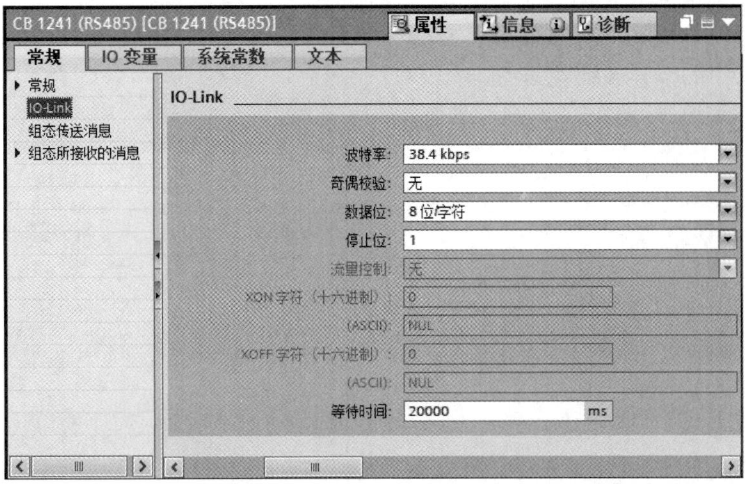

CB 1241 (RS485) [CB 1241 (RS485)]　属性　信息　诊断
常规　IO 变量　系统常数　文本
常规
IO-Link
组态传送消息
组态所接收的消息
IO-Link
波特率：38.4 kbps
奇偶校验：无
数据位：8 位/字符
停止位：1
流量控制：无
XON 字符（十六进制）：0
（ASCII）：NUL
XOFF 字符（十六进制）：0
（ASCII）：NUL
等待时间：20000 ms

图 6-47　CB1241（RS485）端口组态

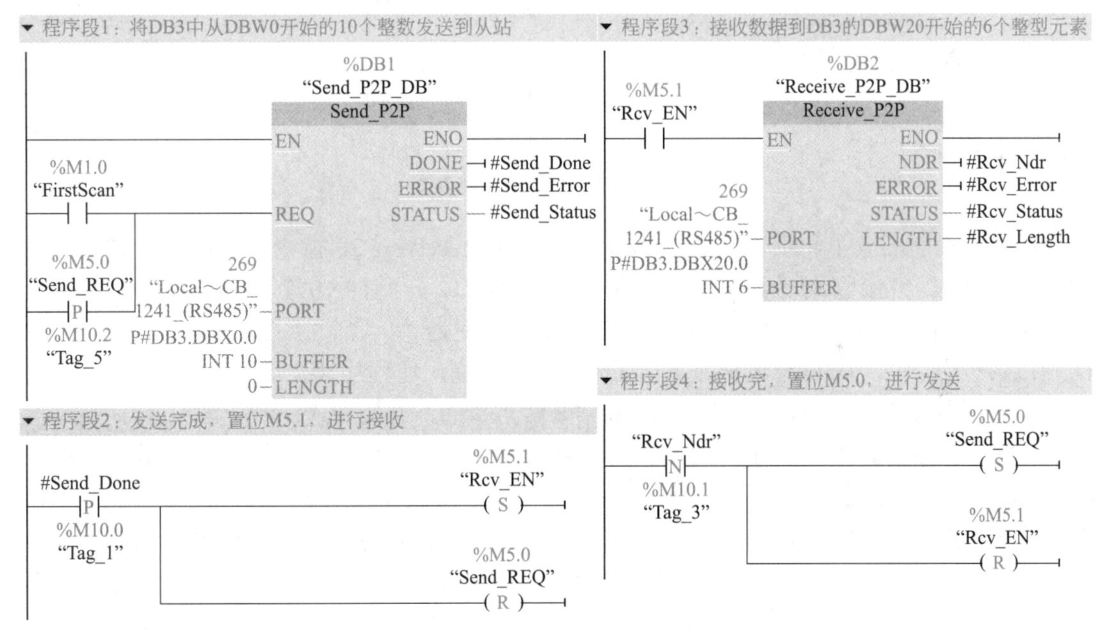

图 6-48　主站的 OB1 中的程序

在程序段 2 中，当发送完成时，Send_P2P 的输出位 Send_Done 为“1”，将接收使能位 M5.1 置位，发送请求位 M5.0 复位。

在程序段 3 中，用 M5.1 作为 Receive_P2P 指令的接收使能信号 EN 的输入，当 M5.1 为“1”时，执行 Receive_P2P 指令。将接收到的数据保存到 DB3 的 DBW20 开始的 6 个整型元素中（即数组 RcvData），同时 Receive_P2P 指令的输出位 Rcv_Ndr 为“1”，表示已接收到新数据。

在程序段 4 中，在 Rcv_Ndr 的下降沿将发送请求位 M5.0 置位，在程序段 1 中重新启动发送过程，同时将接收使能位 M5.1 复位。

（3）编写PLC_2从站程序

从站接收和发送数据的程序见图6-49。数据块DB3为全局数据块，取消“优化的块访问”，创建包含6个整型元素的数组“SendData”和包含10个整型元素的数组“RcvData”。最后点击工具栏中的编译按钮进行编译。

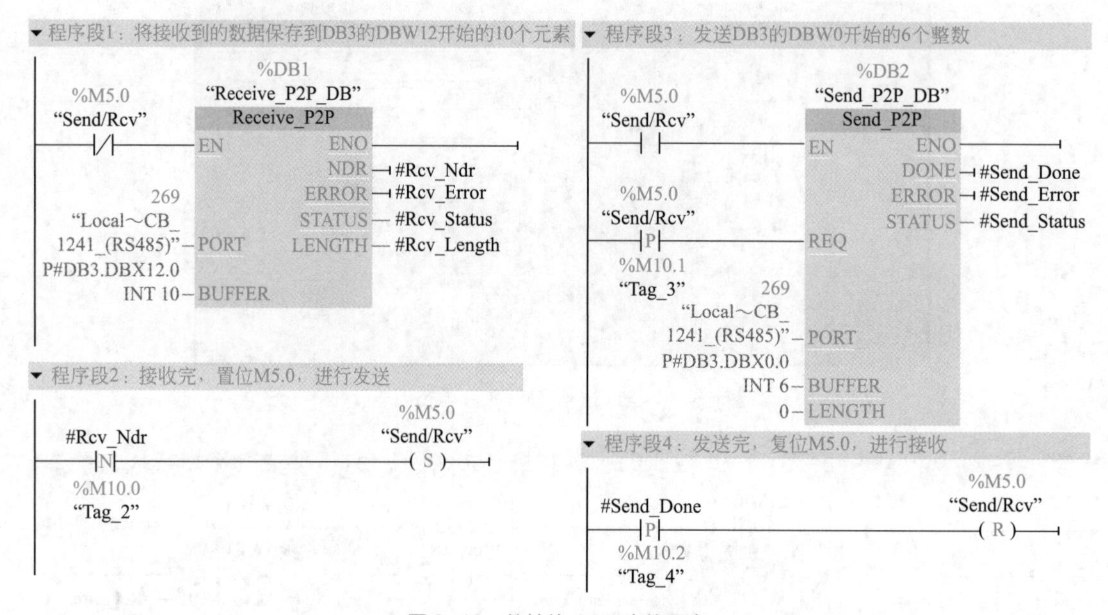

图6-49　从站的OB1中的程序

从站程序也采取了轮询。在程序段1中，调用Receive_P2P指令。开始时它的使能信号EN为“1”，将接收到的数据保存到DB3的DBW12开始的10个整数元素中（即数组RcvData），同时Receive_P2P指令的输出位Rcv_Ndr变为“1”。

在程序段2中，在Rcv_Ndr的下降沿将M5.0置位，使程序段1中的M5.0的常闭触点断开，停止接收；同时程序段3中的M5.0常开触点接通，开始发送。

在程序段3中，执行Send_P2P指令，将DB3中的DBW0开始的6个整数（即数组SendData）发送给主站。

在程序段4中，数据发送完成后，程序段3中Send_P2P的输出位Send_Done变为“1”，将M5.0复位，停止发送数据。同时程序段1中M5.0常闭触点接通，Receive_P2P的EN输入变为“1”，又开始准备接收主站发送的数据。

6.7.3 Modbus RTU通信

扫一扫 看视频

6.7.3.1 Modbus RTU通信指令

西门子提供了两套指令用于Modbus通信编程，分别为Modbus_Comm_Load、Modbus_Master、Modbus_Slave和早期的MB_COMM_LOAD、MB_MASTER、MB_SLAVE，这两套指令的不同版本之间不能混合使用。在程序编辑器中，展开右边“指令”下的“通信”→“通信处理器”→“Modbus（RTU）”或早期的“MODBUS”，可以找到对应的指令。CM1241模块从固件版本号V2.1起，才能使用前一套指令。

（1）Modbus 通信模块初始化指令

Modbus 通信模块初始化指令有 Modbus_Comm_Load 指令和早期的 MB_COMM_LOAD 指令，通过调用这两个指令之一对通信端口初始化后，才能使用 Modbus RTU 协议，其指令的梯形图如图 6-50 所示。使用 Modbus RTU 协议对端口初始化后，该端口只能由 Modbus_Master 或 Modbus_Slave 指令使用。对 Modbus 通信的每个通信端口，都必须执行一次 Modbus_Comm_Load 来组态。当在程序中添加该指令时，为要使用的每个端口分配一个唯一的 Modbus_Comm_Load 背景数据块。可以通过启动组织块 OB 调用一次 Modbus_Comm_Load 或使用第一个扫描位（FirstScan）调用它一次。早期的 MB_COMM_LOAD 指令与 Modbus_Comm_Load 指令功能相同。

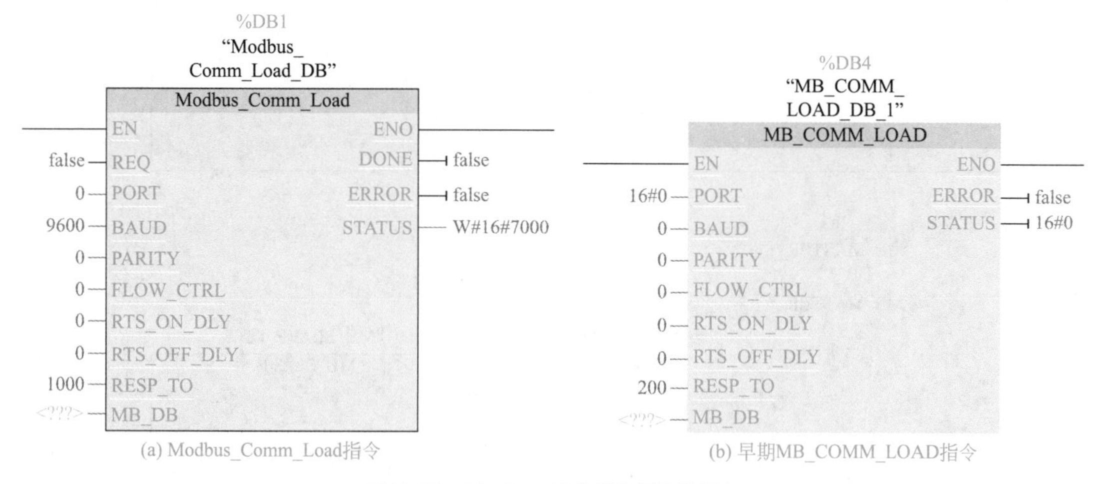

图 6-50 Modbus 通信模块初始化指令

初始化指令的参数说明如下：

REQ 是请求，在 REQ 的上升沿时执行该指令。

PORT 为通信端口的硬件标识符。安装并组态 CM 或 CB 通信设备后，端口标识符将出现在 PORT 功能框连接的下拉列表中，可以在 PLC 变量表的“系统常量”中查询端口符号名称。

BAUD 为通信波特率，可在 300 ～ 115200bit/s 之间选择。

PARITY 为奇偶校验选择，可选 0、1、2，分别表示无校验、奇校验、偶校验。

FLOW_CTRL（流控制）、RTS_ON_DLY（RTS 接通延时）、RTS_OFF_DLY（RTS 断开延时）用于 RS232 通信，在 RS485 通信时都设定为默认值 0。

RESP_TO 为响应超时时间，可在 5 ～ 65535ms 之间选择，默认值为 1000ms，MB_COMM_LOAD 默认值为 200ms。

MB_DB 是指向 Modbus_Master 或 Modbus_Slave 指令所使用的背景数据块的静态变量 MB_DB。MB_COMM_LOAD 的 MB_DB 是指向 MB_MASTER 或 MB_SLAVE 的背景数据块。

DONE 表示指令执行完且没有错误时保持为 TRUE 一个扫描周期。

ERROR 表示出现错误时保持为 TRUE 一个扫描周期，参数 STATUS 中是错误代码。

（2）主站指令

S7-1200 PLC 串口通信模块作为 Modbus RTU 主站与一个或多个 Modbus RTU 从站设备

进行通信，需要调用主站指令 Modbus_Master 或 MB_MASTER。将主站指令拖入到程序时，系统为其自动分配背景数据块，该背景数据块指向初始化指令的输入参数“MB_DB”，主站指令的梯形图如图 6-51（a）和（c）所示。对于同一个端口，所有主站指令都必须使用同一个背景数据块。在同一个时刻只能有一个主站指令执行。当有多个读写请求时，用户需要编写主站指令的轮询程序。

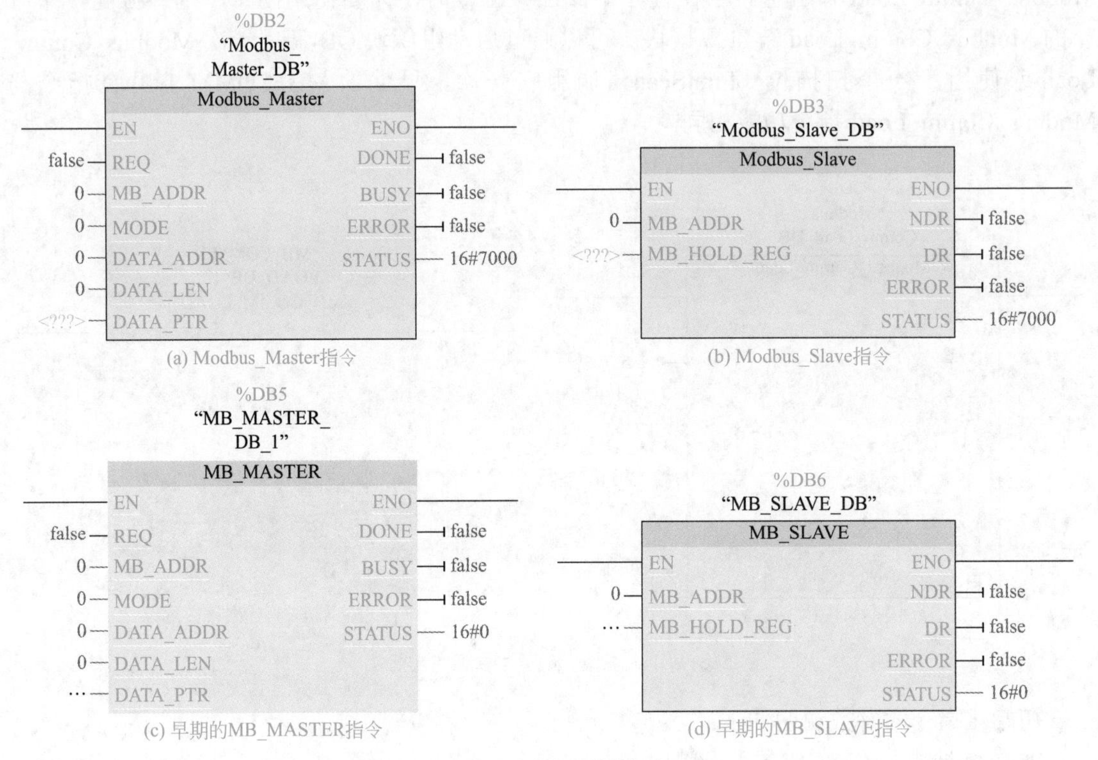

(a) Modbus_Master指令　(b) Modbus_Slave指令
(c) 早期的MB_MASTER指令　(d) 早期的MB_SLAVE指令

图6-51　主站和从站指令

主站指令的参数说明如下。

REQ 是主站请求，为 TRUE 时请求向从站发送数据。

MB_ADDR 是 Modbus RTU 从站的地址（0 ～ 247），地址 0 用于将消息广播到所有 Modbus 从站。

MODE 是 Modbus 请求模式，常用模式值有 0、1 和 2，0 为读请求，1 和 2 为写请求。

DATA_ADDR 用于指定要在 Modbus 从站中访问的数据的起始地址。MODE 和 Modbus 地址一起确定实际 Modbus 消息中使用的功能代码。表 6-6 列出了 MODE 参数、Modbus 功能代码和 Modbus 地址范围之间的对应关系，Modbus 地址到 CPU 输入输出映像和保持寄存器之间的对应关系见表 6-3 和表 6-4。

DATA_LEN 是指定要访问的位数或字数。

DATA_PTR 用于指向要写入或读取的全局数据块 DB 或位存储器 M 地址。从指令版本 V3.0 开始，允许指向优化的存储区。

（3）从站指令

S7-1200 PLC 串口通信模块作为 Modbus RTU 从站用于响应 Modbus 主站的请求，需要调用从站指令 Modbus_Slave 或 MB_SLAVE。将从站指令拖入到程序时，系统为其自动分配背景数据块，该背景数据块指向初始化指令的输入参数“MB_DB”，从站指令的梯形图如图6-51（b）和（d）所示。如果将某个端口用于Modbus RTU从站，则该端口不能再用于Modbus RTU主站。对于给定端口，只能使用一个从站指令。

表6-6 MODE、DATA_ADDR与Modbus功能的对应关系

MODE	Modbus地址（DATA_ADDR）	数据长度（DATA_LEN）	Modbus功能	操作
0	1～9999	1～2000或1～1992个位	01	读取输出位
0	10001～19999	1～2000或1～1992个位	02	读取输入位
0	40001～49999或400001～465535	1～125或1～124个字	03	读取保持寄存器
0	30001～39999	1～125或1～124个字	04	读取输入字
1	1～9999	1个位	05	写入一个输出位
1	40001～49999或400001～465535	1个字	06	写入一个保持寄存器
1	1～9999	2～1968或2～1960个位	15	写入多个输出位
1	40001～49999或400001～465535	2～123或2～122个字	16	写入多个保持寄存器
2	1～9999	1～1968或2～1960个位	15	写入一个或多个输出位
2	40001～49999或400001～465535	1～123或1～122个字	16	写入一个或多个保持寄存器

从站指令的参数说明如下。

MB_ADDR是Modbus从站的地址（1～247）。

MB_HOLD_REG是指向Modbus保持寄存器的指针，Modbus保持寄存器可以是位存储器M或全局数据块DB。

NDR表示Modbus主站已写入新数据时，为TRUE一个扫描周期。

DR表示Modbus主站已读取数据时，为TRUE一个扫描周期。

ERROR表示出现错误时，为TRUE一个扫描周期，参数STATUS中是错误代码。

从站指令必须以一定的速率定期执行，以便能够及时响应来自主站的请求，所以一般在循环中断组织块OB中调用从站指令。

6.7.3.2 Modbus RTU通信举例

用两个CB1241 RS485之间进行Modbus RTU通信为例，介绍主站和从站之间数据的发送和接收。

控制要求：主站从从站读取8个输入位，对从站的8个输出位进行控制；主站从从站读取10个字数据，并写入到从站10个字数据。在通信接线时，应将从站和主站的通信板CB1241的端子TA与T/RA短接，作为A线；TB与T/RB短接，作为B线。然后连接从站和主站对应的A、B、屏蔽线M。

（1）硬件组态

新建一个项目“6-7-3 ModbusRTU通信”，双击项目树中的“添加新设备”，添加一块CPU 1214C AC/DC/Rly，版本号V4.2，命名为“Master”（主站）；再添加一块CPU 1212C DC/DC/DC，版本号V4.4，命名为“Slave”（从站）。在设备视图中，分别将通信板CB1241添加到两块CPU中，启用各自的系统存储器字节，将MB1作为系统存储器的字节。

（2）Modbus RTU从站编程

由于本实例中使用通信板CB1241 RS485进行通信，版本号为V1.0，因此只能使用早期版本的通信指令。在从站“Slave”的OB1中，将通信端口初始化指令MB_COMM_LOAD

（版本号 V1.0）拖放到程序段 1 中，自动生成背景数据块 DB1，如图 6-52（a）所示。双击 PORT 的地址域，点击出现的▤按钮，从下拉列表中选择需要初始化的端口“Local～CB_1241_(RS485)”，其值为 269。设置通信波特率 BAUD 为 19200bit/s，无奇偶校验，FLOW_CTRL（流控制）、RTS_ON_DLY（RTS 接通延时）、RTS_OFF_DLY 都设为默认值 0，响应超时时间为 200ms。

再添加一个循环中断组织块 OB30，从巡视窗口中设置循环中断时间为 100ms。将 MB_SLAVE（版本号 V1.2）拖放到 OB30 的程序段 1 中，自动生成背景数据块 DB2，如图 6-52（b）所示。添加一个名为“SlaveData”的全局数据块 DB3，取消它的“优化的块访问”。在该数据块中创建一个数据类型为 Array[0..99] of Int 的数组“HoldREG”，作为从站的保持寄存器，然后点击编译按钮▤进行编译。设置 MB_SLAVE 的从站地址为 2，保持寄存器的指针指向数据块 DB3 的数组“Hold_REG”。

在 OB1 中双击 MB_COMM_LOAD 指令的“MB_DB”的地址域，点击出现的▤按钮，从下拉列表中选择 MB_SLAVE 指令的背景数据块 MB_SLAVE_DB。

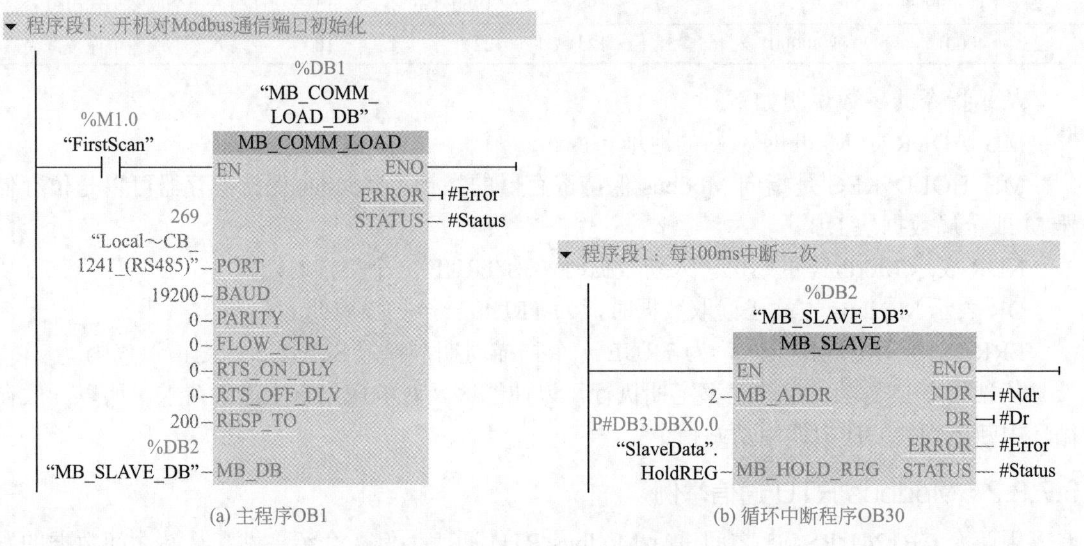

图 6-52　Modbus RTU 从站程序

（3）Modbus RTU 主站编程

主站“Master”的 OB1 程序如图 6-53 所示。MB_MASTER 指令采用轮询的方法，保证同一时刻只调用一条该指令。特别注意，所有的 MB_MASTER 指令使用同样的背景数据块 DB2。添加一个名为“MasterData”的全局数据块 DB3，取消它的“优化的块访问”。创建两个数据类型为 Array[0..9] of Int 的数组变量“ReadData”和“WriteData”，然后点击编译按钮▤进行编译。

在程序段 1 中，开机时，调用 MB_COMM_LOAD 指令对通信端口进行初始化，该指令的参数设置与从站相同。

在程序段 2 中，开机时，复位从 M5.0 开始的 4 个位（即 M5.0 ～ M5.3），置位 M5.0，对 MB_MASTER 指令开始轮询。

在程序段 3 中，当 M5.0 为“1”时，调用 MB_MASTER 指令读取（MODE 为 0）从站地址为 2（MB_ADDR 为 2）的从 10001 开始的 8 个输入映像区的位（即从站的 I0.0 ～ I0.7），

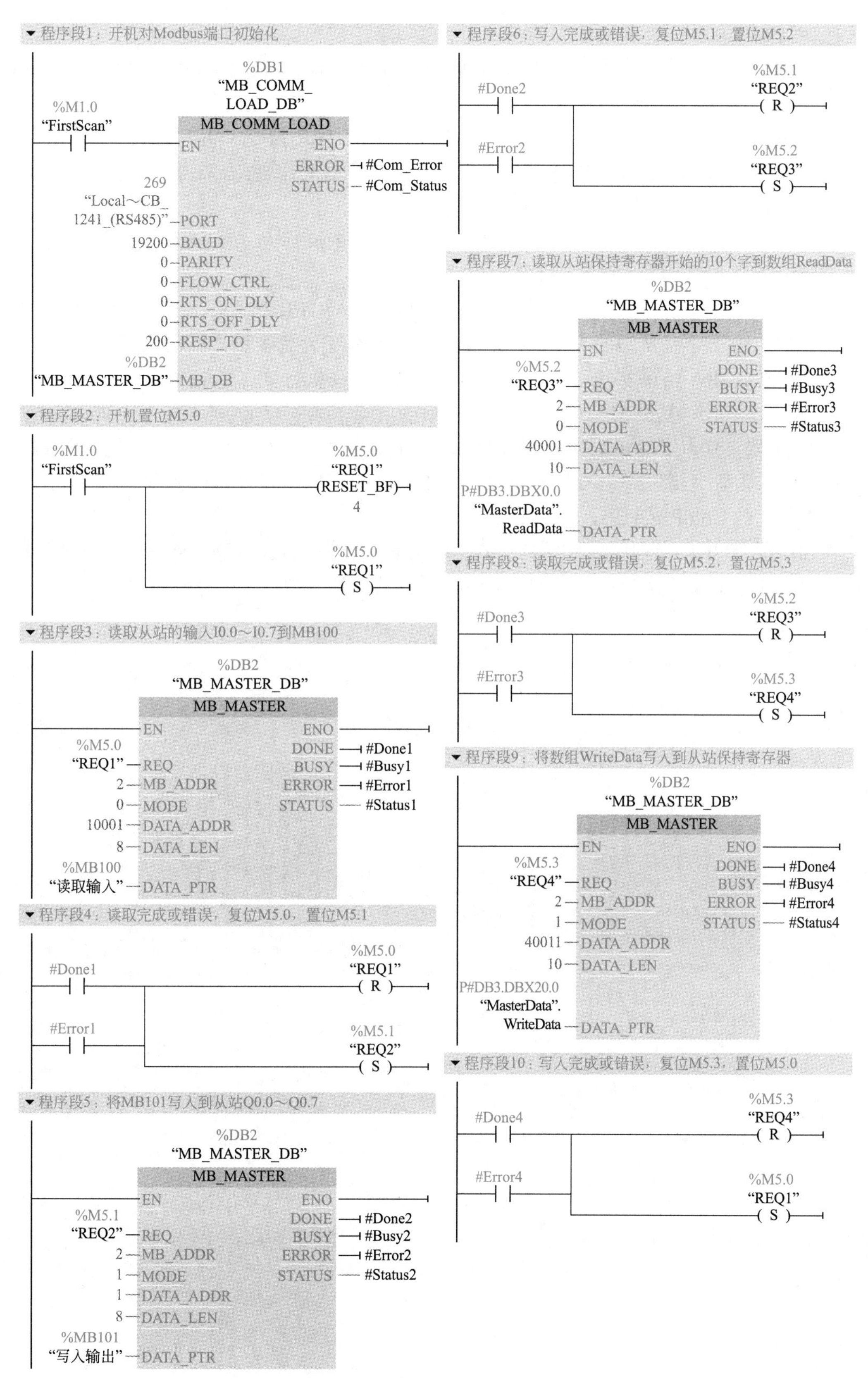

图6-53　Modbus RTU的OB1程序

将它保存到 MB100 中。

在程序段 4 中，当程序段 3 中的 MB_MASTER 指令执行完（Done1 为“1”）或有错误（Error1 为“1”）时，复位 M5.0，置位 M5.1。

在程序段 5 中，当 M5.1 为“1”时，调用 MB_MASTER 指令，将 MB101 写入（MODE 为 1）从站地址为 2（MB_ADDR 为 2）的从 1 开始的 8 个输出映像区的位中，即将 M101.0 ～ M101.7 写入到从站的 Q0.0 ～ Q0.7。

在程序段 6 中，当程序段 5 中的 MB_MASTER 指令执行完（Done2 为“1”）或有错误（Error2 为“1”）时，复位 M5.1，置位 M5.2。

在程序段 7 中，当 M5.2 为“1”时，调用 MB_MASTER 指令，读取从站地址 2 中从 40001 开始的 10 个字（从站的 HoldREG[0] ～ HoldREG[9]）到变量“ReadData”中。

在程序段 8 中，当程序段 7 中的 MB_MASTER 指令执行完（Done3 为“1”）或有错误（Error3 为“1”）时，复位 M5.2，置位 M5.3。

在程序段 9 中，当 M5.3 为“1”时，调用 MB_MASTER 指令，将数组“WriteData”（含有 10 个整型元素）写入从站地址 2 的从 40011 开始的 10 个字单元中（从站的 HoldREG[10] ～ HoldREG[19]）。

在程序段 10 中，当程序段 9 中的 MB_MASTER 指令执行完（Done4 为“1”）或有错误（Error4 为“1”）时，复位 M5.3，置位 M5.0，转到程序段 3 执行。

精通篇

第 7 章 S7-1200 PLC 与变频器的应用

7.1 变频器的基础知识与参数设置

(1) 变频器的用途

① 无级调速　如图 7-1 所示，变频器把频率固定的交流电（频率 50Hz）变换成频率和电压连续可调的交流电，由于三相异步电动机的转速 n 与电源频率 f 成线性正比关系，所以，受变频器驱动的电动机可以平滑地改变转速，实现无级调速。

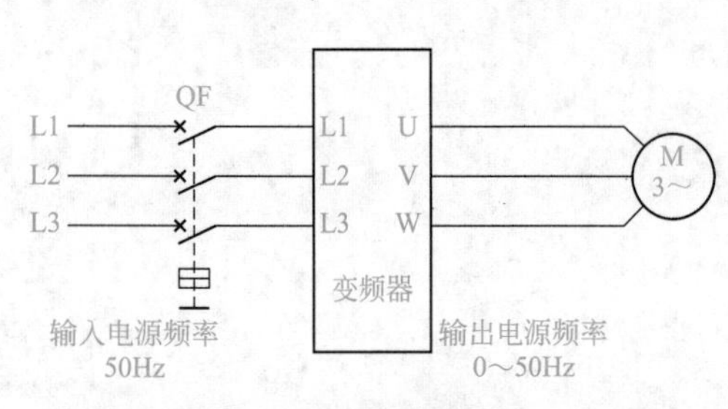

图 7-1　变频器变频输出

② 节能　对于受变频器控制的风机和泵类负载，当需要大流量时可提高电动机的转速，当需要小流量时可降低电动机的转速，不仅能做到保持流量平稳，减少启动和停机次数，而且节能效果显著，经济效益可观。

③ 缓速启动　许多生产设备需要电动机缓速启动，例如，载人电梯为了保证舒适性必须以较低的速度平稳启动。传统的降压启动方式不仅成本高，而且控制线路复杂。而使用变频器只需要设置启动频率和启动加速时间等参数即可做到缓速平稳启动。

④ 直流制动　变频器具有直流制动功能，可以准确地定位停车。

⑤ 提高自动化控制水平　变频器有较多的外部信号（开关信号或模拟信号）控制接口和通信接口，不仅功能强大，而且可以组网控制。

使用变频器的电动机大大降低了启动电流，启动和停机过程平稳，减少了对设备的冲击力，延长了电动机及生产设备的使用寿命。

(2) 变频器的构造

变频器由主电路和控制电路构成，基本结构如图 7-2 所示。

变频器的主电路包括整流电路、储能电路和逆变电路，是变频器的功率电路。主电路结构如图 7-3 所示。

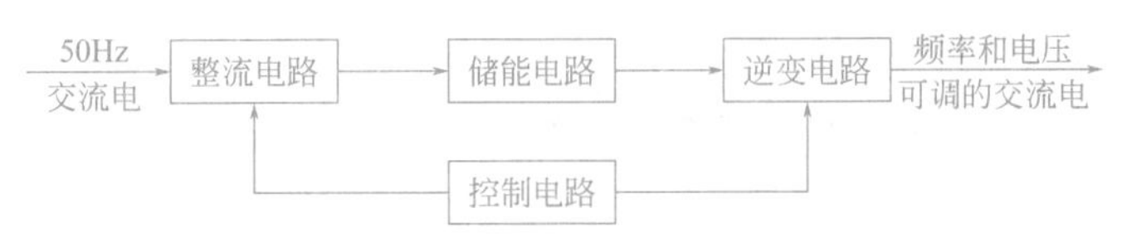

图 7-2 变频器的基本结构

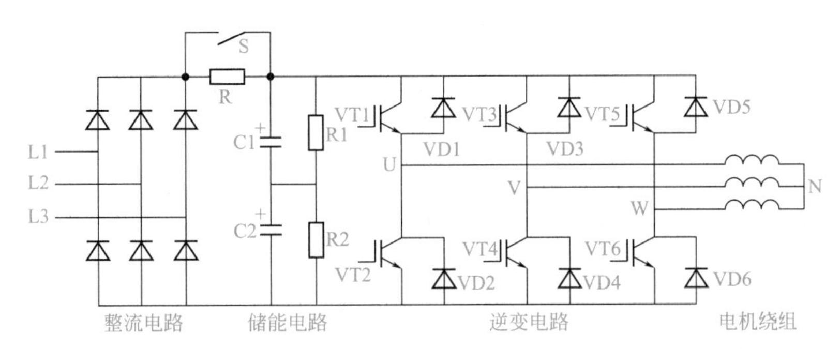

图 7-3 变频器主电路结构

① 整流电路　由二极管构成三相桥式整流电路，将交流电全波整流为直流电。

② 储能电路　由电容 C1、C2 构成（R1、R2 为均压电阻），具有储能和平稳直流电压的作用。为了防止刚接通电源时对电容器充电电流过大，串入限流电阻 R，当充电电压上升到正常值后，与 R 并联的开关 S 闭合，将 R 短接。

③ 逆变电路　由 6 只绝缘栅双极晶体管（IGBT）VT1 ～ VT6 和 6 只续流二极管 VD1 ～ VD6 构成三相逆变桥式电路。晶体管工作在开关状态，按一定规律轮流导通，将直流电逆变成三相交流电，驱动电动机工作。

变频器的控制电路主要以单片微处理器为核心构成，控制电路具有设定和显示运行参数、信号检测、系统保护、计算与控制、驱动逆变管等功能。

（3）MM420 变频器

西门子 MM4 系列变频器有 MICROMASTER420（MM420）、MM430 和 MM440，MM420 为通用变频器，MM430 主要应用于风机、水泵类电机的控制，MM440 为高端的矢量变频器。

① 变频器的技术数据　MM420 系列有多种型号，范围从单相 220V/0.12kW 到三相 380V/11kW，其主要技术数据如下。

- 交流电源电压：单相 200 ～ 240V 或三相 380 ～ 480V。
- 输入频率：47 ～ 63Hz。
- 输出频率：0 ～ 650Hz。
- 额定输出功率：单相 0.12 ～ 3kW 或三相 0.37 ～ 11kW。
- 7 个可编程的固定频率。
- 3 个可编程的数字量输入。
- 1 个模拟量输入（0 ～ 10V）或用作第 4 个数字量输入。
- 1 个可编程的模拟输出（0 ～ 20mA）。
- 1 个可编程的继电器输出（30V、直流 5A、电阻性负载或 250V、交流 2A、感性负载）。
- 1 个 RS485 通信接口。
- 保护功能有欠电压、过电压、过负载、接地故障、短路、防止电动机失速、闭锁电动机、电动机过温、变频器过温、参数 PIN 编号保护。

② 变频器的结构　MM420 变频器由主电路和控制电路构成，其结构框图与外部接线端如图 7-4 所示。

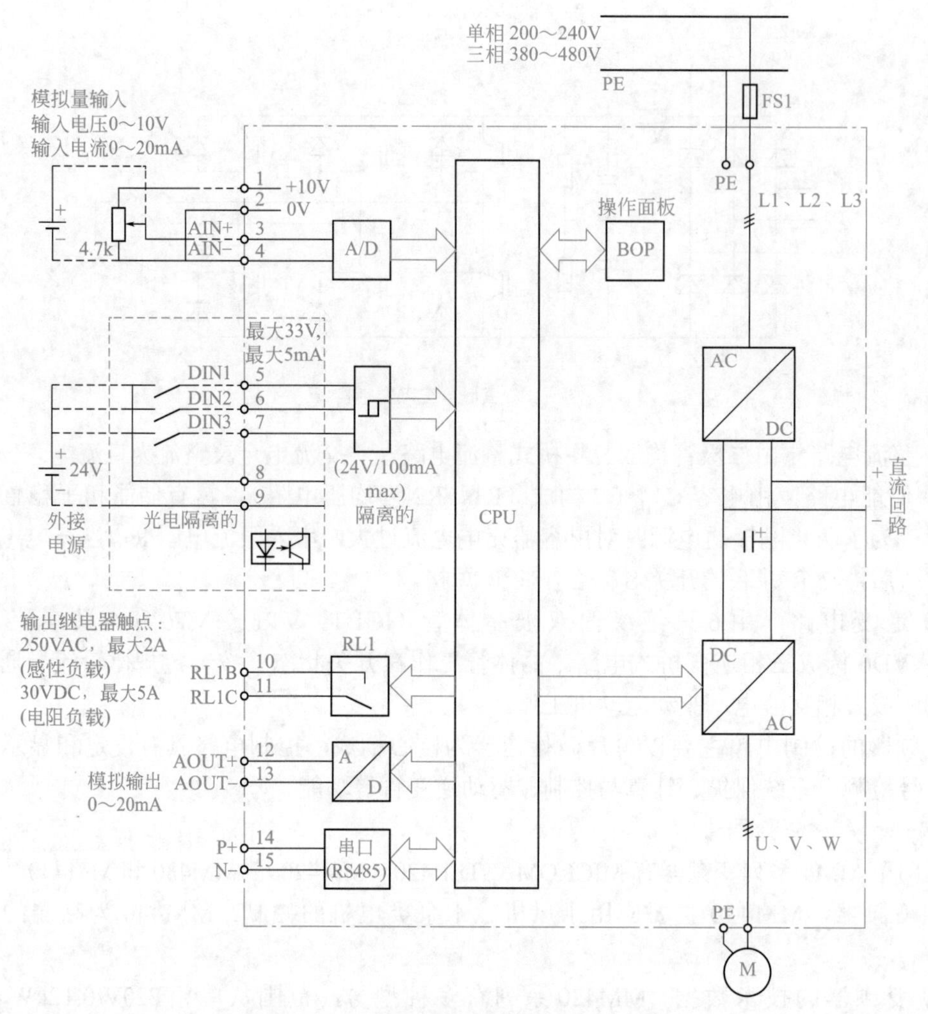

图 7-4　MM420 变频器结构框图与外部接线端

③ 变频器的端子功能　MM420 变频器主电路端子功能见表 7-1。

表 7-1　MM420 变频器主电路端子功能

端子号	端子功能
L1、L2、L3	三相电源接入端，连接 380V、50Hz 交流电源
U、V、W	三相交流电压输出端，连接三相交流电动机首端。此端如误接三相电源端，则变频器通电时将烧毁
DC+、DC−	直流回路电压端，供维修测试用。即使电源切断，电容器上仍然带有危险电压，在切断电源 5min 后才允许打开本设备
PE	通过接地导体的保护性接地

MM420 变频器控制端子功能见表 7-2。控制端子使用了快速插接器，用小螺丝刀轻轻撬压快速插接器的簧片，即可将导线插入夹紧。

表 7-2 MM420 变频器控制端子功能

端子号	端子功能	电源 / 相关参数代号 / 出厂设置值
1	模拟量频率设定电源（+10V）	模拟量传感器也可使用外部高精度电源，直流电压范围 0 ～ 10V
2	模拟量频率设定电源（0V）	
3	模拟量输入端 AIN+	P1000=2，频率选择模拟量设定值
4	模拟量输入端 AIN−	
5	数字量输入端 DIN1	P0701=1，正转 / 停止
6	数字量输入端 DIN2	P0702=12，反转
7	数字量输入端 DIN3	P0703=9，故障复位
8	数字量电源（+24V）	也可使用外部电源，最大为直流 33V
9	数字量电源（0V）	
10	继电器输出 RL1B	P0731=52.3，变频器故障时继电器动作，常开触点闭合，用于故障识别
11	继电器输出 RL1C	
12	模拟量输出 AOUT+	P0771 ～ P0781
13	模拟量输出 AOUT−	
14	RS485 串行链路 P+	P2000 ～ P2051
15	RS485 串行链路 N−	

（4）MM420 变频器的参数设置

MM420 变频器有状态显示板 SDP、基本操作面板 BOP 和高级操作面板 AOP。基本操作面板 BOP 如图 7-5 所示，BOP 具有七段显示的 5 位数字，可以显示参数的序号和数值，报警和故障信息，以及设定值和实际值。BOP 操作说明见表 7-3。

图 7-5 MM420 基本操作面板 BOP

MM420 参数设置方法如下。

MM420 变频器的每一个参数对应一个编号，用 0000 ～ 9999 四位数字表示。在编号的前面冠以一个小写字母“r”时，表示该参数是“只读”参数。其他编号的前面都冠以一个大写字母“P”，P 参数的设置值可以在最小值和最大值的范围内进行修改。

表 7-3 BOP 操作说明

显示 / 按键	功 能	功 能 说 明
r0000	状态显示	LCD（液晶）显示变频器当前的参数值。r×××× 表示只读参数，P×××× 表示可以设置的参数，P---- 表示变频器忙碌，正在处理优先级更高的任务
	启动变频器	按此键启动变频器。默认运行时此键是被封锁的。为了使此键起作用，应设定 P0700=1
	停止变频器	OFF1：按此键，变频器将按选定的斜坡下降速率减速停车。默认运行时此键被封锁；为了允许此键操作，应设定 P0700=1 OFF2：按此键两次（或一次，但时间较长）电动机将在惯性作用下自由停车。此功能总是“使能”的
	改变电动机的转动方向	按此键可以改变电动机的转动方向。电动机的反向用负号（-）表示。默认运行时此键是被封锁的，为了使此键的操作有效，应设定 P0700=1
	电动机点动	在变频器无输出的情况下按此键，将使电动机点动，并按预设定的点动频率（出厂值为 5Hz）运行。释放此键时，变频器停车。如果变频器 / 电动机正在运行，按此键将不起作用

续表

显示 / 按键	功　能	功　能　说　明
Fn	功能	此键用于浏览辅助信息。 变频器运行过程中，在显示任何一个参数时按下此键并保持不动 2s，将显示以下参数值（在变频器运行中从任何一个参数开始）： 1. 直流回路电压（用 d 表示，单位 V）； 2. 输出电流（A）； 3. 输出频率（Hz）； 4. 输出电压（V）； 5. 由 P0005 选定的数值［如果 P0005 选择显示上述参数中的任何一个（3、4 或 5），这里将不再显示］。 连续多次按下此键，将轮流显示以上参数跳转功能。在显示任何一个参数（r×××× 或 P××××）时短时间按下此键，将立即跳转到 r0000。如果需要的话，可以接着修改其他的参数。跳转到 r0000 后，按此键将返回原来的显示点
P	访问参数	按此键即可访问参数
▲	增加数值	按此键即可增加面板上显示的参数数值，长时间按则快速增加
▼	减少数值	按此键即可减少面板上显示的参数数值，长时间按则快速减少

① 长按Fn（功能键）2s，显示“r0000”。

② 按▼/▲，找到需要修改的参数。

③ 再按P，进入该参数值的修改。

④ 再按Fn，最右边的一个数字闪烁。

⑤ 按▼/▲，修改这位数字的数值。

⑥ 再按Fn，相邻的下一位数字闪烁。

⑦ 执行④～⑥步，直到显示出所要求的数值。

⑧ 按P，退出参数数值的访问级。

7.2 应用 S7-1200 与变频器实现连续运转控制

（1）控制要求

扫一扫 看视频

由 S7-1200 通过西门子变频器 MM420 驱动电动机，实现电动机的正转连续控制，控制要求如下。

① 当按下启动按钮时，通过变频器的数字量输入端来控制电动机启动，以 40Hz 固定频率运转。

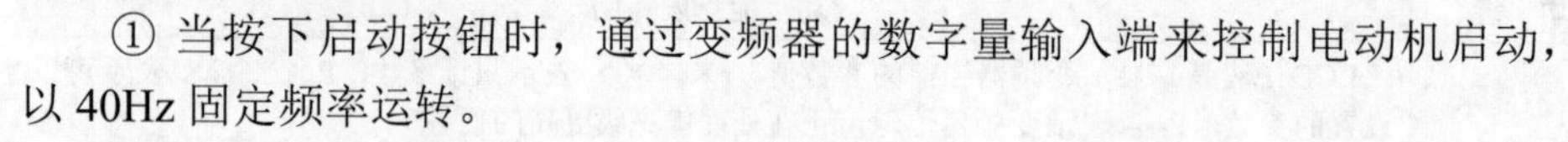

② 当按下停止按钮时，电动机断电停止。

（2）控制电路

由 S7-1200 通过变频器驱动电动机实现连续运行控制的电路如图 7-6 所示，使用变频器的数字量输入端 DIN1 作为电动机的启动 / 停止控制。

（3）变频器参数设置

应用变频器实现正转连续控制的变频器参数设置见表 7-4。通过变频器驱动电动机，首先要决定由哪里发送给变频器控制命令（即命令源）和变频器输出的频率由哪里设定（即频率源）。控制命令用来控制驱动装置的启动、停止、正 / 反转等功能，序号 11 中的参数 P0700 就是用来选择运行控制的命令源，这里设定值为 2，表示使用外部数字输入端子（DIN1 ～ DIN3）作为命令源，参数 P0701 ～ P0703 用来设置 DIN1 ～ DIN3 的功能。序号 12 中的参数 P0701 设置为 1，表示 DIN1 作为启动 / 停止控制的命令源。

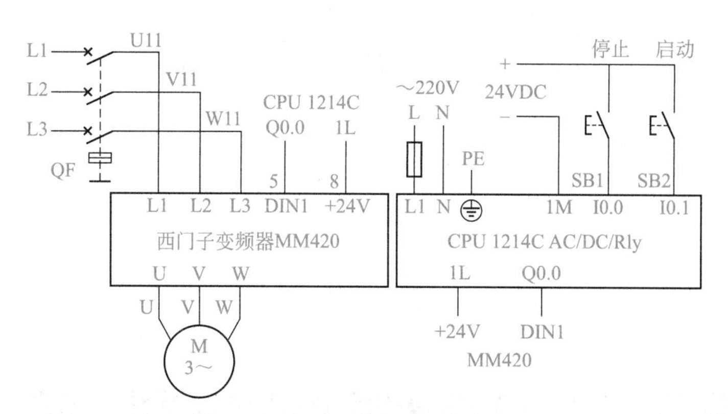

图 7-6　连续运行控制电路

表 7-4　正转连续控制的变频器参数设置

序号	参数代号	出厂值	设置值	说　　明
1	P0010	0	30	调出出厂设置参数
2	P0970	0	1	恢复出厂值（恢复时间大约 60s）
3	P0003	1	3	3：参数访问专家级
4	P0010	0	1	1：启动快速调试
5	P0304	400	380	电动机额定电压（V）
6	P0305	1.90	0.35	电动机额定电流（A）
7	P0307	0.75	0.06	电动机额定功率（kW）
8	P0311	1395	1430	电动机额定速度（r/min）
9	P3900	0	1	结束快速调试
10	P0003	1	2	参数访问级：2 为扩展级
11	P0700	2	2	2：外部数字输入端子控制
12	P0701	1	1	DIN1 启动 / 停止控制
13	P1000	2	1	1：BOP 设定的频率值
14	P1040	5.00	40.00	输出频率（Hz）
15	P1120	10.00	2.00	加速时间（s）
16	P1121	10.00	2.00	减速时间（s）

注：表中电动机参数为 380V、0.35A、0.06kW、1430r/min，请按照电动机实际参数进行设置。

频率设定值用来控制驱动装置的转速 / 频率等功能，频率源参数决定了驱动装置从哪里接收频率设定值。序号 13 中的参数 P1000 用来选择运行控制的频率源，这里设定值为 1，表示运行频率由 BOP 面板来设定。序号 14 中的参数 P1040 就是 BOP 面板设定的频率输出值。

序号 1 和 2 用来恢复变频器参数为出厂设置，如果变频器为第一次使用，可以略过。MM420 的参数分为几个访问级别，以便于过滤不需要查看的部分。在设置命令源和频率源时，需要“专家”参数访问级别，即首先将序号 3 中的参数 P0003 设置为 3。序号 5 ～ 8 为与电动机有关的参数，应根据电动机铭牌上的参数进行设置。序号 15 和 16 为连续运行控制的加减速时间。

（4）控制程序

新建一个项目“7-2 S7-1200 与变频器实现连续运转控制”，添加新设备为 CPU 1214C AC/DC/Rly，版本号为 V4.2，然后在 OB1 中编写如图 7-7 所示的程序。

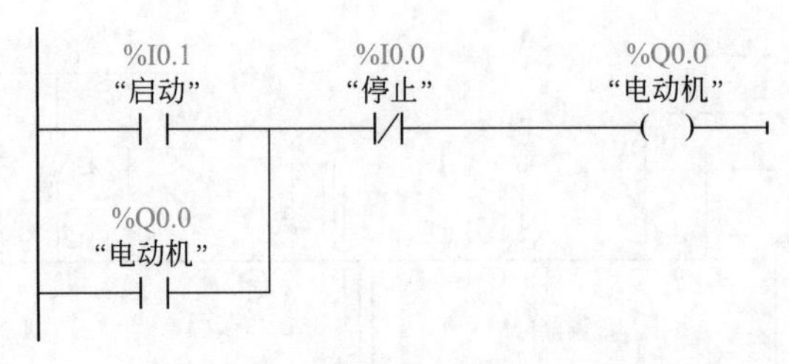

图 7-7　正转连续运行控制 PLC 程序

7.3 应用 S7-1200 与变频器实现多段速控制

扫一扫 看视频

（1）控制要求

由 S7-1200 通过西门子变频器 MM420 实现对电动机的七段速控制，七段速运行曲线如图 7-8 所示，控制要求如下。

① 当按下启动按钮时，电动机通电从速度 1 到速度 7 间隔 10s 运行。

② 到速度 7 返回到速度 1 反复运行。

③ 当按下停止按钮时，电动机断电停止。

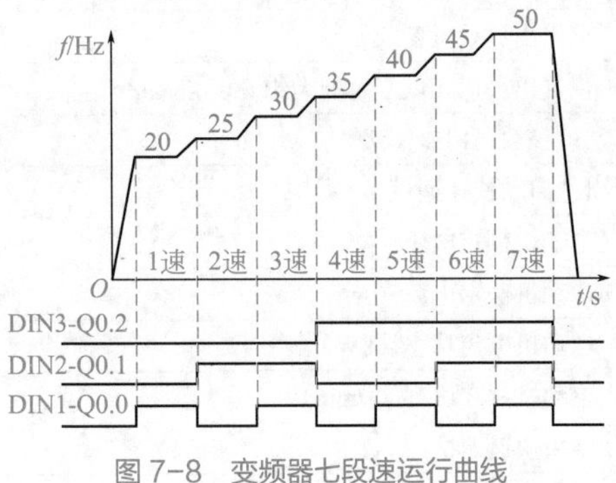

图 7-8　变频器七段速运行曲线

（2）控制电路

应用变频器实现七段速控制的电路如图 7-9 所示。

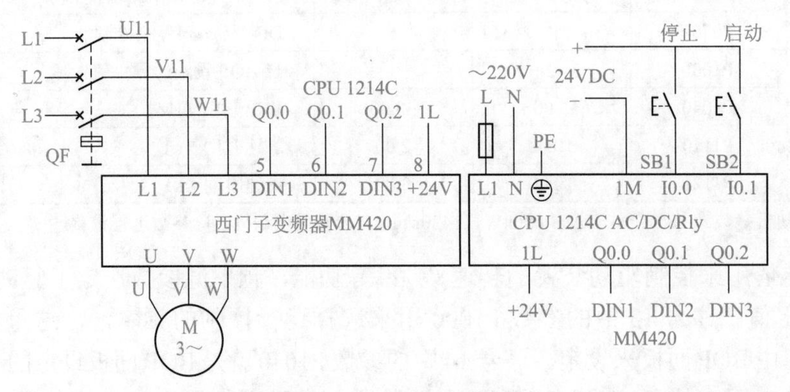

图 7-9　七段速控制电路

（3）变频器参数设置

七段速控制变频器参数的设置见表 7-5。序号 9 中的参数 P0700 用来选择运行控制的命令源，这里设定为 2，表示使用外部数字输入端子作为命令源。序号 10 中的参数 P1000

用来选择运行的频率源，这里设定为3，表示使用固定频率作为变频器的输出频率。参数P1001～P1007作为固定频率的设定值。有三种固定频率的选择方法：直接选择、直接选择+ON命令和二进制编码+ON命令。

表7-5 七段速控制变频器参数的设置

序号	参数代号	出厂值	设置值	说　明
1	P0010	0	30	调出出厂设置参数
2	P0970	0	1	恢复出厂值（恢复时间大约60s）
3	P0003	1	3	3参数访问专家级
4	P0010	0	1	1启动快速调试
5	P0304	400	380	电动机额定电压（V）
6	P0305	1.90	0.35	电动机额定电流（A）
7	P0307	0.75	0.06	电动机额定功率（kW）
8	P0311	1395	1430	电动机额定速度（r/min）
9	P0700	2	2	2：外部数字输入端子控制
10	P1000	2	3	3：固定频率
11	P1120	10.00	1.00	加速时间（s）
12	P1121	10.00	1.00	减速时间（s）
13	P3900	0	1	结束快速调试
14	P0003	1	3	3：专家级
15	P0701	1	17	选择DIN1的功能
16	P0702	12	17	选择DIN2的功能
17	P0703	9	17	选择DIN3的功能
18	P1001	0.00	20.00	固定频率1：20Hz
19	P1002	5.00	25.00	固定频率2：25Hz
20	P1003	10.00	30.00	固定频率3：30Hz
21	P1004	15.00	35.00	固定频率4：35Hz
22	P1005	20.00	40.00	固定频率5：40Hz
23	P1006	25.00	45.00	固定频率6：45Hz
24	P1007	30.00	50.00	固定频率7：50Hz

注：表中电动机参数为380V、0.35A、0.06kW、1430r/min，请按照电动机实际参数进行设置。

① 直接选择　在这种操作方式下，要将参数P0701～P0703设置为15，则数字输入DIN1～DIN3分别对应指定P1001～P1003设定的固定频率。如果有多个数字输入同时接通，选定的频率是这几个数字输入所指定的固定频率的总和。例如，DIN1和DIN2同时有输入，则输出频率为P1001与P1002所设定的固有频率之和。这种操作方式只是选择变频器的输出频率，要使电动机运行还需要启动命令。

② 直接选择+ON命令　这种操作方式要将参数P0701～P0703设置为16，其与“直接选择”的区别是直接以所选择的固定频率运行，不再需要启动命令。

③ 二进制编码+ON命令　这种操作方式要将参数P0701～P0703设置为17，它是根据DIN1～DIN3的数字输入的二进制编码选择变频器的输出频率，并且直接输出该频率使电动机运行，不需要启动命令。由于有三位数字量，最多可以选择7个固定频率。二进制编码

对应的固定频率见表 7-6。

在该例中，由于要使用七段速进行控制，故将参数 P0701 ～ P0703 设置为 17，即当 DIN3 ～ DIN1 为 2#001 ～ 2#111 时，直接选择 P1001 ～ P1007 设定的频率运行。

表 7-6　二进制编码对应的固定频率

参数	DIN3	DIN2	DIN1	设定频率 /Hz
P1001	0	0	1	20（速度 1）
P1002	0	1	0	25（速度 2）
P1003	0	1	1	30（速度 3）
P1004	1	0	0	35（速度 4）
P1005	1	0	1	40（速度 5）
P1006	1	1	0	45（速度 6）
P1007	1	1	1	50（速度 7）

（4）控制程序

新建一个项目“7-3 S7-1200 与变频器实现多段速控制”，添加新设备为 CPU 1214C AC/DC/Rly，版本号为 V4.2，然后在 OB1 中编写如图 7-10 所示的七段速控制程序。

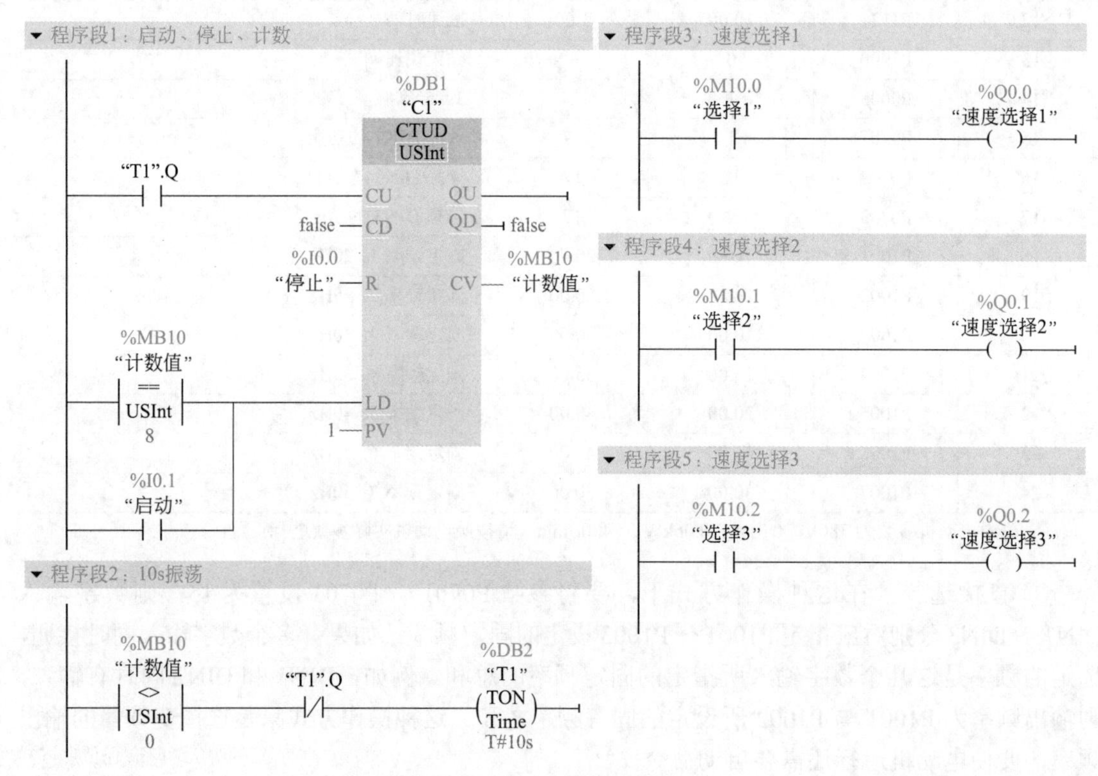

图 7-10　七段速控制程序

在程序段 1 中，当按下启动按钮时，将预置值 1 装载进计数器 C1 的当前值，MB10 为 1。在程序段 3 中，M10.0 为“1”，Q0.0 线圈通电，使电动机以速度 1（20Hz）运行。

在程序段 2 中，当 MB10 ≠ 0 时，由定时器 T1 产生 10s 的振荡周期。当 T1 延时 10s 到时，程序段 1 中的“T1”.Q 常开触点接通一次，C1 的当前值加 1，M10.1 为“1”，程序段 4 中的 Q0.1 线圈通电，使电动机以速度 2（25Hz）运行，依此类推，直到执行速度 7（50Hz）。

当 C1 的当前值 MB10=7 时，T1 延时到，C1 的当前值再加 1，则 MB10=8。在程序段 1 中，当 MB10=8 时，重新将预置值 1 装载进 C1 的当前值，使 MB10 等于 1，电动机由速度 7 转为速度 1 运行，如此反复。

在程序段 1 中，当按下停止按钮时，I0.0 为“1”，计数器 C1 复位，MB10=0，电动机停止运行，定时器 T1 不再延时。

7.4 应用 S7-1200 与变频器实现变频调速控制

（1）控制要求

应用变频器对电动机实现变频调速控制是变频器的默认设置，本例要求由 S7-1200 通过西门子变频器 MM420 实现对电动机进行正反转变频调速控制，控制要求如下。

① 当按下正转按钮时，电动机通电以“设定速度”所设定的速度值正转启动。

② 当按下反转按钮时，电动机通电以“设定速度”所设定的速度值反转启动。

③ 当按下停止按钮时，电动机断电停止。

（2）控制电路

变频调速控制的电路如图 7-11 所示。特别注意，要将变频器的 AIN- 与端子 2 的 0V 短接。

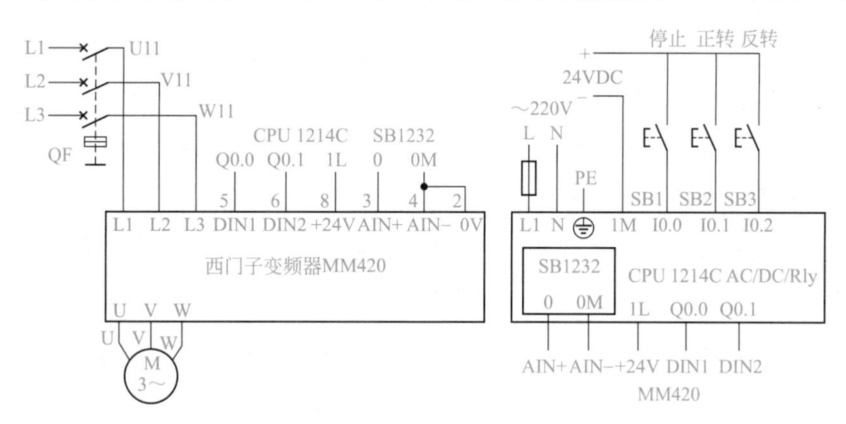

图 7-11 变频调速控制电路

（3）变频器参数设置

变频调速控制的变频器参数的设置见表 7-7。序号 9 中的参数 P0700 用来选择运行控制的命令源，这里设为默认设置值 2（外部数字输入端子作为命令源），序号 15 中的参数 P0701 设为默认值 1，表示将 DIN1 作为“启动 / 停止”控制输入。序号 16 中的参数 P0702 设为默认值 12，表示将 DIN2 作为反转控制输入。特别注意，只有在 DIN1 有输入（启动）且 DIN2 有输入（反转）时，电动机才会反转启动。

序号 10 中的参数 P1000 用来设定变频器输出的频率源，这里设为默认值 2，表示运行频率由外部模拟量给定。序号 17 中的参数 P0756 设为默认值 0，表示模拟量输入为 0 ～ 10V 的单极性电压输入。

表 7-7　变频调速控制的变频器参数设置

序号	参数代号	出厂值	设置值	说　明
1	P0010	0	30	调出出厂设置参数
2	P0970	0	1	恢复出厂值（恢复时间大约 60s）
3	P0003	1	3	参数访问专家级
4	P0010	0	1	1：启动快速调试
5	P0304	400	380	电动机额定电压（V）
6	P0305	1.90	0.35	电动机额定电流（A）
7	P0307	0.75	0.06	电动机额定功率（kW）
8	P0311	1395	1430	电动机额定速度（r/min）
9	P0700	2	2	2：外部数字端子控制
10	P1000	2	2	频率设定通过外部模拟量给定
11	P1120	10.00	1.00	加速时间（s）
12	P1121	10.00	1.00	减速时间（s）
13	P3900	0	1	结束快速调试
14	P0003	1	2	参数访问级：2 为扩展级
15	P0701	1	1	DIN1 启动 / 停止控制
16	P0702	12	12	DIN2 反转控制
17	P0756	0	0	单极性电压输入（0 ～ +10V）

注：表中电动机参数为 380V、0.35A、0.06kW、1430r/min，请按照电动机实际参数进行设置。

（4）控制程序

新建一个项目“7-4 S7-1200 与变频器实现变频调速控制”，添加新设备为 CPU 1214C AC/DC/Rly，版本号为 V4.2。在右边的硬件目录下，依次展开“信号板”→“AQ”→“AQ 1×12BIT”，双击下面的“6ES7 232-4HA30-0XB0”或将其拖放到 CPU 中间的方框中。然后在 OB1 中编写如图 7-12 所示的 PLC 变频调速控制程序。

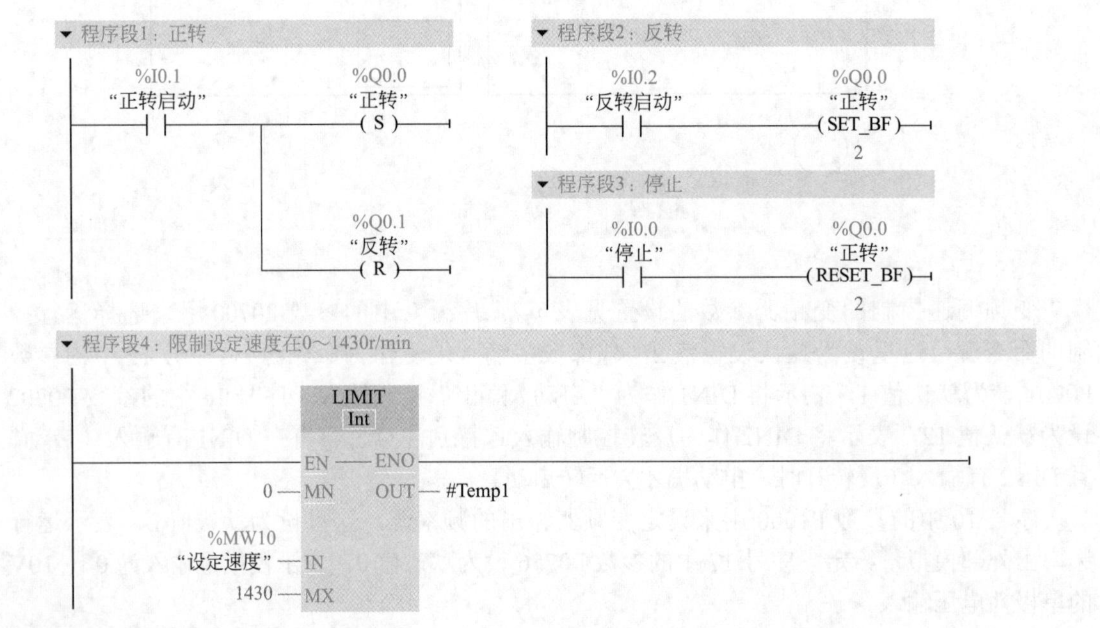

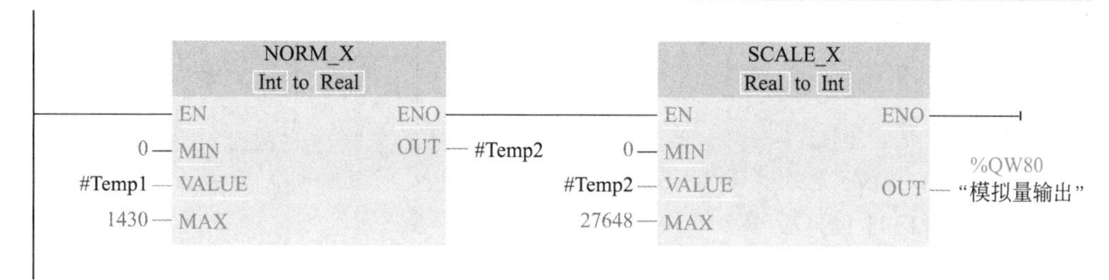

图 7-12 PLC 变频调速控制程序

在程序段 1 中，当按下正转启动按钮 SB2 时，I0.1 常开触点闭合，Q0.0 置“1”（变频器的 DIN1 有输入），Q0.1 复位为“0”，电动机以“设定速度”启动运行。

在程序段 2 中，当按下反转启动按钮 SB3 时，I0.2 常开触点闭合，Q0.0 和 Q0.1 都置“1”，变频器的 DIN1 有输入（启动）且 DIN2 有输入（反转），电动机以“设定速度”反转启动运行。

在程序段 3 中，当按下停止按钮 SB1 时，I0.0 常开触点闭合，Q0.0 和 Q0.1 都复位为“0”，DIN1 和 DIN2 都没有输入，电动机停止。

在程序段 4 中，限定“设定速度”在 0 ～ 1430r/min 之间。

在程序段 5 中，先将“设定速度”（0 ～ 1430）标准化为 0.0 ～ 1.0，然后再缩放为 0 ～ 27648 之间的值存放到 QW80，输出模拟量进行调速。

7.5 S7-1200 与变频器的 USS 通信

7.5.1 USS 通信的原理与指令

7.5.1.1 USS 通信的原理

USS 协议（Universal Serial Interface Protocol，通用串行接口协议）是西门子公司专为驱动装置开发的通用通信协议，它是一种基于串行总线进行数据通信的协议。USS 通信总是由主站发起，USS 主站不断轮询各个从站，从站根据收到主站报文，决定是否以及如何响应。USS 通信报文格式如图 7-13 所示。USS 通信每个字符由 1 位开始位、8 位数据位、1 位偶校验位以及 1 位停止位组成。

STX	LGE	ADR	有效数据				BBC
			1	2	…	n	

图 7-13 USS 通信报文格式

STX 是一个字节的 ASCII 字符（02H），表示一条信息的开始。

LGE 是一个字节，指明这一条信息中后跟的字节数目。最常用的有效数据为固定长度是 4 个字（8 字节）的 PKW 和 2 个字（4 字节）的 PZD，共有 12 个字节的数据字符，则 LGE=12+1（ADR）+1（BBC）=14 个字节。

ADR 是一个字节，是从站节点（即变频器）的地址。

有效数据区由 PKW（参数识别）和 PZD（过程数据）组成。

BBC 是长度为一个字节的校验和，用于检查该信息是否有效。

USS 协议是主从结构的协议，总线上的每个从站都有唯一的从站地址。一个 S7-1200

CPU 中最多可安装 3 个 CM1241 RS422/485 模块和一个 CB1241 RS485 板，每个 RS485 端口最多控制 16 台变频器。

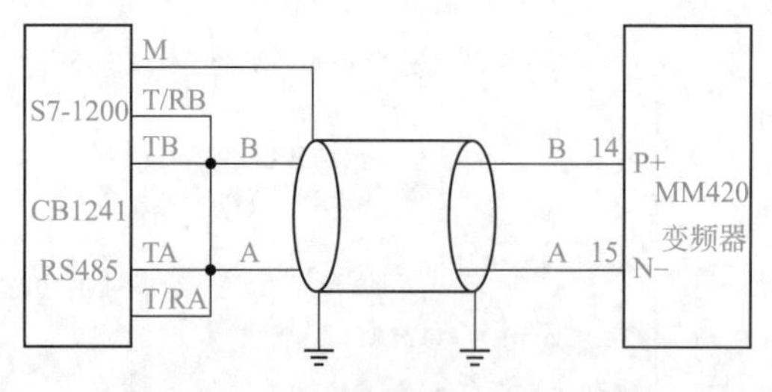

图 7-14　USS 通信的硬件接线图

7.5.1.2　硬件接线

为了实现 S7-1200 与变频器的 USS 通信，S7-1200 需要配备 CM1241 RS422/485 模块或 CB1241 RS485 通信板。

CB1241 RS485 通信板与变频器 MM420 的硬件接线如图 7-14 所示。RS485 电缆应与其他电缆（特别是电动机的主回路电缆）保持一定的距离，并将 RS485 电缆的屏蔽层接地。

7.5.1.3　USS 通信指令

在程序编辑器中点击指令选项卡下的“通信”→“通信处理器”，可以看到有两套 USS 通信指令：一套是“USS 通信”，软件版本号为 V4.3，适合固件版本高于 V2.1 的 CM1241 模块使用，它包含两个函数块 FB 指令 USS_Port_Scan、USS_Drive_Control 和两个函数 FC 指令 USS_Read_Param、USS_Write_Param；另一套是“USS”，软件版本号为 V1.1，属于早期版本，可以用于 CB1241 或 CM1241，它包含一个函数块 FB 指令 USS_DRV 和三个函数 FC 指令 USS_PORT、USS_RPM、USS_WPM。两套指令功能相同，本节要使用 CB1241 进行 USS 通信，故仅介绍后一套指令。如果需要使用前一套指令，请参考对应的指令功能。

（1）USS_DRV 指令

USS_DRV 指令用于组态要发送给变频器的数据，并显示接收到的数据。在程序编辑器中点击指令选项卡下的“通信”→“通信处理器”→“USS”，将该指令拖放到程序编辑区时，自动生成背景数据块“USS_DRV_DB”，该指令的梯形图如图 7-15（a）所示。每台变频器需要调用一条 USS_DRV 指令，在背景数据块中初始化 USS 地址（DRIVE 参数）指定的变

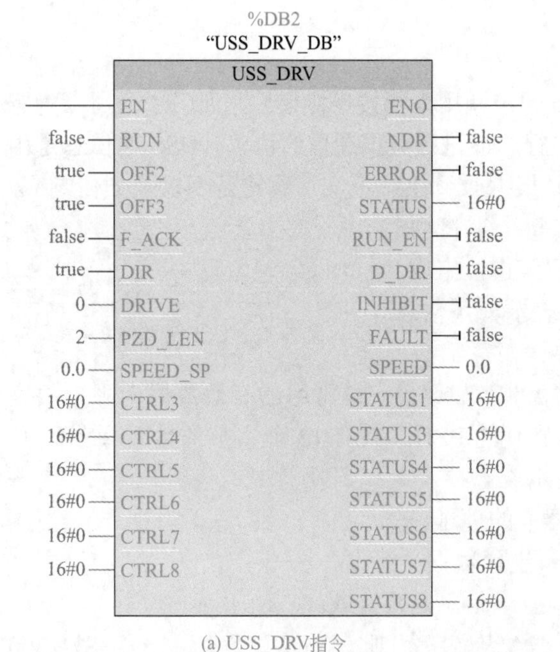

(a) USS_DRV指令

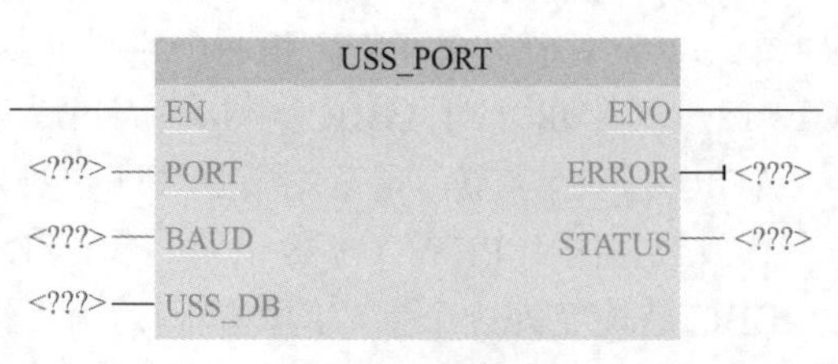

(b) USS_PORT指令

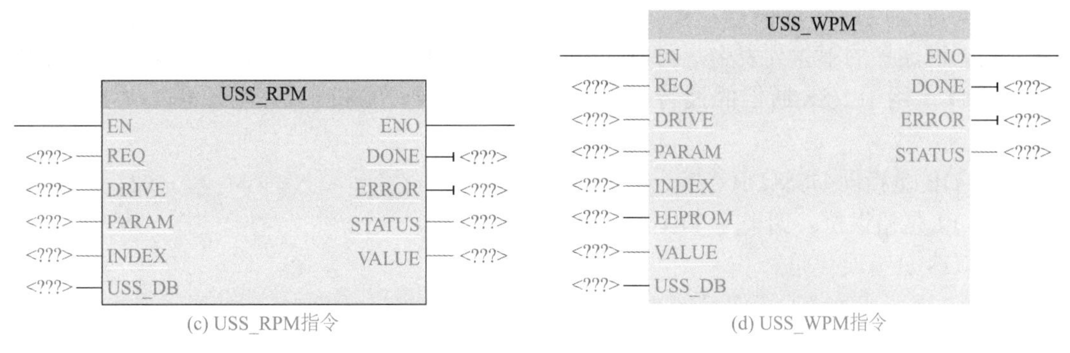

(c) USS_RPM指令

(d) USS_WPM指令

图7-15 USS通信指令

频器，USS_PORT、USS_RPM、USS_WPM指令共同调用USS_DRV指令的背景数据块。初始化后，USS_PORT指令可按此变频器地址编号开始与变频器进行通信。

USS_DRV指令的参数说明见表7-8。

表7-8 USS_DRV指令的参数说明

参数	声明	数据类型	说明	参数	声明	数据类型	说明
RUN	Input	Bool	为TRUE，以预设速度运行	NDR	Output	Bool	新数据就绪
OFF2	Input	Bool	为FALSE，电动机自由停止	ERROR	Output	Bool	发送错误
OFF3	Input	Bool	为FALSE，电动机快速停止	STATUS	Output	Word	请求状态
F_ACK	Input	Bool	故障应答位	RUN_EN	Output	Bool	变频器运行状态位，0：变频器停止；1：变频器运行中
DIR	Input	Bool	方向控制位	D_DIR	Output	Bool	变频器运行方向位，0：正向；1：反向
DRIVE	Input	USInt	变频器的USS地址（有效范围1～16）	INHIBIT	Output	Bool	变频器禁止状态位，0：未禁止；1：已禁止
PZD_LEN	Input	USInt	PZD的字数，有效值为2、4、6或8。	FAULT	Output	Bool	变频器故障位，0：无故障；1：故障
SPEED_SP	Input	Real	用组态的基准频率的百分数表示的速度设定值	SPEED	Output	Real	以组态速度百分数表示的驱动器当前速度值
CTRL3～CTRL8	Input	Word	写入驱动器上用户组态的参数中的值	STATUS1～STATUS8	Output	Word	变频器返回的状态字

DIR用于控制变频器的旋转方向。DIR和SPEED_SP参数共同控制电动机的旋转方向。当DIR为“1”时，SPEED_SP为正数时，电动机正转，为负数时，电动机反转。当DIR为“0”时，SPEED_SP为正数时，电动机反转，为负数时，电动机正转。

（2）USS_PORT指令

每个RS485通信端口只允许有一条USS_PORT指令，展开指令选项卡下的“通信”→“通信处理器”→“USS”，将该指令拖放到程序编辑区，该指令的梯形图如图7-15(b)所示。

USS_PORT指令的参数说明如下。

PORT 是端口硬件标识符。安装并组态 CM 或 CB 通信设备后，端口标识符将出现在 PORT 功能框连接的下拉列表中，可以在 PLC 变量表的“系统常量”中查询端口符号名称。

BAUD 是用于 USS 通信的波特率，可选 1200 ～ 115200bit/s。波特率需要与通信模块、变频器设置一致。

USS_DB 是指向 USS_DRV 指令的背景数据块。

ERROR 是错误位。如果为 TRUE，表示发生错误。

STATUS 是错误代码。

（3）USS_RPM 和 USS_WPM 指令

指令 USS_RPM 用于从变频器读取参数数据，USS_WPM 用于修改变频器的参数，应在 OB1 中调用这两条指令。

这两条指令的梯形图如图 7-15（c）和（d）所示。它们的位变量 REQ 为读请求或写请求，DRIVE 为变频器地址（1 ～ 16），PARAM 为变频器参数的编号（0 ～ 2047），INDEX 为参数的索引号（或称下标），参数 USS_DB 指向 USS_DRV 的背景数据块。

USS_RPM 指令的参数 DONE 为 TRUE 时，将读取到的参数值保存到 VALUE。

USS_WPM 指令的 VALUE 为要写入变频器的参数值。参数 EEPROM 如果为 TRUE，表示写入变频器的值保存在变频器的 EEPROM 中；如果为 FALSE，写入的值仅临时保存，下次启动变频器时将丢失。

7.5.2 USS 通信的应用

扫一扫 看视频

7.5.2.1 控制要求

S7-1200 与西门子变频器 MM420 通过 USS 通信协议实现电动机的变频调速控制，控制功能如下。

① 可以根据需要设定电动机的转速、读取加速时间或写入加速时间。

② 当按下启动按钮时，电动机根据设定的转速运转。

③ 当按下停止按钮时，电动机停止。

7.5.2.2 变频器参数设置

通过 USS 通信实现调速的变频器参数设置见表 7-9。序号 1 和 2 用来恢复变频器参数为出厂设置，如果第一次使用变频器，可以略过。序号 6 ～ 10 为与电动机有关的参数，应根据电动机铭牌上的参数进行设置。P0700 和 P1000 设置为 5，表示选择命令源和频率源来自 COM 链路的 USS 通信。P2009[0] 设置为 0，选择不对 COM 链路上的 USS 通信设定值规格化，即设定值将是运转频率的百分比形式。P2010[0] 设置为 7，选择 USS 通信的波特率为 19200bit/s。P2011[0] 设置为 2，指定变频器的 USS 通信地址为 2。P2012[0] 设置为 2，指定用户数据的 PZD 为 2 个字。P2013[0] 设置为 4，用户数据的 PKW 为 4 个字。P2014[0] 设置为 0，对通信超时不发出故障信号。

7.5.2.3 硬件组态

新建一个项目“7-5-2 USS 通信”，单击项目树中的“添加新设备”，添加 CPU 1214C AC/DC/Rly，版本号 V4.2。打开设备视图，展开右边的硬件目录窗口的“通信板”→“点到点”→“CB1241（RS485）”，将订货号“6ES7 241-1CH30-1XB0”拖放到CPU的面板中。选中该通信模块，依次点击下面巡视窗口的“属性”→“常规”→“IO_Link”→“IO_Link”，在右边的窗口中设置波特率为19.2Kbit/s、无校验、8位数据位、1位停止位。

表7-9　USS通信控制的变频器参数设置

序号	参数代号	出厂值	设置值	说明	序号	参数代号	出厂值	设置值	说明
1	P0010	0	30	调出出厂设置参数	13	P1120	10.00	2.00	加速时间（s）
2	P0970	0	1	恢复出厂值	14	P1121	10.00	2.00	减速时间（s）
3	P0003	1	3	参数访问级：3为专家级	15	P3900	0	1	结束快速调试
4	P0010	0	1	1：启动快速调试	16	P0003	1	3	参数访问专家级
5	P0100	0	0	工频选择（0～50Hz）	17	P0004	0	20	访问通信参数
6	P0304	400	380	电动机额定电压（V）	18	P2009[0]	0	0	变频器频率为百分比形式
7	P0305	1.90	0.35	电动机额定电流（A）	19	P2010[0]	6	7	COM链路的波特率为19200（bit/s）
8	P0307	0.75	0.06	电动机额定功率（kW）	20	P2011[0]	0	2	变频器地址2
9	P0310	50.00	50.00	电动机额定频率（Hz）	21	P2012[0]	2	2	USS协议的PZD长度
10	P0311	1395	1430	电动机额定速度（r/min）	22	P2013[0]	127	4	USS协议的PKW长度
11	P0700	2	5	控制源来自COM链路的USS通信	23	P2014[0]	0	0	USS报文的停止传输时间
12	P1000	2	5	频率源来自COM链路的USS通信	24	P0971	0	1	上述参数保存到EEPROM

注：表中电动机参数为380V、0.35A、0.06kW、1430r/min，请按照电动机实际参数进行设置。

7.5.2.4 编写控制程序

双击主程序OB1，展开指令选项卡下的“通信”→“通信处理器”→“USS”，将USS_DRV指令拖放到图7-16（a）的程序段3中，自动生成名为“USS_DRV_DB”的背景数据块DB1。

为了防止变频器超时，用户程序执行USS_PORT指令的次数必须足够多。通常从循环中断OB中调用USS_PORT以防止变频器超时，并确保USS_DRV调用时使用最新的USS数据更新内容。在《S7-1200系统手册》的第13.4.2节“使用USS协议的要求”的“计算时间要求”的表格中可以查到，在波特率为19200bit/s时，USS_Port_Scan的最小调用间隔为68.2ms，每个驱动器的最长调用间隔为205ms，S7-1200与变频器通信的时间间隔应在二者之间。

双击项目树下的“添加新块”，选择“Cyclic interrupt”，循环时间设置为100ms，添加一个循环中断组织块OB30。将USS_PORT指令拖放到程序区，如图7-16（b）所示。双击PORT的地址域，点击出现的按钮，从下拉列表中选择端口“Local～CB_1241_(RS485)”，其值为269。通信波特率BAUD设置为19200bit/s。双击USS_DB的地址域，点击出现的按钮，从下拉列表中选择USS_DRV_DB。

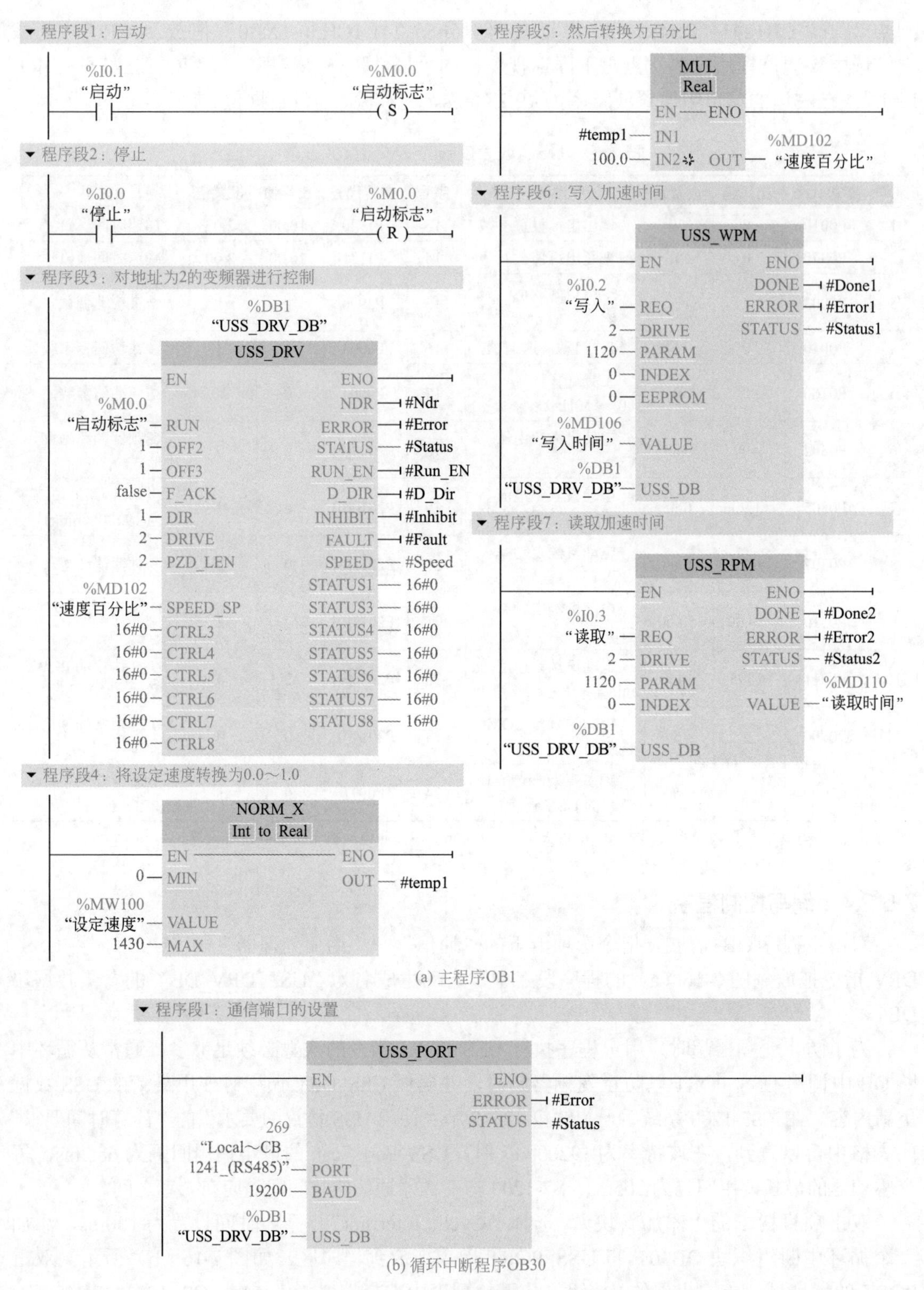

(a) 主程序OB1

(b) 循环中断程序OB30

图 7-16　S7-1200 与 MM420 通过 USS 通信调速控制程序

（1）启动

在图 7-16（a）的程序段 1 中，当按下启动按钮 I0.1 时，将 M0.0 置位为“1”。在程序段3中，参数RUN（实参M0.0）为“1”，地址为2（DRIVE值）的变频器驱动电动机运行；DIR为“1”，SPEED_SP设定速度为正数时电动机正转。在程序段4和5中，将Int类型的设定速度MW100（0～1430r/min）换算为百分比（0.0～100.0）送入程序段3中的SPEED_SP进行调速。参数PZD_LEN设为2。

（2）停止

在程序段2中，当按下停止按钮I0.0时，将M0.0复位为“0”，电动机停止。

（3）参数读写

在程序段6中，当I0.2为“1”时，将MD106中的值（设定的加速时间，实数）写入到地址为2的变频器的参数P1120中。

在程序段7中，当I0.3为“1”时，从地址为2的变频器中读取参数P1120（加速时间）下标为0的值（实数）到MD110中。

7.6 S7-1200与变频器的PROFIBUS通信

7.6.1 用户数据结构与DP通信指令

7.6.1.1 用户数据结构

用户数据结构分成两个区域，即PKW区（参数识别ID区）和PZD区（过程数据）。用户数据结构被指定为参数过程数据对象（PPO），有的用户数据带有一个参数区域和一个过程数据区域，而有的用户数据仅由过程数据组成。变频器通信概要定义了5种PPO类型，如图7-17所示。MM420仅支持PPO1和PPO3，此处选取的是PPO1，包含4个字的PKW数据和2个字的PZD数据。

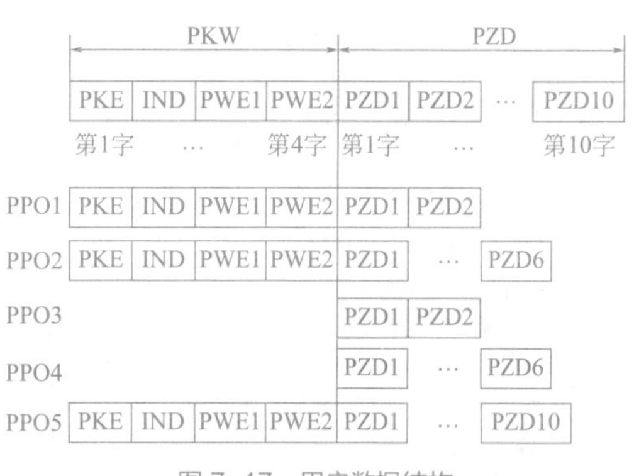

图7-17 用户数据结构

（1）PKW区的结构

PKW区前两个字（PKE和IND）的信息是关于主站请求的任务（任务识别标记ID）或应答报文的类型（应答识别标记ID），其结构见表7-10。这两个字规定报文中要访问的变频器的参数号（PNU），PNU的编号与MICROMASTER4的参数号相对应。PNU扩展以2000个参数为单位，大于等于2000则加1。下标用来索引参数下标，没有值则取0。例如读取参数P2010[1]（2010−2000=10，即16#0A，下标为1）的数值，则向变频器发送16#100A800100000000。PKW的第3、第4个字（即PWE1和PWE2）是被访问参数的数值。MICROMASTER4的参数数值有许多不同的类型，包括整数、单字、双字、十进制浮点数以及下标参数，参数存储格式和P2013的设置有关，可参见变频器手册。

（2）PZD区的结构

通信报文的PZD区是为控制和监测变频器而设计的，可通过该区写控制信息和控制频率，读状态信息和当前频率。

表 7-10 PKE 和 IND 参数说明

PKE			IND		
位	功能	说明	位	功能	说明
15～12	AK：任务或应答识别标记 ID	任务： 1：请求参数数值； 2：修改参数数值（单字）； 3：修改参数数值（双字）。 应答： 2：传送参数数值（单字）； 3：传送参数数值（双字）	15～12 $(2^0 2^3 2^2 2^1)$	PNU 页号	参数 0～1999，位 15 为 0 参数 2000～3999，位 15 为 1
11	SPM：参数修改报告	总是 0	11～8	未使用	
10～0	PNU：基本参数号，与 IND 的 15～12 位（下标）一起构成		7～0	参数下标号	

PZD 任务报文的第 1 个字（PZD1）是变频器的控制字（STW），第 2 个字（PZD2）是主频率设定值（HSW）。

PZD 应答报文的第 1 个字（PZD1）是变频器的状态字（ZSW），第 2 个字（PZD2）是变频器的实际输出频率（HIW）。

PZD1 的任务字 STW 和应答状态字 ZSW 的说明见表 7-11。一般正向启动时赋值 16#047F，反向启动时赋值 16#0C7F，停止时赋值 16#047E。

表 7-11 PZD1 的任务字 STW 和应答状态字 ZSW 说明

任务字 STW				应答字 ZSW			
位	功能	取值		位	功能	取值	
		0	1			0	1
0	ON（斜坡上升）/OFF1（斜坡下降）	否	是	0	变频器准备	否	是
1	OFF2：按惯性自由停车	是	否	1	变频器运行准备就绪	否	是
2	OFF3：快速停车	是	否	2	变频器正在运行	否	是
3	脉冲使能	否	是	3	变频器故障	是	否
4	斜坡函数发生器（RFG）使能	否	是	4	OFF2 命令激活	是	否
5	RFG 开始	否	是	5	OFF3 命令激活	否	是
6	设定值使能	否	是	6	禁止 ON（接通）命令	否	是
7	故障确认	否	是	7	变频器报警	否	是
8	正向点动	否	是	8	设定值 / 实际值偏差过大	是	否
9	反向点动	否	是	9	PZD（过程数据）控制	否	是
10	由 PLC 进行控制	否	是	10	已达到最大频率	否	是
11	设定值反向	否	是	11	电动机电流极限报警	是	否
12	未使用			12	电动机抱闸制动投入	是	否
13	用电动电位计（MOP）升速	否	是	13	电动机过载	是	否
14	用 MOP 降速	否	是	14	电动机正向运行	否	是
15	本机 / 远程控制（P0719 下标）	下标 0	下标 1	15	变频器过载	是	否

按照 P2009 的设置，发送的主频率设定值（HSW）和接收的实际输出频率（HIW）可以定义两种方式。如果 P2009[0] 设置为默认值 0，数值是以十六进制数的形式发送和接收，即

将 16#0 ～ 16#4000（0 ～ 16384）规格化 0 ～ 50.0Hz（P2000 设置基准频率为 50.0Hz）。如果 P2009[0] 设置为 1，数值是以绝对十进制数的形式发送和接收（4000 等于 40.00Hz）。

7.6.1.2 DP 通信指令

对变频器通过 DP 总线读写可以使用指令 DPWR_DAT（将一致性数据写入 DP 标准从站）和 DPRD_DAT（读取 DP 标准从站的一致性数据），在指令下展开“扩展指令”→“分布式 I/O”→“其他”，可以找到这两条指令。DPWR_DAT 指令和 DPRD_DAT 指令如图 7-18 所示，参数说明见表 7-12。

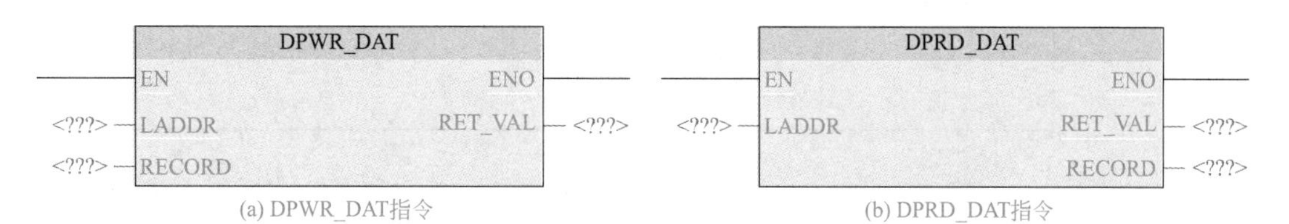

(a) DPWR_DAT指令　　(b) DPRD_DAT指令

图 7-18　DP 通信指令

表 7-12　DPWR_DAT 和 DPRD_DAT 指令的参数说明

DPWR_DAT 指令				DPRD_DAT 指令			
参数	声明	数据类型	说明	参数	声明	数据类型	说明
LADDR	Input	HW_IO	写入数据的模块硬件 ID	LADDR	Input	HW_IO	读取其数据的模块硬件 ID
RECORD	Input	Variant	要写入用户数据的源区域	RET_VAL	Return	Int	返回值
RET_VAL	Return	Int	返回值	RECORD	Output	Variant	所读取的用户数据的目标范围

7.6.2 S7-1200 与变频器的 PROFIBUS 通信应用

扫一扫 看视频

7.6.2.1 控制要求

S7-1200 的 CM1243-5 模块通过 DP 口与西门子变频器 MM420 的 PROFIBUS 模块进行通信，实现以下控制要求。

① 当按下正转按钮时，电动机以设定转速正转运行。

② 当按下反转按钮时，电动机以设定速度反转运行。

③ 当按下停止按钮时，电动机停止。

④ 电动机正反转运行时有相应的指示灯指示。

⑤ 将电动机的运行速度存储到一个地址单元中，以便于显示。

7.6.2.2 控制电路

S7-1200 与变频器的 PROFIBUS 通信控制电路如图 7-19 所示。

7.6.2.3 变频器参数设置

PROFIBUS 通信的变频器参数设置见表 7-13，序号 10 和 11 中的 P0700、P1000 分别用来选择命令源和频率源，都设置为6，表示通过COM链路的通信板进行设置（即变频器的DP通信板）。序号17中的P0918为PROFIBUS地址，这里设置为3，一定要与PLC网络组态中所设置的DP地址一致。

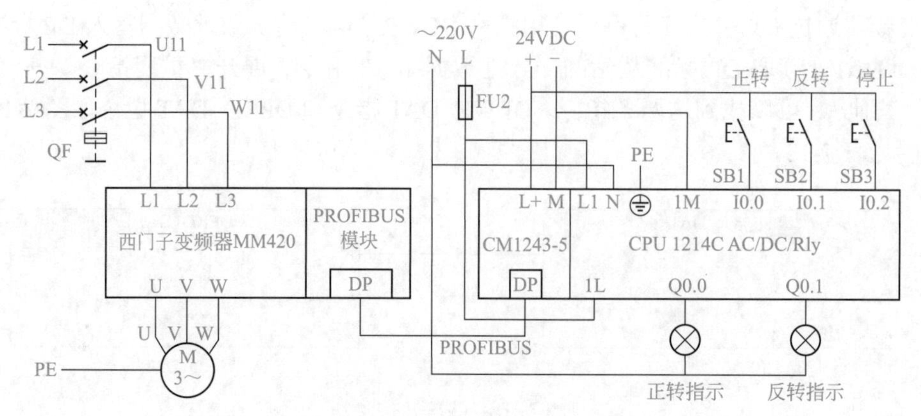

图 7-19 S7-1200 与变频器的 PROFIBUS 通信控制电路

表 7-13 PROFIBUS 通信的变频器参数设置

序号	参数代号	出厂值	设置值	说明	序号	参数代号	出厂值	设置值	说明
1	P0010	0	30	调出出厂设置参数	10	P0700	2	6	选择命令源：通过COM链路的通信板（CB）设置
2	P0970	0	1	恢复出厂值（恢复时间大约60s）	11	P1000	2	6	选择频率源：通过COM链路的通信板（CB）设置
3	P0003	1	3	参数访问级 3：专家级	12	P1120	10.00	1.00	加速时间（s）
4	P0004	0	0	0：全部参数	13	P1121	10.00	1.00	减速时间（s）
5	P0010	0	1	1：启动快速调试	14	P3900	0	1	结束快速调试
6	P0304	400	380	电动机的额定电压（V）	15	P0003	1	3	专家级
7	P0305	1.90	0.35	电动机的额定电流（A）	16	P0004	0	0	全部参数
8	P0307	0.75	0.06	电动机的额定功率（kW）	17	P0918	3	3	PROFIBUS 地址
9	P0311	1395	1430	电动机的额定速度（r/min）	18	P0010	0	0	如不启动，检查P0010是否为0

注：表中电动机参数为380V、0.35A、0.06kW、1430r/min，请按照电动机实际参数进行设置。

7.6.2.4 硬件与网络组态

建立一个项目“7-6-2 S7-1200与变频器的PROFIBUS通信”，添加新设备CPU 1214C AC/DC/Rly，版本号为V4.2，默认名称为“PLC_1”。双击CPU进入设备视图，展开硬件目录下的“通信模块”→“PROFIBUS”→“CM1243-5”，将订货号“6GK7 243-5DX30-0XE0”（版本号V1.3）通过拖放或双击添加到101槽中。

在“网络视图”下，依次展开“硬件目录”下的“其他现场设备”→“PROFIBUS DP”→“驱动器”→“SIEMENS AG”→“SIMOVERT”→“MICROMASTER 4”，将“6SE640X-1PB00-0AA0”拖放到视图中，添加一个“Slave_1”的从站。将“PLC_1”的DP接口■拖拽到“Slave_1”的DP接口，生成一个名为“PLC_1.DP-Mastersystem(1)”的主站系统。点击“PLC_1”的DP接口，再点击巡视窗口中的“属性”→“常规”→“PROFIBUS地址”，可以看到地址为2，传输率为1.5Mbit/s。点击“Slave_1”的DP接口，可以看到地址为3，传输率为1.5Mbit/s。点击“网络视图”下的显示地址按钮，可以看到PROFIBUS分配的地址如图7-20（a）所示。双击“Slave_1”，进入“设备视图”，点击右边的▶图标，展开“设备概览”，将“4 PKW，2 PZD（PPO 1）”拖放到视图的插槽1中，如图7-20（b）所示。可以看到，“4 PKW”默认的应答报文I地址为68...75，任务报文Q地址为64...71。“2 PZD”默认的应答报文I地址为76...79，任务报文Q地址为72...75。

(a) DP通信组态

设备概览

模块	机架	插槽	I 地址	Q 地址	类型
Slave_1	0	0			MICROMASTER 4
4 PKW, 2 PZD (PPO 1)_2_1	0	1	68...75	64...71	4 PKW, 2 PZD (PPO 1)
4 PKW, 2 PZD (PPO 1)_2_2	0	2	76...79	72...75	4 PKW, 2 PZD (PPO 1)
	0	3			

(b) 变频器DP模块的组态

图7-20 PLC与变频器DP通信的组态

7.6.2.5 编写 PLC 控制程序

（1）数据块 DB

双击“添加新块”，添加一个名为“DP_Data”的全局数据块 [DB1]。在该数据块上单击鼠标右键选择“属性”，取消“优化的块访问”。然后创建如图 7-21 所示的静态变量，用于存放 DP 通信中所读写的用户数据，最后点击工具栏中的编译按钮对该数据块进行编译，可以查看变量的偏移量。再添加一个名为“速度”的全局数据块 [DB2]，创建两个 Int 类型的静态变量“设定速度”和“测量速度”。

DP_Data

	名称	数据类型	偏移量
1	▼ Static		
2	PKE_R	Word	0.0
3	IND_R	Word	2.0
4	PWE1_R	Word	4.0
5	PWE2_R	Word	6.0
6	PZD1_R	Word	8.0
7	PZD2_R	Word	10.0
8	PKE_W	Word	12.0
9	IND_W	Word	14.0
10	PWE1_W	Word	16.0
11	PWE2_W	Word	18.0
12	PZD1_W	Word	20.0
13	PZD2_W	Word	22.0

图 7-21　数据块 DB1

（2）控制程序

PLC 与变频器的 PROFIBUS-DP 通信控制程序如图 7-22 所示。

在程序段 1 中，从已组态的硬件标识符 Slave_1 ～ 4_PKW_2_PZD_(PPO_1)_2_2（值为 277）中读取 PZD 应答报文到 P#DB1.DBX8.0 WORD 2（从 DBX8.0 开始的 2 个字，即 PZD1_R 和 PZD2_R）。

在程序段 2 中，将 P#DB1.DBX20.0 WORD 2（从 DBX20.0 开始的 2 个字，即 PZD1_W 和 PZD2_W）写入到已组态的硬件标识符 Slave_1 ～ 4_PKW_2_PZD_(PPO_1)_2_2 的 PZD 任务报文中。

在程序段 3 中，当按下正转按钮（I0.0 为“1”）时，将 16#047F 送入 DB1 的 PZD1_W，进行正转启动控制。

在程序段 4 中，当按下反转按钮（I0.1 为“1”）时，将 16#0C7F 送入 DB1 的 PZD1_W，进行反转启动控制。

在程序段 5 中，当按下停止按钮（I0.2 为“1”）时，将 16#047E 送入 DB1 的 PZD1_W，进行停止控制。

在程序段 6 中，设定速度范围为 0 ～ 1430r/min，对应写入频率值范围为 16#0 ～ 16#4000。故先将设定速度标准化为 0.0 ～ 1.0，再缩放为 16#0 ～ 16#4000，存放到 DB1 的 PZD2_W，通过程序段 2 向变频器写入频率。

在程序段 7 中，当变频器正在运行（DB1.DBX9.2 为 1，即 PZD1_R 的第 2 位为 1）且电动机正转运行（DB1.DBX8.6 为 1，即 PZD1_R 的第 14 位为 1）时，Q0.0 线圈通电，正转运行指示灯亮。

在程序段 8 中，当变频器正在运行（DB1.DBX9.2 为 1，即 PZD1_R 的第 2 位为 1）且电动机非正转运行（DB1.DBX8.6 为 0，即 PZD1_R 的第 14 位为 1）时，Q0.1 线圈通电，反转运行指示灯亮。

在程序段 9 中，读取的频率值是以 16 进制输出，输出范围是 16#0 ～ 16#4000。故先将读取到的变频器的输出频率（DB1 的 PZD2_R）标准化为 0.0 ～ 1.0，再缩放为转速 0 ～ 1430r/min。

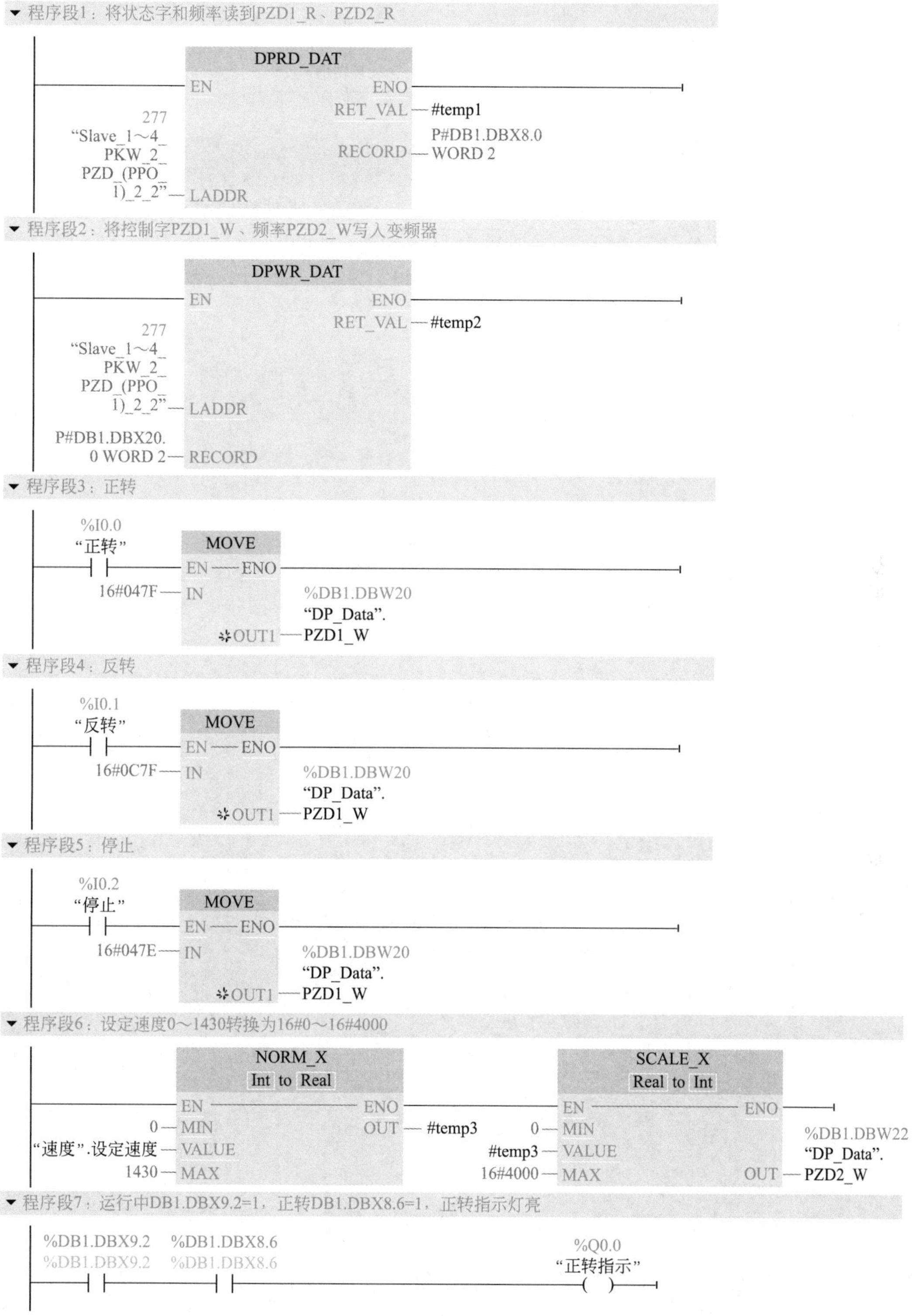

▼ 程序段1：将状态字和频率读到PZD1_R、PZD2_R

DPRD_DAT
EN ENO
277 "Slave_1~4_PKW_2_PZD_(PPO_1)_2_2" — LADDR
RET_VAL — #temp1
RECORD — P#DB1.DBX8.0 WORD 2

▼ 程序段2：将控制字PZD1_W、频率PZD2_W写入变频器

DPWR_DAT
EN ENO
277 "Slave_1~4_PKW_2_PZD_(PPO_1)_2_2" — LADDR
P#DB1.DBX20.0 WORD 2 — RECORD
RET_VAL — #temp2

▼ 程序段3：正转

%I0.0 "正转"
MOVE
EN — ENO
16#047F — IN
OUT1 — %DB1.DBW20 "DP_Data".PZD1_W

▼ 程序段4：反转

%I0.1 "反转"
MOVE
EN — ENO
16#0C7F — IN
OUT1 — %DB1.DBW20 "DP_Data".PZD1_W

▼ 程序段5：停止

%I0.2 "停止"
MOVE
EN — ENO
16#047E — IN
OUT1 — %DB1.DBW20 "DP_Data".PZD1_W

▼ 程序段6：设定速度0~1430转换为16#0~16#4000

NORM_X Int to Real
EN ENO
0 — MIN
"速度".设定速度 — VALUE
1430 — MAX
OUT — #temp3

SCALE_X Real to Int
EN ENO
0 — MIN
#temp3 — VALUE
16#4000 — MAX
OUT — %DB1.DBW22 "DP_Data".PZD2_W

▼ 程序段7：运行中DB1.DBX9.2=1，正转DB1.DBX8.6=1，正转指示灯亮

%DB1.DBX9.2 %DB1.DBX9.2
%DB1.DBX8.6 %DB1.DBX8.6
%Q0.0 "正转指示"

图7-22

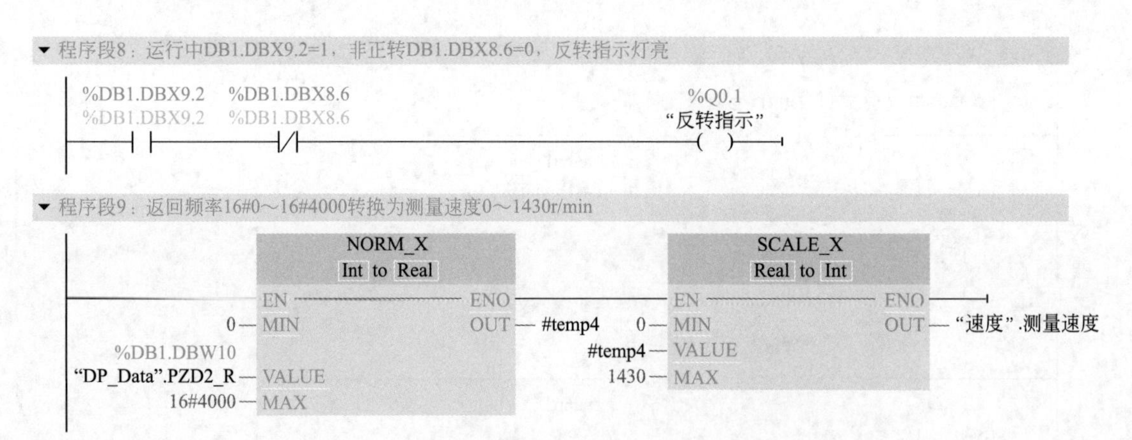

图 7-22 PLC 与变频器的 PROFIBUS-DP 通信控制程序

第8章 S7-1200 PLC与触摸屏的应用

8.1 触摸屏的基本知识

8.1.1 人机界面与触摸屏

（1）人机界面

人机界面（Human Machine Interface）简称为HMI。从广义上说，人机界面泛指计算机（包括PLC）与操作人员交换信息的设备。在控制领域，人机界面一般特指用于操作人员与控制系统之间进行对话和相互作用的专用设备。人机界面可以在恶劣的工业环境中长时间连续运行，是PLC的最佳搭档。

人机界面可以用字符、图形和动画动态地显示现场数据和状态，操作人员可以通过人机界面来控制现场的被控对象。此外，人机界面还有报警、用户管理、数据记录、趋势图、配方管理、显示和打印报表等功能。

（2）触摸屏

触摸屏是人机界面的发展方向，用户可以在触摸屏的屏幕上生成满足自己要求的触摸式按键。触摸屏使用直观方便，易于操作。画面上的按钮和指示灯可以取代相应的硬件元件，减少PLC需要的I/O点数，降低系统的成本，提高设备的性能和附加价值。

STN液晶显示器支持的彩色数有限（例如8色或16色），被称为“伪彩”显示器。STN显示器的图像质量较差，可视角度较小，但是功耗小、价格低，用于要求较低的场合。

TFT液晶显示器又称为“真彩”显示器，每一液晶像素点都用集成在其后的薄膜晶体管来驱动，其色彩逼真、亮度高、对比度和层次感强、反应时间短、可视角度大，但是耗电较多，成本较高，用于要求较高的场合。

（3）西门子的人机界面

西门子的人机界面已升级换代，过去的177、277、377系列已被精简面板系列、精智面板系列、移动面板系列等取代。SIMATIC HMI的品种非常丰富，下面是各类HMI产品的主要特点：

① SIMATIC 精简系列面板具有基本的功能，经济实用，有很高的性价比。显示器尺寸有 3″、4″、6″、7″、9″、10″、12″ 和 15″[1] 这几种规格。

② SIMATIC 精智面板属于紧凑型的系列面板，显示器尺寸有 4″、7″、9″、12″、15″、19″、22″。

③ SIMATIC 移动面板可以在不同的地点灵活应用，有 170s 系列、270s 系列和 4″、7″、9″ 显示屏。

④ SIMATIC 带钥匙面板有 KP8F PN、KP32F PN 和 KP8 PN。

⑤ SIMATIC 按键面板有 PP17 系列和 PP7。

⑥ SIMATIC HMI SIPLUS 面板有抗腐蚀保护性涂层，具有较强的抗腐蚀性能。

以上面板中，有的具有 MPI/PROFIBUS 接口，有的具有 PROFINET 接口，具体使用哪种通信方式，根据实际需要进行选择。

8.1.2 触摸屏的组态与运行

西门子的博途自动化组态软件集成了 TIA WinCC Advanced，在安装时，操作系统要求 Win7 以上版本，最好 64 位，8G 内存，使用 WinCC 可以组态 HMI 设备。

触摸屏的基本功能是显示现场设备（通常是 PLC）中位变量的状态和寄存器中数字变量的值，用监控画面上的按钮向 PLC 发出各种命令，以及修改 PLC 存储区的参数。其组态与运行如图 8-1 所示。

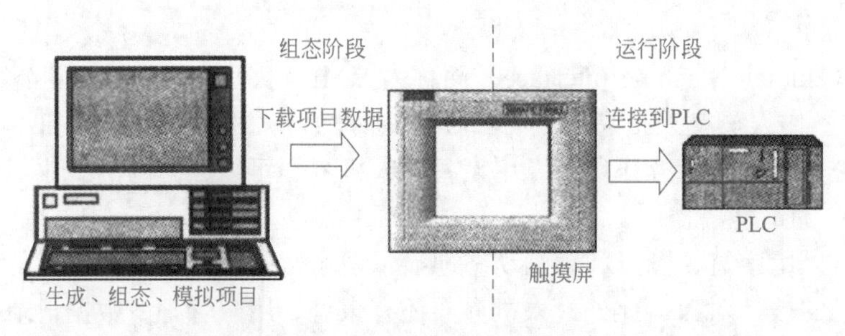

图 8-1 触摸屏的组态与运行

（1）对监控画面组态

首先用组态软件对触摸屏进行组态。使用组态软件，可以很容易地生成满足用户要求的画面，用文字或图形动态地显示 PLC 中位变量的状态和数字量的数值。用各种输入方式将操作人员的位变量命令和数字设定值传送到 PLC。画面的生成是可视化的，一般不需要用户编程，组态软件的使用简单方便，很容易掌握。

（2）编译和下载项目文件

编译项目文件是指将建立的画面及设置的信息转换成触摸屏可以执行的文件。编译成功后，需要将可执行文件下载到触摸屏的存储器。

（3）运行阶段

在控制系统运行时，触摸屏和 PLC 之间通过通信来交换信息，从而实现触摸屏的各种功能。只需要对通信参数进行简单的组态，就可以实现触摸屏与 PLC 的通信。将画面中的

[1] 1″=25.4cm。

图形对象与 PLC 的存储器地址联系起来，就可以实现控制系统运行时 PLC 与触摸屏之间的自动数据交换。

8.1.3 触摸屏 TP700 接口

触摸屏 TP700 的接口如图 8-2 所示。

编号①为触摸屏电源，需要提供 24VDC 电源。

编号②为接地端。

编号③为 MPI/PROFIBUS 接口，符合 RS422/485 电气标准。

编号④为 USB A 型接口，不适用于调试和维护，只可用来连接外围设备（如鼠标、键盘、U 盘、打印机、扫描仪等）。

编号⑤为 PROFINET（LAN），10/100M（bit/s）网络接口。

编号⑥为音频输出接口。

编号⑦为 USB 迷你 B 型接口，用于调试和维护。

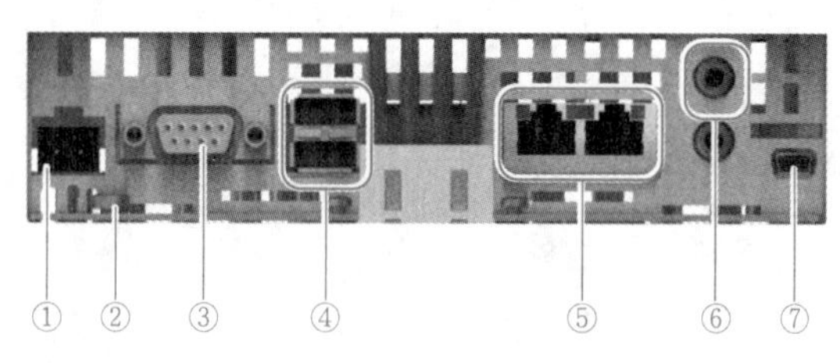

图 8-2 触摸屏 TP700 接口

8.1.4 触摸屏参数的设置与下载

TIA 博途可以把用户的组态信息下载到触摸屏中。用户可以通过各种通道进行下载，比如 MPI、PROFIBUS、以太网等。

（1）触摸屏参数的设置

启动触摸屏设备后，会显示触摸屏桌面，如图 8-3 所示。

编号①为触摸屏桌面。

编号②为启动中心（Start Center），Transfer 按钮是将 HMI 设备切换为“传送”模式，Start 按钮是启动 HMI 设备中的项目，Settings 按钮是用来启动“控制面板”（Control Panel），Taskbar 是用来打开任务栏和 Start 菜单。

编号③为“开始”（Start）菜单。

编号④为屏幕键盘的图标。

点击“启动中心”（Start Center）的 Settings 按钮或通过开始菜单中的“Settings”→“Control Panel”可以打开控制面板，打开的控制面板如图 8-4 所示。控制面板的操作如下。

① 双击任一图标，将显示相应的对话框。

② 选择某个选项卡。

③ 进行所需设置。导航至输入字段时，屏幕键盘将打开。

④ 单击OK按钮将应用设置。如要取消输入，请按下✕按钮，对话框随即关闭。

⑤ 如要关闭“控制面板”（Control Panel），请使用✕按钮。

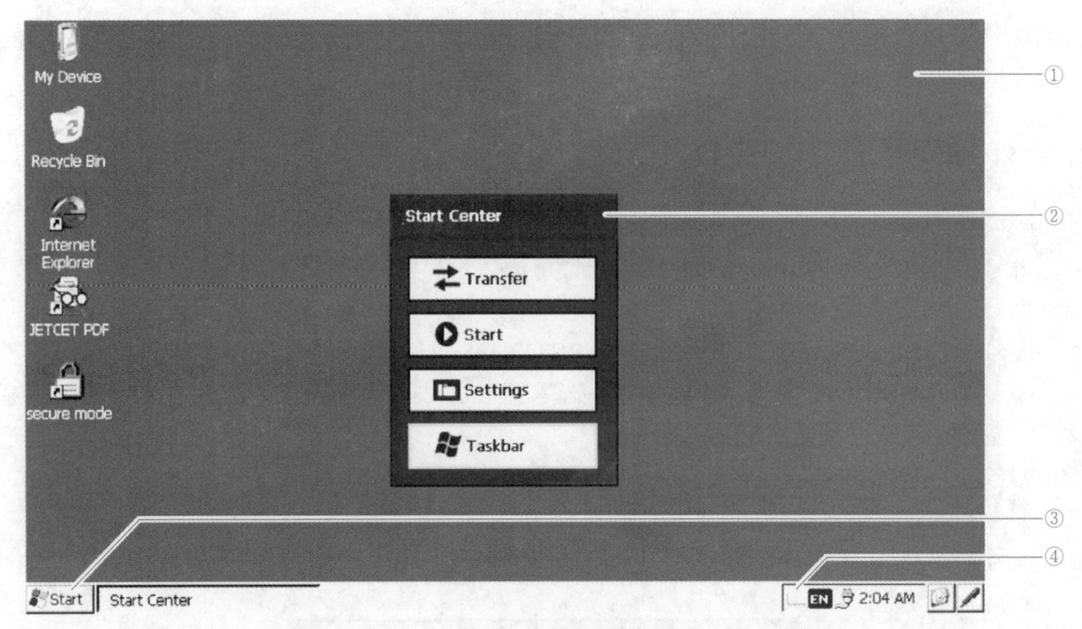

图 8-3　触摸屏桌面

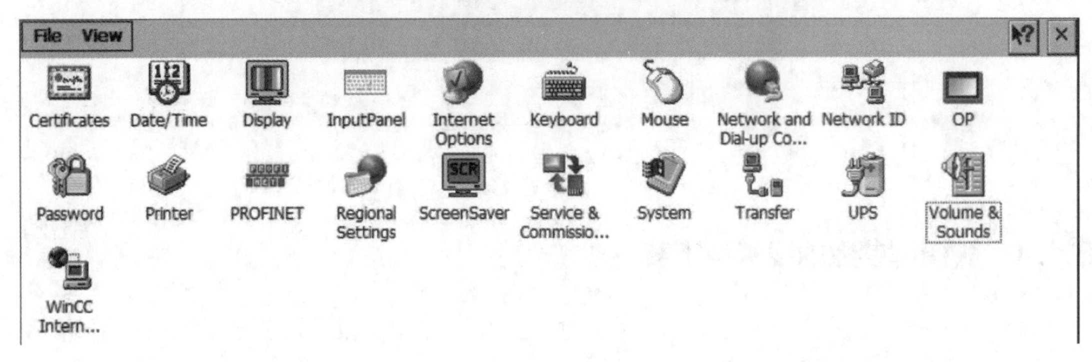

图 8-4　控制面板

双击传输设置 Transfer，打开传输设置“Transfer Settings”对话框，如图 8-5 所示。在“General”选项卡中，①为传送组“Transfer”,“Off”为禁止传送,“Manual”为手动传送［如果想要启动传送，请关闭激活的项目并按下“启动中心”(Start Center) 的“Transfer”按钮］，Automatic 为自动传送（可以通过组态 PC 或编程设备远程触发传送。在此情况下，运行的项目被立即关闭并启动传送。)。②为数字签名组。③为传送通道组“Transfer channel”，用于选择所需数据通道，选项包括 PN/IE（通过 PROFINET 或工业以太网实现传送）、MPI、PROFIBUS、USB device（Comfort V1/V1.1 设备）、Ethernet。④为用于对传送通道属性进行参数分配的按钮。

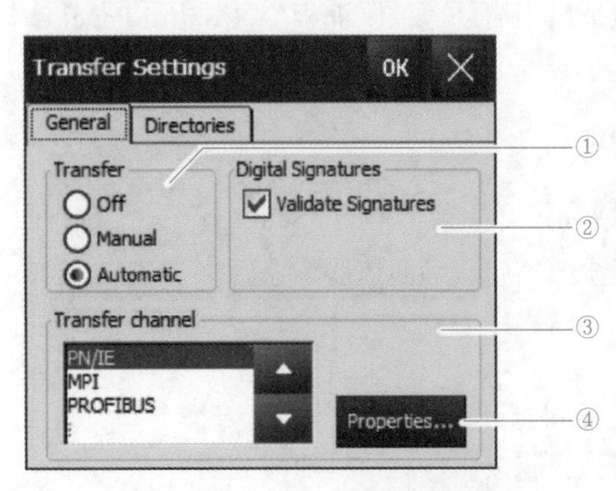

图 8-5　“Transfer Settings”对话框

如果使用 TCP/IP 下载，选中“Transfer Settings”对话框传送通道中的 PN/IE（以太网），单击“Properties…”按钮或双击控制面板中的“Network and Dial-Up Connections”（网络与拨号连接），都会打开网络连接对话框。双击网络对话框中的“PN_X1”（以太网接口）图标，打开的设置对话框如图 8-6 所示。选择“IP Address”选项卡，激活“Specify an IP address”，由用户设置 PN_X1 的 IP 地址。用触摸屏键盘输入 IP 地址（IP Address）和子网掩码（Subnet Mask），“Default Gateway”为默认网关。设置 IP 地址与计算机在同一个网段中，比如触摸屏设置为 192.168.0.2，计算机设置为 192.168.0.10，子网掩码为 255.255.255.0，点击“OK”退出。

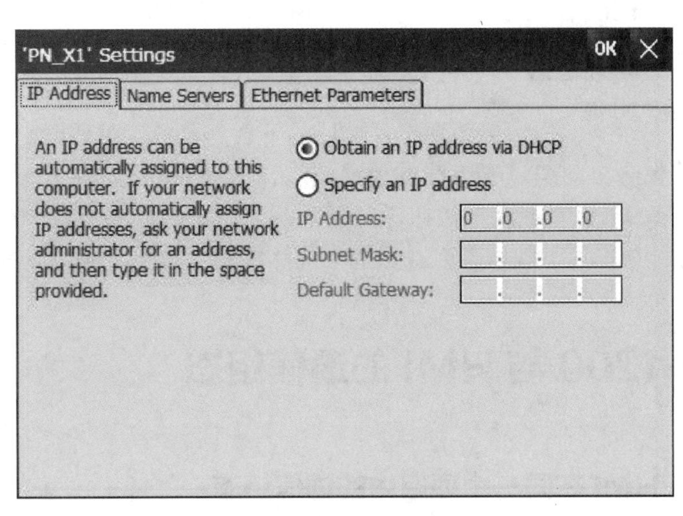

图 8-6　以太网设置对话框

（2）触摸屏站点下载

设置好触摸屏的通信参数之后，为了实现触摸屏与计算机的通信，还要对计算机进行设置。打开计算机的控制面板，点击“设置 PG/PC 接口”，打开的对话框如图 8-7 所示。单击

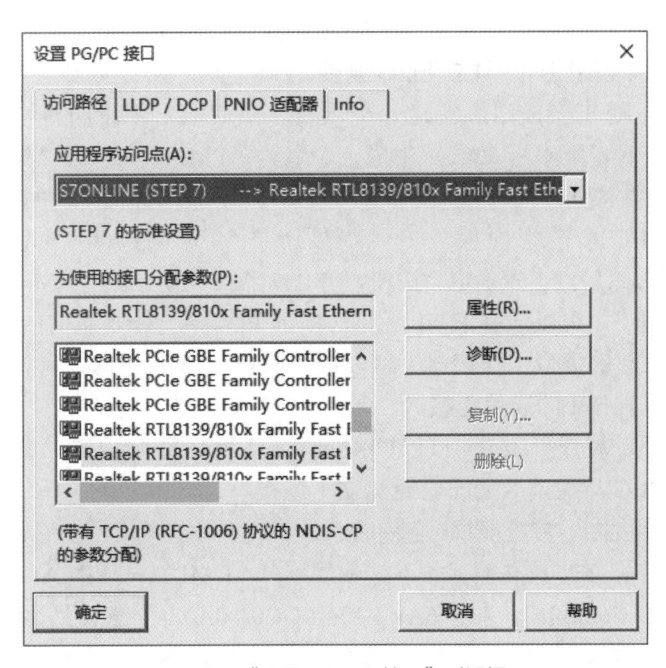

图 8-7　“设置 PG/PC 接口”对话框

选中“为使用的接口分配参数”列表框中用户的计算机网卡和协议，设置“应用程序访问点”为“S7ONLINE（STEP 7）--> Realtek RTL8139/810x Family Fast Ethernet NIC.TCPIP.1”（作者的网卡，协议为TCP/IP），点击“确定”按钮确认。

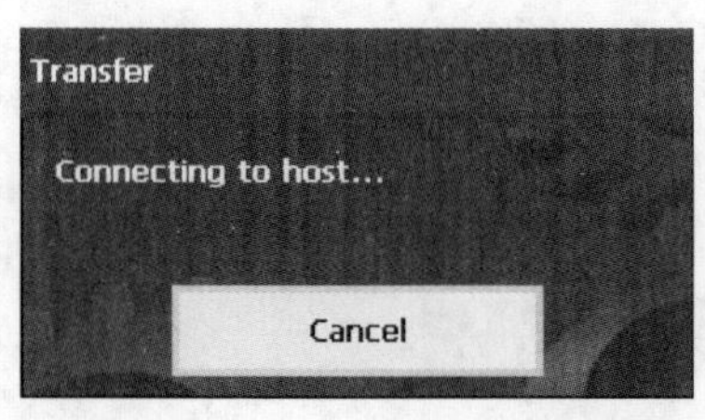

图8-8 “Transfer”对话框

用以太网电缆连接好计算机与触摸屏的RJ45通信接口后，接通触摸屏电源，点击出现的启动中心的“Transfer”按钮（见图8-3），打开传输对话框，触摸屏处于等待接收上位计算机（Host）信息的状态（见图8-8）。

选中项目树中的触摸屏站点，点击工具栏上的下载按钮，下载HMI的组态信息。第一次下载项目到操作面板时，自动弹出“扩展的下载到设备”对话框，否则会出现“下载预览”对话框。首先会自动编译要下载的信息，编译成功后，显示“下载准备就绪”。选中“全部覆盖”复选框，单击“下载”按钮，开始下载。下载时，触摸屏“传输”对话框中会动态显示下载过程。单击“下载结果”对话框中的“完成”按钮，结束下载过程。

8.2 S7-1200与HMI的通信组态

扫一扫 看视频

8.2.1 PLC与HMI在同一个项目中的通信组态

TIA博途软件可以同时对PLC和HMI设备编程组态。在一个TIA博途项目中，HMI设备可以轻松地实现对PLC变量的访问，两者之间的通信组态也非常简单。TIA博途软件中的HMI设备包括西门子精智面板、精简面板等具有S7-1200 PLC驱动的设备以及TIA博途WinCC。这些HMI设备可以通过多种方式与S7-1200 PLC建立通信连接，根据需要灵活选择。下面以TP700 Comfort触摸屏为例，分别介绍各种建立连接的方式。

（1）通过“HMI设备向导”建立HMI连接

打开项目视图，点击按钮，新建一个项目。然后双击“添加新设备”，添加PLC为CPU 1214C AC/DC/Rly，版本号V4.2，生成一个名为“PLC_1”的PLC站点。

在项目树下，再双击“添加新设备”，在添加新设备对话框中，选择“HMI”，展开“HMI”→“SIMATIC精智面板”→“7″显示屏”→“TP700 Comfort”，选中“6AV2 124-0GC01-0AX0”，然后点击“确定”按钮，弹出如图8-9所示的“HMI设备向导”对话框。在右下部点击“浏览”，可以选择HMI所要访问的PLC。选择要通信的PLC后，在“通信驱动程序”下显示PLC的类型，在接口下可以选择与PLC通信的通信接口。最后点击“完成”按钮即可建立PLC与HMI的通信连接。

在“项目树”下，展开“HMI_1[TP700 Comfort]”，双击“连接”，打开的页面如图8-10所示，可以看到，PLC与触摸屏之间已经建立了连接。

（2）通过“网络视图”建立HMI连接

打开“网络视图”，在“硬件目录”下，依次展开“HMI”→“SIMATIC精智面板”→“7″显示屏”→“TP700 Comfort”，将“6AV2 124-0GC01-0AX0”拖放到网络视图中。在“网络视图”下，选中 连接，选择后面的“HMI连接”。拖动PLC_1的以太网接口（绿色）到HMI_1的以太网接口（绿色），自动建立了一个“HMI_连接_1”的连接。点击CPU的以太网接口，在巡视窗口中点击“属性”→“常规”→“以太网地址”，可以看到以太网的IP地址为192.168.0.1，子网掩码为255.255.255.0。点击HMI的以太网接口，可以看到以太网的IP地址为192.168.0.2，子网掩码为255.255.255.0。然后点击“网络视图”下的显示地址图标，可以显示PLC和HMI的以太网地址，如图8-11所示。

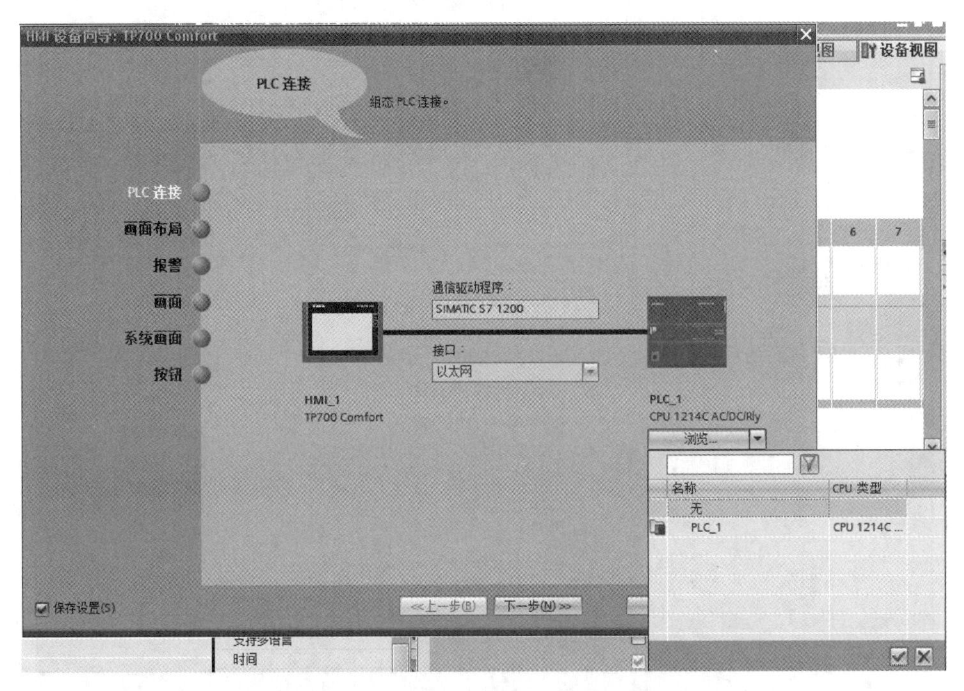

图8-9 “HMI设备向导”建立HMI连接

触摸屏画面对象组态 ▸ HMI_1 [TP700 Comfort] ▸ 连接

在"设备和网络"中连接到S7 PLC

连接

名称	站	伙伴	节点	在线
HMI_连接_1	S7-1200 station_1	PLC_1	CPU 1214C AC/DC/Rly, PROFINET接口 (R0/S1)	☑
<添加>				

图8-10 PLC与触摸屏的连接

（3）通过在HMI画面中拖拽PLC变量的方式建立HMI连接

在网络视图中，PLC站点“PLC_1”和触摸屏站点“HMI_1”已经建立。在项目树下，点击PLC的默认变量表，从详细视图中将PLC的变量直接拖拽到HMI的画面中，如图8-12所示，通信连接将自动建立。

8.2.2 PLC与HMI在不同项目中的通信组态

扫一扫 看视频

在一个工程项目中，经常会有不同的工程师对PLC和HMI设备进行编程组态，那么就会存在将PLC变量导入到HMI设备的问题。为了解决这个问题，可以使用TIA博途中PLC的“设备代理数据”功能。在PLC项目中，导出PLC的代理数据。在HMI项目中，创建代理PLC，实现其他TIA博途项目中PLC变量的导入。PLC代理数据包括 PLC 变量、数据块、工艺对象和 PLC 监控与报警，可以根据需要选择。

图 8-11　触摸屏站点与 PLC 的以太网通信组态

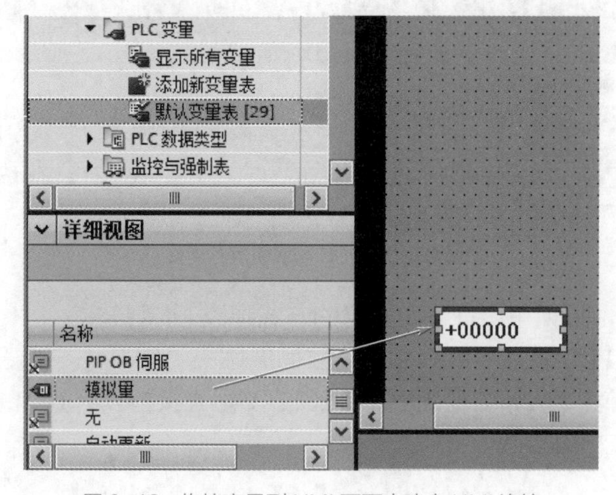

图 8-12　拖拽变量到 HMI 画面中建立 HMI 连接

8.2.2.1　在 PLC 项目中导出代理数据

首先在项目树下展开 PLC 站点“PLC_1”，双击“设备代理数据”下的“新增设备代理数据”，生成“设备代理数据_1”。双击“设备代理数据_1”，打开的界面如图 8-13 所示，选择需要的数据块、PLC 变量、PLC 监控和报警等，然后点击“导出设备代理数据”按钮，可以导出 IPE 文件“设备代理数据 _1.IPE”。

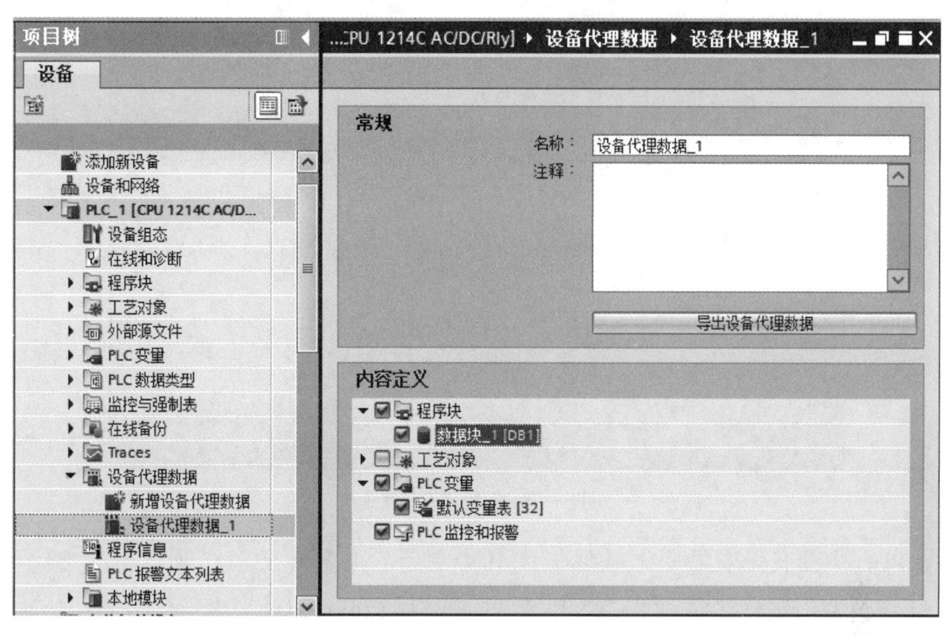

图 8-13　在 PLC 项目中导出 PLC 的 IPE 文件

8.2.2.2　在 HMI 项目中导入 PLC 代理数据

（1）创建代理 PLC

在 HMI 设备项目中，双击项目树下的“添加新设备”，展开“控制器”，选择“Device proxy”，如图 8-14 所示，然后点击“确定”按钮，添加一个代理 PLC。

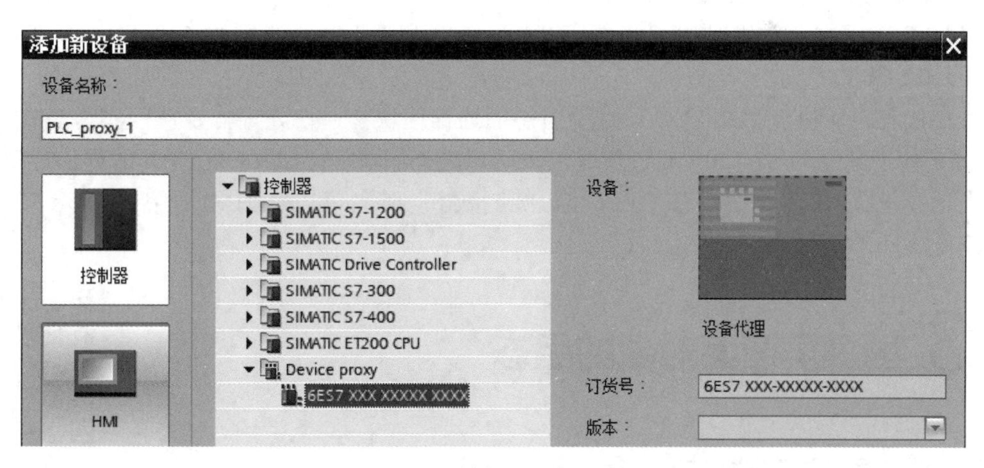

图 8-14　创建 PLC 代理设备

（2）为创建的“Device proxy”导入 PLC 代理数据

在“设备视图”中，选择 PLC_proxy_1，单击鼠标右键，从菜单中选择“初始化设备代理”，在弹出的窗口中，选择从 PLC 项目中导出的文件“设备代理数据 _1.IPE”，点击打开，弹出如图 8-15 所示的窗口，选择需要导入的设备代理数据内容，点击“确定”按钮，即可导入 PLC 代理数据。

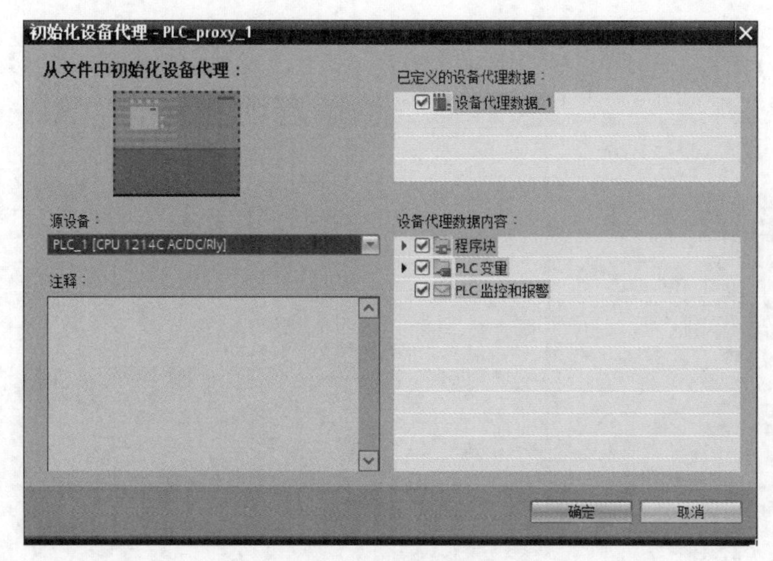

图 8-15 初始化设备代理

如果 PLC 中的变量发生变化需要在 HMI 中更新，可重新在 PLC 项目中导出代理数据，再在 HMI 项目的“设备视图”中，点击设备代理 PLC_proxy_1，单击鼠标右键，从菜单中选择“更新设备代理的数据”实现更新。

在 HMI 设备项目中，建立 HMI 设备与 PLC_Proxy_1 之间的通信连接，操作与 8.2.1 节相同。

8.2.2.3 在 HMI 项目中直接选择 PLC 项目导入 PLC 代理数据

在 PLC 项目中，添加“设备代理数据”，双击添加的“设备代理数据 _1”，选择需要的代理内容数据块、变量或报警，不需要导出 IPE 文件。

在 HMI 项目中，对代理 PLC 进行“初始化设备代理”时，选择 PLC 项目文件 (*.ap16)，实现导入 PLC 代理数据。

PLC 代理也可以获取在 PLC 项目中组态的通信模块和通信处理器，从而实现 HMI 设备通过 PLC 代理建立与 S7-1200 PLC 集成以太网口之外的通信接口（CM/CP）的通信连接。

当选择 PLC 代理数据中的“PLC 监控和报警”时，可以在 HMI 设备中显示 S7-1200 PLC 系统诊断的信息。

8.3 触摸屏画面对象的组态

扫一扫 看视频

8.3.1 控制要求和控制电路

下面以实际的例子介绍画面对象的组态过程。

（1）控制要求

应用触摸屏、PLC 和变频器实现如下控制要求。

① 可以在触摸屏中设置电动机的转速并显示电动机的当前转速。

② 当点击触摸屏中的“启动”按钮或按下启动按钮时，电动机通电以设定速度运转。

③ 当点击触摸屏中的“停止”按钮或按下停止按钮时，电动机断电停止。

④ 当电动机运行时，触摸屏中的电动机运行指示灯亮，否则熄灭。

（2）控制电路

根据控制要求设计的控制电路如图 8-16 所示。由于使用高速计数器 HSC1 测量速度，欧姆龙的增量型旋转编码器的输出为 NPN 输出，故将其 A 相连接到 I0.0，并且 PLC 的输入使用源型接法。由于 CPU 1214C 没有集成模拟量输出点，所以添加了一个信号板 SB1232 输出模拟量。触摸屏和 PLC 通过以太网进行通信，变频器参数设置见表 7-7。

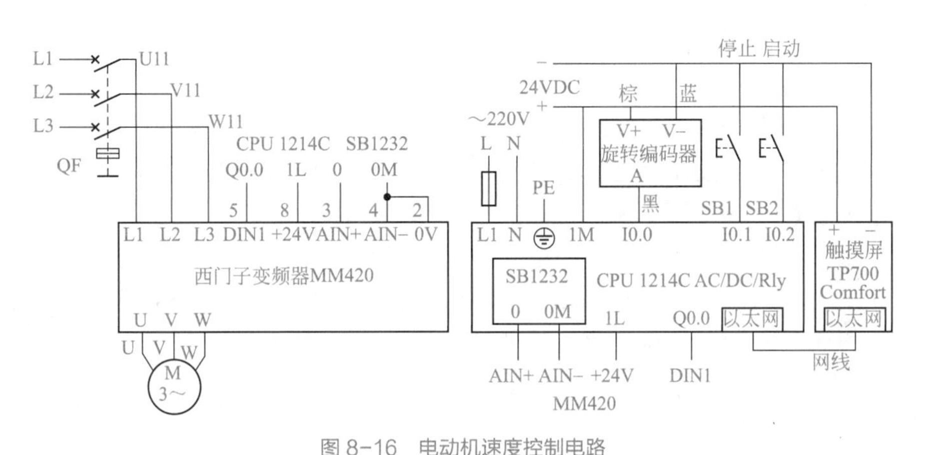

图 8-16 电动机速度控制电路

8.3.2 PLC 与触摸屏的硬件组态

（1）组态 PLC 与触摸屏的通信网络

打开项目视图，点击按钮，新建一个项目“8-3 触摸屏画面对象的组态”。然后双击“添加新设备”，添加 PLC 为 CPU 1214C AC/DC/Rly，版本号 V4.2，生成一个名为“PLC_1”的 PLC 站点。

打开“网络视图”，在“硬件目录”下，依次展开“HMI”→“SIMATIC 精智面板”→“7″显示屏”→“TP700 Comfort”，将“6AV2 124-0GC01-0AX0”拖放到网络视图中，生成一个名为“HMI_1”的 HMI 站点。在“网络视图”下，选中 连接，选择后面的“HMI 连接”。拖动 PLC_1 的以太网接口（绿色）到 HMI_1 的以太网接口（绿色），自动建立了一个“HMI_连接_1”的连接。点击 CPU 的以太网接口，在巡视窗口中点击“属性”→“常规”→“以太网地址”，可以看到以太网的 IP 地址为 192.168.0.1，子网掩码为 255.255.255.0。点击 HMI 的以太网接口，可以看到以太网的 IP 地址为 192.168.0.2，子网掩码为 255.255.255.0。然后点击“网络视图”下的显示地址图标，可以显示 PLC 和 HMI 的以太网地址。

在“项目树”下，展开“HMI_1[TP700 Comfort]”，双击“连接”，可以看到，PLC 与触摸屏之间已经建立了连接。

（2）PLC 的组态

在网络视图中，双击 PLC_1 的 CPU，进入设备视图页面。在右边的硬件目录下，依次展开“信号板”→“AQ”→“AQ 1×12BIT”，双击下面的“6ES7 232-4HA30-0XB0”或将其拖放到 CPU 中间的方框中。点击巡视窗口的“属性”→“常规”下的“模拟量输出”，将通道 0 的模拟量输出类型设为“电压”，可以看到电压范围为“+/–10V”（不能修改），通道地址为 QW80。

点击 CPU，从巡视窗口的“常规”下依次展开“DI 14/DQ 10”→“数字量输入”，将通道 0 的输入滤波设为“10microsec”（即 10μs）。然后展开“高速计数器（HSC）”，点击“HSC1”，选中“启用该高速计数器”，将计数类型设为“频率”、工作模式设为“单相”、计数方向设为“用户程序（内部方向控制）”。点击“I/O 地址”可以看到 HSC1 的地址为 ID1000。

8.3.3 编写控制程序

（1）添加变量和数据块

在项目树下，展开“PLC_1”的“程序块”，双击“添加新块”，添加一个全局数据块“数据块_1”（即 DB1）。在 DB1 中添加变量“触摸屏启动”（Bool 类型）、“触摸屏停止”（Bool 类型）、“设定速度”（Int 类型）和“测量速度”（Int 类型）。

双击“PLC 变量”下的“默认变量表”，创建变量“启动”（Bool 类型，地址 I0.2）、“停止”（Bool 类型，地址 I0.1）、“电动机”（Bool 类型，地址 Q0.0）、“模拟输出”（Int 类型，地址 QW80）和“HSC1 计数”（DInt 类型，地址 ID1000）。

（2）编写程序

根据控制要求和控制电路编写的控制程序 OB1 如图 8-17 所示。

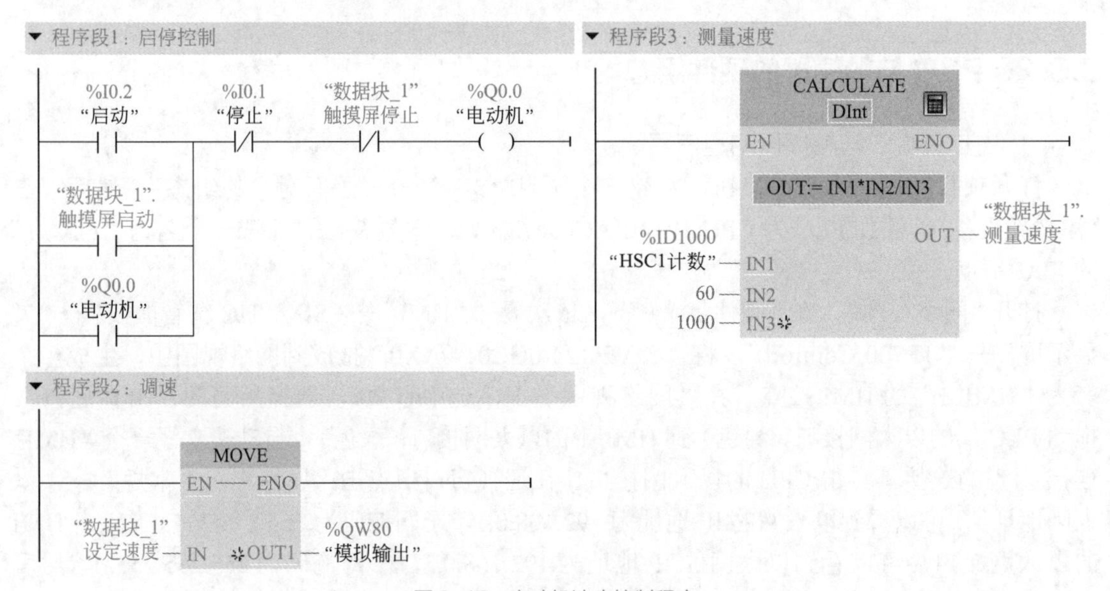

图 8-17 电动机速度控制程序

在程序段 1 中，当按下启动按钮（I0.2 常开触点接通）或点击触摸屏中的“启动”按钮（“数据块_1”. 触摸屏启动的常开触点接通）时，Q0.0 线圈通电自锁，变频器的 DIN1 有输入，电动机启动。当按下停止按钮（I0.1 常闭触点断开）或点击触摸屏中的“停止”按钮（“数据块_1”. 触摸屏停止的常闭触点断开）时，Q0.0 线圈断电，自锁解除，变频器的 DIN1 没有输入，电动机停止。

在程序段 2 中，触摸屏中已经将设定速度的设定值转换为 0 ～ 27648，故直接送入

QW80，输出模拟量电压 0 ～ 10V，输入变频器的 AIN 端对电动机进行调速。

在程序段 3 中，将高速计数器 HSC1 的测量频率（保存在 ID1000 中）乘以 60，换算为每分钟的脉冲数，然后再除以 1000（旋转编码器每转输出的脉冲数），换算为测量速度，单位“r/min”，输出到“数据块 _1”. 测量速度，可以通过触摸屏显示。

8.3.4 画面对象的组态

展开“HMI_1”→“画面”，双击“添加新画面”，添加一个“画面 _1”的画面，如图 8-18 所示。可以用触摸屏视图下面的“100%”右边的按钮打开显示比例（25% ～ 400%）下拉列表来改变画面的显示比例。也可以用该按钮右边的滑块快速调制画面的显示比例。界面与 PLC 的硬件组态、程序编辑器类似，这里不再详述。

图 8-18　触摸屏用户界面

（1）组态文本域

选择右侧工具箱中的 A 文本域，将其拖入到组态画面中，默认的文本为“Text”，在触摸屏界面中更改为“起始画面”，也可以在巡视窗口中进行修改。可以通过触摸屏视图上的工具栏更改字体大小及文本的样式。

（2）组态指示灯

画面中的指示灯用于监视设备的运行状态。选择右侧工具箱中的“圆”，在组态画面中画出合适的圆。打开“属性”→“动画”→“显示”，在右边“外观”后点击添加新动画按钮，进入外观动画组态，如图 8-19 所示。选择 PLC 的默认变量表，在详细视图中进行显示。将详细视图下的变量“电动机”拖放到巡视窗口中外观变量的名称后面，然后将范围

“0”选择背景色为红色，“1”选择背景色为绿色。在触摸屏中，电动机不运行，显示红色；电动机运行时，显示绿色。

图 8-19 组态指示灯

(3) 组态按钮

画面上的按钮与接在 PLC 输入端的物理按钮的功能相同，用来将操作命令发送给 PLC，通过 PLC 的用户程序来控制生产过程。

展开右侧工具箱中的“元素”组，将按钮 按钮拖放到触摸屏界面中，从触摸屏界面双击该按钮或在巡视窗口中选择“常规”，修改标签为“启动”。用鼠标调整按钮的位置和大小。通过触摸屏视图工具栏可以定义按钮上文本的字体、大小和对齐方式。

在巡视窗口中，点击“属性”，选择“事件”选项卡，再点击它下面的“按下”，出现的界面如图 8-20（a）所示。单击视图右侧最上面一行，再单击它的右侧出现的键（在单击之前它是隐藏的），选择“系统函数”→“编辑位”→“置位位”。选中 PLC 的数据块“数据块 _1”，将详细视图下的变量“触摸屏启动”拖放到巡视窗口中“变量（输入 / 输出）”的后面，变量自动变为“数据块 _1_ 触摸屏启动”，如图 8-20（b）所示，即“数据块 _1”下的变量“触摸屏启动”。当按下该按钮时，将变量“触摸屏启动”置位为“1”。

用同样的方法，选择“事件”选项卡下的“释放”，选择“系统函数”→“编辑位”→“复位位”，将详细视图下的变量“触摸屏启动”拖放到巡视窗口中“变量（输入 / 输出）”的后面。当松开该按钮时，将变量“触摸屏启动”复位为“0”。该按钮具有点动按钮的功能，按下按钮时变量“触摸屏启动”被置位，释放该按钮时它被复位。

单击画面上组态好的启动按钮，按下组合键“Ctrl+C”，然后再按“Ctrl+V”（或者按住 Ctrl 键拖动鼠标），生成一个相同的按钮。选中巡视窗口中的“常规”，将按钮上的文本修改为“停止”。选中“事件”选项卡，组态“按下”和“释放”停止按钮的置位和复位事件，从详细视图中分别用拖动的方法将它们的变量修改为“触摸屏停止”。

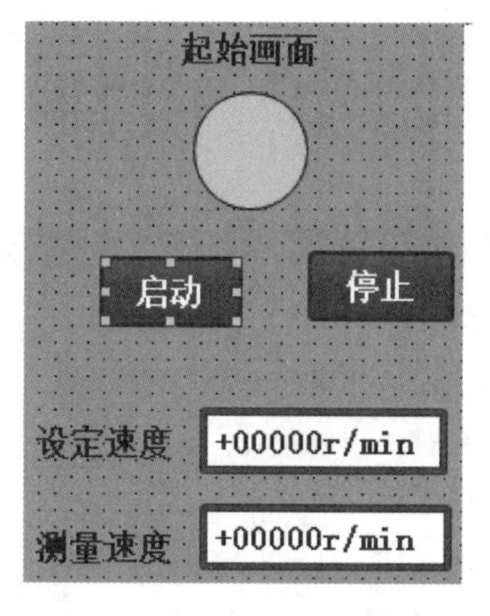

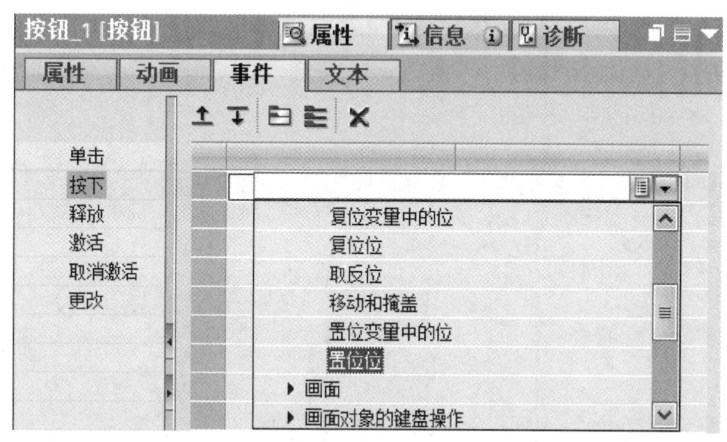

(a) 组态按钮按下时执行的函数

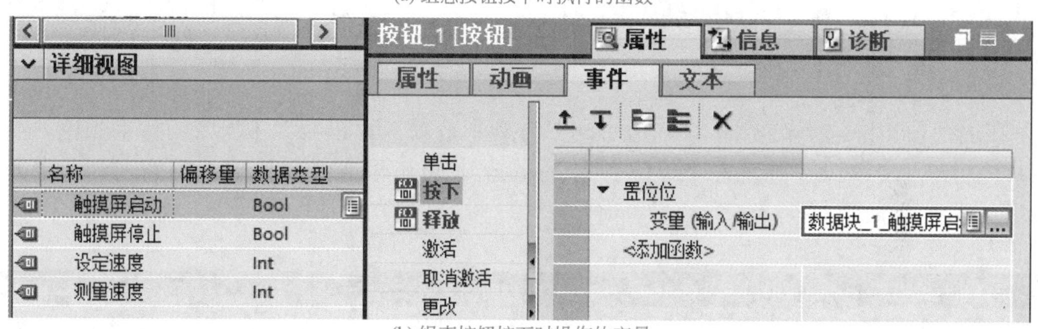

(b) 组态按钮按下时操作的变量

图 8-20 按钮按下事件组态

可以用鼠标改变对象的位置和大小。以按钮为例，用鼠标左键点击图 8-21 左边的按钮，它的四周出现 8 个小正方形。将鼠标的光标放到按钮上，光标变为图中的十字箭头图形。按住鼠标左键并移动鼠标，将选中的对象拖到希望的位置。松开左键，对象被放在该位置。

用鼠标左键点击图 8-21 中间的按钮，鼠标放在 4 条边中点的某个小正方形上，鼠标的光标变为水平或垂直的双向箭头，按住左键并移动鼠标，可将选中的对象沿水平方向或垂直方向放大或缩小。

用鼠标左键点击图 8-21 中右边的按钮，鼠标放在某个角的小正方形上，鼠标的光标变为 45° 的双向箭头，按住左键并移动鼠标，可以同时改变对象的长度和宽度。

图 8-21 对象的移动与缩放

（4）I/O 域的组态

I/O 域的作用是通过输入数据修改 PLC 的运行参数，或者将 PLC 中的测量结果通过 I/O 域进行输出显示。有 3 种模式的 I/O 域：

① 输出域：用于显示 PLC 中变量的数值。

② 输入域：用于键入数字或字母，并用指定的 PLC 的变量保存它们的值。

③ 输入 / 输出域：同时具有输入域和输出域的功能，操作员用它来修改 PLC 中变量的数值，并将修改后 PLC 中的数值显示出来。

展开“工具箱”下的“元素”，将 I/O 域符号 I/O 域拖放到触摸屏界面设定速度后面。点击“属性”下的“常规”，再点击 PLC 的“数据块 _1”DB1，从详细视图下将“设定速度”拖放到该对象的过程变量的框中。更加简单的方法是从详细视图中将“设定速度”拖动到触摸屏界面中，会直接生成一个 I/O 域，并且与变量“设定速度”已经连接好了。“类型”下的模式默认是“输入 / 输出”，将其修改为“输入”，显示格式为“s99999”，即带符号 5 位显示，如图 8-22 所示。

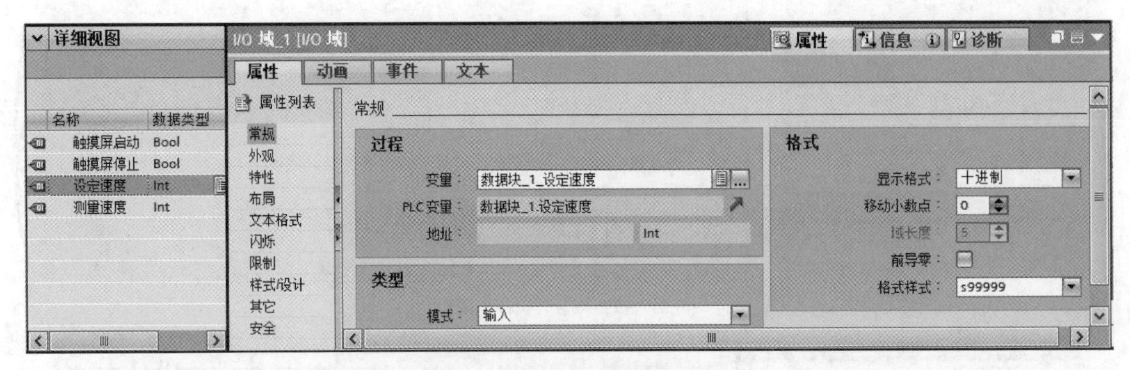

图 8-22　I/O 域常规属性的组态

在巡视窗口中，点击如图 8-23 所示的“外观”选项，可以修改 I/O 域的背景颜色、文本和边框。在“文本”区域设置“单位”为“r/min”。也可以通过触摸屏视图的工具栏更改字体大小及对齐方式。

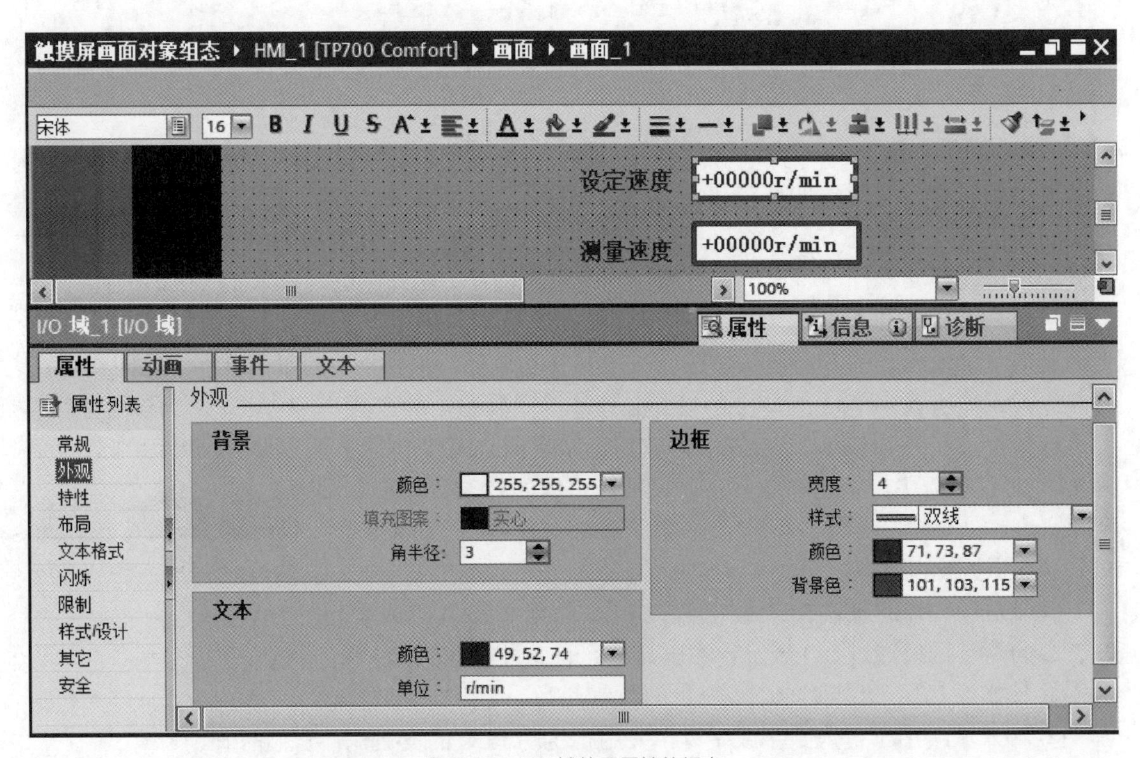

图 8-23　I/O 域外观属性的组态

按照同样的方法，从详细视图下将“测量速度”拖放到触摸屏界面中，直接生成一个 I/O 域。将类型模式修改为“输出”，显示格式为“s99999”，即带符号 5 位显示。在“外观”的“文本”中设置单位为“r/min”。

（5）触摸屏变量与线性转换

展开“项目树”下的“HMI 变量”，双击“默认变量表”，打开默认变量表，可以看到通过拖拽方式自动生成的变量如图 8-24 所示。触摸屏中的变量分为内部变量和外部变量，内部变量只用于触摸屏内部，与 PLC 无关；外部变量为触摸屏和 PLC 共用。以上所建立的变量都是通过从 PLC 拖拽生成的，从图 8-24 也可以看到这些变量的连接下都是“HMI_ 连接 _1”，所以这些变量都是外部变量。

点击变量“数据块 _1_ 设定速度”，从巡视窗口中的“属性”选项卡下选择“线性转换”，在右边的窗口中选中“线性转换”前的复选框，然后将 PLC 侧的起始值和结束值分别设为 0 和 27648，将 HMI 侧的起始值和结束值分别设为 0 和 1430。通过这样的线性转换，可以将触摸屏中的设定速度（0 ～ 1430r/min）转换为 0 ～ 27648，减少了 PLC 中的编程计算。

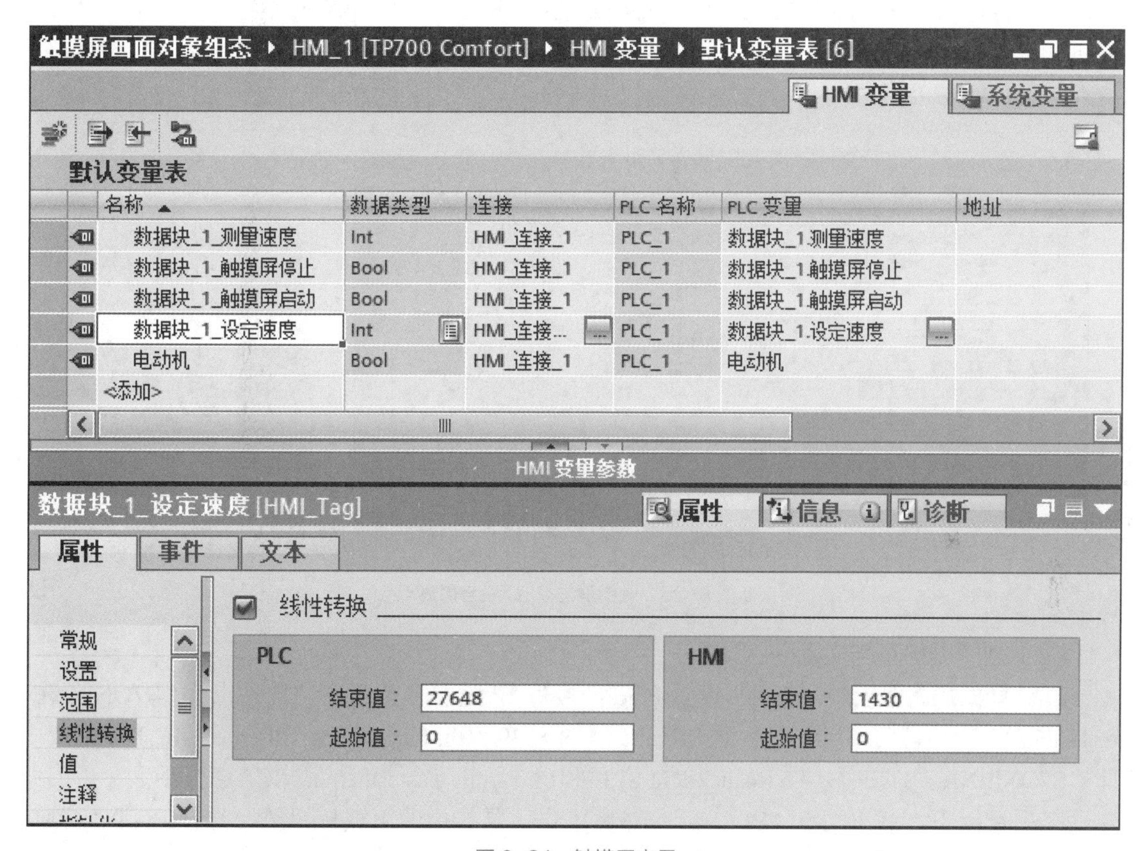

图 8-24 触摸屏变量

8.3.5 调试与运行

（1）触摸屏与 PLC 仿真调试

在项目树下所建的项目上单击鼠标右键，选择“属性”。在打开的属性页面中，点击“保护”选项卡，选中“块编译时支持仿真”前的复选框。点击“PLC_1”，然后单击工具栏上的“启动仿真”按钮，打开 S7-PLCSIM。将其下载到仿真 PLC，使 PLC 进入 RUN 模式。在 SIM 表格下，双击“添加新的 SIM 表格”，添加一个“SIM 表格 _1”，在该表格的工具栏中单击“加载项目标签”按钮，将项目中所有的变量都添加到表格中，将不需要的条目删除，只保留如图 8-25（a）所示的条目。

点击“项目树”下的触摸屏站点“HMI_1[TP700 Comfort]”，再点击工具栏中的仿真按钮，弹出的触摸屏运行界面如图 8-25（b）所示。

在仿真器中点击“启动”条目，从下面点击启动按钮，或者在触摸屏界面中点击“启动”按钮，可以看到触摸屏界面中的指示灯亮，仿真器中“电动机”后面的方框中显示“√”，表示电动机启动。从触摸屏界面中输入设定速度 1200r/min，在仿真器中可以看到“数据块_1.”设定速度为其线性转换后的值 23201，“模拟输出”的值也变为 23201，表示有对应模拟量输出。在“监视 / 修改值”列将“HSC1 频率”的值修改为 20000（速度 1200r/min 时测量得到的频率），从触摸屏界面可以看到测量速度为 1200r/min。

点击仿真器中的“停止”条目，从下面点击停止按钮，或者在触摸屏界面中点击“停止”按钮，可以看到触摸屏界面中的指示灯熄灭，同时仿真器中“电动机”后面方框中的“√”消失，表示电动机停止。

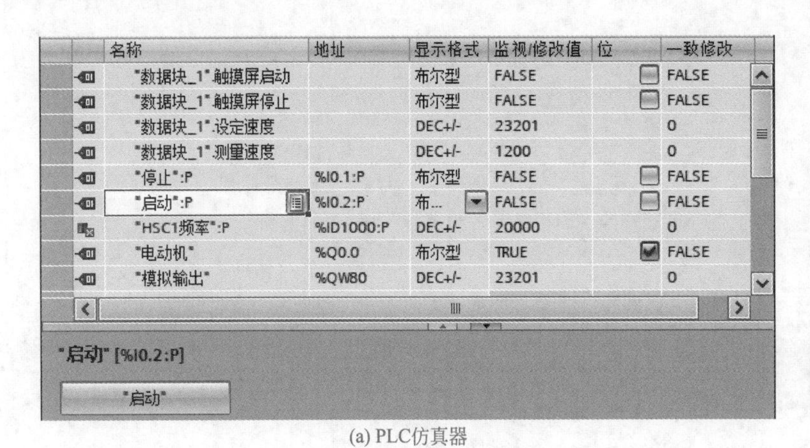

(a) PLC仿真器

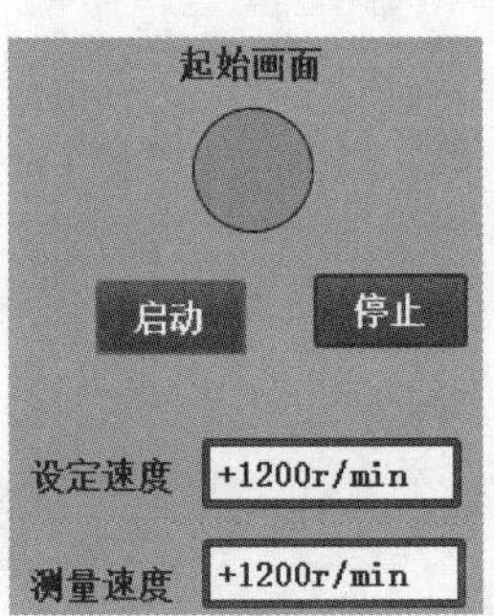

(b) 触摸屏运行界面

图 8-25　触摸屏与 PLC 联合仿真

（2）触摸屏仿真与实际 PLC 通信

在计算机控制面板中，打开“设置 PG/PC 接口”，选择应用程序访问站点为“S7ONLINE（STEP7）”，为该访问站点分配参数“Realtek RTL8139/810x Family Fast Ethernet NIC.TCPIP.1”，即“S7ONLINE（STEP 7）--> Realtek RTL8139/810x Family Fast Ethernet NIC.TCPIP.1”。

在项目树下，点击站点“PLC_1”，然后点击工具栏中的下载按钮，选择 PG/PC 接口类型为“PN/IE”，PG/PC 接口类型为“Realtek RTL8139/810x Family Fast Ethernet NIC”，将该站点下载到 PLC 中。点击“项目树”下的触摸屏站点“HMI_1[TP700 Comfort]”，再点击工具栏中的仿真按钮，启动触摸屏仿真界面即可进行仿真。

（3）下载与运行

在项目树下，点击站点“PLC_1”，然后点击工具栏中的下载按钮，将该站点下载到 PLC 中。点击 HMI 站点“HMI_1[TP700 Comfort]”，然后点击工具栏中的下载按钮，将该站点下载到触摸屏 TP700 Comfort 中。最后用网线将 PLC 的以太网接口与触摸屏的以太网接口连接起来，即可操作运行。

8.4 触摸屏故障报警的组态

扫一扫 看视频

8.4.1 报警的基本概念

报警是用来指示控制系统中出现的事件或操作状态，可以用报警信息对系统进行诊断。报警事件可以在HMI设备上显示或输出到打印机，也可以将报警事件保存在记录中。

8.4.1.1 报警的分类

报警可以分为自定义报警和系统报警。

自定义报警是用户组态的报警，用来在HMI上显示设备的运行状态或报告设备的过程数据。自定义报警又分为离散量报警和模拟量报警。离散量（又称开关量）对应二进制的1个位，用二进制1个位的“0”和“1”表示相反的两种状态，比如断路器的接通与断开、故障信号的出现与消失等。模拟量报警是当模拟量的值超出上限或下限时，触发模拟量报警。

系统报警用来显示HMI设备或PLC中特定的系统状态，系统报警是在设备中预定义的，不需要用户组态。

8.4.1.2 报警的状态和确认

对于离散量报警和模拟量报警，存在下列报警状态。

① 到达：满足触发报警的条件时的状态。

② 到达/已确认：操作员确认报警后的状态。

③ 到达/离去：触发报警的条件消失。

④ 到达/离去/已确认：操作员确认已经离去的报警的状态。

报警的确认可以通过OP面板上的确认键或触摸屏报警画面上的确认按钮进行确认。

8.4.1.3 报警显示

可以通过报警视图、报警窗口、报警指示器显示报警。

（1）报警视图

报警视图在报警画面中显示报警。优点是可以同时显示多个报警，缺点是需要占用一个画面，只有打开该画面才能看到报警。

（2）报警窗口

报警窗口是在全局画面中进行组态，也可以同时显示多个报警，当出现报警时，自动弹出报警窗口；当报警消失时，报警窗口自动隐藏。

（3）报警指示器

报警指示器是组态好的图形符号，上面会显示报警个数。当出现报警时，报警指示器闪烁；确认后，不再闪烁；报警消失后，报警指示器自动消失。

8.4.2 控制要求和控制电路

（1）控制要求

某风机对管道输送气流，管道有4个压力测量点，使用的压力传感器的测量范围为

0 ～ 10kPa，输出模拟量电压为 0 ～ 10V，控制要求如下。

① 在触摸屏的设定画面中，可以通过“设定速度”来调节风机的转速，也可以设定压力的上下限。

② 当点击触摸屏中“启动”按钮或按下启动按钮时，风机通电启动。当测量压力高于压力下限时，生产线自动启动。

③ 在触摸屏中显示测量点的“测量压力”，当出现主电路跳闸、变频器故障、门限保护、紧急停车等故障时，应能显示对应的离散量报警信息，风机和生产线立即停止。

④ 当管道压力低于压力下限或高于压力上限时，应能显示对应的模拟量报警信息。

⑤ 当点击触摸屏中“停止”按钮或按下停止按钮时，风机断电停止。

（2）控制电路

根据控制要求设计的控制电路如图 8-26 所示，变频器参数设置见表 7-7。

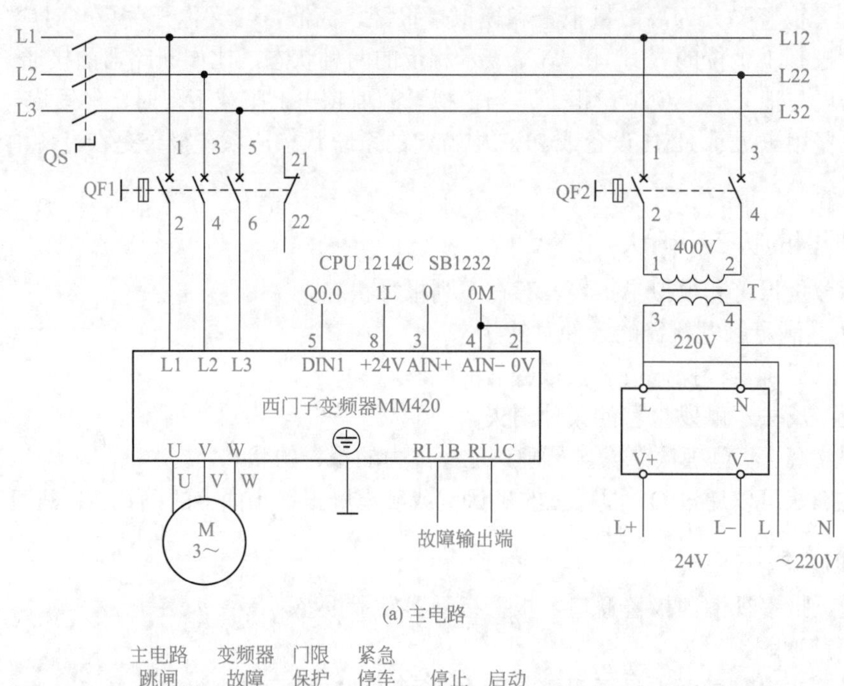

(a) 主电路

(b) 控制电路

图 8-26　风机的控制电路

8.4.3 PLC与触摸屏的硬件组态

（1）组态PLC与触摸屏的通信网络

打开项目视图，点击按钮，新建一个项目“8-4 触摸屏故障报警的组态”。然后双击“添加新设备”，添加PLC为CPU 1214C AC/DC/Rly，版本号V4.2，生成一个名为“PLC_1”的PLC站点。

打开“网络视图”，在“硬件目录”下，依次展开“HMI”→“SIMATIC精智面板”→“7″显示屏”→“TP700 Comfort”，将“6AV2 124-0GC01-0AX0”拖放到网络视图中，生成一个名为“HMI_1”的HMI站点。在“网络视图”下，选中 连接，选择后面的“HMI连接”。拖动PLC_1的以太网接口（绿色）到HMI_1的以太网接口（绿色），自动建立了一个“HMI_连接_1”的连接。

（2）PLC的组态

在网络视图中，双击PLC_1的CPU，进入设备视图页面。在右边的硬件目录下，依次展开“信号板”→“AQ”→“AQ 1×12BIT”，双击下面的“6ES7 232-4HA30-0XB0”或将其拖放到CPU中间的方框中。点击巡视窗口的“属性”→“常规”下的“模拟量输出”，将通道0的模拟量输出类型设为“电压”，可以看到电压范围为“+/−10V”（不能修改），通道地址为QW80。

展开硬件目录下的“AI”→“AI 4×13BIT”，双击下面的“6ES7 231-4HD32-0XB0”或将其拖放到CPU的2号槽中。点击巡视窗口的“属性”→“常规”→“AI4”→“模拟量输入”，将通道0～通道3的测量类型设为“电压”，电压范围为“+/−10V”，可以看到通道地址为IW96～IW102。

8.4.4 编写PLC程序

在站点PLC_1下，双击“添加新块”，添加一个名为“压力”的全局数据块DB1。在该数据块中创建Int类型的变量“压力测量1”～“压力测量4”“压力上限”“压力下限”“设定速度”。

打开主程序OB1，编写的程序如图8-27所示。

在程序段1中，开机时，“事故信息”MW10为0。当按下启动按钮（I0.5常开触点接通）或点击触摸屏中的“启动”按钮（M0.1常开触点接通）时，Q0.0线圈通电，风机启动。当出现故障时，MW10不为0，Q0.0线圈断电，风机停止。当按下停止按钮（I0.4常闭触点断开）或点击触摸屏中的“停止”按钮（M0.0常闭触点断开）时，Q0.0线圈断电，风机停止。

在程序段2中，当4个压力测量点的压力测量值都高于压力下限时，启动标志M5.0为“1”。

在程序段3中，风机运行（Q0.0为“1”）且M5.0为“1”时，Q0.1线圈通电，生产线启动。

在程序段4中，将压力测量点1和2的值送入变量“压力测量1”和“压力测量2”。

在程序段5中，将压力测量点3和4的值送入变量“压力测量3”和“压力测量4”。

在程序段6中，将“设定速度”送入QW80，对风机进行调速。

在程序段7中，正常运行时，主电路的空气开关QF1应合上，QF1的常闭触点断开，故I0.0没有输入；当主电路跳闸时，I0.0为“1”，触发主电路跳闸报警。

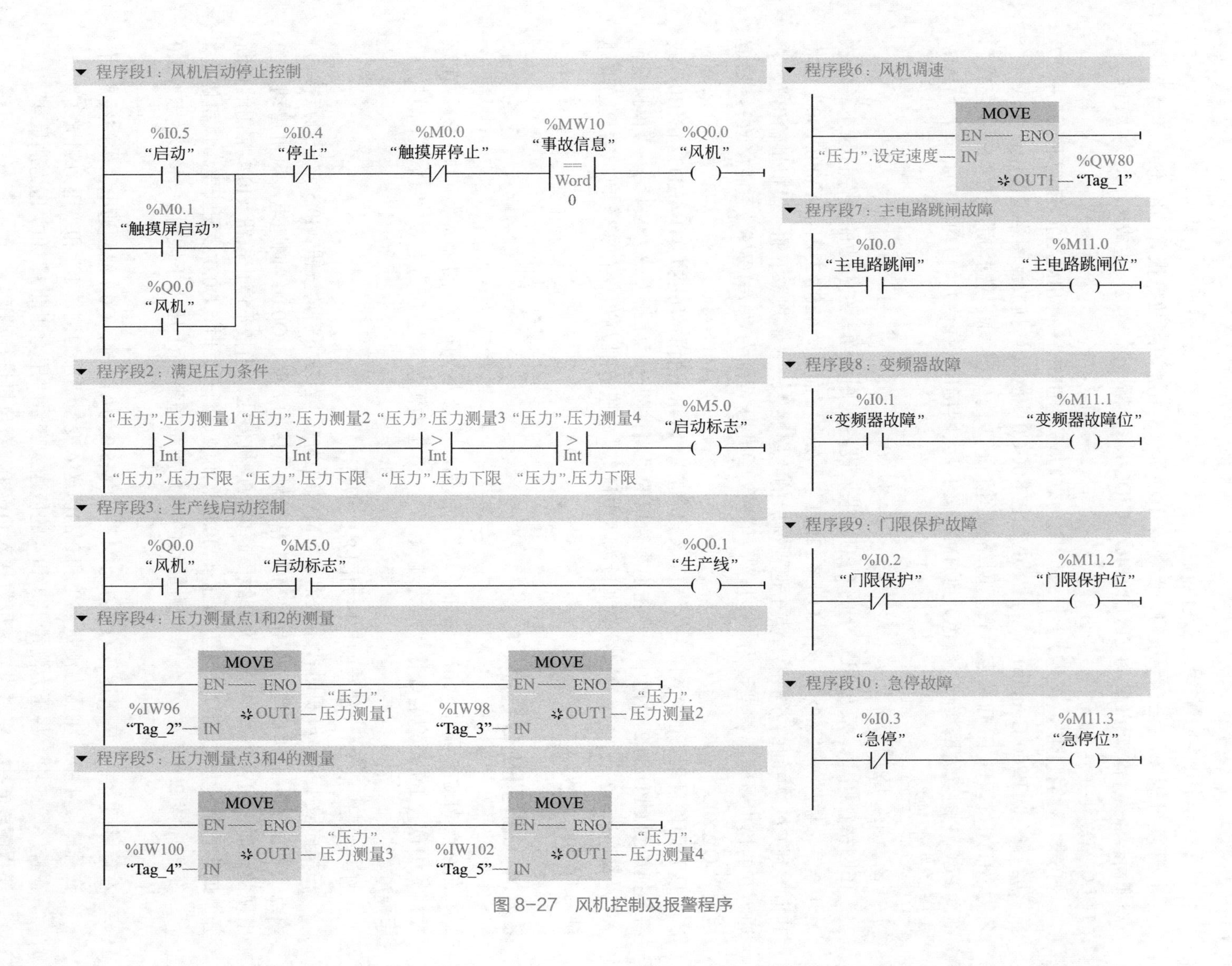

图 8-27　风机控制及报警程序

在程序段8中，正常运行时，变频器没有故障，I0.1没有输入；当变频器发生故障时，I0.1为“1”，触发变频器故障报警。

在程序段9中，正常运行时，车门应处于关闭状态，压住行程开关SQ，故I0.2有输入，其常闭触点断开；当车门打开时，I0.2为“0”，其常闭触点接通，触发门限保护报警。

在程序段10中，正常运行时，紧急停车按钮为常闭，故I0.3有输入，其常闭触点断开；当按下紧急停车按钮时，I0.3为“0”，其常闭触点接通，触发紧急停车报警。

8.4.5 触摸屏画面及报警的组态

8.4.5.1 触摸屏画面的组态

要组态的触摸屏画面如图8-28所示，指示灯和按钮的组态上一节已经讲述，这里主要讲述符号I/O域及画面之间的切换。

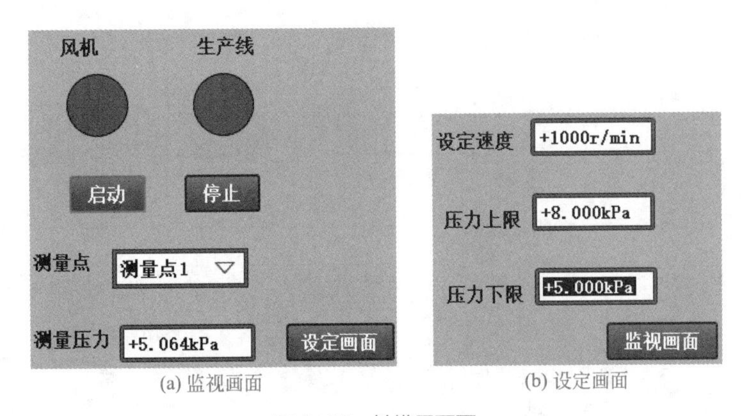

(a) 监视画面　(b) 设定画面

图8-28　触摸屏画面

（1）组态符号I/O域

① 创建文本列表　在项目树下，双击HMI_1的“文本和图形列表”，如图8-29所示。在文本列表下输入“压力”，在“文本列表条目”下输入“测量点1”～“测量点4”，分别对应的值为0～3。

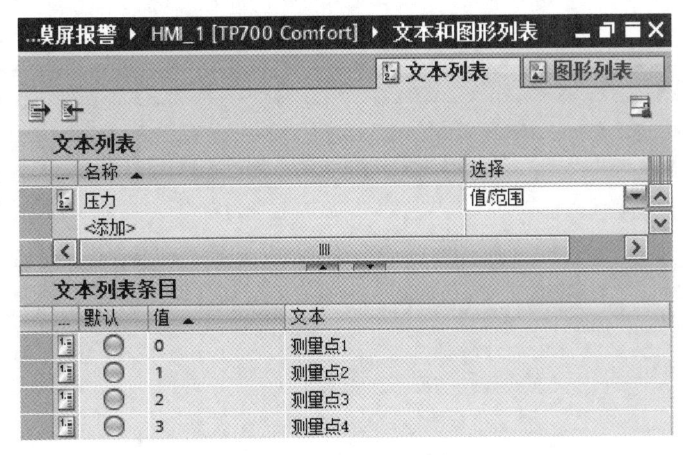

图8-29　组态文本列表

② 变量的指针化　展开项目树下的“HMI_1”→“HMI 变量”，双击“默认变量表”，添加 Int 类型的触摸屏内部变量“压力”和“指针”，如图 8-30 所示。选中变量“压力”，从巡视窗口中点击“指针化”选项，勾选右边窗口中“指针化”前的复选框。点击 HMI 的默认变量表，从详细视图中将“指针”拖放到“索引变量”后面。点击项目树中 PLC_1 下的数据块“压力”，从详细视图中将“压力测量 1”～“压力测量 4”分别拖放到右边的“变量”列下，自动生成索引 0～3。即当指针指向 0～3 时，将变量“压力测量 1”～“压力测量 4”的值分别送入变量“压力”中。

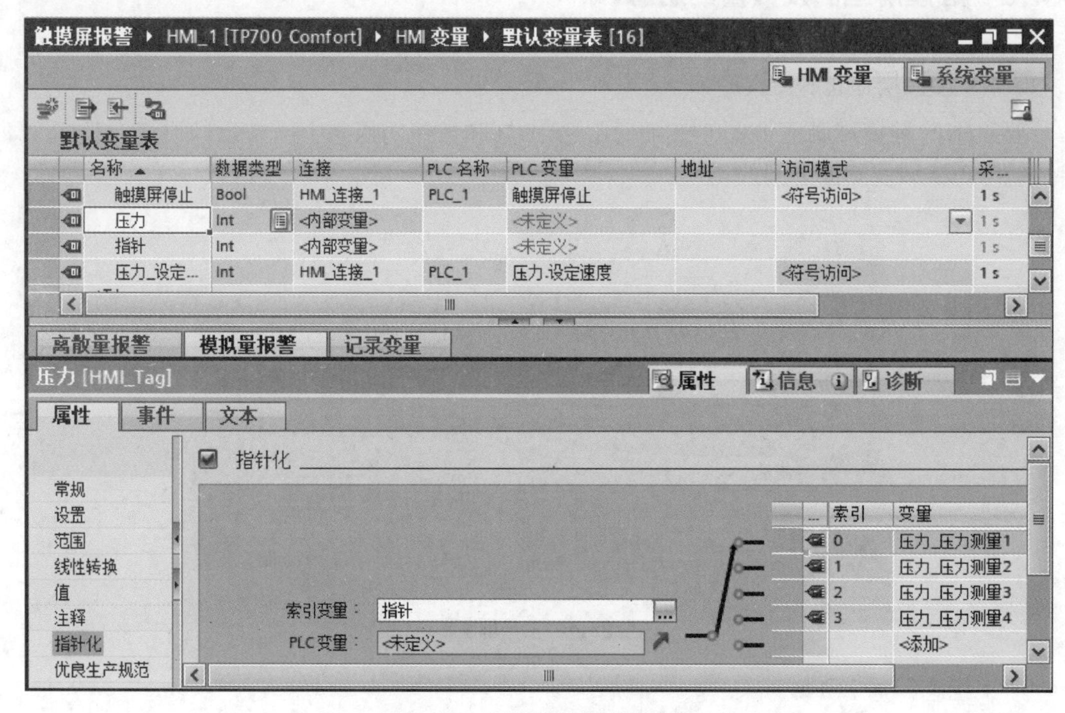

图 8-30　变量“压力”的指针化

③ 符号 I/O 域的组态　展开“HMI_1”→“画面”，双击“添加新画面”，添加一个“画面_1”的画面。在“工具箱”下展开“元素”，将符号 I/O 域 符号 I/O 域 拖放到图 8-28（a）中测量点的右边，点击巡视窗口中“属性”下的“常规”选项，显示如图 8-31 所示。将过

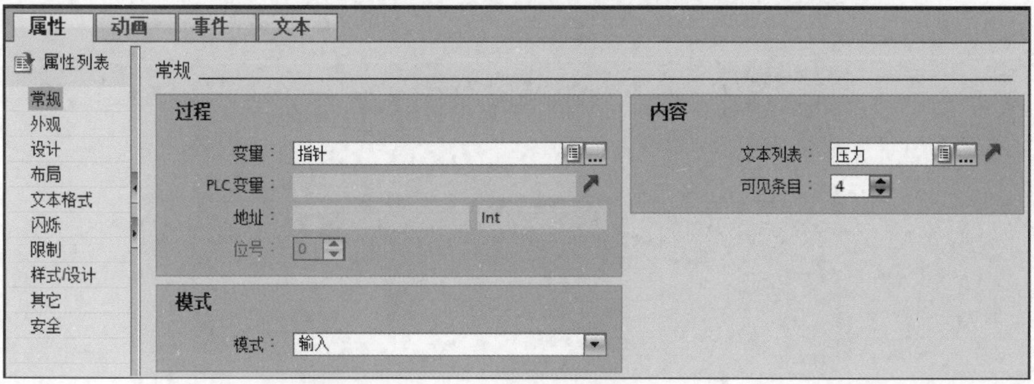

图 8-31　符号 I/O 域的组态

程变量选择为“指针”，模式为“输入”，内容中的文本列表选择前面创建的文本列表“压力”，可见条目设为4，则点击该符号I/O域时下拉列表会显示4个条目。例如，当选择“压力测量1”时，将文本列表中“测量点1”对应的值0送入“指针”，指针指向变量“压力测量1”，那么将变量“压力测量1”的值送入变量“压力”。

（2）I/O域的组态

点击HMI_1的“默认变量表”，将变量“压力”拖放到触摸屏界面中“测量压力”的右边。点击“属性”下的“常规”，显示如图8-32所示，将类型模式选择为“输出”，显示格式为默认的“十进制”，格式样式为“s999999”，即带符号6位显示，移动小数点为“3”，小数点也占用一位，实际显示格式为+00.000。在“外观”的“文本”中设置单位为“kPa”，画面上的I/O域显示格式为“+00.000kPa”。

展开站点HMI_1下的“画面”，双击“添加新画面”，添加一个“画面_2”，然后点击PLC下的数据块DB1，从详细视图中拖放如图8-28（b）所示的3个I/O域。将它们都作为输入域，单位的设置和小数点的移动参考“测量压力”的I/O域的组态。

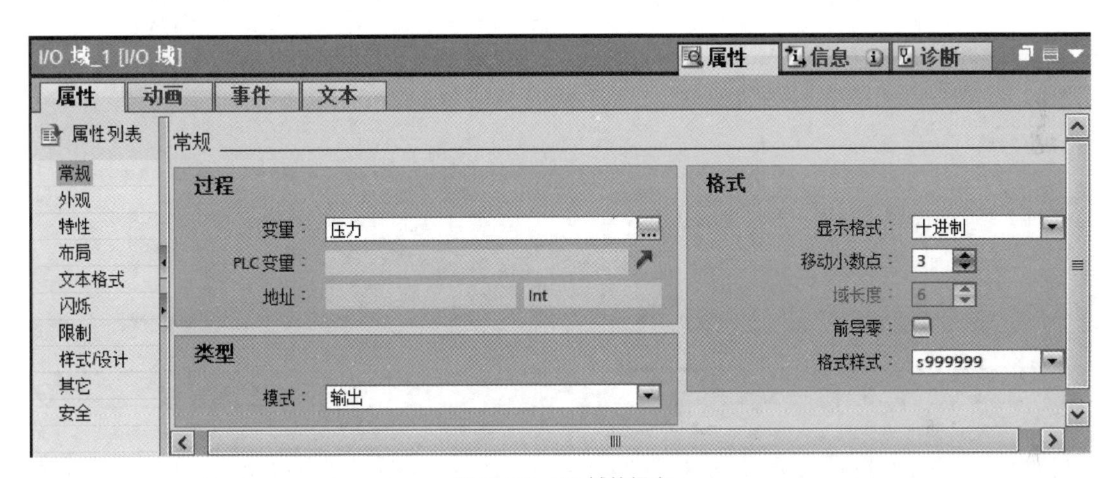

图8-32 I/O域的组态

（3）画面的切换组态

展开HMI_1下的“画面”，在“画面_1”上单击右键选择“重命名”，命名为“监视画面”，也可以从“画面_1”的巡视窗口中修改画面的名称。按照同样的方法，将“画面_2”重命名为“设定画面”。

在“监视画面”中，从项目树下将“设定画面”拖放到该画面中，自动生成一个标签为“设定画面”的按钮，运行时点击这个按钮，就可以将画面切换到“设定画面”。在“设定画面”中，从项目树下将“监视画面”拖放到该画面中，自动生成一个标签为“监视画面”的按钮，运行时点击这个按钮，就可以将画面返回到“监视画面”。

8.4.5.2 触摸屏报警的组态

（1）报警类别

对于离散量报警和模拟量报警，HMI报警有如下类别。

①“Errors”（错误）：用于显示过程中的紧急、危险状态或者超越极限情况。用户必须确认来自此报警类别的报警。

②“Warnings”（警告）：用于显示过程中的非常规的操作状态、过程状态和过程顺序。用户不需要确认来自此报警类别的报警。

③“System”（系统）：用于显示关于 HMI 设备和 PLC 的状态的报警。该报警组不能用于自定义报警。

④“Diagnosis events”（诊断事件）：用于显示 SIMATIC S7 控制器中的状态和报警的报警。用户不需要确认来自此报警类别的报警。

双击 HMI 站点下的“HMI 报警”，进入报警组态画面。点击“报警类别”选项卡，将错误类型报警的显示名称由“！”修改为“错误”；系统类型由“$”修改为“系统”；警告类型的报警修改为“警告”，如图 8-33 所示。选择错误类型的报警，在“属性”栏的“常规”下，点击“状态”，将报警的状态分别由“I”“O”“A”修改为“到达”“离开”和“确认”。点击“颜色”，可以修改每个状态所对应的背景颜色，也可以通过“错误”表单后面进行修改。比如本例中将“到达”设为红色，“达到 / 离去”设为天蓝色，“到达 / 已确认”设为蓝色，“到达 / 离开 / 已确认”设为绿色。

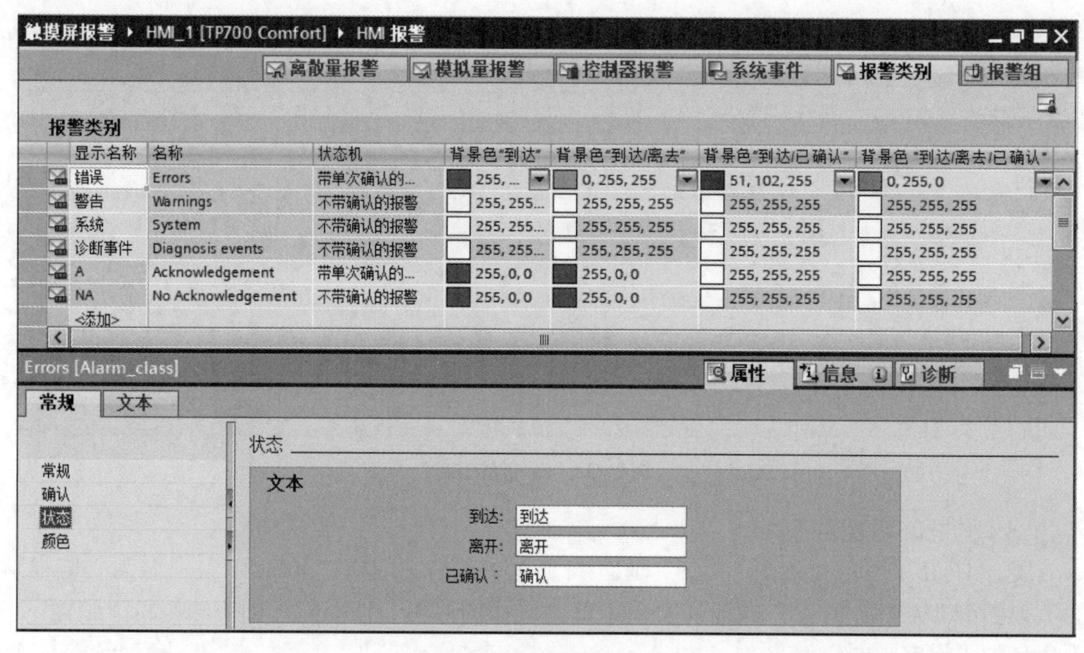

图 8-33　报警类别组态

（2）离散量报警的组态

PLC 默认变量表中创建了“事故信息”变量，数据类型为 Word，地址 MW10；一个字有 16 个位，可最多组态 16 个离散量报警。比如，在本例中，有主电路跳闸、变频器故障、门限保护、紧急停车这 4 个事故，占 MW10 的第 0 ～ 3 位（即 M11.0 ～ M11.3）。

点击“离散量报警”选项卡，创建的报警如图 8-34 所示。在“名称”和“报警文本”下输入“主电路跳闸”，报警类别选择“Errors”，点击 PLC 的默认变量表，从详细视图中将变量“事故信息”拖放到触发变量中，触发位默认为 0，触发器地址为“事故信息 .x0”，由于 S7-1200 默认的变量表示为符号表示，“事故信息 .x0”表示符号“事故信息”的第 0 位，即 M11.0。当 M11.0 为“1”时，触发主电路跳闸故障。在“信息文本”选项中，输入“主电路跳闸故障，检查：① PLC 的输入 I0.0；②空气开关 QF1；③风机”。当出现报警时，维修人员可以点击信息文本按钮查看故障信息，以便于快速维修。

用同样的方法，组态变频器故障的触发条件为“事故信息”的第 1 位（即 M11.1），信息文本为“变频器故障，请检查：① PLC 的输入 I0.1；②变频器”。组态门限保护的触发条件为“事故信息”的第 2 位（即 M11.2），信息文本为“设备车门打开故障，请检查：①车门是否打开；② PLC 的输入 I0.2；③行程开关 SQ”。组态紧急停车的触发条件为“事故信息”的第 3 位（即 M11.3），信息文本为“紧急停车，请检查：① PLC 的输入 I0.3；②是否有紧急情况发生”。

使用“报警组”可以通过一次确认操作同时确认该报警组的全部报警。点击“报警组”可以修改报警组的名称，报警组的 ID 编号由系统分配。将 ID 号为 1 的报警组命名为“报警组 1”，然后在“主电路跳闸”和“变频器故障”后选择“报警组 1”，则确认其中一个报警，两个报警一起得到确认。

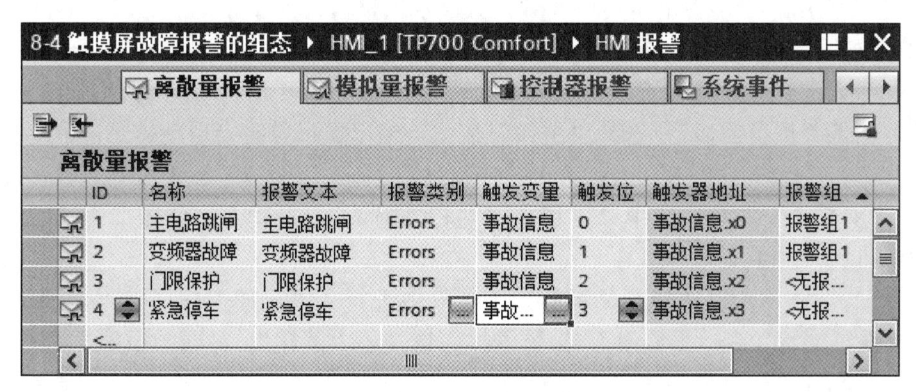
8-4 触摸屏故障报警的组态 ▸ HMI_1 [TP700 Comfort] ▸ HMI 报警

离散量报警 | 模拟量报警 | 控制器报警 | 系统事件

离散量报警

ID	名称	报警文本	报警类别	触发变量	触发位	触发器地址	报警组
1	主电路跳闸	主电路跳闸	Errors	事故信息	0	事故信息.x0	报警组1
2	变频器故障	变频器故障	Errors	事故信息	1	事故信息.x1	报警组1
3	门限保护	门限保护	Errors	事故信息	2	事故信息.x2	<无报...
4	紧急停车	紧急停车	Errors	事故...	3	事故信息.x3	<无报...

图 8-34　离散量报警的组态

（3）模拟量报警的组态

点击“模拟量报警”选项卡，创建的报警如图 8-35 所示。在“报警文本”下输入“压力测量点 1 高于上限”，报警类别选择“Errors”，点击 PLC 下的数据块“压力”，从详细视图中将变量“压力测量 1”拖放到“触发变量”下，将“压力上限”拖放到“限制”下，限

触摸屏报警 ▸ HMI_1 [TP700 Comfort] ▸ HMI 报警

离散量报警 | 模拟量报警 | 控制器报警 | 系统事件 | 报警类别 | 报警组

模拟量报警

ID	名称	报警文本	报警类别	触发变量	限制	限制模式
1	压力测量点1高于上限	压力测量点1高于上限	rrors	压力_压力测...	压力_	大于
2	压力测量点2高于上限	压力测量点2高于上限	Errors	压力_压力测量2	压力_压力上限	大于
3	压力测量点3高于上限	压力测量点3高于上限	Errors	压力_压力测量3	压力_压力上限	大于
4	压力测量点4高于上限	压力测量点4高于上限	Errors	压力_压力测量4	压力_压力上限	大于
5	压力测量点1低于下限	压力测量点1低于下限	Errors	压力_压力测量1	压力_压力下限	小于
6	压力测量点2低于下限	压力测量点2低于下限	Errors	压力_压力测量2	压力_压力下限	小于
7	压力测量点3低于下限	压力测量点3低于下限	Errors	压力_压力测量3	压力_压力下限	小于
8	压力测量点4低于下限	压力测量点4低于下限	Errors	压力_压力测量4	压力_压力下限	小于

图 8-35　模拟量报警组态

制模式为“大于”。这样，当压力测量点 1 的测量压力高于压力上限时，会触发报警。在巡视窗口的“信息文本”选项中，可以输入提示信息。按照同样的方法，组态“压力测量点 2 高于上限”～“压力测量点 4 高于上限”的报警。

在“报警文本”下输入“压力测量点 1 低于下限”，报警类别选择“Errors”，点击 PLC 下的数据块“压力”，从详细视图中将变量“压力测量 1”拖放到“触发变量”下，将“压力下限”拖放到“限制”下，限制模式为“小于”。这样，当压力测量点 1 的测量压力低于压力下限时，会触发报警。按照同样的方法，组态“压力测量点 2 低于下限”～“压力测量点 4 低于下限”的报警。

（4）组态报警窗口

在 HMI_1 站点下，展开“画面管理”，双击打开“全局画面”，将“工具箱”中的“报警窗口”拖放到画面中，调整控件大小，注意不要超出编辑区域。在“属性”的“常规”选项下，将显示当前报警状态的“未决报警”和“未确认的报警”都选上，将报警类别的“Errors”选择启用，当出现错误类报警时就会显示该报警，如图 8-36 所示。

点击“布局”选项，设置每个报警的行数为 1 行，显示类型为“高级”。

点击“窗口”选项，在设置项中选择“自动显示”“可调整大小”；在标题项中，选择“启用”，标题输入“报警窗口”，选择“关闭”按钮。当出现报警时会自动显示，右上角有可关闭的☒。

点击“工具栏”选项，选中“信息文本”和“确认”，自动在报警窗口中添加信息文本按钮和确认按钮。

点击“列”选项可以选择要显示的列。本例中选择了“日期”“时间”“报警类别”“报警状态”“报警文本”和“报警组”；报警的排序选择了“降序”。最新的报警显示在第 1 行。

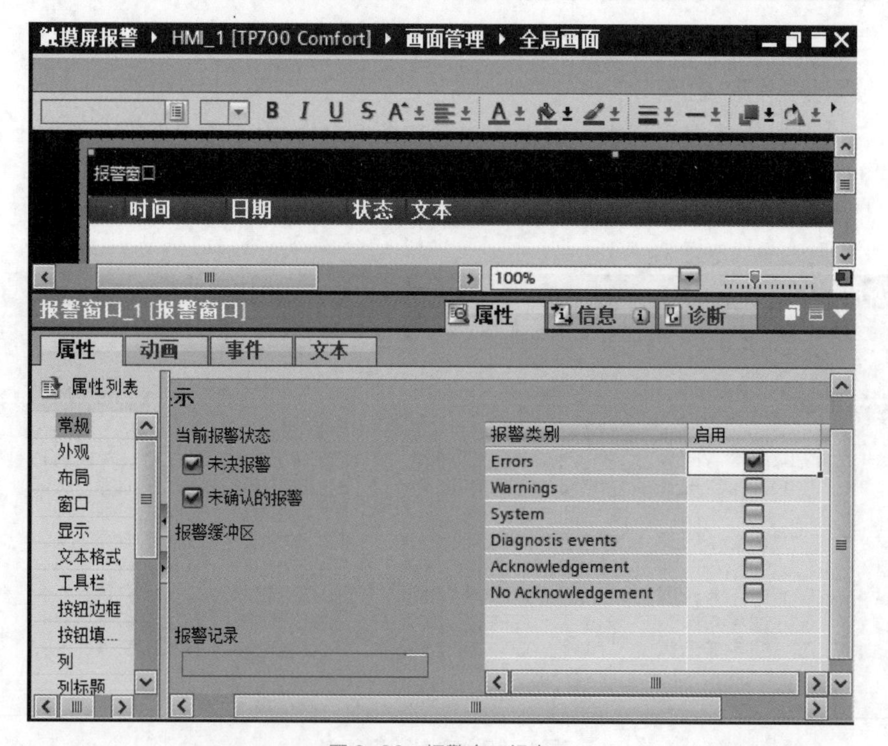

图 8-36 报警窗口组态

8.4.5.3　触摸屏变量的线性化

通过拖放操作自动生成的 HMI 默认变量表如图 8-37 所示。由于在 PLC 程序中直接读取测量值或直接写入到输出，需要对 PLC 和 HMI 中的变量进行线性转换。选中变量“压力_压力测量 1”，在巡视窗口中点击“属性”下的“线性转换”，选中右边窗口中“线性转换”前的复选框，将 PLC 侧的起始值和结束值设置为 0 和 27648，将 HMI 侧的起始值和结束值设置为 0 和 10000，那么可以将 PLC 测得的测量值 0 ～ 27648 线性转换为 0 ～ 10000Pa 进行显示。按照同样的方法设置“压力_压力测量 2”～“压力_压力测量 4”、“压力_压力上限”和“压力_压力下限”的 PLC 侧为 0 ～ 27648，HMI 侧为 0 ～ 10000；设置“压力_设定速度”的 PLC 侧为 0 ～ 27648，HMI 侧为 0 ～ 1430。

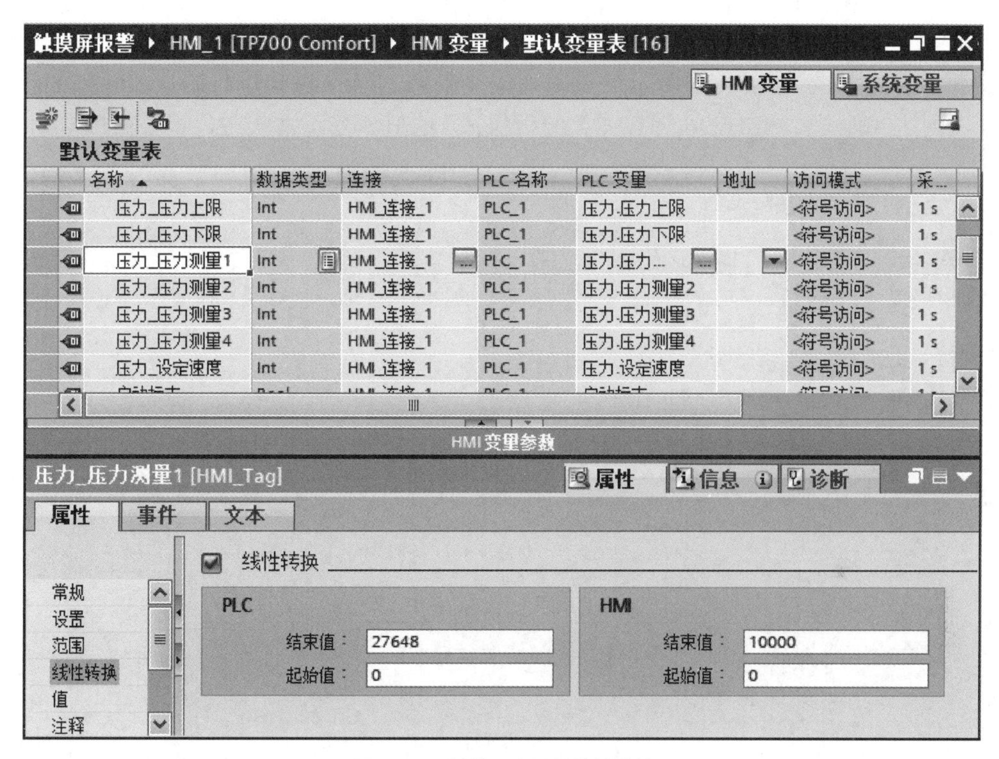

图 8-37　触摸屏变量的线性转换

8.4.6　触摸屏报警的仿真

在项目树下所建的项目上单击鼠标右键，选择“属性”。在打开的属性页面中，点击“保护”选项卡，选中“块编译时支持仿真”前的复选框。点击“PLC_1”，然后单击工具栏上的“启动仿真”按钮，打开 S7-PLCSIM。将其下载到仿真 PLC，使 PLC 进入 RUN 模式。在 SIM 表格下，双击“添加新的 SIM 表格”，添加一个“SIM 表格_1”，在该表格的工具栏中单击“加载项目标签”按钮，将项目中所有的变量都添加到表格中，将不需要的条目删除，只保留如图 8-38（a）所示的条目。

点击“项目树”下的触摸屏站点“HMI_1[TP700 Comfort]”，再点击工具栏中的仿真按钮，弹出的触摸屏画面如图 8-28（a）所示。点击“设定画面”按钮，打开图 8-28（b）所示的画面，设置速度为 1000r/min、压力上限为 8.000kPa、压力下限为 5.000kPa。点击“监视画面”按钮，返回到监视画面。

在 PLC 仿真器中预先选中“门限保护”和“急停”后面“位”列的复选框，点击变量“启动”，从下面点击“启动”按钮，或者在触摸屏界面中点击“启动”按钮，可以看到触摸屏界面中的风机指示灯亮，仿真器中变量“风机”后面的方框中显示“ √”，表示风机启动。

点击工具栏中的启用非输入修改按钮，将 IW96、IW98、IW100 和 IW102 的值修改为大于 13824（压力下限 5kPa 对应的测量值），可以看到变量“生产线”Q0.1 有输出，生产线启动。

将 IW96 的值修改为小于 13824，模拟压力测量点 1 的压力小于压力下限 5kPa 的模拟量报警；取消“门限保护”后面的“ √”，模拟门限保护的离散量报警；将 IW98 的值修改为大于 22118（压力上限 8kPa 对应的测量值），模拟压力测量点 2 的压力大于压力上限 8kPa。弹出的报警窗口如图 8-38（b）所示，点击确认按钮对各个报警进行确认，它们的状态都变为了“到达 / 确认”。将 IW96、IW98、“门限保护”的值恢复正常状态，报警窗口自动消失。

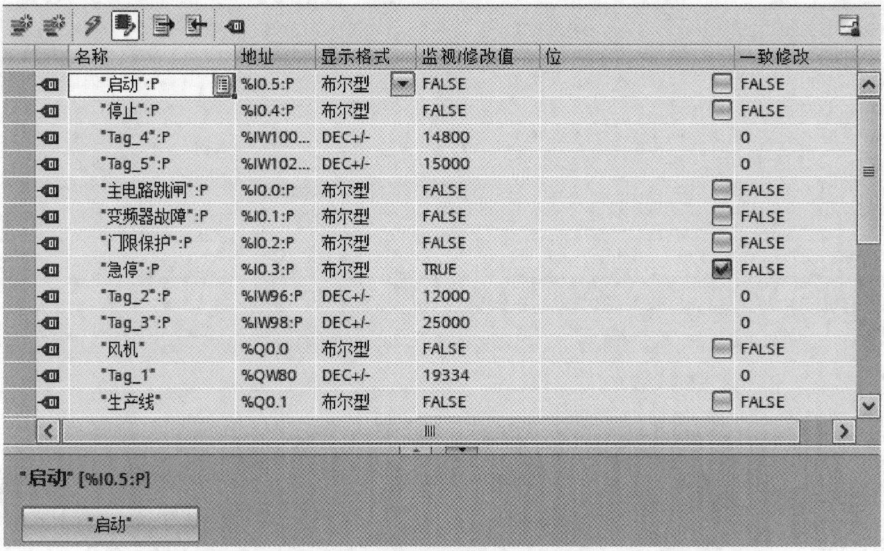

名称	地址	显示格式	监视/修改值	位	一致修改
"启动":P	%I0.5:P	布尔型	FALSE	☐	FALSE
"停止":P	%I0.4:P	布尔型	FALSE	☐	FALSE
"Tag_4":P	%IW100...	DEC+/-	14800		0
"Tag_5":P	%IW102...	DEC+/-	15000		0
"主电路跳闸":P	%I0.0:P	布尔型	FALSE	☐	FALSE
"变频器故障":P	%I0.1:P	布尔型	FALSE	☐	FALSE
"门限保护":P	%I0.2:P	布尔型	FALSE	☐	FALSE
"急停":P	%I0.3:P	布尔型	TRUE	☑	FALSE
"Tag_2":P	%IW96:P	DEC+/-	12000		0
"Tag_3":P	%IW98:P	DEC+/-	25000		0
"风机"	%Q0.0	布尔型	FALSE	☐	FALSE
"Tag_1"	%QW80	DEC+/-	19334		0
"生产线"	%Q0.1	布尔型	FALSE	☐	FALSE

"启动" [%I0.5:P]

"启动"

(a) 仿真器

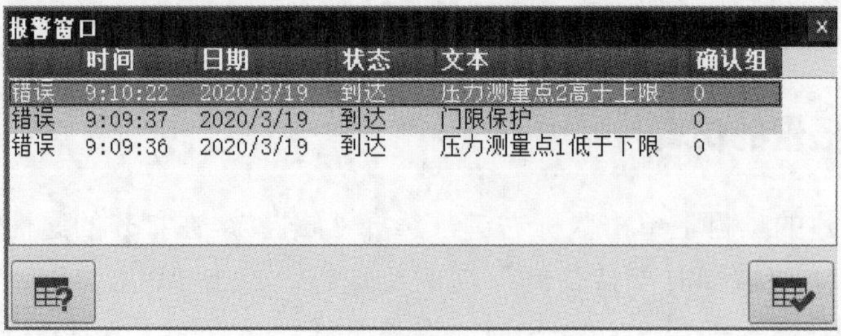

报警窗口

	时间	日期	状态	文本	确认组
错误	9:10:22	2020/3/19	到达	压力测量点2高于上限	0
错误	9:09:37	2020/3/19	到达	门限保护	0
错误	9:09:36	2020/3/19	到达	压力测量点1低于下限	0

(b) 报警窗口

图 8-38　触摸屏报警仿真

选中“主电路跳闸”“变频器故障”的位，模拟这两个报警，从报警窗口中选中其中的一个进行确认，可以看到这两个报警同时得到了确认，因为它们属于同一个报警组。取消它们的位的“ √”，报警消失，报警窗口自动关闭。

8.5 触摸屏的用户管理

扫一扫 看视频

在系统运行过程中，可能需要修改某些重要参数，如修改温度或时间的设定值、产品工艺参数的设定等，这些参数设定只能允许经授权的专业人员来完成，因此应采用不同的授权方式允许不同的人员进行相应的操作。

在西门子触摸屏的用户管理中，将权限分配给用户组，然后将用户分配给用户组，用户就有了这个用户组的权限。同一个用户组中的用户拥有相同的权限。

在本例中，操作员组只能对风机的启动/停止进行控制；班组长组除了具有操作员的权限外，还具有访问设定画面的权限；工程师组除了具有班组长的权限外，还具有设定压力上下限的权限。

8.5.1 组态 PLC 与触摸屏的通信网络

打开项目视图，点击按钮，新建一个项目“8-5 触摸屏的用户管理”。然后双击“添加新设备”，添加 PLC 为 CPU 1214C AC/DC/Rly，版本号 V4.2，生成一个名为“PLC_1”的 PLC 站点。

打开“网络视图”，在“硬件目录”下依次展开“HMI”→“SIMATIC 精智面板”→“7″显示屏”→“TP700 Comfort”，将“6AV2 124-0GC01-0AX0”拖放到网络视图中，生成一个名为“HMI_1”的 HMI 站点。在“网络视图”下，选中 连接，选择后面的“HMI 连接”。拖动 PLC_1 的以太网接口（绿色）到 HMI_1 的以太网接口（绿色），自动建立了一个“HMI_连接_1”的连接。

8.5.2 用户管理

（1）用户组的组态与权限分配

在项目树的站点 HMI_1 下，双击“用户管理”，点击“用户组”选项卡，打开如图 8-39 所示画面。在“权限”中添加“访问设定画面”和“设定压力上下限”的权限；在“组”中添加“操作员组”“班组长组”和“工程师组”。“管理员组”拥有所有的权限，对“操作员组”只分配“操作”的权限，对“班组长组”分配“操作”和“访问设定画面”的权限，对“工程师组”分配“操作”“访问设定画面”和“设定压力上下限”的权限。

（2）用户的组态

点击“用户”选项卡，打开如图 8-40 所示画面。小周是操作员，在“用户”中建立用户“xiaozhou”，密码设为“2000”，在“组”中，选择“操作员”，将小周分配给操作员这一组；王兰是班组长，在“用户”中建立用户“wanglan”，密码设为“3000”，在“组”中，选择“班组长”，将王兰分配给班组长这一组；李明是工程师，在“用户”中建立用户“liming”，密码设为“4000”，在“组”中，选择“工程师”，将李明分配给工程师这一组。注意，用户的名称只能使用字符或数字，不能使用中文。

8.5.3 触摸屏画面的组态

展开“HMI_1”→“画面”，双击“添加新画面”，添加一个“画面_1”的画面，将其命名为“监视画面”。再添加一个画面，将其命名为“设定画面”。

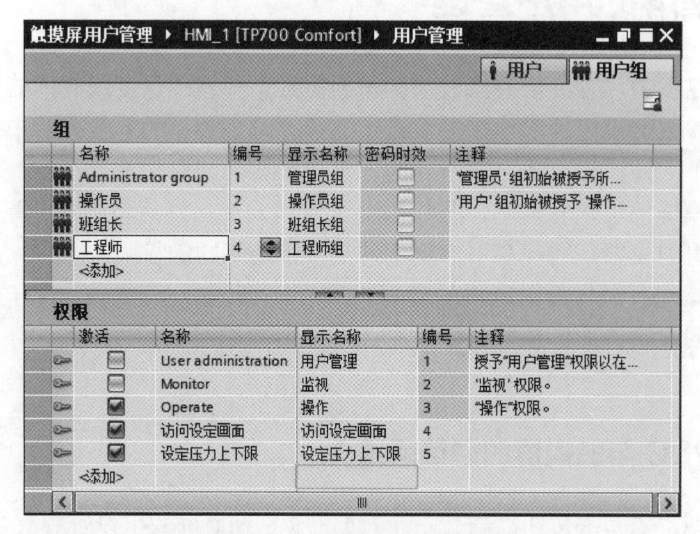

组

名称	编号	显示名称	密码时效	注释
Administrator group	1	管理员组	☐	'管理员'组初始被授予所...
操作员	2	操作员组	☐	'用户'组初始被授予'操作...
班组长	3	班组长组	☐	
工程师	4	工程师组	☐	
<添加>				

权限

激活	名称	显示名称	编号	注释
☐	User administration	用户管理	1	授予"用户管理"权限以在...
☐	Monitor	监视	2	"监视"权限。
☑	Operate	操作	3	"操作"权限。
☑	访问设定画面	访问设定画面	4	
☑	设定压力上下限	设定压力上下限	5	
	<添加>			

图 8-39　用户组的组态与权限分配

触摸屏用户管理 ▸ HMI_1 [TP700 Comfort] ▸ 用户管理

用户　用户组

用户

名称	密码	自动注销	注销时间	编号	注释
Administrator	********	☑	5	1	将用户 'Administ...
xiaozhou	********	☑	5	2	
wanglan	********	☑	5	3	
liming	********	☑	5	4	
<添加>					

组

成员属于	名称	编号	显示名称	密码时效	注释
○	Administrator group	1	管理员组	☐	'管理员'组初始被...
○	操作员	2	操作员组	☐	'用户'组初始被授...
○	班组长	3	班组长组	☐	
◉	工程师	4	工程师组	☐	

图 8-40　用户的组态

在 PLC 下添加一个全局数据块 DB1，命名为“压力”。创建 Bool 类型的变量“触摸屏启动”和“触摸屏停止”，创建 Int 类型的变量“压力测量值”“压力上限”和“压力下限”。在 PLC 的默认变量表中添加变量“风机”，地址为 Q0.0。

触摸屏的“监视画面”如图 8-41（a）所示。点击项目树下的 PLC 的默认变量表，从详细视图中将变量“风机”拖放到指示灯的外观动画中。点击 PLC 的数据块“压力”，从详细视图中将变量“触摸屏启动”分别拖放到启动按钮的按下（置位位）和释放（复位位）事件中。将变量“触摸屏停止”分别拖放到停止按钮的按下（置位位）和释放（复位位）事件中。将变量“压力测量值”拖放到测量压力下，从“常规”中选择模式为输出域，将移动小数点设为 3，从属性下的“外观”中设置单位为“kPa”。

在“工具箱”下展开“控件”，将“用户视图”拖放到画面中，调整大小和字体。拖放一个按钮，将其标签修改为“登录”。在巡视窗口的“事件”选项卡中，点击“单击”，添加函数为“用户管理”下的“显示登录对话框”。再拖放一个按钮，修改标签为“注销”。在巡视窗口的“事件”选项卡中，点击“单击”，添加函数为“用户管理”下的“注销”。将项目树下的“设定画面”拖放到“监视画面”中，生成一个“设定画面”的按钮。

触摸屏的“设定画面”如图 8-41（b）所示。选中 PLC 下的数据块“压力”，从详细视图中将变量“压力上限”拖放到画面压力上限的后面，从“常规”中选择模式为输入域，将移动小数点设为 3，从属性下的“外观”中设置单位为“kPa”。选中该输入域，按住计算机的“Ctrl”键，用鼠标拖动到画面压力下限的后面，从详细视图中将变量“压力下限”拖放到巡视窗口下“常规”中的过程变量中。将“监视画面”拖放到“设定画面”中，生成一个“监视画面”的按钮。

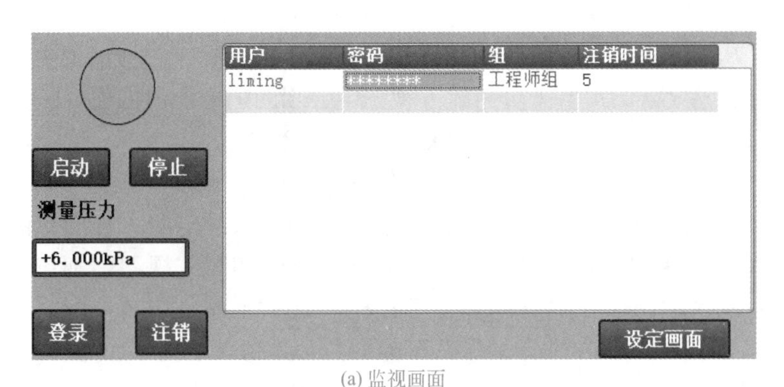

(a) 监视画面

压力上限 +8.000kPa
压力下限 +5.000kPa
监视画面

(b) 设定画面

图 8-41　触摸屏画面

8.5.4　画面对象的安全设置

点击项目树中 HMI_1 下的“用户管理”，再点击监视画面中的“启动”按钮，在巡视窗口中点击“属性”下的“安全”，从详细视图中将权限“Operate”（操作）拖放到右边“运行系统安全性”域的“权限”后面的框中，设定“启动”按钮只有具有“Operate”的权限才能操作。按照同样的方法设置“停止”按钮的安全性。点击“设定画面”按钮，在巡视窗口中点击“属性”下的“安全”，从详细视图中将权限“访问设定画面”拖放到“权限”后面的框中，设定只有具有该权限者才能进入设定画面。

点击“设定画面”中的压力上限的 I/O 域，在巡视窗口中点击“属性”下的“安全”，从详细视图中将权限“设定压力上下限”拖放到“权限”后面的框中，设定只有具有该权限者才能设定压力上限。按照同样方法设定压力下限的安全性。

8.6 触摸屏的配方管理

扫一扫 看视频

8.6.1　配方与数据传送

（1）配方

配方是与某种生产工艺过程有关的所有参数的集合。果汁厂生产不同的果汁产品，例如葡萄汁、柠檬汁、橙汁和苹果汁等，每种产品称为一个配方。果汁的主要成分为水、糖、果汁的原汁和香料，这些称为元素。每一种口味的果汁产品又分为果汁饮料、浓缩果汁和纯果汁，它们的配料相同，只是混合比例不同，这些称为数据记录。

如果不使用配方，在改变产品的品种时，操作工人需要查表，并使用 HMI 设备的画面中的输入域来将参数输入 PLC 的存储区。有的工艺过程的参数可能多达数十个，在改变工艺时如果每次都输入这些参数，既浪费时间，又容易出错。

在需要改变大量参数时可以使用配方，只需要简单的操作，便能集中地和同步地将更换品种时所需的全部参数以数据记录的形式从 HMI 设备传送到 PLC，也可以反向传送。

（2）配方数据的传送

配方数据传送可能的情况如图 8-42（a）所示。

① 保存：将操作人员在配方视图或配方画面改变的值写到存储介质的配方数据记录中。

② 装载：用存储介质里的配方数据记录值来更新配方视图中显示的配方变量的值。

③ 写入 PLC：将配方视图或配方画面中的配方数据记录下载到 PLC。

④ 从 PLC 读出：将 PLC 中的配方数据记录装入 HMI 设备的配方视图或配方画面中。

⑤ 与 PLC 同步：在组态时，可以通过设置“同步配方变量”功能来决定配方视图里的值与配方变量值是否同步，如图 8-42（b）所示。同步之后，配方变量和配方视图中都包含了当前被更新的值。没有选择“手动传送各个修改的值”（teach-in 模式）时，当前的配方值直接传送到 PLC。在 HMI 设备运行时对配方进行操作，可能会意外地覆盖 PLC 中的配方数据。如果选中“手动传送各个修改的值”，PLC 与配方变量的连接被断开，输入的数值只保存在配方变量中，不会传送到 PLC。调整产品时，在配方视图中点击下载，可以将数据下载到 PLC 中。

⑥ 导入或导出：数据记录可以用 *.csv 或 *.xls 格式保存，可以在计算机上用 Excel 和 Access 来编辑它。用同样的方法可以从外部存储介质导入 *.csv 文件到 HMI 中。

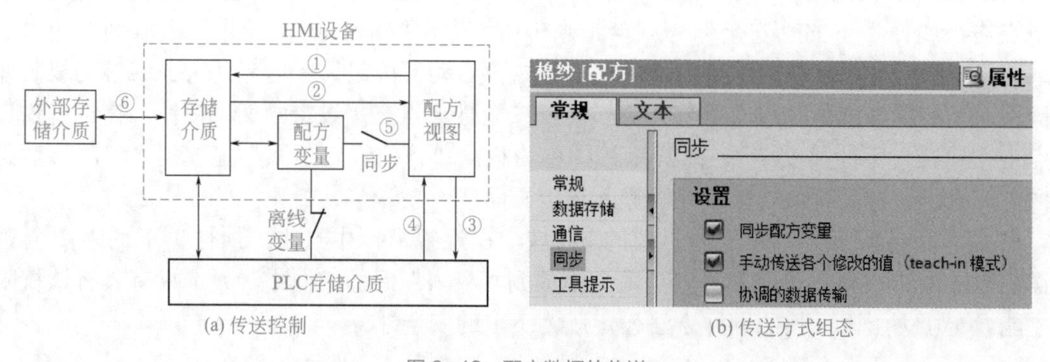

(a) 传送控制　　(b) 传送方式组态

图 8-42　配方数据的传送

8.6.2　组态 PLC 与触摸屏的通信网络

打开项目视图，点击按钮，新建一个项目“8-6 触摸屏配方管理”。然后双击“添加新设备”，添加 PLC 为 CPU 1214C AC/DC/Rly，版本号 V4.2，生成一个名为“PLC_1”的 PLC 站点。在 CPU 的设备视图中，将信号模块 SM1232（AQ 4×14BIT）插入到 2 号槽中，从巡视窗口中展开“AQ4”→“模拟量输出”，可以查看该模块输出通道 0 ～通道 3 的地址为

QW96 ~ QW102，模拟量输出均为“+/-10V”电压输出。

打开“网络视图”，在“硬件目录”下依次展开“HMI”→“SIMATIC 精智面板”→“7″显示屏”→“TP700 Comfort”，将“6AV2 124-0GC01-0AX0”拖放到网络视图中，生成一个名为“HMI_1”的 HMI 站点。在“网络视图”下，选中 连接，选择后面的“HMI 连接”。拖动 PLC_1 的以太网接口（绿色）到 HMI_1 的以太网接口（绿色），自动建立了一个“HMI_连接 _1”的连接。

8.6.3 配方的组态

某浆纱机在生产时，根据不同的产品，需要对一些工艺参数进行设置。如果每次都输入这些参数，既浪费时间又容易出错。在本例中，调整产品的品种时，通过配方管理，集中设置卷绕速度、烘筒速度、上浆辊速度、引纱辊速度和烘燥时间。

（1）创建数据块

在 PLC 站点中添加一个全局数据块 DB1，创建 Int 类型的变量“卷绕速度”“烘筒速度”“上浆辊速度”“引纱辊速度”和 Time 类型的变量“烘燥时间”，然后进行编译。

（2）创建配方

在项目树下的 HMI 站点下双击“配方”，进入配方界面，如图 8-43（a）所示。在“配方”下添加一个配方，将名称和显示名称修改为“棉纱”；在“元素”中建立“卷绕速度”“烘筒速度”“上浆辊速度”“引纱辊速度”和“烘燥时间”，点击 PLC 下的数据块 DB1，从详细视图中将各自的变量拖放到元素对应的“变量”列下。点击配方“棉纱”，在“同步”选项中选中“同步配方变量”和“手动传送各个修改的值”。

点击“数据记录”，打开如图 8-43（b）所示界面。建立“产品 1”“产品 2”和“产品 3”数据记录，将每个变量对应的值输入进去。特别注意，“烘燥时间”的数据类型为 Time，单位为“ms”，时间 40s 应输入 40000。

选中配方“棉纱”，点击配方工具栏中的“触发配方数据记录的导出”按钮，可以将该配方导出为“棉纱 .csv”文件。用 Excel 打开该文件并编辑完成后，可以点击“触发配方数据记录的导入”按钮，将该文件导入并覆盖“棉纱”配方。

（3）配方视图

将“工具箱”中“控件”下的“配方视图”拖放到触摸屏界面中，调整合适大小。在巡视窗口中点击“工具栏”，将按钮下的复选框都选中，则会显示更多的按钮，如图 8-44 所示。

“信息文本”按钮?用于显示配方操作注意事项。

“添加新记录”按钮可以在 HMI 设备上创建一个新的数据记录。

“保存”按钮是将配方视图中改变的变量值写入到存储介质中。

“另存为”按钮是将当前配方记录以新的名称保存。

“删除数据记录”按钮是从 HMI 设备的存储器中删除当前配方记录。

“重命名”按钮是对配方记录重新命名。

“同步配方变量”按钮是将配方视图中的配方记录值与关联的变量同步。

“写入 PLC”按钮是将当前数据记录传送到 PLC。

“从 PLC 读取”按钮是将 PLC 中的配方数据记录传送到 HMI 设备中，并在配方视图中显示出来。

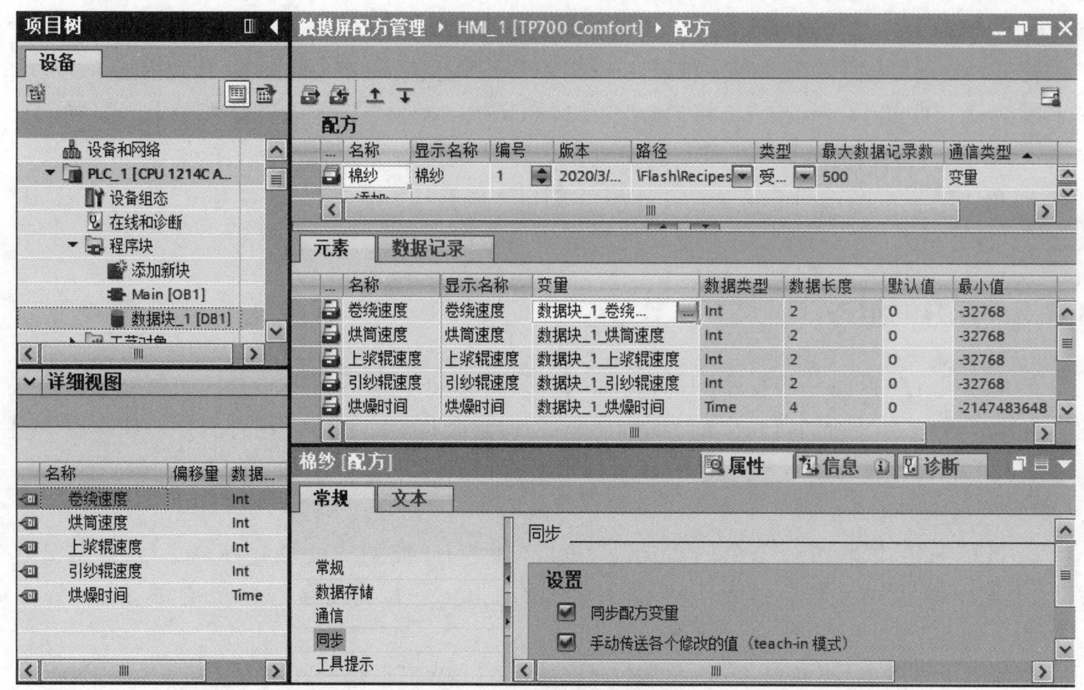

(a) 配方与元素

元素 数据记录

名称	显示名称	编号	卷绕速度	烘筒速度	上浆辊速度	引纱辊速度	烘燥时间
产品1	产品1	1	1400	1000	980	900	40000
产品2	产品2	2	1300	1200	1100	1000	50000
产品3	产品3	3	1200	1100	1000	800	60000

(b) 数据记录

图 8-43　创建配方

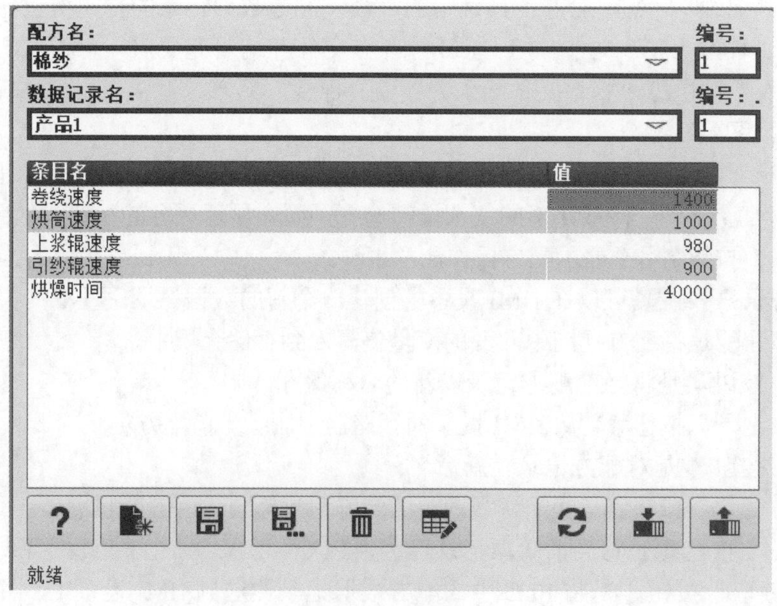

图 8-44　配方视图

8.6.4 配方管理仿真

在项目树下所建的项目上单击鼠标右键，选择“属性”。在打开的属性页面中，点击“保护”选项卡，选中“块编译时支持仿真”前的复选框。点击“PLC_1”，然后单击工具栏上的“启动仿真”按钮，将其下载到仿真PLC中，使PLC进入RUN模式。

点击“项目树”下的触摸屏站点“HMI_1[TP700 Comfort]”，再点击工具栏中的仿真按钮，弹出的触摸屏界面如图8-44所示。通过配方名下拉列表选择“棉纱”配方，通过数据记录名的下拉列表选择“产品1”，点击“写入PLC”按钮，将该记录写入到PLC。在数据块DB1中，点击工具栏中的“全部监视”按钮，监视到变量的值如图8-45所示，与“产品1”中的值一样，PLC可以利用这些变量进行控制。

数据块_1

	名称	数据类型	起始值	监视值
1	▼ Static			
2	卷绕速度	Int	0	1400
3	烘筒速度	Int	0	1000
4	上浆辊速度	Int	0	980
5	引纱辊速度	Int	0	900
6	烘燥时间	Time	T#0ms	T#40S

图8-45　数据块DB1的监视

如果取消“棉纱”配方巡视窗口中的“手动传送各个修改的值”，当修改触摸屏中条目中元素的值时，数据块DB1中相应的变量的值也随之修改。

8.7 PLC与触摸屏的PROFIBUS通信

扫一扫 看视频

（1）触摸屏与PLC的PROFIBUS通信组态

新建一个项目“8-7 PLC与触摸屏的PROFIBUS通信”，添加新设备CPU 1214C AC/DC/Rly，版本号为V4.2，默认站点名称为“PLC_1”。在设备视图中，展开硬件目录下的“通信模块”→“PROFIBUS”→“CM1243-5”，将订货号“6GK7 243-5DX30-0XE0”（版本号V1.3）通过拖放或双击添加到101槽中。

打开“网络视图”，在“硬件目录”下，依次展开“HMI”→“SIMATIC精智面板”→“7″显示屏”→“TP700 Comfort”，将“6AV2 124-0GC01-0AX0”拖放到网络视图中，自动生成一个名为“HMI_1”的HMI站点。在“网络视图”下，选中 连接，选择后面的“HMI连接”。拖动PLC_1的PROFIBUS的DP接口（紫色）到HMI的MPI/DP接口（黄色），自动建立了一个“HMI_连接_1”的连接。点击“网络视图”下的显示地址图标，可以看到DP网络的地址，如图8-46（a）所示。特别注意，PROFIBUS的地址一定要不同，传输率一定要相同。

在“项目树”下，展开“HMI_1[TP700 Comfort]”，双击“连接”，打开如图8-46（b）所示的连接画面，可以看到，PLC与触摸屏之间已经建立了连接。

（2）编写PLC程序

本节用一个简单的启动/停止控制来验证PLC与触摸屏的PROFIBUS通信。PLC控制程序如图8-47所示。当按下启动按钮（I0.0常开触点接通）或点击触摸屏中的“启动”按钮（M0.0常开触点接通）时，线圈Q0.0通电自锁，电动机启动运行。当按下停止按钮（I0.1常闭触点断开）或点击触摸屏中的“停止”按钮（M0.1常闭触点断开）时，线圈Q0.0断电，自锁解除，电动机停止。

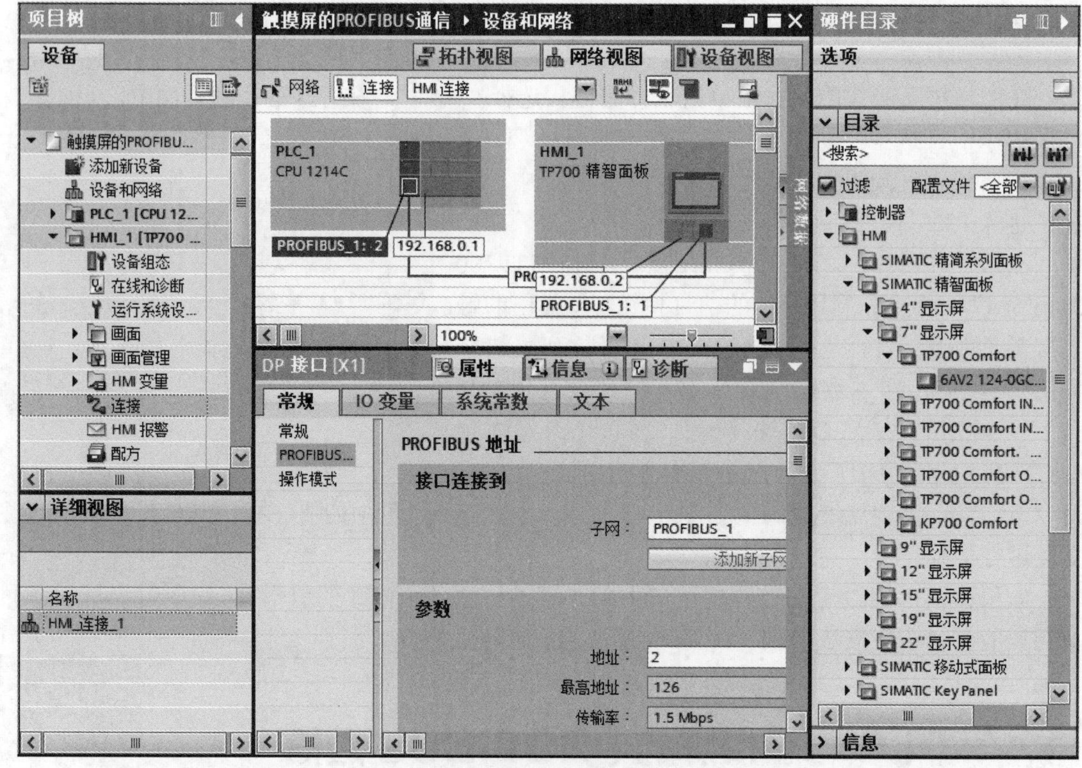

(a) 触摸屏与PLC的PROFIBUS通信组态

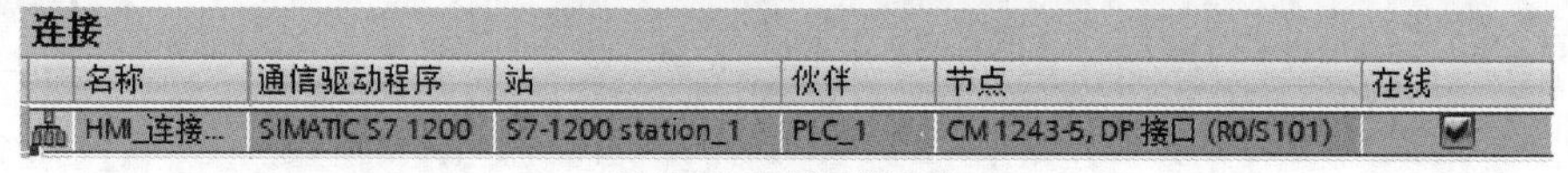

连接

名称	通信驱动程序	站	伙伴	节点	在线
HMI_连接...	SIMATIC S7 1200	S7-1200 station_1	PLC_1	CM 1243-5, DP 接口 (R0/S101)	☑

(b) PLC与触摸屏的连接

图 8-46　触摸屏与 PLC 的网络连接

%I0.0 "启动"　%I0.1 "停止"　%M0.1 "触摸屏停止"　%Q0.0 "电动机"

%M0.0 "触摸屏启动"

%Q0.0 "电动机"

图 8-47　电动机启动 / 停止控制程序

（3）组态触摸屏界面

展开项目树中"HMI_1"站点下的"画面"，双击"添加新画面"添加一个画面"画面 _1"，组态触摸屏界面如图 8-48 所示。指示灯和按钮的组态前面已经讲过，这里不再赘述。

本节例子不能仿真，只能用实物进行验证。

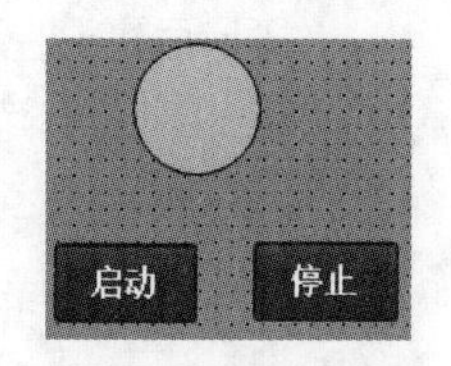

图 8-48　电动机启动 / 停止的组态触摸屏界面

第9章 S7-1200 PLC与组态软件WinCC的应用

9.1 组态软件WinCC的基本知识

组态软件是数据采集监控系统SCADA（Supervisory Control and Data Acquisition）的软件平台工具，是工业应用软件的一个组成部分。它具有丰富的项目设置，使用方式灵活，功能强大的特点。运行于Windows平台的组态软件都采样类似资源浏览器的窗口结构，并对工业控制系统中的各种资源（设备、变量、画面等）进行配置和编辑，处理数据报警及系统报警，提供多种数据驱动程序，对各类报表生成和打印输出，使用脚本语言提供二次开发的功能，存储历史数据并支持历史数据的查询等。

西门子视窗控制中心SIMATIC WinCC（Windows Control Center）是HMI/SCADA软件中的后起之秀，1996年进入组态软件市场，当年成为最佳HMI软件。在设计思想上，SIMATIC WinCC秉承西门子公司博大精深的企业文化理念，性能最全面、技术最先进、系统最开放的HMI/SCADA软件是WinCC开发者的追求。WinCC适合世界上各主要制造商生产的控制系统，并且通信驱动程序的种类还在不断增加。

9.1.1 WinCC的特点

① 创新软件技术的使用。西门子公司与Microsoft公司的密切合作保证了用户获得不断创新的技术。

② 包括所有SCADA功能在内的客户机/服务器系统。即使最基本的WinCC系统仍能够提供生成复杂可视化任务的组件和函数，生成画面、脚本、报警、趋势和报表的编辑器由最基本的WinCC系统组件建立。

③ 可灵活裁剪，由简单任务扩展到复杂任务。WinCC是一个模块化的自动化组件，既可以灵活地进行扩展，从简单的工程到复杂的多用户应用，又可以应用到工业和机械制造工艺的多服务器分布式系统中。

④ 众多的选件和附加件扩展了基本功能。已开发的、应用范围广泛的、不同的WinCC

选件和附加件，均基于开放式编程接口，覆盖了不同工业分支的需求。

⑤ 使用 Microsoft SQL Server 2016 SP2 作为其组态数据和归档数据的存储数据库，可以使用 ODBC、DAO、OLE-DB、WinCC OLE-DB 和 ADO 方便地访问归档数据。

⑥ 强大的标准接口（如 OLE、ActiveX 和 OPC）。WinCC 提供了 OLE、DDE、ActiveX、OPC 服务器和客户机等接口或控件，可以很方便地与其他应用程序交换数据。

⑦ 使用方便的脚本语言。WinCC 可编写 C 脚本和 VB 脚本程序。

⑧ 开放 API 编程接口可以访问 WinCC 的模块。所有的 WinCC 模块都有一个开放的 C 编程接口（C-API），这意味着可以在用户程序中集成 WinCC 的部分功能。

⑨ 具有向导的简易（在线）组态。WinCC 提供了大量的向导来简化组态工作。在调试阶段还可进行在线修改。

⑩ 可选择语言的组态软件和在线语言切换。WinCC 软件是基于多语言设计的，这意味着可以在英语、德语、法语以及其他众多的亚洲语言之间进行选择，也可以在系统运行时选择所需要的语言。

⑪ 提供所有主要 PLC 系统的通信通道。作为标准，WinCC 支持所有连接 SIMATIC S5/S7 控制器的通信通道，还包括 PROFIBUS-DP、DDE 和 OPC 等非特定控制器的通信通道。此外，更广泛的通信通道可以由选件和附加件提供。

⑫ 与基于 PC 的控制器 SIMATIC WinAC 紧密接口，软 / 插槽式 PLC 和操作、监控系统在一台 PC 机上相结合无疑是一个面向未来的概念。在此前提下，WinCC 和 WinAC 实现了西门子公司基于 PC 的、强大的自动化解决方案。

9.1.2 WinCC 产品的分类

（1）Power Tags（授权变量）定义

WinCC 的变量分为内部变量和过程变量。把与外部控制器没有过程连接的变量叫作内部变量。内部变量可以无限制地使用。相反，与外部控制器（如 PLC）具有过程连接的变量称为过程变量（俗称外部变量）。Power Tags 是指授权使用的过程变量，也就是说，如果购买的 WinCC 具有 1024 个 Power Tags 授权，那么 WinCC 项目在运行状态下，最多只能有 1024 个过程变量。过程变量的数目和授权使用的过程变量的数目显示在 WinCC 管理器的状态栏中。

（2）WinCC 产品分类

WinCC 产品分为基本系统、WinCC 选件和 WinCC 附加件。

WinCC 基本系统分为完全版和运行版。完全版包括运行和组态版本的授权，运行版仅有 WinCC 运行版的授权。运行版可以用于显示过程信息、控制过程、报告报警事件、记录测量值和制作报表。根据所连接的外部过程变量数量的多少，WinCC 完全版和运行版都有 5 种授权规格：128 个、256 个、1024 个、8000 个和 65536 个变量（Power Tags），不管此变量是 32 位的整型数，还是 1 位的开关量信号，只要给此变量命名并连接到外部控制器，都被当作 1 个变量。相应的授权规格决定所连接的过程变量的最大数目。

9.1.3 WinCC 系统构成

WinCC 基本系统是很多应用程序的核心，它包含以下九大部件：

（1）变量管理器

变量管理器管理WinCC中所使用的外部变量、内部变量和通信驱动程序。

（2）图形编辑器

图形编辑器用于设计各种图形画面。

（3）报警记录

报警记录负责采集和归档报警消息。

（4）变量归档

变量归档负责处理测量值，并长期存储所记录的过程值。

（5）报表编辑器

报表编辑器提供许多标准的报表，也可设计各种格式的报表，并可按照预定的时间进行打印。

（6）全局脚本

全局脚本是系统设计人员用C脚本及VB脚本编写的代码，以满足项目的需要。

（7）文本库

文本库编辑不同语言版本下的文本消息。

（8）用户管理器

用户管理器用来分配、管理和监控用户对组态和运行系统的访问权限。

（9）交叉引用表

交叉引用表负责搜索在画面、函数、归档和消息中所使用的变量、函数、OLE对象和ActiveX控件。

9.1.4 博途WinCC与WinCC组态软件的区别

（1）博途WinCC

博途WinCC是使用WinCC Runtime Advanced或SCADA系统WinCC Runtime Professional可视化软件组态SIMATIC面板、SIMATIC工业PC以及标准PC的工程组态软件。博途WinCC有4种版本，具体使用取决于可组态的操作员控制系统。

① WinCC Basic用于组态精简系列面板，它包含在每款STEP7 Basic和STEP7 Professional产品中。

② WinCC Comfort用于组态所有面板（包括精智面板和移动面板）。

③ WinCC Advanced用于通过WinCC Runtime Advanced可视化软件组态所有面板和PC。WinCC Runtime Advanced一个是基于PC单站系统的可视化软件，它可购买带有128、512、2K、4K、8K和16K（个）外部变量（带过程接口的变量）的许可。

④ WinCC Professional用于使用WinCC Runtime Advanced或SCADA系统WinCC Runtime Professional组态面板和PC。WinCC Professional有以下带有512个和4096个外部变量的WinCC Professional以及“WinCC Professional（最大外部变量数）”。WinCC Runtime Professional是一种用于构建组态范围从单站系统到多站系统（包括标准客户端或Web客户端）的SCADA系统。WinCC Runtime Professional可购买带有128、512、2K、4K、8K、64K、100K、150K和256K（个）外部变量（带过程接口的变量）的许可。

通过博途WinCC还可以使用WinCC Runtime Advanced或WinCC Runtime Professional

组态 SINUMERIK PC，以及使用 SINUMERIK HMI Pro sl RT 或 SINUMERIK Operate WinCC RT Basic 组态 HMI 设备。

（2）WinCC 组态软件

SIMATIC WinCC 组态软件是高效、创新、开放且易于扩展的。

① WinCC 组态软件是基于 PC 的 HMI 系统，适用于对各种行业的生产过程、生产工序、机器设备和工厂进行可视化及操作控制。该系统不仅支持简单的单站系统，同时还支持带有冗余服务器的分布式多站系统，以及基于 Web 的全球解决方案。功能强大的 WinCC 是整个公司实现信息纵向集成的数据交换枢纽。

② WinCC 基本系统包含有各种工业标准功能，如过程值的监视与控制、事件触发与确认、消息与过程测量值的归档以及用户管理和可视化等。

③ WinCC 基本系统软件是各种应用程序的核心。基于开放式编程接口，西门子开发了大量的 WinCC 选件，并协同外部合作伙伴共同开发了各种 WinCC 附加件，构建了一个完整的 SCADA 软件生态系统。

④ WinCC 可运行在满足特定硬件需求的所有 PC 机上。SIMATIC IPC 工业计算机产品系列尤其适用于 WinCC 系统的工业应用。SIMATIC IPC 采用功能强大的 PC 技术，支持办公环境和恶劣工业环境中的全天候运行。

在本章中，使用了 WinCC V7.5 组态软件进行组态。也可以用博途软件进行组态，组态过程与触摸屏组态类似，但不能组态客户机 / 服务器系统。本章最后两个例子使用了博途软件进行组态。

9.2 WinCC V7.5 的安装与卸载

在安装 WinCC 时，会检查操作系统、用户权限、图形分辨率、Internet Explorer、MS 消息队列、预定的完全重启（冷重启）是否已经满足要求。

9.2.1 WinCC 安装要求

9.2.1.1 硬件要求

完整的 WinCC V7.5 软件比 WinCC V6.X 的容量要大得多，所以其对软硬件的要求比较高，其对硬件的要求见表 9-1。

表 9-1 的硬件推荐是西门子公司给出的，总体来说硬件推荐值比较保守，建议硬件配置为：CPU 应不低于 i5，工作内存 RAM 应不低于 8GB，否则在设计过程中计算机反应速度会很慢。

9.2.1.2 软件要求

（1）操作系统

① 支持语言　WinCC 支持的操作系统语言有德语、英语、法语、意大利语、西班牙语、简体中文（中国）、繁体中文（中国台湾）、日语、朝鲜语、多语言操作系统（MUI 版本）。

② 单用户系统和客户端　Windows 10 Pro/Enterprise 64 位标准安装、Windows 10 Enterprise LTSB（Long-Term Servicing Branch）64 位标准安装、Windows Server 2012 R2/2016 64 位。

表 9-1 硬件要求

<table>
<tr><th colspan="2">硬件</th><th>操作系统</th><th>最低配置</th><th>推荐配置</th></tr>
<tr><td colspan="2" rowspan="2">CPU</td><td>Windows 10（64 位）</td><td>双核 CPU
客户端/单用户系统：2.5GHz</td><td>多核 CPU
客户端：3GHz
单用户系统：3.5GHz</td></tr>
<tr><td>Windows Server 2012 R2
Windows Server 2016</td><td>双核 CPU
客户端/单用户系统/服务器：2.5GHz</td><td>多核 CPU
单用户系统/服务器：3.5GHz</td></tr>
<tr><td colspan="2" rowspan="2">工作存储器</td><td>Windows 10（64 位）</td><td>客户端：2GB
单用户系统：4GB</td><td>4GB</td></tr>
<tr><td>Windows Server 2012 R2
Windows Server 2016</td><td>4GB</td><td>8GB</td></tr>
<tr><td rowspan="2">硬盘上的可用存储空间</td><td>用于安装 WinCC</td><td rowspan="2">—</td><td>客户端：1.5GB
服务器：>1.5GB</td><td>客户端：>1.5GB
服务器：2GB</td></tr>
<tr><td>用于使用 WinCC</td><td>客户端：1.5GB
服务器：2GB</td><td>客户端：>1.5GB
服务器：10GB
归档数据库可能需要更多内存</td></tr>
<tr><td colspan="2">虚拟工作存储器</td><td>—</td><td>1.5 倍工作内存</td><td>1.5 倍工作内存</td></tr>
<tr><td colspan="2">颜色深度/颜色质量</td><td>—</td><td>256</td><td>最高（32 位）</td></tr>
<tr><td colspan="2">分辨率</td><td>—</td><td>800×600</td><td>1920×1080（全高清）</td></tr>
</table>

③ WinCC 服务器 Windows Server 2012 R2 Standard/Datacenter 64 位、Windows Server 2016 Standard/Datacenter 64 位。

如果正在运行的客户端不超过三个，也可以在 Windows 10 上运行 WinCC Runtime 服务器。

（2）Microsoft 消息队列服务

WinCC 需要 Microsoft 消息队列服务。

（3）Microsoft.NET Framework 的要求

Windows 10、Windows Server 2012 R2 和 Windows Server 2016 操作系统必须安装 Microsoft.NET Framework 3.5 和 4.7，在安装 WinCC 之前必须确保 .NET Framework 已经安装。

（4）Internet Explorer 的要求

要打开 WinCC 在线帮助，需要安装有 Microsoft Internet Explorer，推荐版本 Microsoft Internet Explorer V11.0。如果希望完整使用 WinCC 的 HTML 帮助，则在 Internet Explorer 中的“Internet 选项”下必须允许使用 JavaScript。

（5）Microsoft SQL Server 2016 SP2

WinCC 需要使用 64 位版本的 Microsoft SQL Server 2016 SP2，WinCC 安装时自动包括 SQL Server。

9.2.2 WinCC 的安装

本书以将 WinCC V7.5 安装在 Windows 10 Enterprise 64 位操作系统中为例进行讲述。

（1）MS 消息队列和 .NET Framework 3.5 的安装

打开 Windows 10 的“控制面板”，双击“程序和功能”按钮，弹出“卸载或更改程序”界面。单击左侧菜单栏上的“启用或关闭 Windows 功能”按钮，随即打开“Windows 功能”对话框，如图 9-1 所示。激活“.NET Framework 3.5（包括 .NET 2.0 和 3.0）”“.NET Framework 4.7 高级服务”和“Microsoft Message Queue（MSMQ）服务器”组件，单击“确定”进行安装。

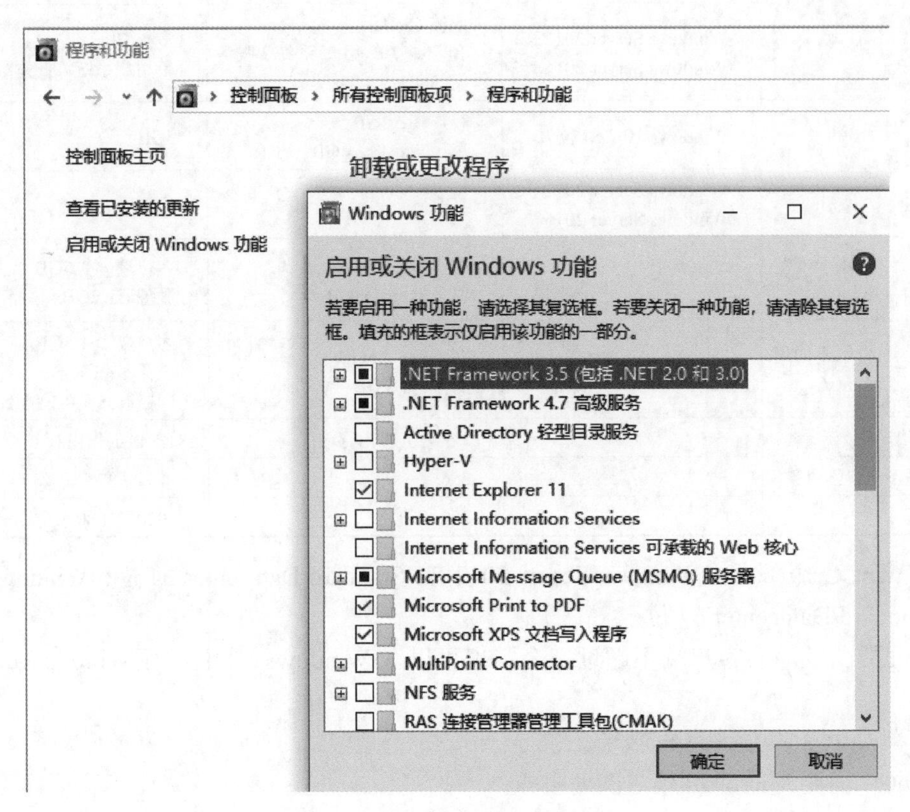

图 9-1 “Windows 功能”对话框

（2）安装 WinCC

① 插入 WinCC 安装光盘到光驱中，双击“Setup.exe”文件进行安装。如果要求重启计算机，则打开计算机的注册表（点击“开始”菜单“Windows 系统”下的“运行”，输入“regedit”），删除 \HKEY_LOCAL_MACHINE\SYSTEM\CurrentControlSet\Control\Session Manager 下的 PendingFileRenameOperations。安装开始时，弹出的第一个界面是选择希望安装的语言（本例选择默认的“简体中文”），点击“下一步”按钮，弹出产权保护警告界面，点击“下一步”按钮，弹出“产品注意事项”界面，点击“下一步”按钮。

② 弹出“许可证协议”界面，勾选“我接受上述许可证协议的条款和开发源代码许可证协议的条款，我确认我已阅读并了解安全性信息”。点击“下一步”按钮，弹出“设置类型”界面，如图 9-2 所示，选择“安装”。点击“下一步”按钮，弹出“产品语言”界面，选择“中文”，再点击“下一步”按钮。

③ 弹出“安装类型”界面，可以选择“数据包安装”和“自定义安装”，也可以修改安装路径。选择“数据包安装”，使用默认的安装路径，点击“下一步”按钮，弹出“程序数据包”选择界面，如图 9-3 所示，选择“WinCC Installation”。点击“下一步”按钮，显示要安装的程序，再点击“下一步”。

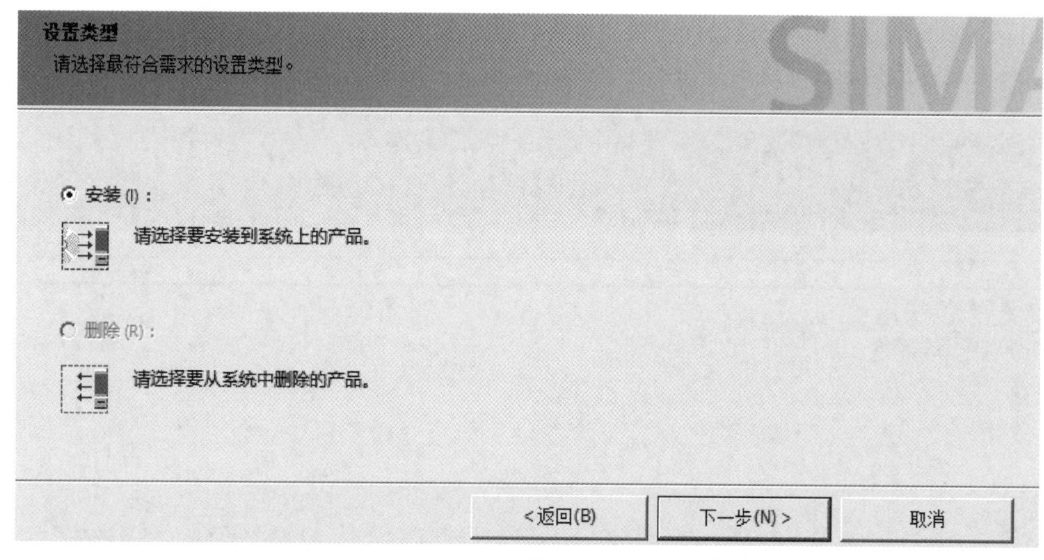

图 9-2 “设置类型”界面

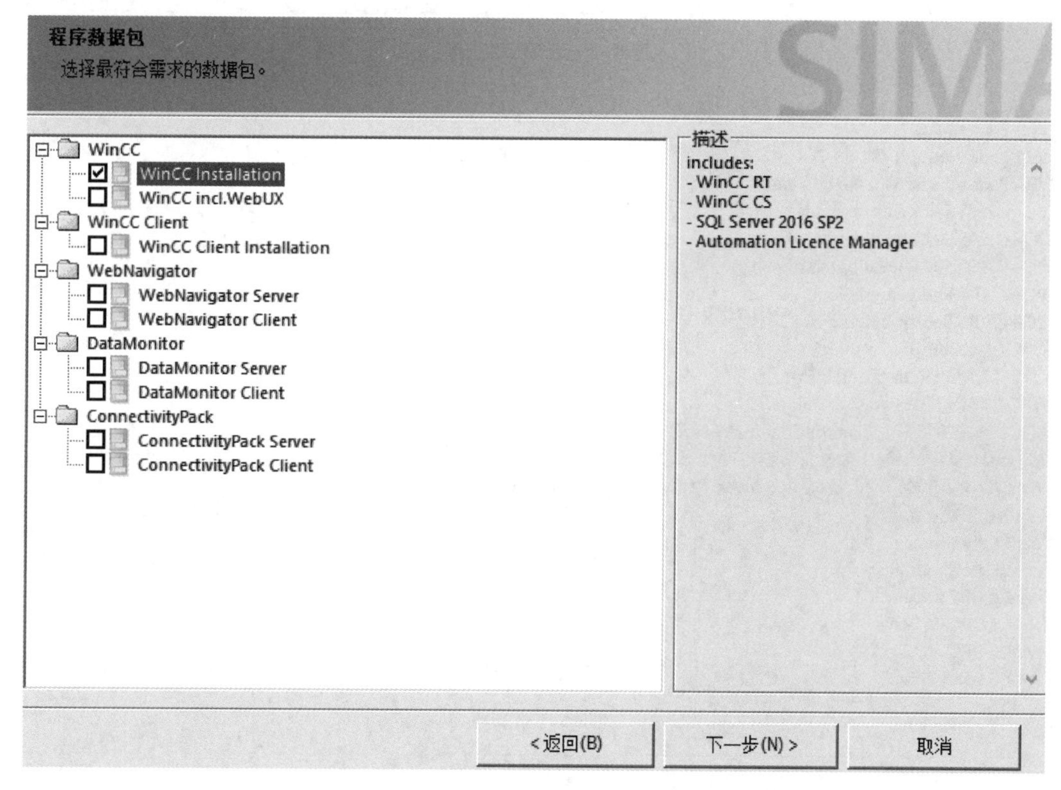

图 9-3 选择程序数据包

④ 弹出“许可证协议”，要求阅读 Microsoft SQL Server 的许可证协议。勾选“我接受此许可协议的条件”，点击“下一步”按钮，弹出“系统设置”界面，安装时需要对系统设置进行修改，勾选“我接受对系统设置的更改”，点击“下一步”按钮。

⑤ 弹出“准备安装选项”，显示要安装的WinCC产品及其组件，如图9-4所示。点击“安装”按钮，弹出的自动安装界面如图 9-5 所示。安装时应注意，安装文件和安装路径不能有

中文，否则会出现错误；安装过程应关闭杀毒软件、安全卫士等，否则可能会安装失败。

⑥ 安装完成后应传送许可证密钥，传送过程请参考博途软件的授权管理。

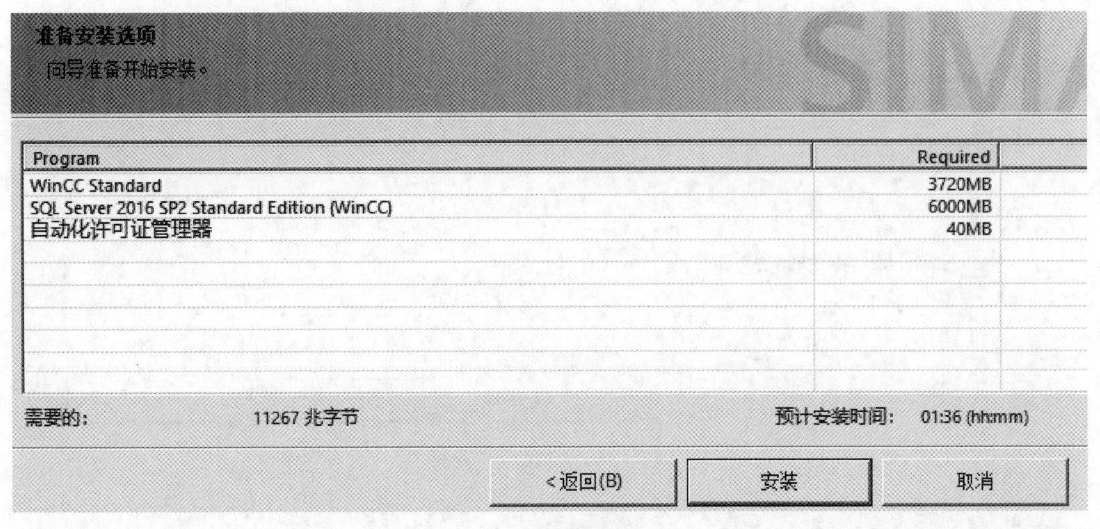

图 9-4　准备安装选项

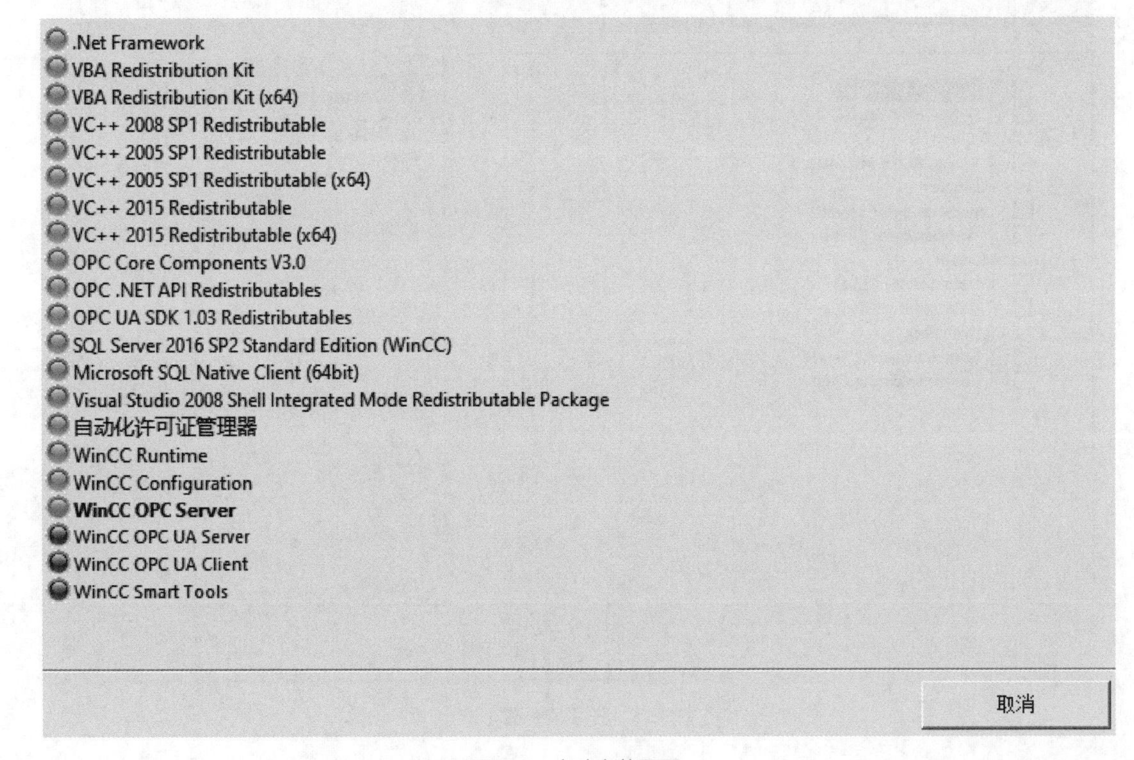

图 9-5　自动安装界面

9.2.3　WinCC 的卸载

在计算机上既可完全卸载 WinCC，也可删除单个组件，例如语言组件。软件的卸载方法有两种，一种是通过控制面板删除所选组件；另一种是使用源安装软件删除产品。

打开操作系统“开始”并选择“控制面板”下的“程序和功能”，选择 SIMATIC WinCC Configuration V7.5 并单击“卸载”按钮，启动 WinCC 安装程序，选择是完全卸载 WinCC，还是只删除单个组件。在卸载 WinCC 之后，SQL Server2000 WinCC 实例也必须卸载。选择要卸载的 Microsoft SQL Server 2016 条目，进行删除操作。

也可以使用源安装软件删除产品，与安装过程类似，将图 9-2 中选择为“删除”，具体过程不再详述。这两种卸载方法，第二种方法卸载得更干净一些。

9.3 WinCC 单用户项目的组态

扫一扫 看视频

9.3.1 控制要求与控制电路

（1）控制要求

WinCC 通过 S7-1200 对电动机进行调速控制，控制要求如下。

① 当按下启动按钮或在 WinCC 中点击“启动”按钮时，电动机以设定的速度启动运行。

② 当按下停止按钮或在 WinCC 中点击“停止”按钮时，电动机停止。

③ 在 WinCC 中应监视电动机的运行状态、设定电动机的运行速度并显示测量速度。

（2）控制电路

根据控制要求设计的调速测速控制电路如图 9-6 所示。旋转编码器为欧姆龙的 E6B2-CWZ6C 型，每转输出 1000 个脉冲，输出类型为 NPN 输出（漏型输出），故 PLC 的输入应连接为源型输入。在 PLC 组态时准备用 HSC1 对输入脉冲进行计数，故将编码器的 A 相接入到 I0.0。变频器参数设置见表 7-7。

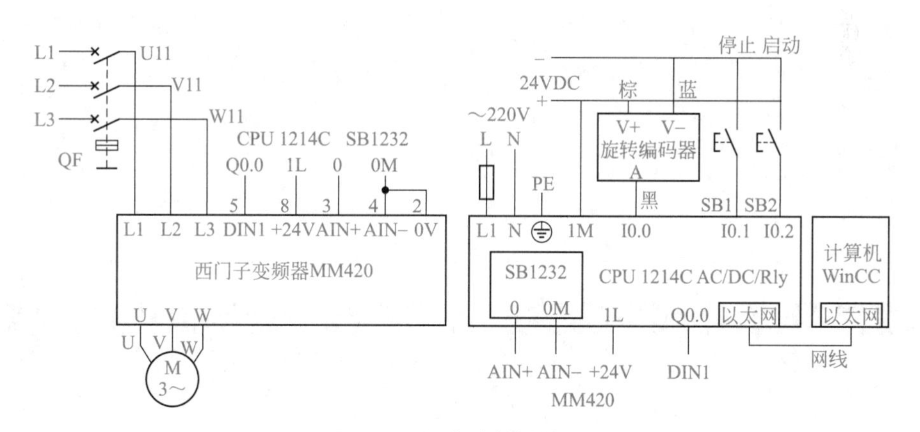

图 9-6 调速测速控制电路

9.3.2 S7-1200 的组态与编程

9.3.2.1 S7-1200 的硬件组态

打开博途软件，新建一个项目“9-3 WinCC 单用户项目的组态”，添加新设备 CPU

1214C AC/DC/Rly，版本号V4.2。在设备视图中，点击右边的硬件目录下的信号板，依次展开“信号板”→“AQ”→“AQ 1×12BIT”，双击下面的“6ES7 232-4HA30-0XB0”或将其拖放到CPU中间的方框中。点击巡视窗口的“属性”→“常规”下的“模拟量输出”，将通道0的模拟量输出类型设为“电压”，可以看到电压范围为“+/−10V”（不能修改），通道地址为QW80。

点击CPU，从巡视窗口的常规下依次展开“DI 14/DQ 10”→“数字量输入”，将通道0的输入滤波设为“10microsec”（即10μs）。然后展开“高速计数器（HSC）”，点击“HSC1”，选中“启用该高速计数器”，将计数类型设为“频率”、工作模式设为“单相”、计数方向设为“用户程序（内部方向控制）”，初始计数方向为“加计数”，频率测量周期选择1.0sec（即1s）。点击“硬件输入”，可以看到时钟发生器输入地址为I0.0。点击“I/O地址”可以看到HSC1的地址为ID1000。

点击巡视窗口中“防护与安全”下的“连接机制”，选中“允许来自远程对象的PUT/GET通信访问”。点击以太网接口（绿色），从巡视窗口中点击“以太网地址”，可以看到IP地址为192.168.0.1，子网掩码为255.255.255.0。

9.3.2.2 编写控制程序

（1）变量表和数据块的HMI访问设置

展开项目树下的“PLC变量”，双击“添加新变量表”，添加一个变量表，命名为“forWinCC”，创建变量如图9-7（a）所示。HMI不使用I0.2、I0.1、ID1000、QW80这几个地址，故将它们的从HMI可写、可访问、可见都取消。

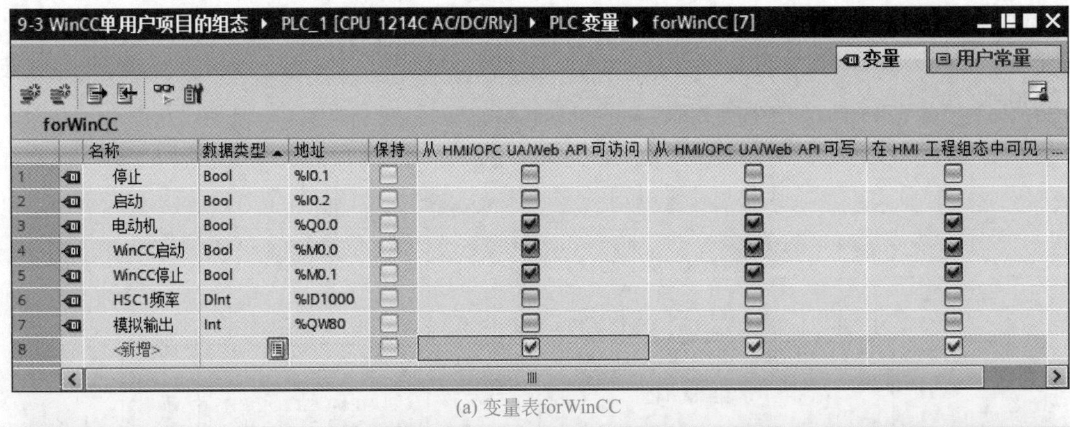

9-3 WinCC单用户项目的组态 ▸ PLC_1 [CPU 1214C AC/DC/Rly] ▸ PLC变量 ▸ forWinCC [7]

变量 | 用户常量

forWinCC

	名称	数据类型	地址	保持	从HMI/OPC UA/Web API可访问	从HMI/OPC UA/Web API可写	在HMI工程组态中可见
1	停止	Bool	%I0.1	☐	☐	☐	☐
2	启动	Bool	%I0.2	☐	☐	☐	☐
3	电动机	Bool	%Q0.0	☐	☑	☑	☑
4	WinCC启动	Bool	%M0.0	☐	☑	☑	☑
5	WinCC停止	Bool	%M0.1	☐	☑	☑	☑
6	HSC1频率	DInt	%ID1000	☐	☐	☐	☐
7	模拟输出	Int	%QW80	☐	☐	☐	☐
8	<新增>			☐	☑	☑	☑

(a) 变量表forWinCC

9-3 WinCC单用户项目的组态 ▸ PLC_1 [CPU 1214C AC/DC/Rly] ▸ 程序块 ▸ WinCC_Data [DB1]

保持实际值 快照 将快照值复制到起始值中 将起始值加载为实际值

WinCC_Data

	名称	数据类型	起始值	保持	从HMI/OPC UA/Web API可访问	从HMI/OPC UA/Web API可写	在HMI工程组态中可见
1	▼ Static			☐	☐	☐	☐
2	▪ 设定速度	Int	0	☐	☑	☑	☑
3	▪ 测量速度	Int	0	☐	☑	☑	☑

(b) 数据块WinCC_Data

图9-7 变量表和数据块的HMI访问设置

双击项目树的"程序块"下的"添加新块"，添加一个全局数据块DB1，命名为"WinCC_Data"，创建Int类型的变量"设定速度"和"测量速度"。由于这两个变量都需要在WinCC里访问，故将它们的从HMI可写、可访问、可见都选中，如图9-7（b）所示，然后对数据块进行编译。

（2）编写程序

根据控制要求，编写的控制程序OB1如图9-8所示。

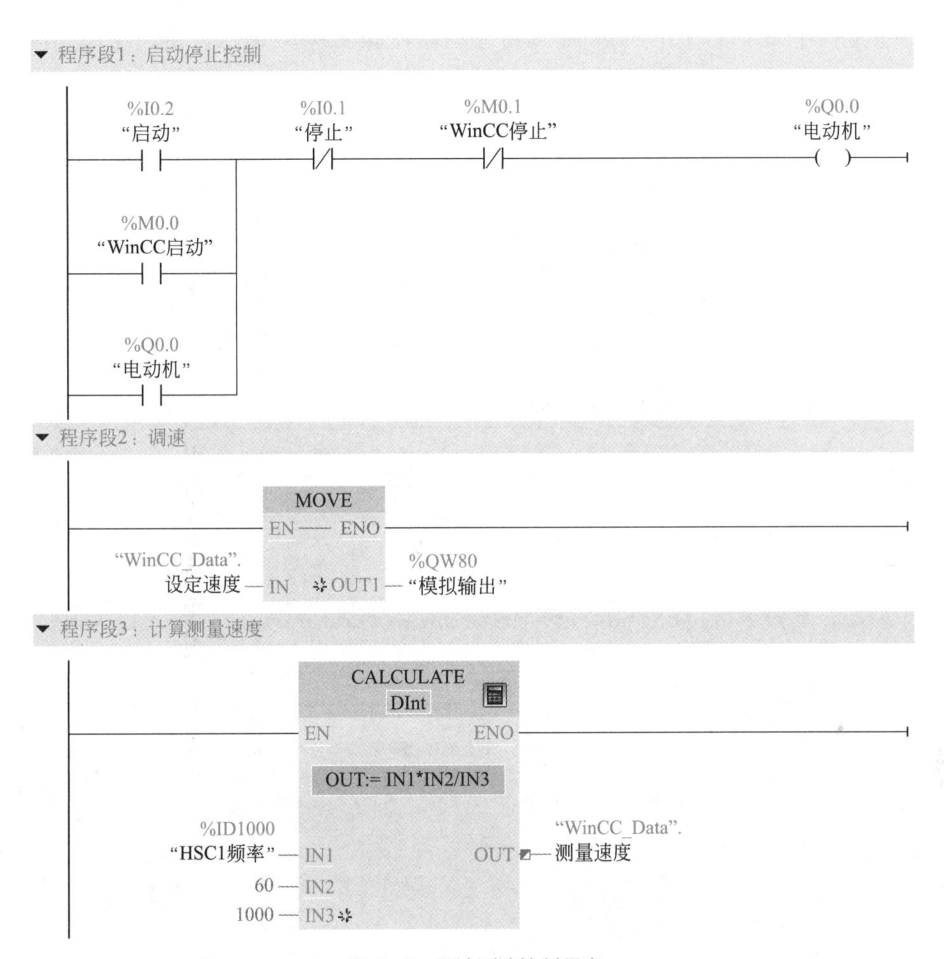

图9-8　调速测速控制程序

在程序段1中，当按下启动按钮SB2（I0.2常开触点接通）或点击WinCC界面中的"启动"按钮（M0.0常开触点接通）时，Q0.0线圈通电自锁，电动机启动运行。当按下停止按钮SB1（I0.1常闭触点断开）或点击WinCC界面中的"停止"（M0.1常闭触点断开）时，Q0.0线圈断电，电动机停止。

在程序段2中，将"WinCC_Data".设定速度（WinCC中将其转换为0～27648）送入QW80进行调速。

在程序段3中，将HSC1所测的频率（ID1000）先乘以60，换算为每分钟所测的脉冲数，然后除以1000（编码器每转输出的脉冲数），换算为测量速度，单位为r/min，保存到"WinCC_Data".测量速度，由WinCC界面显示。

9.3.3 WinCC 项目的组态

9.3.3.1 建立一个新项目

双击桌面上的“SIMATIC WinCC Explorer”图标，启动 WinCC 项目管理器，点击左上角的新建项目图标，然后选择“单用户项目”，点击“确定”按钮。在“创建新项目”对话框中输入项目名“9-3WinCC 单用户项目的组态”，并选择合适的保存路径，如图 9-9 所示。点击“创建”按钮，打开的 WinCC 项目管理器，如图 9-10 所示，窗口左边为浏览窗口，窗口右边为数据窗口，显示左边组件对应的数据。

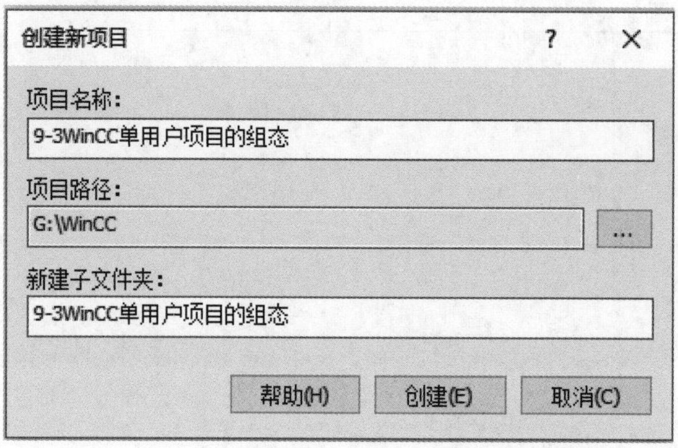

创建新项目

项目名称：

9-3WinCC单用户项目的组态

项目路径：

G:\WinCC

新建子文件夹：

9-3WinCC单用户项目的组态

帮助(H) 创建(E) 取消(C)

图 9-9 创建新项目

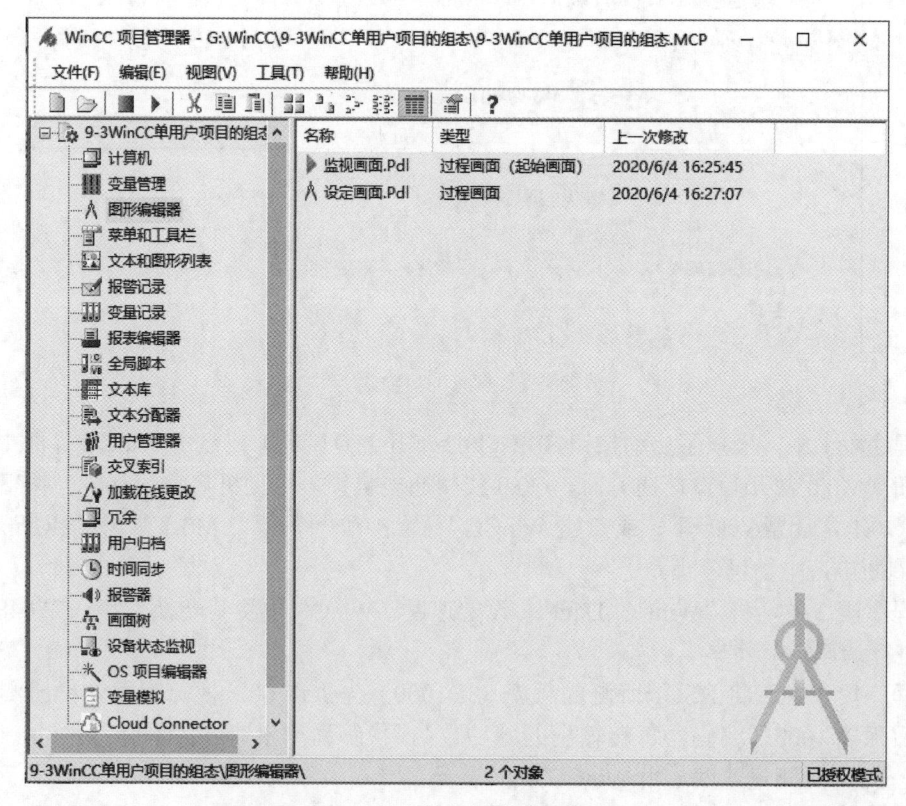

图 9-10 WinCC 项目管理器

9.3.3.2 配置计算机

打开计算机的“控制面板”，双击“设置 PG/PC 接口”，在“应用程序访问点”下单击图 9-11（a）所示的“添加 / 删除”，弹出如图 9-11（b）所示的“添加 / 删除访问点”界面。在“新建访问点”下输入“TCPIP”，点击“添加”按钮，则下面会显示“TCPIP”项，然后点击“关闭”按钮返回“设置 PG/PC 接口”，再选择 Realtek RTL8139/810x Family Fast Ethernet NIC.TCPIP.1（作者网卡），使访问点 TCPIP 指向该网卡。

在“控制面板”中打开“网络和共享中心”，点击左边的“更改适配器设置”，打开网络连接页面。在访问点指向的网卡上单击右键，选择“属性”，双击“Internet 协议版本 4（TCPIPv4）”，设置 IP 地址为 192.168.0.100（与 PLC 在同一个网段），子网掩码为 255.255.255.0（与 PLC 相同）。

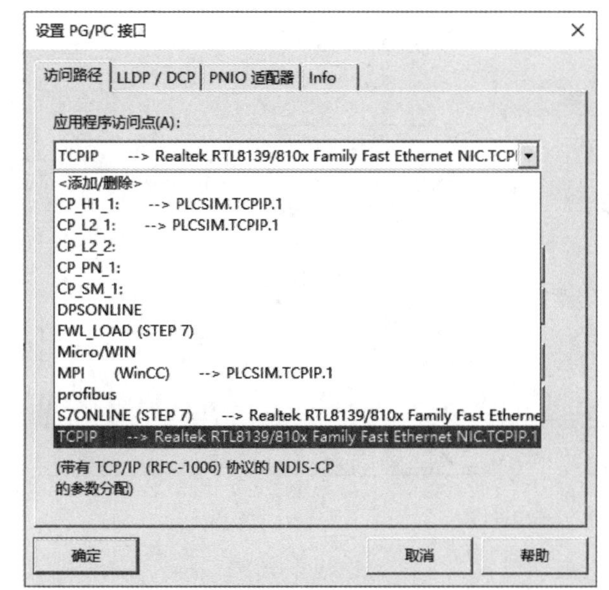

(a) 设置应用程序访问点

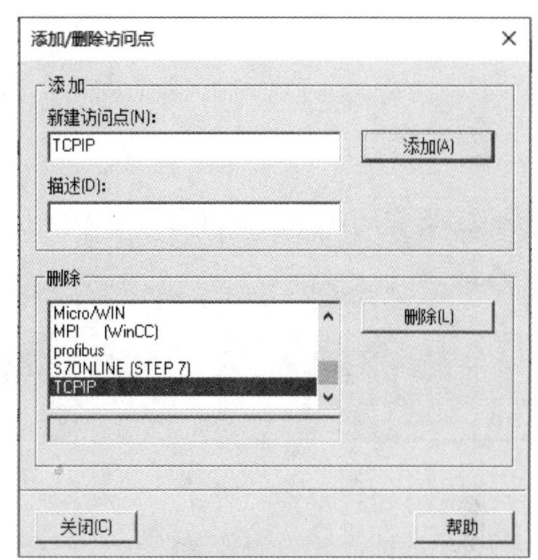

(b) 添加访问点

图 9-11 设置 PG/PC 接口

9.3.3.3 组态连接

在项目管理器的“变量管理”上单击鼠标右键，点击“打开”。或者双击“变量管理”，打开 WinCC Configuration Studio 中的变量管理。在左边导航窗口中的“变量管理”上单击鼠标右键，选择“添加新的驱动程序”→“SIMATIC S7-1200，S7-1500 Channel”，添加的驱动如图 9-12 的左部导航窗口所示。在“OMS+”上点击鼠标右键，选择“新建连接”，新建一个连接，将其命名为“S7-1200”。在连接“S7-1200”上单击鼠标右键，选择“连接参数”，弹出的窗口如图 9-12 的右部所示。设定 IP 地址为 192.168.0.1（PLC 的 IP 地址），从访问点的下拉列表中选择前面创建的“TCPIP”，从产品系列的下拉列表中选择“s71200-connection”。

9.3.3.4 添加变量

WinCC 变量有内部变量和过程变量，内部变量仅供 WinCC 内部使用，过程变量用于

PLC 和 WinCC。过程变量可使用的数据类型有二进制变量、有符号 8 位数、无符号 8 位数、有符号 16 位数、无符号 16 位数、有符号 32 位数、无符号 32 位数、浮点数 32 位 IEEE 754、浮点数 64 位 IEEE 754、8 位文本变量、16 位字符集文本变量、日期 / 时间等。

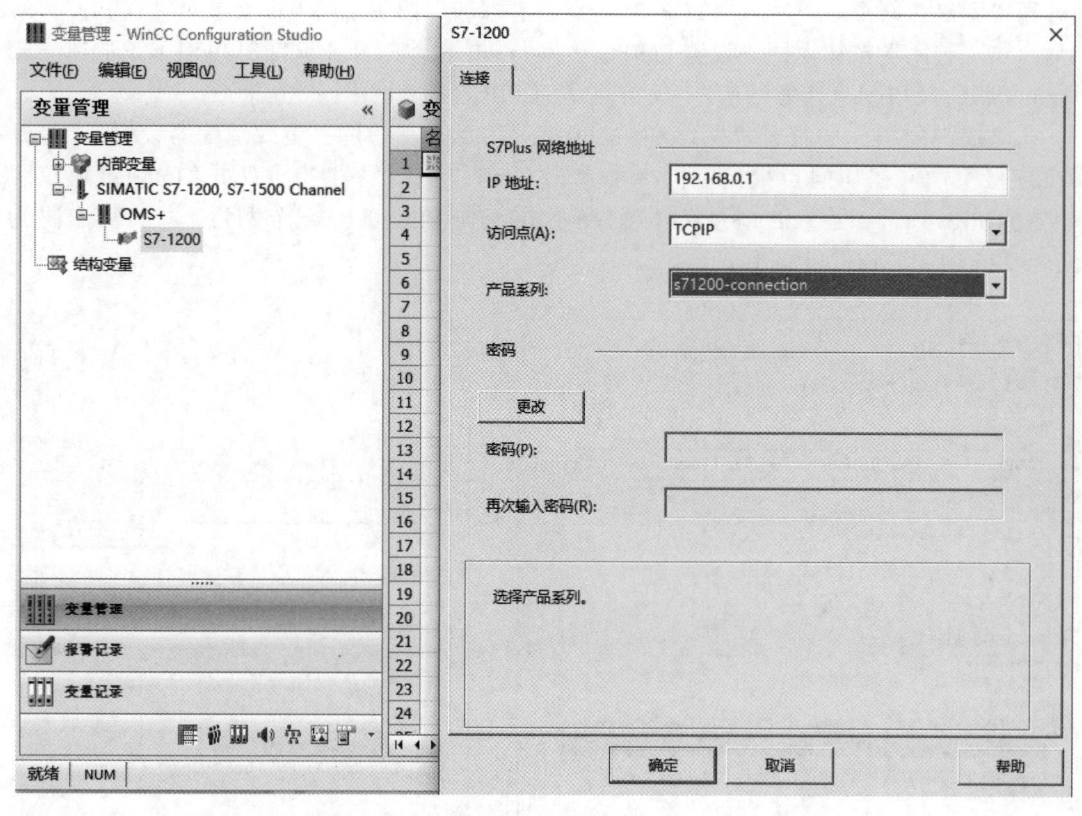

图 9-12　新建连接

（1）在线添加过程变量

点击 WinCC 项目管理器的工具栏中的激活按钮，使 WinCC 与 PLC 建立在线连接。在变量管理中的导航窗口的连接“S7-1200”上单击右键，依次选择“AS 符号”→“从 AS 中读取”，AS 为 Automation Station（自动化站）的缩写。在线读取的 AS 符号如图 9-13 所示，

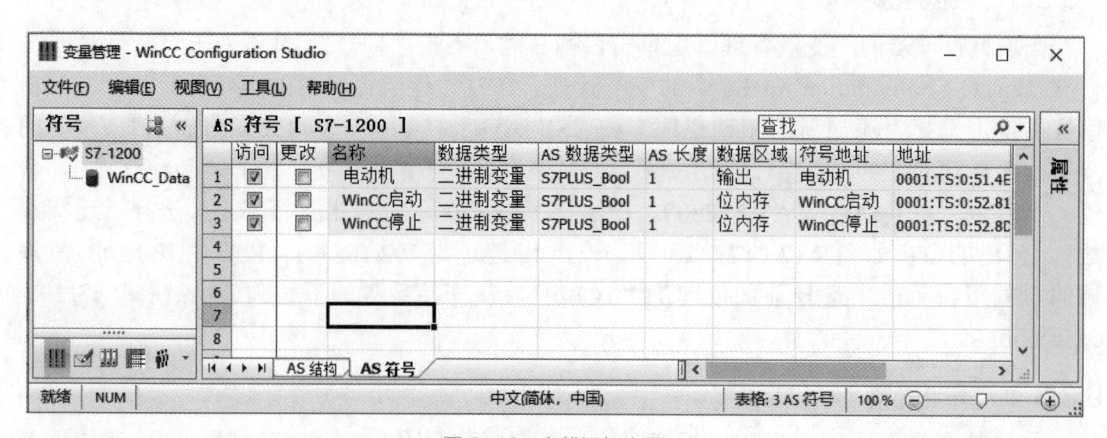

图 9-13　在线添加变量

点击导航窗口中的“S7-1200”，则AS符号显示PLC变量表（即forWinCC）中的变量，在“访问”列下全部勾选，则将这三个变量添加到变量中；点击导航窗口中的数据块“WinCC_Data”，同样将“访问”列下全部勾选，则将数据块中的变量“设定速度”和“测量速度”添加到变量中。点击导航窗口上的按钮，切换到变量管理。

（2）离线添加过程变量

过程变量也可以离线添加，如图9-14所示，选中导航窗口中的连接“S7-1200”，在右边的“变量”选项卡中的“名称”列下输入变量名，从“数据类型”列下选择变量的数据类型，在“地址”列下输入变量的地址，即可添加一个变量，其过程和PLC、触摸屏的变量表类似。

选中变量“WinCC_Data_设定速度”的“线性标定”，将AS的值0～27648线性转换为OS（Operator Station，操作员站）的值0～1430，即将WinCC中设定的速度0～1430线性转换为PLC中的设定速度的值0～27648。

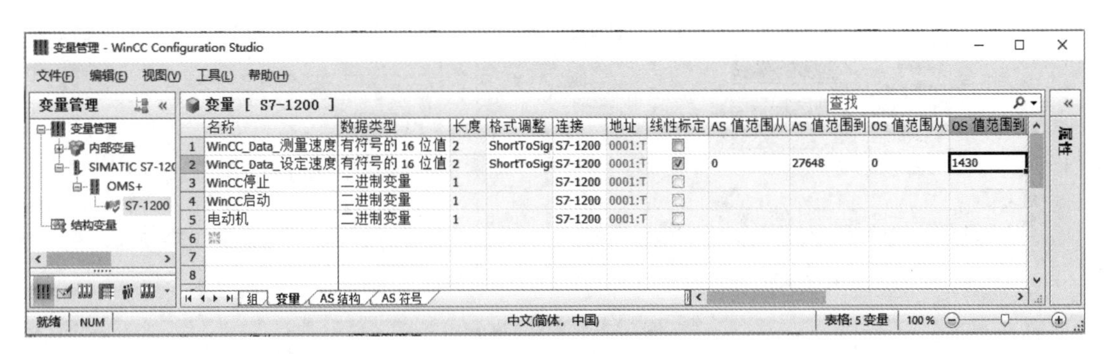

图9-14　过程变量及线性标定

9.3.3.5　创建过程画面

在“项目管理器”的“图形编辑器”上单击右键或选中“图形编辑器”后在右边数据窗口中点击右键，选中“新建画面”，将其命名为“监视画面”。再新建一个画面，命名为“设定画面”。双击“监视画面”，打开的界面如图9-15所示。

（1）指示灯的组态

点击右边“标准对象”下的圆，在界面中画出合适的大小和位置。点击属性栏中的“效果”，将“全局颜色方案”设为“否”。点击对象属性下的“颜色”，在“背景颜色”的动态上单击右键，选择“动态对话框”，如图9-15（a）所示。弹出的“值域”窗口如图9-15（b）所示，点击“表达式/公式”后面的按钮，选择过程变量“电动机”，选中数据类型为“布尔型”，表达式结果的背景颜色设为“是/真”为绿色，“否/假”为灰色。点击变量后的触发器按钮，可以设置更新周期，这里将变量“电动机”的更新周期设为“有变化时”。

（2）按钮的组态

选择右边“窗口对象”下的按钮 **按钮**，在画面中画出合适大小，在弹出的窗口中输入“启动”。点击“事件”选项卡下的“鼠标”，在“按左键”的动作图标上单击右键，选择“直接连接”，或者直接双击动作图标，弹出的窗口如图9-16所示。在“来源”下选择“常数”，输入1；在“目标”下选择变量“WinCC启动”。按照同样的方法，将“释放左键”事件的“来源”设为常数0,“目标”选择变量“WinCC启动”。选中“启动”按钮，按住“Ctrl”键，通过鼠标左键的拖放复制一个按钮。在该按钮上单击鼠标右键，选择“组态对话框”，将文本修改为“停止”。将事件下的“按左键”和“释放左键”的“目标”变量都修改为“WinCC停止”。

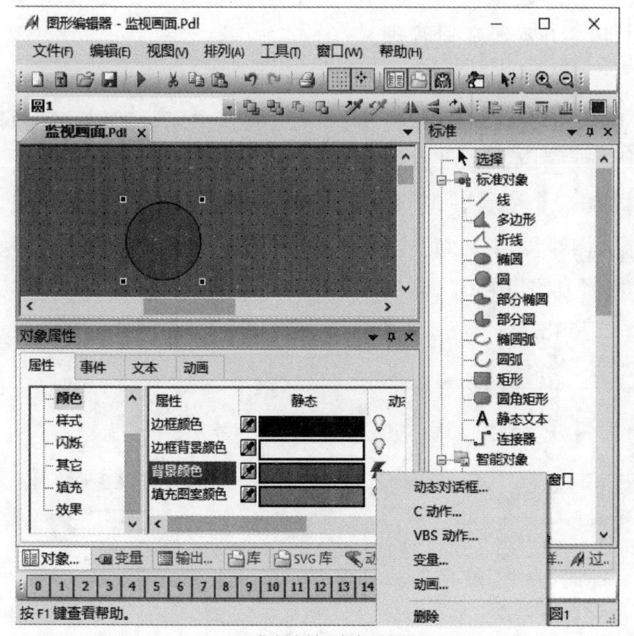

(a) 背景颜色动态设置　　(b) 值域

图 9-15　指示灯的组态

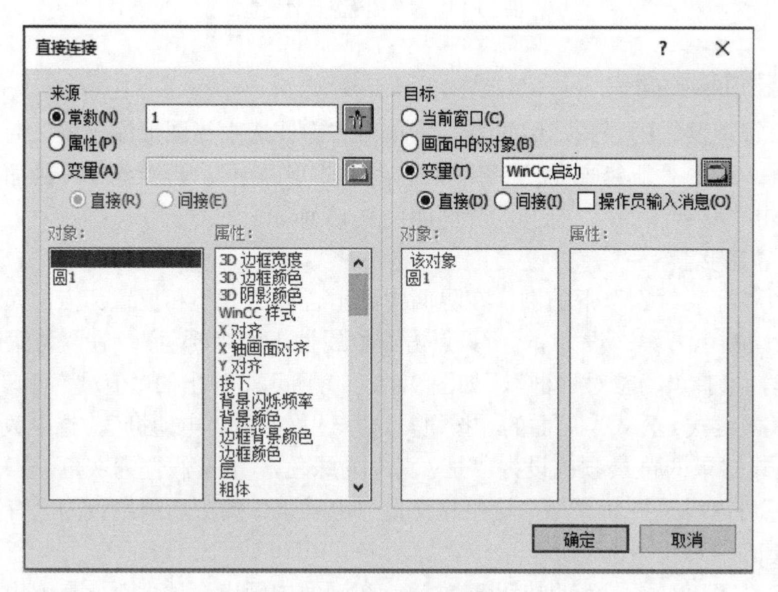

图 9-16　按钮事件的组态

(3) 添加静态文本

从“标准对象”下将**A 静态文本**拖放到画面中，输入“测量速度”。点击“对象属性”下的“颜色”，将边框颜色和背景颜色都修改为灰色，字体颜色修改为白色。点击“效果”，将全局颜色方案设为“否”。

（4）I/O 域的组态

从“智能对象”下将 0.12 输入/输出域拖放到画面中，在弹出的对话框中选择变量、更新周期、域类型、字体大小等。也可以通过直接拖放生成 I/O 域，如图 9-17（a）所示，点击下面的“变量”选项卡，展开左边的连接，点击连接“S7-1200”，右边显示各个过程变量。将过程变量“WinCC_Data_ 测量速度”拖放到画面中“测量速度”文本的后面，自动生成一个 I/O 域。可以通过工具栏修改字体类型和字体大小，在该 I/O 域上单击右键，选择“组态对话框”，修改域类型、字体大小、更新周期等。也可以点击如图 9-17（b）所示的“对象属性”选项卡，选中“输出 / 输入”，双击“域类型”后的“静态”列，选择“输出”。在“输出值”后双击“更新周期”列，选择“500 毫秒”。输出格式为“s99999”，表示带符号 5 位显示，也可以双击修改。

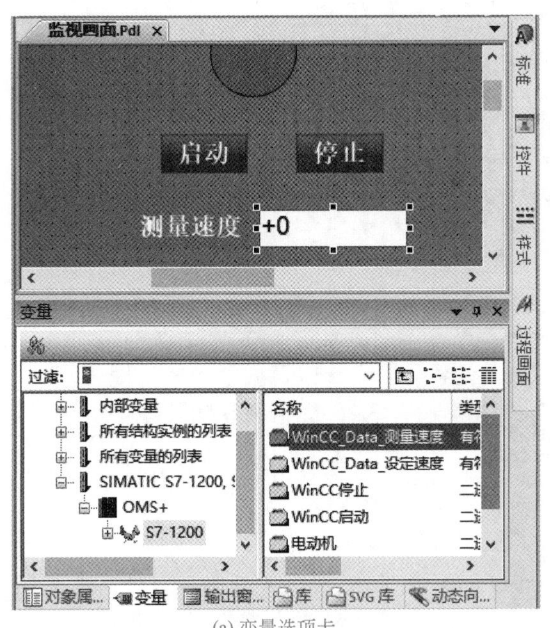

(a) 变量选项卡

(b) “对象属性”选项卡

图 9-17 I/O 域的组态

（5）画面切换

打开“设定画面”，如图 9-18 所示。将文本“测量速度”从监视画面中复制过来，修改为“设定速度”。点击下部的“变量”选项卡，将“WinCC_Data_ 设定速度”拖放到文本设定速度的后面，自动生成一个 I/O 域，将其域类型修改为“输入”，更新周期修改为“有变化时”。

点击右边的“过程画面”选项卡，将“监视画面 .Pdl”拖放到画面中，自动生成一个按钮。双击该按钮，去掉文本的后缀。用同样的方法，在监视画面中，将“设定画面 .Pdl”拖放到画面，自动生成一个按钮，去掉按钮文本的后缀。

9.3.4 项目的运行

（1）项目的调试运行

点击项目管理器中的“计算机”，双击右边数据窗口中的计算机名字，弹出“计算机属性”对话框。在“常规”选项卡中，选择该计算机为“服务器”。在“启动”选项卡中，选中“图形运行系统”。在“图形运行系统”选项卡中，点击右边的…按钮，选择“监视画面.Pdl”作为系统运行时的起始画面，选择窗口属性为“标题”“最大化”，单击“确定”按钮，关闭对话框。在项目管理器中，点击工具栏上的▶按钮，WinCC 将按照“计算机属性”对话框中所选择的设置启动运行系统。运行起始画面如图 9-19（a）所示，点击“设定画面”按钮，进入图 9-19（b）所示的设定画面，在设定速度的 I/O 域中可以输入电动机的运行速度，点击“监视画面”按钮，返回到监视画面。点击“启动”按钮，电动机启动，并在测量速度的 I/O 域中显示电动机的当前速度。点击“停止”按钮，电动机停止。点击工具栏上的■按钮可以停止 WinCC 的运行。

图 9-18　设定画面

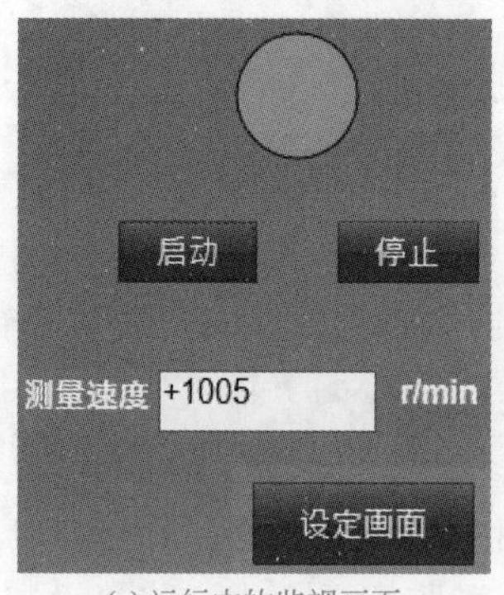

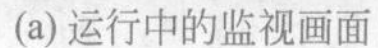
(a) 运行中的监视画面

(b) 运行中的设定画面

图 9-19　项目的调试运行

（2）设置自动运行

当一个项目投入正常运行时，可以设置在启动 Windows 后使用自动运行程序自动启动 WinCC。点击计算机的开始图标，选择“Siemens Automation”→“Autostart”，或者在计算机桌面底部任务栏的 SIMATIC WinCC RT 图标上单击右键，选择“运行系统启动选项”，打开如图9-20所示的“AutoStart组态”对话框。可以设定需要自动启动的计算机，单击“WinCC项目”框后面的...按钮，选择所需要自动启动的WinCC项目。

选中“自动启动激活”，计算机启动时，WinCC激活。当在WinCC项目管理器中打开项目时，如果上次退出时已激活项目，则运行系统启动。

选中“启动时激活项目”，当WinCC激活时，WinCC项目管理器不必打开，在运行系统中直接启动项目。如果客户机的自动启动组态已选中复选框“启动时激活项目”，那么将激活该服务器，随即会激活客户机。

选中“激活时允许‘取消’”，如果项目已在运行系统中启动，则可以使用×按钮将其取消激活。

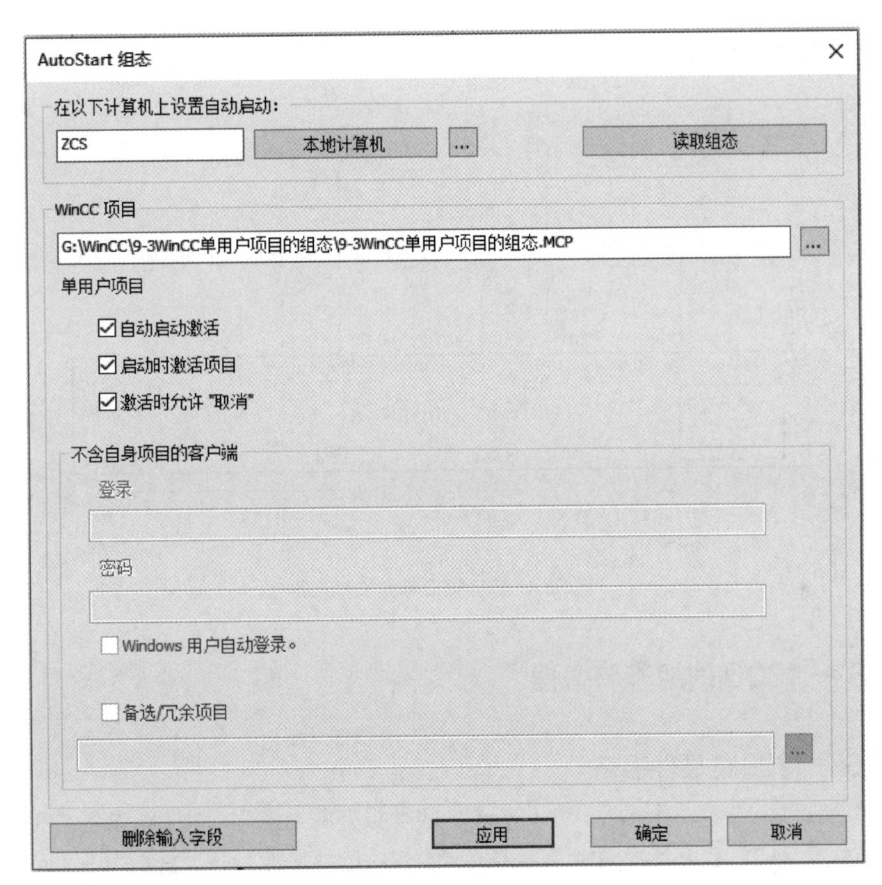

图9-20 设置WinCC自动运行

9.4 WinCC故障报警的组态

扫一扫 看视频

9.4.1 控制要求和控制电路

（1）控制要求

某风机对管道输送气流，使用压力传感器对管道压力进行检测，其测量范围为

0 ～ 10kPa。张力传感器的测量范围是 0 ～ 500N，它们的输出均为模拟量电压 0 ～ 10V，控制要求如下。

① 在 WinCC 中可以对风机进行启动 / 停止控制，可以设定风机的速度、压力下限、张力的上下限。

② 当管道压力高于压力下限时，生产线自动启动。

③ 在 WinCC 中显示管道的测量压力和测量张力，当出现主电路跳闸、变频器故障、门限保护、紧急停车等故障时，应能显示对应的离散量报警信息，风机和生产线立即停止。

④ 当管道压力低于下限、生产中张力高于上限或低于下限时，应能显示对应的模拟量报警信息。

（2）控制电路

根据控制要求设计的控制电路如图 9-21 所示，主电路略。

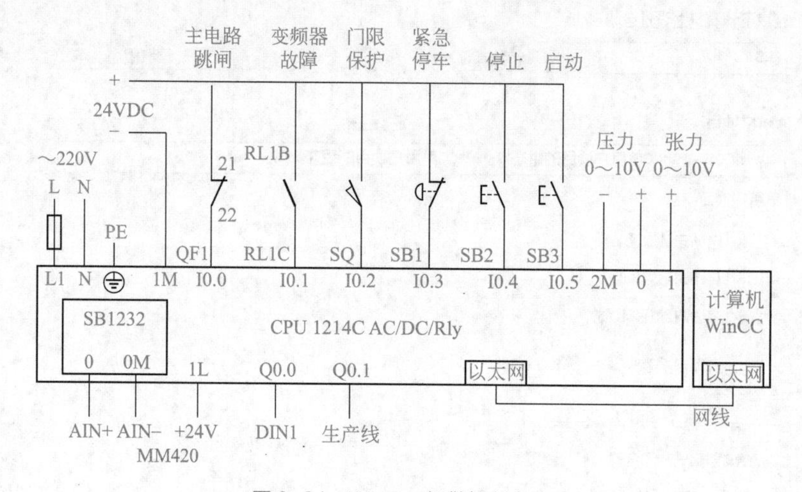

图 9-21 WinCC 报警控制电路

9.4.2 S7-1200 的组态与编程

9.4.2.1 S7-1200 的硬件组态

打开博途软件，新建一个项目“9-4 WinCC 故障报警的组态”，添加新设备 CPU 1214C AC/DC/Rly，版本号 V4.2。在设备视图中，点击巡视窗口中的“属性”→“常规”→“AI 2”→“模拟量输入”下的“通道 0”和“通道 1”，可以查看模拟量输入的通道地址为 IW64 和 IW66，测量类型为“电压”，电压范围为 0 ～ 10V。点击右边的硬件目录下的信号板，依次展开“信号板”→“AQ”→“AQ 1×12BIT”，双击下面的“6ES7 232-4HA30-0XB0”或将其拖放到 CPU 中间的方框中。点击巡视窗口的“属性”→“常规”下的“模拟量输出”，将通道 0 的模拟量输出类型设为“电压”，可以看到电压范围为“+/−10V”（不能修改）、通道地址为 QW80。

点击巡视窗口中“防护与安全”下的“连接机制”，选中“允许来自远程对象的 PUT/GET 通信访问”。点击以太网接口（绿色），从巡视窗口中点击“以太网地址”，可以看到 IP 地址为 192.168.0.1，子网掩码为 255.255.255.0。

9.4.2.2 编写控制程序

（1）变量表和数据块的HMI访问设置

展开项目树下的“PLC变量”，双击“添加新变量表”，添加一个变量表，命名为“forWinCC”，创建变量如图9-22（a）所示。变量“事故信息”“模拟状态”“风机”“生产线”“WinCC启动”和“WinCC停止”设为HMI可见，其余都取消它们的可见性。

双击项目树的“程序块”下的“添加新块”，添加一个全局数据块DB1，命名为“WinCCData”，创建的变量如图9-22（b）所示，这些变量都设为HMI可见。

forWinCC

	名称	数据类型	地址	保持	从HMI/OPC UA/Web API可访问	从HMI/OPC UA/Web API可写	在HMI工程组态中可见
1	事故信息	Word	%MW10	☐	☑	☑	☑
2	模拟状态	Byte	%MB5	☐	☑	☑	☑
3	启动	Bool	%I0.5	☐	☐	☐	☐
4	停止	Bool	%I0.4	☐	☐	☐	☐
5	风机	Bool	%Q0.0	☐	☑	☑	☑
6	生产线	Bool	%Q0.1	☐	☑	☑	☑
7	WinCC停止	Bool	%M0.0	☐	☑	☑	☑
8	WinCC启动	Bool	%M0.1	☐	☑	☑	☑
9	Tag_1	Int	%QW80	☐	☐	☐	☐

(a) 变量表forWinCC

WinCCData

	名称	数据类型	起始值	保持	从HMI/OPC UA/Web API可访问	从HMI/OPC UA/Web API可写	在HMI工程组态中可见
1	▼ Static			☐	☐	☐	☐
2	■ 测量压力	Int	0	☐	☑	☑	☑
3	■ 测量张力	Int	0	☐	☑	☑	☑
4	■ 压力下限	Int	0	☐	☑	☑	☑
5	■ 张力上限	Int	0	☐	☑	☑	☑
6	■ 张力下限	Int	0	☐	☑	☑	☑
7	■ 设定速度	Int	0	☐	☑	☑	☑

(b) 数据块WinCCData

图9-22 变量表和数据块的HMI访问设置

（2）编写程序

根据控制要求，编写的控制程序OB1如图9-23所示。

在程序段1中，当按下启动按钮SB3（I0.5常开触点接通）或点击WinCC界面中的“启动”按钮（M0.1常开触点接通）时，Q0.0置位，风机启动运行。

在程序段2中，当按下停止按钮SB2（I0.4常开触点接通）、点击WinCC界面中的“停止”按钮（M0.0常开触点接通）、“事故信息”不等于0（有离散量故障发生）或张力高于上限（M5.1常开触点接通）时，Q0.0复位，风机停止。

在程序段3中，风机运行时（Q0.0常开触点接通），如果测量压力大于“压力下限”，M5.0常闭触点接通，Q0.1线圈通电，生产线启动。

在程序段4中，将所测得的压力输入IW64送入“测量压力”，通过WinCC将其由0～27648转换为0～10000Pa进行显示。将所测得的张力输入IW66送入“测量张力”，通过WinCC将其由0～27648转换为0～500N进行显示。

在程序段5中，将“设定速度”(WinCC中已将其转换为0～27648）送入QW80进行调速。

在程序段6中，正常运行时，主电路的空气开关QF1应合上，QF1的常闭触点断开，故I0.0没有输入；当主电路跳闸时，I0.0为“1”，触发主电路跳闸报警。

在程序段7中，正常运行时，变频器没有故障，I0.1没有输入；当变频器发生故障时，

I0.1 为“1”，触发变频器故障报警。

在程序段 8 中，正常运行时，车门应处于关闭状态，压住行程开关 SQ，故 I0.2 有输入，其常闭触点断开；当车门打开时，I0.2 为“0”，其常闭触点接通，触发门限保护报警。

在程序段 9 中，正常运行时，紧急停车按钮为常闭，故 I0.3 有输入，其常闭触点断开；当按下紧急停车按钮时，I0.3 为“0”，其常闭触点接通，触发紧急停车报警。

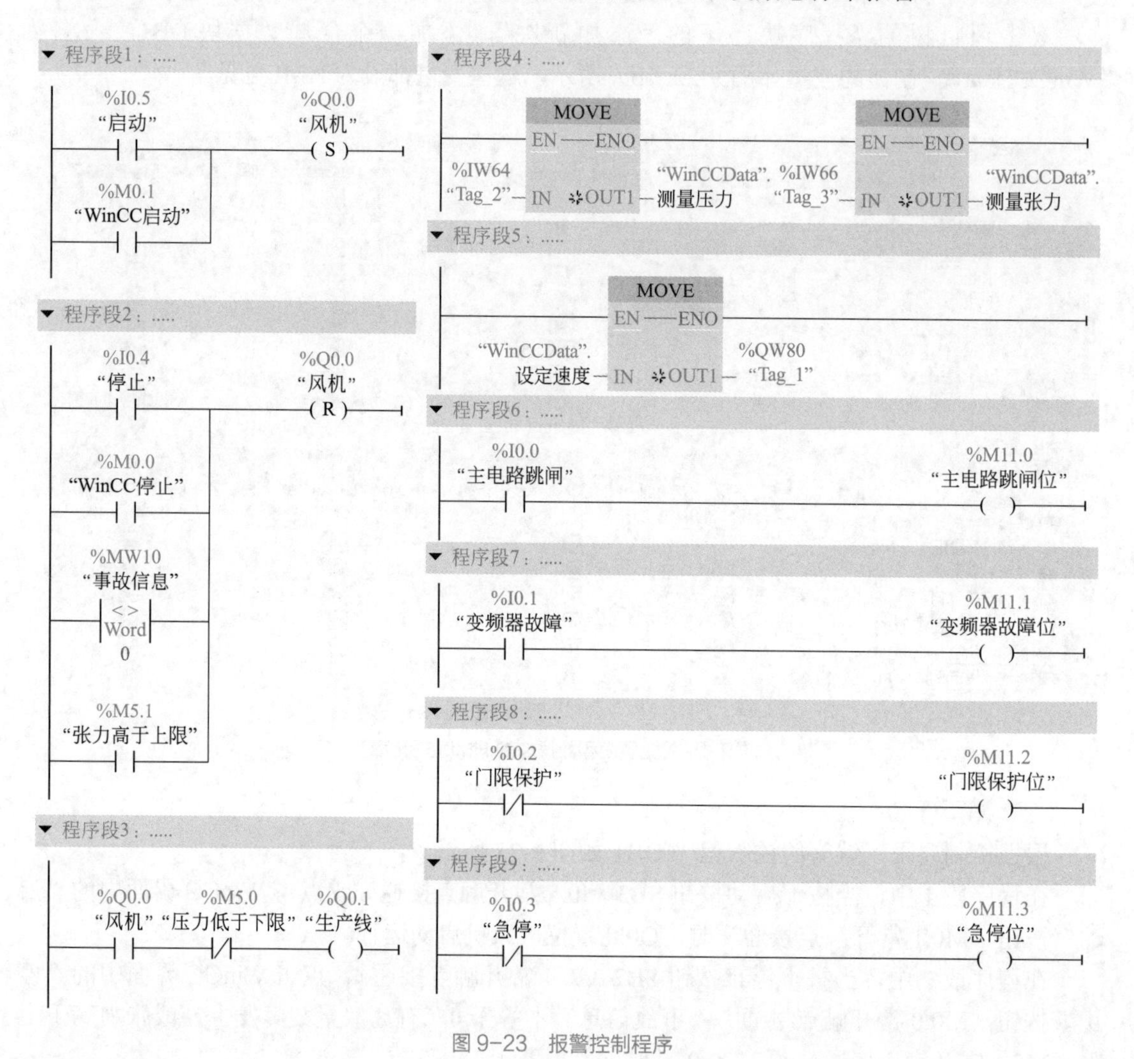

图 9-23 报警控制程序

9.4.3 WinCC 故障报警的组态

9.4.3.1 创建变量

打开 WinCC 项目管理器，新建一个单用户项目“9-4 WinCC 故障报警的组态”。计算机的配置和 WinCC 与 PLC 连接的组态见 9.3.3 节，这里不再赘述。

点击 WinCC 项目管理器的工具栏中的激活按钮▶，使 WinCC 与 PLC 建立在线连接。在变量管理中的导航窗口的连接“NewConnection_1”上单击右键，依次选择“AS 符号”→“从 AS 中读取”。在“访问”列下全部勾选变量符号和数据块“WinCCData”的符号，点击导航窗口上的按钮，切换到变量管理，创建的变量如图9-24所示。最后对数据块“WinCCData”对应的变量进行线性标定，将AS（即PLC）的值转换为OS（即WinCC）对应的值。

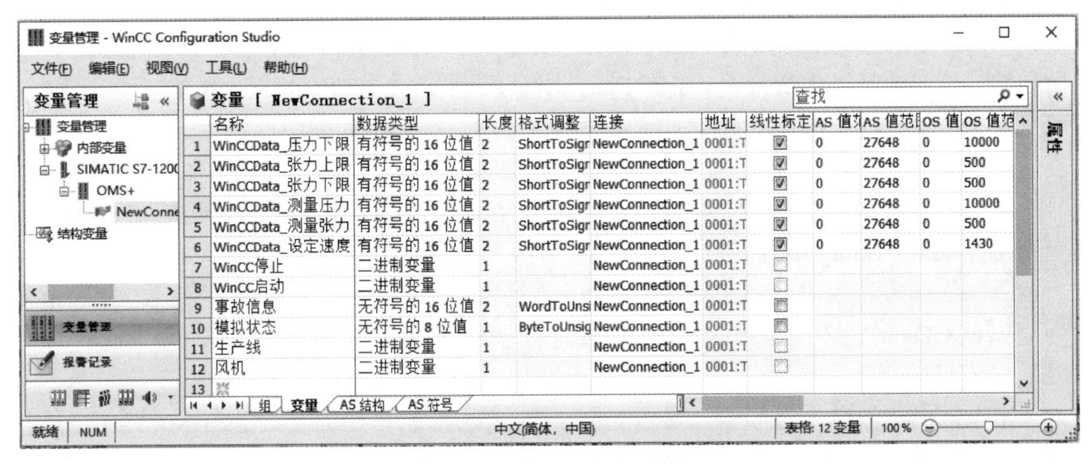

图9-24 创建过程变量

9.4.3.2 组态报警

（1）离散量报警的组态

在“变量管理”页面点击导航窗口中的“报警记录”，打开报警记录编辑页面。点击“消息块”，显示如图9-25（a）所示。选中“日期”“时间”“状态”“编号”“消息文本”和“错误点”，用于在报警视图中显示这些列。将“消息文本”和“错误点”的字符数修改为30和20，以便显示更多字符。

点击导航窗口中“错误”下的“报警”，在右边的窗口中输入报警消息，如图9-25（b）所示。点击第一行消息变量下的符号，出现按钮，点击该按钮，选择过程变量“事故信息”，消息位自动变为0，消息文本输入“主电路跳闸”，错误点输入“I0.0”，即使用“事故信息”的第0位（M11.0）作为主电路跳闸的故障报警。按照同样的方法组态其余报警。

	已使用	消息块	字符数
1	☑	日期	0
2	☑	时间	0
3	☐	持续时间	0
4	☐	夏时制/标准时间	1
5	☑	状态	1
6	☐	确认状态	1
7	☑	编号	3
8	☐	类别	8
9	☐	类型	2
10	☐	控制器/CPU 号	2
11	☐	变量	1
12	☐	归档	1
13	☐	记录	1
14	☐	注释	1
15	☐	信息文本	1
16	☐	报警回路	1
17	☐	计算机名	10
18	☐	用户名	10
19	☐	优先级	3
20	☐	类别优先级	3
21	☑	消息文本	30
22	☑	错误点	20

(a) 消息块的组态

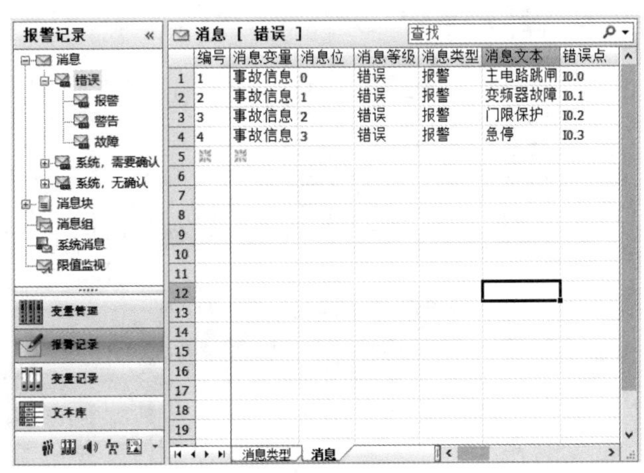

(b) 错误消息的组态

图9-25 离散量报警的组态

（2）模拟量报警的组态

在导航窗口中，点击“限值监视”，显示如图 9-26（a）所示，在右边窗口的“变量”下点击新建限制变量符号，出现按钮，点击该按钮，从弹出的窗口中选择需要限值的过程变量。例如，要组态测量压力低于压力下限的报警，可以在“变量”下点击靠左边的符号，从出现的按钮选择过程变量“WinCCData_ 测量压力”。点击该变量前面的符号，可以展开该变量下的限制，点击该变量下的新建限制符号，从下拉列表中选择“下限”（有下限、上限、值相同、值不同选项）。由于前面的离散量报警已经使用了编号 1 ～ 4，故这里将“消息号”修改为 5，不能与已经使用的编号重复，否则会变为红色。勾选“间接”，选择比较值变量为“WinCCData_ 压力下限”。

按照同样的方法组态变量“WinCCData_ 测量张力”的“上限”消息号为 6，比较值变量为“WinCCData_ 张力上限”；“下限”的消息号为 7，比较值变量为“WinCCData_ 张力下限”。

点击下部的“消息”选项卡，显示如图 9-26（b）所示。在编号为 5 的这一行中，选择状态变量为“模拟状态”，状态位为 0，即当“WinCCData_ 测量压力”低于“WinCCData_ 压力下限”时，“模拟状态”的第 0 位（M5.0）为“1”；不满足，为“0”。消息文本“限制值@1%f @: @3%f @”表示当出现报警时，显示内容为限制值“WinCCData_ 测量压力”的值：“WinCCData_ 压力下限”，其中 f 为浮点数显示，可以将它修改为 d（整数显示）。

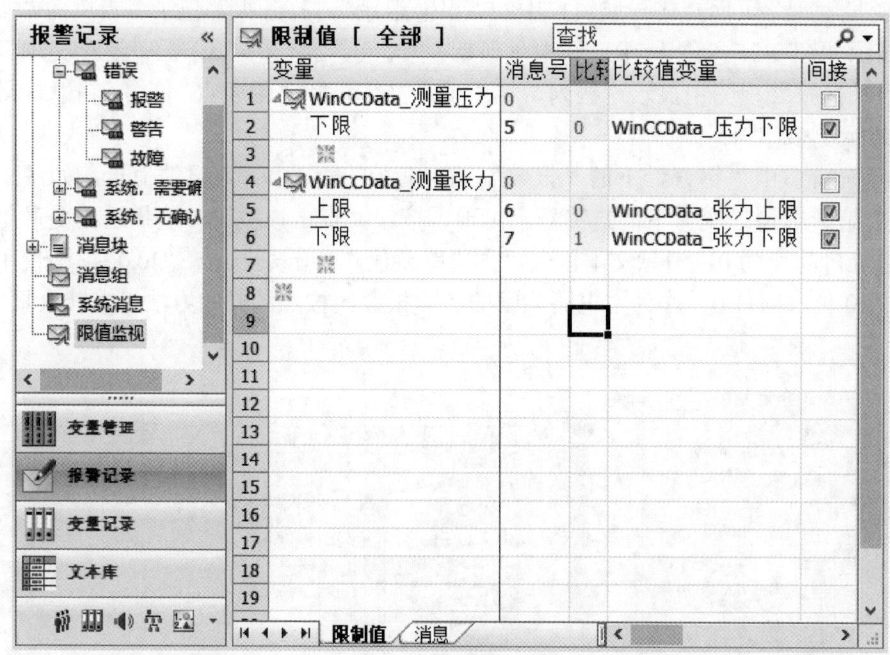

	变量	消息号	比较	比较值变量	间接
1	WinCCData_测量压力	0			☐
2	下限	5	0	WinCCData_压力下限	☑
3					
4	WinCCData_测量张力	0			☐
5	上限	6	0	WinCCData_张力上限	☑
6	下限	7	1	WinCCData_张力下限	☑

(a) 设置限制值

消息 [限值监视]

	编号	状态变量	状态位	消息等级	消息类型	消息文本	错误点
1	5	模拟状态	0	错误	报警	限制值@1%f@: @3%f@	压力
2	6	模拟状态	1	错误	报警	限制值 @1%f@ 超出上限：@3%f@	张力
3	7	模拟状态	2	错误	报警	限制值 @1%f@ 超出下限：@3%f@	张力

(b) 组态消息

图 9-26　模拟量报警的组态

在编号为6的这一行中，选择状态变量为“模拟状态”，状态位为1，即当满足“WinCCData_测量张力”高于“WinCCData_张力上限”时，“模拟状态”的第1位（M5.1）为“1”；不满足，为“0”。消息文本下的意思是当出现报警时，显示内容为限制值“WinCCData_测量张力”超出上限：“WinCCData_张力上限”。按照同样的方法组态编号7（即测量张力的下限）的消息。

9.4.4 WinCC画面的组态

在WinCC项目管理器中点击“图形编辑器”，从右边数据窗口中单击鼠标右键，点击“新建画面”，将其命名为“主画面”。按照同样的方法新建画面“监视画面”“设定画面”“报警画面”。在“主画面”上单击鼠标右键，将该画面设为启动画面。

9.4.4.1 主画面的组态

在WinCC项目管理器中双击“主画面”，打开图形编辑器，要组态的主画面如图9-27所示。点击图形编辑区空白处，再单击“属性”→“几何”，将画面宽度修改为1440，画面高度修改为900（作者的计算机显示屏为1440×900）。

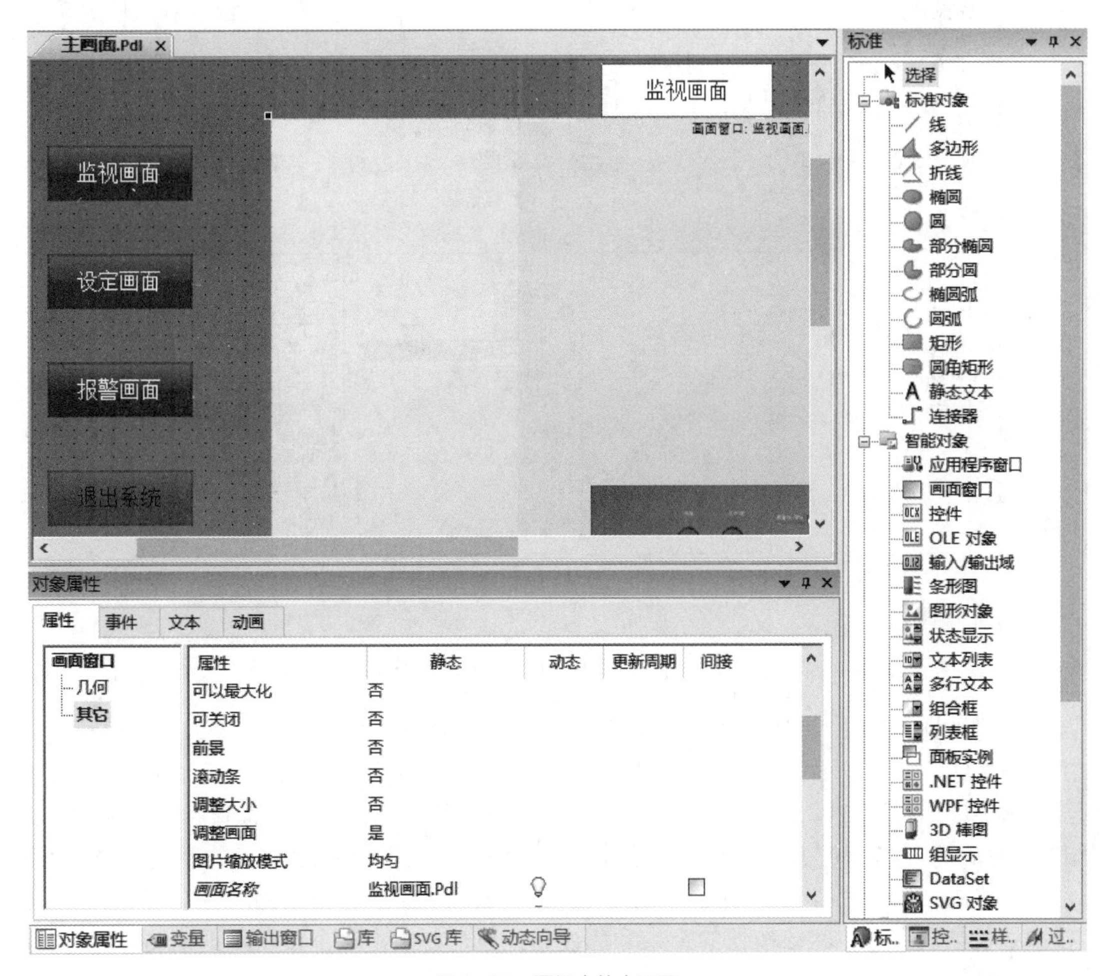

图9-27 要组态的主画面

（1）组态画面窗口

从图形编辑器右侧的“标准”→“智能对象”中，将“画面窗口”拖入画面。单击“属性”→“几何”，将位置 X×Y 设为 300×200，将画面宽 × 高设为 1140×700。再点击“其他”，双击“边框”，将“否”修改为“是”；双击“调整画面”，将“否”改为“是”；双击“画面名称”，选择“监视画面 .Pdl”，其目的是当运行主画面时，“监视画面 .Pdl”画面自动装载到画面窗口中。

（2）组态按钮

点击右边“过程画面”选项卡，将“监视画面 .Pdl”“设定画面 .Pdl”“报警画面 .Pdl”拖放到画面中，生成三个按钮。选择“监视画面 .Pdl”按钮，点击“属性”下的“字体”，将文本中的后缀“.Pdl”去掉。点击“事件”选项卡，可以看到“鼠标”变为深色，表示已经有事件组态。双击“单击鼠标”后的闪电符，出现的界面如图 9-28 所示，将“来源”设为“监视画面 .Pdl”，将“目标”选择为“画面中的对象”，从对象下选择“画面窗口 1”，属性下选择“画面名称”。即当点击这个按钮时，在画面窗口中显示监视画面。按照同样的方法组态另外两个按钮。

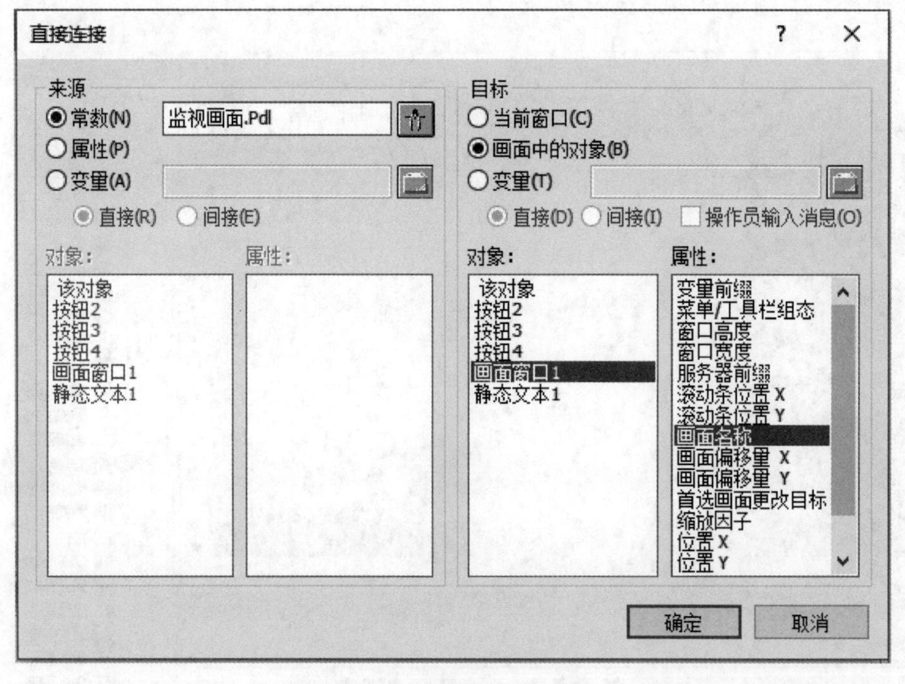

图 9-28 按钮的直接连接

从右边“标准”→“窗口对象”中，将按钮拖入画面中，显示文本修改为“退出系统”。选中这个按钮，点击下面的“动态向导”选项卡，如图 9-29 所示。点击“系统函数”，双击“退出 WinCC 运行系统”，弹出动态向导。第一步选择“中文”，第二步选择触发器为“鼠标点击”，然后点击“完成”按钮即可。当点击这个按钮时，将退出 WinCC 运行系统。选中“退出系统”按钮，从下面的对象属性中点击“效果”，将全局颜色方案设为“否”，然后点击工具栏中调色板的红色，将该按钮的背景颜色设为红色，对点击这个按钮将退出 WinCC 运行系统进行警告。

同时选择这4个按钮，从工具栏中选择字号16。选中“监视画面”按钮，调整为合适的尺寸，然后再同时选中这4个按钮，点击相同的宽度和高低按钮，那么所有的按钮都变为与“监视画面”按钮同样尺寸。再点击工具栏中的左对齐按钮和垂直间隔相等按钮，这样排列就比较美观了。

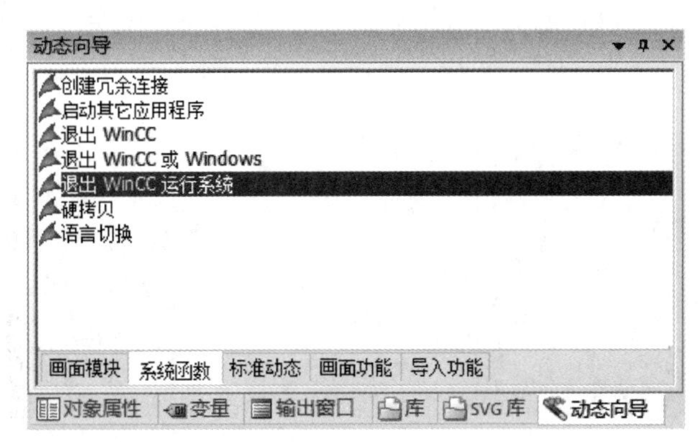

图9-29 “动态向导”选项卡

（3）显示画面窗口中的当前画面

从“标准对象”下将“静态文本”拖放到画面中，其文本修改为“监视画面”。选中“画面窗口”，点击“事件”→“属性主题”→“其他”→“画面名称”，在“更改”后的闪电符号上右击鼠标，弹出快捷菜单，单击“直接连接”，如图9-30所示。“目标”选择“画面中的对象”，“对象”选择“静态文本1”，“属性”选择“文本”，即当画面窗口的画面名称更改时，将该画面的名称送到“静态文本1”的“文本”进行显示。

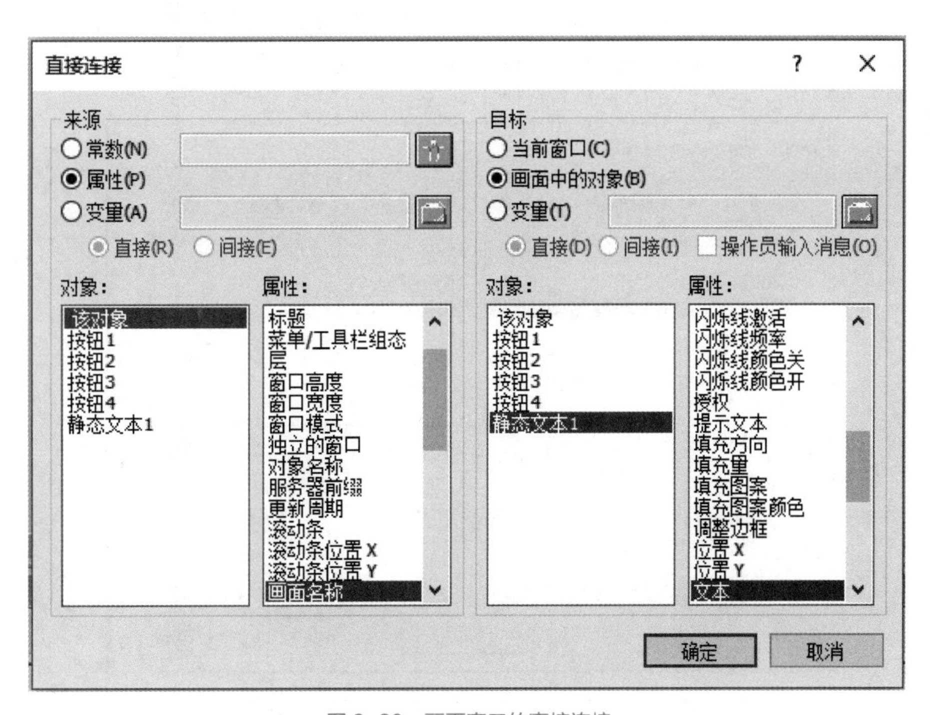

图9-30 画面窗口的直接连接

9.4.4.2 监视画面和设定画面的组态

监视画面和设定画面如图 9-31 所示，指示灯、按钮和 I/O 域在 9.3.3 节已经讲述，这里不再赘述。需要特别强调的是，在组态指示灯时，要将效果下的“全局颜色方案”修改为“否”。测量压力和测量张力作为输出域，可以直接从“变量”选项卡中拖放，更新周期修改为 500ms；设定画面中的 I/O 域都作为输入域，可以直接从“变量”选项卡中拖放，更新周期修改为“有变化时”，它们的排列可以参考主画面中按钮的排列方法。

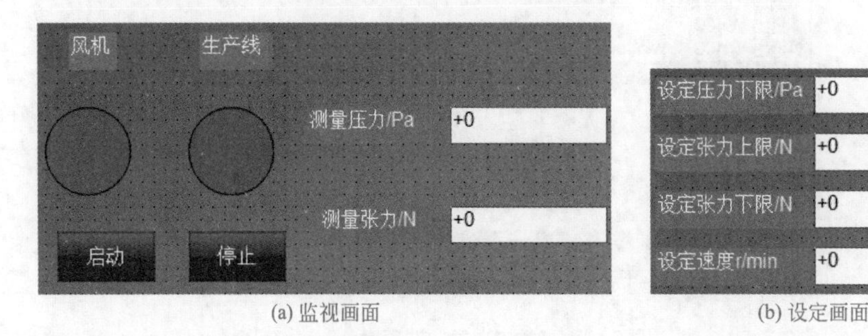

(a) 监视画面　　(b) 设定画面

图 9-31　监视画面和设定画面

9.4.4.3 报警画面的组态

打开“报警画面”，将画面尺寸的宽 × 高设为 1140×700。点击右边的“控件”选项卡，从“ActiveX 控件”下将“WinCC AlarmControl”拖入画面，自动弹出“WinCC AlarmControl 属性”对话框，如图 9-32 所示。在“常规”标签的窗口标题文本中输入“故障报警”；在“消息列表”选项卡中，点击 >> 按钮，将“可用的消息块”下的“消息文本”和“错误点”都移动到“选定的消息块”下。选中“编号”，点击 向上 按钮将其上移到第一行，在报警控件中会依次显示“编号”“日期”“时间”“消息文本”和“错误点”。

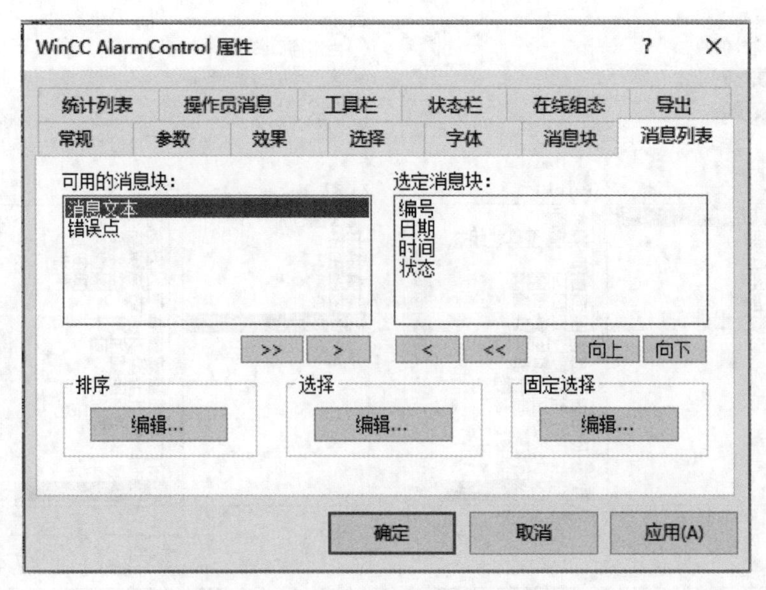

图 9-32　“WinCC AlarmControl 属性”对话框

9.4.5 项目的运行

点击项目管理器中的“计算机”，双击右边窗口中用户的计算机名字，弹出“计算机属性”对话框，选择“启动”选项卡，选中“报警记录运行系统”和“图形运行系统”；选择“图形运行系统”选项卡，选中窗口属性为“标题”“最大化”，单击“确定”按钮，关闭对话框。在项目管理器中，点击工具栏上的按钮，WinCC将按照“计算机属性”对话框中所选择的设置启动运行系统；点击工具栏上的按钮可以停止WinCC的运行。

运行画面如图9-33所示，点击“监视画面”或“设定画面”按钮可以分别在画面窗口中显示监视画面和设定画面。点击“报警画面”按钮，窗口中显示报警画面和报警信息。当出现故障报警时，报警状态为红色的；点击确认按钮后，报警状态变为红色的；故障消失后就不再显示。如果没有确认，故障消失了，报警状态变为绿色的，然后再进行确认，该故障就不再显示了。

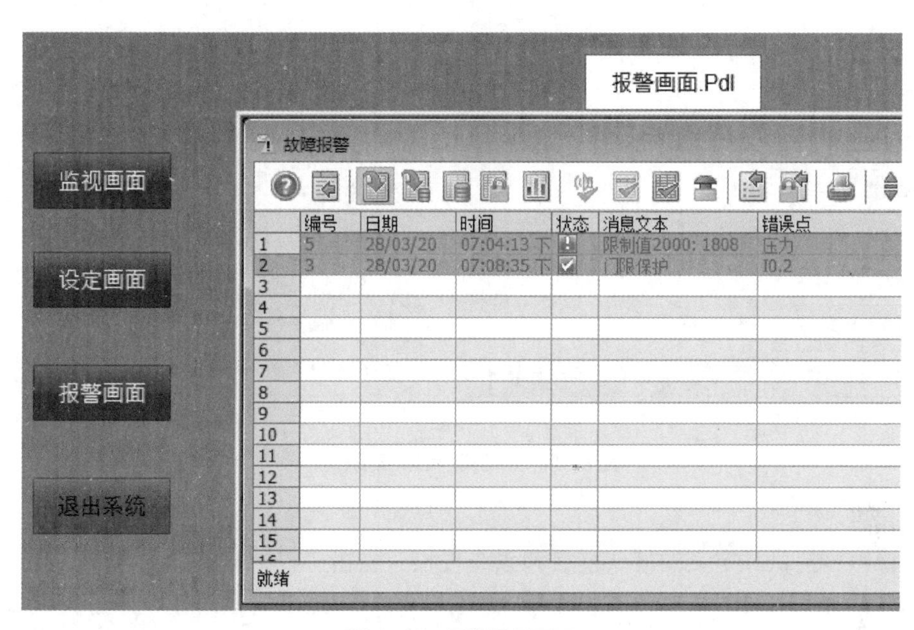

图9-33 报警运行画面

9.5 WinCC用户管理的组态

扫一扫 看视频

9.5.1 用户管理组态

控制要求、S7-1200的组态与编程、WinCC的监视画面和设定画面见9.3节，这里主要介绍WinCC的用户管理。

打开WinCC项目管理器，新建一个单用户项目“9-5 WinCC用户管理的组态”，通过在线连接建立过程变量。在项目管理器中双击“变量管理”，打开WinCC Configuration Studio，点击导航区下面的“用户管理器”，打开的界面如图9-34所示。

（1）建立用户组

点击导航区中的“用户管理器”，在图 9-34（a）所示的“组”选项卡的表格中双击新建组图标，可以输入组的名称，组的名称不能少于 4 个字符，可以是英文或中文。这里将管理员组“Administrator-Group”修改为“管理员组”，又新建了三个组“操作员组”“班组长组”和“工程师组”。最多可以建立 128 个用户组。

(a) 创建用户组　　(b) 权限等级

图 9-34　创建用户组和权限等级

（2）管理授权

用户管理器提供预定义的默认授权和系统授权。点击“权限等级”选项卡，打开的界面如图 9-34（b）所示。ID 号 1 ～ 17 为默认授权，1000 ～ 1002 为系统授权。各授权之间相互独立，授权仅在运行时生效。

默认授权可进行添加、删除或编辑除“用户管理”之外的所有授权。添加授权时，在新建授权符号处输入 ID 号（范围 1 ～ 999），名称下输入授权名即可。删除授权时，选中授权，点击右键，选择“删除”即可。修改授权时，双击名称或 ID 号即可进行修改。在本例中，将 ID 号为 2 的名称修改为“设定速度”，ID 号为 3 的名称修改为“启停控制”，ID 号为 5 的名称修改为“访问设定画面”。

系统授权由系统自动生成，用户无法编辑、删除或创建新系统授权，只能分配给用户。系统授权在组态系统和运行系统中生效。例如，在组态系统时，系统授权会阻止未针对该项目进行注册的用户对其进行访问。

（3）权限分配

可以将权限分配给“组”，那么这一组所有的人员就具有了这组的权限。权限的分配如图 9-35（a）所示，点击“管理员组”，从右边“权限”选项卡中选择“用户管理”，就将“用户管理”的权限分配给了“管理员组”。按照同样的方法，给“操作员组”分配“启停控制”

的权限，给“班组长组”分配“启停控制”和“访问设定画面”的权限，给“工程师组”分配“设定速度”和“访问设定画面”的权限。

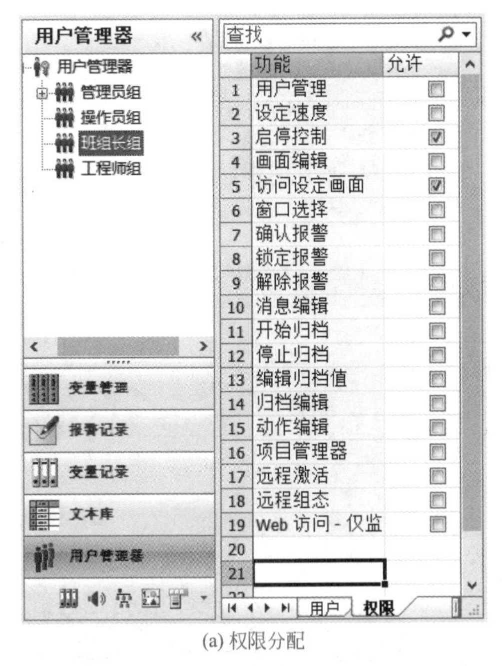

(a) 权限分配

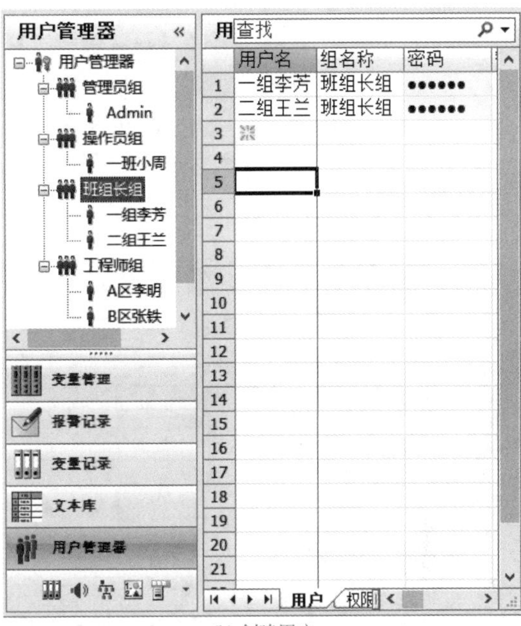

(b) 创建用户

图 9-35 权限分配与创建用户

（4）建立用户

点击导航区的组名称，然后在右边的“用户”选项卡的表格区建立用户，该用户就属于这一组。如图 9-35（b）所示，点击导航区的“管理员组”，从右边“用户”选项卡中将默认的用户名“Administrator”修改为“Admin”，然后设定密码。点击“操作员组”，在右边窗口中建立用户“一班小周”并修改密码。所有的密码应不少于 6 个字符，为简单起见，将所有用户的密码设为用户名字的拼音字母加 123。例如，一班小周的密码设为 xiaozhou123。用同样的方法，点击“班组长组”，建立用户“一组李芳”和“二组王兰”，并设定密码；点击“工程师组”，建立用户“A 区李明”和“B 区张铁”，并设定密码。最多可以建立 128 个用户。

将用户分配给组之后，自然就具有了这一组的权限。如果某个用户需要特殊的权限，可以在导航区选择该用户，从右边“权限”选项卡中进行分配。

9.5.2 过程画面的组态

处于运行中的 WinCC 过程画面如图 9-36 所示，指示灯、按钮和 I/O 域的组态不再赘述。在“监视画面”中，选中“启动”按钮，点击“对象属性”中的“其他”，双击右边窗口中的“授权”项中的“<无访问保护>”，从弹出的授权界面中选择“启停控制”权限。这样，只有拥有“启停控制”权限的用户才能点击“启动”按钮。按照同样的方法，将“停止”按钮也设为“启停控制”权限，将“设定画面”按钮设为“访问设定画面”权限。

在“设定画面”中，选中设定速度的 I/O 域，在“对象属性”栏中点击“其他”，将“授权”选择为“设定速度”。

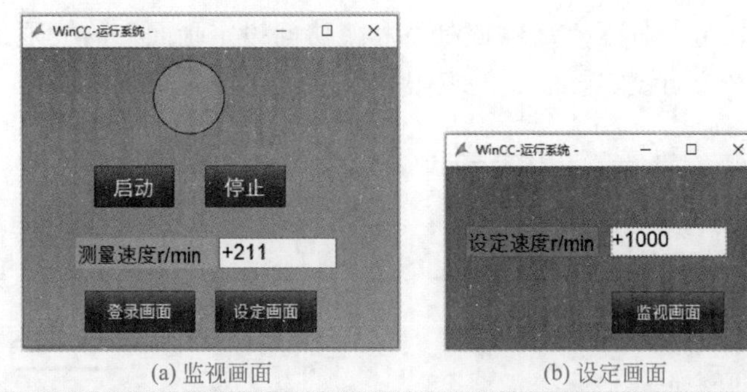

(a) 监视画面　　(b) 设定画面

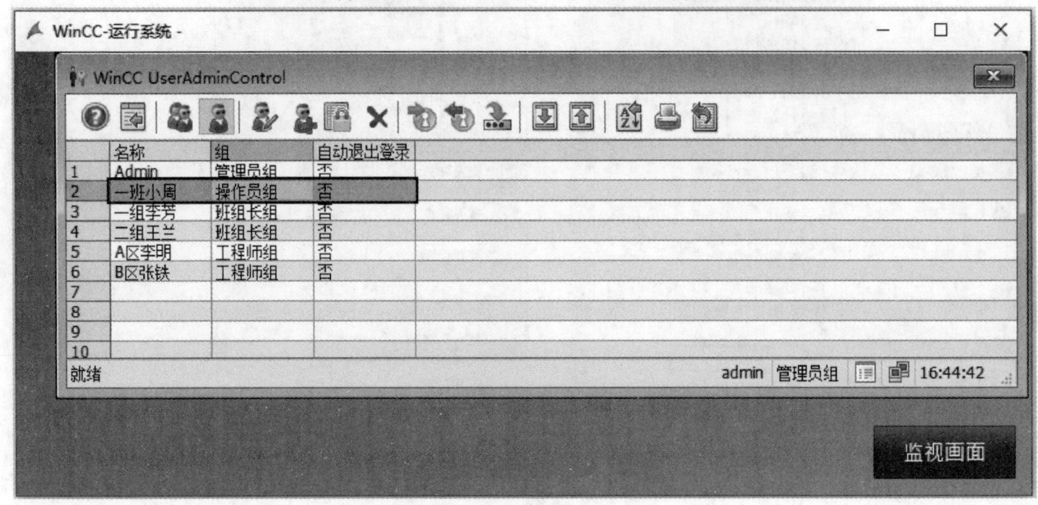

(c) 登录画面

图 9-36　WinCC 过程画面

在“登录画面”中，打开右边的“控件”选项卡，点击控件“WinCC UserAdminControl”，在画面中画出一定区域，弹出“WinCC UserAdminControl 属性”对话框，直接点击“确定”。

9.5.3 项目运行

点击项目管理器中的“计算机”，双击右边窗口中用户的计算机名字，弹出“计算机属性”对话框，选择“启动”选项卡，选中“图形运行系统”；选择“图形运行系统”选项卡，选中窗口属性为“标题”“最大化”，单击“确定”按钮，关闭对话框。在项目管理器中，点击工具栏上的按钮，WinCC 将按照“计算机属性”对话框中所选择的设置启动运行系统；点击工具栏上的按钮可以停止 WinCC 的运行。

过程画面见图 9-36，如果没有登录，不能进行启动 / 停止控制，也不能访问设定画面。

在登录画面中，点击按钮可以登录用户；点击按钮可以注销用户。如果以管理员身份登录，可以对用户进行管理。点击按钮可以增加用户；点击按钮可以编辑用户；选中某一用户，点击，可以修改该用户的授权；点击可以删除用户。

如果一班小周登录，只能进行启动 / 停止控制。

如果一组李芳和二组王兰登录，可以进行启动 / 停止控制，也可以访问设定画面，但不能设定速度。

如果 A 区李明和 B 区张铁登录，可以访问设定画面，对速度进行设定，但不能进行启

动 / 停止控制。

9.6 WinCC 多用户项目的组态

扫一扫 看视频

9.6.1 控制要求和控制电路

（1）控制要求

某风机向管道输入气压，使用压力传感器对管道压力进行检测，压力传感器的测量范围为 0 ～ 10kPa，输出为模拟量电压 0 ～ 10V。WinCC 服务器与 S7-1200（CPU 1214C AC/DC/Rly）、WinCC 客户机 1 和客户机 2 通过以太网通信，控制要求如下。

① 当出现主电路跳闸和门限保护故障时，通过 WinCC 服务器显示报警信息，同时风机和生产线停止。

② 通过 WinCC 客户机 1 控制风机和生产线的启动和停止。风机启动后，当测量压力大于设定压力时，允许生产线启动。

③ 通过 WinCC 客户机 2 设定管道压力，同时显示测量压力。

（2）控制电路

根据控制要求设计的多用户项目的控制电路如图 9-37 所示，主电路略。WinCC 服务器的 IP 地址为 192.168.0.100，WinCC 客户机 1 的 IP 地址为 192.168.0.101，WinCC 客户机 2 的 IP 地址为 192.168.0.102。

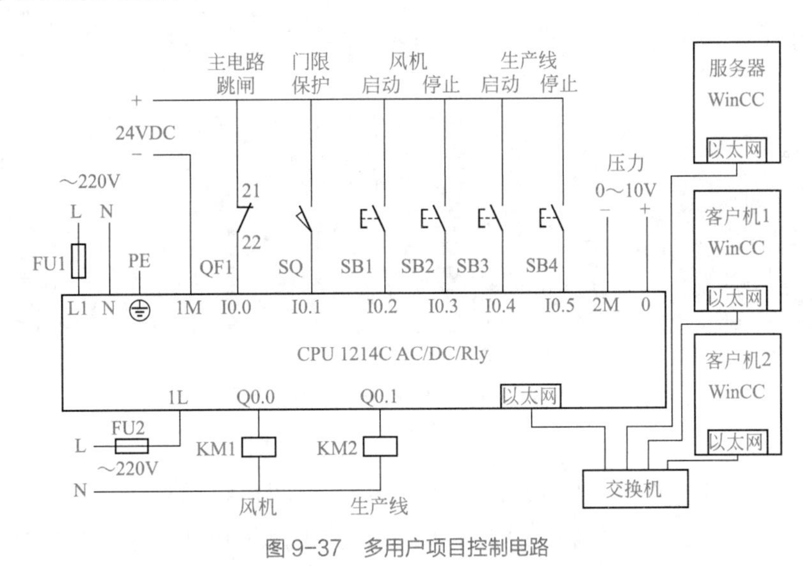

图 9-37　多用户项目控制电路

9.6.2 S7-1200 的组态与编程

9.6.2.1 S7-1200 的硬件组态

打开博途软件，新建一个项目“9-6 WinCC 多用户项目的组态”，添加新设备 CPU

1214C AC/DC/Rly，版本号 V4.2。点击巡视窗口的“属性”→“AI2”下的“模拟量输入”，可以看到电压范围为“0 到 10V”（不能修改）、通道地址为 IW64。点击巡视窗口中“防护与安全”下的“连接机制”，选中“允许来自远程对象的 PUT/GET 通信访问”。点击以太网接口（绿色），从巡视窗口中点击“以太网地址”，可以看到 IP 地址为 192.168.0.1，子网掩码为 255.255.255.0。

9.6.2.2 编写控制程序

（1）变量表和数据块的 HMI 访问设置

展开项目树下的“PLC 变量”，双击“添加新变量表”，添加一个变量表，命名为“forWinCC”，创建变量如图 9-38（a）所示。变量“故障信息”“风机”“生产线电机”设为 HMI 可见，取消其余变量的可见性。

双击项目树的“程序块”下的“添加新块”，添加一个全局数据块 DB1，命名为“WinCCData”，创建的变量如图 9-38（b）所示，这些变量都设为 HMI 可见。

forWinCC

	名称	数据类型	地址	保持	从 HMI/OPC UA/Web API 可访问	从 HMI/OPC UA/Web API 可写	在 HMI 工程组态中可见
1	主电路跳闸	Bool	%I0.0	☐	☐	☐	☐
2	门限保护	Bool	%I0.1	☐	☐	☐	☐
3	风机启动	Bool	%I0.2	☐	☐	☐	☐
4	风机停止	Bool	%I0.3	☐	☐	☐	☐
5	生产线启动	Bool	%I0.4	☐	☐	☐	☐
6	生产线停止	Bool	%I0.5	☐	☐	☐	☐
7	故障信息	Word	%MW10	☐	☑	☑	☑
8	主电路跳闸位	Bool	%M11.0	☐	☐	☐	☐
9	门限保护位	Bool	%M11.1	☐	☐	☐	☐
10	风机	Bool	%Q0.0	☐	☑	☑	☑
11	生产线电机	Bool	%Q0.1	☐	☑	☑	☑
12	压力输入	Int	%IW64	☐	☐	☐	☐

(a) 变量表forWinCC

WinCCData

	名称	数据类型	起始值	保持	从 HMI/OPC UA/Web API 可访问	从 HMI/OPC UA/Web API 可写	在 HMI 工程组态中可见	设定值
1	▼ Static			☐	☐	☐	☐	☐
2	▪ 风机启动	Bool	false	☐	☑	☑	☑	☐
3	▪ 风机停止	Bool	false	☐	☑	☑	☑	☐
4	▪ 生产线启动	Bool	false	☐	☑	☑	☑	☐
5	▪ 生产线停止	Bool	false	☐	☑	☑	☑	☐
6	▪ 设定压力	Int	0	☐	☑	☑	☑	☐
7	▪ 测量压力	Int	0	☐	☑	☑	☑	☐

(b) 数据块WinCCData

图 9-38 变量表和数据块的 HMI 访问设置

（2）编写程序

应用 WinCC 实现客户机 / 服务器通信的控制程序如图 9-39 所示。

在程序段 1 中，当没有故障（MW10=0）时，按下风机启动按钮（I0.2 常开触点接通）或点击 WinCC 界面中的“风机启动”按钮（“WinCCData”. 风机启动常开触点接通），Q0.0 线圈通电自锁，风机启动运行。按下风机停止按钮（I0.3 常闭触点断开），点击 WinCC 界面中的“风机停止”（“WinCCData”. 风机停止常闭触点断开），或发生故障时，Q0.0 线圈断电，自锁解除，风机停止。

在程序段 2 中，当风机正在运行（Q0.0 常开触点接通）且“测量压力”大于“设定压力”时，按下生产线启动按钮（I0.4 常开触点接通）或点击 WinCC 界面中的“生产线启动”

（“WinCCData”.生产线启动常开触点接通），Q0.1 线圈通电自锁，生产线启动运行。按下生产线停止按钮（I0.5 常闭触点断开）或点击 WinCC 界面中的“生产线停止”（“WinCCData”.生产线停止常闭触点断开）时，Q0.1 线圈断电，自锁解除，生产线停止。

在程序段 3 中，将测量得到的“压力输入”（IW64）送入数据块 DB1 的“测量压力”，在 WinCC 中将“测量压力”（0 ～ 27648）线性转换为 0 ～ 10000Pa 进行显示。

在程序段 4 中，正常运行时，主电路的空气开关 QF1 应合上，QF1 的常闭触点断开，故 I0.0 没有输入；当主电路跳闸时，I0.0 为“1”，M11.0 线圈通电，触发主电路跳闸报警。

在程序段 5 中，正常运行时，车门应处于关闭状态，压住行程开关 SQ，故 I0.1 有输入，其常闭触点断开；当车门打开时，I0.1 为“0”，其常闭触点接通，M11.1 线圈通电，触发门限保护报警。

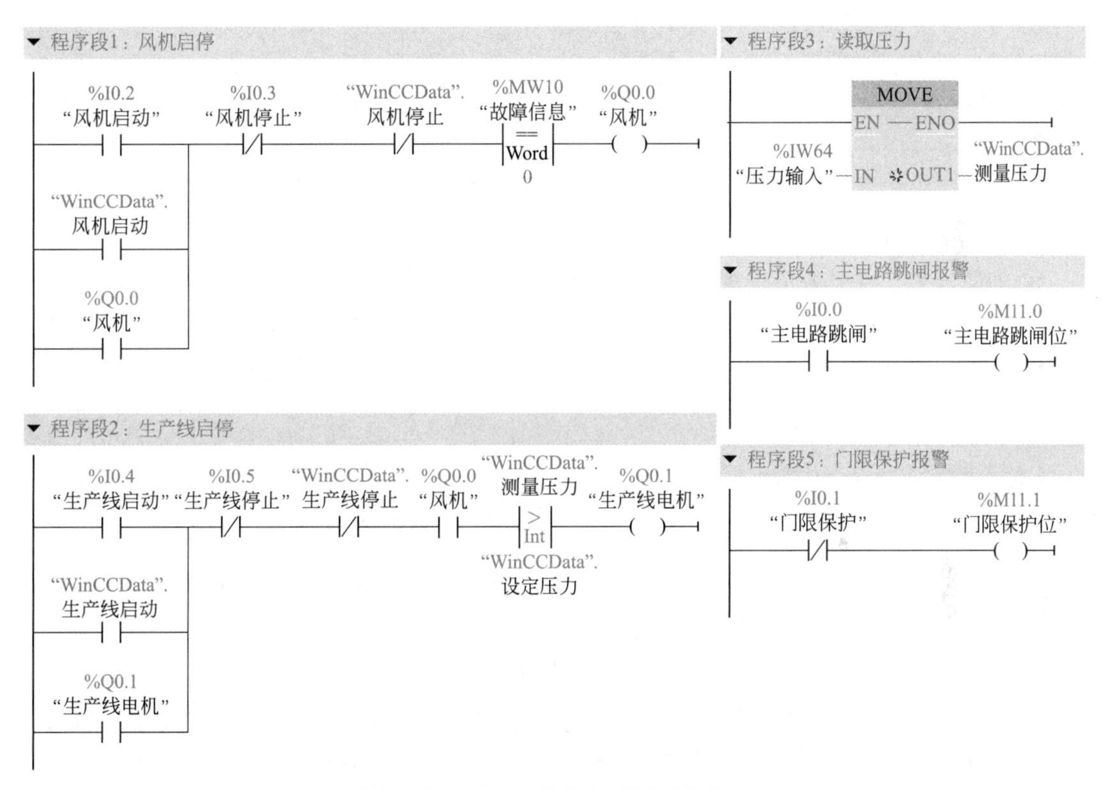

图 9-39　客户机 / 服务器通信的控制程序

9.6.3 WinCC 项目的组态

9.6.3.1 组态 WinCC 服务器

（1）创建变量

打开 WinCC 项目管理器，新建一个多用户项目“9-6 WinCC 服务器”。计算机的配置和 WinCC 与 PLC 连接的组态见 9.3.3 节，这里不再赘述。

点击 WinCC 项目管理器的工具栏中的激活按钮▶，使 WinCC 与 PLC 建立在线连接。在变量管理中的导航窗口的连接“S7-1200”上单击右键，依次选择“AS 符号”→“从 AS 中读取”。在“访问”列下全部勾选变量符号和数据块“WinCCData”的符号，点击导航窗口上的按钮，切换到变量管理，创建的变量如图 9-40 所示。最后对数据块“WinCCData”对应的变量“测量压力”和“设定压力”进行线性标定，将 AS（即 PLC）的值 0 ～ 27648 转换为 OS（即 WinCC）对应的值 0 ～ 10000。

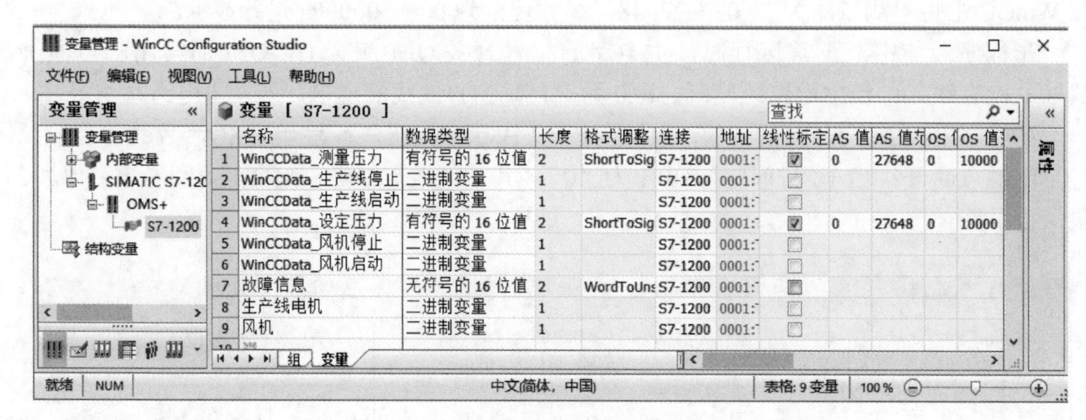

	名称	数据类型	长度	格式调整	连接	地址	线性标定	AS 值	AS 值	OS 值	OS 值
1	WinCCData_测量压力	有符号的 16 位值	2	ShortToSig	S7-1200	0001:	☑	0	27648	0	10000
2	WinCCData_生产线停止	二进制变量	1		S7-1200	0001:	☐				
3	WinCCData_生产线启动	二进制变量	1		S7-1200	0001:	☐				
4	WinCCData_设定压力	有符号的 16 位值	2	ShortToSig	S7-1200	0001:	☑	0	27648	0	10000
5	WinCCData_风机停止	二进制变量	1		S7-1200	0001:	☐				
6	WinCCData_风机启动	二进制变量	1		S7-1200	0001:	☐				
7	故障信息	无符号的 16 位值	2	WordToUns	S7-1200	0001:	☐				
8	生产线电机	二进制变量	1		S7-1200	0001:	☐				
9	风机	二进制变量	1		S7-1200	0001:	☐				

图 9-40 在线创建的变量

（2）报警的组态

① 创建报警 在“变量管理”中双击导航栏中的“报警记录”，打开报警记录编辑页面。点击“消息块”，选中“日期”“时间”“编号”“状态”“消息文本”和“错误点”，用于在报警视图中显示这些列。点击“错误”下的“报警”，在右边的窗口中输入报警消息，如图 9-41 所示。

报警记录：消息 / 错误 / 系统，需要确i / 系统，无确认

消息 [错误]　查找

	编号	消息变量	消息位	消息等级	消息类型	优先级	消息文本	错误点
1	1	故障信息	0	错误	报警	0	主电路跳闸	I0.0
2	2	故障信息	1	错误	报警	0	门限保护	I0.1
3								

图 9-41 报警的组态

② 创建报警画面 在项目管理器中，双击“图形编辑器”，建立一个画面，保存为“Server”。选中右边的“控件”选项卡，点击控件“WinCC AlarmControl”，在画面中画出合适的大小和位置，并弹出“WinCC AlarmControl 属性”对话框。在“消息列表”标签中，将“可用的消息块”下的“消息文本”和“错误点”都移动到“选定的消息块”下，并将“编号”上移到第一行，在报警控件中会依次显示“编号”“日期”“时间”“消息文本”和“错误点”。

（3）设置计算机

点击项目管理器中的“计算机”，双击右边窗口中计算机名（ZCS），弹出“计算机属性”对话框，选择“启动”选项卡，选中“报警记录运行系统”和“图形运行系统”；选择“图形运行系统”选项卡，点击右边的按钮，选择“Server.Pdl”作为系统运行时的起始画面。选择窗口属性为“标题”“最大化”，单击“确定”按钮，关闭对话框。

点击项目管理器中的“服务器数据”，在右边的空白区域单击右键，选择“创建”，在弹出的窗口点击确定，在该项目下创建 *.pck 文件，保存的位置是该项目文件夹下“\\ 用户的计算机名称 \Packages*.pck”（作者的是“\\ZCS\Packages\WinCC 服务器 _ZCS.pck”），该文

件即是服务器数据。

将IP地址设为192.168.0.100，子网掩码设为255.255.255.0。

从计算机的资源浏览器中点击“此电脑”，在“Simatic Shell”上单击右键，选择“设置”，弹出如图9-42所示的对话框。选中“远程通信”，弹出“Set PSK”对话框，可以设置PSK通信密码（也可以点击“取消”按钮不设置）。然后选中通信用的网络适配器，点击“确定”按钮。

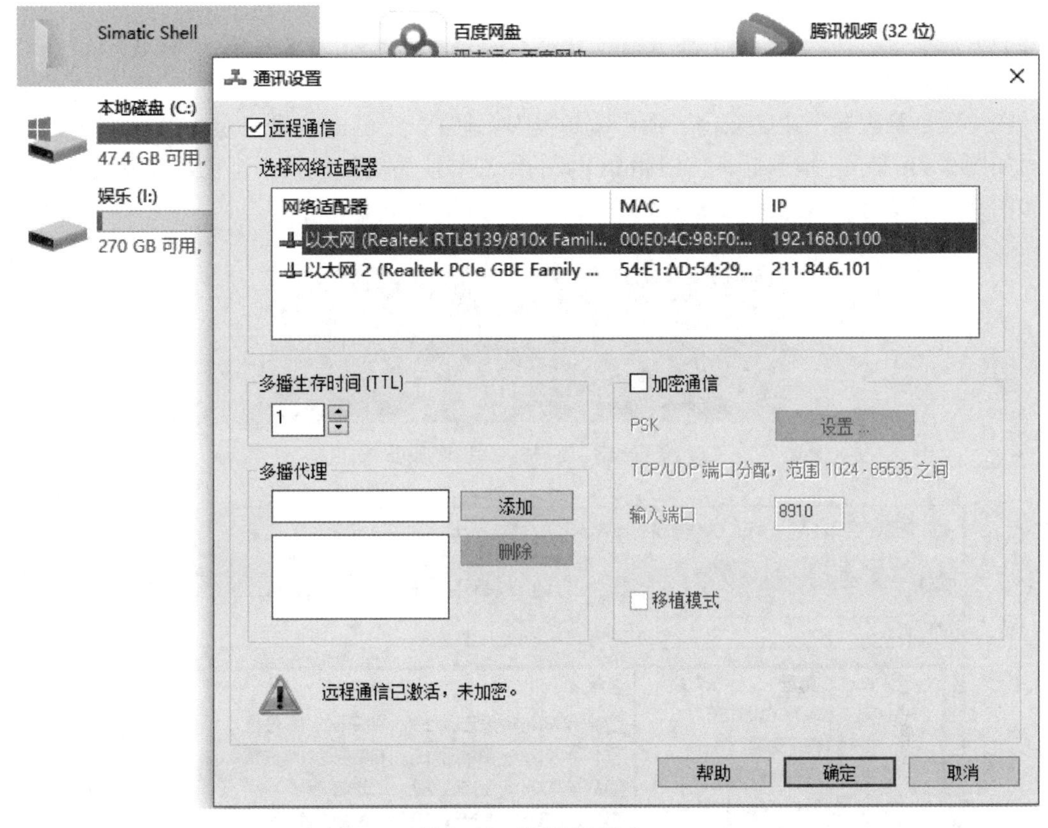

图9-42　远程通信设置

（4）共享设置

在控制面板中，打开“网络和共享中心”，点击左上角的“更改高级共享设置”，在来宾和公用下，启用网络发现，启用文件和打印机共享。在所有网络下，关闭密码保护共享。

在计算机桌面的“此电脑”上单击右键，选择“管理”，展开“本地用户和组”，点击“用户”。在右边窗口中的“Guest”上单击右键，选择“属性”，取消“账户已禁用”。在“服务和应用程序”下点击“服务”，将“Function Discovery Resource Publication”设置为自动并启动。

在项目文件夹“9-6 WinCC服务器”上单击右键，选择“属性”，选中“共享”选项卡，点击“共享”按钮。从下拉列表中选择“Guest”，点击“添加”按钮进行添加，然后点击“共享”按钮。

从客户机的“网络”中应能找到并打开该文件夹。

9.6.3.2 组态 WinCC 客户机 1

（1）加载服务器数据

更改客户机 1 的计算机名称为 ZCS1，将 IP 地址设为 192.168.0.101，子网掩码设为 255.255.255.0，通过计算机的“网络”应能找到并能打开服务器项目。

打开 WinCC 项目管理器，创建一个“客户机项目”，点击确定。在“新项目”对话框中输入项目名“9-6 WinCC 客户机 1”，并选择合适的保存路径。

在项目管理器的“服务器数据”上单击右键，选择“正在加载”，通过计算机的“网络”找到服务器项目文件夹中的“\\ 服务器计算机名称 \\Packages*.pck”，点击确定。

（2）组态画面

在“项目管理器”中，双击“图形编辑器”，建立一个画面，保存为“Client1”，组态的画面如图 9-43 所示。指示灯、按钮和 I/O 域的组态与前面类似，只不过在选择变量时，应选择如图 9-44 所示服务器数据变量。

图 9-43 客户机 1 组态的画面

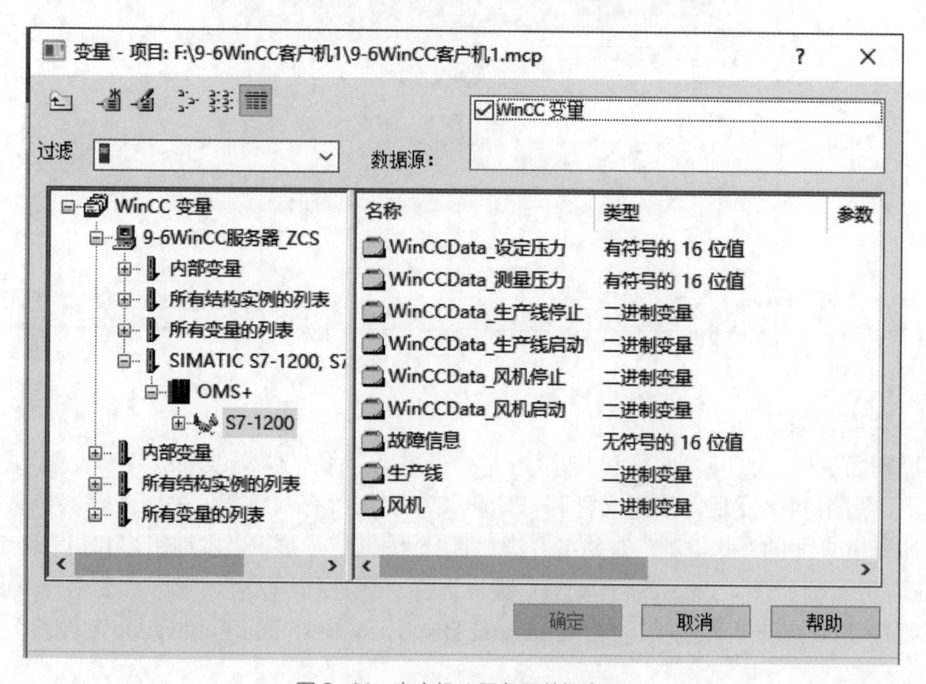

图 9-44 客户机 1 服务器数据变量

由于要求在风机启动后且测量压力大于设定压力时，生产线才能启动，所以要对“生产线启动”按钮进行能否启动组态。选中该按钮，点击“对象属性”→“属性”→“效果”，将“全局颜色方案”设为“否”。

选中“动画”选项卡，双击“添加新动画”，添加了一个“动态化属性 0”，如图 9-45

(a) 所示。在右边的“过程”下选中“表达式”，点击右边的[...]按钮，选择服务器变量“WinCCData_测量压力”。然后点击下面的[>]按钮，再选择服务器变量“WinCCData_设定压力”。点击[AND]按钮，选择服务器变量“风机”，最终生成的表达式为“'9-6WinCC服务器_ZCS::WinCCData_测量压力' > '9-6WinCC服务器_ZCS::WinCCData_设定压力' AND'9-6WinCC服务器_ZCS::风机'”。点击[⏰]按钮，选择触发时间为500毫秒。在“设置”栏下，选择数据类型为“布尔量”。点击[添加属性]按钮，选择“背景颜色”，然后将True的颜色设为绿色，False的颜色设为红色。这样，当满足风机启动且测量压力大于设定压力的条件时，该按钮的背景颜色为绿色，否则为红色。

选中“文本”选项卡，如图9-45 (b) 所示，在“提示文本”行的中文列输入“红色：风机未启动或测量压力低于设定压力；绿色：启动”。运行时，当鼠标放在该按钮上，就会出现该提示信息。

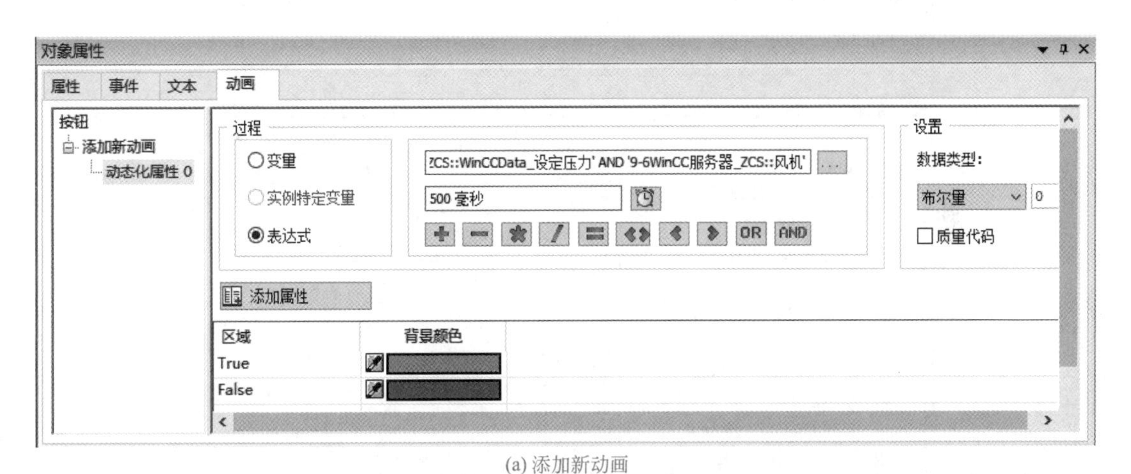

(a) 添加新动画

参考	英语(美国)	中文(简体，中国)
按钮3\文本		生产线启动
按钮3\提示文本		红色：风机未启动或测量压力低于设定压力；绿色：启动

(b) 添加提示文本

图9-45 按钮的动态化

点击项目管理器中的“计算机”，双击右边窗口中客户机1的计算机名字，弹出“计算机属性”对话框，选择“启动”选项卡，选中“图形运行系统”；选择“图形运行系统”选项卡，点击右边的[...]按钮，选择“Client1.Pdl”作为系统运行时的起始画面。选择窗口属性为“标题”“最大化”，单击“确定”按钮，关闭对话框。

按照图9-42所示激活远程通信。

9.6.3.3 组态WinCC客户机2

更改客户机2的计算机名称为ZCS2，将IP地址设为192.168.0.102，子网掩码设为255.255.255.0，通过计算机“网络”应能找到并打开服务器项目。

打开WinCC项目管理器，创建一个“客户机项目”，点击“确定”。在“新项目”对话框框中输入项目名“9-6 WinCC 客户机 2”，并选择合适的保存路径。

在项目管理器的“服务器数据”上单击右键，选择“正在加载”，通过计算机的“网络”找到服务器项目中的“\\ 服务器计算机名称 \\Packages*.pck”，点击“确定”。

在“项目管理器”中，双击“图形编辑器”，建立一个画面，保存为“Client2”，组态的画面如图 9-46 所示。I/O 域的组态与前面类似，只不过在选择变量时，应选择服务器数据变量。

图 9-46　客户机 2 组态的画面

点击项目管理器中的“计算机”，双击右边窗口中客户机 2 的计算机名字，弹出“计算机属性”对话框，选择“启动”选项卡，选中“图形运行系统”；选择“图形运行系统”选项卡，点击右边的[...]按钮，选择“Client2.Pdl”作为系统运行时的起始画面。选择窗口属性为“标题”“最大化”，单击“确定”按钮，关闭对话框。

按照图 9-42 所示激活远程通信。

9.7 博途组态 WinCC 的以太网通信

扫一扫 看视频

9.7.1　控制要求和控制电路

（1）控制要求

通过博途软件组态 WinCC 与 S7-1200（CPU 1214C）通过以太网通信实现电动机的调速控制，控制要求如下。

① 在 WinCC 界面的“设定速度”中设置电动机的转速，同时在 WinCC 界面中的“测量速度”内显示电动机的当前转速。

② 当点击 WinCC 界面中的“启动”按钮或按下启动按钮时，电动机通电以设定速度运转。当点击 WinCC 界面中的“停止”按钮或按下停止按钮时，电动机断电停止。

③ 当电动机运行时，WinCC 界面中电动机运行指示灯亮，否则熄灭。

④ 当出现变频器故障或门限保护时，在 WinCC 中报警，同时电动机停止。

（2）控制电路

根据控制要求设计的调速控制电路如图 9-47 所示。旋转编码器为欧姆龙的 E6B2-CWZ6C 型，每转输出 1000 个脉冲，输出类型为 NPN 输出（漏型输出），故 PLC 的输入应连接为源型输入。在 PLC 组态时准备用 HSC1 对输入脉冲进行计数，故将编码器的 A 相接入到 I0.0。变频器参数的设置见表 7-7。

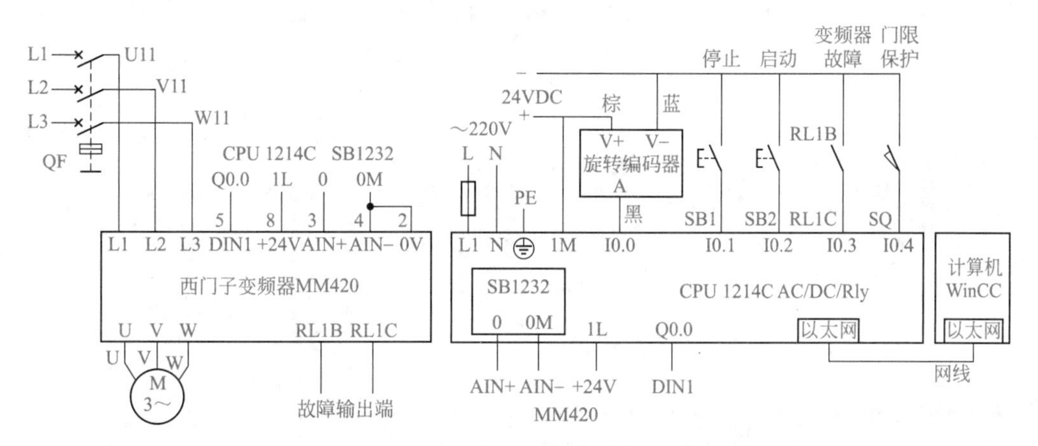

图 9-47 WinCC 与 PLC 通过以太网实现调速控制电路

9.7.2 硬件的组态与编程

9.7.2.1 硬件组态

打开博途软件，新建一个项目“9-7 博途组态 WinCC 的以太网通信”，添加新设备 CPU 1214C AC/DC/Rly，版本号 V4.2，自动生成名为 PLC_1 的站点。在设备视图中，点击右边的硬件目录下的信号板，依次展开“信号板”→“AQ”→“AQ 1×12BIT”，双击下面的“6ES7 232-4HA30-0XB0”或将其拖放到 CPU 中间的方框中。点击巡视窗口的“属性”→“常规”下的“模拟量输出”，将通道 0 的模拟量输出类型设为“电压”，可以看到电压范围为“+/–10V”(不能修改)、通道地址为 QW80。

点击 CPU，从巡视窗口的常规下依次展开“DI 14/DQ 10”→“数字量输入”，将通道 0 的输入滤波设为“10microsec”(即 10μs)。然后展开“高速计数器（HSC)”，点击“HSC1”，选中“启用该高速计数器”，将计数类型设为“频率”、工作模式设为“单相”、计数方向设为“用户程序（内部方向控制)”，初始计数方向为“加计数”，频率测量周期选择 1.0sec。点击“硬件输入”，可以看到时钟发生器输入地址为 I0.0。点击“I/O 地址”可以看到 HSC1 的地址为 ID1000。

在网络视图中，依次展开右边“硬件目录”下的“PC 系统”→“SIMATIC HMI 应用软件”，将“WinCC RT Advanced”拖放到网络视图中，自动生成一个 PC-System_1 站点（SIMATIC PC Station），在项目树下可以看到有一个 HMI_RT_1（WinCC RT Advanced）。在该站点的设备视图中，展开“PC 系统”→“通信模块”→“PROFINET/Ethernet”，双击“常规 IE”进行添加。选中连接，选择后面的“HMI 连接”。拖动 PLC_1 的以太网接口（绿色）到“常规 IE”的网络接口（绿色），自动建立了一个“HMI_连接_1”的连接。点击 PLC_1 的以太网接口图标，点击巡视窗口中的“属性”→“常规”→“以太网地址”，将 IP 地址修改为 192.168.0.1，子网掩码为 255.255.255.0。点击“常规 IE”的网络接口图标，将 IP 地址修改为 192.168.0.100（与计算机 IP 地址一致），子网掩码为 255.255.255.0。然后点击网络视图中的显示地址图标，可以看到各自的 IP 地址，如图 9-48 所示。

图 9-48 WinCC 与 PLC 的以太网通信组态

在“项目树”下，展开“PC-System_1[SIMATIC PC Station]”→“HMI_RT_1[WinCC RT Advanced]”，双击“连接”，可以看到，PLC 与 WinCC RT Advanced 之间已经建立了连接。

9.7.2.2 编写控制程序

（1）添加数据块 DB1

添加一个全局数据块 DB1，命名为“MotorData”。创建变量“WinCC 启动”（Bool）、“WinCC 停止”（Bool）、“测量速度”（Int）、“设定速度”（Int）。

（2）编写程序

WinCC 与 PLC 通过以太网通信实现调速控制的程序如图 9-49 所示。

在程序段 1 中，当按下启动按钮 SB2（I0.2 常开触点接通）或点击 WinCC 界面中的“启动”（“MotorData”.WinCC启动的常开触点接通），Q0.0置位，电动机以设定速度启动运行。

在程序段2中，当按下停止按钮SB1(I0.1常开触点接通)、点击WinCC界面中的“停止”（“MotorData”.WinCC停止的常开触点接通）或出现故障（MW10不等于0）时，Q0.0复位，电动机停止。

在程序段3中，将HSC1所测的频率（ID1000）先乘以60，换算为每分钟所测的脉冲数，然后除以1000（编码器每转输出的脉冲数），换算为测量速度，单位为r/min，保存到“MotorData”. 测量速度，通过WinCC界面显示。

在程序段4中，将“MotorData”. 设定速度（WinCC中已将其转换为0～27648）送入QW80进行调速。

在程序段5中，当变频器发生故障时（I0.3常开触点接通），M11.0线圈通电，触发变频器故障报警。

在程序段6中，正常运行时，车门关闭，压住行程开关SQ，I0.4有输入，其常闭触点断开，M11.1线圈不会通电。当车门打开时，松开行程开关SQ，I0.4没有输入，其常闭触点接通，M11.1线圈通电，触发门限保护报警。

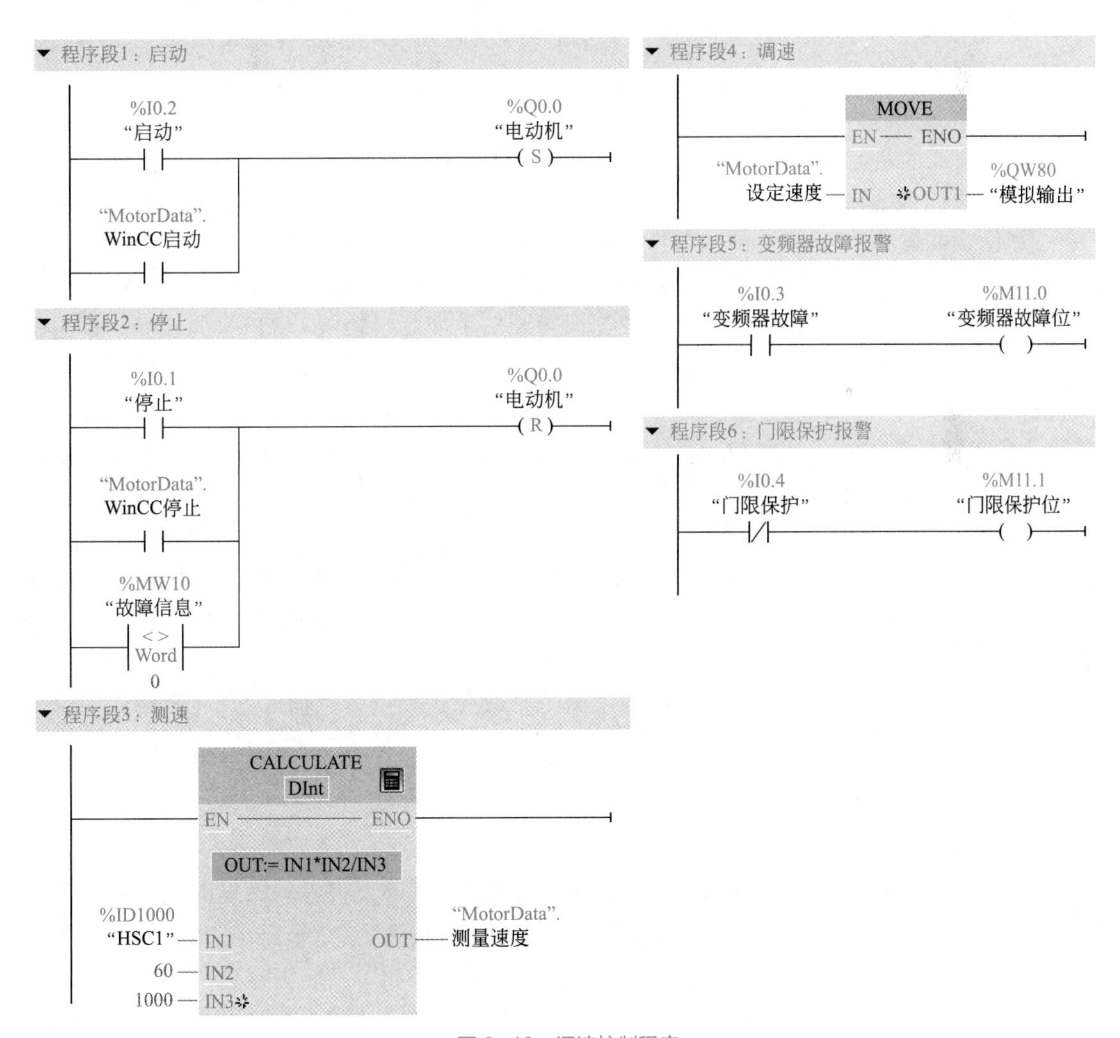

图9-49 调速控制程序

9.7.3 WinCC项目的组态

9.7.3.1 画面的组态

在博途软件中组态WinCC与触摸屏的组态是一样的，画面对象的具体组态可以参考触摸屏的有关章节。

（1）指示灯的组态

在项目树下，展开“PC-System_1[SIMATIC PC Station]”→“HMI_RT_1[WinCC RT Advanced]”→“画面”，双击“添加新画面”，添加一个“画面_1”。选择右侧工具箱中的“圆”，在组态画面中画出合适的圆。打开“属性”→“动画”→“显示”，在右边“外观”中点击添加新动画图标，进入外观动画组态。选择PLC的默认变量表，从详细视图中将变量“电动机”拖放到巡视窗口中外观变量名称后面，然后将范围“0”选择背景色为灰色，“1”选择背景色为绿色。在触摸屏中，电动机不运行，显示灰色；电动机运行时，显示绿色。

（2）按钮的组态

展开工具箱中的“元素”组，点击按钮图标 按钮，在画面上画出合适的大小框，输入“启动”，用鼠标调整按钮的位置和大小。通过触摸屏视图工具栏可以定义按钮上文本的字体、大小和对齐方式。

选中这个按钮，在巡视窗口中点击“属性”选项卡的“事件”→“按下”，单击右边窗口中的“<添加函数>”，再单击它的右侧出现的键（在单击之前它是隐藏的），展开出现系统函数列表的“编辑位”文件夹，点击函数“置位位”。选择PLC的数据块“MotorData”，从详细视图中将变量“WinCC启动”拖放到巡视窗口中变量（输入/输出）的后面。用同样的方法，在属性视图的“事件”→“释放”中，设置释放按钮时调用系统函数“复位位”，从详细视图中将变量“WinCC启动”拖放到巡视窗口中变量（输入/输出）的后面。单击画面上组态好的启动按钮，通过复制粘贴生成一个相同的按钮。用鼠标调节它的位置，选中属性视图的“常规”，将按钮上的文本修改为“停止”。选中“事件”选项卡，组态停止按钮的“按下”和“释放”的置位和复位事件，用拖动的方法将它们的变量分别修改为“MotorData”中的变量“WinCC停止”。

（3）I/O域的组态

点击PLC的数据块“MotorData”，从详细视图中将变量“测量速度”拖放到画面中的测量速度后面，修改模式为“输出”，显示格式为“十进制”，格式样式为“s99999”。点击“属性”下的“外观”，将文本的单位设置为“r/min”。

将变量“设定速度”拖放到设定速度后面，修改模式类型为“输入”，显示格式为“十进制”，格式样式为“s99999”。点击“属性”下的“外观”，将文本的单位设置为“r/min”。

9.7.3.2 报警的组态

（1）报警的设置

在项目树下展开HMI_RT_1，双击“HMI报警”，可以进入报警组态界面。点击“报警类别”，将错误类型报警的显示名称由“！”修改为“错误”；系统报警由“$”修改为“系统报警”；警告类型的报警修改为“警告”。选择错误类型的报警，将背景色“到达”修改为红色、“到达/离去”修改为天蓝色、“到达/已确认”修改为蓝色、“到达/离去/已确认”修改为绿色。在“属性”栏的“常规”下，点击“状态”，将报警的状态分别修改为“到达”“离开”和“确认”。

（2）组态离散量报警

点击“离散量报警”选项卡，在第一行将名称和报警文本修改为“变频器故障”。点击PLC的默认变量表，从详细视图中将变量“故障信息”拖放到触发变量下，自动生成默认触发器地址为“事故信息 .x0”（即M11.0）。用同样的方法生成“门限保护”报警。

（3）组态报警视图

在HMI_RT_1下，展开“画面管理”，双击打开“全局画面”，将“工具箱”中的“报警窗口”拖放到画面中，调整控件大小，注意不要超出编辑区域。在“属性”的“常规”选项下，将显示当前报警状态的“未决报警”和“未确认报警”都选上，将报警类别的“Errors”选择启用。

点击“布局”选项，设置每个报警的行数为1行，显示类型为“高级”。

点击“窗口”选项，在设置项中选择“自动显示”“可调整大小”；在标题项中，选择“启用”，标题输入“报警窗口”，选中“关闭”按钮。当出现报警时会自动显示，右上角有可关闭的☒。

点击“工具栏”选项，选中“信息文本”和“确认”，自动在报警窗口中添加信息文本按钮和确认按钮。

点击“列”选项可以选择要显示的列。本例中选择了“报警编号”“日期”“时间”“报警类别”“报警状态”“报警文本”和“报警组”；报警的排序选择了“降序”，最新的报警显示在第1行。

9.7.3.3 变量的线性转换

线性转换可以将触摸屏输入的值线性转换为PLC需要的变量值。通过拖放自动生成的HMI默认变量表如图9-50所示。选中变量“MotorData_设定速度”，在“属性”选项卡中

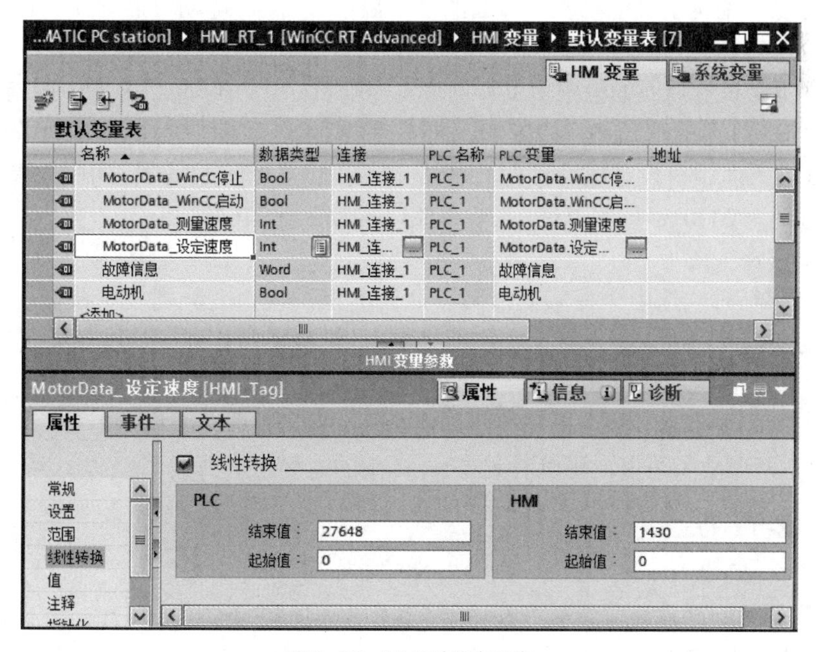

图9-50 HMI默认变量表

点击“线性转换”，在右侧窗口中，选中“线性转换”，将 PLC 的起始值和结束值分别设为 0 和 27648，将 HMI 的起始值和结束值分别设为 0 和 1430，可以将触摸屏中该变量的值（范围 0 ～ 1430）线性转换为 0 ～ 27648 送入 PLC 中进行调速。

9.7.4 调试与运行

9.7.4.1 运行系统设置

在“项目树”下，展开“PC-System_1[SIMATIC PC Station]”→“HMI_RT_1[WinCC RT Advanced]”，双击“运行系统设置”，进入运行系统设置。点击“常规”选项，选择“画面_1”作为起始画面，屏幕分辨率选择为 1440×900，全屏模式。

9.7.4.2 PLC 与 WinCC 联合仿真运行

（1）PLC 的下载和 WinCC 的运行

双击计算机桌面上的“S7-PLCSIM V16”图标，打开 PLC 的仿真器，新建一个仿真项目，点击工具栏中的，接通 CPU 电源。选中博途软件中的站点 PLC_1，点击工具栏中的下载按钮，将该站点下载到仿真器中。新建一个“SIM 表格”，点击表格工具栏中的加载项目标签按钮，可以将 PLC 中所有变量都加载到仿真器中。选择需要监视的变量如图 9-51（a）所示，删除不需要监视的变量。

点击“项目树”下的 WinCC 站点“PC-System_1[SIMATIC PC Station]”，再点击工具栏中的在 PC 上启动运行系统按钮，弹出的 WinCC 运行界面如图 9-51（b）所示。

（2）运行仿真

在仿真器的 SIM 表格中，点击启用非输入修改按钮，选中变量“门限保护”后的框，模拟车门关闭。点击变量“启动”，从下面点击“启动”按钮，或者点击 WinCC 界面中的“启动”按钮，可以看到变量“电动机”后面的框中显示“√”，电动机启动，WinCC 界面中的指示灯亮。点击变量“停止”，从下面点击“停止”按钮，或者点击 WinCC 界面中的“停止”按钮，变量“电动机”后面的框中“√”消失，电动机停止，WinCC 界面中的指示灯熄灭。

将变量“HSC1”的值修改为 20000，可以在 WinCC 界面中看到测量速度显示 1200r/min。在 WinCC 界面中将设定速度设为 1200r/min，在仿真器的 SIM 表格中可以看到变量“模拟输出”的值变为 23201，即将 0 ～ 1430 线性转换为 0 ～ 27648。

（3）故障报警仿真

在电动机运行时，选中“变频器故障”后面的框，模拟变频器发生故障；去掉仿真器 SIM 表格中的变量“门限保护”后面框中的“√”，模拟车门打开。可以看到变量“电动机”后面框中的“√”消失，电动机停止。同时，在 WinCC 界面中弹出如图 9-51（c）所示的报警窗口，点击确认按钮对两个报警进行分别确认。然后再取消“变频器故障”并选中“门限保护”，模拟两个故障消失，可以看到 WinCC 中的报警窗口消失。

9.7.4.3 下载与运行

在计算机控制面板中，打开“设置 PG/PC 接口”，选择应用程序访问站点为“S7ONLINE（STEP7）”，为该访问站点分配参数“Realtek RTL8139/810x Family Fast Ethernet NIC.TCPIP.1”，即“S7ONLINE（STEP 7）--> Realtek RTL8139/810x Family Fast Ethernet NIC.TCPIP.1”。

在项目树下，点击站点 PLC_1，然后点击工具栏中的下载按钮，将该站点下载到 PLC

中。点击 WinCC 站点“PC-System_1[SIMATIC PC Station]”，再点击工具栏中的在 PC 上启动运行系统按钮即可操作运行。

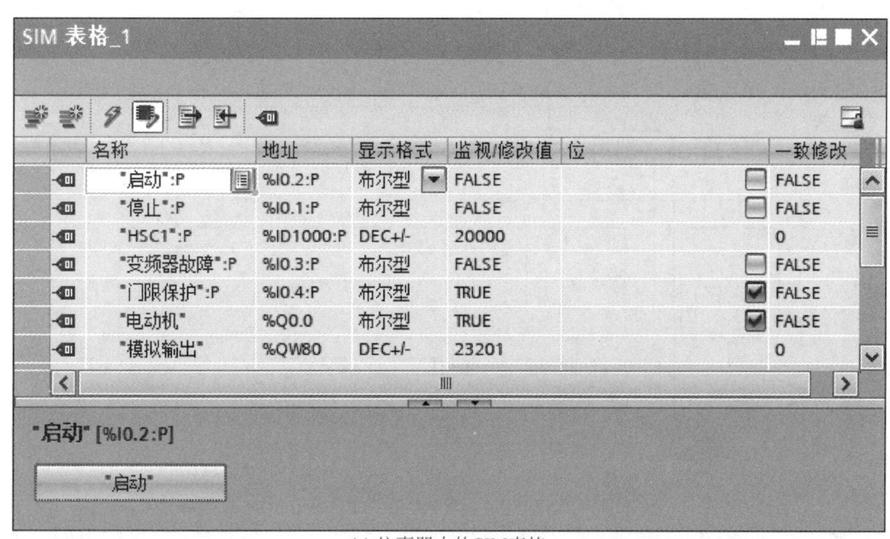

(a) 仿真器中的SIM表格

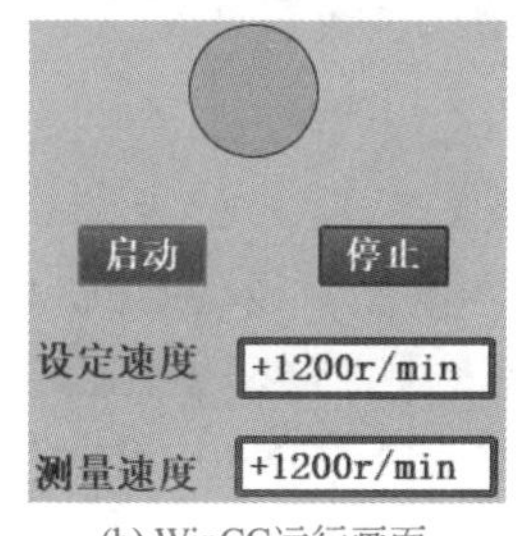

(b) WinCC运行画面

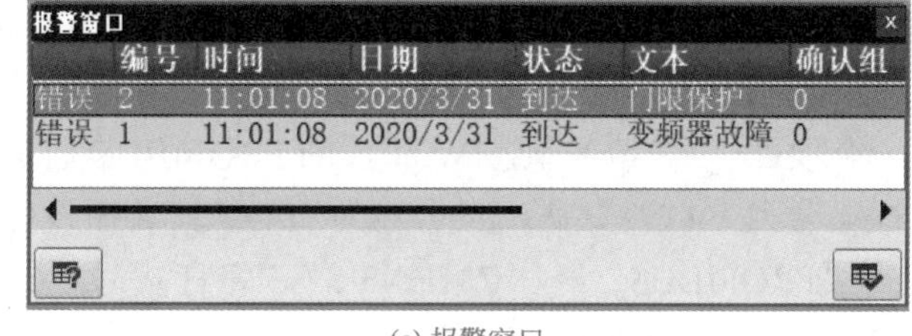

(c) 报警窗口

图 9-51 PLC 与 WinCC 的联合仿真

博途组态 WinCC 只能做单用户的组态，其组态过程与触摸屏组态类似，本章其他的实例可以参照触摸屏的组态自行创建。

9.8 博途组态 WinCC 的 PROFIBUS 通信

扫一扫 看视频

9.8.1 控制要求和控制电路

（1）控制要求

通过博途软件组态 WinCC 与 S7-1200 的 CM1243-5 通信模块进行 PROFIBUS 通信，计算机侧安装有板卡 CP5611，控制要求如下。

① 当按下正转启动按钮或点击 WinCC 界面中的“正转启动”时，电动机正转启动。

② 当按下反转启动按钮或点击 WinCC 界面中的“反转启动”时，电动机反转启动。

③ 当按下停止按钮、点击 WinCC 界面中的“停止”或电动机过载时，电动机停止。

④ 在 WinCC 界面中，电动机正转运行时，指示灯显示绿色；电动机反转运行时，指示

灯显示蓝色；过载时，指示灯显示红色；正常停止时，指示灯显示灰色。

（2）控制电路

根据控制要求设计的控制电路如图 9-52 所示，主电路略。

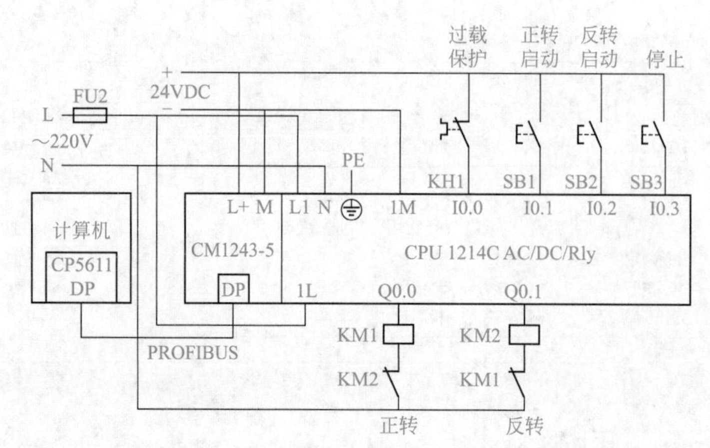

图 9-52　S7-1200 与 WinCC 通过 PROFIBUS 通信的正反转电路

9.8.2　硬件的组态与编程

（1）硬件组态

新建一个项目“9-8 博途组态 WinCC 的 PROFIBUS 通信”，添加新设备 CPU 1214C AC/DC/Rly，版本号为 V4.2，默认站点名称为“PLC_1”。在设备视图中，展开硬件目录下的“通信模块”→“PROFIBUS”→“CM1243-5”，将订货号“6GK7 243-5DX30-0XE0”（版本号 V1.3）通过拖放或双击添加到 101 槽中。

在网络视图中，依次展开右边“硬件目录”下的“PC 系统”→“SIMATIC HMI 应用软件”，将“WinCC RT Advanced”拖放到网络视图中，自动生成一个 PC-System_1 的站点（SIMATIC PC Station），在项目树下可以看到有一个 HMI_RT_1（WinCC RT Advanced)。进入该站点的设备视图，展开“通信模块”→“PROFIBUS”→“CP5611（A2)”，双击“6GK1 561-1AA00”进行添加。在网络视图中，选中连接，选择后面的“HMI 连接”。拖动 CM1243-5 的 DP 接口（紫色）到“CP5611”的网络接口（紫色)，自动建立了一个“HMI_连接_1”的连接。然后点击网络视图中的显示地址图标，可以看到各自的 DP 地址，如图 9-53 所示。

（2）编写控制程序

编写的控制程序如图 9-54 所示。由于 I0.0 连接的是热继电器 KH1 的常闭触点，故系统上电后，I0.0 有输入（即 I0.0 为“1”)，程序段 3 和程序段 4 中 I0.0 常闭触点预先断开。

在程序段 1 中，当按下正转启动按钮（I0.1 为“1”）或点击 WinCC 界面中的“正转启动”（M0.0 为“1”）时，Q0.0 置位，Q0.1 复位，电动机正转启动。

在程序段 2 中，当按下反转启动按钮（I0.2 为“1”）或点击 WinCC 界面中的“反转启动”（M0.1 为“1”）时，Q0.1 置位，Q0.0 复位，电动机反转启动。

在程序段 3 中，当按下停止按钮（I0.3 为“1”)、点击 WinCC 界面中的“停止”（M0.2 为“1”）或发生过载（I0.0 为“0”）时，Q0.0、Q0.1 复位，电动机停止。

图 9-53　S7-1200 与 WinCC 的 PROFIBUS 通信组态

在程序段 4 中，当电动机正转运行时（Q0.0 为“1”，Q0.1 为“0”），将 1 送入 MB1；当电动机反转运行时（Q0.0 为“0”，Q0.1 为“1”），将 2 送入 MB1；否则，当电动机为停止状态时，将 0 送入 MB1；如果是由于过载而导致的电动机停止，将 3 送入 MB1。

9.8.3　WinCC 项目的组态

（1）指示灯的组态

在项目树下，展开“PC-System_1[SIMATIC PC Station]”→“HMI_RT_1[WinCC RT Advanced]”→“画面”，双击“添加新画面”，添加一个“画面_1”，需要组态的 WinCC 界面如图 9-55 所示。选择工具箱中的“圆”，在组态画面中画出合适的圆。打开“属性”→“动画”→“显示”，在“外观”中点击添加新动画图标，进入外观动画组态。选择 PLC 的默认变量表，从详细视图中将变量“电动机状态”拖放到巡视窗口中外观变量名称后面，然后将范围 0 选择背景色为灰色，1 选择背景色为绿色，2 选择背景色为蓝色，3 选择背景色为红色。

（2）按钮的组态

展开工具箱中的“元素”组，点击按钮图标 按钮，在画面上画出合适的大小框，输入“正转启动”，用鼠标调整按钮的位置和大小。通过触摸屏视图工具栏可以定义按钮上文本的字体、大小和对齐方式。

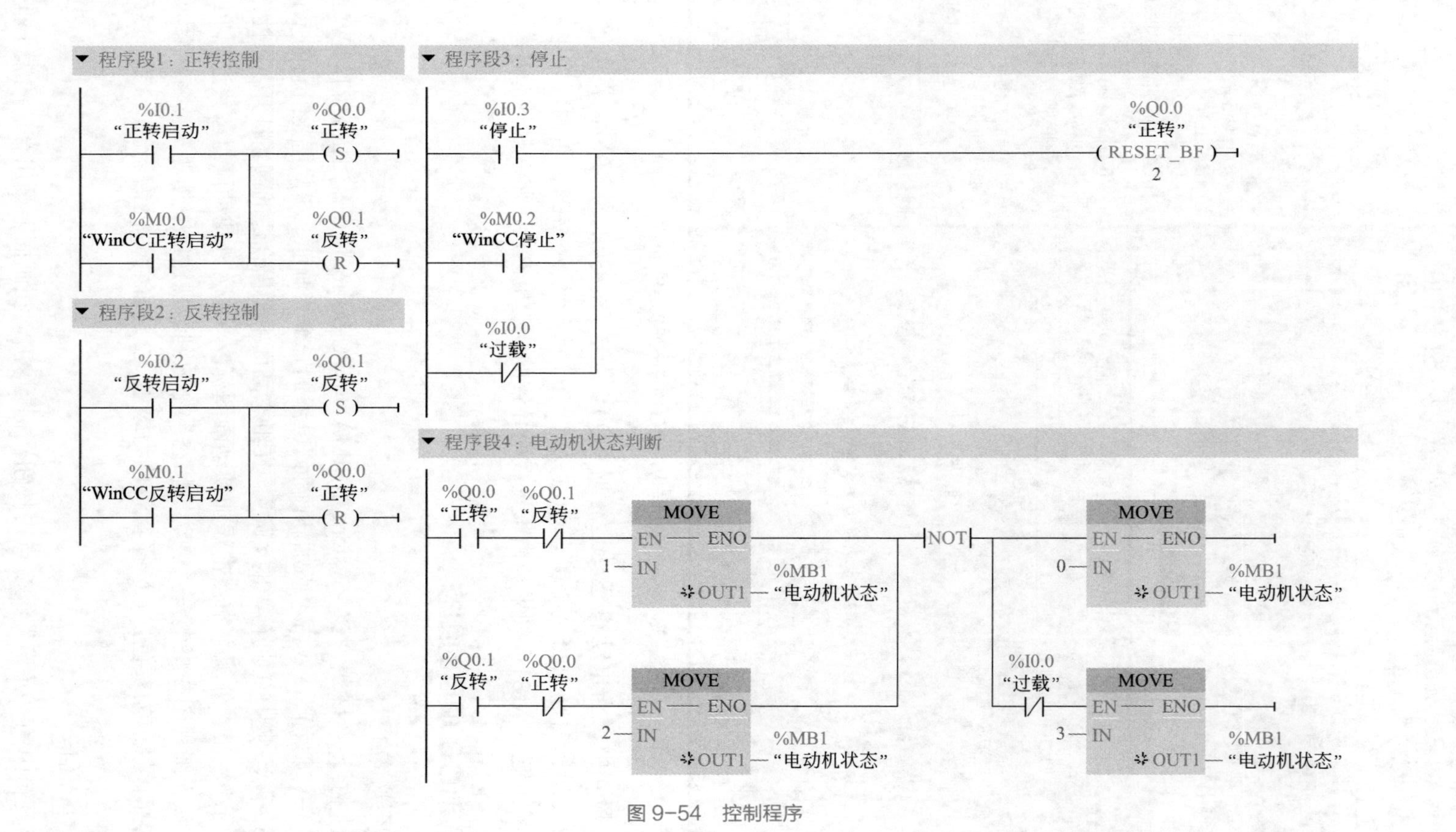

程序段1：正转控制
%I0.1
"正转启动"
%Q0.0
"正转"
S
%M0.0
"WinCC正转启动"
%Q0.1
"反转"
R
程序段2：反转控制
%I0.2
"反转启动"
%Q0.1
"反转"
S
%M0.1
"WinCC反转启动"
%Q0.0
"正转"
R
程序段3：停止
%I0.3
"停止"
%M0.2
"WinCC停止"
%I0.0
"过载"
%Q0.0
"正转"
RESET_BF
2
程序段4：电动机状态判断
%Q0.0
"正转"
%Q0.1
"反转"
MOVE
EN
ENO
1
IN
OUT1
%MB1
"电动机状态"
%Q0.1
"反转"
%Q0.0
"正转"
MOVE
EN
ENO
2
IN
OUT1
%MB1
"电动机状态"
NOT
MOVE
EN
ENO
0
IN
OUT1
%MB1
"电动机状态"
%I0.0
"过载"
MOVE
EN
ENO
3
IN
OUT1
%MB1
"电动机状态"

图 9-54　控制程序

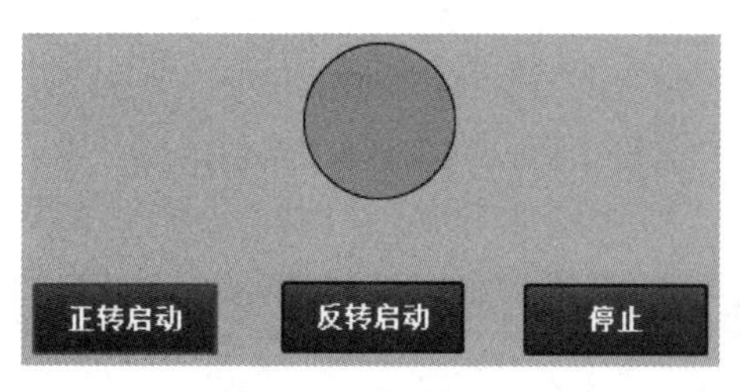

图9-55 WinCC界面

选中这个按钮，在巡视窗口中点击“属性”选项卡的“事件”中的“按下”，单击右边窗口中的“<添加函数>”，再单击它的右侧出现的▾键（在单击之前它是隐藏的），展开出现的系统函数列表的“编辑位”文件夹，点击函数“置位位”。选择PLC的默认变量表，从详细视图中将变量“WinCC正转启动”拖放到巡视窗口中变量（输入/输出）的后面。用同样的方法，在属性视图的“事件”的“释放”中，设置释放按钮时调用系统函数“复位位”，从详细视图中将变量“WinCC正转启动”拖放到巡视窗口中变量（输入/输出）的后面。单击画面上组态好的正转启动按钮，通过复制粘贴生成两个相同的按钮。分别将按钮上的文本修改为“反转启动”和“停止”。选中“事件”组，组态“按下”和“释放”停止按钮的置位和复位事件，用拖动的方法将它们的变量对应修改为“WinCC反转启动”和“WinCC停止”。

9.8.4 调试与运行

（1）运行系统设置

在“项目树”下，展开“PC-System_1[SIMATIC PC Station]”→“HMI_RT_1[WinCC RT Advanced]”，双击“运行系统设置”，进入运行系统设置。点击“常规”选项，选择“画面_1”作为起始画面，屏幕分辨率选择为1440×900，全屏模式。

（2）下载与运行

在计算机控制面板中，打开“设置PG/PC接口”，选择应用程序访问站点为“S7ONLINE（STEP7）”，为该访问站点分配参数“CP5611（PROFIBUS）”，即“S7ONLINE（STEP 7）--> CP5611（PROFIBUS）”。

本项目不能仿真，只能通过实物运行。在项目树下，点击站点PLC_1，然后点击工具栏中的下载按钮，将该站点下载到PLC中。用PROFIBUS总线将PLC的CM1243-5的DP接口与计算机板卡CP5611的DP接口连接起来，点击WinCC站点“PC-System_1[SIMATIC PC Station]”，再点击工具栏中的在PC上启动运行系统按钮即可操作运行。

第10章 综合应用

10.1 恒压供水系统

扫一扫 看视频

10.1.1 控制要求和控制电路

（1）控制要求

S7-1200 PLC（CPU 1214C）与触摸屏、WinCC通过以太网进行通信，根据压力传感器检测到的压力调节水泵的转速。压力传感器测量水罐的压力，量程为0～100kPa，输出的信号是直流0～10V，液位为0～10m。其控制要求如下。

① 通过触摸屏或WinCC界面可以设定液位和液位下限，并显示当前液位。

② 当按下启动按钮、点击触摸屏中的“启动”或点击WinCC界面中的“启动”时，水泵电动机启动。

③ 当按下停止按钮、点击触摸屏中的“停止”或点击WinCC界面中的“停止”时，水泵停止。

④ 可以通过触摸屏或WinCC对阀门进行开启或关闭控制。

⑤ 当变频器出现故障或液位低于下限时报警。

⑥ 按下手动按钮，可以使水泵以固定频率的10%运行。

（2）控制电路

恒压供水系统的控制电路如图10-1所示，变频器参数设置见表7-7。

10.1.2 硬件组态与PLC编程

10.1.2.1 硬件组态

新建一个项目“10-1 恒压供水系统”，添加新硬件CPU 1214C AC/DC/Rly，版本号V4.2。在设备视图中，展开巡视窗口的“属性”→“常规”下的“AI2”，点击“通道0”，可以看到输入电压范围0～10V，通道地址为IW64。从右边的硬件目录下，依次展开“信号板”→“AQ”→“AQ 1×12BIT”，双击下面的“6ES7 232-4HA30-0XB0”或将其拖放到 CPU 中间的方框中。点击巡视窗口的“属性”→“常规”下的“模拟量输出”，将通道 0 的模拟量输出类型设为“电压”，可以看到电压范围为“+/−10V”（不能修改）、通道地址为 QW80。点击巡视窗口中“防护与安全”下的“连接机制”，选中“允许来自远程对象的 PUT/GET 通信访问”。

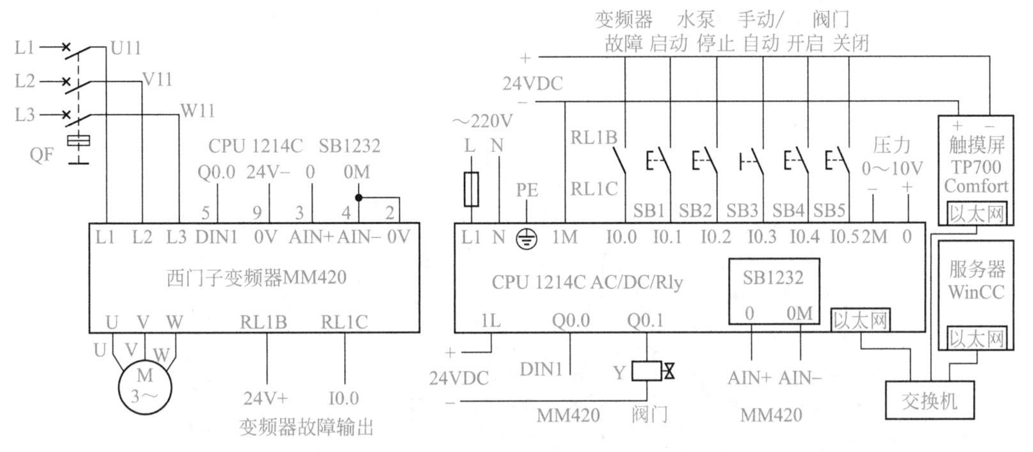

图 10-1 恒压供水系统的控制电路

打开“网络视图”，在“硬件目录”下，依次展开“HMI”→“SIMATIC 精智面板”→“7″显示屏”→“TP700 Comfort”，将“6AV2 124-0GC01-0AX0”拖放到网络视图中，生成一个名为“HMI_1”的 HMI 站点。在“网络视图”下，选中 连接，选择后面的“HMI 连接”。拖动 PLC_1 的以太网接口（绿色）到 HMI_1 的以太网接口（绿色），自动建立了一个“HMI_连接_1”的连接。点击 CPU 的以太网接口，在巡视窗口中点击“属性”→“常规”→“以太网地址”，可以看到以太网的 IP 地址为 192.168.0.1，子网掩码为 255.255.255.0。点击 HMI 的以太网接口，可以看到以太网的 IP 地址为 192.168.0.2，子网掩码为 255.255.255.0。然后点击“网络视图”下的显示地址图标，可以显示 PLC 和 HMI 的以太网地址。

10.1.2.2 编写控制程序

（1）添加循环组织块和数据块

双击项目树下“程序块”中的“添加新块”，添加一个全局数据块 DB1，命名为“水泵 DB”，生成的变量、起始值及 HMI 可见性如图 10-2 所示。

再添加一个循环中断组织块 OB30，设置其循环时间为 300ms。将 PID_Compact 指令拖放到 OB30 中，对话框“调用选项”被打开。单击“确认”按钮，在“程序块”→“系统块”→“程序资源”中生成名为“PID_Compact”的函数块，生成背景数据块 PID_Compact_1（DB2）。

打开“默认变量表”，创建变量及其可见性如图 10-3 所示。

（2）编写循环中断程序 OB30 及主程序 OB1

① 循环中断程序 OB30　打开循环中断程序 OB30，编写如图 10-4 所示的循环中断程序。PID_Compact 指令的编写与组态请参考 5.9 节，这里不再赘述。当 I0.3 为“1”时，选择手动模式（4），以手动值（10%）输出，QW80 输出 27648 的 10%，则水泵输出 50Hz 的 10%，即 5Hz。当 I0.3 为“0”时，选择自动模式（3），进行 PID 调节。

水泵DB

	名称	数据类型	起始值	保持	从 HMI/OPC..	从 H...	在 HMI ...
1	▼ Static			☐	☐	☐	☐
2	■ 设定液位	Int	7500	☐	☑	☑	☑
3	■ 测量液位	Int	0	☐	☑	☑	☑
4	■ 液位百分比	Int	0	☐	☑	☑	☑
5	■ 液位下限	Int	0	☐	☑	☑	☑
6	■ PID设定值	Real	0.0	☐	☐	☐	☐
7	■ 手动值	Real	10.0	☐	☐	☐	☐
8	■ HMI启动	Bool	false	☐	☑	☑	☑
9	■ HMI停止	Bool	false	☐	☑	☑	☑
10	■ HMI阀门开启	Bool	false	☐	☑	☑	☑
11	■ HMI阀门关闭	Bool	false	☐	☑	☑	☑

图 10-2 “水泵 DB”数据块 DB1

默认变量表

	名称	数据类型	地址	保持	从 H...	从 H...	在 H...
1	变频器故障	Bool	%I0.0	☐	☐	☐	☐
2	启动	Bool	%I0.1	☐	☐	☐	☐
3	停止	Bool	%I0.2	☐	☐	☐	☐
4	手动/自动选择	Bool	%I0.3	☐	☐	☐	☐
5	阀门开启	Bool	%I0.4	☐	☐	☐	☐
6	阀门关闭	Bool	%I0.5	☐	☐	☐	☐
7	模拟量输入	Int	%IW64	☐	☐	☐	☐
8	水泵	Bool	%Q0.0	☐	☑	☑	☑
9	阀门	Bool	%Q0.1	☐	☑	☑	☑
10	模拟量输出	Int	%QW80	☐	☑	☑	☑
11	故障信息	Word	%MW10	☐	☑	☑	☑

图 10-3 默认变量表

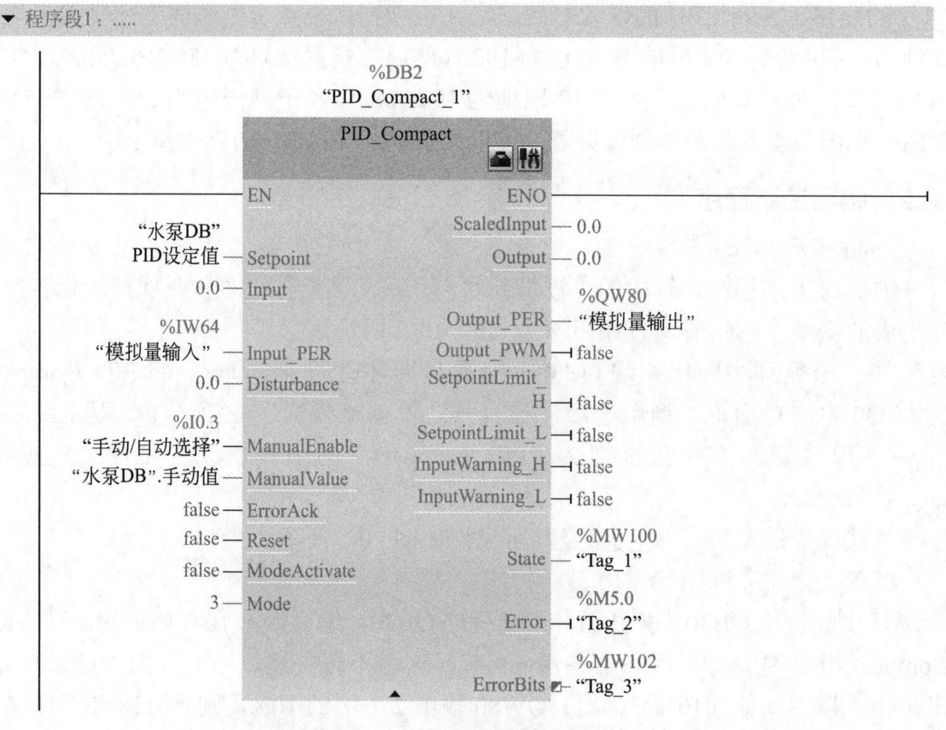

图 10-4 循环中断程序 OB30

② 主程序 OB1　恒压供水系统的控制程序 OB1 如图 10-5 所示。

在程序段 1 中，当变频器没有故障时（I0.0 为“0”），按下启动按钮 SB1（I0.1 常开触点接通）或点击触摸屏中水泵的“启动”、WinCC 界面中水泵的启动按钮（“HMI 启动”常开触点接通），Q0.0 线圈通电自锁，水泵启动运行。当按下停止按钮 SB2（I0.2 常闭触点断开）、点击触摸屏中的“停止”或点击 WinCC 界面中的停止按钮（“HMI 停止”常闭触点断开）、变频器发生故障（I0.0 常闭触点断开）时，Q0.0 线圈断电，水泵停止。

程序段 2 为阀门的开启与关闭，与程序段 1 类似，请自行分析。

在程序段 3 中，当变频器发生故障（I0.0 常开触点接通）时，M11.0 线圈通电，通过触摸屏和 WinCC 进行报警。

在程序段 4 中，当手动按钮 SB3 按下时，在 I0.3 的上升沿，将 4 送入 PID_Compact 的背景数据块中变量 Mode，OB30 中的 PID 程序进入手动模式，电动机以 5Hz（50Hz 的 10%）运行。

在程序段 5 中，当手动按钮 SB3 断开时，在 I0.3 的下降沿，将 3 送入 PID_Compact 的背景数据块中变量 Mode，OB30 中的 PID 程序进入自动模式。

在程序段 6 中，将 Int 类型的变量“设定液位”转换为 Real 类型的“PID 设定值”。

在程序段 7 中，读取模拟量输入 IW64 到变量“测量液位”和“液位百分比”，通过触摸屏或 WinCC 进行线性转换进行显示。

10.1.3　触摸屏的组态

（1）触摸屏画面对象与报警的组态

组态的触摸屏画面如图 10-6（a）所示，画面对象的组态请参考 8.3.4 节。

触摸屏离散量报警和模拟量报警如图 10-6（b）和（c）所示，触摸屏报警及报警窗口的组态请参考 8.4.5 节。特别注意，报警窗口必须在全局画面中组态。

（2）变量的线性转换

通过拖拽自动生成的默认变量表如图 10-6（d）所示。选中变量“水泵 DB_ 测量液位”，点击该变量的“属性”下的“线性转换”。选中“线性转换”，将 PLC 的“起始值”和“结束值”分别设为 0 和 27648，HMI 的“起始值”和“结束值”分别设为 0 和 10000。那么，就会将 PLC 的“水泵 DB_ 测量液位”（0 ～ 27648）线性转换为 0 ～ 10000mm，在触摸屏界面中显示。点击变量“模拟量输出”，选中“线性转换”，将 PLC 的“起始值”和“结束值”分别设为 0 和 27648，HMI 的“起始值”和“结束值”分别设为 0 和 50。那么，就会将 PLC 的“模拟量输出”（0 ～ 27648）线性转换为 0 ～ 50Hz，在触摸屏界面中显示水泵的当前运行频率。

10.1.4　WinCC 的组态

10.1.4.1　在线添加变量

打开 WinCC 项目管理器，新建一个单用户项目“10-1 恒压供水系统”。计算机的配置、WinCC 与 PLC 连接的组态见 9.3.3 节，这里不再赘述。

点击 WinCC 项目管理器的工具栏中的激活按钮▶，使 WinCC 与 PLC 建立在线连接。在变量管理中的导航窗口的连接“S7-1200”上单击右键，依次选择“AS 符号”→“从 AS 中

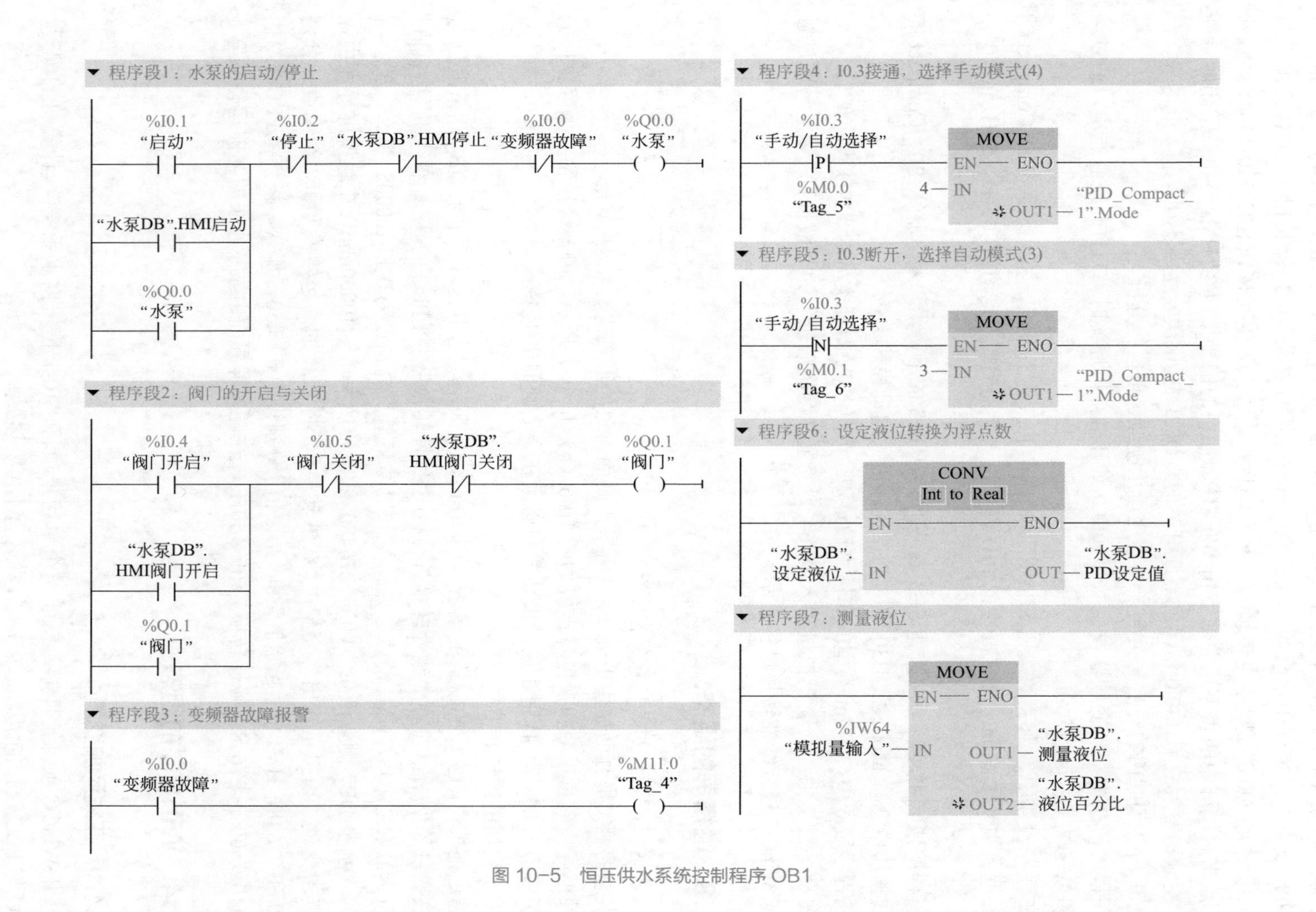

图 10-5　恒压供水系统控制程序 OB1

读取”。点击导航窗口中的“S7-1200”，则AS符号显示PLC变量表中的变量，在“访问”列下全部勾选，则将所有变量添加到变量中；点击导航窗口中的数据块“水泵DB”，同样将“访问”列下全部勾选，则将数据块中的所有变量添加到变量中。点击导航窗口上的按钮，切换到变量管理，点击下面的“变量”选项卡，在线创建的变量如图10-7所示。

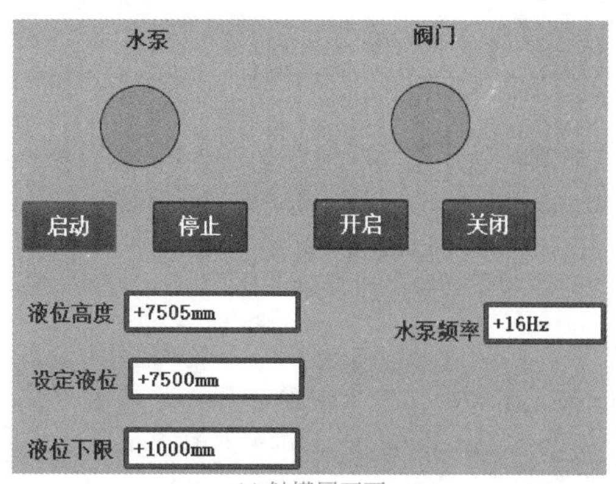

(a) 触摸屏画面

离散量报警

	ID	名称	报警文本	报警类别	触发变量	触发位	触发器地址
	1	变频器...	变频器故障	Errors	故障信息	0	故障信息.x0

(b) 离散量报警

模拟量报警

	ID	名称	报警文本	报警类别	触发变量	限制	限制模式
	1	液位低于下限	液位低于下限	Errors	水泵DB_测量液位	水泵DB_液位下限	小于

(c) 模拟量报警

恒压供水系统 ▸ HMI_1 [TP700 Comfort] ▸ HMI 变量 ▸ 默认变量表 [12]

HMI 变量　系统变量

默认变量表

名称	数据类型	连接	PLC 名称	PLC 变量	访问模式	采集周...	已记录	采集模式
水泵	Bool	HMI_连接_1	PLC_1	水泵	<符号访问>	1 s		循环操作
阀门	Bool	HMI_连接_1	PLC_1	阀门	<符号访问>	1 s		循环操作
水泵DB_HMI启动	Bool	HMI_连接_1	PLC_1	水泵DB.HMI启动	<符号访问>	1 s		循环操作
水泵DB_HMI停止	Bool	HMI_连接_1	PLC_1	水泵DB.HMI停止	<符号访问>	1 s		循环操作
水泵DB_HMI阀门开启	Bool	HMI_连接_1	PLC_1	水泵DB.HMI阀门...	<符号访问>	1 s		循环操作
水泵DB_HMI阀门关闭	Bool	HMI_连接_1	PLC_1	水泵DB.HMI阀门...	<符号访问>	1 s		循环操作
水泵DB_设定液位	Int	HMI_连接_1	PLC_1	水泵DB.设定液位	<符号访问>	1 s		循环操作
水泵DB_液位下限	Int	HMI_连接_1	PLC_1	水泵DB.液位下限	<符号访问>	1 s		循环操作
故障信息	Word	HMI_连接_1	PLC_1	故障信息	<符号访问>	1 s		循环连续
水泵DB_测量液位	Int	HMI_连接_1	PLC_1	水泵DB.测量液位	<符号访问>	1 s		循环连续
模拟量输出	Int	HMI_连接_1	PLC_1	模拟量输出	<符号访问>	1 s		循环连续
<添加>								

(d) 触摸屏变量

图10-6　触摸屏的组态

选中变量“模拟量输出”后面的“线性标定”，将AS值范围0～27648线性转换为OS值0～50Hz。同样对变量“水泵DB_测量液位”进行线性标定，将AS值范围0～27648线性转换为OS值范围0～10000。对变量“水泵DB_液位百分比”进行线性标定，将AS值范围0～27648线性转换为OS值范围0～100，用于储存罐的显示。

变量 [S7-1200]　　查找

	名称	数据类型	长度	连接	地址	线性标定	AS 值	AS 值范	OS	OS 值范
1	故障信息	无符号的 16 位值	2	S7-1200	0001:TS:37:52.5A726	☐				
2	模拟量输出	有符号的 16 位值	2	S7-1200	0001:TS:7:51.4E5AC9	☑	0	27648	0	50
3	水泵	二进制变量	1	S7-1200	0001:TS:0:51.B68207	☐				
4	水泵DB_HMI停止	二进制变量	1	S7-1200	0001:TS:0:8A0E0001.	☐				
5	水泵DB_HMI启动	二进制变量	1	S7-1200	0001:TS:0:8A0E0001.	☐				
6	水泵DB_HMI阀门关闭	二进制变量	1	S7-1200	0001:TS:0:8A0E0001.	☐				
7	水泵DB_HMI阀门开启	二进制变量	1	S7-1200	0001:TS:0:8A0E0001.	☐				
8	水泵DB_测量液位	有符号的 16 位值	2	S7-1200	0001:TS:7:8A0E0001.	☑	0	27648	0	10000
9	水泵DB_液位下限	有符号的 16 位值	2	S7-1200	0001:TS:7:8A0E0001.	☐				
10	水泵DB_液位百分比	有符号的 16 位值	2	S7-1200	0001:TS:7:8A0E0001.	☑	0	27648	0	100
11	水泵DB_设定液位	有符号的 16 位值	2	S7-1200	0001:TS:7:8A0E0001.	☐				
12	阀门	二进制变量	1	S7-1200	0001:TS:0:51.8CF657	☐				

组　变量　AS 结构　AS 符号

图 10-7　创建的变量

10.1.4.2　报警记录的组态

在 WinCC Configuration Studio 中点击“报警记录”，点击“消息块”，选中“日期”“时间”“编号”“状态”“消息文本”（30 个字符）和“错误点”，用于在报警视图中显示这些列。点击导航栏中“消息”下的“错误”，在右边的窗口中输入离散量报警消息，如图 10-8（a）所示。在本例中只有变频器故障这一个离散量报警，选择变量“故障信息”，消息文本中输入“变频器故障”，错误点输入“I0.0”，则当“故障信息”的第 0 位（M11.0）为“1”时触发这个报警。

在导航窗口中，点击“限值监视”，在右边的窗口的“变量”下点击新建限制变量符号，出现按钮，点击该按钮，从弹出的窗口中选择“水泵 DB_ 测量液位”，如图 10-8(b) 所示。点击该变量前面的三角符号，可以展开该变量下的限制，点击该变量下的新建限制符号，从下拉列表中选择“下限”。由于前面的离散量报警已经使用了编号 1，故这里将“消息号”修改为 2，不能与已经使用的编号重复。勾选“间接”，选择比较值变量为“水泵 DB_ 液位下限”。

点击下部的“消息”选项卡，将消息文本“限制值@1%f @超出下限 : @3%f @”中的 f(浮点数）修改为 d（整数显示），如图 10-8（c）所示。

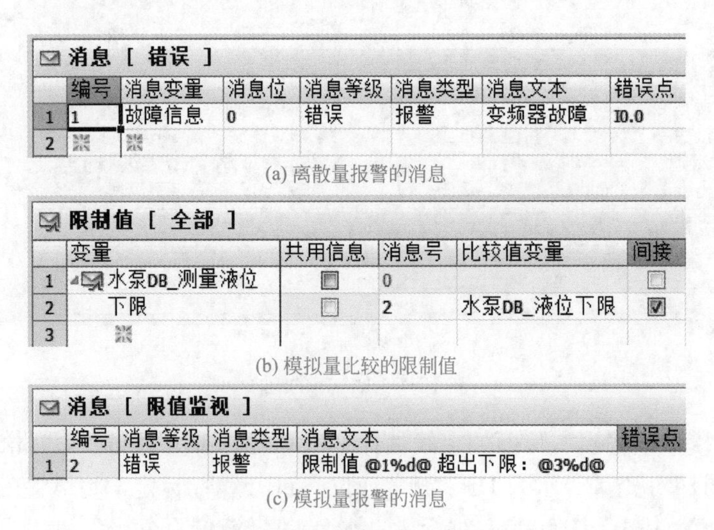

消息 [错误]

	编号	消息变量	消息位	消息等级	消息类型	消息文本	错误点
1	1	故障信息	0	错误	报警	变频器故障	I0.0
2							

(a) 离散量报警的消息

限制值 [全部]

	变量	共用信息	消息号	比较值变量	间接
1	水泵DB_测量液位	☐	0		☐
2	下限	☐	2	水泵DB_液位下限	☑
3					

(b) 模拟量比较的限制值

消息 [限值监视]

	编号	消息等级	消息类型	消息文本	错误点
1	2	错误	报警	限制值 @1%d@ 超出下限：@3%d@	

(c) 模拟量报警的消息

图 10-8　报警记录的组态

10.1.4.3 WinCC 界面的组态

在 WinCC 项目管理器的“图形编辑器”中，从右边数据窗口中单击鼠标右键，点击“新建画面”，将其命名为“主画面”。按照同样的方法新建画面“监视画面”“设定画面”“报警画面”。在“主画面”上单击鼠标右键，将该画面设为启动画面。处于运行状态下的 WinCC 界面如图 10-9 所示，“主画面”“设定画面”和“报警画面”的组态过程请参考 9.4.4 节，这里主要介绍“监视画面”的组态，需要组态的监视画面如图 10-9（a）所示。

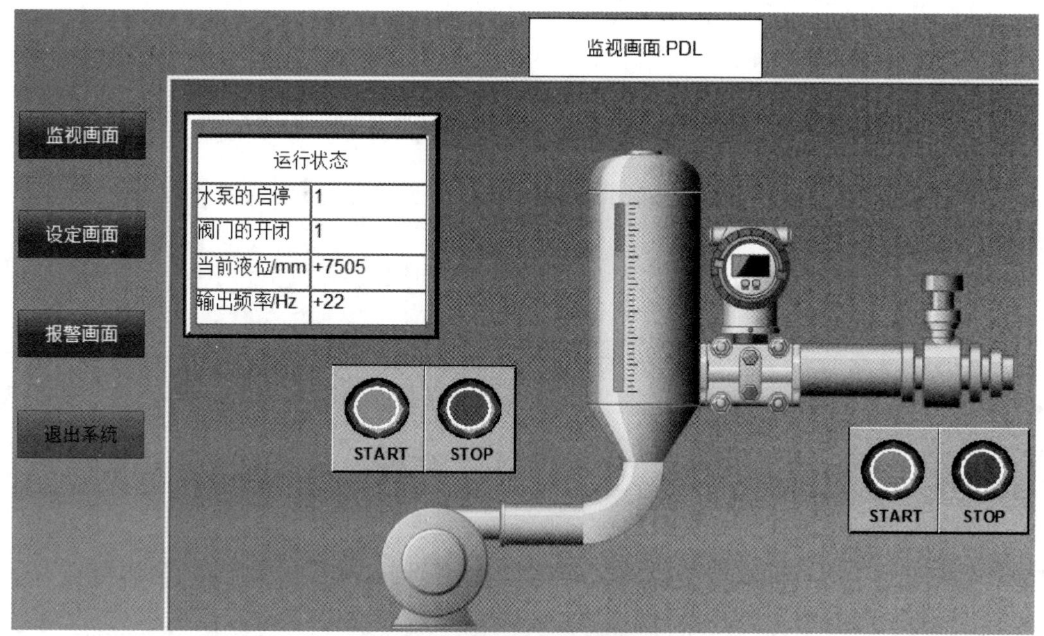

(a) 主画面中显示的监视画面

设定液位/mm +7500

液位下限/mm +1000

(b) 设定画面

WinCC AlarmControl

	编号	日期	时间	状态	消息文本	错误点
1	2	28/04/20	01:40:43 下		限制值 1000 超出下限：617	
2						
3						
4						
5						
6						
7						
8						
9						
10						
11						
12						
13						
14						
15						

(c) 报警画面

图 10-9 运行中的 WinCC 界面

（1）组态“运行状态”窗口

打开“监视画面”的图形编辑器，单击“对象属性”下面的库选项卡，依次点击“全局库”→“Displays”→“Windows”→“4”，将4号窗口拖入到图形编辑器的编辑区。创建静态文本“运行状态”“水泵的启停”“阀门的开闭”“当前液位/mm”“输出频率/Hz”。

点击下面的变量选项卡，展开“S7-1200”连接的过程变量，将变量“水泵”拖放到文本“水泵的启停”后面，自动生成一个I/O域。点击“对象属性”下的“输入/输出”，将“域类型”修改为“输出”，“更新周期”修改为“有变化时”。

按照同样的方法，将变量“阀门”拖放到文本“阀门的开闭”后，修改域类型为“输出”，更新周期为“有变化时”。

将变量“水泵DB_测量液位”拖放到文本“当前液位/mm”后，修改域类型为“输出”，更新周期为500ms。

将变量“模拟量输出”拖放到文本“输出频率/Hz”后，修改域类型为“输出”，更新周期为500ms。

调整文本和I/O域的大小，全部选中，从工具栏中选择字体大小为16号。

（2）插入库对象

点击SVG库选项卡，展开“SVG全局库”→“IndustryGraphicLibraryV2.0”→“Pumps”，点击预览按钮和超大图标按钮，显示如图10-10所示，将水泵“ClassicPump”拖放到编辑区；点击“Pipes”，将水平管道“PipeHorizontal”和90°弯曲管道“90DegreeBend4”拖放到编辑区；点击“Tanks”，将储存罐“Tank2WithScale”拖放到编辑区；点击“Sensors”，将压力传感器“PressureTransmitter”拖放到编辑区；点击“Valves”，将控制阀“ControlValve”拖放到编辑区。将这些对象插入完之后，调整对象的大小，并对这些对象进行排列。

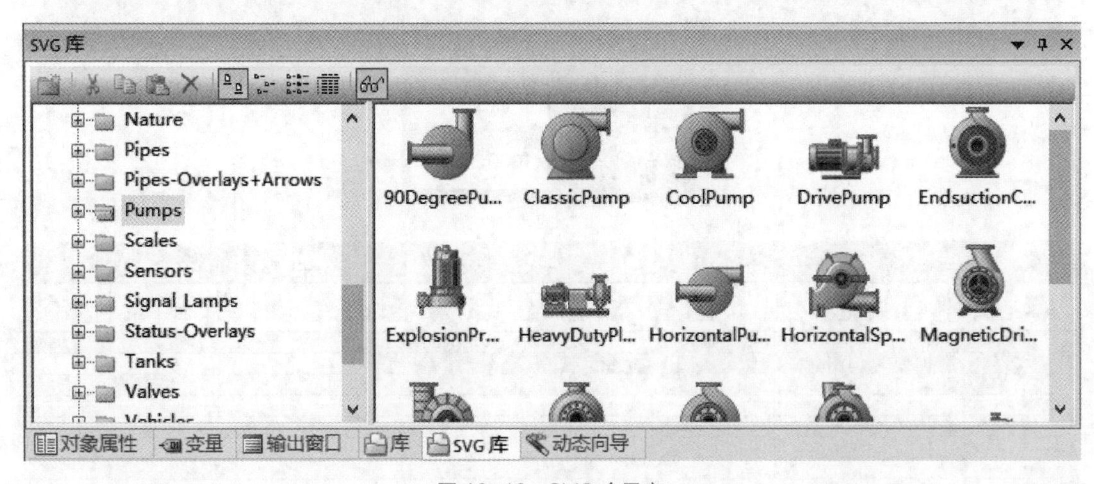

图10-10 SVG全局库

点击编辑区储存罐对象，从下面“对象属性”选项卡中选中“属性”下的“符号属性”，在“FillLevelValue”的动态灯泡上单击右键，选择“变量”。在弹出的对话框中选择“水泵DB_液位百分比”，更新周期设为500ms。

（3）按钮对象的组态

① 添加水泵的启动按钮　点击库选项卡，依次点击“全局库”→“Operation”→“Toggle Buttons”，将“On_Off_5”拖放到图形编辑区。在该对象上单击右键，选择“组态

对话框”，弹出对话框如图10-11所示，点击“事件”选项卡，展开“鼠标”事件，删除原有的“On_Off_5，单击鼠标”事件，双击“按左键”和“释放左键”事件进行添加，然后点击“确定”按钮。

点击“对象属性”下的“属性”选项卡，选中“用户定义1”，将“Toggle”的静态值设为1，则启动按钮显示绿色，上面的文本显示“START”。

点击“事件”选项卡下的“鼠标”事件，在“按左键”的动作闪电符上单击右键，选择“直接连接”，将“来源”下的“常数”设为“1”，“目标”下的“变量”选择为“水泵DB_HMI启动”。用同样的方法，选择“释放左键”的动作为“直接连接”，将“来源”下的“常数”设为“0”，“目标”下的“变量”选择为“水泵DB_HMI启动”。

② 生成水泵的停止按钮　按住计算机的“Ctrl”键，用鼠标拖动，复制一个对象。点击“对象属性”下的“属性”选项卡，选中“用户定义1”，将“Toggle”的静态值设为0，则启动按钮显示红色，上面的文本显示“STOP”。

点击“事件”选项卡下的“鼠标”事件，将“按左键”和“释放左键”的目标变量都修改为“水泵DB_HMI停止”。

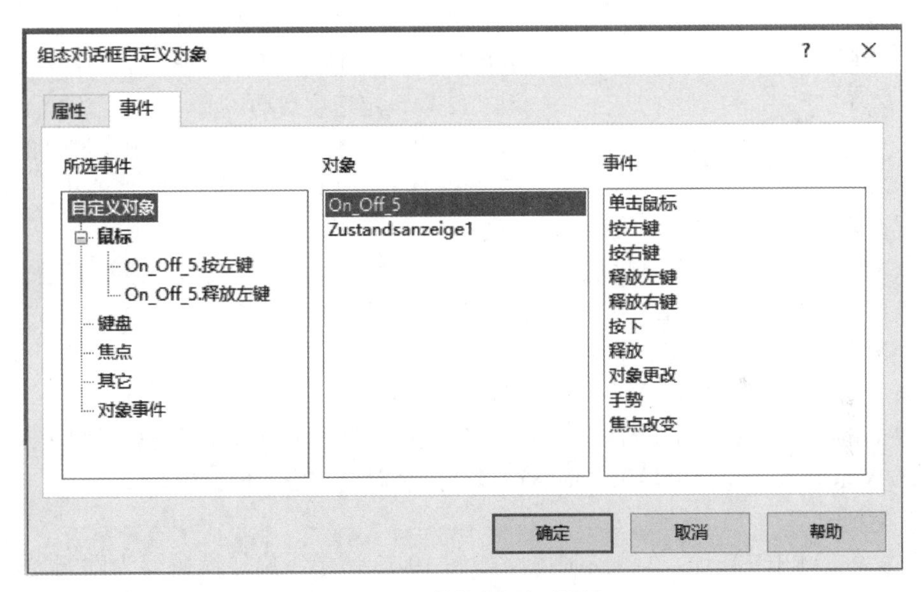

图10-11　按钮的组态对话框

③ 生成阀门的启动和停止按钮　选中启动按钮和停止按钮这两个对象，按住“Ctrl”键，通过鼠标拖动，复制一个启动和停止按钮。选中绿色的启动按钮，点击“事件”选项卡下的“鼠标”事件，将“按左键”和“释放左键”的目标变量都修改为“水泵DB_HMI阀门开启”。选中红色的停止按钮，点击“事件”选项卡下的“鼠标”事件，将“按左键”和“释放左键”的目标变量都修改为“水泵DB_HMI阀门关闭”。

（4）WinCC启动设置

点击项目管理器中的“计算机”，双击右边窗口中用户的计算机名字，弹出“计算机属性”对话框，选择“启动”选项卡，选中“报警记录运行系统”和“图形运行系统”。选择“图形运行系统”选项卡，选择窗口属性为“标题”“最大化”，单击“确定”按钮，关闭对话框。在项目管理器中，点击工具栏上的按钮，WinCC将启动运行系统；点击工具栏上的按钮可以停止 WinCC 的运行。

10.2 生产设备的 PROFIBUS 总线通信

扫一扫 看视频

10.2.1 控制要求和控制电路

（1）控制要求

某生产设备的控制系统由一台 S7-1200 PLC（CPU 1214C）、两台变频器、一台触摸屏和三台计算机（一台服务器，两台客户机）组成，通过 PROFIBUS 总线通信进行控制，控制系统的组成如图 10-12 所示，控制要求如下。

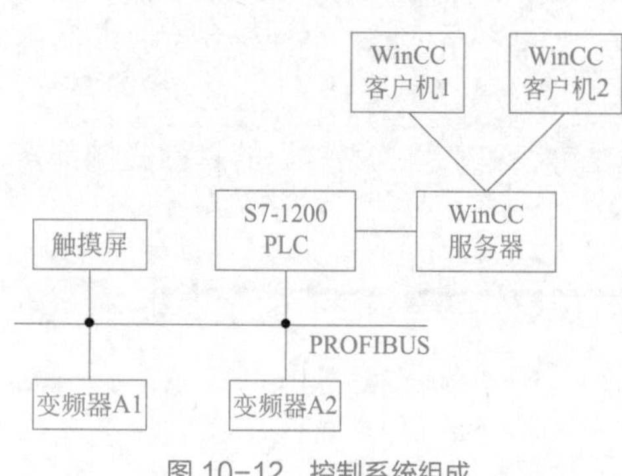

图 10-12 控制系统组成

① 当按下启动按钮、点击触摸屏中的“启动”或点击 WinCC 服务器界面中的“启动”时，燃气管道开启，对烘房进行加热。当烘房温度高于 200℃时，电动机 1 以设定速度启动；经过 5s，电动机 2 以设定速度启动。

② 当按下停止按钮、点击触摸屏中的“停止”或点击 WinCC 服务器界面中的“停止”时，燃气管道关闭，同时两台电动机立即停止。

③ 在 WinCC 服务器中显示烘房温度与班产量报表，可以打印变量记录运行报表。

④ 当出现变频器 A1 故障、变频器 A2 故障、门限保护、急停时，在触摸屏和 WinCC 客户机 1 中报警，同时整个设备停机。

⑤ 当温度低于 200℃时，在触摸屏和 WinCC 中报警。

⑥ 在 WinCC 客户机 1 中显示当前班产量和报警信息，可以打印报警归档报表。

⑦ 在 WinCC 客户机 2 中显示当前班产量和烘房温度与班产量报表。

（2）控制电路

生产设备的 PROFIBUS 总线控制电路如图 10-13 所示，旋转编码器为欧姆龙的 E6B2-CWZ6C 型，每转输出 1000 个脉冲，输出类型为 NPN 输出（漏型输出），故 PLC 的输入应连接为源型输入，24VDC+ 接入 1M。在 PLC 组态时用 HSC1 进行测速，故将编码器的 A 相接入到 I0.0，B 相接入 I0.1；用 HSC2 进行测长，故 A 相接入 I0.2，B 相接入 I0.3。主电路略。变频器 A1 和 A2 的参数设置见表 7-13，其中 A1 的参数 P0918 设为 3，A2 的参数 P0918 设为 4。

10.2.2 硬件组态与 PLC 编程

10.2.2.1 硬件组态

（1）PLC 硬件组态

新建一个项目“生产设备的 PROFIBUS 总线通信”，添加新设备 CPU 1214C AC/DC/Rly，版本号为 V4.2，默认站点名称为“PLC_1”。在设备视图中，展开硬件目录下的“通信模块”→“PROFIBUS”→“CM1243-5”，将订货号“6GK7 243-5DX30-0XE0”（版本号V1.3）通过拖放或双击添加到101槽中。展开“AI”→“AI 4×RTD”，将订货号“6ES7 231-5PD32-0XB0”添加到2号槽中。

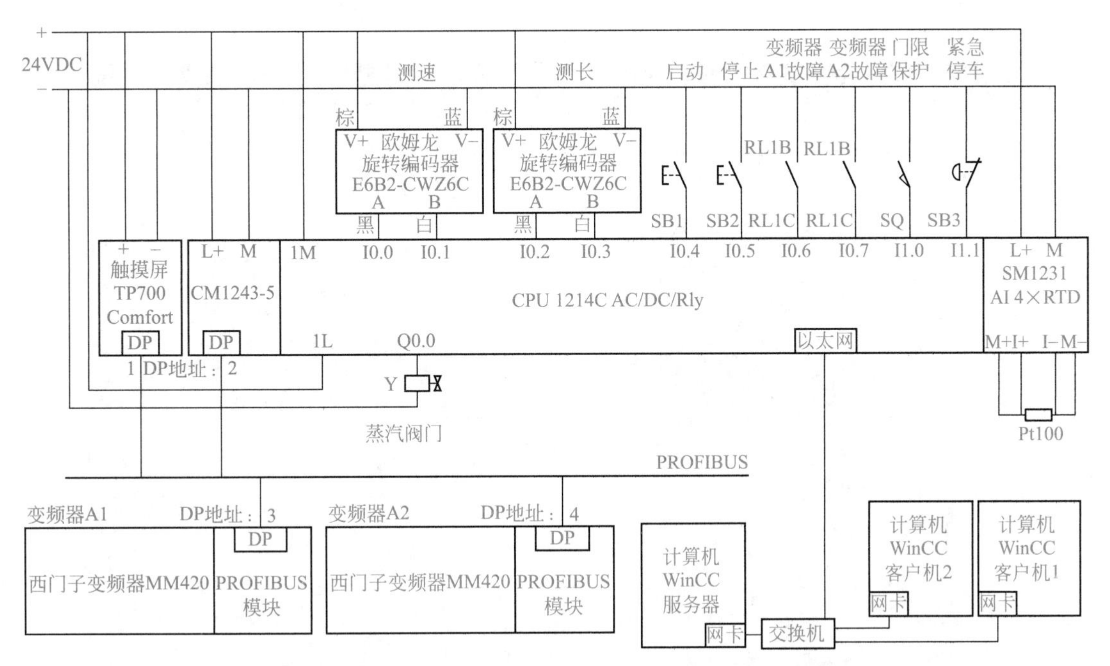

图10-13 生产设备的PROFIBUS总线控制电路

选中CPU，在巡视窗口中点击“高速计数器”下的“HSC1”，选择“启用该高速计数器”，计数类型为“频率”，工作模式为“AB计数器”，频率测量周期为1.0s。点击“硬件输入”，可以看到时钟发生器A的输入地址为I0.0，时钟发生器B的输入地址为I0.1。点击“HSC2”，选择“启用该高速计数器”，计数类型为“计数”，工作模式为“AB计数器”。点击“硬件输入”，可以看到时钟发生器A的输入地址为I0.2，时钟发生器B的输入地址为I0.3。依次展开“DI14/DQ10”→“数字量输入”，将通道0～通道3都选择输入滤波器为“10microsec”（10μs）。点击巡视窗口中的“系统和时钟存储器”，选中“启用系统存储器字节”，将MB1作为系统存储器字节。点击巡视窗口中“防护与安全”下的“连接机制”，选中“允许来自远程对象的PUT/GET通信访问”。

选中模块“AI 4×RTD”，展开巡视窗口中的“AI 4×RTD”→“模拟量输入”，点击“通道0”，可以看到通道地址为IW96，测量类型选择为“热敏电阻（4线制）”，热电阻选择“Pt100标准类型”，温标选择“摄氏”。

（2）触摸屏、变频器和PLC的PROFIBUS通信组态

打开“网络视图”，在“硬件目录”下，依次展开“HMI”→“SIMATIC精智面板”→“7″显示屏”→“TP700 Comfort”，将“6AV2 124-0GC01-0AX0”拖放到网络视图中，自动生成一个名为“HMI_1”的HMI站点。依次展开“其他现场设备”→“PROFIBUS DP”→“驱动器”→“Siemens AG”→“SIMOVERT”→“MICROMASTER 4”，拖放两个“6SE640X-1PB00-0AA0”到视图中，添加了两个从站，分别为“Slave_1”和“Slave_2”。

在“网络视图”下选中 连接，选择后面的“HMI连接”。拖动CM1243-5的DP接口（紫

色）到HMI的MPI/DP接口（黄色），自动建立了一个“HMI_连接_1”的连接。选中网络，将CM1243-5的DP接口拖拽到“Slave_1”和“Slave_2”，生成了“PROFIBUS_1”的通信网络。然后点击“网络视图”下的显示地址图标，可以看到网络中每个设备的DP地址，如图10-14所示。

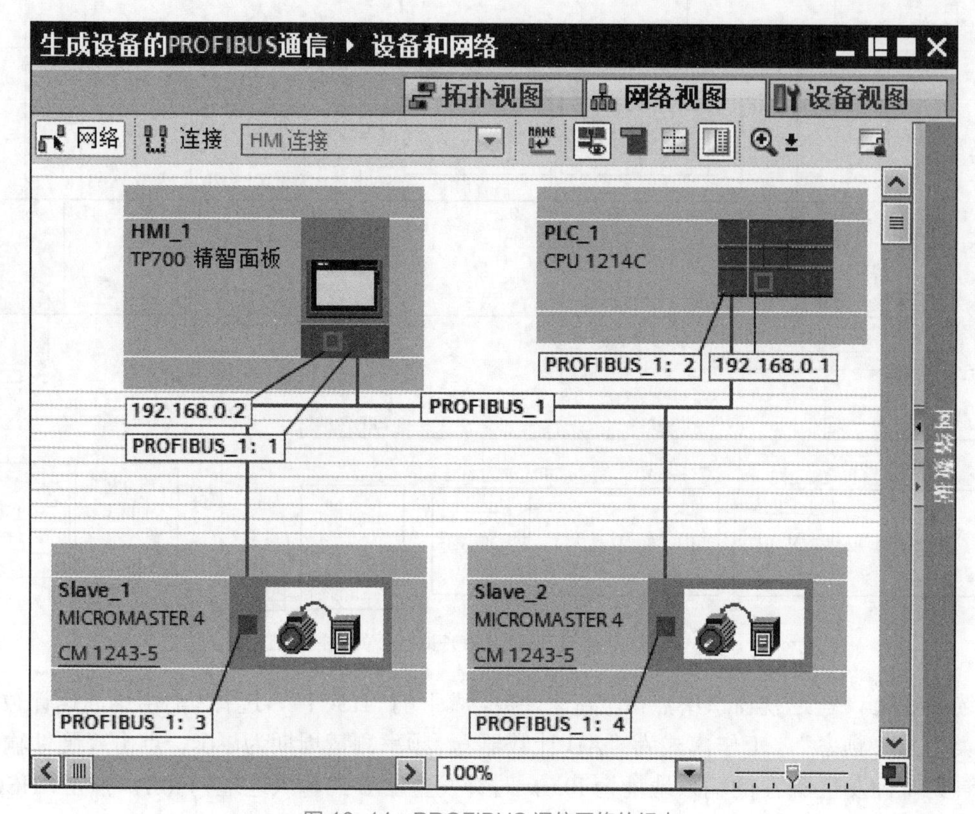

图10-14 PROFIBUS通信网络的组态

（3）变频器PROFIBUS-DP通信组态

双击“Slave_1”，进入“设备视图”，点击右边的图标，展开“设备概览”，将“4 PKW，2 PZD(PPO1)”拖放到视图的插槽1中。按照同样的方法，双击“Slave_2”，进入“设备视图”，点击右边的图标，展开“设备概览”，将“4 PKW，2 PZD（PPO1）”拖放到视图的插槽1中。

10.2.2.2 PLC编程

（1）添加数据块

双击“添加新块”，添加一个名为“A1_Data”的全局数据块DB1。在该数据块上单击鼠标右键选择“属性”，取消“优化的块访问”，然后创建如图10-15（a）所示的静态变量，用于存放与变频器A1进行DP通信时所需要的用户数据，最后点击工具栏中的编译按钮对该数据块进行编译，可以查看变量的偏移量。按照同样的方法，再添加一个名为“A2_Data”的全局数据块DB2，用于存放与变频器A2进行DP通信时所需要的用户数据，数据与DB1一样。再添加一个名为“Device_Data”的全局数据块DB3，创建如图10-15（b）所示的变量，用于存放与设备有关的变量。

		名称	数据类型	偏移量	起始值
A1_Data					
1		▼ Static			
2		■ PKE_R	Word	0.0	16#0
3		■ IND_R	Word	2.0	16#0
4		■ PWE1_R	Word	4.0	16#0
5		■ PWE2_R	Word	6.0	16#0
6		■ PZD1_R	Word	8.0	16#0
7		■ PZD2_R	Word	10.0	16#0
8		■ PKE_W	Word	12.0	16#0
9		■ IND_W	Word	14.0	16#0
10		■ PWE1_W	Word	16.0	16#0
11		■ PWE2_W	Word	18.0	16#0
12		■ PZD1_W	Word	20.0	16#0
13		■ PZD2_W	Word	22.0	16#0

(a) 数据块DB1

		名称	数据类型	起始值
Device_Data				
1		▼ Static		
2		■ 设定M1速度	Int	0
3		■ 设定M2速度	Int	0
4		■ 测量速度	Int	0
5		■ 设定温度	Int	0
6		■ 测量温度	Int	0
7		■ 班产量	Real	0.0
8		■ HMI启动	Bool	false
9		■ HMI停止	Bool	false

(b) 数据块DB3

图 10-15 数据块

（2）编写控制程序

控制程序如图 10-16 所示。

在程序段 1 中，开机时使故障复位。

程序段 2 和程序段 3 为对变频器 A1 的读写控制。在程序段 2 中，从已组态的硬件标识符 Slave_1 ～ 4_PKW_2_PZD_(PPO_1)_2_2（值为 281）中读取数据到 P#DB1.DBX8.0 WORD 2（从 DBX8.0 开始的 2 个字，即 PZD1_R 和 PZD2_R）。PZD1_R 为读取的变频器 A1 的运行状态，PZD2_R 为读取的变频器 A1 的输出频率。

在程序段 3 中，将 P#DB1.DBX20.0 WORD 2（从 DBX20.0 开始的 2 个字，即 PZD1_W 和 PZD2_W）写入到已组态的硬件标识符 Slave_1 ～ 4_PKW_2_PZD_(PPO_1)_2_2 的 PZD 任务报文中。PZD1_W 为写入到变频器 A1 的控制命令，PZD2_W 为写入到变频器 A1 的设定频率。

程序段 4 和程序段 5 为对变频器 A2 的读写控制。在程序段 4 中，从已组态的硬件标识符 Slave_2 ～ 4_PKW_2_PZD_(PPO_1)_2_2（值为 283）中读取数据到 P#DB2.DBX8.0 WORD 2（从 DBX8.0 开始的 2 个字，即 PZD1_R 和 PZD2_R）。PZD1_R 为读取的变频器 A2 的运行状态，PZD2_R 为读取的变频器 A2 的输出频率。

在程序段 5 中，将 P#DB2.DBX20.0 WORD 2（从 DBX20.0 开始的 2 个字，即 PZD1_W 和 PZD2_W）写入到已组态的硬件标识符 Slave_2 ～ 4_PKW_2_PZD_(PPO_1)_2_2 的 PZD 任务报文中。PZD1_W 为写入到变频器 A2 的控制命令，PZD2_W 为写入到变频器 A2 的设定频率。

在程序段 6 中，正常运行时，变频器 A1 没有故障，I0.6 没有输入；当变频器 A1 发生故障时，I0.6 为“1”，M11.0 线圈通电，触发变频器 A1 故障报警。

在程序段 7 中，正常运行时，变频器 A2 没有故障，I0.7 没有输入；当变频器 A1 发生故障时，I0.7 为“1”，M11.1 线圈通电，触发变频器 A2 故障报警。

在程序段 8 中，正常运行时，车门应处于关闭状态，压住行程开关 SQ，故 I1.0 有输入，程序中其常闭触点断开；当车门打开时，I1.0 为“0”，程序中其常闭触点接通，M11.2 线圈通电，触发门限保护报警。

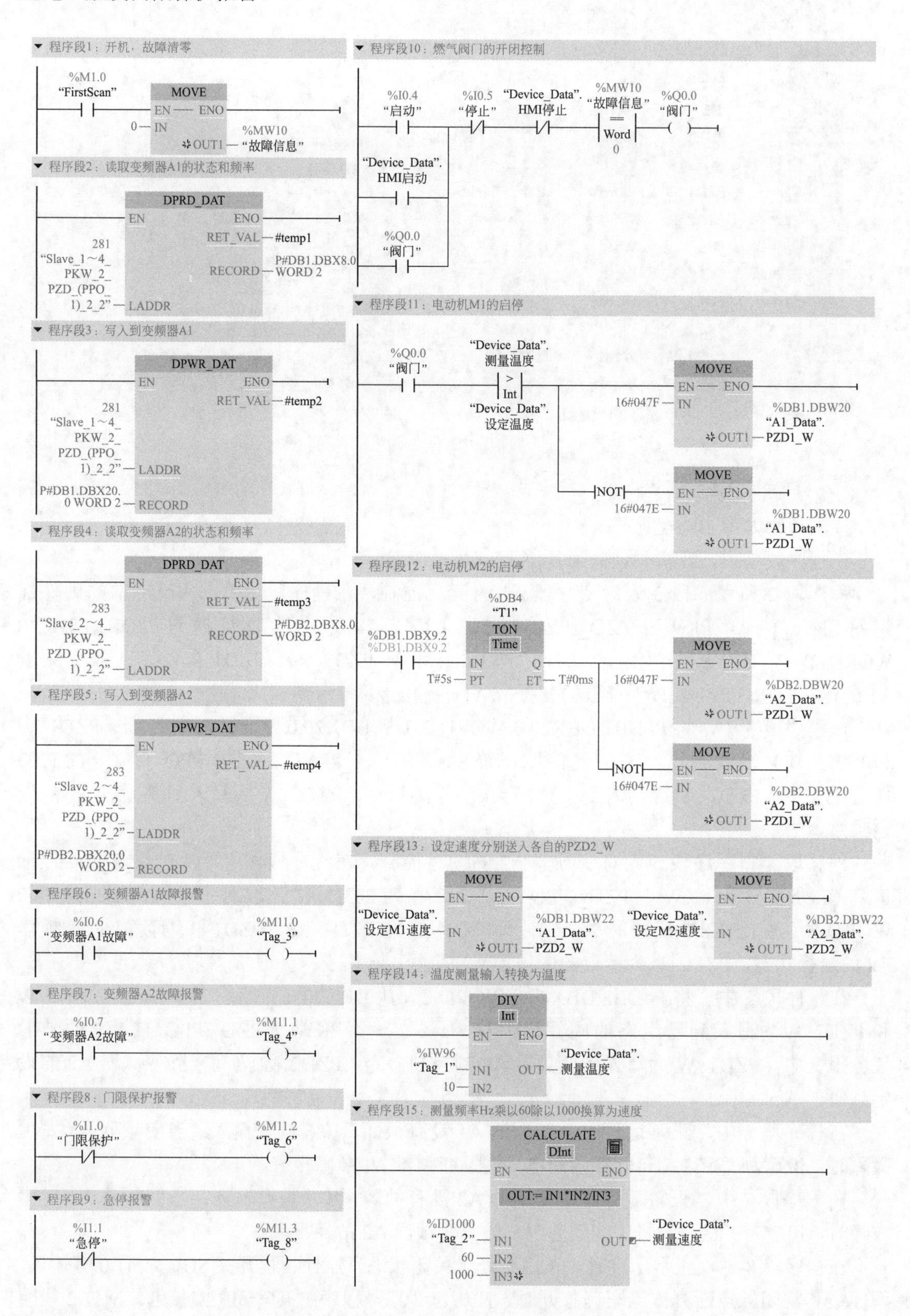

程序段1：开机，故障清零
%M1.0
"FirstScan"
MOVE
EN ENO
0 IN
OUT1 %MW10 "故障信息"
程序段2：读取变频器A1的状态和频率
DPRD_DAT
EN ENO
RET_VAL #temp1
RECORD P#DB1.DBX8.0 WORD 2
281 "Slave_1~4_PKW_2_PZD_(PPO_1)_2_2" LADDR
程序段3：写入到变频器A1
DPWR_DAT
EN ENO
RET_VAL #temp2
281 "Slave_1~4_PKW_2_PZD_(PPO_1)_2_2" LADDR
P#DB1.DBX20.0 WORD 2 RECORD
程序段4：读取变频器A2的状态和频率
DPRD_DAT
RET_VAL #temp3
RECORD P#DB2.DBX8.0 WORD 2
283 "Slave_2~4_PKW_2_PZD_(PPO_1)_2_2" LADDR
程序段5：写入到变频器A2
DPWR_DAT
RET_VAL #temp4
283 "Slave_2~4_PKW_2_PZD_(PPO_1)_2_2" LADDR
P#DB2.DBX20.0 WORD 2 RECORD
程序段6：变频器A1故障报警
%I0.6 "变频器A1故障"
%M11.0 "Tag_3"
程序段7：变频器A2故障报警
%I0.7 "变频器A2故障"
%M11.1 "Tag_4"
程序段8：门限保护报警
%I1.0 "门限保护"
%M11.2 "Tag_6"
程序段9：急停报警
%I1.1 "急停"
%M11.3 "Tag_8"
程序段10：燃气阀门的开闭控制
%I0.4 "启动"
%I0.5 "停止"
"Device_Data".HMI停止
%MW10 "故障信息"
==
Word
0
%Q0.0 "阀门"
"Device_Data".HMI启动
%Q0.0 "阀门"
程序段11：电动机M1的启停
%Q0.0 "阀门"
"Device_Data".测量温度
>
Int
"Device_Data".设定温度
MOVE
16#047F IN
OUT1 %DB1.DBW20 "A1_Data".PZD1_W
NOT
16#047E IN
OUT1 %DB1.DBW20 "A1_Data".PZD1_W
程序段12：电动机M2的启停
%DB4 "T1"
TON
Time
%DB1.DBX9.2
IN Q
T#5s PT ET T#0ms
16#047F IN
OUT1 %DB2.DBW20 "A2_Data".PZD1_W
NOT
16#047E IN
OUT1 %DB2.DBW20 "A2_Data".PZD1_W
程序段13：设定速度分别送入各自的PZD2_W
"Device_Data".设定M1速度 IN
OUT1 %DB1.DBW22 "A1_Data".PZD2_W
"Device_Data".设定M2速度 IN
OUT1 %DB2.DBW22 "A2_Data".PZD2_W
程序段14：温度测量输入转换为温度
DIV
Int
%IW96 "Tag_1" IN1
10 IN2
OUT "Device_Data".测量温度
程序段15：测量频率Hz乘以60除以1000换算为速度
CALCULATE
DInt
OUT:= IN1*IN2/IN3
%ID1000 "Tag_2" IN1
60 IN2
1000 IN3
OUT "Device_Data".测量速度

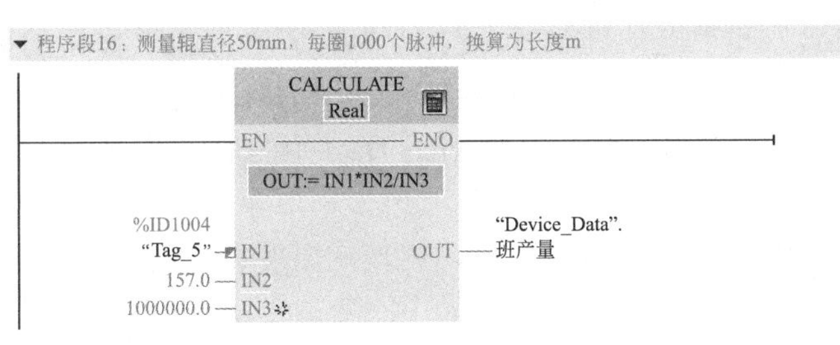

图 10-16　PLC 控制程序

在程序段 9 中，正常运行时，紧急停车按钮为常闭状态，故 I1.1 有输入，程序中其常闭触点断开；当按下紧急停车按钮时，I1.1 为“0”，程序中其常闭触点接通，M11.3 线圈通电，触发紧急停车报警。

在程序段 10 中，没有故障（MW10=0）时，按下启动按钮（I0.4 常开触点接通）、点击触摸屏或 WinCC 中的“启动”（“HMI 启动”常开触点接通），Q0.0 线圈通电自锁，燃气阀门打开，开始加热。当有故障（MW10 ≠ 0）、按下停止按钮（I0.5 常闭触点断开）、点击触摸屏或 WinCC 中的“停止”（“HMI 停止”常闭触点断开）时，Q0.0 线圈断电，自锁解除，停止加热。

在程序段 11 中，当正在加热（Q0.0 常开触点接通）且测量温度大于设定温度时，将 16#047F 送入 DB1 的 PZD1_W，发送到变频器 A1 对电动机 M1 进行启动控制。否则，将 16#047E 送入 DB1 的 PZD1_W，发送到变频器 A1 对电动机 M1 进行停止控制。

在程序段 12 中，当变频器 A1 运行时（DB1.DBX9.2 常开触点接通）时，T1 延时 5s，将 16#047F 送入 DB2 的 PZD1_W，发送到变频器 A2 对电动机 M2 进行启动控制。否则，将 16#047E 送入 DB2 的 PZD1_W，发送到变频器 A2 对电动机 M2 进行停止控制。

在程序段 13 中，将“设定 M1 速度”送入到 DB1 的 PZD2_W，发送到变频器 A1 对电动机 M1 进行调速；将“设定 M2 速度”送入到 DB3 的 PZD2_W，发送到变频器 A2 对电动机 M2 进行调速。

在程序段 14 中，将 IW96（−2000 ～ 8500）除以 10 换算为测量温度（−200 ～ 850℃）。

在程序段 15 中，由于频率测量值的单位为“Hz”，旋转编码器每转输出 1000 个脉冲，故测量速度 = 频率测量值 ID1000×60/1000（单位“r/min”），结果送入变量“测量速度”进行显示。

在程序段 16 中，测量辊的直径为 50mm，周长为 157mm，旋转编码器每转输出 1000 个脉冲，测量长度 = 计数值 /1000×157/1000，换算为单位“m”。故将 ID1004（HSC2 计数值）乘以 157，除以 1000000，换算为测量长度（单位“m”）保存到变量“班产量”中进行显示。

10.2.3　触摸屏的组态

（1）触摸屏画面的组态

触摸屏画面如图 10-17 所示。先在触摸屏的默认变量表中创建 Bool 类型的变量“电动机 M1”和“电动机 M2”，连接选择“HMI_ 连接 _1”，访问模式选择“绝对访问”，在地址下分别输入“DB1.DBX9.2”和“DB2.DBX9.2”。新建一个如图 10-17(a) 所示的“监控画面”，将“加热”“M1”“M2”指示灯的动画分别与 PLC 默认变量表中的“阀门”、HMI 默认变量表中的“电动机 M1”和“电动机 M2”连接。“启动”“停止”按钮的按下和释放事件与 PLC 的数据块 Device_Data 中的变量“HMI 启动”和“HMI 停止”连接。测量温度、测量速度、班产量的 I/O 域作为输出域，分别与 Device_Data 中的变量“测量温度”“测量速度”“班产量”连接。

在图 10-17（b）所示的“设定画面”中，将设定温度、设定 M1 速度、设定 M2 速度的 I/O 域作为输入 / 输出域，分别与 Device_Data 中的变量“设定温度”“设定 M1 速度”“设定 M2 速度”连接。

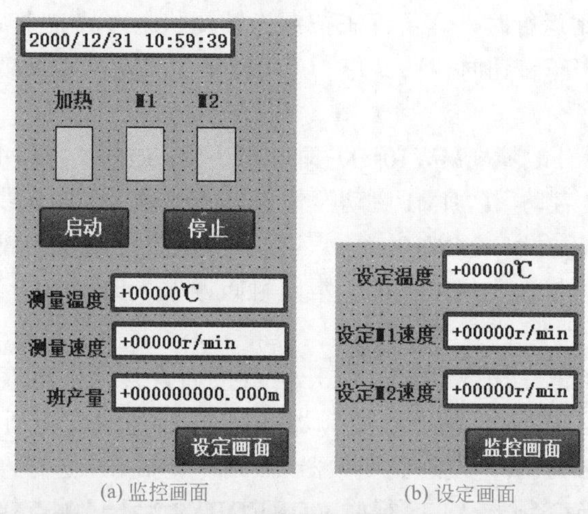

(a) 监控画面　　(b) 设定画面

(c) 全局画面

图 10-17　触摸屏画面

具体触摸屏的组态过程请参见触摸屏有关章节。

（2）触摸屏报警的组态

组态的 HMI 报警如图 10-18 所示，具体的报警组态过程请参见 8.4 节。在图 10-17（c）所示的“全局画面”中，将“工具箱”中的“报警窗口”拖放到画面中，然后修改属性。

离散量报警

	ID	名称	报警文本	报警类别	触发变量	触发位	触发器地址
	1	变频器A1故障	变频器A1故障	Errors	故障信息	0	故障信息.x0
	2	变频器A2故障	变频器A2故障	Errors	故障信息	1	故障信息.x1
	3	门限保护	门限保护	Errors	故障信息	2	故障信息.x2
	4	急停	急停	Errors	故障信息	3	故障信息.x3

(a) 离散量报警

模拟量报警

	ID	名称	报警文本	报警类别	触发变量	限制	限制模式
	1	温度低于设定值	温度低于设定值	Errors	Device_Data_测量温度	Device_Data_设定温度	小于

(b) 模拟量报警

图 10-18　HMI 报警

(3) 变量的线性转换

通过拖拽自动生成的触摸屏变量如图 10-19 所示。在变量表中，对变量“Device_Data_设定 M1 速度”进行了线性转换。选中该变量，点击“属性”下的“线性转换”，选中“线性转换”，将 PLC 的“起始值”和“结束值”分别设为 0 和 16384，HMI 的“起始值”和“结束值”分别设为 0 和 1430。那么，就会将 HMI 的“Device_Data_ 设定 M1 速度”（0 ～ 1430r/min）线性转换为 0 ～ 16384（即 16#0 ～ 16#4000）。按照同样的方法设定“Device_Data_ 设定 M2 速度”。

默认变量表

	名称	数据类型	连接	PLC 名称	PLC 变量	地址	访问模式
	电动机M1	Bool	HMI_连接_1	PLC_1	<未定义>	%DB1.DBX9.2	<绝对访问>
	电动机M2	Bool	HMI_连接_1	PLC_1	<未定义>	%DB2.DBX9.2	<绝对访问>
	阀门	Bool	HMI_连接_1	PLC_1	阀门		<符号访问>
	Device_Data_HMI启动	Bool	HMI_连接_1	PLC_1	Device_Data.HMI启动		<符号访问>
	Device_Data_HMI停止	Bool	HMI_连接_1	PLC_1	Device_Data.HMI停止		<符号访问>
	Device_Data_测量温度	Int	HMI_连...	PLC_1	Device_Data.测量温度		<符号访问>
	Device_Data_测量速度	Int	HMI_连接_1	PLC_1	Device_Data.测量速度		<符号访问>
	Device_Data_班产量	Real	HMI_连接_1	PLC_1	Device_Data.班产量		<符号访问>
	Device_Data_设定温度	Int	HMI_连接_1	PLC_1	Device_Data.设定温度		<符号访问>
	Device_Data_设定M1速度	Int	HMI_连接_1	PLC_1	Device_Data.设定M1速度		<符号访问>
	Device_Data_设定M2速度	Int	HMI_连接_1	PLC_1	Device_Data.设定M2速度		<符号访问>
	故障信息	Word	HMI_连接_1	PLC_1	故障信息		<符号访问>

图 10-19　触摸屏的变量表

10.2.4　WinCC 服务器的组态

10.2.4.1　创建 WinCC 变量

打开 WinCC 项目管理器，新建一个多用户项目“10-2　生产设备的 PROFIBUS 总线通信”。计算机的配置、WinCC 与 PLC 连接的组态见 9.3.3 节，这里不再赘述。

点击 WinCC 项目管理器的工具栏中的激活按钮▶，使 WinCC 与 PLC 建立在线连接。在变量管理中的导航窗口的连接“S7-1200”上单击右键，依次选择“AS 符号”→“从 AS 中读取”。点击导航窗口中的“S7-1200”，则 AS 符号显示 PLC 变量表中的变量，在“访问”列下勾选“故障信息”和“阀门”；点击导航窗口中的数据块“Device_Data”，将“访问”列下全部勾选，则将数据块中的所有变量添加到变量中。点击导航窗口上的按钮，切换到变量管理，点击下面的“变量”选项卡，在线创建的变量组态如图 10-20 所示。然后再添加变量“电动机 M1”和“电动机 M2”，数据类型为“二进制变量”，地址使用绝对地址“DB1，D9.2”和“DB2，D9.2”。最后对变量“Device_Data_ 设定 M1 速度”“Device_Data_ 设定 M2 速度”进行了线性标定，将 0 ～ 1430 线性转换为 0 ～ 16384（即 16#0 ～ 16#4000）。

变量 [S7-1200]　　查找

	名称	数据类型	长度	连接	地址	线性标定	AS 值	AS 值范	OS	OS 值
1	Device_Data_HMI停止	二进制变量	1	S7-1200	0001:TS:0:8A0E0003.	□				
2	Device_Data_HMI启动	二进制变量	1	S7-1200	0001:TS:0:8A0E0003.	□				
3	Device_Data_测量温度	有符号的 16 位值	2	S7-1200	0001:TS:7:8A0E0003.	□				
4	Device_Data_测量速度	有符号的 16 位值	2	S7-1200	0001:TS:7:8A0E0003.	□				
5	Device_Data_班产量	32-位浮点数 IEEE 754	4	S7-1200	0001:TS:10:8A0E0003	□				
6	Device_Data_设定M1速度	有符号的 16 位值	2	S7-1200	0001:TS:7:8A0E0003.	☑	0	16384	0	1430
7	Device_Data_设定M2速度	有符号的 16 位值	2	S7-1200	0001:TS:7:8A0E0003.	☑	0	16384	0	1430
8	Device_Data_设定温度	有符号的 16 位值	2	S7-1200	0001:TS:7:8A0E0003.	□				
9	故障信息	无符号的 16 位值	2	S7-1200	0001:TS:37:52.5A726	□				
10	电动机M1	二进制变量	1	S7-1200	DB1,D9.2	□				
11	电动机M2	二进制变量	1	S7-1200	DB2,D9.2	□				
12	阀门	二进制变量	1	S7-1200	0001:TS:0:51.8CF657	□				

图 10-20　WinCC 变量组态

10.2.4.2　WinCC 报警的组态

在“变量管理”页面点击导航栏中的“报警记录”，打开报警记录编辑页面。点击“消息块”，选中“日期”“时间”“编号”“状态”“消息文本”和“错误点”，用于在报警视图中显示这些列。离散量报警如图 10-21（a）所示，点击“消息”下的“错误”，在右边的窗口中输入报警消息。

模拟量报警如图 10-21（b）所示，点击“限值监视”，在窗口中选择变量“测量温度”，在其下面新建比较，设为“下限”，消息号为 5，选中“间接”，选择比较值变量为“设定温度”。当满足“测量温度”低于“设定温度”条件时，触发模拟量报警。

消息 [错误]

	编号	消息变量	消息位	消息等级	消息类型	消息文本	错误点
1	1	故障信息	0	错误	报警	变频器A1故障	I0.6
2	2	故障信息	1	错误	报警	变频器A2故障	I0.7
3	3	故障信息	2	错误	报警	门限保护	I1.0
4	4	故障信息	3	错误	报警	急停	I1.1

(a) 离散量报警

限制值 [全部]

	变量	共用信息	消息号	比较值变量	间接
1	测量温度	□	0		□
2	下限	□	5	设定温度	☑
3					

(b) 模拟量报警

图 10-21　报警的组态

10.2.4.3　组态变量记录运行报表

（1）变量归档

在“项目管理器”下双击“变量记录”，点击“归档”，在右边的窗口中输入归档名称为“产量”和“温度”，如图 10-22（a）所示。点击过程值归档下的“产量”，选择过程变量为“班产量”，采集周期和归档周期为 1 second，如图 10-22（b）所示。点击过程值归档下的“温度”，选择过程变量为“测量温度”，采集周期和归档周期为 1 second，如图 10-22（c）所示。

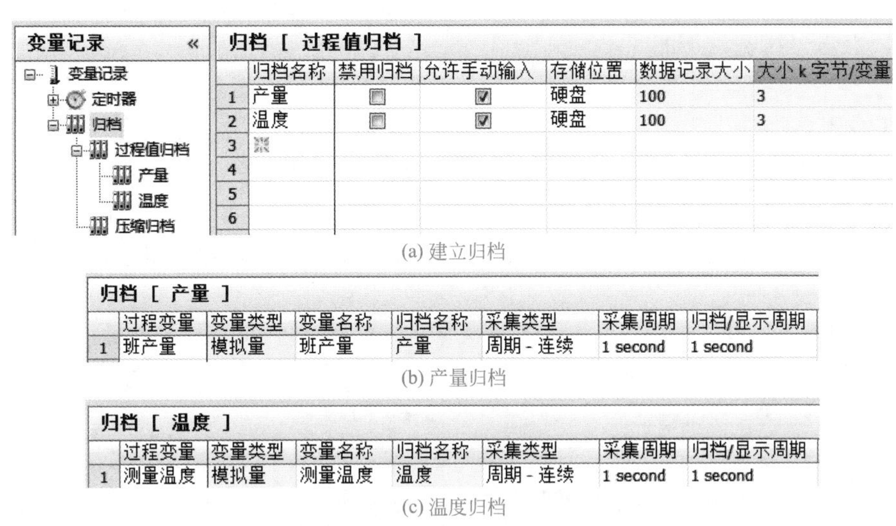

(a) 建立归档

(b) 产量归档

(c) 温度归档

图 10-22　变量记录

(2) 组态报表

在“项目管理器”下双击“报表编辑器”，打开报表编辑器布局，如图 10-23 所示。点

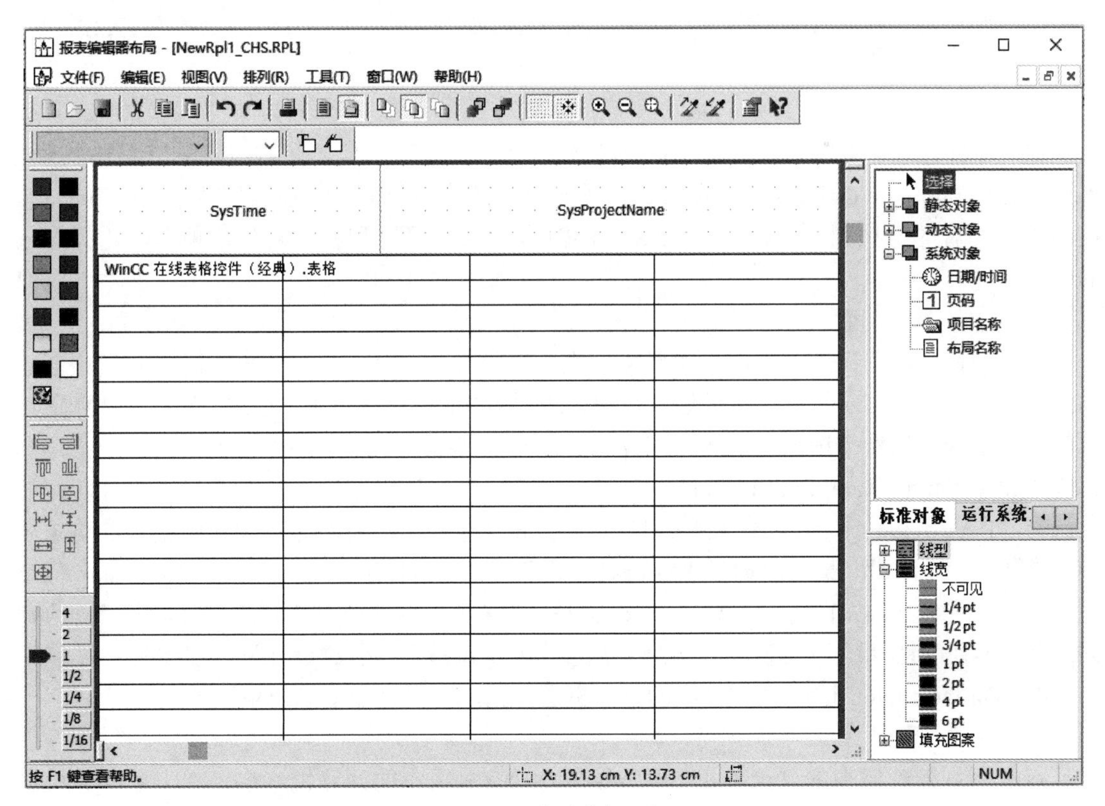

图 10-23　报表编辑器布局

击工具栏中的静态部分图标，将“标准对象”中“系统对象”下的“日期 / 时间”对象拖放到左上角并调整对象大小。双击这个对象，打开对象属性对话框，在“属性”选项卡中单击“字体”，在右边的窗口中双击“X 对齐”，选择“居中”；双击“Y 对齐”，选择“居中”。按照同样的方法，添加“项目名称”和“页码”。为了使对象不显示边框，可以选择需要修改的对象，点击“线宽”下的“不可见”。

点击工具栏中的动态部分图标，选择对象管理器的“运行系统文档”选项卡，从“WinCC 在线表格控件”下选择“表格”，将其拖放到布局页面中，调整到合适的尺寸。双击该对象，打开对象属性对话框，选择“连接”，双击“分配参数”，将第一列命名为“班产量”，选择归档 / 变量为归档“产量”下的“Device_Data_ 班产量”，如图 10-24 所示。按照同样的方法组态“温度”列。然后点击“确定”，最后保存该布局为“NewRpl1_CHS.RPL”。

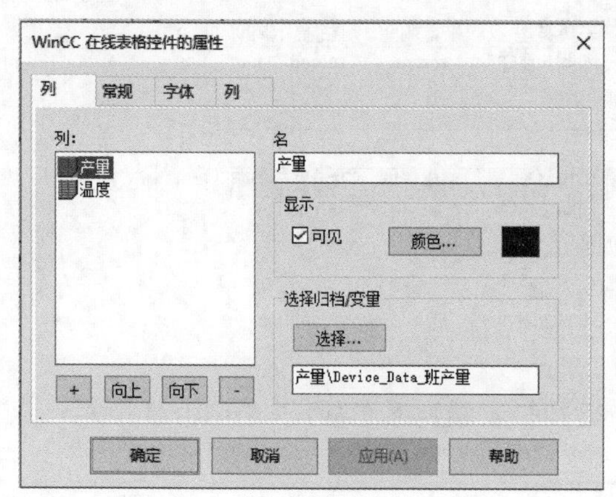

(a) 在线表格控件属性

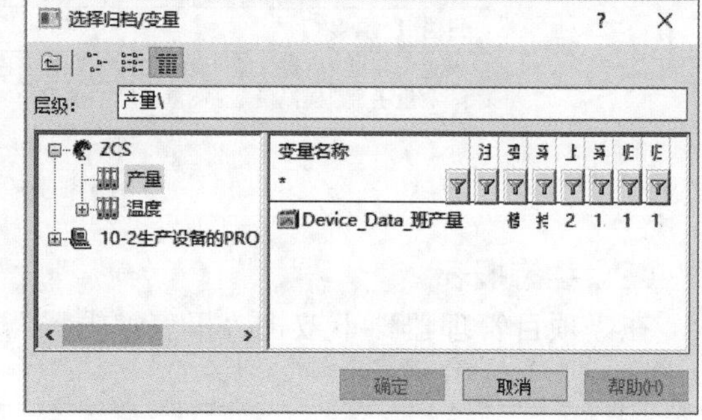

(b) 选择归档变量

图 10-24　WinCC 在线表格控件组态

在“项目管理器”中，点击“报表编辑器”下的“打印作业”，在右边的窗口中右击“@Report Tag Logging RT Tables New”，选择“属性”，打开“打印机作业属性”如图 10-25 所示。在布局文件后的下拉列表中选择“NewRpl1.RPL”，点击“打印机设置”选项卡，选择自己的打印机。

（3）创建过程画面

在“项目管理器”中，双击“图形编辑器”，新建一个画面，保存为“监控画面”。创建的过程画面如图 10-26 所示，指示灯、按钮、I/O 域的组态请参见 WinCC 有关章节。点击对象管理器中的“控件”选项卡，选择“WinCC Online TableControl”，在画面中点击一下，弹出“WinCC Online TableControl 属性”对话框，点击“常规”选项卡，在查看当前打印作业下选择“Report Tag Logging RT Tables New”；点击“数值列”选项卡，将数值列 1 的对象名称命名为“班产量”，数据源选择“1- 归档变量”，变量名称选择“产量 \Device_Data_ 班产量”，小数位 3 位，如图 10-27 所示。按照同样的方法，将数值列 2 命名为“温度”，数据源选择“1- 归档变量”，变量名称选择“温度 \ 测量温度”，小数位 0 位。在运行中，点击“WinCC Online TableControl”控件中的打印机图标，可以打印变量记录运行报表。

（4）设置计算机

点击项目管理器中的“计算机”，双击右边窗口中用户的计算机名字，弹出“计算机属性”对话框，选择“启动”选项卡，选中“报警记录运行系统”“变量记录运行系统”“报表运行系统”“图形运行系统”和“用户归档”；选择“图形运行系统”选项卡，点击右边的[...]按钮，选择“监控画面.Pdl”作为系统运行时的起始画面。选择窗口属性为“标题”“最大化”，单击“确定”按钮，关闭对话框。

(a) 选择布局文件

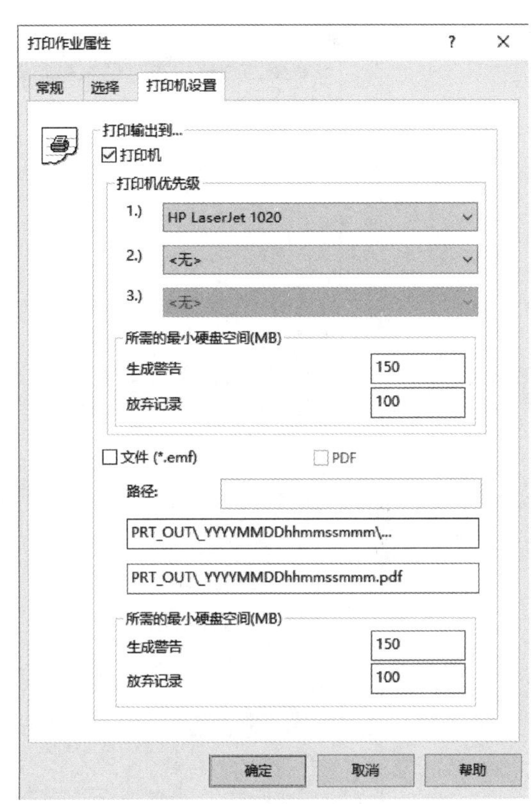

(b) 打印机设置

图 10-25 “打印作业属性”对话框

	时间列 1	班产量	温度
50	2020/7/8 10:02:34	534.959	225
51	2020/7/8 10:02:35	537.611	225
52	2020/7/8 10:02:36	540.272	225
53	2020/7/8 10:02:37	542.933	225
54	2020/7/8 10:02:38	545.586	225
55	2020/7/8 10:02:39	548.246	225
56	2020/7/8 10:02:40	550.904	225
57	2020/7/8 10:02:41	553.564	225
58	2020/7/8 10:02:42	556.217	225
59	2020/7/8 10:02:43	558.879	225
60	2020/7/8 10:02:44	561.531	225
61			

图 10-26 运行中的监控画面

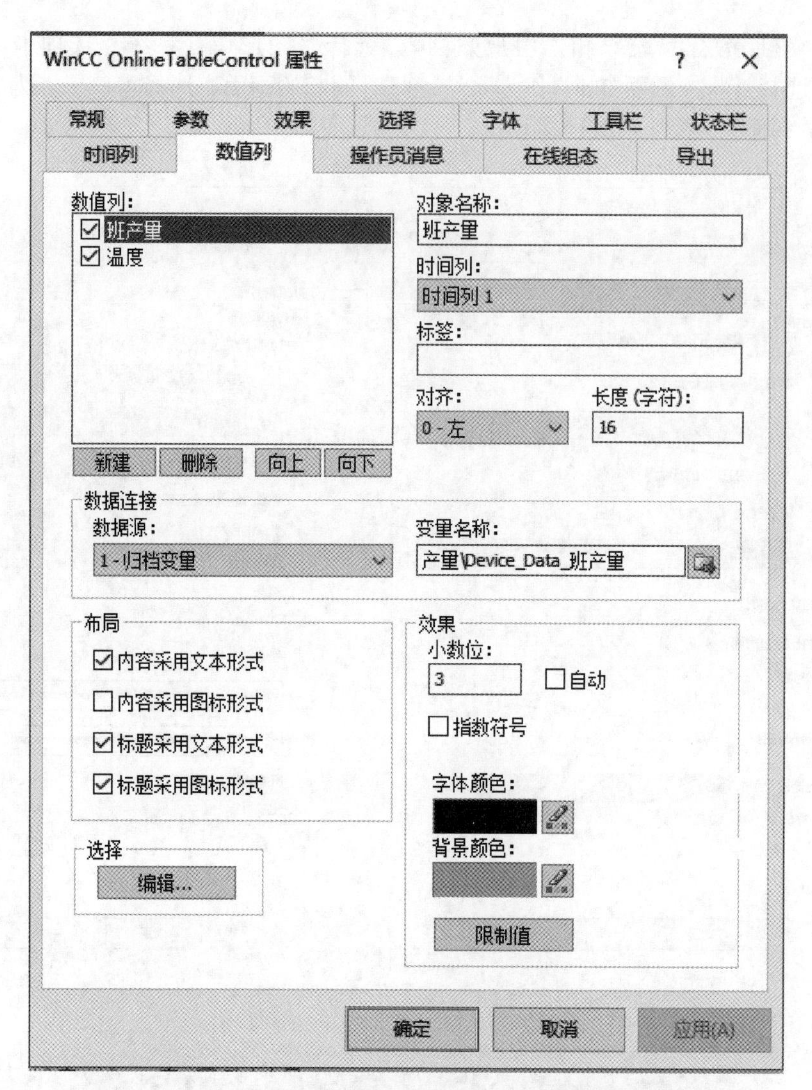

图 10-27 “WinCC Online TableControl 属性”对话框

点击项目管理器中的“服务器数据”，在右边的空白区域单击右键，选择“创建”，在弹出的窗口中点击确定，在该项目下创建 *.pck 文件，保存的位置是该项目文件夹下“\\ 你的计算机名称 \Packages*.pck”（作者的是“\\ZCS\Packages\WinCC 服务器 _ZCS.pck”），该文件即是服务器数据。

将 IP 地址设为 192.168.0.100，子网掩码设为 255.255.255.0。

从计算机的资源浏览器中点击“此电脑”，在“Simatic Shell”上单击右键，选择“设置”，选中“远程通信”，取消 PSK 通信密码，然后选中通信用的网络适配器，点击“确定”按钮。

10.2.5 WinCC 客户机 1 的组态

（1）加载服务器数据

更改客户机 1 的计算机名称为 ZCS1，将 IP 地址设为 192.168.0.101，子网掩码设为 255.255.255.0，通过计算机的“网络”应能找到并能打开服务器项目。

打开 WinCC 项目管理器，创建一个“客户机项目”，点击确定。在“新项目”对话框中输入项目名“10-2 生产设备的 PROFIBUS 总线通信客户机 1”，并选择合适的保存路径。

在项目管理器的“服务器数据”上单击右键，选择“正在加载”，通过计算机的“网络”找到服务器项目文件夹中的“\\ 服务器计算机名称 \\Packages*.pck”，点击确定。

（2）组态报警消息顺序报表

组态报警消息顺序报表与变量记录运行报表类似，在“项目管理器”下双击“报表编辑器”，打开报表编辑器布局。点击工具栏中的动态部分图标，选择对象管理器的“运行系统文档”选项卡，从“WinCC 报警控件”下选择“表格”，将其拖放到布局页面中，调整到合适的尺寸。双击该对象，打开对象属性对话框，选择“连接”，双击“参数分配”，在常规选项卡下选择“短期归档列表”；点击“消息列表”选项卡，选定消息块为“编号”“日期”“时间”“状态”“消息文本”“错误点”，然后点击“确定”，最后保存该布局为“NewRpl1.RPL”。

在“项目管理器”中，点击“报表编辑器”下的“打印作业”，在右边的窗口中右击“@Report Alarm Logging RT Message Sequence”，选择“属性”，打开“打印机作业属性”。在布局文件后的下拉列表中选择“NewRpl1.RPL”，点击“打印机设置”选项卡，选择自己的打印机。

（3）客户机 1 画面的状态

在“项目管理器”中，双击“图形编辑器”，建立一个画面，保存为“客户机 1 监控”，组态的运行中的客户机 1 画面如图 10-28 所示。I/O 域的组态参见 WinCC 有关章节，在选择变量时，应选择服务器数据变量。

点击对象管理器中的“控件”选项卡，选择“WinCC AlarmControl”，在画面中点击一下，弹出“WinCC AlarmControl 属性”对话框，点击“常规”选项卡，在查看当前打印作业下选择“Report Alarm Logging RT Message Sequence”；点击“消息列表”选项卡，将“可用的消息块”下的“消息文本”和“错误点”都移动到“选定的消息块”下，并将“编号”上移到第一行，在报警控件中会依次显示“编号”“日期”“时间”“消息文本”和“错误点”。在运行中，点击“WinCC AlarmControl”控件中的打印机图标，可以打印报警记录运行报表。

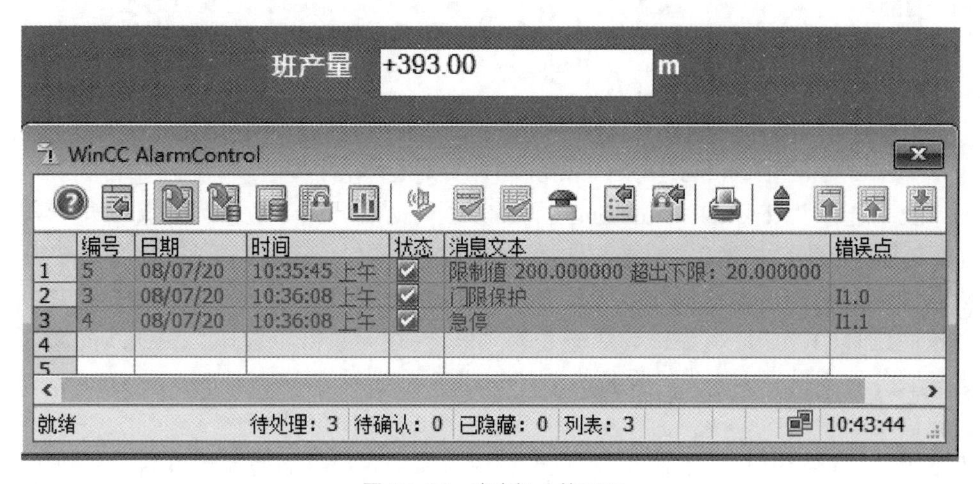

图 10-28 客户机 1 的画面

点击项目管理器中的“计算机”，双击右边窗口中客户机1的计算机名字，弹出“计算机属性”对话框，选择“启动”选项卡，选中“报表运行系统”“图形运行系统”；选择“图形运行系统”选项卡，点击右边的...按钮，选择“客户机1监控.Pdl”作为系统运行时的起始画面。选择窗口属性为“标题”“最大化”，单击“确定”按钮，关闭对话框。

10.2.6 WinCC客户机2的组态

更改客户机2的计算机名称为ZCS2，将IP地址设为192.168.0.102，子网掩码设为255.255.255.0，通过计算机“网络”应能找到并打开服务器项目。

打开WinCC项目管理器，创建一个“客户机项目”，点击“确定”。在“新项目”对话框中输入项目名“10-2生产设备的PROFIBUS总线通信客户机2”，并选择合适的保存路径。

在项目管理器的“服务器数据”上单击右键，选择“正在加载”，通过计算机的“网络”找到服务器项目中的“\\ 服务器计算机名称 \\Packages*.pck”，点击“确定”。

在“项目管理器”中，双击“图形编辑器”，建立一个画面，保存为“客户机2监控”，组态的运行中的客户机2画面如图10-29所示。I/O域的组态参见WinCC有关章节，在选择变量时，应选择服务器数据变量。

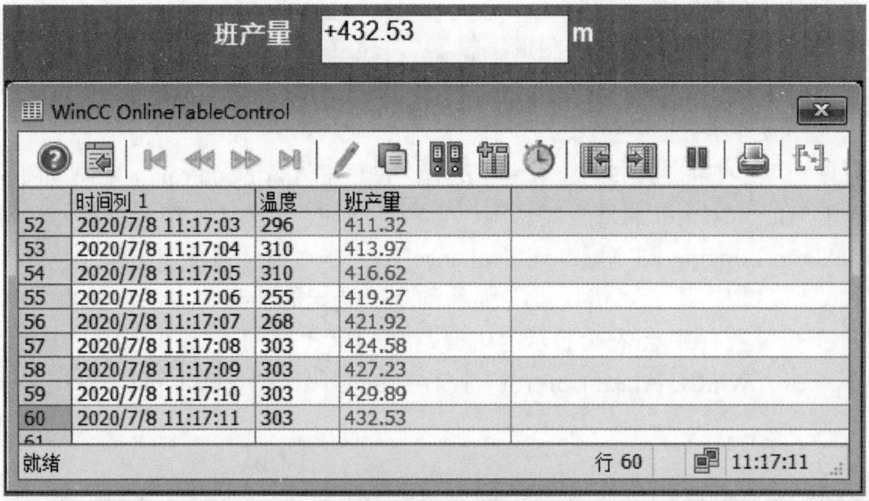

班产量 +432.53 m

WinCC OnlineTableControl

	时间列 1	温度	班产量
52	2020/7/8 11:17:03	296	411.32
53	2020/7/8 11:17:04	310	413.97
54	2020/7/8 11:17:05	310	416.62
55	2020/7/8 11:17:06	255	419.27
56	2020/7/8 11:17:07	268	421.92
57	2020/7/8 11:17:08	303	424.58
58	2020/7/8 11:17:09	303	427.23
59	2020/7/8 11:17:10	303	429.89
60	2020/7/8 11:17:11	303	432.53
61			

就绪 行 60 11:17:11

图10-29 客户机2的画面

点击对象管理器中的“控件”选项卡，选择“WinCC Online TableControl”，在画面中点击一下，弹出“WinCC Online TableControl属性”对话框，点击“常规”选项卡，在查看当前打印作业下选择“Report Tag Logging RT Tables New”；点击“数值列”选项卡，将数值列1的对象名称命名为“温度”，数据源选择“2-在线变量”，变量名称选择服务器变量“10-2生产设备的PROFIBUS总线通信_ZCS::Device_Data_测量温度”，小数位0位，如图10-30所示。按照同样的方法，将数值列2命名为“班产量”，数据源选择“2-在线变量”，变量名称选择服务器变量“10-2生产设备的PROFIBUS总线通信_ZCS:: Device_Data_班产量”，小数位2位。

点击项目管理器中的“计算机”，双击右边窗口中客户机2的计算机名字，弹出“计算机属性”对话框，选择“启动”选项卡，选中“图形运行系统”；选择“图形运行系统”选项卡，点击右边的按钮，选择“客户机 2 监控 .Pdl”作为系统运行时的起始画面。选择窗口属性为“标题”“最大化”，单击“确定”按钮，关闭对话框。

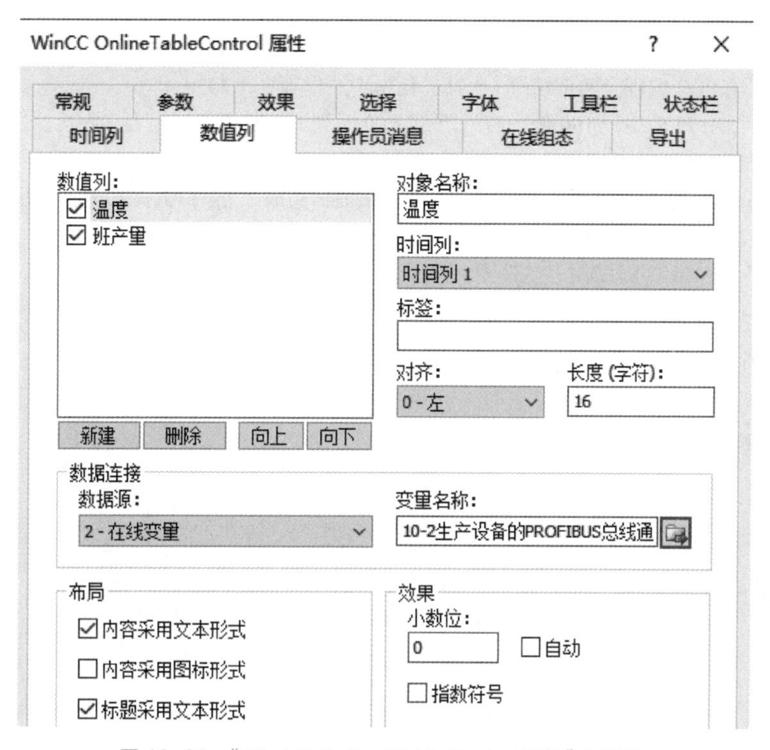

图 10-30 “WinCC Online TableControl 属性”对话框

参考文献

[1] 崔坚 . TIA 博途软件 -STEP7 V11 编程指南 . 北京：机械工业出版社，2017.
[2] 赵春生 . 西门子 PLC 编程全实例精解 . 北京：化学工业出版社，2020.
[3] 赵春生 . 活学活用 PLC 编程 190 例（西门子 S7-200 系列）. 北京：中国电力出版社，2016.
[4] 廖常初 . S7-1200/1500 PLC 应用技术 . 北京：机械工业出版社，2018.
[5] 张运刚 , 宋小春 . 从入门到精通——西门子工业网络通信实战 . 北京：人民邮电出版社，2007.
[6] 廖常初 . S7-1200 PLC 编程及应用 . 第 3 版 . 北京：机械工业出版社，2017.
[7] 向晓汉 . 西门子 WinCC V7.3 组态软件完全精通教程 . 北京：化学工业出版社，2018.